玻恩与哥廷根
物理学派

厚宇德　著

中国科学技术出版社
·北　京·

图书在版编目（CIP）数据

玻恩与哥廷根物理学派 / 厚宇德著 . —北京：中
国科学技术出版社，2017.9

ISBN 978-7-5046-7678-8

I. ①玻…　II. ①厚…　III. ①玻恩（Born, Max
1882—1970）—物理学—研究　IV. ① O4-095.16

中国版本图书馆 CIP 数据核字（2017）第 231669 号

策划编辑	王晓义	
责任编辑	方朋飞	
装帧设计	中文天地	
责任校对	北京走遍全球文化传播有限公司	
责任印制	徐　飞	

出　　版	中国科学技术出版社	
发　　行	中国科学技术出版社发行部	
地　　址	北京市海淀区中关村南大街16号	
邮　　编	100081	
发行电话	010-62173865	
传　　真	010-62179148	
网　　址	http://www.cspbooks.com.cn	

开　　本	720mm×1000mm　1/16	
字　　数	600千字	
印　　张	11	
版　　次	2017年10月第1版	
印　　次	2017年10月第1次印刷	
印　　刷	北京京华虎彩印刷有限公司	
书　　号	ISBN 978-7-5046-7678-8 / O·192	
定　　价	168.00元	

序

　　玻恩是 20 世纪伟大的物理学家，是量子力学的开创者和奠基人。众所周知，相对论和量子力学是 20 世纪最伟大的两大物理学成就，自诞生至今，一直在科学园地甚至技术领域熠熠生辉。厚宇德先生的著作将这个故事娓娓道来，敢信读者开卷有益，读不释手。

　　我和厚宇德先生的交往有些年头了。起先，我在报刊上读到厚先生的文章，其文字令我欲罢手不能。在我们相识时我才领受到他的风采：头戴礼帽，宛如闽南洋的侨界领袖；摘下礼帽，却是漫头光华文采。他比我年轻，可我不敢以"学兄"自居。他的科学史做得远在我前头。

　　人们往往用"心有灵犀"来形容彼此的契合，鲁钝如吾辈者实不敢指望和厚先生的交往达到如此境界。但我们只要相逢，总有话说，且说不完。在科学史界，厚先生可谓"才学胆识"者也。"才学胆识"应当以"学才识胆"次序正之。学是根基，才是内在的表现，有才学方能有见识。有见识者未必敢言敢行，胆略居间也。有识无胆是懦夫，无识有胆是鲁夫。学界抑或天下得一才学胆识者，乃学界之幸，天下之幸。敢信厚先生会以更多的研究、更多的华彩文章献给读者。

　　是为序。

2017 年夏月于北京陋室

前言

为什么研究玻恩
及其学派

一位科学技术史研究者，关注科技史上的一件事或一位科学家，写几篇文章，很常见。但是如果多年、十几年持续关注同一个人，那一定是有点特殊原因了。笔者从 2001 年发表关于玻恩的第一篇文章至今，虽断断续续却始终没终止对玻恩及其学派的关注和深入了解。算来至少已有十六七年的时间。其过程与原因，还都历历在目。2002—2003 年，笔者曾在中国科技大学（以下简称中科大）科技史与科技考古系访学。有一次和老师谈话时笔者说："如果读博士，我一定不选研究一位科学人物这类的题目。"那时认为，用几年时间、甚至用自己的整个学术生涯，去研究一个已逝人物是不划算的。2007 年，笔者到北京科技大学（以下简称北科大）开始了自己的博士学业。与几年前在中科大时的态度截然不同，此时笔者竭力劝说各位老师，支持笔者选择研究玻恩来做博士论文。不但这么做了，而且至今玻恩及其学派仍是笔者关注和研究的主要领域。笔者态度转变的原因，是一直没放弃研究玻恩及其学派。

2001 年之后，包括在中科大访学期间，笔者的兴趣之一是继续关注玻恩，不断积累玻恩的著述以及与其有关的著述，并又发表了几篇相关文章。由不想专门研究一个人物，到明确研究玻恩及其学派，这一想法的转变就逐渐发生在到两个科技大学学习之间。由物理教师步入科学技术史领域，笔者曾自觉地尝试告别对物理学史本能的爱好，开始对科学技术史究竟为何物做一些深入思索。在中国科技大学那一年，笔者主要接触的是科学史方面的老师和学友，与科技考古领域的老师们几乎没有接触。到北科大读博士后发现，材料与冶金考古是北科大科学技术史学科传统的主体研究方向，而且这时文物保护在这里也已经成为重点发展的方向之一。这样的氛围一度让笔者困惑，但在很大程度上开阔了自己理解科学技术史的视野。笔者读了一些书，觉得李约瑟和萨顿依然是科技史界的长江和黄河。他们的著作让笔者认识到：只有在追溯与汇通人类文明史这个大概念、大框架之下，科学技术史貌似迥然不同的各种研究才能消除、化解彼此之间的差异，在学理上相安无事地处于一个大集合。这个话题可以展开为若干小话题，但在此暂且不论。除了李约瑟和萨顿等西方学者，我国老一辈科技史家对科学技术史学科的宗旨同样有过非常清晰的正确认识。如钱临照院士曾说："珍重本民族的科学遗产，是珍重自己历史、有自立于世界民族之林能力的标志之一。研究国外科学技术史，是汲取全人类智慧精华的一种途径，也是衡量有无求知于全世界决心的标志之一。因此，任何一个伟大的民族，总是十分重视科学技术史的教育和研究工作。一个不懂得本民族科技史，亦不了解世界科学史的民族，将不会成为一个伟大的有作为的民族！"[1] 钱先生分别将本民族科技史研究与世界科技史研究的重要意义做出了明确说明。以史为鉴历来是中国史学界阐发史学意义的核心视角。从这一立场出发，中国古代科技史研究与世界科技史研究，对于中华民族的作用是不可彼此

---

① 钱临照. 钱临照文集 [M]. 合肥：安徽教育出版社，2001：55.

替代的。不了解本民族的历史等于对本民族历史文化的背叛；而"他山之石，可以攻玉"的说法对于阐释研究世界科技史的意义同样适用。因此二者不可偏废。但是纵观近些年国内科技史在各个研究方向上的发展却严重不平衡。中国古代数学史、天文史历来是重要的研究方向，而传统手工艺、科技考古、文物保护等等发展较好，但西方科技史研究既缺乏重点研究方向，也不具备总体的研究布局。这其中的原因十分复杂，而原因之一是学术视野问题。如果我们一直坚持并贯彻钱临照院士的科技史研究理念，这一情况就不会出现。如果细心观察不难发现，当下开展较好的中国古代科技史热门研究领域，往往也是西方科技史研究者感兴趣的内容。这一交集的出现，笔者不认为是国内学者的研究吸引了国外学者，而很大程度上（至少部分领域）是我们的学者在跟随国外学者的兴趣点在亦步亦趋。这样做有时也是需要的，但是西方学者是立足西方文化看问题的，他们对中国古代科技文化的兴趣点，未必就是中国古代科技史上真正的重点或核心。我们应该做的是像钱临照院士所说的那样，无论研究中国古代科技史还是研究世界科技史，都要以我为本、从我出发，而不是邯郸学步、人云亦云。对于中国古代科技史研究，我们应该沿着本民族自己的发展脉络一步一个脚印发微举凡；而对于世界科技史研究，就应该像研究中国古代科技史的若干西方学者所做的那样，从研究者本民族的文化出发，到异域历史文化中去找寻更有启发、更值得借鉴等等有学术价值的东西。钱院士因为有这样的学术思想高度与视野，所以虽然他自己对《墨经》中的中国古代科技史等有标志性的研究，但是他也真心重视世界科技史研究，希望中国出现这方面的专家。席泽宗院士曾说：当年"他（指钱临照院士）对许良英研究爱因斯坦和戈革研究玻尔感到由衷的高兴，多次说到我们国家有两个这样的专家很好。"①

---

① 席泽宗. 钱临照先生对中国科学史事业的贡献［J］. 中国科学史料，2000，21（2）：105.

对笔者而言，物理学的影响是巨大的。多年的专业物理训练、自学以及 20 多年在高校做物理教师的经历，使笔者在思考问题时，如果从物理学出发，内心就更觉踏实，有脚踏实地之感；而一旦跨入其他领域便茫然发现有太多的东西需要从头了解、学习，每踏出一步，总是战战兢兢，无法确定何处是坚实的立脚点。事实上，现在回视笔者主观上刻意想摆脱物理学史制约的时期，会发现潜意识里一切还都是从物理学出发：读的书多数与物理学有关，搜集的文献资料仍然多为与物理学史有关者。这其中，搜集与研读与玻恩有关文献的工作从未停止。在中国科技大学时找到并复印了玻恩多本中文译著，如《我这一代的物理学》《关于因果和机遇的自然哲学》，以及玻恩与黄昆合著的英文版《晶格动力学理论》等。阅读这些著述，对玻恩的思想与工作有了更多的了解。2007 年来北科大读博不久，去国家图书馆找到并复印了 2005 年出版的英文版《玻恩 – 爱因斯坦书信集》，以及同年出版的一本英文版玻恩传记《确定性世界的终结》。在其后脱产读博的一年里，经过各种渠道，笔者找到了更多与玻恩以及量子力学史有关的中、英文文章；并通过出版社与美国的玻恩传记作者取得了联系，在她的帮助下，知道何处有更多研究玻恩以及量子力学史的重要文献资料；还与诺贝尔奖委员会的工作人员联系，咨询玻恩诺贝尔奖被提名等方面的若干问题。这些努力的结果是在笔者面前，逐渐展开了一个特殊时期的一段多彩的历史画卷，令人流连忘返。这一时期一些物理学界先贤的智慧结晶，对于人类其后直到今天并将继续波及未来的影响，几乎是有史以来对人类影响力最大、持续时间最为久远的。既然这一时期的科学史如此重要，既然自己熟悉并喜爱的物理学史领域天宽地阔，为什么还刻意去别的方向开拓学术疆域？哪里比此处更加曲径通幽、别有洞天？哪里比这里更宜于体察人性？世人特别关注古希腊以及春秋战国时期的历史与文化，因为那一时期两片天地都是群星灿烂。20 世纪是物理学的黄金世纪，20 世纪物理学界群星璀璨。几百年、几千年后的人们对 20 世纪科学界的关注，很可能一如今天学界对于古希腊以及春秋战国时期诸子百家的关注。但笔者发现，在科学技术史领域，对 20 世纪物理学发展史，尤其对那些传奇般的人物以及他们的故事、他们做出已经改变人类社会的贡献的详尽过程等等，仍缺乏持续之关注与深刻之研究。尤其缺乏立于最可靠、最有说服力的文献资料的专业史学研究。这令人费解，但有一种直觉总是萦绕于笔者脑际：在未来的某个时候，更多的人在研读 20 世纪世界科技史时，也会产生与笔者相似的感觉与感慨。西方科技史学者关注中国古代科技史，诸如造纸术、指南针以及火药的发明等等，与我关注玻恩以及量子力学史在一个层面上是一致的：这些都是人类文明史上不可或缺的一段极其重要、极其有意义的历史事件。

笔者持续关注玻恩与玻恩学派的具体原因之一是发现很多关于量子力学史的著述，都存在着明显的错误与误导，没能充分展现玻恩及其学派在量子力学建立与发展过程中所起到的决定性核心作用。造成这一状况的原因是值得深思的。在做博士论文时笔者领悟到科学传播过程中存在的一个现象。一个人如果要写点关于 20 世纪物理学史的东西，他可以有多个层面的文献依据，或说可以从多个角度入手。首先，他可以去设法搜集、研读这些物理学家当年重要的信函、笔记、日记、手稿等等。其次，他可以较为容易地去查阅并下载当时某些领域的重要文章以及著作。为了清晰认识某个重要事件，他还需要反复对比研究若干当事人后期的回忆类文献。而最为容易的做法是他直接阅读国内外早已出版或发表的物理学史类著述。有了这些准备似乎足以较为准确撰写若干物理学史著述了。但是笔者发现有些文献中仍然存在着大量的陷阱。比如对重要学术会议的评价往往是有些人得出历史结论的重要依据。某次会议是这一时期重要的物理学会议，某某、某某与某某等人是这次会议的主办者或议题的主导者。这几个人在会议期间主导议题、侃侃而谈格外活跃。基于此，外行记者就会认为这几个人就是这一时期物理学界的专业领袖。这种判断有时会准确，但学界都清楚，真正一流埋头治学者未必是出色的学术活动组织者。低调的、缺少虚伪光环的真正大学者、大专家很容易在某种世俗的喧闹中，被外行忽视，甚至被视为碌碌无为的平庸之辈。还有一种现象也足以令外行如雾里看花。无论中国人还是外国人，读书人多数是有些世故与圆滑的：在某个场合把不甚相干的前辈尊称为师长并不是稀罕事；出于某种目的在某些场合对特殊人物做出名不副实的过高评价也是比较常见。然而这类礼节性的客套或有一定目的性的世故甚至虚伪的逢场作戏，往往会成为不了解内情或不真正了解科学圈子的撰稿人做出历史结论的最顺手的依据。因此他们撰写的著述会进一步混淆大众视听、张冠李戴、喧宾夺主。笔者发现，国内外关于量子力学发展过程的很多脍炙人口的大众故事，貌似有依据而实际上却多是立足于这类不靠谱的花边新闻之上，整个量子力学史充斥着太多的糊涂账。比如，现在国内外仍然不断见到有文章或著作赞扬尼耳斯·玻尔是 20 世纪优秀的物理教育大师，甚至是最有成就的物理教育大师。这就是极其具有误导性的一个不客观的说法。如果说索末菲、玻恩、费米等人是优秀的 20 世纪物理教育大师毫无问题。他们上过的课、他们写过的讲义或教科书、他们直接培养出的一大批弟子都不可否认。而在玻尔身上这些实质性的东西几乎什么都不曾存在。玻尔一生只培养出一位博士生，而玻恩、索末菲各自培养出了几十位博士，并且有多人获得诺贝尔科学奖。笔者不否认玻尔对于 20 世纪物理学界有些年轻人有过影响，但是作为教授终其一生只培养出一位没有获得诺贝尔奖的博士，即被称为教育大师，而索末菲与玻恩勤勤恳恳指导出了一大批有为的物理学博士，却无法获得与玻尔一样的殊荣，这其中毫无疑问有着巨大的历史"误会"、误判与误导。这种误会与误判并非空穴来风。玻尔研究所有经费，惯于向一些崭露头角甚至已经做出了不起研究工作的年轻物理学家提供机会，将他们一批批招揽来"俱乐"一段时间。有些进入过这一大俱乐部的人后期即被称为玻尔的弟子，这其中有的人是自己愿意的，也有自己不愿意的。无论愿意与否，过去的科学史类著述，如科学社会学家朱克曼在做玻尔的弟子统计时，就将这些人都列到了玻尔门下。笔者曾很长时间搜集、求证玻尔对于来到玻尔研究所的这些青年才俊们究竟在科学研究方面，有过什么直接的正面的积极影响，却发现正面事实不多，而负面事实不少。但是有一点无可否认，这些人中多数在玻尔研究所期间过得比较开心，在物理学研究外与玻尔的私人关系良好。据说玻尔是位极有个人魅力、会给大家带来愉悦的好前辈。但说玻尔是一位好导师，直接证据明显不足。另一方面，本书将告诉读者，基于年轻一代物理学家们的回忆，玻恩对于他们的影响和指教却是非常明确的、实实在在的。本书还将对这一话题做更深入、更具体的分析。

关于不算久远的量子力学史中出现诸多错误的原因，可以借助下图进一步说明。插图为一条河流的干流①与支流关系模拟示意图。箭头表示这条河的整体流向。②为该河的支流中的一条。如果我们描述该河，可以采用多种叙述方式，如：

1）从上游到下游，先介绍干流，然后再逐一介绍支流。

2）先逐一介绍支流，然后再描写干流。

然而，如果有人采取下面做法：

3）从某一条支流，比如②说起，然后直接过渡到干流①，并认为这就是对这条河流的完整描述。

显然人们会认为做法3）是不符合事实的。之所以说它不符合事实，是因为这样的描述，体现出描述者或者没有对河流做充分的调查、了解，或者是在头脑中先入为主地已经存在一个错误认识：支流②是该河的唯一源头。其结果是以偏概全，错误地将本来毫无特殊性的支流②赋予了特殊重要的地位，使它凌驾于其他支流尤其凌驾于更重要的支流之上。

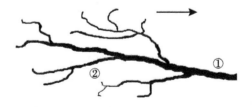

现在几乎全部通行的关于量子力学史的著述，无论国内还是国外，都存在与上述做法3）几乎一致的错误，即言及量子力学史，一定从本不重要的支流哥本哈根学派说起，而不是从建立量子力学的真正源头、

最重要的支流——玻恩的哥廷根物理学派说起。量子力学史领域的著述者，不是故意犯这个错误，也不是囿于智力局限，而是没有潜心考察清楚哪里是量子力学的源头，哪些是量子力学次要支流，而取信于一些非专业的、非基于事实的世俗者流基于道听途说或有的人出于某种目的而讲出的不实之词。也就是说对量子力学发展史的错误描述，源于对量子力学的发展史缺乏正确的深入认识。而之所以认识不足，则直接源于缺乏对量子力学发展史深入的实际考察，以及足够的理性思考。

2012 年出版笔者所著《玻恩研究》一书，有人说笔者是在为玻恩做"平反昭雪"的工作，想想不无道理。然而不将玻恩的作为与某些人做些对比、不涉及玻恩对于其他物理学家的影响，则难以充分体现玻恩对于 20 世纪物理学界影响、贡献之巨大，以及玻恩工作之重要。因此在这些方面不将工作做足就是巨大的缺失，而这些将是本书的重点内容。

2013 年下半年，为继续深化对玻恩的研究，笔者决定尝试申报国家自然科学基金。之所以这样做是因为在过去研究的基础上，如果想推进对玻恩及其学派的研究，迫切需要更多一手文献资料的支持；而首先是需要到剑桥大学去研读玻恩的档案资料。玻恩去世前曾立遗嘱，在辞世后由其子古斯塔夫一人保管、支配，并决定是否允许他人使用玻恩生前保存下来的大量书信、手稿、照片等等。早在玻恩去世后的 20 世纪 70 年代初，在玻恩的资料移送到他生前就职的爱丁堡大学前，玻恩家人即已将部分资料移交给剑桥大学丘吉尔学院档案中心。其后另外部分资料移存于爱丁堡大学，还有一部由古斯塔夫保存在家里。在 20 世纪 80 年代，一些资料曾卖给德国柏林的国家图书馆（Staatsbibliothek in Berlin）。2008 年爱丁堡大学保存的那部分玻恩资料转存于剑桥大学丘吉尔学院档案中心。随着这次资料转移，年迈的古斯塔夫将藏于家中的资料也移送至丘吉尔学院档案中心，这包括在其父母去世后，他收藏并整理的有关玻恩生平以及家族的历史资料，还包括古斯塔夫本人与他的两个姐姐（Margarete 和 Irene）之间的通信。2009 年上半年，笔者在剑桥李约瑟研究所访学。在 5 月古斯塔夫从伦敦来剑桥丘吉尔档案中心商谈若干事务时，档案中心主任曾特别安排我与古斯塔夫一晤。但是由于大量资料当时尚在分类整理过程中而未开放，那一年没读到这些文献。2011 年接到该档案中心工作人员的通知，说这一部分档案资料已经归类整理完毕，并已对研究者开放，欢迎去研读。但是一直没有机会获得足够经费支持去实现这一愿望。因此笔者明确地将去剑桥阅读玻恩的文献资料，写进了国家自然科学基金申报书中。2013 年 8 月得知申报计划获得支持后，很快与丘吉尔档案中心联系，去研读玻恩档案的愿望终于在 5 年后变成现实。

按照程序，国家自然科学基金项目要基于项目评审专家的意见调整研究计划的内容。本项目申请书的研究计划主要包括：①考证、梳理玻恩物理学派的建立和发展过程；②研究玻恩及其学派主要成员的科学成就以及取得成就的内因；③研究玻恩物理学派培养杰出科学人才的宝贵经验；④研究玻恩创立的研究方法对 20 世纪以及当代科学界的深远影响；⑤研究玻恩与 20 世纪科学界重要任务的关系；⑥总结分析玻恩物理学派对于中国物理学界的启发。在反馈回来的五位评审专家的意见中，印象深刻的是，第一位专家提出：为什么只讨论玻恩学派，而不是哥本哈根学派……哥本哈根学派似乎更有概括力。第二位专家认为："在我国的教育界，有著名的'钱学森之问'，而'本世纪初量子力学为什么在德国的土地上成长'，可称我国科学界的'周光召之问'。这两问问到了我们的教育和科学体制的根子，值得深思。本项目围绕'周光召之问'开展对于玻恩学派的研究，是很有意义的。"第三位专家的意见基本肯定申报书的观点。第四位专家意见中提到："科学史对于研究型人才培养和国家科技发展是重要的。玻恩学派在科技史上具有重要地位，系统研究这一学派应该对我国科技工作者的科学研究和国家政策有参考意义。"并建议"更侧重于玻恩学派培养创新型人才的方法研究"。第五位专家也支持本项目的申报计划，并指出：该项目"创新性强，具有重要的科学意义。"

第一位专家应该对玻恩的哥廷根物理学派缺乏深入了解。其意见反

而更加说明在中国有宣传玻恩学派以正视听的必要。基于本项目的申请报告和专家的建议，本项目在具体研究阶段，主要集中在以下几个部分：①玻恩及其学派研究。一部分研究玻恩的成长、性格分析以及主要著作介绍；另一部分研究玻恩学派的建立及人才培养等方面。②玻恩与20世纪一些重要物理学家的关系研究。这其中包括玻恩与他的朋友如爱因斯坦的关系、玻恩与他的同事如弗兰克的关系，以及玻恩与他的多位有影响的弟子之间的关系。通过这一部分内容读者可以实实在在地感受玻恩在20世纪物理学界的地位及其对20世纪物理学的影响。③玻恩思想研究。④玻恩学派给我们的启示。

在科学技术史领域沉浸日久，越发感觉到，斯地、斯时、斯人、斯事，环环相扣、奇妙偶合，一起构成了完整的历史逻辑，似乎比较完美地呈现了决定论的格局。对于玻恩更是如此，他生活的特殊国度、他所处的特殊时期，决定了他成为已经逝去的那个玻恩，那个玻恩虽有时不无偶然，但总体看来，必然地会成就那样的事迹。然而另一方面，历史的大趋势，是由无数个偶然出现的具体的人、偶然发生的具体的事件所构成的。历史人物的个性、历史人物成长环境的特殊性、特殊环境与特殊天赋偶合而成的历史人物的特殊才能，这一切都时时处处与偶然性及不确定性密切相关，并以不可预期的偶然方式推进历史发展及历史发展大趋势的定型。这就又展示出了偶然性与概率诠释的强大力量。否定历史发展中偶然性的巨大作用，就会极大地否定历史的复杂性。在科学界常有这样的说法，如果没有爱因斯坦，狭义相对论会推迟 N 年、广义相对论会推迟 3N 年才能由他人提出；如果没有玻恩，晶格动力学理论再晚 10 年才能奠定……诸如此类，事实上肯定的是偶然性的巨大历史作用。历史学研究要能够揭示偶然性的历史作用，而要做到这一点，没有什么秘诀，道路只有一条：关注重要的历史细节。这是笔者一贯坚持且在完成这一课题、撰写这本书时仍然竭力追求的目标之一。

玻恩一生的卓越成就，都是有资料文献可证的、有据可查的。但是正如真理和规律从来都是以同样的姿态隐藏于现象之下，人们竭力探索依然难免有时出现错误一样，世人（无论科学界、科学史界以及科技传播界）对于玻恩的认识很多时候是相当肤浅的，对量子力学的历史描述存在诸多的张冠李戴、指鹿为马、盲人摸象以及将错就错的人云亦云。无论有没有博物馆，文物都是客观存在，与此相似，无论有没有笔者本人的工作，玻恩所做的一切半个多世纪以来都客观地存在着，他的科学贡献，有些仍是今天科学家开展科学研究工作的基础。笔者所做的，就是把玻恩的工作和事迹，做些挖掘、整理、描述，并思人所未思，从而得出若干结论，然后如同建一座展览馆，将这一切陈列出来。其作用也就是借此帮助大家了解一个伟大的人物、这个伟大人物的伟大灵魂以及这个伟大人物的突出贡献。这本书就是介绍玻恩的一座初步的博物馆、陈列室。

本书中的内容，有些以文章的形式曾经发表过。总而成书，有两种做法：其一，打乱原有每篇文章的独立完整性；其二，保持每篇文章的独立完整性。笔者思索良久而择其二。之所以这样做，是考虑到，书中所涉及人物、事件与话题颇多，恐难有人从头到尾把整本书一阅、再阅。因此，保留每篇文章的相对独立完整性，对于读者而言，各取所需更为方便。全书在保持原来每篇文章、每个话题相对独立完整性的同时，努力使其都成为全书整体的一个有机组成部分，而不使这本书状如一盘散沙。

第一章包括玻恩的成长经历、性格特点、研究风格、由玻恩几次人生选择引发的对相关话题的思考；玻恩学派的建立及成功的原因分析、玻恩在教书育人方面的独到之处等等。将玻恩与玻尔在建立量子力学方面的贡献相比较，有利于更直接修正历史错误；在科学贡献及影响等方面将玻恩与牛顿相比较，更能够提醒对于玻恩缺乏了解的人们意识到，玻恩虽然在很多视域名气不大甚至默默无闻，但实际上是 20 世纪不可缺少的科学翘楚；在情感世界将玻恩与薛定谔相比较，更有利于我们深入地了解作为物理学家的玻恩的人格特征，也有利于理解玻恩为什么能够在悄无声息中建立自己的科学伟业。

第二章叙述了玻恩与冯·卡门、爱因斯坦、弗兰克、朗德、海森堡、泡利、玛利亚·戈佩特、奥本海默、约当、维纳、埃瓦尔德、迈克尔逊、汤川秀树、拉曼、勒纳德与斯塔克等物理学家之间的关系。这部分内容都以文章的形式发表过。曾有人不解地问笔者为什么撰写这样一篇又一篇的文章。现在将这些文章集于一处，可以明显而自然地展示玻恩对于20世纪科学界尤其物理学界的影响。这就是笔者的初衷。在这些内容之后，专门探讨了一下科学家的职业操守问题。费米与狄拉克都曾有在玻恩学派深造的经历。关于这二人之间的一段公案，笔者将自己搜集的更加说明问题的文献公布出来，而结论自在读者心中。这对于全面了解量子力学的历史是有帮助的。杨振宁教授与玻恩没有直接的交集，但费米是杨振宁的导师，杨教授的另外一位导师特勒曾在玻恩学派给玻恩做助手。而玻恩和杨振宁作为理论物理学家，都强调并善于发挥数学在理论物理研究中的重要作用。杨振宁先生对于玻恩颇有好评，近年来对于笔者的研究也多有鼓励。基于如此种种，本章也收入关于杨振宁教授的两部分内容。

第三章科学思想研究部分，回溯了西方原子论的源头，以及其所蕴含的基本精神；对于玻恩提出和首先倡导的概率诠释以及可观察性原则的源流等等做了专门研究；针对国外学者的观点，以文献为依据分析了玻恩的政治倾向性；分析了玻恩的观点，包括但不局限于玻恩探讨了物理学有无终极理论、科学家对于两种文化的态度、科学家的科学史观、科学家如何看待哲学等问题。在笔者看来，科学家有直接介入科普工作的责任和义务，本章介绍了包括玻恩在内的若干著名科学家对这一问题的观点，并专门介绍、分析了玻恩的一本科普名著——《永不停息的宇宙》。

第四章通过若干作者用心选择的视角管窥我国科技状况，基于对玻恩学派以及德国物理学界的了解，揭示了有利于科学技术发生与发展的文化与制度的特质，同时尽己所能指出我们的文化、我们的科技教育与科技管理中存在的若干不利于科技发展之因素。阅读附一——"科学动

力学模型之我见"与附二——"阻碍法国科学发展的学界陋习之例证",
有利于具体而深入地理解第四章中笔者的若干观点。

笔者主持的这个研究项目所获资助的金额,无论对今天的自然科学
研究还是人文社会科学研究而言,都算不上巨大。但却是笔者截至目前
得到的最大的资助。正因为有此资助,笔者才能够去实现多年魂牵梦绕
的一个梦想——去剑桥大学阅读玻恩档案;正因为有此资助,笔者可以
购买一些需要的书籍;正因为有此资助,笔者作为一位收入低微的教授
(笔者过去在河北大学工作的几年里,与接触过的其他高校教授相比,
工资是最低的),能够参加一些学术会议;正是因为有此资助,作者这
几年才能心无旁骛地致力于做玻恩与玻恩学派研究。

回想这几年来却有诸多艰辛与无奈,笔者一头华发又白三成。课题
组一位研究物理学史的博士后去其他院校就职,并表示不再参与课题的
研究工作;还有两位同事或因为自己又申请课题或因为工作繁忙而无法
参与本项目之研究。笔者在宋史研究中心工作期间,所指导的学生不能
选择西方物理学史类题目做学位论文,况且他们对于物理或物理学史或
完全隔行或了解十分有限,因此都不能协助我开展与课题相关的研究工
作。事实上这几年只有马国芳老师在整理文献与整理访谈录音等方面对
课题有直接的参与。笔者在基本完成这一课题之时,得出一个结论:一
项为期3—4年的史学类研究项目,只要有充分的前期准备,一个人是
有可能完成研究工作的。截至2017年5月,标注国家自然科学基金面上
资助项目的文章,笔者已经发表30余篇,而且还有多篇会陆续发表。有
些著述发表后,曾得到同行的关注。笔者因此曾受杨振宁教授之邀,到
清华大学高等研究院做关于玻恩的讲座;还曾作为在大陆邀请的两位主
讲嘉宾之一,参加在台北东吴大学召开的两次台湾地区物理学史学术会
议,专门介绍对于玻恩的研究。在海峡彼岸学者发表的《物理学史研习
会侧记》中,笔者的玻恩研究工作深受好评。笔者还曾到北京科技大学、
佳木斯大学、南京信息工程大学等地做关于玻恩研究方面的学术报告,
介绍自己阶段性的研究成果。笔者这样普通高校的普通教授,得到较多

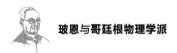

的学术研究资助实属不易。笔者非常感谢来自国家自然科学基金评审专家们的支持，扪心自问，欣慰的是自己觉得没有辜负大家的信任。

在本书即将出版之际，首先对笔者忘年好友秦克诚先生致以谢意。念及这些年来秦先生对笔者所做的玻恩研究之关切，笔者每每感动不已。戴念祖先生是我国物理学史界一个重要时代的核心代表人物，从年龄上说，戴先生长我二十余载；从学识上说，先生著述等身，著述既字斟句酌又汪洋恣肆，令我辈难尽睹其大观。然而戴先生平易近人又极其风趣幽默，与之交流让人毫无局促之感。近几年来在与戴先生交流过程中，无论看待学术研究还是对待人生之态度，笔者都深为前辈所感染与影响。本书稿既成，呈请戴先生批评指正。令笔者喜出望外的是先生竟欣然为之序。读罢序言，感动事小，虽已经习惯先生幽默的言词，但笔者仍然顿觉汗流浃背。且权将先生之谬赞视为对笔者鞭策、勉励与期待的一种特殊表达。笔者默发心愿：当自己入古稀之年，再读是书是序之时，希望不是懊悔驽马未奋蹄，而是能欣慰未辜负先生今日之激励。2017年秦先生步入杖朝之年，借此机会祝秦先生、也祝戴先生松年鹤寿，幸福绵长。笔者一直能感受到来自李晓岑、潜伟、胡化凯、萧玲等几位教授的关注和鼓励，借此机会向几位老师谨致弟子之礼。丁兆军（中国科技大学）、刘晓（中国科学院大学）、王洛印（哈尔滨工业大学）、刘培峰（南京信息工程大学）等年轻学者在笔者较为闭塞的"朋友圈"中作用与日俱增，他们不仅带给笔者更新鲜的学术气息，也带给笔者诸多理解与快乐，而这对笔者而言十分重要。最后感谢剑桥大学（Cambridge University）丘吉尔档案中心（Churchill Archives Centre）的阿兰（Allen Packwood）主任及该中心所有工作人员，没有诸位的帮助，2014年笔者无法前往那里专门研读玻恩档案；他们专业的工作态度令人钦佩。

目录

第一章
玻恩及其学派

　　马克斯·玻恩（Max Born，1882—1970）是20世纪著名的理论物理大师，1954年诺贝尔物理学奖获得者之一。阅读本书以及笔者2012年出版的《玻恩研究》一书，对他会有较为全面的了解。

　　对玻恩学派的含义有必要做些说明。玻恩在哥廷根大学做教授期间（1921—1933），组建的卓有成效的研究团队，后来被称为著名的哥廷根物理学派。但该学派不能简单称为哥廷根学派，因为在玻恩的物理学派在哥廷根出现之前，哥廷根学派专指哥廷根大学历史悠久而著名的数学学派。玻恩的学生、1963年获得诺贝尔物理学奖的玛利亚·戈佩特认为玻恩从1936年直至1953年荣休，在爱丁堡大学也创立了自己的学派。玻恩1919—1921年在法兰克福大学做教授时，其研究特点与教学方式，与他随后到哥廷根大学时相比，已经没有明显区别；而他1936年到爱丁堡大学做教授后，仍然以其独有的一贯方式在做学术研究与物理教学。因此将玻恩在不同时期、不同大学创立的学派统称玻恩学派没问题。有时特别强调玻恩的哥廷根物理学派的主要原因是，其一他这一时期缔造的学派最典型、最具有代表性、影响最大，其二这一时期是玻恩科研的高峰期。而这高峰期的出现，与玻恩当时的年龄以及理论物理学在这一时期具有极大的发展空间等密切相关，而不是此前玻恩的研究风格与教学方式不成熟，也不意味着玻恩到英国后放弃了原有的做法。而按照莫特和黄昆等人的看法，在20世纪固体物理尤其晶格动力学领域，还存在一个玻恩学派。因此如果按照玻恩工作的时期分，可以说有玻恩的法兰克福学派、玻恩的哥廷根学派、玻恩的爱丁堡学派；按照学科或研究领域分，有玻恩的量子力学学派、玻恩的晶格动力学学派、玻恩的液体研究学派等。综上所述，说只存在一个玻恩学派有根据，说存在多个玻恩学派也有道理。有时只提玻恩的哥廷根物理学派，既由于其贡献巨大，也由于它对玻恩而言极其特殊。

一、玻恩的人生小结

马克斯·玻恩自己有两本回忆性的著作（*My Life & My Views* 和 *My Life*），有一本由南希·格林斯潘（Nancy Thorndike Greenspan）撰写的传记（*The End of the Certain World*）。第一本书 [①] 篇幅小（中译本 111 页），是一本论文集，书中自传部分的篇幅更少（《我怎样成了一个物理学家》《作为一个物理学家我做了些什么》，两部分汉译本仅 9 页），而关于科学与社会等话题的论述较多，且包含 18 页的名为《符号与实在》的一篇文章。第二本书 [②] 是较为全面的回忆，但是断断续续前后拖延二十余年才完成，前一部分是 20 世纪 40 年代所写，后一部分的写作时间为 50 年代末至 60 年代初。托马斯·库恩（Thomas Samuel Kuhn）编撰量子物理档案文献团队因为迫切需要，经过诚恳请求，于 1961 年末或 1962 年初得到了玻恩所写回忆录中量子力学发展史部分手稿的复印件。经若干当事人和研究专家考证，确认基本事实客观无误，但由于时隔几乎四十余年，发现其中关于一些事件发生的具体时间存在较多记忆错误。第三本书 [③] 的作者，非专业作家、非科学家也不是科学史家。很可能与此相关，虽然难能可贵作者阅读了大量相关信函等一手文献资料，叙述主线清晰，但某些重要事件发生的具体时间模糊难定。

[①] Max Born. *My Life & My Views* [M]. New York：Charles Scribner's Sons，1968.

[②] Max Born. *My Life* [M]. London：Taylor & Francis Ltd.，1978.

[③] Nancy Thorndike Greenspan. *The End of the Certain World* [M]. London：John Wiley & Sons Ltd.，2005.

玻恩 1939 年成为英国皇家学会会员。2014 年笔者在收藏于剑桥大学丘吉尔学院档案中心的玻恩档案中，发现了应英国皇家学会要求，玻恩自己在若干既定条目下填写的一小本会员机密人事档案（Confidential Personal Records of Fellows of the Royal Society，插图为该文件之第一页）。该文件要求填写以下诸方面的信息：出生地、出生年月日；兄妹状况；父母双亲情况；自己婚姻状况；在科学、学术、公共服务或其他方面有特殊贡献的祖先和亲戚；子女状况；孙辈介绍；儿童时的环境影响和相关记忆；初高中学业；大学教育；研究生学习情况；在国外学习情况；更高学位；合作者；科学访问经历；研究、教学、管理等方面的职务；服兵役情况；社会荣誉、荣誉学位、奖学金、奖章、讲座与奖项；曾加入的科学组织；曾任哪些官方咨询机构成员；曾任什么科学出版物编辑；与科学工作、学术地位及皇家学会会员身份相关的附加信息；发表的科学出版物等等。

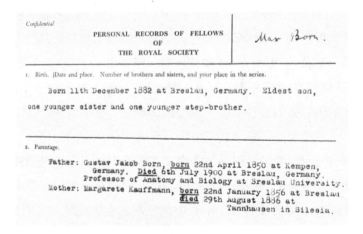

玻恩填写的英国皇家学会会员机密人事档案首页

玻恩按照要求认真填写了相关方面的详细内容和信息。基于该文件所要求的诸多方面，不难想象这是了解玻恩生平的重要文献资料。其中有些信息是前面提到的三个文献中所不具备的。在这份文件里，玻恩对于自己一生科学贡献的总结也与其他场合他的说法有所不同。此文件可谓玻恩对自己科学生涯的一次特殊总结，值得关注。中科大科学史与科技考古系硕士生厚望曾翻译了该文件的大部分内容，其后上海东华大学陶培培老师将其重新校正并全部（尤其德文部分）译为中文。本书首先基于这一文献资料，介绍玻恩对其一生的自我小结。该资料没有涵盖的时间段里的人与事（包括一些人的具体名字等），根据考证由其他文献中的零散信息予以补充。这对于准确了解玻恩一生的所作所为，将大有裨益。

1. 玻恩的家庭

玻恩的祖父马库斯·玻恩（Marcus Born），是一位医学博士，是被普鲁士任命为卫生官员的第一位犹太裔医官。在玻恩的自传体著作中，玻恩说祖父是第二位犹太裔医官。[①] 玻恩的父亲古斯塔夫·玻恩（Gustav Born），1850 年 4 月 22 日生于德国肯彭镇，1900 年 7 月 6 日在德国布雷斯劳去世，医学博士，曾任布雷斯劳大学的解剖学与生物学副教授，是知名的生物学家。他在受精卵和胚胎发育方面的研究，尤其他对器官形成关键决定性时刻的研究，是摩根（Thomas Hunt Morgan）和斯佩曼（Hans Spemann）等现代研究者的先驱。玻恩的母亲玛格丽特·考夫曼（Margarete Kauffmann），1856 年 1 月 22 日生于德国布雷斯劳，1886 年 8 月 29 日病逝于西里西亚的坦豪森。玛格丽特喜欢诗歌，有音乐天赋。

玻恩 1882 年 12 月 11 日生于布雷斯劳（现波兰的弗罗茨瓦夫市）。玻恩是家中长子，他有一个妹妹卡特（Käthe Born）和一个同父异母的弟弟沃尔夫冈（Wolfgang Born）。1913 年 8 月 2 日在德国柏林附近的格伦瑙，玻恩和玛莎·艾玛·海德薇格·艾伦伯格（Martha Hediwig Ehrenberg）结婚。玛莎 1891 年 12 月 14 日生于哥廷根。玻恩的岳父是哥廷根的法学教授维克多·艾伦伯格，岳母是海琳·阿加特。玻恩岳父是保险法方面的权威，参与并负责德国保险公司的组织和司法管辖。岳母的父亲鲁道夫·冯·耶林是那个时代法学的主要学者之一，他的妻子

---

① Max Born. *My Life*［M］. London：Taylor & Francis Ltd.，1978：14.

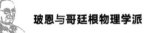

娘家姓弗罗利希，是马丁路德的直系后裔。

玻恩自己有三个孩子。大女儿艾琳·海琳·凯特·海德薇格，生于1914年5月25日。小女儿苏珊娜·玛格丽特，生于1915年11月28日。玻恩的儿子是古斯塔夫·鲁道夫·维克托，生于1921年7月29日，在牛津获得医学博士学位，后来成为伦敦著名的医学教授。玻恩的孙辈人丁兴旺，其中有著名的休·弗朗西斯·牛顿·约翰和罗娜·牛顿·约翰姐妹，是玻恩女儿的孩子，她们是著名的演员和著名的歌手。

玻恩四岁时母亲去世，从那时起他和妹妹由家庭女教师照顾。玻恩父亲1890年再婚，继母贝莎（Bertha）对玻恩兄妹非常好。玻恩父亲本人致力于科学研究，很早就培养玻恩观察自然事物和现象的爱好。他带玻恩去远足，向玻恩介绍各种植物并展示他自己的研究。但玻恩对父亲的显微镜等其他仪器设备而不是生物学研究更感兴趣。当年龄略长后，玻恩被允许旁听父亲和朋友的讨论。玻恩父亲的朋友中有一些是知名的科学家或医生：发现了淋球菌的皮肤学家阿尔伯特·奈瑟（Albert Neisser）、生理学家海登海因（Rudolf Peter Heidenhain）、病理学家魏格特（Karl Weigert）、撒尔佛散的发明者欧立希（Paul Ehrlich）等人。但是在这些人的讨论中几乎没有关于数学与物理学的话题。

2. 玻恩求学情况

1888—1892年玻恩就读于布雷斯劳的汪克尔预备学校。1892—1901年玻恩就读于布雷斯劳的康尼锡·威廉文科中学，这所学校开设较多人文课程，科学则处于次要位置。拉丁文、希腊文、德语是主课，然后是数学、历史等课程。学校有一位好的数学老师，是马胥凯博士（Dr. Maschke），他讲一些简单的物理学知识。这位老师比较欣赏玻恩，并让玻恩协助他做马可尼无线电报实验，这些实验当时刚为世人所知。玻恩在中学读书期间未曾获得奖学金及其他奖励。玻恩从进入大学到获得博士学位，曾先后在下面这些学校学习，其中SS代表夏季学期，WS代表冬季学期：

1901—1902	SS，WS	布雷斯劳大学
1902	SS	海德堡大学
1902—1903	WS	布雷斯劳大学
1903	SS	苏黎世联邦理工大学（瑞士）
1903—1904	WS	布雷斯劳大学
1904—1907	SS，WS	哥廷根大学

他听从父亲的建议，第一个学期在布雷斯劳选修了各门不同学科的课程，从动物学到抽象逻辑。但他的兴趣很快集中在了弗朗兹教授（Professor Franz）授课的天文学和伦敦教授（Professor London）授课的数学。被名师和大学城风光的魅力所吸引，玻恩按照德国的大学传统，有时从一个大学赶往另一个大学游学。在海德堡大学，玻恩听了柯尼希胥贝格尔（Königsberger）讲授的颇具启发性的微分几何课程，他是亥姆霍兹（Hermann von Helmholtz）和数学家雅可比（Carl Gustav Jocob Jacobi）的传记作者。在苏黎世大学听了胡威茨（Adolf Hurwitz）教授的椭圆函数课程。

在哥廷根大学，玻恩的老师有物理学教授伏格特（Woldemar Voigt），天文学教授史瓦西（Karl Schwarzschild），数学教授希尔伯特（David Hilbert）、克莱因（Felix Christian Klein）、闵可夫斯基（Hermann Minkowski）、隆格（Carl Runge）。玻恩以论文《弹性稳定性》获得了1906年哥廷根哲学学院奖，并以此为学位论文于1907年1月14日获得博士学位。玻恩一生还获得过一些其他学位：1927年获得布里斯托大学荣誉科学博士学位；1933年获得剑桥大学文学硕士学位；1948年获得法国波尔多大学荣誉理学博士学位；1954年获得牛津大学荣誉理学博士学位。

3. 玻恩博士毕业后的学习与研究

1907年4月玻恩来到剑桥大学，成为冈维尔与凯斯学院的高级进修生。玻恩来剑桥本想接近著名的汤姆逊（Joseph John Thomson），向他系统学习实验物理学，但未如愿。他参加了拉莫（J. Larmor）和汤姆逊的讲座以及西尔（Searle）的实验课，更多时间自己阅读吉布斯（Josiah Willard Gibbs）的统计物理学著作。1907 年 8 月玻恩回到德国，到家乡母校布雷斯劳大学，跟随鲁默（Otto Lummer）和普林斯亥姆（Ernst Pringsheim）从事有关热辐射的实验工作。期间接触到爱因斯坦的狭义相对论，开始了自己对相对论问题的独立研究。1909 年春天，玻恩收到闵可夫斯基合作研究相对论的邀请，回到哥廷根做其研究相对论的助手。不料闵可夫斯基几个月后去世，玻恩担任整理闵可夫斯基未完成的相对论方面的研究论文的工作。1909 年 10 月，玻恩获得大学任职资格，被任命为哥廷根大学物理无薪讲师。

4. 玻恩服兵役情况

1906 年 10 月玻恩被征召至德国军队，在柏林加尔达龙骑兵第二兵团服役。四个月后因健康问题（哮喘）退伍。第二年 10 月他又被征召，在布雷斯劳的骑兵团服役一个月，又因为相同的原因退伍。1914—1918 年的战争时期，玻恩先在空军担任无线电报员，然后在火炮管理部门从事声波测距研究工作，并被授予上尉军衔。

在这一部分玻恩明确写了这样一句话："我从没出版任何与科学无关的东西，也没有从事过任何在我的职业之外的社会活动。"

5. 玻恩担任的主要职务

玻恩 1915 年 4 月担任柏林大学理论物理副教授；1919 年 4 月担任法兰克福大学理论物理学院的正教授和主管；1921 年 4 月担任哥廷根大学理论物理学院的正教授和主管。1933 年希特勒掌权后玻恩被解职。当时哥廷根大学被解职或自动辞职的还有弗兰克（James Franck）、库朗（Richard Calrant）、外尔（Hermann Weyl）、伯恩斯坦（Jeremy Bernstein）、朗道（Lev Davidovich Landau）等教授。1933 年 10 月玻恩在剑桥获得文学硕士学位，并被任命为剑桥大学数学斯托克斯讲师。1936

年 10 月担任爱丁堡大学的自然哲学泰特讲习教授。在德国期间玻恩还曾于 1921—1923 年兼任《物理期刊》（莱比锡的希策尔出版社）的编辑。

6. 玻恩参加学会与科学组织情况

玻恩曾是以下学会或科学院的会员或院士，括号中是加入时间：哥廷根科学学会通讯会员（1920 年）、正式会员（1921 年）；普鲁士科学院通讯院士（1929 年）；苏联科学院荣誉院士（1934 年）；德国物理学会会员（1914 年，1933 年退会）；法兰克福物理学会会员（1919 年）；剑桥哲学学会院士（1933 年）；日内瓦物理与自然史学会荣誉会员（1936 年）；爱丁堡数学学会会员（1936 年）；印度科学院荣誉院士（1937 年）；罗马尼亚科学院荣誉院士（1937 年）；爱丁堡皇家学会会员（1937 年）；英国皇家学会会员（1939 年）；秘鲁科学院准院士（1939 年）；爱尔兰皇家科学院荣誉院士（1941 年）；丹麦皇家科学院院士（1947 年）；瑞典皇家科学院外籍院士（1952 年）；美国国家科学院外籍院士（1955 年）。

7. 玻恩的合作者

玻恩在哥廷根任讲师期间和冯·卡门（Theodore von Karman）共同研究了固体的比热容问题，这一研究工作是玻恩后来系统研究晶格动力学的起点。德国、俄国（苏联）、美国、英国、意大利、瑞典、挪威等国的很多理论物理学家都曾是玻恩的学生或合作者。玻恩自己罗列出了其中较杰出的人物。在德国期间玻恩的合作者有：贝克尔（Richard Becker）、狄拉克（Paul Dirac）、费米（Enrico Fermi）、福克（Vladimir Aleksandrovich Fock）、弗兰克、弗伦克尔（Yakov Frenkel）、伽莫夫（George Gamow）、格拉克（Walther Gerlach）、海森堡（Werner Karl Heisenberg）、海特勒（Walter Heinrich Heitler）、赫兹伯格（Gerhard Herzberg）、洪德（Friedrich Hund）、海勒拉丝（Egil Hylleraas）、约当（M. E. C. Jordan）、冯·卡门、肯布尔（Edwin Kemble）、朗德（Mtred

Landé）、伦敦（Fritz London）、迈耶（Mayer）以及玛利亚·戈佩特 –
迈耶（Maria Goeppert–Mayer）、莫特（Nevil Francis Mott）、冯·诺依
曼（John von Neumarin）、奥本海默（Julius Robert Oppenheimer）、泡利
（Wolfgang Ernst Pauli）、斯特恩（Otto Stern）、特勒（Edward Teller）、
沃勒（I. Waller）、韦斯科普夫（Victor Weisskopf）、维纳（Norbert Wie-
ner）、维格纳（Eugene Paul Wigner）。

在印度的合作者有：纳根德拉·纳特（Nagendra Nath）。

在英国期间玻恩的合作者有：福克斯（Klaus Fuchs）、菲尔特（R.
Fürth）、英费尔德（Leopold Infeld）、普莱斯（Maurice Pryce）、彭桓武、
程开甲、格林（Herbert Green）、杨立铭、黄昆。

8. 玻恩培养的博士

玻恩在哥廷根大学培养的博士有：G. 赫克曼（Heckman）、F. 洪德、
C. 赫尔曼（Hermann）、H. 施米克（Schmick）、L. 诺德海姆（Nordheim）、
W. 维塞尔（Wessel）、H. 康菲尔德（Kornteld）、P. 约当（Jordan）、P.
比尔兹（Bielz）、O. F. 博洛（Bollno）、H. 卜本策 – 罗兰（Bubenzer-
Rolan）、H. 克鲁那（Krüner）、J. 必穆勒（Biemüller）、J. J. 普拉辛提阿
奴（Placinteanu）、J.R. 奥本海默、W. 艾尔萨瑟（Elsasser）、V. 施梅林
（Schmaeling）、M. 德尔布吕克（Delbrück）、玛利亚·戈佩特 – 迈耶、M.
斯托布（Stobbe）、V. 韦斯科普夫、B. 桑卡尔·雷伊（Sankar Ray）、M.
布莱克曼（Blackman）等。

乌特勒支大学有位博士，名为 C. J. 布雷斯特（Brester），其论文是
在玻恩影响下完成于哥廷根大学。玻恩在剑桥大学指导过一位叫作 P. 外
斯（Weiss）的博士。

玻恩在爱丁堡大学带出的博士有：E. W. 可勒曼（Kellermann）、罗
摩·达尔·米斯拉（Misra）、B. 斯佩（Spain）、W. 海普纳（Hapner）、
彭桓武、S. C. 鲍尔（Power）、K. 沙吉森（Sarginson）、M. 布拉德伯恩
（Bradburn）、M. M. 戈夫（Gow）、R. W. 普林格尔（Pringle）、G. H. 贝格

比（Begbie）、D. K. C. 麦克唐纳（MacDonald）、H. S. 格林、H. M. J. 史密斯（Smith）、A. E. 罗德里格斯（Rodriguez）、N.K. 波普（Pope）、A. G. 麦克莱伦（Maclellan）、程开甲、杨立铭、A. A. 萨布里（Sabry）。初步统计玻恩培养的博士有四十几位。多数人获得的是哲学博士学位，而K. 福克斯获得了科学博士学位，彭桓武则既获得了哲学博士学位，又获得了科学博士学位。

9. 玻恩参加的科学交流与活动

1912年夏天玻恩受芝加哥大学物理学教授迈克尔逊（Albert Abraban Michelson）邀请，前往做关于相对论的系列讲座。期间玻恩在迈克尔逊的研究室较深入了解了光栅的实验工作。他曾到美国西部旅行，穿过加拿大前往加利福尼亚，再从亚利桑那州返回。1925年玻恩接受麻省理工学院的邀请，第二次来到美国。在那他做了关于“原子结构”和“晶格理论”的讲座。1928年玻恩参加了在苏联召开的物理学家大会，并和与会者共同旅行。从列宁格勒穿过莫斯科前往下诺夫哥罗德，然后登上去萨拉托夫的伏尔加河汽轮。1935年10月到1936年4月，玻恩是印度班加罗尔科学学院的客座教授，该学院当时的管理者是拉曼（Sir Chandrasekhura Venkata Raman）。在那里，玻恩曾去孟买、阿格拉、阿里格尔、德里等地讲学或旅游。1932年和1934年玻恩曾两次到巴黎的亨利·彭加勒学院讲学。玻恩是1927年科莫的伏打会议成员，还是同年索尔维会议成员。

10. 玻恩所获奖项与荣誉

玻恩一生获得的荣誉主要有：1936年获得剑桥大学颁发的斯托克斯奖章。1942年与H. L. D. 皮尤（Pugh）先生共同获得英国皇家工程师协会泰尔福特奖金。1945年与彭桓武共同获得爱丁堡皇家学会麦克杜格尔·布里斯班奖。1948年获得波尔多海军与殖民卫生学校奖章。1948年获得德国物理学会马克斯·普朗克奖章。1950年获得爱丁堡皇家学会冈

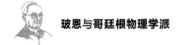

宁 - 维多利亚女皇登基五十周年奖。1950 年获伦敦皇家学会休斯奖章。1954 年与人分享诺贝尔物理学奖。1956 年荣获慕尼黑国际格罗齐乌斯奖金的格罗齐乌斯奖章，该奖宗旨是奖励对于国际法的传播有贡献者。

11. 玻恩对自己科研工作的评价

在这个文件中有一备注项，要求填写者对于自己的科学生涯与科学地位做出简要描述。在这一环节玻恩指出："我的研究工作最优秀的部分即是发现了以下公式：$pq-qp=\dfrac{h}{2\pi}l$，它是量子力学的基本对易法则。"接下来玻恩介绍了这一公式的发现过程。玻恩在其他著述中描述过他写出这一公式时自己情不自禁地兴奋与激动。但是称这个公式为其研究工作中的最优秀部分，目前发现仅此一次。玻恩去世后，这个公式镌刻在了他的墓碑上。

接下来玻恩说："我对于量子力学的另一个关键贡献是用统计的方法解释薛定谔波动方程中的波函数。我的解释基于两个不同的论证，即对绝热不变量的研究和对基本粒子间碰撞的一个波动力学表达。后一项工作在很多关于原子、电子、质子、中子、介子等粒子之间的碰撞现象的研究中被引用。"玻恩主要因为这一工作而与人分享了 1954 年的诺贝尔物理学奖。

在谈到自己工作对于科学界的其他影响，玻恩指出："在我其他的论文中，有一些对物理学（包括化学）的发展产生过影响。"这其中包括他在晶体方面的研究，以及这一研究对于热化学计算带来的方便。玻恩提到了自己在光学方面的一些研究，如从一般色散理论导出旋光性理论等等。

玻恩也提到了其职业生涯后期所主要关注的领域，以及自己所做的尝试："近些年，我对基本粒子理论的一些根本问题和困难非常感兴趣。我感到力图消除无限项（自能、零能等）的那些'规避'理论不能让我满意，因为它们不能解释实际观察到的那些粒子的存在。我从两个不同的方向尝试解决这个问题，一个是关于电磁场的非线性理论，另一个是互易法则，但都没有得到满意的结果。不过我相信这两个思路都包含了会被一个未来的完整理论揭示出的真理的一部分。"杨立铭读博与做博士后期间，是玻恩这一工作的重要合作者之一。①

在这个文件中，还附有截至 20 世纪 50 年代末玻恩发表、出版的全部著述的目录，以及玻恩指导过的博士生的学位论文题目。玻恩著述丰厚，指导的学生众多，这一部分篇幅较大，此处略过。玻恩对自己人生的这个特殊小结是高度浓缩的。本书即将其作为展示玻恩及其学派方方面面的引子或龙首，后续内容可以看作是对这个引子中提到的一些方面的详尽展开；或者，一如神龙在天，云蒸霞蔚，见首不见尾，而本书余下之大部即如拨云见日，描绘这条飞龙之全貌及若干重要的龙鳞纹理。

---

① 厚宇德，马青青. 玻恩对弟子杨立铭研究工作的高度评价 [J]. 大学物理，2016（4）：60—65.

二、大学时代的玻恩

1. 引言

在《玻恩研究》一书中，笔者写过这样一段话："一位科学家的世界观、专业能力及其在科学研究中体现出来的方法论特征等等，都是这位科学家在属于他自己的独特成长环境中形成的。包括孕育他的学术氛围在内的成长环境是考察、认识一位科学家最可靠的背景、参照物。或者说，科学家的成长经历是解读科学家人生的最可靠的基点，它有助于理解这位科学家为什么是这样而不是别样。马克斯·玻恩早年所受到的家庭影响与学校教育，与他的世界观以及他科学生涯中若干方法论特色的形成都有紧密的前因后果关系，追溯这一切是我们深入认识玻恩的必由之路。"①

本节主要关注玻恩进入大学后遇到的对他有重要影响的老师们以及这些老师对他的影响。由此可以看出他是如何一步一步由不自觉到自觉地走上物理学家这条职业道路的。玻恩《我的一生和我的观点》一书的第一章的题目就是《我怎样成了一位物理学家》② 。本书所述在一些方面较之更为详尽，提到了玻恩未曾提及的若干细节。有兴趣的读者可以两相对照以增加了解。

---

① 厚宇德. 玻恩研究 [M]. 北京：人民出版社，2012：3.

② Max Born. *My Life & My Views* [M]. New York：Charles Scribner's Sons, 1968：15—27.

2. 玻恩在布雷斯劳大学

玻恩自幼患有严重的哮喘病，不能接受正常的学校教育，一段时间里由一名家庭教师负责对他的教育。玻恩认为这进一步使他形成了恐惧与人交际的心理。由于家庭教育与学校教育没有很好对接等原因，一直到中学毕业，玻恩的学习成绩都乏善可陈。作为一位著名生物学家，父亲告诫玻恩上大学后不要急于确定专业，而是选修大量的课程，以发现自己的真正兴趣与天赋所在。1901年玻恩进入父亲曾任教的家乡高校布雷斯劳大学。在玻恩父亲昔日助手拉赫曼博士（Dr. Lachmann）的引导下，玻恩选修了数学、天文学、物理学、化学、生物学、哲学等众多课程。在拉赫曼的劝说下，玻恩不假思索即放弃成为外祖父家族企业管理者的机会，也放弃了自己最初想成为工程师的愿望，决定一生以从事科学研究为业。他的主要精力逐渐集中于专攻数学。玻恩自己说，在布雷斯劳的四个学期，他打下了坚实的数学基础。

在布雷斯劳大学的老师中，给玻恩留下深刻印象的有数学教授罗桑斯（Professor Rosanes）。玻恩从他这里主要学到了解析几何，包括矩阵知识和基础群论在内的高等代数。玻恩后来依靠这些知识建立了矩阵力学，每次提及这些玻恩都感念罗桑斯教授。[①] 玻恩还听了布雷斯劳的另外一位数学教授伦敦（Professor London）的微积分导论和分析力学等课程。玻恩说伦敦很聪明，是一位头脑清晰的老师。[②]

布雷斯劳大学的物理学教授是维克多·埃米尔·迈耶（Victor Emil Meyer）。玻恩听到的是迈耶教授教学生涯最后一个学期的物理课。老教授身体不好，可能是精力不足的缘故，他的理论课枯燥无味，物理实验课则几乎没有成功过。迈耶退休后接任他教职的竟然是一位名为恩斯特·诺依曼（Ernst Neumann）的年轻数学家，玻恩很快即放弃去听他的

---

① Max Born. *My Life & My Views* [M]. New York：Charles Scribner's Sons，1968：17.

② Max Born. *My Life* [M]. London：Taylor & Francis Ltd.，1978：52—53.

物理课。直到第四学期和第六学期，玻恩才感觉这位物理老师在实用物理学和热力学等领域的讲座好了许多。

玻恩说布雷斯劳的化学教授拉登伯格（Professor Ladenburg）是一位好老师，他的课给玻恩留下了深刻印象，但是玻恩觉得自己不适合学习化学。[①] 化学课要记住很多缺乏系统性的事实，玻恩难以做到。玻恩对与宇宙有关的一些问题有兴趣，因而热情地选修天文学，但是布雷斯劳天文学法朗兹教授（Professor Franz）的天文学课，几乎不涉及玻恩感兴趣的宇宙学重大问题。不过这门课程要求用心运用仪器，准确读数，学会消除误差的测量以及精确的计算，这一切足以吸引玻恩。玻恩一度曾产生毕生致力于天文学研究的念头，他最后因为自己数字计算能力不强而打消了这一念头。[②] 玻恩说他在布雷斯劳选修的所有课程中，哲学是最令他失望的。玻恩将哲学家与数学家相互比较，他觉得哲学家在研究问题时缺乏数学家的谨慎与经验，哲学家自鸣得意地冒险，却对自己将遭遇的危险一无所知。因此，玻恩虽然喜欢思考一些哲学问题，但是他对于哲学家以及哲学家的思想体系，总体持怀疑态度。[③]

3. 玻恩在海德堡大学与苏黎世联邦理工大学

德国的大学允许学生到不同的学校游学、选修课程。学生们或者为了寻找名师，或者为其他城市的风土人情等所吸引，从一个城市到另外一个城市去完成自己的学业。1902 年的夏季学期（一般指每年的三四月到九十月的学期）玻恩来到了海德堡大学。玻恩在海德堡大学选修了老教授奎因克（Quincke）的物理课。但是很不走运的是玻恩发现这位教授的物理课几乎与布雷斯劳大学迈耶教授的物理课一样枯燥，学不到东西。玻恩感觉海德堡的柯尼希胥贝格尔是位热情而有活力的数学老师，他的微分几何课程比奎因克的物理课好得多。玻恩在海德堡还选修了库

---

① Max Born. *My Life* [M]. London: Taylor & Francis Ltd., 1978: 51—52.

② Max Born. *My Life* [M]. London: Taylor & Francis Ltd., 1978: 54—55.

③ Max Born. *My Life* [M]. London: Taylor & Francis Ltd., 1978: 53.

诺·费雪（Kuno Ficher）的现代哲学史课程，这门课开阔了玻恩的哲学视野。库诺·费雪一度几乎让玻恩改变了对于哲学评价不高的看法。然而这位教授的一个不断重复的教学特点再次使玻恩远离哲学：当他讲完一个哲学体系后，一定指出它的缺点和不足，然后将接着要讲的哲学体系描述为智慧的高峰。

1903 年的夏季学期，玻恩来到了瑞士的苏黎世联邦理工大学学习。玻恩是因为仰慕一位数学教授的名气而来到苏黎世的，这位教授是著名数学家胡威茨（Adolf Hurwitz，1859—1919）。胡威茨是位才华横溢的数学家，玻恩听了胡威茨的椭圆函数课程，认为胡威茨的课是截至目前他听到的最好的数学课程。在苏黎世玻恩还听了数学教授布克哈特（Heinrich Burkhardt）的傅里叶分析。玻恩说布克哈特这门课讲得清楚而有趣。在这门课上，玻恩学到正交函数知识，这对于他后期研究物理学很有帮助。玻恩还听了厄尔弗尔（Wolfer）的天文课，但因为课程枯燥而放弃。

4. 玻恩在哥廷根大学

在听过胡威茨的课后，布雷斯劳大学的课程无法再令玻恩满意。他听说在德国只有哥廷根大学才有胡威茨那样高水平的课程，于是 1904 年玻恩来到了哥廷根大学。在哥廷根大学读书期间，对于玻恩影响较大的是数学教授希尔伯特、克莱因、闵可夫斯基，应用数学教授隆格，以及物理学教授伏格特等人。本书其后《哥廷根物理学派先驱人物述要》部分，将详述相关内容。读者可以去那里了解更多相关内容。

玻恩来哥廷根时带着继母写给闵可夫斯基的一封介绍信。闵可夫斯基是玻恩继母的同乡，因此玻恩自然与闵可夫斯基关系很好。他说：闵可夫斯基"是我伟大的朋友，并对我的科学发展具有重大的影响。"[1] 玻恩选修了闵可夫斯基两门课，一门是线与球的几何学，另一门为拓扑学。

---

① Max Born. *My Life* [M]. London：Taylor & Francis Ltd.，1978：82.

　　然而在哥廷根与玻恩建立更密切关系、对玻恩影响更大的人却是希尔伯特。希尔伯特发现玻恩的课堂笔记记录得好，就让玻恩做他的私人助手，从此玻恩每天都与希尔伯特见面。希尔伯特是哥廷根几位数学教授中对玻恩影响最大的人。玻恩曾概括地说：在哥廷根期间，"我集中精力学习数学和物理学，这两个学科的代表人物是希尔伯特和伏格特。"① 玻恩喜欢希尔伯特的每一门课程，他说："希尔伯特的每门课程都能带领（听者）进入新的疆域"。② 希尔伯特作为一流数学家，还开设一些用数学方法讨论和解决物理问题的课程，如气体动力学理论。玻恩在希尔伯特的课堂不仅学到了广博而实用的高深数学知识，还熟悉了用数学解决物理问题的一些方法。不仅如此，由于希尔伯特与闵可夫斯基在到哥廷根任职之前就是好友，二人在哥廷根经常边散步边讨论各种问题，玻恩成为了他们散步与谈话中的第三位成员。这对于玻恩的思想有重要影响，他曾说：两位数学家看待世界的方式给他留下了深刻印象："我从他们那里不仅学到了那时最先进的数学，并且还学到了一种更重要的东西，那就是对社会和国家传统制度的批判态度，这是我一生始终都坚持着的。"③

　　到了给玻恩博士论文题目的时候，希尔伯特建议玻恩证明贝塞尔函数的超越特性。玻恩思考了较长时间，但是找不到解决这个问题的思路。于是他沮丧地告诉希尔伯特，他发现自己不具备成为一流数学家的天赋，因此他决定告别纯粹数学研究。在玻恩 20 世纪 40 年代撰写的回忆录中，他说希尔伯特听后大笑，但是鼓励玻恩不要灰心，他自己年轻时也有类似经历。1962 年 10 月 18 日在接受托马斯·库恩的采访时，玻恩对希尔伯特当时的反应，回忆有所不同，希尔伯特笑着说："噢，显然，你更适合做物理，你应该集中精力在这一领域。"据此玻恩认为，

---

① Max Born. *My Life* [M]. London：Taylor & Francis Ltd.，1978：81.

② Max Born. *My Life* [M]. London：Taylor & Francis Ltd.，1978：83.

③ Max Born. *My Life & My Views* [M]. New York：Charles Scribner's Sons，1968：19.

在走向物理学的道路上希尔伯特对他起到了一定的推动作用。[1] 因为希尔伯特与玻恩关系密切，因此两种说法可能都是事实，只是在玻恩40年代的回忆著作中略去了部分而已。当时完全有可能希尔伯特向玻恩表述了这样的意思：解决数学问题时偶尔束手无策是正常的，他自己也曾经如此，因此玻恩的遭遇不足以说明玻恩不能成为优秀数学家；但是在他看来玻恩物理天赋更加出色。

当时哥廷根的数学系与物理系等都隶属于哲学学院。在物理学方面，伏格特开设了理论物理领域的几乎全部课程，这些课程对于玻恩在科学方面的发展有相当大的影响。伏格特是玻恩接受高等教育期间给予玻恩规范而专业物理学教育的唯一教授。1962年玻恩回忆伏格特时说："现在伏格特基本上被人忘记了，但是我认为他是一个很重要的人。他事实上是第一个在研究中系统应用群论思想的人。他关于晶体物理的著作我还保留在这里，这些书按照空间群的特性等予以系统分类。我想这是了不起的功绩。我听了他多门课程，多数我已经忘记了，但是有一门还记得，那是他的光学课。我们亲手做了光的衍射等全部基础光学实验，这是精心准备的非常好的课程。每个实验都有一张解释说明书，学生要填写表格，确定哪个实验做过了并记录测量的数据等等。……我在那里学到了很多。这是我一生中仅有的直接参与光学实验的经历；这也是为什么我能写两本大部头光学教科书的原因，从那之后我再没有碰光学实验，我为此一直感到羞愧。"[1]

在哥廷根大学读书时，玻恩深入接触过现象学大师胡塞尔（Edmund Gustav Albrecht Husserl）的哲学课，但是并未改变玻恩对于哲学的一贯看法。比较而言玻恩更能接受康德的哲学而不是胡塞尔的哲学。玻恩在一生的各个时期都不同程度地关注哲学。在研究物理学问题时，玻

---

[1] Thomas S. Kuhn, John L. Heilbron, Paul Forman, Lini Allen. *Archives for the History of Quantum Physics* [微型胶卷]. Philadelphia：The American Philosophical Society Independence Square, 1967, E1 Reel 1.（此文献为全球只有19套的300余盘微型胶卷，比较珍贵，且内容特别多，因此保留文献原格式。）

恩强调数学的重要性，但是在晚年他也承认哲学对他有帮助。他的哲学基础知识和哲学素养，是他退休后研究物理学哲学问题的基础。

那时的哥廷根以数学最为著名，几位数学教授中，克莱因是最年长的老资格。玻恩不喜欢克莱因的课，选了两门课也经常逃课。但是玻恩还是在不经意选听的克莱因一门弹性讨论研究课上没有逃过去。他本想随便听听而已，但是这门课里研究和报告弹性系统稳定性问题的任务落在了玻恩头上。他利用从希尔伯特变量微积分课程中的最小值方法，推导出了问题的通解，然后作了报告。他以为就此完事大吉了，然后回布雷斯劳去过 1905 年的复活节。没想到克莱因来函要他继续研究，争取参加具有很高声誉的哲学学院每年一次的科研奖竞选。玻恩其一与克莱因感情比较疏离，其二当时对于这类问题还缺乏兴趣，于是他回函拒绝了克莱因的建议。当玻恩听说克莱因为此大为光火，而主动接近克莱因想化解矛盾时，克莱因却不原谅玻恩，甚至拒绝做玻恩的博士论文指导教师。玻恩和朋友们商量后觉得他不做纯粹数学研究，只能请另外一位应用数学家隆格做博导。隆格答应了玻恩的请求。有趣的是玻恩没有选择其他感兴趣的题目，而是进一步一个人完成了对于克莱因弹性学课程上的那个问题的实验验证。凭借这一研究成果他摘得 1906 年哲学学院奖，并得到了博士学位。按照当时的规范要求，玻恩博士答辩时，除了博导隆格外还要有另外两个答辩专家，他们是希尔伯特和伏格特。

在玻恩进行博士论文研究时，他晚上进一步研究理论，并思考如何通过实验直观验证它，白天自己动手画图设计实验装置，自己做实验自己测量。当一切如愿以偿时，他体会到了物理研究的特殊愉悦。这个时候他逐渐明确了成为物理学家的想法。在博士毕业之后他短期服兵役，1907 年 4 月玻恩来到了英国剑桥大学，希望向汤姆逊学习实验物理学。但是由于语言等问题，他此行未能如愿以偿。回到布雷斯劳后，玻恩与布雷斯劳大学的几位物理学家接触，继续努力争取走向物理学家之路。这时他听说了爱因斯坦的狭义相对论，并开始了自己在这一领域的独立研究。对于相对论有深入研究的闵可夫斯基获悉玻恩的研究成果后，致函邀请玻恩回哥廷根做自己研究相对论的助手。虽然玻恩回到哥廷根不久，1909 年初闵可夫斯基即英年早逝，但是这并未影响玻恩还是在此获得做物理学讲师的资格。1909 年 10 月，玻恩正式开始了自己在哥廷根大学的物理学教师的职业生涯。

　　玻恩在几年的大学学习时期，一直对数学有较大兴趣；也曾对天文学有兴趣，一度产生过以研究天文学为业的想法。他做数学博士论文做不下去之后，才逐渐意识到自己应该做一位物理学家。这期间，玻恩从布雷斯劳的罗桑斯教授、苏黎世的胡威茨教授、哥廷根大学的希尔伯特、闵可夫斯基等几位一流世界级数学家的课堂学到了高深的数学知识。在物理方面，玻恩通过听伏格特教授的全部课程，打下了良好的物理学基础。而在克莱因的讨论研究课上，歪打正着获得了用数学手段结合实验研究解决物理问题的博士论文题目。解决问题的数学工具则是来自于希尔伯特的课堂。玻恩完成博士学业后，闵可夫斯基在生命的最后一段时间为玻恩提供了重返哥廷根、成为物理学讲师的机会，帮他最终走上了成为伟大理论物理学家的人生道路。此前一直广开视野、凭兴趣而学的玻恩，沐浴于哥廷根大学数学与物理交融的特殊学术氛围，终于成为了一个特殊的物理学人才。如果不是克莱因、希尔伯特、闵可夫斯基这些哥廷根一流的数学家格外对于物理学等应用科学具有浓厚的兴趣，玻恩可能只会成为一位纯粹数学家。正因为这些数学家密切关注物理学，并且团队里还有伏格特等出色的物理学家，才使得玻恩在学习数学的同时有机会加强物理学习。而如果玻恩像当时很多其他物理学家那样，在单纯的物理学团队中学习、成长，他就不会拥有他在哥廷根大学数学系学到的高深的数学知识。在量子力学诞生 90 周年后的今天看来，玻恩特殊的知识结构，俨然是上苍为量子力学的诞生而造就！

　　1921 年玻恩与弗兰克成为了哥廷根大学物理学的新领袖，很快他们就把哥廷根建设成了一个有影响的世界物理学中心。希尔伯特曾在写给库朗的信中说："弗兰克＋玻恩是所能想到的德拜［德拜（Peter Joseph Wilhelm Debye）是哥廷根大学玻恩的前任物理教授。——笔者注］的最好替代，我非常高兴这种安排，我们感谢玻恩的干劲。"① 而玻恩与希尔伯特的关系，一如既往地友好而亲近。

玻恩回到哥廷根做教授后，也曾去看望克莱因，他发现克莱因已经衰老，但是仍关注数学和科学界发生的一切事物，甚至读过玻恩在法兰克福大学做教授期间撰写的关于相对论的书。

5. 余论

这类事件史上常见：有的人本想做医生最后却成为了作家；有的人想学应用类技术最后却成为了理论物理学家……玻恩最早想做工程师，在拉赫曼博士的引导下决定投身科学事业，但是很长时间他没有具体的明确目标。读博士时他要成为数学家，但是希尔伯特的博士论文题目又使他放弃了成为数学家的理想。

玻恩成为 20 世纪一位理论物理学大师，有时代的巧合。如果不是物理学发展到了需要高深数学才能建立量子力学的时代，玻恩的自身优势和重要性就不会特别明显。20 世纪 20 年代的物理学需要一个玻恩这样能够推动其发展的人物。如果没有马克斯·玻恩，也会有另一个类似的人出现并担此重任。如此看来玻恩的出现顺应了 20 世纪物理学发展的必然性和大趋势的需要。但玻恩走上物理学家的道路也有很多偶然和意外。例如，他为获得物理教师资格而做的第一次报告因为克莱因不客观的否定而失败。这时他产生了放弃成为物理学家的念头。如果不是他的博导隆格等人耐心劝玻恩不要放弃、再试一次，玻恩就不会获得物理讲师的教职。再如，若不是玻恩在哥廷根终于遇见了伏格特这样一位优秀物理学家，玻恩也难以获得足以支撑他成为物理学

---

① 康斯坦丝·瑞德. 库朗——一位数学家的双城记［M］. 胡复，赵慧琪，杨懿梅，译. 上海：东方出版中心，2002：103.

家的专业积淀。

在这些必然与偶然之外，一些事实值得今天有责任心的教师与有追求的学子留意：在自己的目标不明确时，玻恩采取的方法是广开视角、多领域接触，在接触各个学科与众多教授时，根据自己是否有兴趣而决定继续或放弃学习；在即使明确学习数学后，当发现自己的能力不足以成为一流数学家时，他没有过多烦恼、哀怨和丧失上进心，而是主动果断放弃，然后去寻找更适合发挥自己天赋的领域。玻恩的做法值得借鉴和学习。

玻恩在没有明确想要成为物理学家时学的知识，似乎繁杂毫无目的性，但从后期的情况看，这些知识几乎没有一点是多余的：他认为学习哲学意义不大，他一生中（尤其早期）对于哲学家的工作方式以及思想都持怀疑态度，但是他晚年承认，他学习的大量哲学知识对于他后来的研究还是发挥了应有的作用；他学习包括矩阵知识的高等代数时，完全无法预料几十年后这会成为他建立矩阵力学体系的利器；在跟伏格特学习晶体物理时，他还没有想成为物理学家，但后来他成为晶格动力学领域的巨擘；他和伏格特一起做大量光学实验时，也没想过后来他会写光学教科书并且其被同行称为光学领域的圣经。玻恩在职业目标不明确时的一些理智而踏实的做法值得今天的老师介绍给迷茫的青年，值得迷茫的青年用心体味、学习。

三、玻恩的性格与命运

1. 引言

了解足够多科学家的生平事迹后，常让人有这样的感慨：这样的事情除了这个人谁还做得来？这个人不这样还能怎样？性格即命运的说法过于绝对，但仍有其合理性。科学学奠基人贝尔纳（John Desmond Bernal）认为对科学家的个体心理分析是科学学最基础性的研究范畴："科学是科学家从事的劳动。个体心理学和个体行动的方式是科学学（研究）的最基础的一级。"① 换个视角，这是对个体心理学研究重要性的充分肯定。

马克斯·玻恩的性格特点曾引起人们的特别关注，但众说纷纭。马丁·克莱恩（Martin J. Klein）说："爱因斯坦当然是独一无二的，玻尔无论在哪里，理论物理之父的名号都非他莫属，狄拉克的独特方式与出众天赋，泡利的深刻而伤人，这些已经成为45年来物理学家故事的基础。但是很明显玻恩不是这些有五花八门个人魅力中的一个。"② J.L.海耳布朗读了玻恩的回忆录后，认为玻恩是"正直、努力工作但缺乏幽默感的人"。③ 1962年3月5日，托马斯·库恩、J.L.海耳布朗午餐时与朗德（朗德与玻恩有过多年的合作和密切联系）谈起了玻恩，之后库恩、海耳布

---

① J. D. 贝尔纳. 科学的社会功能［M］. 陈体芳，译. 北京：商务印书馆，1982：19.

② Martin J. Klein. *Max Born on His Vocation*［J］. Science，New Series，1970，169（3943）：360.

③ J. L. Heilbron. *Max Born*［J］. Science，New Series，1979，204（4394）：741.

朗将谈话内容做了记录，其中与玻恩性格有关的有这样的描述："当朗德刚认识玻恩时，玻恩是快乐的、诙谐幽默的，在职业与经济方面是有保障的（家庭财富）。然而在专业上野心勃勃，如果有三个月他写不出重要的文章，他就情绪低落泄气。"后来，"玻恩完全改变了，再无一点幽默感。"①

有人说玻恩固执己见。1953 年玻恩在爱丁堡大学退休，有热心人组织出版了纪念文集。其中包括爱因斯坦的一篇文章——《关于量子力学基础的解释的基本见解》。此文成为了导火索，从 1953 年 10 月起，二人你来我往通过书信展开了激烈的争论。1954 年泡利不得不出面充当和事佬。在这年 3 月 31 日的信中，泡利对玻恩说：爱因斯坦"完全没有生你的气，而只是说你是一个不愿听别人意见的人。"而泡利也说明爱因斯坦的这一看法"同我自己的印象是一致的"。② 还有人认为玻恩情绪阴晴多变。玻恩暂居剑桥大学时的研究助手英费尔德曾说，玻恩的情绪常在两个极端之间变化：当有了新主意时非常开心，而一旦新主意不成功就深陷沮丧。玻恩自己认为英费尔德的描写非常正确。③

通过玻恩对人对事的态度，我们可以对他的性格有更深的认识。

2. 玻恩评价泡利时的"虚伪"

泡利在慕尼黑大学物理教授索末菲指导下获得博士学位后，即到哥廷根给玻恩做助手。那段时间玻恩的哮喘病常发作。在 1921 年 10 月 21 日致爱因斯坦的信中，玻恩描述了哮喘病给他的折磨。提到泡利时玻恩说："现在泡利在给我做助教，他是一个聪明得令人吃惊的能干的年轻

---

① Thomas S. Kuhn, John L. Heilbron, Paul Forman, Lini Allen. *Archives for the History of Quantum Physics*［微型胶卷］. Philadelphia：The American Philosophical Society Independence Square，1967，E1 Reel 7.

② 许良英、李宝恒、赵中立，等. 爱因斯坦文集：第一卷［M］. 北京：商务印书馆，2010：824.

③ Max Born. *My Life*［M］. London：Taylor & Francis Ltd.，1978：267.

人。"① 在 1921 年 11 月 29 日致爱因斯坦的信中，玻恩再次描述了哮喘给他带来的痛苦，提到泡利时他说："泡利在替我授课，尽管他才 21 岁，但看起来做得很好。"② 这两封信一定给爱因斯坦这样的印象：泡利是一位聪明能干、讨人喜欢、非常称职的助教。然而在晚年编辑与爱因斯坦之间的书信时，玻恩承认："我关于'年轻的泡利'说的话不是很全面的。我似乎记得他惯于晚起，以至于不止一次耽误了上午 11 点开始的课程。"③ 玻恩在自己的回忆录中进一步肯定了泡利作为助教不甚称职的事实："我那阵子经常哮喘病发作，时常不得不躺在床上 1—2 天。因此泡利就得代我授课。课程从 11 点到中午 12 点，但是他常把上课的事忘掉……"④ 在回忆海森堡时，玻恩再次提到泡利，认为做助教海森堡比泡利认真得多。

可见在写给爱因斯坦的信中玻恩对于泡利表现的描述是部分失实的。玻恩这样"虚伪"地说谎，可能出于两方面考虑：其一不想让爱因斯坦形成对于泡利不好的印象；其二让老朋友不必过于担心，病榻上的玻恩有一个优秀的助手在协助其工作。但无论出于什么考虑，这件事说明，玻恩并不是书呆子，他善于为人着想，为此不惜"说谎"。

3. 玻恩叙述奥本海默当年表现时的"世故"言辞

1964 年为纪念美国原子弹之父、著名物理学家奥本海默的 60 岁寿辰，有人组织出版纪念文集。组织者自然想到邀请奥本海默博士学位指导老师玻恩为此活动撰文。此时玻恩年事已高（82 岁），无法按照惯例撰写过于专业的文章，但他还是给奥本海默寄来一封贺信。玻恩在信⑤中说了这样的一些话：

---

① Max Born. *The Born-Einstein Letters* [M]. London：The Macmillan Press Ltd., 1971：56.

② Max Born. *The Born-Einstein Letters* [M]. London：The Macmillan Press Ltd., 1971：59—60.

③ Max Born. *The Born-Einstein Letters* [M]. London：The Macmillan Press Ltd., 1971：61.

④ Max Born. *My Life* [M]. London：Taylor & Francis Ltd., 1978：212.

⑤ Max Born. *Max Born to Robert Oppenheimer* [J]. Rev. Mod. Phys., 1964, 36（2）：509.

1926 年关于量子力学的几篇文章刚发表后，你加入了哥廷根大学我的系部。那是令人激动和愉快的时期。有很多杰出的年轻人基于这一新方法开展研究工作。能跟上他们的步伐对我而言是困难的。如果他们中的一些人有点让我这个教授失去耐心的话，在我的回忆中，与你的合作只有快乐。……从 1926 年（此处玻恩回忆有误，奥本海默 1927 年获得博士学位。——笔者注）以后我没有再见到你。当我局限于大学校园内小天地的生活时，你成为了历史事件的引领者。我满怀兴趣和同情（sympathy）关注你影响着大众的职业生涯，不仅仅因为你被证明是有能力的领导者和高效率的管理者；还因为，我觉得你背负着对于个体而言过于沉重的社会责任心。……这不是切入这些问题的场合。现在你又回归学院生活已经多年，开始纯科学研究并又取得了成就。祝愿未来有很多幸福而一帆风顺的岁月属于你。

如果仅从这封信来看，奥本海默当年是讨玻恩喜欢的一位好弟子，而实际上奥本海默当时是给玻恩制造麻烦、最令玻恩头疼的学生。奥本海默 1926 年下半年来到哥廷根，1927 年上半年他就获得博士学位离开了哥廷根。奥本海默的到来给玻恩教授和其他学生带来了一些麻烦。玻恩自己在回忆录中对此有这样的回忆 [1]：

奥本海默让我很为难。他很有天赋，他能意识到自己的优势，但后果是他令人别扭，一定意义上也造成了麻烦。在我的量子力学常规讨论班上，他经常打断发言者，不管是谁，我也不例外。而且他还走到黑板前，拿起粉笔宣布："用这种方法，这样做会好许多……"我觉得别的学员不喜欢课堂经常性

---

① Max Born. *My Life* [M]. London：Taylor & Francis Ltd.，1978：229.

被打断和更正。不久他们开始抱怨。但我有点怕奥本海默，于是半认真地试图制止他，但不成功。最后我接到一份书面呼吁书。我想玛利亚·戈佩特（即后来的迈耶夫人）是这封信的策划者……他们交给我一张像是羊皮纸的东西，按中世纪公文的格调威胁说，如果这种插话不停止，他们就要抵制这个讨论班。我不知道如何是好。最后我把这份呼吁书放在我的讲桌上。这样等奥本海默和我一起讨论他的论文的进展时，没法看不到它。为了做得稳妥一些，（他来时）我安排别人把我叫出去几分钟。这个计谋奏效了。当我回来时，见他脸色很苍白，也不再像往常那样多说话，而课堂讨论时他的插话也就随之停止了。但我担心这让他感到被严重冒犯了，尽管他从来没有表示出来。临走前他送我一件贵重的礼物——一本第一版的拉格朗日《分析力学》，这本书我至今还保存着。从第二次世界大战结束，我再没有收到访问美国，特别是去普林斯顿的邀请。当时，各种身份的理论物理学家都在普林斯顿高级研究所待过一段时间，而奥本海默是这个研究所的所长（奥本海默 1947 年被任命为普林斯顿高级研究所所长。——笔者注）。这只是一种猜想，很可能他的权势和怨恨并没我想象的这么大。他们怠慢我的原因也许出于众所周知的事实，即我反对原子武器，指责那些制造原子武器的人。

一定意义上这件事成了学界的一件轶事。玻恩的回忆是不是准确呢？库恩 1962 年 2 月 20 日采访玛利亚·戈佩特即迈耶夫人时，曾向她求证这一故事的真实性："关于奥本海默的故事是真的吗？"迈耶夫人的回答 ① 十分耐人寻味：

---

① Thomas S. Kuhn, John L. Heilbron, Paul Forman, Lini Allen. *Archives for the History of Quantum Physics*［微型胶卷］. Philadelphia：The American Philosophical Society Independence Square, 1967, E1 Reel 4.

　　我不记得了。这是一个可爱的故事，可能是真的。哦，它可能真实，但是我不确定是我策划了它。我不记得了，但是如果那时我是一名学生，当然我可能策划了它……但是无论如何保留下这个故事，这是一个美好的故事。

玻恩说自己"有点怕"奥本海默，不仅仅因为上课这一件事。年轻气盛的奥本海默在其他场合也对玻恩缺乏敬重。玻恩叙述过另一件事[①]：

　　当我写好论述电子和氢原子碰撞的论文后，我把它交给奥本海默以便让他校对一下其中的计算。他把文章带了回来说："我一点错都没找到，——这真是你单独写的吗？"这句话以及他脸上表现出来的惊讶是情有可原的。因为我从来不擅于做冗长的计算，常常会出一些笨拙的错误，我的学生们都知道。但罗伯特·奥本海默是唯一具有足够的直率和鲁莽而不是出于玩笑敢于说出来的人。我并未觉得受到了冒犯，实际上它使我更加尊重他的这一突出个性了。

有证据表明，玻恩对奥本海默不仅仅是"有点怕"而是很惧怕。奥本海默博士毕业后到荷兰在艾伦费斯特（Paul Ehrenfest）手下做了一段时间的研究工作。一次，艾伦费斯特写信给玻恩，提到奥本海默要回访哥廷根。玻恩对此反应强烈，他在给艾伦费斯特的回信中说："他要再次出现在我面前的想法让我颤抖。"[②]从玻恩的反应可以感受奥本海默当时给玻恩带来了多大的烦恼和压力。

奥本海默的行为还曾令晚年的玻恩大为光火。南希·格林斯潘在玻

---

①　Max Born. *My Life*［M］. London：Taylor & Francis Ltd.，1978：233—234.

②　Nancy Thorndike Greenspan. *The End of the Certain World*［M］. London：John Wiley & Sons，Ltd.，2005：153.

恩传记的序言里提到，1953 年奥本海默曾在英国 BBC（英国广播公司）做过多次关于量子力学建立过程的系列报告，玻恩很认真地收听了。但奥本海默的整个报告一次未提玻恩，这令玻恩十分不快。事后玻恩以早年从来没有的态度写信质问奥本海默："我已经沉默了 27 年，但现在我想我至少可以问这样一个问题：作为参与者或者可以说领导者的我，在经典力学到现代物理的发展过程中，为什么几乎在任何地方都是被忽视？"[1] 一周之后奥本海默回信给玻恩，辩解说他在报告中为了避免混淆而尽量少提人名。矩阵形式表述的量子力学最早诞生于玻恩的物理学派，甚至量子力学这一名词也是玻恩最早提出的。谈论量子力学的建立过程而不涉及玻恩，奥本海默的辩解是难以说得过去的。奥本海默在信中说了句宽慰玻恩的话："我是最不会忘记你在这些事件中的作用的人之一，因为我们差不多是在你做出这一切的时候，听说这些发现的。"[1] 奥本海默做学生时给玻恩带来了麻烦，离开玻恩后与玻恩没有热络的联系，功成名就之后做的报告还曾令年迈的玻恩大为不快，因此他绝对谈不上是玻恩感情上特别青睐的弟子。但 1964 年玻恩在写给奥本海默的信中，还是将他们师徒的关系写得温情脉脉。这再一次说明玻恩不是不懂人情世故的煞风景的人物，在需要的时候，会给足其他人甚至弟子们面子。

对于同辈同仁，玻恩也有"虚伪"甚至非常"虚伪"的时候。这种"虚伪"的本质即是玻恩的一种礼貌。阅读一下戈革先生翻译的《尼耳斯·玻尔集》（第五卷）里 1924—1925 年玻恩给玻尔的 5 封信，不难看出，面对玻尔，玻恩的言辞极为尊敬而自己又极其谦卑。有时显得他简直就像玻尔的一个追随者。而如果以为此时的玻恩内心真的如此，那就被他有些过分的礼貌性的"虚伪"蒙蔽了。1962 年，当托马斯·库恩访谈玻恩时，说到量子力学从哪而起时，玻恩说："那肯定不是始于哥本哈根。"（And that was certainly not in Copenhagen.）而谈到玻尔对于量

---

[1] Nancy Thorndike Greenspan. *The End of the Certain World* [M]. London：John Wiley & Sons, Ltd., 2005：Prologue.

子力学是否做了什么时，玻恩的回答很干脆："And Borh never claimed anything."[1] 这句话可以有两种理解，其一是说："玻尔从来没有宣称（他和他的学派对于量子力学的建立）具有什么贡献。"其二也可以理解为："（对于量子力学的建立而言），玻尔从来没有提出什么建设性的主张。"无论怎么理解，从玻恩晚年的语气里，丝毫没有了1924—1925年面对玻尔时的恭敬与谦卑感。那么是不是玻恩的记忆有误呢？他1963年夏天才完稿的他的回忆录《我的一生》中关于量子力学建立过程中的回忆，在未出版前就交给了托马斯·库恩等人，库恩又交给了一些专业人士阅读并听取他们的意见。事实表明玻恩的回忆，除了一些日期上的细节外，经受住了科学史家以及尚在的那一时代的英雄们的检验。因此关于这段历史，玻恩的回忆是可靠的。有理由相信，玻恩晚年的对玻尔的看法才是摆脱了"虚伪"和诸多顾忌，是其内心的真实表露。

4. 玻恩对待约当的"绝情"

玻恩对于很多人都极给面子，然而对于约当，玻恩温情世故的一面却荡然无存。约当是玻恩在哥廷根大学做教授期间的重要助手之一，在建立矩阵力学数学的理论体系过程中，约当的贡献不可低估。玻恩1933年因不与纳粹妥协而离开了德国。但是他的助手和弟子海森堡与约当却都选择了与纳粹合作。比较而言，约当更加露骨而狂热地投入纳粹党。据伯恩斯坦说，第二次世界大战后，约当为了在汉堡大学获得晋升而曾设法说服在英国的玻恩为他写封推荐函。那个时候这种推荐函是曾投身纳粹党者申请晋升时所必须具有的。约当这时想起玻恩，从私人的角度看，一定意义上可以说是他对于与玻恩过去感情重视的一种表现。然而玻恩拒绝了。玻恩不但拒绝为约当写推荐函，在回信中玻恩还列出了他

---

[1] Thomas S. Kuhn, John L. Heilbron, Paul Forman, Lini Allen. *Archives for the History of Quantum Physics* [微型胶卷]. Philadelphia：The American Philosophical Society Independence Square，1967，E1 Reel 1.

自己家族为纳粹所害的人的名单。[1] 玻恩的做法一定会令约当十分难堪。

托马斯·库恩与提出电子自旋的著名物理学家乌伦贝克（George Eugene Uhlenbeck）等人在建立《量子物理历史档案》过程中，为筹划1962年对于玻恩的访谈时（真实访谈于1962年10月17—18日完成），先后提出了几个方案。库恩提出的最后方案是他采访玻恩时，由当时在德国的约当与洪德作陪。约当是玻恩建立矩阵力学过程中的助手，洪德也曾任玻恩的助手。库恩这样的安排从回忆历史的角度无疑是很有道理的。对此提议，玻恩1962年7月14日在回复库恩的信中对于约当参与访谈的提议，给出了无可商议的答复："对于你提到的约当与洪德可否与你同来的问题，我的意见是：我不希望约当与你同来。在过去的岁月里他投身（纳粹）政界，并发表过很不得体的言论……我与他没有中断联系，但是如果他来到我家里，我妻子和我都会感觉痛苦难堪。我不反对洪德教授，愿意请他来这里加入我们的谈话。"[2]

后人无权指责玻恩对于约当的不容忍和绝情。因为在玻恩看来，他与约当之间存在的，不仅仅是他们师徒二人之间的关系问题，而是玻恩自己对于纳粹以及纳粹党人是否可以原谅的原则性问题。在这个层面上，玻恩彻底坚守了基本原则。

5. 玻恩的性格与命运

玻恩的性格有复杂一面，也有简单一面。总体上说玻恩不是一个像玻尔那样强势、到哪里都是掌控话语权、说一不二的领袖。对此，日本著名物理学家汤川秀树有过非常准确的描述："学者有不同的类型，他们可以被区分为'硬'和'软'两类，马克斯·玻恩显然属于'软'的成

---

[1] Jeremy Bernstin. *Max Born and the Quantum Theory* [J]. American Journal of Physics, 2005, 73（11）: 1004.

[2] Thomas S. Kuhn, John L. Heilbron, Paul Forman, Lini Allen. *Archives for the History of Quantum Physics* [微型胶卷]. Philadelphia: The American Philosophical Society Independence Square, 1967, E1 Reel 1.

分较多的那种类型。我认为我本人也是属于软类型的学者，这也许是我正无意识地在前辈的大学者中间寻找一位与自己性格相似的人吧。"[①] 事实上玻恩也认识到自己从小就是一个"软柿子"："我也许有点软弱，不习惯其他男孩子那种习以为常的野蛮残暴"。[②]

玻恩的个性使得他对于有损自己学术名誉的行为，多是自己内心郁闷，而从不采取什么办法去沟通或斗争而寻求改变。在他的回忆中，他提到了这样一件事。1927 年海森堡被任命为莱比锡大学物理教授。在赴任之前，为了即将开始的教学工作，他借走了玻恩的量子力学授课讲义。当时在玻恩的系里有位来自印度的叫作希迪奎（Sidiqi）的学生，他是海森堡的粉丝，随海森堡去了莱比锡。多年之后，当玻恩在爱丁堡大学做教授时，《自然》杂志请他为一本量子力学教材写篇评论。书的作者就是这位印度人。但是玻恩吃惊地发现这本书"基本上是我自己的讲稿，只是稍加改进和拓展。在书的前言里，作者对海森堡表达了谢意，感谢他在莱比锡授课时给予的启发。"[③] 玻恩在致《自然》的回信中说："我想此书非常令人满意，因为我很难批评在哥廷根时我自己的讲稿，尽管讲稿是如此迂回地出版的：经过莱比锡，到了印度，署名不是它的原作者而是另外一个人的名字。"[③] 这类事件，如果发生在其他人身上，会掀起一场轩然大波也未可知，但是如果不是玻恩在回忆中稍提一下，几乎无人知道这事。如果读了玻恩写给《自然》编辑部的信，还说玻恩毫无幽默感的人真的是缺乏幽默感了。

玻恩的性格决定的其行事方式让他的巨大科学贡献迟迟才被世人所了解（即使今天，很多专业人士仍对此一知半解）。早在 1920 年之前，玻恩就已经发现玻尔的半经典原子理论在实际应用中是无效的，并开始探寻取代它的新理论。1921 年玻恩入主哥廷根大学物理系，很快他就

---

① 汤川秀树. 旅人——一个物理学家的回忆 [M]. 周东林，译. 石家庄：河北科学技术出版社，2010：166.

② Max Born. *My Life* [M]. London：Taylor & Francis Ltd.，1978：22.

③ Max Born. *My Life* [M]. London：Taylor & Francis Ltd.，1978：228.

先后带领布罗迪、泡利、海森堡以及约当等助手开始探索建立新理论的数学工具与哲学思想方法，在真正的量子力学建立之前的 1924 年的文章中他已经明确提出了量子力学这一概念，并做出了一些重要的开拓性贡献。

玻恩的传记作者南希·格林斯潘提到，在 20 世纪 50 年代的一篇纪念普朗克的文章中，海森堡的表现令玻恩惊讶："他描写了在哥廷根与玻恩、约当一起拓展克喇摩斯（Hans Kramers）色散理论的过程，并解释说这方面的思考使他放弃了电子轨道的概念，转而注意振幅。他承认（那时）他还不知道矩阵为何物，他将矩阵力学最终数学形式的获得归功于玻恩和约当。"[①] 海森堡还说："我有责任强调玻恩与约当在建立量子理论过程中的伟大贡献，而这一直没有得到公众的充分认可。"[①] 20 世纪 70 年代初海森堡曾对撰写关于玻恩的文章的作者说过肯定玻恩贡献的话，听者对此做过如下转述："正是哥廷根的特殊精神，正是玻恩以自洽的新量子力学为基础研究目标的信仰，才使他的思想成为丰硕的成果。"[②]

然而在 1929 年海森堡却不是这样说的，那时他认为"必须感谢弥散在玻尔的哥本哈根研究所中的那种'量子理论的气氛'的孕育作用。"[③] 海森堡这样的表述影响了很多人，1934 年玻恩的朋友拉登伯格（R. Ladenburg）与玻恩弟子辈的著名物理学家维格纳在合作发表的文章中说："海森堡的思想，是在他敬爱的老师玻尔周围圈子的激励下，产生于哥本哈根。"[④] 这样几乎是颠倒黑白的话出自玻恩的好友和学生之口，这说明：第一，海森堡的话语起了相当重要的宣传作用；第二，优秀的创造

① Nancy Thorndike Greenspan. *The End of the Certain World* [M]. London：John Wiley & Sons Ltd.，2005：206.

② N.Kemmer，R.Schlapp. *Max Born：1882—1970* [J]. Biographical Memoirs of Fellow of the Royal Society，1971，17：17—52.

③ 大卫. C. 卡西第. 海森伯传：上册 [M]. 戈革，译. 北京：商务印书馆，2002：237.

④ R.Ladenburg，E.Wigner. *Award of the Nobel Prize in Physics to Professors Heisenberg, Schroedinger and Dirac* [J]. The Scientific Monthly，1934（1）：86—91.

型的物理学家（如维格纳）不一定了解自己研究领域的历史。

在 20 世纪 50 年代之前，海森堡不仅对于玻恩在建立矩阵力学过程中的贡献三缄其口，而且对于玻恩 1926 年的一项重要贡献，即提出波函数的统计解释一事也态度失当而令人费解。物理学家、物理学史家派斯（Abraham Pais）针对此事曾说："有点奇怪的是——这使玻恩有一些懊恼——他的概率解释概念的论文在早期总是不能被充分地认可。海森伯 [①] 自己对概率的解释——1926 年 11 月写于哥本哈根——就没有提到玻恩。" [②] 海森堡的做法不禁令派斯感觉奇怪，也令我们莫名其妙。但是有一点可以想象，如果玻恩像牛顿那样对于自己科学发现的优先权异常敏感并极为重视，如果玻恩是一位一呼百应的硬派霸气人物，那么海森堡无论如何也不敢这般令世人不解地公然忽视自己真正的恩师及其贡献。

另一方面，玻恩的性格决定了在量子力学创立早期他将主要功绩不客观地完全归于海森堡。这最早表现在量子力学刚刚建立、1926 年初玻恩到美国讲学过程中。玻恩晚年对于自己在量子力学建立过程中的贡献得不到承认有过反省，他认为原因之一是：在美讲学期间（这也是人们最关注量子力学建立的时期），"我很用心地将发现量子力学的荣誉归于海森堡，因为这一（做法）的影响，其后美国的相关文献中几乎都不提我和约当（在这方面）的贡献。" [③] 因此玻恩的遭遇一定意义上是自己酿造的。玻恩当初之所以违心地这样做，无非是为了尽量将海森堡推上前台，而在世运艰难的时代有个更好的未来。但是显然玻恩做过了。临近退休时的玻恩不仅对于自己的做法后悔，而且对于海森堡的做法更是非常失望。1949 年末在爱丁堡大学做教授的玻恩将玻尔请来做报告。事后

① 本书采用译名"海森堡"，原文引用内容"海森伯"不变，以示对原文的尊重。——本书编辑注

② 阿伯拉罕·派斯. 基本粒子物理学史 [M]. 关洪，杨建邺，王自华，等译. 武汉：武汉出版社，2002：326.

③ Nancy Thorndike Greenspan. *The End of the Certain World* [M]. London：John Wiley & Sons，Ltd.，2005：227.

玻尔寄来了感谢信。在给玻尔的回信中，谈及自己在量子力学建立过程中的贡献时，关于海森堡，玻恩说："在纳粹时期，我不期待他讲出事实，但是战后他仍然什么也不说，这令我非常失望！"[①]

玻恩的做法不值得肯定，但一定意义上体现了他的一种高尚品质：充分肯定合作者的重要性。玻恩这种谦谦君子行为如果适逢合作者也是一位谦谦君子，那么就不会酿成不愉快。在这里玻恩与黄昆先生的合作经历就是一个感人的例子。玻恩在与黄昆合作的名著《晶格动力学理论》一书的"序"中，依照他的个性，依然是充分肯定黄昆的作用："本书之最终形式和撰写应基本上归功于黄昆博士。"[②] 35 年后黄昆先生为该书中译本撰写了《本书说明》，黄先生没有贪天之功为己有，而是说："固然我担任了全书的写作，并且在解决一些主要问题上进行了工作，然而玻恩教授的工作仍旧在书中保持了主导的作用，不仅玻恩的手稿确定了普遍理论的轮廓以及其中部分的具体内容，而且全书所总结的内容，包括书中新发展的理论，也主要是以玻恩教授本人以及他的学派几十年来在晶格理论方面的工作成果为基础的。"[③] 黄昆先生的表述没对玻恩的学术成就造成任何伤害，这也体现出了黄昆先生本人的优秀品格。玻恩此时已经辞世近 20 年，如果黄昆先生是一个缺乏学术道德的人，不说这些话甚至说点别的为自己贴金的话，会轻易蒙蔽很多一知半解者。然而令人敬佩的是黄昆先生没这么做，可见玻恩的性格和行事方式不必然决定他自己和他的科学成就被忽视的命运，但是一旦遇见"不讲究"的人，他的命运就难免为其性格决定的行事方式所累了。

无论别人的命运是否很大程度上决定于性格，有一点可以肯定：如果玻恩是汤川秀树所说的那类"硬"的学者，即一个有领袖欲的强势

---

① Nancy Thorndike Greenspan. *The End of the Certain World* [M]. London: John Wiley & Sons Ltd., 2005: 284.

② Max Born, Kun Huang. *Dynamical Theory of Crystal Lattices* [M]. Oxford: The Clarendon Press, 1954: Preface.

③ M. 玻恩, 黄昆. 晶格动力学理论 [M]. 葛惟昆, 贾惟义, 译. 北京: 北京大学出版社, 1989: 本书说明.

者，对于自己的权益和学术贡献"寸土不让"、据理力争，那么他的命运轨迹一定会有很大改变。玻恩的命运很大程度上与他不愿"做老大"的低调以及内向忍让的性格密切相关。在现实生活中，在各行各业的群体中，类似于玻恩这样清高的谦谦君子并不少见，他们的社会地位与社会遭遇也往往相似。科学家与学者追求的目标不应该仅仅是攀登科学与学术的巅峰，还要重视缔造有利于科学存在与发展的、客观而公正的文化生态软环境。

四、玻恩的几次人生选择

　　人生总要面对一些选择。成功的人生很多时候就是由正确的人生选择决定的；而一旦做出错误甚至一错再错的人生选择，那就难以避免遭遇坎坷、挫折乃至人生的失败。玻恩曾多次驻足人生抉择的十字路口，回顾一番他的一次次人生选择，后人会有所感悟，也许还会有更多收获。

1. 玻恩选择专业的经历

　　上大学后选学什么专业或者说如何设计未来的人生道路，这是玻恩一次重要的人生抉择。玻恩的外祖父是当时德国著名的企业家、富翁。他很想在自己的孙辈中培养一位家族企业的管理者、接班人，而玻恩是两个候选人之一。如果玻恩顺从外祖父的心愿，他读大学只能选修对未来管理企业有用的专业。但是玻恩对于管理企业和工厂毫无兴趣，他不假思索地放弃了这一机会。[①]

　　玻恩当时的个人兴趣是成为一名工程师。[②] 玻恩如果选择做企业家，事业将会做到何种程度难以设想。但如果他真的选择学习工科专业，立志做一名工程师，有理由相信他会成为一名优秀的工程师。这样

[①] 马克斯·玻恩. 我的一生 [M]. 陆浩，蒋效东，杨鸿宾，译. 上海：东方出版中心，1998：89.

[②] 马克斯·玻恩. 我的一生 [M]. 陆浩，蒋效东，杨鸿宾，译. 上海：东方出版中心，1998：64.

说的理由是玻恩小时候不但表现出了善于独立思考的能力，而且还展示出了在动手与设计方面超强的天赋。他很小时即成功地做出过一些复杂的设计制作[①]，读中学时物理老师曾让玻恩做助手，两人成功实现了无线电信号的传播和接收。玻恩在法兰克福大学做教授时，已经是理论物理学家的他还一度亲自做实验研究。著名实验物理学家卢瑟福（Ernest Rutherford）读过玻恩这一时期发表的一篇论文，有一次他问玻恩：在德国是不是有两个马克斯·玻恩？另一个玻恩有一篇非常好的物理学实验研究论文。当玻恩说那篇文章的作者即是他本人时，卢瑟福十分诧异，他难以想象一个理论物理学家能做出那么出色的实验研究。[②] 玻恩如果去做工程师，有理由相信实践能力出色的他一定会成为一位合格、有为的工程师。当然我们知道玻恩后来并没有向这一方向努力。拉赫曼博士在玻恩这一时期学业选择方面起到了重要的影响作用。此时玻恩的父母均已去世，玻恩父亲当年在布雷斯劳大学的助手拉赫曼博士，发现玻恩对自然科学兴趣浓厚。因此他给玻恩的建议是：作为一位富人家族的年轻人，不会为金钱发愁，也不应该再去动脑筋积累财富，而应该去发展艺术或科学，或者其他自己有兴趣做的文化工作。他认为玻恩的天资将来足以成为他父亲那样的大学教授；而即使不成功，继承遗产也足以保证玻恩未来衣食无忧。[③] 拉赫曼的话很有煽动性与说服力，玻恩在他的影响下决定投身科学界。为了发现自己真正的爱好与能力，他到多个大学游历、选学多门学科的课程。经过比较，玻恩觉得自己应该学习数学，将来成为一流的数学家。为此，他告别家乡的布雷斯劳大学，来到哥廷根大学，在克莱因、希尔伯特、闵可夫斯基等几位大师的身边攻读数学博士学位。在哥廷根，玻恩很快成为希尔伯特的私人助手，因而

---

① 马克斯·玻恩. 我的一生 [M]. 陆浩，蒋效东，杨鸿宾，译. 上海：东方出版中心，1998：46—51.

② 马克斯·玻恩. 我的一生 [M]. 陆浩，蒋效东，杨鸿宾，译. 上海：东方出版中心，1998：276.

③ 马克斯·玻恩. 我的一生 [M]. 陆浩，蒋效东，杨鸿宾，译. 上海：东方出版中心，1998：90.

是这一时期与希尔伯特关系最密切的学生。玻恩按部就班地行走于成为一位数学家的求学道路上。到了做博士论文的时候，希尔伯特为玻恩选了一个研究题目，玻恩研究数月却找不到解决问题的门径。这件事对玻恩产生了巨大的影响。据此他认为自己以前在数学课上证明问题既流畅又清晰的表现只是假象，现在的情况证明他无法成为一流的数学家。[①]对此件事情的思考以及其他机缘促使玻恩转而致力于用数学作工具去解决物理学问题，基于这方面的研究他获得了应用数学博士学位。这之后玻恩对于未来的发展与努力方向愈加明确："除了研究物理学理论所需要的，我决定放弃数学，而做一个真正的物理学家。"[②]后来玻恩多年积淀的深厚的数学功力，成为了玻恩后来在理论物理学研究过程中，几乎无人能及的独门绝技，助他成为了 20 世纪最为优秀的理论物理大师级人物之一。玻恩于 20 世纪 30 年代前完成了自己最重要的科学贡献，这段时期是理论物理发展史上重要的黄金时期之一，然而虽然数学界不乏大师级人物出现，但这段时期算不上数学发展的巅峰期，当然也不是工程技术发展的高峰期。因此选择研究理论物理，而没有继续研究数学或去做工程师，玻恩的这一抉择虽然多有机缘巧合，但从后期的事实看，他的确幸运地做出了正确的选择，获得了更大的人生发展空间与用武之地。

2. 玻恩在工作地点选择时的得与失

第一次世界大战期间，玻恩受到普朗克的欣赏而被聘为柏林大学的物理学副教授。在柏林玻恩结识了一些学术界好友，尤其是在这里他与爱因斯坦成为科学与音乐上志同道合的密友。1918 年玻恩有机会去法兰克福大学做教授，玻恩夫妇征求爱因斯坦的看法，在表示了对玻恩夫

---

① 马克斯·玻恩. 我的一生 [M]. 陆浩，蒋效东，杨鸿宾，译. 上海：东方出版中心，1998：119—120.

② 马克斯·玻恩. 我的一生 [M]. 陆浩，蒋效东，杨鸿宾，译. 上海：东方出版中心，1998：173.

妇的不舍之后，爱因斯坦说不应该放弃获得这样一个理想工作岗位的机会。因为到了那里，作为教授的玻恩将会获得更多的自由与更大的发展空间。[①] 玻恩去了法兰克福，果然在那里工作的两年多时间里，他独当一面地开展工作，事业与家庭生活都呈现蒸蒸日上的势头。1920 年玻恩又面临继续留任法兰克福，还是听从母校哥廷根大学的召唤去那里做教授的问题。他再次倾听爱因斯坦给出的建议。考虑到玻恩在法兰克福一切顺心如意，爱因斯坦倾向于不支持玻恩去哥廷根。在爱因斯坦看来，到哥廷根不得不与希尔伯特等富有个性的老前辈们打交道，不如自己主持一方更加自由自在。[②] 希尔伯特、伏格特等在爱因斯坦面前可能是一些老顽固，但是他们却是在玻恩心目中享有特殊地位、感情深厚的恩师。因此这次玻恩没有听从爱因斯坦的不算婉转的意见，毅然于 1921 年回归哥廷根。而到了 1925—1926 年，玻恩携海森堡、约当等弟子已经完成了缔造量子力学的伟业。

　　1925 年末至 1926 年上半年，玻恩受麻省理工学院等校邀请到美国讲学。期间他到波士顿、普林斯顿、华盛顿等多地讲学，并与维纳合作撰写文章。此行玻恩带来了物理学界很多人不熟悉甚至尚不知晓的量子力学，在美国物理学界产生巨大影响。如双料诺贝尔奖获得者鲍林（Linus Carl Pauling）曾回忆说：那时"量子力学刚被发现，玻恩就到这里作报告。我参加了他关于矩阵力学的报告会。"[③] 下图为当时一次活动中的合影，照片前排中间者为玻恩。

---

① Max Born. *The Born-Einstein Letters* [M]. London：The Macmillan Press Ltd.，1971：5.

② Max Born. *The Born-Einstein Letters* [M]. London：The Macmillan Press Ltd.，1971：25.

③ Thomas S. Kuhn，John L. Heilbron，Paul Forman，Lini Allen. *Archives for the History of Quantum Physics* [微型胶卷]. Philadelphia：The American Philosophical Society Independence Square，1967，E1 Reel 4.

玻恩在美国讲学时与多位物理学家的合影

　　玻恩在美讲学期间，麻省理工、康奈尔大学等多家名校向其抛来橄榄枝，愿意高薪聘请玻恩来任教。[①] 此时纳粹尚未主导德国世风，玻恩的哥廷根物理学派鲜花盛开、风头正劲，在整个德国物理学界玻恩已经是举足轻重的人物之一，这一切高薪和诚意都未能打动玻恩，他拒绝了这些邀请。之所以如此，很重要的原因是此时在德国、在哥廷根，令玻恩难以放下的东西太多了。这使得玻恩根本就没有认真而清醒地对待这一问题，比如进一步做些比较与分析。

　　玻恩回到德国 7 年后，他的名字登上了报纸，但是不是赞扬与宣传，而是出现在纳粹公布的需要辞去公职的犹太人名单中。玻恩一家被迫来到了德国与意大利交界处的一个小镇逗留。此时的玻恩也成为熟悉他的人关切的对象。玻恩的昔日弟子与合作者朗德此时工作于美国俄亥俄州立大学物理系，他给玻恩寄来了邀请函。朗德说现在美国的经济情况很糟糕，很难找到一个长期的教授职位。但是他说服了同事与物理系领导者，大家愿意从自己的研究经费里节约出一部分，邀请玻恩去那里

　　① Nancy Thorndike Greenspan. *The End of the Certain World* [M]. London：John Wiley & Sons Ltd.，2005：135.

做访问学者。朗德的用意是，希望
玻恩先到美国来，这样更有利于下
一步找到永久性的理想工作。插图
为朗德 1933 年寄给玻恩的一封手书
信函。

玻恩同时联系他曾经短期学习
过的剑桥大学的物理学界同行。剑
桥这边很快也有回函，答应可以提
供为期两年的讲师职位。下图是玻
恩 1933 年 6 月收到的一封剑桥来函。

玻恩一家人多角度权衡后选择
了去较近也更为熟悉的剑桥大学。
很快即到了 1935 年。印度物理学家

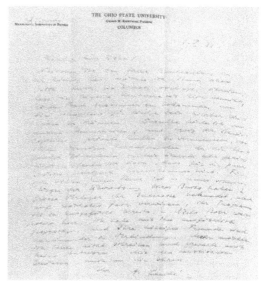

朗德寄给玻恩的一封手写书信

拉曼先是请玻恩为他推荐几位合适的合作者去印度工作，后邀请玻恩去
印度讲学，并表示希望为玻恩谋求永久性教授教职。此时玻恩没有其他
选择，因此去了印度，但是在印度学界的政治斗争中，他成了牺牲品。
在玻恩已经同意定居印度的情况下，拉曼并未能为玻恩争取到永久的教

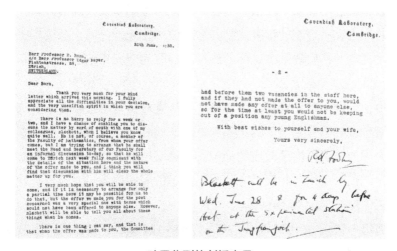

玻恩收到的剑桥来函

卡皮查致玻恩的书信首页

授职位，半年后玻恩身心俱疲，只能临时返回剑桥。1936 年回到剑桥后的玻恩收到了卡皮查（Peter Leonidovich Kapitza）从苏联寄来的邀请函。卡皮查此前在剑桥成为卢瑟福极其欣赏的物理学界活跃人物，1934 年他回苏联参加活动被限制离开。此事一度在西方物理学界掀起一场轩然大波，卢瑟福、玻尔等人发动了一场拯救卡皮查运动，但是最后也不了了之。在卡皮查写给卢瑟福等人的信函中，有不少文字描写当时苏联科技界不堪的状况以及他自己的心情。但是他写给玻恩的信却很有些不一样，作为实验物理学家的卡皮查劝说做理论物理研究的玻恩到苏联来，两人合作在苏联开展有效的物理学研究，并答应为玻恩争取最好的条件。他似乎了解玻恩虽然不热衷于政治，但也不拒绝与德国以及英国信仰共产主义或对共产主义有好感的学者接触，希望玻恩在关键时刻，在资本主义与社会主义之间，明确做出正确的选择。插图为卡皮查致玻恩的一封书信的第一页。

由于工作一时无着落，玻恩曾产生认真对待卡皮查意见，并决定先去莫斯科接触、考查一下的念头。然而在此之际，经人举荐和考察，爱丁堡大学为玻恩提供了教授的岗位。玻恩喜出望外，因为这样他就不必挈妇将雏到一个语言和很多方面都不熟悉的国家谋生了。玻恩在爱丁堡大学工作直至年过 70 而荣休。

值得一说的是 1950 年，玻恩培养的中国大弟子彭桓武，还曾邀请玻恩来中国短期工作或定居。玻恩回函表示感谢，并以尚未退休以及年老体衰等为由，婉言拒绝了这一邀请。①

3. 玻恩在情感上的抉择

玻恩结婚成家、生儿育女，热爱自己的妻子和孩子。然而在玻恩带领弟子们建立量子力学的过程中，由于全身心投入于工作中而冷落了妻子和家庭。这时他的妻子移情别恋，这件事一度沸沸扬扬，在哥廷根大学成为人们关注的花边新闻。最后妻子提出离婚的请求，这一打击令玻恩身心均受重创，几乎一年多丧失了教学和研究等从事任何工作的能力。即便如此，玻恩仍是默默感化妻子，期待她的回心转意。玻恩妻子行为之过分，以及玻恩毫不动摇的隐忍力，都让人难以理解。有证据表明，即使玻恩一家其后移居剑桥后，玻恩妻子还多次回德国去与情人幽会。直到1936年一家人到爱丁堡工作生活之后，其夫妻关系才逐渐回暖并终于破镜重圆。那时候的玻恩刚刚年过50，收入丰厚、地位优越。在这种情况下选择离婚并再组织家庭，应该不是什么难事。重新再建家庭未必不能有更温馨的天伦之乐，但是玻恩没做这样的选择，而是深陷于巨大的痛苦之中。

4. 几点思考

玻恩的一生还有更多的抉择，但是上述几例已经足以给人以一些思考。人人都知道做出正确的人生抉择至关重要的道理，但是很多人生遗憾难以避免而一再发生，这当然是因为要做出正确的选择往往是极其艰难的。玻恩自己自觉放弃成为数学家的理想，转而向物理学家的方向发展，从结果上看是高明的正确选择。当然会有人说这一选择有幸运的、歪打正着的成分，因为当时的玻恩根本不可能预料到他所具有的强大数学知识，会在研究晶格动力学、建立量子力学过程中发挥不可或缺的作用。但是此时玻恩作出这一选择的大方向没问题，因而是坚决、果断的；

---

① 厚宇德. 对玻恩写给彭桓武一封信函的译释 [J]. 物理，2015（3）：184—188.

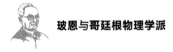
既然感觉自己不具备成为一流数学家的潜质而又不愿意成为一位二三流数学家，那么应用数学知识到物理学领域去解决一些实际问题应该是更有意义的。玻恩在希尔伯特和克莱因等大数学家营造的哥廷根数学学派学习，而他们一向认为物理学家需要数学家为他们提供更有效的数学工具。这类思想应该对玻恩当时做出这一选择有一定影响，并能起到坚定其信心的作用。

有人说旁观者清，遇事多听听他人的意见，尤其是亲朋好友的意见是有益的。这话有道理，多一个意见即多一个视角；但是有时未必奏效，因为旁观者也未必就是能看透一切的清醒者。拉赫曼博士熟悉玻恩，了解玻恩的天赋以及玻恩的家庭。他在玻恩上大学面临选择发展方向时给出的建议，大方向正确而又不脱离实际。玻恩充分考虑拉赫曼的意见也是明智的选择。1918 年爱因斯坦希望玻恩接受法兰克福大学教授岗位的建议以及这么做的理由，从大的方面来说是合乎情理的，因而玻恩倾听这一建议也是从善如流。但是爱因斯坦不建议玻恩回哥廷根的意见却被玻恩无视，玻恩这样做仍然是明智的。因为爱因斯坦是从他自己的角度看哥廷根，而没有充分考虑玻恩与哥廷根的特殊关系。玻恩这次选择从结果上看又是正确的。这一正确性从大的方面看，主要体现在哥廷根大学的数学与物理学历史积淀深厚，它在德国科学界的影响力远非当时的法兰克福大学所能企及。因此玻恩选择哥廷根即选择了一个更大的平台。20 世纪 20 年代玻恩得到了泡利、海森堡等优秀人才做助手，有洪德、约当、玛利亚·戈佩特、奥本海默等一批杰出人才投身门下，除了与他本人的努力有关之外，与哥廷根大学在德国声誉较高不无关系。此前在法兰克福以及其后更长时间在爱丁堡，玻恩虽然教书育人都有建树，但是都无法与在哥廷根时相提并论。

人生抉择之难，难就难在处于抉择中的人，很难清晰研判所面对的事态，因而难以预感未来将呈现什么样的格局。试想，如果 1926 年玻恩选择到美国的名校任教，从后期世界科技发展格局上看，毫无疑问是最为明智的选择。然而玻恩虽然对德国纳粹势力的纷扰早有一些感受，但没有估计到其后纳粹越发不可一世并酿成世界灾难；玻恩虽看到了美国的飞速发展但是也未预见到很快这里将是世界科技中心。如果玻恩1926年选择赴美工作，一方面，他就不会有1933年丢掉工作、1935年赴印度后的受辱；另一方面，如果玻恩后半生置身美国，应该和他后期在苏格兰工作的情况会大不相同。虽然玻恩一生勤奋，置身爱丁堡大学后他依然有所成就，但是其研究则是由原来在哥廷根引领世界潮流转变为距离物理学界关注的核心问题愈来愈远。在爱丁堡玻恩也遇到了福克斯、彭桓武、格林、程开甲、杨立铭等较为优秀的学生与合作者，但是与在哥廷根时期相比，很多方面的差距依然十分明显。这时期更多杰出物理人才向往的不再是德国，也不是英国而是美国。玻恩1926年拒绝去美国是错误的，但是要让他这次做出正确的抉择难度委实太大，要清醒地做出这一正确抉择，不仅要涉及大学之间的比较等等，还要能够前瞻性地感受到世界未来发展的格局。

玻恩生性有隐忍、羞怯甚至懦弱的一面，但是每次面临人生抉择，他还是能够很快做出果断的选择，无论这种选择是对是错。唯有在他与妻子感情问题上，他看似显得过于悲情、过于脆弱、过于无可奈何、过于拖泥带水，而感情问题别人难以看清楚其中的根本原因。笔者从此事中得到的人生感悟是，一个人不是什么时候、面对任何事情都能迅速做出决断的，有些东西是一个人永远无法割舍的。对玻恩而言，他的妻子就是他无法离开、无法割舍的。否则，对于这件事我们真的只能说无法理解了。玻恩经历的一次次人生抉择的经验与教训，告诉我们一个道理：在做人生选择时，要从大局着想，而不必为琐碎细节一叶障目。未来总有一些难以预知的小变数，但过于考虑细微之处，只能增加选择的难度。

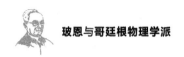

五、玻恩如何选择研究课题

一位伟大科学家之所以成功、取得重大成就、做出巨大贡献，与他善于准确把握其所在领域前沿发展方向，能正确判断并选择有价值研究课题的本质直接相关。有人说，发现问题即已解决一半问题；有人说发现问题比解决问题重要。发现问题是一回事，解决问题是另外一回事，善于发现问题未必善于解决问题。因此这两种看待"发现问题"的观点都旨在强调发现有价值的、值得研究的问题的重要性，而这是无可争议的。一个时代的科学家，个人秉赋和能力伯仲之间的不少，但是只有少数几人最后脱颖而出、出类拔萃，一定意义上说这种分层是由他们各自学术眼光的高低所决定的。高手能站在探索的前沿，在杂乱的现象面前，洞察正确的前进方向，更多人只能随行。

有的伟大科学家一生在诸多领域均有卓越贡献，某一阶段影响其思想意识和注意力的因素是多方面的。有时新的研究意识的出现有明显的诱因，有的则纯属其个人精神世界内的微妙变化。想深入、准确捕捉和追踪一位大科学家的学术思想轨迹，不是一件易事。接下来笔者试勾勒著名物理学家马克斯·玻恩科学生涯中的思想轨迹主线，展示其敏锐地从外界信息中捕捉研究课题的能力，并呈现在他成为成熟的物理学家后，自觉地从自己的思想世界出发，主动探索，以求全面认识自然界的思想境界。

1. 弹性系统的稳定性研究

这是玻恩的第一次专业性物理学研究。这个工作来自于外界的压力而不是玻恩自己的主动探索。但是这一研究对玻恩的科学生涯有特殊的影响。在哥廷根大学读博士期间，玻恩参加了数学家克莱因的弹性学研究课的学习，并被指定协助另外一个同学开展对弹性系统稳定性的研究。那位同学因故中止了这一研究，玻恩不得不自己仓促上阵，完成全部的研究任务。他借助从希尔伯特数学课上学来的处理极值问题的方法，导出了弹性系统稳定性条件的一般表达式，还用自己设计的演示实验很好地验证了他的结论。玻恩借此研究在 1907 年获得博士学位。他后来回忆说：在这一过程中，"第一次我感觉到自己是一位科学家了。这是对我个人能力的关键性检验。（结果）使我很开心。"[1] 在完成这一非主动选择的题目的过程中，玻恩初识科学研究之门径。这一研究令他意犹未尽："我想学习更多，并由此去感受发明带来的激动，在我相当微不足道的弹性实验中，我已经感受到过这种激动。"[2] 这件事之后玻恩开始明确由学习数学转向物理学："我决心放弃数学，除了物理学理论所需要的，而成为一位真正的物理学家。"[3] 多年后玻恩还记得他早年的这一研究工作。1939 年 2 月 10 日在英国皇家协会每周例行的晚会上，玻恩做了题为"自然定律中的因果、目的与经济性"的学术报告。在这个报告中玻恩介绍了自己的博士论文，并绘制出当年设计的演示实验装置图（见右图，在原书之 64 页）："一个钢制卷尺，一端被夹住，另一端悬挂一个重物。重物被重力向下拉，同时由于弹力，卷尺力图反抗这种弯曲。"[4] 在报告中他

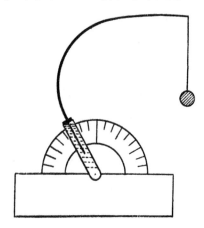

玻恩做学术报告的演示实验装置

① Max Born. *My Life* [M]. London：Taylor & Francis Ltd.，1978：104.

② Max Born. *My Life* [M]. London：Taylor & Francis Ltd.，1978：105.

③ Max Born. *My Life* [M]. London：Taylor & Francis Ltd.，1978：121.

④ Max Born. *Physics in My Generation* [M]. London & New York：Pergamon Press，1956：64.

说："我选择这个问题，不是因为这是 30 多年前我博士论文的题目，而是因为它能说明静力学中真正的最小值问题与动力学中形式上的变分原理的区别。"[1] 这一报告题目讨论的是物理学的极值问题，即满足哈密顿原理的问题：与一切在给定时刻从给定位形出发，并在下一给定时刻到达另一给定位形的虚假运动相比，真实运动的主函数具有稳定值，即对于真实运动而言，主函数的变分等于零。马赫（Ernst Mach）等通过对这类问题的研究，走向超越经验与实证物理学的路线，企图以此窥视自然界的特性：自然界的运动符合经济原则，思维经济原则是科学的唯一根据。与马赫不同，玻恩认为用"经济的"这个词解释自然现象是误入歧途："如果自然界有一个可以用最小作用量原理表达的目的性，它与商人的目的性也没有什么可比性。在我看来，在自然规律中寻找目的与经济性的想法是一种荒谬的拟人论，是形而上学思想统治科学时期的残留物。"[2] 在玻恩看来，"经济的不是自然界而是科学。我们所有的知识都是始于搜集事实，但随之用简单的定律概括大量事实，进一步再用普遍的定律去概括事实。"[2] 极值问题就是这么出现的："不是因为自然界有意志或者目的性或经济性，而是因为要把许多具有复杂结构的定律凝炼成简洁的表达时，我们的思想再也没有其他途径可走。"[3] 在这一报告中，玻恩彻底贯彻着唯物主义精神，但是值得注意的是，玻恩的思想也暗含着：在他看来，科学反映和解释自然界，但是科学毕竟是人构造的；虽然构造科学体系基于自然现象或事实，但是有些不属于自然界的人为因素，也无法避免地进入科学体系或并入科学体系的解释之中。因而虽然构建科学的目的是揭示客观自然规律，但是科学体系与物质世界的客观规律系统本身并不完全等价。人作为自然界物质构成的一个组成

---

[1] Max Born. *Physics in My Generation* [M]. London & New York：Pergamon Press，1956：64.

[2] Max Born. *Physics in My Generation* [M]. London & New York：Pergamon Press，1956：75.

[3] Max Born. *Physics in My Generation* [M]. London & New York：Pergamon Press，1956：77.

部分，在认识自然界的过程中，有难以避免的不该有的介入。人的思想永远具有局限性甚至错误，难以剔除的人类较狭隘思想的介入，以及人类有限的能力，使科学理论体系的真正客观性难以彻底实现，但是会离客观性越来越近。

2. 相对论研究

玻恩在哥廷根大学获得博士学位后，有一段时间待业。在家乡他与布雷斯劳大学物理系的教师有接触。1908 年他从刚到这工作的普朗克（Max Karl Ludwig Planck，1858—1947）的博士生莱谢（Fritz Reiche，1883—1969）那里，第一次了解到爱因斯坦的狭义相对论，并对其展开研究。闵可夫斯基早已开始研究相对论，得知玻恩对相对论的研究后，邀请他回哥廷根大学，协助自己研究相对论。1908 年 12 月玻恩回到哥廷根大学，但闵可夫斯基一个月后即不幸去世。玻恩凭借对相对论的研究，获得哥廷根大学物理学讲师的资格。玻恩讲授并继续研究狭义相对论，有研究论文发表。1915 年玻恩成为柏林大学普朗克教授手下的副教授。其间玻恩与在柏林工作的爱因斯坦成为密友，对相对论有了更深入的了解。1919 年玻恩到法兰克福大学任教授，期间他积极讲授相对论，1920 年出版了深受欢迎的《爱因斯坦的相对论》一书。玻恩在学习、研究和讲授相对论过程中的一大收获是，他较早形成了可观察性原则思想。这成为其后他带领学生创立量子力学的重要思想方法之一。在《爱因斯坦的相对论》中玻恩多次强调这一思想，如他说过："既然绝对的'同时'不能被确定，科学就不得不将这个概念从它的体系里清除出去。"[①] 这一做法蕴含的思想显然与当时影响较大的马赫实证主义极为相似。但是玻恩不是马赫主义者，他一生都是实在论者，他相信经验的背后有一个客观的物质世界。玻恩在法兰克福大学做教授期间，著名物理学家朗德也在法兰克福工作，并在大学兼职。1962 年 3 月 7 日，采访朗

---

① Max Born. *Einstein's Theory of Relativity* [M]. New York：Dove Publications Inc., 1962：217.

德时托马斯·库恩问："人们，比如您，在哲学教育或科学教育过程中接触过那种实证主义吗？"朗德回答："我是从玻恩以及其他一些人那里听说的——物理学的主要目标不是思考以太这样明显失败了的模型，而是正确地描述。玻尔的（电子）轨道概念当然也违背这种态度。比如玻恩就是具有以下思想者的一个例子：'我们必须摒弃（物理）图景中多余而不必要的元素，而作最简明的描述。'我明确地记得，他在法兰克福大学时期就已经这样强调。"[1] 可见玻恩在 1921 年回到哥廷根大学任教授之前，即已具有清晰的可观察性原则思想，他是哥廷根物理学派这一思想的最早提出者与倡导者。而这一思想是建立量子力学的指导性思想方法。

玻恩因为研究相对论走上专业物理学研究之路，他对于爱因斯坦及其相对论评价甚高。对 1905 年发表的爱因斯坦关于狭义相对论的标志性论文，玻恩有如此评价："这篇论文激动人心的特点与其说在于它具有如此程度的简洁与完整性，不如说是在于那种敢于大胆向牛顿已经建立起来的哲学、向那传统的空间和时间的概念进行挑战的勇气。这就使爱因斯坦的工作从他前辈的工作中突出出来，从而使我们有权利说，那是爱因斯坦的相对论……"[2] 1955 年，玻恩对于广义相对论，更是做出过最高度的评价："在我看来，广义相对论的创立过去是、现在也是人类思索自然所取得的最伟大的功绩，是哲学领悟、物理直觉和数学技巧最惊人的结合。"[3]

3. 晶格动力学研究

玻恩一生与晶体有缘。据他回忆，研究解剖学的父亲在玻恩很小的

---

[1] Thomas S. Kuhn, John L. Heilbron, Paul Forman, Lini Allen. *Archives for the History of Quantum Physics* [微型胶卷]. Philadelphia: The American Philosophical Society Independence Square, 1967, E1 Reel 3. Interview with A. Landé, 1962-3-7.

[2] Max Born. *Physics in My Generation* [M]. London & New York: Pergamon Press, 1956: 195.

[3] Max Born. *Physics in My Generation* [M]. London & New York: Pergamon Press, 1956: 199.

时候就向他介绍一些生物学知识。但是小时候玻恩对于生物学缺乏兴趣，相反对晶体、色彩以及运动现象更有兴趣。1963 年 8 月在哥本哈根晶格动力学国际会议上的致辞中，玻恩回顾了自己一生对于晶格动力学的研究。①

在哥廷根大学做讲师不久，玻恩认识了该校另外一位讲师冯·卡门。爱因斯坦研究固体比热容问题的论文、马德隆（Erwin Madelung）从点阵理论推导出的晶体红外振动频率与晶体弹性关系的文章，一段时间成为两个人讨论的焦点。在讨论过程中，他们开始独创性地合作研究，发表了几篇他们早期有影响的学术论文。冯·卡门很快转到其他领域，玻恩自己则"偏爱原子理论，决心系统地建立晶格动力学理论"，因此他继续推进在该领域的研究。结果给玻恩带来了两大回馈："第一，它使我认识到经典力学不能应用于原子领域，以及不能沿着这个方向找到更好的理论"。①　在晶格动力学研究中应用玻尔理论遭遇失败，这驱使玻恩质疑玻尔的原子理论，尝试建立新的原子力学。玻恩坚持晶体领域的研究还有一个理由："它提供了大量博士论文课题，可由我的学生们去研究。"①　这是基于最朴素的立场，对从事晶格动力学研究理由的诠释。在另一角度，从根本上说，晶格动力学研究之所以吸引玻恩，是因为该领域的理论研究能够对晶体微观结构不断有新的发现。不断洞察和揭示自然界新的奥秘，给科学家带来的快乐，与足球运动员进球、探险者目睹奇异、考古学家发现难得文物的快感并无二致。稍有不同的是，玻恩研究晶体结构的某些结论并不能立即被证明为真，因此几十年后这些结论被实验证实后，他才感受到发现的快乐。如 1914 年他研究金刚石时发现，立方晶体三个弹性系数之间满足下面的关系：

$$\frac{4c_{11}(c_{11}-c_{44})}{c_{11}+c_{12}}=1$$

① M. 玻恩. 我的晶格动力学研究回忆 [J]. 吴孟，范柏宜，译. 科学史译丛，1989（3—4）：23.

三十多年后这个关系式被实用物理学家证实后，玻恩非常开心。在晶格动力学领域研究中，类似的例子很多。玻恩去世后，他的晶体物理研究被这一领域著名物理学家莫特誉为"诺贝尔奖水平的工作"。① 玻恩最后一本纯科学著作是《晶格动力学理论》，是玻恩与当年在英国留学的黄昆合著而成，1954 年在牛津出版，是玻恩学派晶格动力学领域的集大成著作，也是这一领域的最权威著作之一。

4. 量子力学研究

　　玻恩最早涉足量子理论始于他与冯·卡门合作研究固体的比热容，应用了普朗克能量量子化假说。在第一次世界大战期间，玻恩与其他一些科学家为德国的军队服务。他与朗德挤时间继续研究晶格理论。他们应用玻尔的半经典、半量子化的理论于对晶体的研究中，得出的结果违背实验事实与日常经验，如推导出结论表明食盐在常温下是软的。这使玻恩确信，玻尔的原子理论存在严重问题，必须重建原子世界的新力学。1921 年 10 月 21 日在写给爱因斯坦的信中，玻恩说："量子（理论）是毫无希望的一团糟。"② 在对这封信的注释中玻恩说：他和助手泡利开始了一个计算，"目的是要看玻尔 – 索末菲关于将量子假说应用到力学系统的法则是否导致正确的结果。我们使用的是基于彭加勒天文摄动计算的适当的近似方法。结果是否定的……"③ 1923 年 4 月 7 日写给爱因斯坦的信中，玻恩说："尽管我竭尽全力，对于量子的巨大奥妙却似乎没有丝毫进展。我们着眼于彭加勒的微扰论，想判断是否有可能通过精确计算从玻尔模型得到可观测项的值。但十分肯定情况不是这样……"④ 1923 年 8 月 25 日写给爱因斯坦的信中，玻恩说："像往常一样，我正在不抱希望地思索量子论，试图找到一个计算氦和其他原子的

　　① Max Born. *My Life*［M］. London：Taylor & Francis Ltd.，1978：Preface.

　　② Max Born. *The Born-Einstein Letters*［M］. London：The Macmillan Press Ltd.,1971：56.

　　③ Max Born. *The Born-Einstein Letters*［M］. London：The Macmillan Press Ltd.,1971：58.

　　④ Max Born. *The Born-Einstein Letters*［M］. London：The Macmillan Press Ltd.,1971：73.

方法。"[1]　可见这一时期玻恩在进一步通过研究揭示玻尔原子理论的严重不足，事实上他同时在探索新的原子力学。1925 年 7 月 15 日写给爱因斯坦的信中，玻恩说："约当和我正在系统地（然而只用了极小的智力）考察在经典的多周期系统和量子化的原子之间的每一个能想得到的对应关系。有关这一课题的一篇论文即将发表，我们在文中考察了非周期场对原子的影响。"[2]　在这篇文章中，玻恩再次明确表达了可观察性原则。在同一封信中玻恩说："海森堡很快就要发表的最新论文看起来很神秘，但肯定是正确而深刻的……"[3]　事实上这就是著名的哥廷根矩阵力学的"一人文章"，经过几年带领弟子们探索思想方法与数学工具，玻恩学派在建立量子力学的道路上迈出了关键的一步。接着玻恩带领约当和海森堡在 1925 年完成了矩阵力学的"二人文章"和"三人文章"，彻底构建了体系完整的矩阵力学这一量子力学的第一种理论体系。

　　1926 年薛定谔（Erwin Schrödinger）建立了用微分方程描述的波动力学。这一表述对于很多物理学家而言更加习惯和方便。因此这一时期哥廷根矩阵力学提出者，尤其海森堡和约当有可以理解的捍卫矩阵力学的心理与言论。然而玻恩并不排斥薛定谔的理论，他在研究原子系统内碰撞问题时给出了薛定谔方程中波函数的统计解释。其后这一解释成为量子力学的正统解释。玻恩说，为此海森堡曾经写信给他，谴责玻恩背叛了矩阵力学。[4]　玻恩的统计解释，既承认微观客体的波动性，也坚持主张其粒子性。玻恩坚持的理念与普朗克、德布罗意（Louis Victor de Broglie）尤其薛定谔等物理学界有影响大人物的观点直接抵触。玻恩之所以在其他人普遍强调微观客体波动性的氛围中，坚信其粒子性，完全基于他对原子物理实验事实的直接了解。理论物理学家

---

① Max Born. *The Born-Einstein Letters*［M］. London：The Macmillan Press Ltd.，1971：79.

② Max Born. *The Born-Einstein Letters*［M］. London：The Macmillan Press Ltd.，1971：81.

③ Max Born. *The Born-Einstein Letters*［M］. London：The Macmillan Press Ltd.，1971：82.

④ Nancy Thorndike Greenspan. *The End of the Certain World*［M］. London：John Wiley & Sons Ltd.，2005：Prologue.

玻恩并不将自己束之书房，而常现场关注实验物理学同事们的前沿研究："我在弗兰克关于原子和分子碰撞的精彩实验中，每天都目睹粒子概念的丰硕成果，因而确信不能简单地取消粒子（性）。"[1] 这种做法是玻恩取得成功的秘诀之一，由此玻恩的理论物理学研究，不同于有些理论物理学家单纯的闭门造车，保证玻恩一直是坚定的唯物主义者。玻恩学派最早成功建立量子力学体系，与其他同期著名的如索末菲学派、玻尔学派相比，这是玻恩本人重视数学方法、重视思想方法、重视实验事实的研究特点的完胜。量子力学的建立，也是 20 世纪科学领域的头等大事之一。它也标志着理论物理学家玻恩学术研究巅峰期的来临。玻恩对于自己这一时期的研究非常满意，也深刻认识到了他的科学贡献超越科学领域的重要意义。他认为概率诠释不仅对于量子力学本身不可或缺、格外重要，它最大的意义是摧毁了既往的人类科学思想桎梏："我确信，像绝对必然性、绝对准确、终极真理等等，都是应该从科学中驱逐出去的幽灵。人们可以根据目前关于一个体系的有限知识，依靠一种理论，推演出用概率表示的关于其未来情况的猜想和期望。……在我看来，这种思维规则的放松，是现代科学给予我们的最大恩惠。因为在我看来，相信只有一种真理，并且认为自己拥有这一真理的信念，是这个世界上最根本的万恶之源。"[2]

5. 光学研究

严格意义上说，作为著名物理教授的玻恩并不是光学领域的研究者。但是他平生所写的第一本物理学教材却是德文版的《光学》(*Optik*)。追根溯源完全是他受伏格特影响的结果。玻恩说：伏格特"对我在科学事业的发展有相当大的影响。他开设了涵盖所有理论物理的一系列课程，但是他也有丰富多彩的一些实验研究课程，用以研究光学、磁学以及晶

① Max Born. *My Life & My Views* [M]. New York：Charles Scribner's Sons，1968：35.

② Max Born. *My Life & My Views* [M]. New York：Charles Scribner's Sons，1968：182—183.

体物理。我听了他的光学讲座。"① 伏格特的光学讲座是玻恩光学知识的主要来源:"我在那里学到的知识铸就了(我知识结构里光学基础的)根系,它25年后成长为我自己撰写的光学教科书。"② 1928年玻恩的健康状况不好,正常的科学研究和教学都无法继续。休养一段时间后稍有好转的他即闲不住了:"我觉得自己还没有强壮到足以立即再从事研究工作。因此,想把自己讲授过的一些讲义写出来,以便日后出版。"③ 基于学习光学时的感受和自己讲授这门课程的教案,玻恩决定先写光学部分:"我不仅有好的笔记,甚至一些部分的细节都已经写好了。"③ 纳粹势力嚣张的1933年该书出版,即被视为"犹太物理学"而被大量销毁。1950年玻恩将再写一本光学书籍的工作提上日程,新书要保持1933年德文版《光学》的风格,但包括1933年之后近20年光学的重要新进展。年轻的物理学家沃尔夫(Emil Wolf)经人介绍成为玻恩的合作者。二人从1951年开始合著这本书。在合作过程中玻恩参与新书的撰写计划、提建议,给出大体性的意见,也参与部分内容的撰写。但书的主要内容由沃尔夫执笔完成。沃尔夫说:"虽然我做大部分撰写工作,但是玻恩阅读手稿并给出修改建议。我到爱丁堡一年后,我们和出版商签署了一个合同,我们希望一年半以后,即玻恩退休的时候完成书稿。但是我们过于乐观了。这本书的撰写共耗时8年。"④ 了解该书的复杂撰写过程,可参照笔者的文章。⑤ 母国光院士为该书中译本作序曾说:"在国际上吸引着一代又一代的读者,历经近五十年而长盛不衰,甚至有人称《光学原理》是学光学的'圣经'⋯⋯"⑥

玻恩通晓光学的理论与实验,他也给学生们讲授光学课,但他却几

---

① Max Born. *My Life* [M]. London: Taylor & Francis Ltd., 1978: 87.

② Max Born. *My Life* [M]. London: Taylor & Francis Ltd., 1978: 87—88.

③ Max Born. *My Life* [M]. London: Taylor & Francis Ltd., 1978: 241.

④ Emil Wolf. *Recollections of Max Born* [J]. Optics News, 1983, (9): 10—16.

⑤ 厚宇德. 玻恩和沃尔夫合著的《光学原理》一书写作过程 [J]. 物理, 2013 (8): 574—579.

⑥ M. 玻恩, E. 沃尔夫. 光学原理 [M]. 杨霞苏, 译. 北京: 电子工业出版社, 2005: 序.

乎没做过纯粹的光学研究。他成功撰写光学名著这件事，印证了玻恩自己的一个观点：科学家的目标是理解和解释物质世界的现象，而不是单纯为创立而创立去构建理论，革命性的工作是不得已而为之。他说过："物理学家与其说是革命家，倒不如说是保守者，只有在强有力的证据面前，他们才会倾向于屈服而放弃既有的观念。"[1] 如果基于既有的理论可以完备地解释某一领域相关的物理现象，即使不作出新的科学发现，玻恩也是满意的。

6. 场论研究

玻恩一定意义上是量子电动力学先行者。正如派斯所指出的，在玻恩与约当 1925 年 9 月的文章里，出现了量子电动力学的第一个暗示。在这篇文章的最后一节，他们把真空中的电磁过程用平面波叠加来描述，并把这种平面波的电荷磁的场强 $\vec{E}$、$\vec{H}$ 看作矩阵，它的元素是简谐振动的平面波。而"对一个适当选择的坐标系，$E=E_{mn}\exp2\pi\nu_{mn}(t-\frac{x}{c})$ ……麦克斯韦方程将作为矩阵方程保留下来。"派斯说："这是第一个被作者们称之为'矩阵电动力学'的方程，它的出现具有历史性的影响。"[2]

1933 年玻恩一家离开哥廷根，首先到阿尔卑斯山脉的意大利小城塞尔瓦（Selva）滞留。完全赋闲的感觉让他十分不爽。他决定做些研究，但这里既无书籍又无期刊。玻恩只能靠思考从自己当年感兴趣的电子电磁质量这一老问题入手。他将电磁场的线性理论转换成非线性理论，从而能使点电荷具有有限的静电能。其后玻恩一家暂居剑桥。在这里玻恩与英费尔德合作开始对电磁场做量子化研究。他们建立了玻恩 – 英费尔德理论，这个非线性场理论在经典范围内很完美，但是进入量子范围这个理论不成功，没能实现玻恩借此解决基本粒子结构问题的愿望。在相

---

① Max Born. *Physics in My Generation* [M]. London & New York：Pergamon Press，1956：42.

② 阿伯拉罕·派斯. 基本粒子物理学史 [M]. 关洪，杨建邺，王自华，等译. 武汉：武汉出版社，2002：418.

关研究中，玻恩还找到一个办法，借助于它非线性场方程可用狄拉克矩阵重新线性化。1962 年狄拉克曾尝试推进玻恩的这一方法，但是没有成功。玻恩说后来海森堡的非线性场方程研究，是沿着他所指出的方向开展的。

在场论方面玻恩想要解决的一些关键问题，基于费曼（Richard Phillips Feynman，也译作费恩曼）、施温格（Julian Schwinger）、朝永振一郎等后来建立的量子电动力学才能得以解决。玻恩在这一方面虽然没有成功，但是他判断科学研究前沿方向的超前性再一次得以展现。而且玻恩在这一领域的研究也并非没有斩获。美国的伯恩斯坦教授在 2005 年发表的文章中曾评价说："就我所知，这一变化对于解决电磁场的无穷大问题没有贡献。但是当我在网上阅读这一工作时我惊讶地发现，他们（指玻恩和英费尔德）的方程是现在弦理论研究的热门题目。"[1]

7. 液体理论研究

格林（Herbert Green，1920—1999）是玻恩的一位博士生。玻恩在 20 世纪 40 年代末带领格林开始研究液体理论的一般理论。当玻恩听说其他地方也有人开始对液体理论的研究后，意识到自己在较为封闭的爱丁堡仍然能够捕捉物理学前沿生长点，而没有被时代抛在后面，他对此十分满意。玻恩晚年在回忆录中说："在格林的帮助下，我发展了一种新方法，它由 N 个分子的 6N 维的相空间开始，然后逐渐地减少这个多维空间内的连续性方程，直到一个分子的六维相空间或其坐标的普通三维空间。"[2] 玻恩与格林合作研究液体理论的成果，主要体现为他们发表的 5 篇文章，其中二人合作 3 篇，格林独立完成 2 篇。还有一位名为罗德里格斯（A.E.Rodriguez）的研究者，通过与玻恩交流，在玻恩指导下写了一篇液体研究文章。

---

[1] Jeremy Bernstin. *Max Born and the Quantum Theory* [J]. American Journal of Physics, 2005, 73（11）: 1007.

[2] Max Born. *My Life* [M]. London: Taylor & Francis Ltd., 1978: 293.

1949 年玻恩与格林研究液体理论的文章结集《液体一般动力学理论》（*A General Kinetic Theory of Liquids*），由剑桥大学出版社出版。

8. 物理学哲学研究

1948 年玻恩应邀到牛津大学讲学，讲稿于 1949 年出版，名为《关于因果和机遇的自然哲学》（*Natural Philosophy of Cause and Chance*）。玻恩说："在这本书中我尝试说明，作为一位物理学家，一生中我发展了的关于科学的哲学思想。"① 玻恩在书中强调，他退休后研究工作仍在继续："我并没有彻底放弃物理学，而是继续去研究物理学的哲学含义。"① 此时的玻恩目标可谓远大："最近几年，我在努力地明确表述从科学中导出的哲学原理。"① 一定意义上，玻恩认为科学研究的更高目标就是构建自然哲学："忙碌于常规测量与计算的物理学家都知道，他们所有的工作都是为了一个更高的任务：自然哲学的基础。"② 玻恩与哲学的关系忽远忽近，若即若离，但一生可谓藕断丝连。1950 年玻恩在一次报告中说，他本来喜欢思考一些哲学命题，但是他发现在科学领域他更能感受到稳健的进展，因此他放弃了哲学研究。到了晚年他的哲学意识再次泛起："我感觉有一种总结科学研究成果的愿望，在这方面我个人在几十年的科学研究中有过小贡献，这不可避免地要回到这些称之为形而上学的永恒问题上去。"③ 玻恩喜爱的哲学并不等同于哲学家的哲学，他的哲学思考始于物理学知识、理论与方法："我确信物理学虽然不能完全摆脱形而上学假设的束缚，但是这些假设必须从物理学本身之中提炼出来，还必须不断去适应实际的实验境况。"④ 他甚至说过："理论物理学

---

① Max Born. *My Life & My Views* [M]. New York：Charles Scribner's Sons，1968：42.

② Man Born. *Physics in My Generation* [M]. London & New York：Pergamon Press，1956：37.

③ Max Born. *Physics in My Generation* [M]. London & New York：Pergamon Press，1956：93.

④ Max Born. *Physics in My Generation* [M]. London & New York：Pergamon Press，1956：122.

是真正的哲学。"①

　　为去牛津较为深入讲授研究物理学哲学问题，玻恩最初准备的演讲稿里有很多用数学表述的物理学公式及其推导。当得知听众中只有少数人是物理学家与数学家后，玻恩去掉了这些专业化的表述。但是玻恩说："我不喜欢采用科普与哲学化科学家的方法，即以文学体裁、权威以及神秘混合起来的东西去代替严谨的数学推理"。② 这体现了理论物理学家玻恩的思想标准与思想倾向。虽然他删除了一些专业表述，但是却把它们放在了书的附录中。全书正文 128 页，附录却有 106 页。附录包括矢量运算公式、麦克斯韦方程组、热力学与统计物理及其所用数学的几乎全部基础知识等等。玻恩作为理论物理学家，努力追求思想以及思想表达精确性。

9. 结局：趋向圆满

　　对一个生活、工作、事业与精神融为一体的科学家而言，他的科学事业就是其世界的主要内容，他的科学生涯就是他的人生主轴。伟大科学家做的就是用他的专业思想去解读、去诠释、去包容整个世界。玻恩涉足的物理学领域众多，作为教授，他讲授全部理论物理课程。作为卓越的研究者，在对于物理学诸领域（事实上是对于自然界诸现象）关注点不断转变中，玻恩的思维轨迹逐渐趋近"各态遍历假说"：由物体高速运动的相对论世界到日常世界的高密度气体与液体现象；由光学现象到多姿多彩的晶体世界；由宏观弹性系统的稳定性理论到微观原子世界的量子力学……在他讲授全部物理学课程，并涉足理论物理多个分支的研究过程中，他的关注点遍历宏观与微观几乎所有的物质形态。从而实现了他对于自然界的全面理解和把握。玻恩对自然界所做的一位纯粹理论物理学家的解读，在他文字优美、极具可读性的《永不停息的宇宙》

---

① Max Born. *My Life & My Views* ［M］. New York：Charles Scribner's Sons, 1968：48.

② Max Born. *Natural Philosophy of Cause and Chance* ［M］. New York：Dover Publications Inc., 1964：Preface.

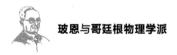

等书中有很充分的展示。而他晚年对物理学理论所做的哲学思考与研究，一定意义上是他将物理学理论体系作为一个建筑物，与客观自然界的一种对比，以及为了便于通过前者去理解和解释后者之中的诸现象，对于前者做的注解，或者说是对于这一人为建筑物的雕刻与再加工。

六、玻恩和沃尔夫合著《光学原理》的 若干细节

　　玻恩与沃尔夫撰写的《光学原理》（*Principles of Optics*）的前身是玻恩 1933 年出版的德文著作《光学》，而《光学》则源于玻恩在哥廷根大学时讲授光学课的讲义。但是作为晶格动力学理论和量子力学大师，玻恩出版的第一本教材类著作却是《光学》，这有点出人意料。但事出有因。溯本求源，玻恩的光学情结和光学基础，是他于哥廷根求学时奠定的。从玻恩的成长与合作机缘上看，这本书得以问世，伏格特、劳厄（Max von Laue，1879—1960）、加伯（Denis Gabor，1900—1979）以及沃尔夫等人的影响和帮助都很重要。

伏格特

　　玻恩在哥廷根大学读书以及后来任讲师时，物理系有两个教授：教实验物理的里克（Eduard Riecke，1845—1915）和主要教理论物理的伏格特（Woldemar Voigt，1850—1919）。玻恩说他"从未和里克打过交道。"[1] 而伏格特则是玻恩物理学重要的引路人之一。伏格特出生于莱比锡，

---

① Max Born. *My Life*［M］. London：Taylor & Francis Ltd.，1978：87.

他在物理学多个领域都有重要贡献。1898 年他发现了磁双折射的伏格特效应。1899 年他提出了通常意义下的张量概念。伏格特剖面与伏格特符号也都是为了纪念他而引入的概念。1887 年伏格特最早给出了静止参照系与运动参照系之间在 x- 轴方向上的变换关系（这后来被称为洛伦兹变换）。玻恩说：伏格特"对我在科学事业的发展有相当大的影响。他开设了涵盖所有理论物理的一系列课程，并且他也有丰富多彩的一些实验研究课程，用以研究光学、磁学以及晶体物理。我听了他的光学讲座。刚开始，我不太喜欢这门课程；它的内容很清晰易懂，但是没完没了的计算使它枯燥、沉闷而无趣。"[①] 因此玻恩想放弃继续学习这本课程。

当时已经获得博士学位、后来成为了著名物理学家的劳厄，来到哥廷根深入学习一些高级课程，他也选了伏格特的光学课。当他知道玻恩要放弃这门课时，他极力劝阻，因此玻恩才没有放弃。后来玻恩非常感谢劳厄当年对他的这一帮助："对此，我一直心存感激。因为在这些课上，以及相关的实验课上，我学到了很多。这是精彩的课程，只有少数高年级学生参加，课上不仅向学生介绍光学的基础事实，也介绍晶体光学、电磁光学和光谱学的复杂现象。我在那里学到的知识铸就了（我知识结构里光学基础的）根系，它 25 年后成长为我自己撰写的光学教科书。"[②] 伏格特不仅培养了玻恩对于光学的兴趣，并使其打下了坚实的光学基础。他对玻恩还有其他重要的影响。如伏格特研究晶体物理，玻恩不理解伏格特在这一领域的一些推导过程，于是尝试自己独立研究这一领域。

劳厄

① Max Born. *My Life* [M]. London：Taylor & Francis Ltd.，1978：87.

② Max Born. *My Life* [M]. London：Taylor & Francis Ltd.，1978：87—88.

这使得后来玻恩成为了晶格动力学理论的重要奠基人和权威人物。

当玻恩成为哥廷根大学的物理教授和领导者之后，他的做法与当年的伏格特相近。如他一个人几乎开设了包括光学在内的所有理论物理课程，也关注实验研究。多年高强度教学和科学研究使玻恩积劳成疾，其妻子移情别恋则对玻恩的精神和情感形成几乎致命一击，一度心力交瘁。1928 年他不仅不能继续科学研究，连正常的教学工作也无法进行。[①] 1929 年春天，他才开始恢复工作，但是恢复过程比较缓慢，这成为了玻恩撰写《光学》一书的契机："我觉得自己还没有强壮到足以立即再从事研究工作。因此，想把自己讲授过的一些讲义写出来，以便日后出版。"[②] 玻恩最早想先写热力学部分，因为他觉得自己在这方面的讲授方法比较独到。但是由于考虑到这一部分需要很大的精力而先放下了，转而决定先写光学部分。理由是光学课程"我不仅有好的笔记，甚至一些部分的细节都已经写好了。"[②]

由于对书稿的质量要求甚高，所以玻恩发现撰写这本似乎前期准备比较充分的光学书并不是一件容易做的事："这一工作并不比从头开始的研究省力。……我发现，当时通行的一些表述方式或者很多并不令人满意或者并不完整。我开始寻求新的方法和结果。但是在完成我的诸如上课、考试、指导论文等日常必需工作之后，几乎就没有剩余时间让我写光学书了。因此，我每天早起一会儿，在上课之前写这本书。我向两个学生（Lieb 和 Weppner）口述光学书的内容，他们第二天就给我带回来可读的手稿；他们也做计算以及核对工作并准备了大量图片。这本书超越了我讲义的篇幅，在经典方法（即不考虑量子效应）处理问题的范围内，这是一本相当完整、全面的光的电磁理论教科书。这本书正赶上1933 年希特勒上台时出版，结果理所当然地被视为'犹太物理学'而大量销毁。"[②] 玻恩撰写德文版《光学》一书的严谨态度以及他致力于寻

---

① 厚宇德. 玻恩研究 [M]. 北京：人民出版社，2012：234—242.

② Max Born. *My Life* [M]. London：Taylor & Francis Ltd.，1978：241.

求最好的表述方式等高标准，使这本书起点不凡，为后来撰写《光学原理》奠定了坚实的基础。

这本书出版当年玻恩就不得不离开了德国，在英国开始了没有固定教职的生活，还曾远赴印度漂泊了差不多一年。1937 年他终于又在爱丁堡大学获得了固定的教授职位。在这之后，他才知道这本书虽然在德国遭到禁止，但仍受好评。在他人的敦促下玻恩临近退休的时候有了重写该书的念头。在敦促玻恩撰写出版英文光学著作的人中，包括爱丁堡大学的校长："第二次世界大战之后，爱丁堡大学校长、物理学家爱德华·阿普里顿爵士告诉我，说他在美国买到了一本我的光学著作的影印本。他还说这本书在雷达领域，在处理大波长电磁波传播时，应用甚广。"[1] 但是几十年时间里光学发生了巨大的变化。因此，玻恩觉得翻译 1933 年那本光学已经没有太大意义。因此他决定重写一本光学著作。但是此时玻恩年事已高，精力受限（因为他几乎同时还在与中国物理学家黄昆合作撰写《晶格动力学理论》一书），已经不能独立完成这一计划。

沃尔夫

玻恩找到了一位年轻的助手、合作者。这是出生于前捷克斯洛伐克的布拉格的埃米尔·沃尔夫（Emil Wolf，1922—），沃尔夫当时刚刚到而立之年，是一位在光学方面很有天赋的年轻物理学家。后来他成为了一位在光学方面享有盛誉的美国物理学家。据沃尔夫回忆[2]，他是在1950年听说年近 70 岁的玻恩要再写光学著作并计划寻找合作者的。

在 1999 年《光学原理》第七版序言中，沃尔夫说："有时被问及关于我同

① Max Born. *My Life* [M]. London：Taylor & Francis Ltd.，1978：241—242.

② Emil Wolf. *Recollections of Max Born* [J]. Optics News，1983（9）：10—16.

M. 玻恩合作，完成出版《光学原理》的情况。对此有兴趣的读者可在我《回忆马克斯·玻恩》（*Recollections of Max Born*）一文中找到回答……"[①]　沃尔夫的这篇回忆文章的确是了解玻恩与沃尔夫合作撰写《光学原理》的最重要的文献。在这篇回忆文章中沃尔夫说，他能与玻恩的合作是他一生中"最大的好运"。[②]　沃尔夫讲述了他成为玻恩助手的机缘故事。沃尔夫 1948 年毕业于布里斯托大学，他的论文指导老师是林福特（E. H. Linfoot，1905—1982），当时刚刚被任命为剑桥大学天文台的副台长。林福特聘任沃尔夫做他的助手。在接下来工作于剑桥的两年里，沃尔夫常常到伦敦去参加英国物理学会光学组的会议。他们的会议多在皇家学院举行，加伯（Denis Gabor，1900—1979，1971 年因发明全息摄影技术而获得诺贝尔物理学奖）是会议的常客，他的办公室就在召开会议的同一座建筑中。沃尔夫多次在这些会议上公布自己的小短文。有时会议结束后加伯会邀请沃尔夫去他的办公室聊一会儿。在聊的过程中，加伯评价会议上的谈话，对沃尔夫的工作提一些

建议，也介绍他自己的研究。加伯在德国就认识玻恩，并对玻恩极为钦佩（had great admiration）。从加伯这里沃尔夫了解到 1950 年玻恩正在准备写一本新的光学书，延续他 1933 年在德国出版的《光学》的风格，但是要包括 1933 年之后二十多年里光学的重要的新进展；当时的玻恩已经近 70 岁，很快就要在爱丁堡大学退休，他想物色愿意与他合作的现代光学方面的专家和他一起完成撰写新光学著作的计划。玻恩向加伯讨主意，一开

加伯

①　Max Born, Emil Wolf. *Principles of Optics* [M]. 7th ed. Cambridge：Cambridge University Press, 1999：Preface.

②　Emil Wolf. *Recollections of Max Born* [J]. Optics News, 1983（9）：10—16.

始加伯和霍普金斯（H. H. Hopkins）计划加入这本书的写作计划。加伯
邀请沃尔夫撰写关于光的衍射畸变部分，这是沃尔夫当时非常感兴趣的
内容。后来，霍普金斯发现他没有足够的时间参与这本书的撰写计划。
1950 年 10 月，加伯经玻恩同意，致信林福特和沃尔夫，问林福特是否
允许、沃尔夫是否愿意接替霍普金斯的撰写任务。经过多次讨论，玻恩
最后决定，这本书由他与加伯、沃尔夫三人来共同完成。沃尔夫因为获
得这个机会当时很开心。沃尔夫告诉加伯，如果玻恩在爱丁堡大学能够
给他提供一份工作的机会，他愿意离开剑桥去爱丁堡，这样他就有更多
的时间去很好地完成这本书的撰写任务。临近 1950 年 11 月末，加伯写
信告诉沃尔夫，玻恩几天后来伦敦，加伯安排他们三个人在伦敦他自己
的家里一聚。1950 年 12 月 2 日，沃尔夫在加伯的办公室先与加伯见面。
加伯很看重他引荐沃尔夫给玻恩这件事，他说："沃尔夫，如果你让我失
望，我会永不原谅你。你知道谁是玻恩最后一位助手吗？海森堡！"[1]
在海森堡之后玻恩当然还有洪德等著名助手，因此这句话不够准确。加
伯的言辞说明他因为很敬重玻恩而对于这次会面非常重视以至于有些焦
虑。那一天三个人在加伯的家里共进午餐。期间玻恩问沃尔夫一些科学
兴趣方面的问题。在午餐结束前，玻恩已经同意由沃尔夫做他撰写《光
学原理》的助手。玻恩如此快把事情定了下来，这让沃尔夫觉得很不可
思议。因为沃尔夫自己清楚，那时他只发表过几篇文章，还不是科学界
的著名人物。对于玻恩有了更多的了解之后，沃尔夫才明白，能够很快
做出这次决定和玻恩的一个人格特点有关：他很信任他的朋友。因为加
伯推荐了沃尔夫，所以玻恩认为对沃尔夫更烦琐的考察是多余的。

　　在伦敦会面几天后，玻恩给沃尔夫发来了一份电报，让他到爱丁堡
大学再做一次正式的面谈。这次面试发生在两周后。面试之后沃尔夫很
快收到玻恩的信，玻恩告诉他面试委员会同意沃尔夫做玻恩的私人助
手。沃尔夫辞去剑桥的职位之后立即到爱丁堡就职。沃尔夫后来知道其

---

① Emil Wolf. *Recollections of Max Born* [J]. Optics News，1983（9）：10—16.

实他的职位不是必须要有面试委员会的任命。因为他的薪水来自一家工业企业的资助，而这笔经费完全由玻恩自己支配。玻恩非常小心是事出有因。玻恩较早有一个叫作克劳斯·福克斯（K.Fuchs）的学生兼雇员，后来成为了苏联特务，为苏联提供核技术情报。这事当时给玻恩造成了不好的影响和极大的压力。福克斯（Fuchs）的名字在德语里是狐狸（fox）的意思。在邀请沃尔夫去爱丁堡大学之前，玻恩给爱丁堡大学校长爱德华·阿普里顿爵士（Sir Edward Victor Appleton）写信说，这个特殊任命的决定不能由他一个人做出，因为他不想在一只狐狸之后再任命一匹狼（wolf）！

沃尔夫 1951 年 1 月末来到了爱丁堡开始工作。尽管年事已高，玻恩当时思想还非常活跃。他的工作日程固定而有规律。他每天到办公室后，首先向秘书口述（由秘书记录）回复收到的一些信件。然后他到隔壁的房间，在那里他的合作者们都坐在一个 U 形桌子旁。玻恩依次问每个人同一个问题："从昨天到现在你都做了什么？"[①] 听到回答后，他要与每个人讨论一下并给出建议。这样的例行公事不是每个人都喜欢。沃尔夫记得玻恩研究小组中有一个物理学家，每天当玻恩问他问题的时候明显紧张不安。一天他对沃尔夫说，玻恩的做法令他太紧张，一旦找到另外一个职位的话他会立即离开。一开始沃尔夫自己也不习惯玻恩的每天这种例行的问询。有一天，玻恩来到 U 形大桌子旁边，站在对面问："沃尔夫，你昨天到现在做了什么？"沃尔夫很简单地回答："什么也没做！"玻恩看起来很震惊，但是他丝毫没有批评和抱怨，而是接下来问下一个人同样的问题。沃尔夫说："玻恩经常直接表达他的想法和感受，但是其他人这样做时他也同样不介意。"[①] 玻恩的学生和助手，也可以像玻恩那样以直接的方式，向他述说自己的想法和感受。

在合作过程中玻恩参与新书的撰写计划，提建议，给出大体性的意见。书的实际撰写多由加伯、沃尔夫及其他参与者完成。然而，就像霍

---

① Emil Wolf. *Recollections of Max Born*［J］. Optics News，1983（9）：10—16.

普金斯较早时退出一样，加伯很快发现他没有足够的时间参与此书的撰写工作。经过讨论玻恩允许加伯退出，但是加伯仍负责书中电子光学部分的撰写任务。因此，这本书实际最后主要的撰写工作就落在了沃尔夫一个人的身上。对此沃尔夫说："幸运的是，我那时还相当年轻，有足够的精力以供完成这样一个大的计划之需。"玻恩密切关注书的撰写情况。沃尔夫说："虽然我做大部分撰写工作，但是玻恩阅读手稿并给出修改建议。我到爱丁堡一年后，我们和出版商签署了一个合同，我们希望一年半以后，玻恩退休的时候完成手稿。但是我们过于乐观了。这本书的撰写共耗时 8 年。"[①]

沃尔夫发现年迈的玻恩不但思想活跃，而且保持着较高的工作效率："尽管我比较年轻，但我还是比不上玻恩的写作速度，甚至写不过年迈的玻恩。不久，他对我工作进展得缓慢很显然甚为不快。"[①] 沃尔夫以具体的事例说明了玻恩在书稿撰写过程的指导和参与情况。一天，当沃尔夫正在开始撰写变分法的一个附录时，玻恩说，他知道对于这个问题处理得最好的是哥廷根大学伟大的数学家大卫·希尔伯特，他是在 20 世纪之初作出这一工作的。玻恩主要基于希尔伯特的方式计划向沃尔夫口述完成这个附录。每次口述之后第二天沃尔夫给玻恩看他记录的文稿，以听取玻恩的意见。做了两次口述之后，玻恩说他可以不用沃尔夫的帮助而独自去完成这个附录，这样可能更快一些。这一个附录在该书英文版中长达 19 页（853—872 页）。在《光学原理》第一版的序言里有这样的话："我们觉得把几何光学的数学工具——变分学——从（第三章几何光学基础）正文分出去是合宜的；关于变分学的附录（附录 A），其主要部分是根据希尔伯特与本世纪初在哥廷根大学所开的讲座（未出版）。"[②]

与玻恩的接触使沃尔夫受益匪浅。他说："玻恩就像一本物理学百科全书。无论问他什么问题，他都会给你一些有价值的见解或者建议一些

---

① Emil Wolf. *Recollections of Max Born* [J]. Optics News, 1983（9）：10—16.

② Max Born, Emil Wolf. *Principles of Optics* [M]. 7th ed. Cambridge：Cambridge University Press, 1999：Preface.

切题的参考资料。他因其亲身经历还熟知他自己所处时代的所有物理学领袖人物，有时会回忆起他们的有趣故事。"[1] 在 20 世纪 50 年代激光诞生前，光学不是一个令多数物理学家激动的内容。那时在大学很少讲授高级光学。那时物理学的时髦领域是核物理、粒子物理、高能物理和固体物理。沃尔夫说："在这方面玻恩与他的多数同行有很大的不同。对于玻恩来说，所有的物理学都是重要的，他只愿意区分好的物理研究与坏的物理研究，而从不将物理学分为时髦的物理学与不时髦的物理学。"[1] 玻恩的博大和宽容体现在很多方面："玻恩对于物理学家做研究时所用的方法和技术，心胸同样是广阔宽容的。"当他们写到一部分用某种数学方法估计光学系统的性能时，发现虽然在关于这一问题的一篇基础性的文章中，结论是正确的，但是进一步推导却包含严重的缺陷。对此沃尔夫无法忍受，但是玻恩却只是说："在首创的先驱工作中，每件事都是允许的，只要能够得到正确的答案就好。真正的辩护和修正会随之而至。"[1]

当然与玻恩这样的物理大师合作不可能总是轻松愉快的。沃尔夫发现很难说服玻恩改变看法接受新东西。沃尔夫对于光的部分相干性问题变得很有兴趣。一天他发现了一个在他看来很值得注意的结论。沃尔夫给玻恩打电话，告诉他自己有一个新发现，约他一起讨论一下。他们决定那天共进午餐。见面后，沃尔夫告诉玻恩，他发现光场和相干性都由一个适当的相关函数所决定，这个函数以波的形式传播。玻恩听后说："沃尔夫，你一直是个敏感的小伙子，但是现在，你完全变得疯狂了！"但是几天以后，玻恩接受了沃尔夫的结论。沃尔夫说："这个事件说明了玻恩的合作者都很熟知的一个事实——玻恩对于他人得到的新结果有某种抵抗力。然而他会继续思考，而一旦他发现他们是正确的，最后他会为自己最初怀疑别人而致以歉意。"[1]

1953 年玻恩退休，然后他与妻子离开爱丁堡在德国哥廷根附近的巴

---

[1] Emil Wolf. *Recollections of Max Born* [J]. Optics News, 1983（9）：10—16.

特皮尔蒙特（Bad Pyrmont）小镇定居。玻恩离开时，他与沃尔夫撰写的书还远没完成。他们通过书信讨论。为了进一步沟通，沃尔夫也从英国到玻恩在德国的新家去过几次。在对写作的细节以及总体认识没有大的异议后，继续由沃尔夫执笔撰写。玻恩在小镇定居下来，本有静享晚年的想法，但是他告诉沃尔夫事实上这无法做到。玻恩举了一个例子说，玻恩刚回来不久，西德物理学会邀请他在一个会议上做演讲。他以年龄太大不适于旅行为由拒绝了邀请。然而他得到的回复却是考虑到玻恩所说的原因，会议转而到玻恩居住的小镇巴特皮尔蒙特举行！

1954 年玻恩获得了诺贝尔物理学奖。其后玻恩在德国主要致力于呼吁人们思考科学的社会作用、宣传核武器的威胁等事。他获得诺贝尔奖对于他要做这些工作大有帮助，使得他的话语和思想更有分量。

这些工作用去了他很大的精力，自然也减小了他对于《光学原理》一书撰写情况的关注。另一方面除了实现玻恩的撰写计划，沃尔夫也有自己的想法。他想将自己研究领域有兴趣的新内容写进这本书里。这都是这本书 8 年才出版的重要原因。转眼几年过去了，书稿还没音讯。1957 年玻恩写信催问书的撰写情况。沃尔夫回信说除了光的部分相干性一章外，书稿其他部分都已经完成了。玻恩立即回信说："除了阁下谁对部分相干性有兴趣？放弃这一部分的撰写，把其余的书稿寄给出版商。"沃尔夫这时加快速度写完了那一章，即该书中的第 10 章——"部分相干光的干涉和衍射"。[①] 书出版后不久激光问世，研究光学的物理学家和工程师们变得对于相干性问题非常感兴趣。沃尔夫说："我们的书是最早深入处理这一领域问题的书。这时这本书包括进去了这一部分内容令玻恩像我一样开心。"沃尔夫说："我们的书也是最早包含解释全息术内容的著作之一。这令加伯十分高兴。"[①]

玻恩在回忆录中说这本新光学书出版于 1956 年。[②] 但是埃米尔·沃

---

① Emil Wolf. *Recollections of Max Born* [J]. Optics News, 1983 (9): 10—16.

② Max Born. *My Life* [M]. London: Taylor & Francis Ltd., 1978: 243.

尔夫在回忆玻恩的文章[①]中很明确地说该书 1959 年出版，该书的第一版序言也是写于 1959 年 1 月。现在该书的英文版第一次出版时间也是在 1959 年。因此玻恩在回忆录中说该书 1956 年出版应该是玻恩的记忆导致的错误。

　　沃尔夫在回忆他与玻恩合作过程的文章末尾说："我对于我们之间这段合作的感情，恰好可用玻恩回忆他作为希尔伯特助手时的感受的言辞来形容，即我被任命为他的助手，这一事件对我而言其珍贵程度非语言可以描述，因为这使我每天可以看到他并能与之交谈。"[①] 由此可见玻恩在沃尔夫心目中的崇高地位。玻恩对于沃尔夫的影响确实不仅仅局限于他们合著《光学原理》。1984 年 9 月 23 日，沃尔夫接受琼·布朗伯格（Joan Bromberg）的采访。访谈中沃尔夫指出，爱因斯坦 1909 年对于涨落问题的研究以及公式描述给了他非常大的影响。沃尔夫说他是通过玻恩的著作了解到爱因斯坦的这一研究的："一本玻恩写的著作，有一章讨论这个问题，当然这是绝无仅有的杰作（it's a masterpiece）……"[①] 此事再次说明玻恩对于沃尔夫的影响是巨大的，沃尔夫对于玻恩极为尊重，他不仅阅读玻恩的光学著作，还阅读了玻恩的其他著述。

　　《光学原理》一书的英文版，截至 2005 年出版了 7 个版本，前 6 个版本分别于 1964 年、1965 年、1970 年、1975 年、1977 年、1980 年、1983 年、1984 年、1986 年、1987 年、1989 年、1991

《光学原理》英文第七版封面

---

① *Interview with Dr. Emil Wolf by Joan Bromberg*［EB/OL］.［2013-1-1］. http://www.aip.org/history/ohilist/31406.html.

年、1993年、1997年等年重印17次。第七个版本1999年出版，并分别于2002年、2003年、2005年等年重印多次。因此该书英文版已经刊印二十余次。显然，该书是光学领域的重要经典权威著作。《光学原理》的英文前四版，每次再版由玻恩、沃尔夫共同讨论修订、共撰再版序言。玻恩1970年去世，其后该书的第五版、第六版、第七版，内容的更正与增补，均由沃尔夫独自运作。可见《光学原理》出版以来，一直是光学领域最著名的经典权威教材。以上所述该书的写作过程可以告诉我们怎么样的严谨精神才能打造和推敲出这般精品。

《光学原理》中译本分为上下两册，早期译本上册由杨霞荪等（参加翻译工作的还有王国文、钱士雄、张合义、吕云仙、黄乐天、陈天杰等）据原著英文第五版译出，科学出版社1978年出版；下册由黄乐天、陈熙谋、陈秉乾等据原著英文第五版译出，科学出版社1981年出版。《光学原理》第七版中译本由杨霞荪据1999年剑桥大学出版社英文版本译出，上册于2005年由电子工业出版社出版，下册于2006年由电子工业出版社出版。

《光学原理》第七版中译本封面

在《光学原理》英文第七版之中文译本的"译者序"中，杨霞荪先生赞该书是"光的电磁理论方面一本时及近代、夙享盛誉的基本参考书"。《光学原理》"主要阐述宏观电磁理论，系统讨论光在各种媒质中传播的基本规律，包括反射、折射、干涉和衍射等。'部分相干'一章是其特色所在，为著者E.沃尔夫的专门贡献，而编入加伯'波前重建（全息术）'一节尤具卓见。四十年来，光学因激光而多方面获得惊人发展，本书原有内容已显不够充分，但始终未失其基本参考价值。这次第七版（扩充版）增加了若干章节，共近80页，基础前沿兼备，面貌为之一新。"①

母国光院士为《光学原理》英文第七版中译本撰写的序言指出："以光的电磁波理论麦克斯韦方程为基础的，对光的传播、干涉、衍射以及光学系统进行系统而深入讨论的《光学原理》一书，在国际上吸引着一代又一代的读者，历经近五十年而长盛不衰，甚至有人称《光学原理》是学光学的'圣经'，却不因为它没有涉及激光灯现代微观和量子光学而逊色。……新版《光学原理》为有志于攀登光学高峰的年轻人提供了一架云梯，如果不是圣经的话；新版《光学原理》昭示人们，掌握基础理论才是发展和创新的根本，根深叶茂，固本枝荣。"②

《光学原理》通常被认为是一本光学教科书。玻恩自己也是这样给它定位的。虽然光学不是玻恩投入精力最多的领域，但是《光学原理》仍然非常好地展示了玻恩的教学与科学研究紧密结合、教学直接培养学生的科研能力、重视和追求最佳数学方法和数学表述等学术理念。从教学的角度来看，《光学原理》不适合作为光学教材在我国物理专业本科生中普遍推广。玻恩在哥廷根大学他的学派里所做的，是培养研究型人才的精英教育。也只有这样的培养目标定位才更适合创新型研究人才的成长。物理学界公认西南联合大学（以下简称西南联大）的物理教育是非常成功的，但是有一个事实不见有人强调，那就是从1938年到1946年，西南联大物理专业毕业生只有130人。③ 平均下来，每年只培养不到15名学生。这比现在很多院校物理专业招收的博士生还少。玻恩的教学定位，以及西南联大的教学成果都表明：优秀的师资、少量有天赋的学生、高水平规范的教学是培养出更多科学精英的最佳保障。

---

① M. 玻恩，E. 沃尔夫. 光学原理［M］. 杨霞苏，译. 北京：电子工业出版社，2005：译者序.

② M. 玻恩，E. 沃尔夫. 光学原理［M］. 杨霞苏，译. 北京：电子工业出版社，2005：序.

③ 西南联合大学北京校友会. 国立西南联合大学校史［M］. 北京：北京大学出版社，1996：198.

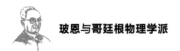
　　虽然笔者认为很有意义也很有必要，但是由于篇幅关系，在此对《光学原理》不做专业角度的深入评判，也不再将它与其他同类著述进行比较，以突显其卓越特色。

七、玻恩与黄昆合著《晶格动力学理论》过程探微

1. 引言

　　1945 年 10 月黄昆（1919—2005）到达英国的布里斯托大学，师从后来获得诺贝尔物理学奖的莫特（Nevill Mott，1905—1996），1948 年获博士学位，1951 年 10 月回国。在英留学的几年里黄昆科研成果丰硕，黄散射、黄方程、黄 – 里斯理论是这期间他的几项标志性成就；另外黄昆在利物浦做博士后期间，还兼做一项"副业"，即与爱丁堡大学的玻恩教授合著《晶格动力学理论》（*Dynamical Theory of Crystal Lattices*）一书。2006 年朱邦芬院士对是书有如下评价："这本书问世以来，很快成为所有固体物理学教科书及晶格动力学专著的标准参考文献，重印十余次并译成俄、中等国文字。几代固体物理学家都通过学习这本专著而了解晶格动力学这个领域。……无论从被他人引证次数，还是从被印证延续时间，《晶格动力学理论》在国际上都是罕见的。"[①] 冯端院士称玻恩与黄昆合著《晶格动力学理论》的工作是"费时、费力气，还需要科学上的洞见与创造性的工作"，称该书为晶格动力学领域的"圣经"。[②]

---

　　① 朱邦芬. 一本培养了几代物理学家的经典著作——评《晶格动力学理论》[J]. 物理，2006（9）：791.

　　② 冯端. 悼念黄昆先生［J］. 物理，2005（8）：610—611.

　　玻恩是 20 世纪一流理论物理大师，黄昆对新中国固体（半导体）物理学等领域的贡献居功至伟。年轻的中国物理学家与世界级一流物理大师合著一本经典物理学著作，并深受合作者及学界好评，这在中国物理学界可谓绝无仅有的特殊事件，值得物理学史界格外关注。本文首次基于当事人的一些珍贵信函以及回忆，对这一事件做深入客观之挖掘与点评。文中所用信函除有特殊说明外，均来自剑桥大学丘吉尔学院档案中心保存的玻恩生平档案文献。在玻恩去世后的 20 世纪 70 年代初，在玻恩的资料移送他生前就职的爱丁堡大学前，玻恩家人即已将部分资料移交给剑桥大学丘吉尔学院档案中心。其后另外部分资料移存爱丁堡大学，还有一部分由古斯塔夫保存在家里。在 20 世纪 80 年代，一些资料曾卖给德国柏林的国家图书馆。2008 年爱丁堡大学保存的那部分玻恩资料转存剑桥大学丘吉尔学院档案中心。随着这次资料转移，年迈的古斯塔夫将藏于其家的资料也移送丘吉尔学院档案中心。经过分类整理，这些资料 2011 年向学界开放。本书基于玻恩与黄昆合作期间的信函（二人之间的信函以及玻恩这期间写给其他物理学家的相关信函），首次研究二人的合作过程。

2. 玻恩与黄昆的合作机缘

　　在玻恩去世后才出版的玻恩回忆录中可以看出，他将与黄昆合著《晶格动力学理论》一书，视为他晚年最重要的工作之一。提到黄昆，玻恩说："他到我这儿的时候已经是位有能力的物理学家。他作为 I.C.I. 研究员（Fellow）[①] 在利物浦大学弗罗里胥[②]（Herbert Fröhlich，1905—1991）指导下搞研究工作。他建议黄昆用一部分时间到我的系部

----

　　① 在中文出版物中，对 I.C.I.Fellow 有多种翻译。2014 年 8 月 13 日笔者曾致函爱丁堡大学相关人员，了解 I.C.I.Fellow 具体所指：该校数学学院的尼科尔（Nicole）先生回函告知：I.C.I.Fellow 是指当时获得帝国化学工业公司资助的数学、化学、物理和工程几个学科的博士后研究员。

　　② 1954 年玻恩获得诺贝尔物理学奖，弗罗里胥是玻恩的几位诺尔奖提名人之一。

来学习我的研究方法，主要是研究晶体点阵力学的方法。"[1] 事实上黄昆1947 年第一次来到爱丁堡大学玻恩处，是在他到利物浦做博士后之前，并不是出于弗罗里胥的建议，这时弗罗里胥还在布里斯托做讲师。黄昆对于他主动接触玻恩的动机有过准确说明：到 1947 年春，"我用了一年半时间完成了以上两项研究（指稀固液体的 X 射线衍射理论；银原子溶入金固体所成稀固溶体的结合能和残余电阻率的理论计算。——笔者注），写成博士论文上交，但到 1948 年元月才正式举行授予博士学位的典礼。中间相隔半年多时间，我通过当时在英国爱丁堡大学做物理学著名大师玻恩研究生的程开甲的介绍，得到大师同意我来爱丁堡做短期访问。玻恩是晶格动力学的奠基人和无可争议的权威。"[2] 可见黄昆是因为博士留学期间出现了"空闲"时间段，想用之于进一步向其他固体物理学领域的权威大师学习，才来到了爱丁堡。

对于二人具体的合作机缘，玻恩的回忆是这样的："那时我正有一本关于这一领域（指晶格动力学）的新书手稿，在这个题目上我断断续续地工作了很长时间。……我已经完成了这一计划的很大一部分，但是其他的事务和日常工作阻碍了这一计划的继续。我把大量手稿交给黄昆，他对此很感兴趣，和我讨论它并写了一两篇关于这方面特殊问题的文章。我产生了一个想法：他可能是完成这本书的合适合作者。我向他提了这个建议。他没有立即接受我的提议而返回了他工作的利物浦。几个月之后，他写信给我表示，他已经得到中国政府的许可和财政支援使他留在大不列颠，他打算到爱丁堡来和我一起完成这本关于晶体的书的撰写工作。"[3]

玻恩 1936 年到爱丁堡任教之后，在他指导下做晶格动力学研究的年轻人并不少，为什么玻恩产生了与黄昆合作写书的想法呢？这当然与黄昆突出的能力有关，另一个原因正如黄昆本人所说，是因为他懂德

---

① Max Born. *My Life* [M]. London：Taylor & Francis Ltd.，1978：290.

② 黄昆. 黄昆文集 [M]. 北京：北京大学出版社，2004：578.

③ Max Born. *My Life* [M]. London：Taylor & Francis Ltd.，1978：290—291.

语："当时英国学生很少能读德语。我读德语也很勉强，但读玻恩用德语写的两本专著小册子，对他的理论已有基本了解。对此他很高兴，就把他拟写的晶格动力学的量子理论已完成部分的手稿给我阅读。经过一段时间的讨论后，他向我建议由我与他合作共同完成该书的写作。由于庚款留学金到 1948 年 10 月将截止，我当时只能拒绝。"[①] 但是拒绝后的黄昆不像玻恩说的那样回到利物浦，而是回到布里斯托："我回布里斯托接受博士学位时，当时在布里斯托物理系任讲师、实际上已经颇有名气的弗罗里胥，问我是否愿意到利物浦他将任主任的新成立的理论物理系做 I.C.I 博士后研究员。我问他可否同意我以一半时间从事晶格动力学的写作，他表示完全同意。当时我因已经接受北京大学理学院长饶毓泰之聘，回国后任教授，又通信得到饶先生的支持，这样才幸运地克服困难，和玻恩安排妥，由我在他的手稿基础上主要负责书的写作……"[②] 可见前文提到的玻恩所说黄昆与他的合作得到了"中国政府的许可和财政支援"是不准确的。弗罗里胥邀请黄昆去做博士后工作，并允许黄昆用一半时间与玻恩合作著书，才为玻恩与黄昆的合作提供了保障。顺便值得一提的是布里斯托物理系毕业的本科生里斯（A. Rhys）也来到利物浦成为弗罗里胥的秘书，这为黄昆与里斯进一步认识、合作并最终结为伉俪创造了机会。[③] 在玻恩的档案中没有玻恩与黄昆的合影，但是在编号为 BORN6-1-12 的档案盒中，有一张黄昆夫人携子的照片。北京大学物理系秦克诚教授确认，此人是里斯当年在八达岭拍摄的照片。

---

① 黄昆. 黄昆文集［M］. 北京：北京大学出版社，2004：578.
② 黄昆. 黄昆文集［M］. 北京：北京大学出版社，2004：578—579.
③ 关于黄昆在英期间与里斯女士相识、相爱的经过，资料很少，且都语焉不详。最近姚蜀平给出一种说法：黄昆在布里斯托读博士期间，即已与在那里读本科的里斯恋爱；其后黄昆到利物浦做博士后研究，里斯则是在没有完成本科学业的情况下，随黄昆来到利物浦。如此说来，让里斯做秘书，是弗罗里胥对黄昆的一项帮助。详见：姚蜀平. 黄昆夫妇印象记［J］. 科学文化评论，2017，14（3）：98.

里斯母子

3. 黄昆与玻恩在理念上的分歧

玻恩是一位功成名就的物理学大家，黄昆与他刚合作时是尚未到而立之年的博士，但是黄昆在与玻恩合作过程中并非对于玻恩的想法完全言听计从，而是时常坚决坚持自己的观点。现以两例对此予以说明。

玻恩是具有典型德国学者那种特殊严谨学风的理论物理学家，他以追求研究的数学化、体系化而著称。对基于量子力学撰写的晶格动力学著作，他有自己的明确计划：“我的想法是基于最基本的原理推导出晶体的全部理论，在完成理论推导之后处理可观察的现象。”[1] 玻恩向黄昆阐明了自己的想法，黄昆先生晚年还清晰记得此事：“玻恩教授的手稿所考虑的是现在书中的普遍理论部分。它的中心思想是不对晶格做特殊的假设……仅根据量子力学的一般原理，来导出有关晶格的力学、电学、热力学以及光学性质的普遍理论结果。”[2] 但是黄昆不认同玻恩的说法，并

---

[1] Max Born. *My Life* [M]. London：Taylor & Francis Ltd.，1978：290.

[2] M. 玻恩，黄昆. 晶格动力学理论 [M]. 葛惟昆，贾惟义，译. 北京：北京大学出版社，1989：本书说明.

极力坚持自己的学术理念。玻恩对此记忆深刻："黄昆不赞成我的计划，即用严格推导的方式构建此书。他是一个深信共产主义的唯物主义者。他不喜欢抽象思维，他认为科学是改善人民生活的一种途径。所以，他建议在我计划的系统推导晶格动力学之前，增加一些章节，以说明这一理论实际用途。我们为此产生了争议，但是他以我同意他的观点作为他与我合作的前提。离开他的合作这本书我自己将永远不能完成，因此我同意了他的意见。"[①]

玻恩的妥协与黄昆的理念完全可以由这本书最后的结构形式看出。这本书出版后深受好评，对此玻恩是开心的。但由于本书的结构与他一贯的学术理念不一致，因此玻恩心里不无遗憾。从 1951 年 8 月 28 日玻恩致莫特的信中，可以感受到玻恩心里的这种滋味："这本书已经变得与我开始时预想的有些不同。我想把它写成系统化的演绎理论，但是黄是一个更加富有实用思想的人，因而他认为我设想的著作不会有人读，因为它一定是相当烦琐的。也许他是对的。他写了一章很长的比较基本的导论，这对晶体感兴趣的任何人都是有帮助的。进一步，他用出色的方法实现了我的一些总体设想，但是并没有完全实现我的愿望。整部书现在没有达到我最早预期的系统性。但是它会是很有用的，我觉得我不能再做任何改变。"老迈的玻恩对于自己想法不能完全实现只能无可奈何。每位科学大师和大学者都有自己的学术理念与写作风格。在这方面玻恩个性鲜明。如果当初黄昆不坚持自己的见解而完全按照玻恩的设想去执笔撰写这本书，最终能很好体现玻恩学派的学术气息，但是读者的可接受性或书的实用性一定会大打折扣。玻恩在与年轻学者合作时，他的思想往往会受到挑战，值得钦佩的是玻恩并不固执己见而几乎都能有条件地妥协或从善如流。这客观上也是几部他晚年的合作著作大受欢迎和好评的部分原因。如玻恩与沃尔夫合著《光学原理》一书时，二人之间也

[①] Max Born. *My Life*［M］. London：Taylor & Francis Ltd.，1978：290—291.

发生过类似的观点冲突 ① ，有些时候玻恩最终接受了沃尔夫的意见。

为这本书确定一个什么名字，玻恩与黄昆也有分歧。1951 年 8 月 28 日，他在致莫特的信中提到了这一点："关于书名《晶格理论》(*Theory of Crystal Lattices*)，我也想听听你的意见。我最初想称其为《晶格的量子理论》(*Quantum Theory of Crystal Lattices*)，但是黄反对这个名字。他的理由是这本书还有相当一部分内容是经典理论，他还担心称为'量子理论'会吓跑一些读者，实际上一些章节对他们还是有用的。我想他说得对，但是愿意再听听你的意见。"可见二人最初的共识是将书名定为《晶格理论》(*Theory of Crystal Lattices*)，这在黄昆回国前还没改变。这本书最后命名为《晶格动力学理论》(*Dynamical Theory of Crystal Lattices*)，显然是采纳了黄昆不主张在书名中出现"量子"一词的意见。最后的名字是初名《晶格理论》与玻恩 1915 年出版的《晶格动力学》(该书没有英文版，德文名为 *Dynamik der Kristallgitter*)一书名称的综合。

4. 玻恩与黄昆如何合作

玻恩开始与黄昆合作著书时已经年近 70，且身体不是很好。在这本书完成之后玻恩说："本书之最后形式和撰写应基本上归功于黄昆博士。" ② 而黄昆则说："固然我担任了全书的写作，并且在解决一些主要问题上进行了工作，然而玻恩教授的工作仍旧在书中保持了主导的作用，不仅玻恩的手稿确定了普遍理论的轮廓以及其中部分的具体内容，而且全书所总结的内容，包括书中新发展的理论，也主要是以玻恩教授本人以及他的学派几十年来在晶格理论方面的工作成果为基础的。" ③ 二人究

---

① 厚宇德. 玻恩和沃尔夫合著的《光学原理》一书写作过程 [J]. 物理，2013（8）：574—579.

② M. 玻恩，黄昆. 晶格动力学理论 [M]. 葛惟昆，贾惟义，译. 北京：北京大学出版社，1989：序.

③ M. 玻恩，黄昆. 晶格动力学理论 [M]. 葛惟昆，贾惟义，译. 北京：北京大学出版社，1989：本书说明.

竟是怎样具体开展合作的呢？2000 年初，笔者在《现代物理知识》编辑部吴水清老师帮助下致函黄昆，请教他与玻恩合作等问题。黄昆在回函中关于二人的合作有这样的描述："当时商定由我在他已写的一部分的基础上完成'晶格动力学'一书的写作，大致用了 3—4 年时间。在这段时间中，我在利物浦大学理论物理系任博士后研究员，以一半的时间用在写作上，每年暑假到爱丁堡，与玻恩讨论著书上的进度情况。"

事实上二人的合作并不仅限于几个暑假。在利物浦的黄昆与在爱丁堡的玻恩之间通信频繁，这些书信主要讨论著书时遇到的问题。但玻恩觉得仅有假期和通信还不够，为尽快写好这本书，他希望黄昆能将更多的时间放在爱丁堡。为此在自己经费比较拮据的[①] 情况下，玻恩设法为黄昆解决经济问题。如 1950 年 5 月 12 日玻恩曾邀请黄昆来爱丁堡："我现在有一笔完全由我自己支配的基金，我可以用它支付你此次旅行以及逗留在此期间的费用（每天 1 英镑），所以不要因为经济问题影响你的行程。"1950 年 6 月 8 日，玻恩再次提出建议："能不能请求弗罗里胥允许你离开他那里一个或两个学期？或者说中断你的 I.C.I. 研究员工作一个或两个学期？正如我已经告诉你的，现在有一个由我支配的基金，我可以给你提供一个比较合适的薪酬，数量至少相当于你的 I.C.I. 研究员的收入。我认为如果我们想完成这本书，就必须将我们的工作合并在一起。……如果你愿意接受我提供的条件，那么我给弗罗里胥写封信是不是明智的做法？我想他会理解我们的境况并能予以帮助。"在玻恩看来两个人在一起讨论是更好的合作方式，为此他做出了努力。对于一些复杂问题，玻恩建议留在两人见面时再详细讨论。如 1950 年 5 月 12 日玻恩在写给黄昆的信中就说："至于这种基础的镶嵌结构（fundamental mosaic structure）问题，最好推迟到你到这里之后我们再讨论。"

在黄昆这边，为了实现与玻恩达成的写作目标，他系统搜集、研读

---

① 玻恩档案中有封信函，说因为需要支付包括旅费在内的 12 英镑的"昂贵"费用，玻恩曾拒绝参加皇家学会的周年纪念晚宴。

玻恩及玻恩学派成员在晶格动力学方面的相关著述（黄昆将玻恩的一些文章称为晶格动力学研究的"范本"），发现问题及时写信与玻恩讨论或交流自己的看法。1950 年 7 月 20 日，黄昆致玻恩的一封信函可以展示黄昆与玻恩之间交流，以及黄昆重视玻恩的研究成果的一些情况：

> 很感谢您 7 月 18 日仔细阅读与校对书稿的信函。我对引言没能达到预期效果而深表歉意和遗憾。在撰写的时候，我并非有意展示应力消失条件的必要性，而更想概述我们发现的在普遍性的理论中利用这一条件时遇到的困难。我的麻烦显然是因为我很熟悉您 1923 年至 1933 年的文章。这些文章在我看来，是非常范本性的工作。我或多或少认为这一条件是理所当然的。无论如何，我所给出的强调或解释，当然不是想提出新观点（作为参考，我给出了您在《现代物理评论》上发表的文章，我想它是更容易接受的），而是要包括更独立的表述。以直链的情形作为例子和引言的目的相似，即指出在将应力消失条件表述为一般性公式化时遇到的这种困难；就像提到的那样，这一条件本身的必要性，如此方便地从这个例子中附带出现了。为了避免产生太大的困难，我已经附上了一个脚注。除此之外，我另外还增加了一条参考文献，标出源自于您 1923 年文章中的两处。通过这些，我希望可以消除误解。关于中心力，算出后仅仅检查了结果，但是没有与原文核实，我对于给出的参考文献（在这里我指出了您 1923 年发表于剑桥哲学学会会刊上的几篇文章），只做了点比较。如您感觉令人满意的那样，我为剑桥哲学会刊的一系列文章增加了参考文献（您 1940 年的文章中关于 $D=\dfrac{1}{r}\dfrac{d}{dr}$ 的脚注一直令我困惑，这个算符在 1923 年的文章之 536 页已经有效地被应用，但是却没有引入这个算符的介绍）。

这封信和其他更多类似信函，让笔者对以下事实惊讶不已：刚过而立之年的黄昆对整个晶格动力学领域熟悉并精通到如此程度，他与玻恩这位一流大师开展的讨论，俨然是两位成熟物理大师之间的平等交流。

除了与黄昆讨论外，玻恩还审阅校正黄昆写完的书稿。玻恩不仅自己阅读和修改已成书稿，为了精益求精，他还请其他人校对书稿；并请名家推荐审阅稿件的人。1951年8月28日，玻恩写信给莫特说："我还没有着手出版等事宜，由于黄将要与我们远隔千山万水，这件事会变得复杂起来。我还要做校对，但是感觉我一个人做不了全部校对工作，而目前我的系里没其他人能胜任这一工作。……对此你有什么建议吗？……"而在1951年9月17日玻恩写给莫特的信中，有这样的话："关于黄的手稿，我当然非常同意用部分稿酬支付里斯女士的校对费用。或者我们可以让出版社增加一些附加付款。这事你愿意帮忙吗，或者我自己试试？"可见玻恩曾想让黄昆未婚妻里斯校对书稿，里斯或许对此书有过直接的贡献。玻恩此函是目前揭示里斯与该书很可能有关这一事实的唯一文献依据。

玻恩与黄昆之间的学术交往、玻恩对于黄昆的帮助，不仅仅局限于撰写《晶格动力学理论》一书。如黄昆曾在回忆中提到玻恩为他推荐发表一篇论文的事："当初稿由玻恩寄到《伦敦皇家学会会刊》发表时被拒绝了，因为审稿人说论文中没有新内容，后来玻恩建议换另一个审稿人评审，论文才被接受发表。"[①] 在二人几年的合作与交往中，发生了很多值得了解的故事，通过以上几封信函，可略见一斑。

5. 黄昆回国后玻恩做了什么

按原计划，《晶格动力学理论》一书将在1950年完稿。这可以从1949年9月22日玻恩写给莫特的信里的一句话看出："我的合作者黄昆博士带着书稿正在我这里。在我们仔细检查之后，我想大约三分之二已经完成了。我们希望1950年底能把书稿寄给你。"然而从1950年6月

---

① 黄昆. 我的研究生涯 [J]. 物理，2002（1）：130.

21 日黄昆写给玻恩的信可以看出，当时可以断定书稿已经无法按原计划在 1950 年完成。此时黄昆已经确定了回国的大致时间，并争取在回国前完成书稿："我仔细思考了您希望我在爱丁堡多停留一段时间的友好建议。多角度的考虑使我产生以下想法：我计划逗留国外的时间不会晚于明年秋天。如果想回中国工作，那正是合适的时间。我想在明年 9 月左右回国，希望这本书的撰写工作那时能彻底结束。"在黄昆回国时书稿终于杀青，但是玻恩对最后一章不满意而要求重写。有玻恩 1951 年 8 月 28 日写给莫特的信为证："黄昆博士带着我们的书稿——《晶格理论》(*Theory of Crystal Lattices*) 刚刚来到我这里。我用较短的时间仔细浏览了书稿，还要在接下来的几天做更细致的审阅。在我看来除了最后一章需要重写外，书稿基本完成了。黄打算在 9 月末他回中国前，把最后一章以外的最终书稿寄给我。而最后一章他也将尽快完成，他希望不会晚于圣诞节。"可见黄昆在回国前到爱丁堡与玻恩面谈时达成了共识：回国前把除了最后一章的书稿交给玻恩，而保证最后一章在 1951 年末写好寄回。这一判断还可以与黄昆先生的记忆相互印证："这本书基本上是从 1947 年到 1951 年四年之中在英国写成的。只有最后一章我曾在 1951 年回国以后作了修改。"[①] 但是玻恩对此事的记忆较之他当年的书信以及黄昆的回忆却不够准确。玻恩回忆说："在 1953 年末我于爱丁堡大学退休之前不久，黄昆突然决定回中国去参加他的祖国的共产主义建设。……他给我留下了手稿的四分之三，并保证不久把其他部分寄给我。"[②] 黄昆在 1951 年 10 月即已回国，临走留给玻恩的是除最后一章外的全部书稿。

然而黄昆却未能按计划于 1951 年末完成并寄回最后一章书稿。不仅如此，玻恩给黄昆写了多封信函都如石沉大海。黄昆的失联令玻恩焦虑万分，他尽其所能打探黄昆的消息，四处托人帮他联系黄昆。在回忆

---

① M. 玻恩，黄昆. 晶格动力学理论 [M]. 葛惟昆，贾惟义，译. 北京：北京大学出版社，1989：本书说明.

② Max Born. *My Life* [M]. London：Taylor & Francis Ltd.，1978：291.

录中玻恩说："我不得不为这最后几章（其实是最后一章。——笔者注）等了很长一段时间。我在爱丁堡的时期结束了，我们迁回德国。给黄昆写的信毫无作用，我不能清楚记得最后是怎样才成功促使他完成了这项工作，不过我想是让一位访问北京的同事去访问了他。"[1] 玻恩说的这位访问北京的人，就是大名鼎鼎的李约瑟（Joseph Needhum）。李约瑟没有见到黄昆，但是他就此事致函中国科学院（以下简称中科院），中科院将李约瑟的信函转送给了黄昆。事实上玻恩此前还曾向法国著名物理学家约里奥·居里（Joliot Curie）写过求助信。

玻恩不仅仅是等待，他对于黄昆走时留下的稿件做了很多加工工作。在写给约里奥·居里的信中玻恩说："我同时也在做（留下来的）书稿（的校对修改等）工作，已经到了可以付印的程度。但是，缺少最后那一章我不能使书稿付印。而我因为年龄太大而不能自己再去完成这一章的撰写。这本书包括我一生的工作，现在的情形让我深感忧虑。"由此可以看出此书对于玻恩的重要性。在玻恩的回忆中他更详细地说明了他后期的工作："最后，手稿寄来了，而我不得不做最后的编辑、校对工作等等。这本书由牛津的克拉兰敦出版社以最高的效率出版。但那时我已经年过 70，这是我曾经做过的最艰苦、最劳累的工作之一。我不得不一行一行、一个公式一个公式地辨认黄昆有的不容易辨识的手稿，核实全部的计算。最后的结果是令人满意的，这本书看起来是有吸引力的，无论我自己或者其他任何人都未从中发现错误。"[1] 在这本书的序言中，玻恩对于他收到最后一章书稿后所做的工作又做了较为具体的说明："我校阅了全书，增添了若干页，补充了注脚和附录。附录主要是关于这个理论的历史方面。黄昆常常援引比较前沿的发展，这些是他亲身经历了的；而我作为较年长的一代，总是不忘先前的历程。我试图在这一点上对本书加以改善。"[2] 玻恩的后续工作做得很精致因而用去了很长时间。

---

① Max Born. *My Life* [M]. London：Taylor & Francis Ltd.，1978：291.

② M. 玻恩，黄昆. 晶格动力学理论 [M]. 葛惟昆，贾惟义，译. 北京：北京大学出版社，1989：序.

他于 1952 年 9 月收到最后一章书稿，该书到 1954 年才得以出版。玻恩的精益求精是值得的，《晶格动力学理论》成为一本无错之书。该书的中文译者葛惟昆先生曾说："令我不胜唏嘘的是，重读原著多遍，竟一点错误都没有发现，连标点符号都准确无误。"[①]

玻恩除了自己审阅校正书稿，在收到最后一章书稿后，他继续请人帮忙审阅修订全书："我要感谢以前的合作者巴蒂亚博士，他帮助我修订和检查本书的手稿并审阅了校样。感谢牛津的 J.M. 齐曼博士和爱丁堡的 D.J. 胡顿博士在最后订正与校对方面的协助，胡顿博士还编撰了索引。"[②] 这本书的成功，主笔黄昆当然功不可没，玻恩充分肯定黄昆在二人合作中的作用，对于黄昆的英语更是大加赞赏："这本书的最后文本形式主要归功于黄昆。令人惊讶的是一个中国人能够如此流利而正确地用欧洲语言撰写书稿。"[③]

6. 玻恩致约里奥·居里及李约瑟之信函

黄昆 1951 年 10 月离开英国时，计划 1—2 个月就会将最后一章的稿件修改好寄回。但是从他 1952 年 8 月末写给玻恩的信中的估计，玻恩至少要到 1952 年的 9 月才收到书稿。因此与黄昆离开英国时的计划相比，书稿差不多推迟了一年。这段时间对于玻恩是焦虑的煎熬。由玻恩写给约里奥·居里的信可以看出，与黄昆长期失联的焦虑使玻恩展开了丰富的联想和想象。

在 1952 年 6 月 30 日玻恩写给约里奥·居里的信中，玻恩说"去年夏天他（指黄昆）突然觉得要回中国，并于 9 月离开。除了晶体光学以及一些附录，他写完了这本书的全部内容。他答应会很快将这些写好并寄给我。我多次给他写信，但都是杳无音信。我以前的其他中国学生与

---

① 葛惟昆. 严师黄昆［J］. 物理，2009（8）：594.

② M. 玻恩，黄昆. 晶格动力学理论［M］. 葛惟昆，贾惟义，译. 北京：北京大学出版社，1989：序.

③ Max Born. *My Life*［M］. London：Taylor & Francis Ltd.，1978：291.

我有频繁的书信联系，其中一个提到他在北京遇见了黄，并听黄说他已经写完了这本书。"在信中玻恩直率地向约里奥·居里介绍了他印象中的黄昆，并由此展开了他基于误解的揣测："黄很有天赋，但是也是很有雄心壮志的人，还是位相当疯狂的民族主义者。我不能评价多大程度上（他的）社会主义理念是真实的。他在英国的一家中国学生的报刊上发表了一篇文章。在文中他对英国全盘辱骂，而对于'新中国'的所有一切都富有热情地用疯狂的夸张语言予以赞扬，以至于我无法抑制我的反感。我以为他渴望在共产主义集团内达到高层才相应地有这样的言行。为了避免因为是一位西方科学家的合作者的身份而受到怀疑，他可能要牺牲我们撰写这本书的三年工作。因此他不回信也不寄给我（余下的）书稿。或者也可能他投寄了书稿，但是检察人员误以为书稿中的数学公式是（特务）密码，将书稿没收而束之高阁了。也有第三种可能：他想在不告知我的情况下在中国出版这本书。但是我不愿意接受对于其行为的这种阴险的解释，因为我相信他是一位诚实的、有理想的共产主义者。我不是共产主义者，因为我重视个人自由和思想独立性超过任何其他一切；但是我能明白我们社会的缺点是怎样使一个人接受了共产主义信条。与黄相处的经历当然一定程度上影响了我的态度。我想你是否可以尝试（帮我）联系一下黄或者中国政府。如果你（向他们）解释这本关于晶体的著作是无害的，我想你的声望能确保他们相信你。"容易看出，完全不同的生活背景和思想倾向使玻恩无法理解黄昆当年在英国期间的一些举动。这种不解成为他揣测和解释黄昆失联的依据。尽管无奈的玻恩对于黄昆的行为做了政治上、人格上的揣测，多年的接触还是使他相信黄昆是一位诚实的人。

玻恩寄出给约里奥·居里的信后，听说李约瑟正在中国，于1952年7月8日又给在北京的李约瑟写了封信："现在我听说你正在北京，有人建议我劳驾你。如果你能帮我搞清楚黄昆博士为什么不把其余的书稿寄给我，我将非常感谢。我希望他没有生病。如果你见到他，请转达我的问候。也请向我的其他朋友，彭桓武教授（曾经工作于都柏林）、程

（开甲）和杨（立铭）转达我的问候，他们都是理论物理学家。"在这封手书信函第一页的右上角空白处，玻恩写上了提示语："向钱三强询问，给程开甲写信"。右图为这封信的照片。

玻恩致李约瑟的信

为什么黄昆先生没有按照原计划准时把最后一章书稿寄给玻恩呢？对此黄昆有过解释："这本书的写作整整延续了三年。在我于 1951 年 10 月启程回国时，已基本上完成，只有最后一章还需要做一些修改，但我回到国内正值'三反''五反'运动时期，所以经过半年的时间后，才经向上申请批准把修改稿寄出。书由牛津大学出版社正式出版时已经是 1954 年。由于当时研究晶格动力学的人很少，我在写书后期并不乐观，认为书出版后大概不会引起多少注意，很快就会过去，玻恩很不同意我的看法。事后证明，还是玻恩有远见卓识，这本书出版后成为国际上广泛采用的专著，现在 40 多年以后出版社仍在发行，这种情况当时是和固体物理学的兴起和蓬勃发展分不开的。"① 因此黄昆回国后，因无暇顾及这章书稿而推迟继续修改；另外稿件修改后寄出需要经过申请批准，这也是玻恩晚于计划收到书稿的原因。但是我们从黄昆的回忆中不难看出，回到北京后事随境迁，且他对于这本书的前景并不看好，主观积极性上的动摇对书稿拖延寄回也很难说没有影响。

7. 黄昆致玻恩函

李约瑟收到玻恩的信后，即致函中科院。中科院则很快致函黄昆，并把李约瑟写给中科院的信转给黄昆。1952 年 8 月 26 日黄昆给玻恩写

---

① 黄昆. 黄昆文集［M］. 北京：北京大学出版社，2004：579.

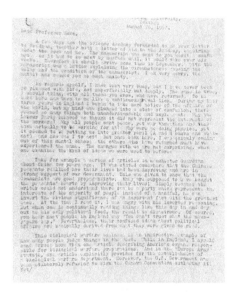

黄昆致玻恩的信

了回函（见左图）。从这封信中可以看出，玻恩写给李约瑟的信函事实上并未起作用，因为修改后的书稿已经于一月之前寄给玻恩。黄昆这封写给玻恩的信，也是玻恩档案中目前仅存的一封黄昆回国后写给玻恩的信。这封信内容丰富、篇幅较长，是了解那个时期黄昆精神状态的珍贵文献，特将主要内容译出如下：

亲爱的玻恩教授：

几天前科学院转给我一封您写给李约瑟的信，以及李约瑟写给科学院的一封信，询问这本书和我。书稿一个月之前已经寄给您了。由于是寄的平信，所以要六周以后大约九月才能寄到。书稿里附有一封信解释书稿拖延至今的原因，以及现在手稿的情况。我非常抱歉这件事让您如此焦虑。

至于我自己，我很忙，但是我的生活具有从来没有过的快乐，不是表面的而是深刻的。我想，（从英国）回来时我的一切状况您都知晓。回到这里对我而言是一场持续的革命。在英国的最后三年，我开始更多地关注这个世界的事务，由此我的思想陷入困惑之中，因为看起来好像有很多既难以理解又令人不快的事情：为什么劳工党的所作所为不代表工人的利益？为什么所有人希望和平，但战争的威胁却事实上存在？为什么我们做物理研究，但它却看似被付之于更巨大的冒险（原子弹和氢弹等等），因此我该怎么办？但是一回到这里，我很快从心理的混沌状态走了出来；其他从国外回来的人想必也有同样的感受和经历。如果审视一下我们过去的思想经历，就不会对我们（今天）的转变感觉惊讶。……

92

　　……在西方这种做法导致在最基本的层面陷入流行的意识模糊状态。被洗脑的人们相信苏、美两个阵营引领着世界，前者代表共产主义，后者被视为西方理想或西方生活方式的保卫者。在英国各种人都不喜欢美国，但是他们被引导着相信他们不得不与美国站在一个阵线，因为美国保护着他们免受共产主义（侵害）。甚至思想解放的知识阶层基本上也是这样看待事物。他们批评美国的军国主义，但是他们内心也不十分确定美国的军国主义究竟是否必要。……但是对于选择了共产主义的苏联和中国，西方的多数群众了解什么呢？……我仅仅是想指出，不知道共产主义是什么样子，人们怎么可以假定它这么令人憎恶？没有这方面的知识，人们怎么能够就不得不选择忍耐美国的军国主义而不是共产主义？至于我自己，我认识到，不同的人会成为不同的专家，他们由对于金钱、成功和文化的共识而一致起来。为了取得那些，没人能够忽视政治活动（In order to achieve those, no one can afford to ignore politics）。我能感受到的在这里发生的一切都具有政治性，而我和其他人一样，谈论很多（相关）事情。人民现实的愿望能够克服所有困难并能自我维护，这是我人生重要一课的收获。"人民"指的不是少数官员也不是一小撮知识分子，而是绝大多数人。而且我现在能理解过去令我困惑的全部理由，并有了关于他们的很清晰的认识。据我看来，西方的精神状况是，政府或者政府的替代者背离了人民的现实愿望。人民努力追随加于其身的争论，当然不能真正搞清楚，其结果是他们失去判断是非的自信心，因此只能对政府的意志随波逐流，有一些温和的抗议，其他更多人只能听命于政府。……

　　一封信篇幅有限，无法谈论超越概括性论述的内容。我没有选择谈论我们具体的成就，因为他们的意义与重要性能够被歪曲，就像《曼彻斯特卫报》所做的那样……我没有谈论我在大学里所做的工作，因为对于如何理解大学的作用不做一次长谈，介绍这些是没有太大意义的。

玻恩阅读黄昆的这封信函后有何反应？他在 1952 年 10 月 28 日写给爱因斯坦的信中有这样的话："我正在受到来自中国的反美宣传的轰击。我的敏感的中国合作者，曾是可爱的很好的研究者，从他们寄来的信函可以看出，他们回国后变成了政治上的狂热者。"[1] 从时间上看，这封信距 1952 年 8 月 26 日黄昆从北京给玻恩写信，刚刚两个月（黄昆当时估计信函要一个半月左右才能寄到）。因此玻恩这时应该是刚读过黄昆的来信不久。他受到的来自中国"反美宣传的轰击"，很可能指的就是黄昆写给玻恩的这封信。

8. 结语

从玻恩的回忆录和多封信件来看，玻恩对于黄昆是格外欣赏的。黄昆的政治倾向没有影响二人之间的合作。从黄昆先生的相关著述中可以看出，他对于玻恩是格外敬重的。但是从玻恩致约里奥·居里的信函以及黄昆 1952 年 8 月写给玻恩的信函可以很明显看出，不同的社会生活环境、不同的文化背景、不同的政治倾向使得这对忘年交在意识形态上的彼此不理解越来越多。在几年时间里二人相互接触、了解与合作，发生在两位物理学家之间的欣赏、帮助、关怀、指导、敬重、理解、误解等诸多故事，有些已经不仅仅是两个人独特的性格和学风所简单决定的。黄昆与受压迫受歧视的许多旧中国知识分子一样强烈爱国，富有政治热情，这是年迈的、没有到过中国的玻恩难以真正体会的。黄昆早在 1947 年 4 月 1 日写给昔日国内同窗好友杨振宁的信中，就吐露过自己的爱国情怀。他说："我们如果在国外拖延，目的只在逃避，就似乎有违良

---

① Max Born. *The Born-Einstein Letters*［M］. London：The Macmillan Press Ltd.，1971：594.

心。我们衷心还是觉得，中国有我们和没有我们，makes a difference（意为"有所不同"。此信是中文函，夹杂有英文单词、断句）。"① 黄昆对于祖国的热爱、对于国家的情感，来自于其灵魂深处。黄昆当年的政治态度、对社会主义的自觉认同和称赞，可能未必是今天的青年人能深刻理解的。时代背景是特殊政治倾向的重要土壤。在那个时代资本主义社会诸多危机使部分西方科学家也认为社会主义是解决人类问题的有希望的道路。事实上玻恩本人也曾有过类似认识，但其认识之浅显与黄昆这一期待之强烈是不可同日而语的。回忆这段往事，有羡慕、有敬仰、有唏嘘、有惋惜，无论什么样的天才，个人在波澜壮阔的社会背景下，恰如一叶扁舟，其人生道路上发生的一切都不外乎情理交织。

---

① 朱邦芬. 读 1947 年 4 月黄昆给杨振宁的一封信有感［J］. 物理，2009（8）：579.

八、哥廷根物理学派先驱人物述要

哥廷根物理学派因创立和完善量子力学而成为 20 世纪对物理学贡献最大的学派之一。哥廷根大学的物理学在玻恩建立其学派并做出巨大贡献后，达到鼎盛期。由高斯（Friedrich Gauss）奠定的数学家关注自然科学尤其物理学问题、乐于与物理学家合作，并热衷物理学研究的学术传统，是这所大学孕育和诞生哥廷根物理学派的重要科学文化土壤。这一学术基因由希尔伯特、克莱因、闵可夫斯基直接遗传给玻恩。

哥廷根物理学派先驱人物涉及三种类型，其一是哥廷根大学各个历史阶段物理学的主要代表人物，如霍尔曼（Samuel Christian Hollmann）、韦伯（Wilhelm Eduard Weber）和伏格特等人；其二是在该大学历史上、该学派形成前的、对于该学派领袖玻恩的学术风格有影响的人物，如希尔伯特、闵可夫斯基、克莱因、隆格等人；第三类即高斯及其学术精神的传承人，主要有狄里克莱、黎曼等人。

1. 哥廷根物理学派主要先驱人物

1.1　霍尔曼：哥廷根大学第一位物理学教授

霍尔曼（S. C. Hollmann, 1696—1787）是哥廷根大学聘请的第一位物理学教授。1734 年 10 月 14 日，在哥廷根大学租借来的一间谷仓里，霍尔曼讲了哥廷根大学第一节物理课，这是这所大学值得记忆的第一节课。哥廷根大学一直把这一天看作是自己的诞生日。霍尔曼重视实验，1736 年他改装了从伦敦买来的一架显微镜。哥廷根的光学仪器制造业发达，霍尔曼是这一领域的开山鼻祖。哥廷根"以大学城著称，工业不多，唯一在国内数得上的是光学和精密仪器工业。霍尔曼那间简陋的工作室，应该说就是这一切的先驱。"[①]

1.2　李希滕贝格：哥廷根大学物理研究所的缔造者

在哥廷根大学初期的教授中，李希滕贝格（G. C. Lichtenberg，1742—1799）十分特殊，只有他是该大学自己培养的毕业生。1770 年他被聘为副教授，5 年后升为教授，他是哥廷根大学物理研究所的创建者。这是他对于该大学物理学科的最大贡献。

1.3　高斯：哥廷根数学学派学术精神的缔造者

"数学家之王"高斯（Friedrich Gauss，1777—1855）在进入哥廷根大学读书前在数学多领域已有重要发现，如二项式定理的一般形式、被称为"算数的宝石"的二次互反律，以及"最小二乘法"等等。1795 年 10 月高斯进入哥廷根大学学习，次年他完成了数学杰作："正十七边形尺规作图之理论和方法"。1798 年高斯离开哥廷根前往赫尔姆斯泰特大学，1799年高斯的博士论文出版，赫尔姆斯泰特大学根据这篇论文在高斯缺席的情况下

高斯

授予他博士学位。1806 年此前一直资助高斯的费迪南公爵（Archduck Ferdinand）去世，高斯失去了重要的保护人而处境艰难。圣彼得堡请他做欧拉（Leonhard Euler）的继承人。洪堡（Alexander von Humboldf）等有识之士不愿德意志失去一位伟大的数学家，经过他们的努力，高斯自 1807 年起开始担任哥廷根大学数学教授并兼任天文台台长。

高斯不满足于只研究数学，他曾以抒情的句子表达自己的精神追

---

① 戴问天. 哥廷根大学［M］. 长沙：湖南教育出版社，1986：36.

求："大自然，你是我的女神，我愿意在你的规律面前俯首听命……"①
可见他对于探讨和认识自然规律之热情十分饱满。高斯致力于用数学
方法解决实际问题以达到认识大自然的目标，24 岁时他为天文学家创
造了只用三次观测就能定出天体椭圆轨道的方法。② 1802 年之所以能
发现"谷神星"，就是因为事先高斯计算了它的轨道并预报了其方位。
1809 年高斯出版了《天体运动论》(*Theory of the Motion of the Heavenly
Bodies Moving about the Sun in Lonic Sections*）一书。在物理学方面，高
斯发明了磁强计，1833 年高斯与韦伯合作首创了电磁电报机。1939 年
高斯研究静电场的势理论得出了能揭示静电场基本性质的著名的高斯定
理。1840 年他与韦伯合作画出了人类第一张地球磁场图，标定了地球
磁南极和磁北极的位置。在大地测量方面，1843—1844 年高斯出版了
《高等大地测量学理论》(*Untersuchungen uber Gegenstande der Hoheren
Geodasie*）（上），1846—1847 年高斯出版了《高等大地测量学理论》
（下）。此外高斯在光学、流体力学、最小作用原理等方面也有独到的贡
献。为纪念高斯，在 **CGS** 单位制（厘米－克－秒单位制，是国际通用
的单位制式）中，磁感强度单位命名为高斯（**Gs**）。高斯在哥廷根大学
奠定的将数学研究与实用科学尤其物理研究密切结合起来的科研基调，
成为了哥廷根数学学派最具有特点的代代相传的学术基因。这一基因优
势不仅使哥廷根成为世界数学中心，在 20 世纪头几十年物理学发展的
黄金时代，这一特殊基因恰逢其时，孕育、诞生了当时世界上最伟大的
哥廷根物理学派，玻恩是这一学派的领袖。

1.4 韦伯：哥廷根大学第一位有造诣的物理学教授

韦伯（W. E. Weber, 1804—1891）21 岁博士毕业前就出版了著作
《以实验为基础的波动力学说》。他 1826 年获得博士学位，次年成为大
学讲师并很快晋升为副教授。1828 年韦伯参加第十七次德国自然科学学

① 贝尔. 数学精英［M］. 徐源，译. 北京：商务印书馆，1991：269.
② 张钰哲. 小行星漫谈［M］. 北京：科学出版社，1977：9.

者和医生协会大会。会上韦伯宣读名为"风琴拍频的补偿"的文章，给高斯留下了深刻印象。由于高斯的积极引荐，1831 年 27 岁的韦伯被聘为哥廷根大学物理学正教授。韦伯与他在莱比锡大学做解剖学教授的哥哥合写过一本名为《波理论与流动性》(*Wave Theory and Fluidity*) 的科普著作，这本书当时为两位作者带来了巨大的声誉。声学和电

韦伯

磁学是韦伯所特别喜爱的领域。韦伯与高斯合作研究地磁场和电磁学。1836 年韦伯、高斯和洪堡建立了哥廷根磁学协会。1837 年作为反对汉诺威国王违宪行为的"哥廷根七教授"之一的韦伯 (one of the Göttingen Seven) 被解职。1849 年韦伯重返哥廷根大学任教授。韦伯一生发明了许多电磁仪器。1841 年韦伯发明可测电磁强度也可以测量电流强度的双线电流表；1846 年他发明可测电流强度又可测交流功率的功率表；1853 年他发明了测量地磁强度垂直分量的地磁感应器。1891 年韦伯去世，其后在哥廷根有一条韦伯路。韦伯在哥廷根大学开创了物理学家积极与数学家合作的先河。为纪念韦伯，在国际单位制中磁通量单位被命名为"韦伯"(Wb)。

1.5　狄里克莱：高斯学术精神的继任和延续者

狄里克莱 (Lejeune Dirichlet，1805—1859) 是高斯去世后哥廷根大学数学教授的继任者。狄里克莱 1822 年到巴黎去追求自己的数学梦想。到法国后他在费马大定理证明方面取得巨大的阶段性进步，使得这个没有学位的 20 岁青年获得了在法国科学院做学术报告的特殊礼遇。由此他开始与傅里叶 (Jean Baptiste Joseph Fourier) 和泊松 (Simeon-Denis Poisson) 有亲密接触，并成为他们的学生。傅里叶和泊松都是关心和研究物理问题的数学家。

借助于傅里叶、泊松、洪堡和高斯的举荐，1828 年狄里克莱获得了教职。1832 年狄里克莱成为普鲁士科学院最年轻的会员。虽然狄里克莱

在柏林的教学和学术声望人所共知，但是他在柏林一直没有获得教授的教职。1855 年高斯去世后，哥廷根大学迅速行动，聘请狄里克莱为高斯的继任者。

狄里克莱作为一位出色的数学家，除了在数学多领域卓有建树，在数学物理方面也多有贡献。他对位势理论等的研究有重要发现，如狄里克莱问题和狄里克莱原则；他对于热理论（受傅里叶影响）和流体力学有深入研究；他改进了拉格朗日（Joseph-Louis Lagrange）关于保守系平衡条件的叙述。狄里克莱虽然是在法国数学氛围中成长起来的，但是他却很好地延续了始于高斯的哥廷根数理结合的学术传统。

1.6　黎曼：高斯学术精神的直接继承者

狄里克莱的继承者黎曼（Bernhard Riemann，1826—1866）是德国极有影响的另外一位数学家。1846 年黎曼考入哥廷根大学，做牧师的父亲要他攻读神学和语言学。但是他常去听高斯的课，因对数学痴迷终于改读数学。黎曼一生的主要数学贡献在于分析学以及微分几何。黎曼的非欧几何学是爱因斯坦建立广义相对论的数学基础。1854 年黎曼在哥廷根大学获得讲师职位，他上的第一门课是"偏微分方程在物理学上的应用"。黎曼自己认为他对于物理学的兴趣要高于数学，他"深深地关心着物理学以及数学跟物理世界的联系。黎曼写过有关热、光、气体理论、磁、流体力学和声学方面的论文。他关于几何基础的工作是为了弄清楚有关物理空间的知识哪些是绝对可靠的。据哥廷根大学后来的数学掌门人克莱因考证，黎曼的复变函数思想似乎是在研究电流沿平面流动时提出的。"[①]　黎曼先于麦克斯韦发现了电磁波是以一定速度传播的。黎曼曾聆听并接受了高斯的思想，因此他虽然不是高斯职位的直接继任者，却是哥廷根大学高斯学术精神的直接传承人。

1.7　克莱因：哥廷根大学数学巅峰期的导演者

克莱因（Christian Felix Klein，1849—1925）1865 年进入波恩大学。

---

① 袁向东，李文林. 哥廷根的数学传统［J］. 自然科学史研究，1982（4）：341—342.

1866 年复活节前后，克莱因遇到了他的导师普吕克（Julius Plücker，1801—1868）并成为了他的物理助手。在普吕克的影响下克莱因产生了强烈的学习数学和物理的兴趣。他既学数学又学物理，他最初的志向是成为物理学家。1868 年在普吕克的指导下克莱因获得博士学位。21 岁时克莱因去巴黎访学，著名数学家达布（J.G.Darboux，1842—1917）和约旦（M.E.C.Jordan，1838—1922）

克莱因

对他有过重要影响。1872 年克莱因成为了爱尔朗根大学的正教授。克莱因的数学贡献主要集中在群论、函数论、非欧几何以及群论与几何学之间关系的研究上。

　　克莱因还曾在慕尼黑高等工业学校、莱比锡大学等地任教。黎曼 1866 年去世，其后截至克莱因来此任教之前，哥廷根的数学学派没出现大师级人物，因而也没有显著进步。克莱因来到哥廷根之前已经声名显赫，他同时收到了哥廷根大学以及其他提供优厚条件的大学的聘书。他因为"神往高斯、黎曼的伟大传统，毅然选择了哥廷根大学，并决定按照这一传统把哥廷根建设成欧洲的学术中心。"[①] 克莱因 1886 年到哥廷根后引进最优秀的人才充实哥廷根大学的学术队伍，希尔伯特、闵可夫斯基、隆格和普兰特（Ludwig Prandtl）等人到哥廷根任职都与克莱因的积极运作有关。哥廷根数学学派逐步达到了巅峰期。克莱因不仅继承了始于高斯的哥廷根数学学派的学术传统，而且积极创立使其发扬光大的各种条件。这一方面是他自己的一向追求，另一方面哥廷根的学术传统氛围对其这一追求有很大的助推力。正如有的学者所肯定的："克莱因对应用数学的关心以及对数学与物理学相结合的重视，到哥廷根大学工作之后更加增强了。"[②]

---

① 袁向东，李文林. 哥廷根的数学传统［J］. 自然科学史研究，1982（4）：343.

② 赵树智. 希尔伯特的科学精神［M］. 济南：山东教育出版社，1992：159.

克莱因的思想和视野远远超越了当时的一般书斋式学者，他较早即准确地认识到了第二次工业革命的本质所在，并明确表述了当此之时科学家的使命。1893 年克莱因出席了在美国芝加哥举办的世界博览会。这次会议的场面与克莱因的内心产生了共鸣："眼前正在发生的这场工业革命，实际上标志着人类的技术革命已开始由过去的'工匠革命'阶段进入到'科学家革命'的新时代"。克莱因认为"科学对生产技术的指导意义不仅不可怀疑，而且责任重大，它必将开辟出一个新的工业体系。"为了适应这一大的历史趋势，克莱因呼吁科学家"跳出过去的理论框架去开辟一种交叉性的、与应用相关的新科学领域"，他预言："发展应用科学必将成为大学自然科学学科发展上的一个新方向。"[①] 克莱因不仅是思想者，更是行动者。1898 年克莱因促成了哥廷根应用数学和技术促进协会的建立。玻恩对于克莱因的做法有过比较准确的描述："克莱因是一个纯得不能再纯的数学家，但是他却对于各种形式的应用数学深感兴趣，他不停地创立代表特殊数学应用的部门。"[②] 在他的影响下，建立了由维切特（Emil Wiechart）任教席的地震研究所、由西蒙（H. T. Simon）领导的电工研究所，另外还有普兰特主持的应用数学研究所。玻恩说："那时，克莱因对于将数学应用到物理学和技术上的兴趣达到了顶点，并且影响到了其他教授，这甚至包括希尔伯特与闵可夫斯基这样的纯粹数学家。"[③]

玻恩到哥廷根大学后，他更喜欢听希尔伯特的课。但是在博士论文选题阶段，玻恩思索了一段时间希尔伯特给他的论文题目后，发现自己缺乏成为一流数学家的才能而放弃了数学选题。与希尔伯特的课不同，克莱因的课让玻恩经常无所适从，总是半途而废。1905 年，哥廷根举办了两个数学物理讨论班。一个是克莱因和隆格主持的弹性学讨论班，一个是希尔伯特与闵可夫斯基主持的电磁学理论讨论班。希尔伯特与闵可

① 李工真. 哥廷根大学的历史考察 [J]. 世界历史，2004（3）：75—76.

② Max Born. *My Life* [M]. London：Taylor & Francis Ltd.，1978：88.

③ Max Born. *My Life* [M]. London：Taylor & Francis Ltd.，1978：98.

夫斯基的讨论班很令玻恩着迷。他一如既往对于克莱因的课缺乏兴趣，因此没有积极参与，但为了去听听讲授和讨论，还是偶尔去一下。然而这种"不是有意的选择"却最后确定了"我在科学上的发展方向"。[①]玻恩被指定为克莱因弹性学讨论课上"弹性的稳定性"问题的责任人，负责对于这一问题的调研和研究。玻恩用从希尔伯特那里学来的变量微积分处理最小值问题的方法解决了这个问题，这给克莱因留下了深刻印象。克莱因建议玻恩去竞争哲学学院奖。但是玻恩当时对这个问题还没有兴趣而谢绝了，这令克莱因十分不快。听从朋友们的劝说玻恩去向克莱因认错，但克莱因的反应很不友好。玻恩决定继续深化这一研究，但不敢冒险请克莱因做指导教师，而改请应用数学教授隆格做他的导师，隆格愉快地答应了。玻恩以这一研究成果获得了 1906 年的哲学学院奖，并完成了自己的博士论文。因此，尽管在哥廷根读书期间正如玻恩自己所说与克莱因关系不顺畅而有诸多烦恼，但是玻恩个人的真正科学研究方向却是从克莱因的讨论课上获得的，玻恩后来彻底告别数学而成为物理学家，克莱因无意间成为了重要的引路人之一。

1.8　希尔伯特：哥廷根学术高峰的制造者

1880 年希尔伯特（David Hilbert，1862—1943）迈入家乡的哥尼斯堡大学。1885 年他获得博士学位。其后结识了克莱因。克莱因建议希尔伯特到巴黎去游学。1886 年 3 月希尔伯特来到了巴黎。在法国希尔伯特拜见并结识了多位数学家，但只有埃尔米特（Charles Hermite，1822—1901）与希尔伯特有良好的互动。1886 年 6 月底，希尔伯特返回哥尼斯堡。1886 年 7 月，希尔伯特成为了哥尼斯堡大学的一名讲师。1888 年，26 岁的希尔伯

希尔伯特

---

① Max Born. *My Life*［M］. London：Taylor & Francis Ltd.，1978：98.

特因为解决了不变量领域的果尔丹问题而在数学界赢得声誉。这一工作打动了克莱因。他决定伺机为希尔伯特寻找在哥廷根大学任教的机会。1892年，希尔伯特在哥尼斯堡大学晋升为副教授，1893年，晋升为教授。1894年，韦伯接受斯特拉斯堡大学的邀请而辞掉了哥廷根大学的教授职位。在克莱因的积极运作下，1895年3月，33岁的希尔伯特成为哥廷根大学的数学教授，与克莱因一道开启了哥廷根数学学派的又一个黄金时代。与克莱因不同的是，希尔伯特此时还处于自己数学家创造的巅峰期。希尔伯特在哥尼斯堡大学时期，已经完成了对于代数不变量问题的研究，并且从1894年起开始了在代数数域论方面的研究。这一工作持续多年，1897年他的《数论报告》(*The Theory of Algebraic Number Fields*)是他在这一研究领域的代表作，为同调代数和类域论奠定了基础。1898年希尔伯特开始了对于几何学基础的思索。在1898—1899年冬季学期的"几何基础"讲座中，他系统阐述了他的公理化思想。1899年他出版了他的经典著作《几何基础》(*The Foundations of Geometry*)。这一著作在数学史上标志着由实质公理法向形式公理法的过渡的彻底实现。

作为一流的数学大师，希尔伯特与克莱因以及他们的前辈高斯有一个共同的学术倾向，即对于应用数学知识研究物理学有浓厚的兴趣："希尔伯特在早期科学生涯中已经表现出对物理学的兴趣和偏爱。他在做讲师的第一年，就开设了流体力学课。"[①] 高斯研究物理、天文等等可以看作是他个人的爱好。希尔伯特关注自然科学却是出于深邃的思想认识。其一，希尔伯特认为这关乎数学的生命。1900年他指出："……我要反对这样一种意见，即认为只有分析的概念才能严格地加以处理。这种意见，有时为一些颇有名望的人所提倡，我认为是完全错误的。对于严格要求的这种片面理解，会立即导致对一切从几何、力学和物理中提出的概念的排斥，从而堵塞来自于外部世界的新的材料源泉，最终实际上必

---

① 赵树智. 希尔伯特的科学精神 [M]. 济南：山东教育出版社，1992：161.

然会拒绝接受连续统和无理数的思想。这样一来，由于排斥几何学和数学物理，一条多么重要、关系到数学生命的神经被切断了！与这种意见相反，我认为：无论数学概念从何处提出，无论是来自认识论或几何学方面，还是来自自然科学理论方面，都会对数学提出这样的任务：研究构成这些概念的基础的原则，从而把这些概念建立在一种简单而完备的公理系统之上，使新概念的精确性及其对于演绎之适用程度无论在哪一方面都不会比以往的算术概念差。"①

希尔伯特以其实际行动捍卫这些思想认识，这给他的晚辈们以深刻印象。哥廷根数学学派克莱因的继任者库朗说过："直观和逻辑，'扎根于实际'的问题的个别性和影响深远的抽象的一般性，这是两对矛盾着的力量，而正是矛盾各方的起伏波动决定着活的数学向前发展。所以，我们必须防止被驱赶而只向有生命力的对立的一极发展……希尔伯特以感人的榜样向我们证明，这种危险是容易防止的，在纯粹和应用数学之间不存在鸿沟，数学和科学总体之间能够建立起果实丰满的结合体。"②

其二，希尔伯特之所以关注物理学等自然科学，是因为他感觉到在建立新物理学的过程中，物理学家具有他们自己无法克服的弱点。他说，物理学"对于物理学家来说是太困难啦。"③ 希尔伯特的意思是当时的物理学家不具备足够的数学工具，因此需要数学家的帮助。为达到帮助物理学家的目标，希尔伯特清楚数学家必须对物理学有较深的认识。为此他自己主持过专门的物质结构讨论课，还和闵可夫斯基共同主持过电动力学讨论班。希尔伯特的助手玻恩、埃瓦尔德（Paul Ewald）等人都成为了著名的物理学家，这与希尔伯特的影响不无关系。为了了解物理学的进展，希尔伯特还一直聘用具有较好物理基础的年轻人作为助

① 康斯坦西·瑞德. 希尔伯特［M］. 袁向东，李文林，译. 上海：上海科学技术出版社，1982：98.

② 袁向东，李文林. 哥廷根的数学传统［J］. 自然科学史研究，1982（4）：347.

③ 康斯坦西·瑞德. 希尔伯特［M］. 袁向东，李文林，译. 上海：上海科学技术出版社，1982：159.

手。这包括埃瓦尔德、朗德、维格纳等。朗德回忆说，初次见面，希尔伯特交给他一大叠最近发表的物理学论文："各种各样的课题，固体物理，光谱学，流体力学，热学和电学，凡是他能得到的论文，我都要阅读，然后挑出我认为有意义的文章向他报告。"① 除了向助手学物理，希尔伯特还通过请著名物理学家来讲学的方式了解物理学新进展。曾邀请洛伦兹（Hendrik Antoon Lorentz）、索末菲等物理学家来哥廷根介绍物理学的最新发现。

帮助物理学家并不是希尔伯特的最终目标。据埃瓦尔德回忆，希尔伯特这一时期的科学计划在顺序上可以这样概括："我们已经改造了数学，下一步是改造物理学，再往下就是化学。"② 在19世纪末20世纪初，哥廷根数学学派成为绝对的数学中心，希尔伯特的特殊作用是必须肯定的。对此已有学者有过中肯的认识："克莱因的工作促成了哥廷根的学术繁荣，但他也存在某些弱点。学术上，他的综合能力有余，分析能力不足；他善于居高临下发现新大陆，却缺少深入开发的耐心。作风上，他往往使人感到过于威严而难于无拘束地交往，特别到晚年，学生们甚至把他比作'远在云端的神'。因此，如果没有希尔伯特的工作，克莱因将哥廷根建成欧洲数学中心的理想，也许不会那样成功。"③

在哥廷根，希尔伯特是玻恩接触最多的教授。他说：在哥廷根"我的科学生涯从刚一开始就是令人鼓舞令人着迷的……我集中精力攻读数学和物理学，这两方面的代表人物分别是希尔伯特和伏格特。"④ 玻恩很幸运地成为了希尔伯特的私人助手。玻恩说："第一次见面希尔伯特就喜欢我，很快他就把我当做可以信赖的年轻朋友。"⑤ 而希尔伯特的课程

---

① 康斯坦西·瑞德. 希尔伯特［M］. 袁向东，李文林，译. 上海：上海科学技术出版社，1902：61.

② 康斯坦西·瑞德. 希尔伯特［M］. 袁向东，李文林，译. 上海：上海科学技术出版社，1982：161.

③ 袁向东，李文林. 哥廷根的数学传统［J］. 自然科学史研究，1982（4）：344.

④ Max Born. *My Life*［M］. London：Taylor & Francis Ltd.，1978：81.

⑤ Max Born. *My Life*［M］. London：Taylor & Francis Ltd.，1978：82.

则让玻恩陶醉："希尔伯特的常规课程总是（将学生）引向新领域、新境界。这样的课程之一是建立在哈密顿-雅克比方法和正则变换基础上的高等力学。在这里我学到的后来成为在量子力学建立之前（1920—1925），对我发展适用于原子系统的力学最大的帮助。希尔伯特最著名的课程之一是'气体运动学理论'，在这里他给出了玻尔兹曼基础方程第一个系统而一定程度上严格的解，表达了分子的碰撞效应；希尔伯特说明，它可以被简化为一个具有对称核心的积分方程。"[①] 从玻恩的自传不难看出，在哥廷根的诸位老师中，他对于希尔伯特最为敬重。

1.9 闵可夫斯基：希尔伯特的黄金搭档

1880 年闵可夫斯基（Hermann Minkowski，1864—1909）进入了哥尼斯堡大学攻读数学。读大学期间与也在那里读数学的希尔伯特成为好友。1882 年法国巴黎科学院悬赏征解一个数学问题：将一个正整数表达成五个平方数的和。最后 18 岁的闵可夫斯基与著名的英国数学家亨利·史密斯（Henry Smith）分享了这份数学大奖。这在当时的数学界引起一场轰动。1885 年闵可夫斯基晚于希尔伯特在哥尼斯堡大学取得博士学位。1887 年他开始了在波恩大学的讲师生涯。1892 年闵可夫斯基升为副教授。1895 年希尔伯特到哥廷根大学任教授，闵可夫斯基接替了他在哥尼斯堡大学的教授职位。在克莱因和希尔伯特的共同努力下，1902 年闵可夫斯基得以到哥廷根大学任教授。1909 年 1 月 12 日闵可夫斯基因病去世，时年 45 岁。作为一位极有天赋的数学教授，闵可夫斯基的主要研究领域为代数、数论和数学物理。他曾致力于用几何图形来表达有理数的代数猜想，在数论方面对二次型做过重要研究。1905 年他建立了实系数正定二次型的约化理论，即所谓的闵可夫斯基约化理论。在数学物理方面，当他在波恩大学任讲师时，曾协助著名物理学家赫兹（Heinrich Rudolf Hertz）研究电磁波理论并深受赫兹的影响。1905 年后闵可夫斯基集中精力研究电动力学。1907 年闵可夫斯基认识到，爱因斯

---

① Max Born. *My Life* [M]. London：Taylor & Francis Ltd.，1978：83.

坦的狭义相对论能够在四维空间下得到最好的理解。闵可夫斯基时空、闵可夫斯基图、闵可夫斯基度规、闵可夫斯基约化理论、闵可夫斯基和以及闵可夫斯基不等式等名词凝结了闵可夫斯基对于数学以及物理学的主要贡献。在不长的哥廷根任教时期内，闵可夫斯基对于发扬高斯缔造的哥廷根数学学派的精神所起的作用不可低估。闵可夫斯基具有相当丰富的物理学专门知识，在这一方面希尔伯特与之相比有一定的差距。两人在哥廷根大学联合主持的有关物理学的讨论班，闵可夫斯基是主导者，而希尔伯特是一个积极参加者和合作者。

玻恩修学过闵可夫斯基的几何学等课程。但另外一层关系使他与闵可夫斯基的关系变得更加紧密。玻恩的继母认识闵可夫斯基，因此玻恩几乎一到哥廷根就成为了闵可夫斯基家的座上客。玻恩说：闵可夫斯基"是我伟大的朋友，并对我的科学发展具有重大的影响。"[1] 希尔伯特与闵可夫斯基经常边散步边讨论各种问题，玻恩成为他们这一活动中的第三位成员。玻恩博士毕业之后，在家乡布雷斯劳赋闲期间自己开始研究爱因斯坦的狭义相对论。研究相对论的闵可夫斯基了解到玻恩的研究成果后，邀请他回哥廷根做助手共同做相对论研究。遗憾的是玻恩去后两人开始合作不久，闵可夫斯基即辞世。之后玻恩凭借自己对于相对论的独立研究获得了在哥廷根大学做讲师的资格，走上了真正的科学道路。

1.10　隆格：玻恩的博导

隆格（Carl Runge，1856—1927）是一位数学家、物理学家、光谱学专家。1880 年他在柏林获得数学博士学位，他的老师是卡尔·外尔斯特拉斯（Karl Weierstrass，1815—1897）。1886 年，他成为汉诺威大学的教授。他感兴趣的领域有数学、光谱学、测地学以及天体物理学。作为一位数学家，他做了很多元素的光谱实验研究，也很有兴趣把他的光谱研究应用于天文研究。在数学方面，隆格是微分方程数值解的著名隆格 – 库塔方法（Runge–Kutta method）提出者之一。为引进隆格，克莱

---

① Max Born. *My Life*［M］. London：Taylor & Francis Ltd.，1978：82.

因建议哥廷根大学专门为他设置了应用数学教授一职。1904 年在克莱因的邀请下，隆格接受哥廷根大学的教职，在哥廷根隆格一直工作到 1925 年退休。在玻恩学业最关键的时期，隆格很友善地同意做玻恩的博士指导老师。玻恩第一次尝试获得哥廷根大学讲师职位而再次遭到了克莱因的非难。这时也是隆格首先安慰了玻恩，并打消玻恩想放弃以物理为业的念头，鼓励玻恩要勇敢地去再次争取，因此玻恩才取得了成功。

1.11 伏格特：对玻恩影响最大的哥廷根物理教授

玻恩回忆说[①]，他在哥廷根大学任讲师时，物理系有两个教授：实验物理教授里克和理论物理教授伏格特。其中里克对于玻恩没有什么直接影响，玻恩说他在哥廷根求学时，"从未和里克打过交道"。[②] 而当玻恩再回哥廷根做教授并创立哥廷根物理学派时，里克早已退休。因此，可以说里克与玻恩的哥廷根物理学派没什么直接关联。

理论物理学家伏格特对晶体物理、热力学和电光学等领域都有贡献。1898 年他发现了伏格特效应。1899 年他提出了通常意义下的张量概念。伏格特效应、伏格特剖面与伏格特符号都是为了纪念他而引入的概念。伏格特是一个业余音乐家、著名的巴赫专家。1887 年伏格特最早给出了静止参照系与运动参照系之间的 x- 轴方向上的变换关系（这后来被称为洛伦兹变换）。玻恩说："伏格特对我的科学进展有相当大的影响。……他开设了涵盖所有理论物理的一系列课程，而且他也有丰富多彩的一些实验研究课程，用以研究光学、磁学以及晶体物理。我听了他的光学讲座。"[②] 玻恩承认，这是后来他撰写著名的光学教材的知识根源。伏格特研究晶体物理，玻恩无法理解伏格特在这一领域的一些推导过程，于是尝试自己独立研究这一领域。玻恩成为了晶格动力学的奠基人，玻恩的这一成功与伏格特的影响有直接关系。

玻恩在哥廷根大学做讲师时，伏格特作为物理学教授是玻恩的上

① Max Born. *The Born-Einstein Letters* ［M］. London：The Macmillan Press Ltd.，2005：24.

② Max Born. *My Life* ［M］. London：Taylor & Francis Ltd.，1978：87.

司。玻恩回忆说："伏格特教授对我的活动毫不干涉。……他允许我在他的实验室里做一些实验。"① 玻恩喜爱弹钢琴，而伏格特甚至有音乐家的美名，有自己组织的一个巴赫合唱队。在音乐聚会中伏格特也曾要求玻恩演奏钢琴曲。

1.12 斯塔克和波耳

与玻恩有关联的哥廷根物理人物还有斯塔克和波耳。

斯塔克（Johannes Stark，1874—1957）是1919年诺贝尔物理学奖获得者。玻恩在哥廷根读书时斯塔克是这里的物理学讲师，开设放射性课程。玻恩听了这门课后发现自己无法认同斯塔克的物理学："他不论证实验而只是用相当含糊的术语描述实验。实验结果被罗列成信条而丝毫不尝试去解释。听了很少几节课我决定，如果这就是现代物理学，我情愿与之毫无关系。"玻恩说斯塔克是摆弄仪器的天才，"但是他从来不懂物理学。……他因为不理解理论物理学而憎恨理论物理学家。"② 因此，斯塔克虽然可以说也是哥廷根大学玻恩的前辈，但是他对于玻恩没有积极的影响。

里克去世后，波耳（Robert Wichard Pohl，1884—1976）接任他的教职从事实验物理教学与研究。虽然波耳在哥廷根物理学派形成与壮大过程中是该学派所在学院的一位物理教授，但是他对于哥廷根物理学派的建立没有什么贡献。从玻恩－爱因斯坦通信集可以看出，玻恩到哥廷根大学任教授不久，在与爱因斯坦沟通以获得这位威廉皇帝物理研究所所长的支持，为哥廷根大学购买物理设备时，波耳也是玻恩除了弗兰克外提到的一个人物。③ 但是其后，波耳虽人尚在哥廷根，却不再出现于玻恩与爱因斯坦交流的话题中。1962年托马斯·库恩、迈耶夫人等在采访玻恩在哥廷根大学的搭档弗兰克时，迈耶夫人与弗兰克的对话可以帮

---

① Max Born. *My Life*［M］. London：Taylor & Francis Ltd.，1978：153.

② Max Born. *My Life*［M］. London：Taylor & Francis Ltd.，1978：86—87.

③ Max Born. *The Born-Einstein Letters*［M］. New York：The Macmillan Press Ltd.，2005：24.

助人们了解波耳与玻恩的哥廷根物理学派的关系。据曾经在玻恩指导下在哥廷根获得博士学位的迈耶夫人回忆，玻恩一度不许他的学生在讨论会上发言、做报告，因为这总要遭到波耳的打击，以至于玻恩不能保护他们。弗兰克承认他曾就此找波耳谈过几次。弗兰克指出波耳与玻恩以及玻恩弟子出现矛盾是因为，波耳作为一个实验物理学家否认理论的作用。在遭到波耳抨击的玻恩的学生中，弗兰克指出就有海森堡。[1]

对此克莱因的继任者库朗有类似的说明。1962 年库朗在接受库恩等人的采访时说：哥廷根的一向特点是"物理学家与数学家之间没有区别、没有截然分开的界限、没有交流的障碍。当然，后来也有像波耳这样的很敌视知识的实验物理学家。"库朗还说："波耳，完全反对数学（completely antimathematical）……"。[2] 玻恩在自己的回忆录中也说："在极端实验主义的波耳学派与我的搞理论物理的人们之间，经常有些琐碎的不睦。"在这样的情况下，波耳无法融于玻恩的学派并做出一定的贡献就十分自然了。作为理论物理学家玻恩本人重视实验，但是与他及其弟子有很好合作的是实验物理学家弗兰克而不是波耳。

因此，斯塔克和波耳对于哥廷根物理学派基本上没有积极的直接影响。

1.13　德拜：伏格特与玻恩之间的过渡者

德拜（Peter Debye，1884—1966）师从索末菲。索末菲后来曾说他自己最重要的发现就是德拜。1908 年德拜获得博士学位。德拜曾在苏黎世大学等地任教。1909—1915 年初玻恩在哥廷根做讲师，期间玻恩与冯·卡门合作运用量子论研究固体比热容理论时，在苏黎世大学的德拜自己也在独立做类似的研究，并先于玻恩、冯·卡门几个星期公布了

---

① Thomas S. Kuhn, John L. Heilbron, Paul Forman, Lini Allen. *Archives for the History of Quantum Physics*［微型胶卷］. Philadelphia：The American Philosophical Society Independence Square，1967，E1 Reel 2.

② Thomas S. Kuhn, John L. Heilbron, Paul Forman, Lini Allen. *Archives for the History of Quantum Physics*［微型胶卷］. Philadelphia：The American Philosophical Society Independence Square，1967，E1 Reel 1.

研究成果。1914—1919 年德拜在哥廷根继任伏格特的理论物理学教席。因此 1915 年玻恩与德拜在哥廷根任教期间工作上曾经有交集。玻恩说："有这样一位杰出的人做同事是一件很幸运的事。我们一起搞过学术研讨会并有很多有趣的讨论。"[①] 德拜离开哥廷根后，已在法兰克福大学任教授的玻恩重返哥廷根，成为德拜之后哥廷根大学理论物理学教授继任者。

2. 克莱因等人的继任者们与玻恩的物理学派

1925 年 6 月，玻恩带领学生们正致力于创立量子力学时，克莱因去世了。而这时的希尔伯特也已趋老迈。因此克莱因与希尔伯特对于量子力学的建立没有直接的帮助和贡献。那么哥廷根新一代数学家对于玻恩的物理学派的建立有无重要贡献呢？克莱因的继任者库朗（Richard Courant，1888—1972）读书时稍晚于玻恩从布雷斯劳来到哥廷根，与玻恩一样，是当时被希尔伯特称为来自于布雷斯劳四人小组成员之一。玻恩曾做希尔伯特的私人助手，后来库朗也曾担任这一角色。库朗继承了克莱因的学术偏爱："库朗强调对应用数学和纯粹数学要有克莱因式的双重兴趣。"[②] 玻恩与库朗私交很好。1962 年 5 月 9 日接受库恩等人采访时，库朗说："玻恩比我大得多，在中学时期我们之间没有私人交往。但是后来我结识了他，他对我有巨大的帮助。从那时起，我们就一直是亲密的朋友。"[③] 德拜要离开哥廷根时，希尔伯特等人开始物色合适的继任教授。库朗对他的传记作者说，是他本人向希尔伯特建议由玻恩来接替

① Max Born. *My Life* [M]. London：Taylor & Francis Ltd.，1978：156 157.

② 康斯坦西·瑞德. 希尔伯特 [M]. 袁向东，李文林，译. 上海：上海科学技术出版社，1982：202—203.

③ Thomas S. Kuhn，John L. Heilbron，Paul Forman，Lini Allen. *Archives for the History of Quantum Physics* [微型胶卷]. Philadelphia：The American Philosophical Society Independence Square，1967，E1 Reel 1.

德拜的职位。^① 库朗认为玻恩是"哥廷根传统的一个样板"。^②

1962 年 10 月 17 日玻恩接受库恩、洪德等人的采访时，关于玻恩发现海森堡文章里的矩阵含义以及建立矩阵力学的数学形式一事，洪德问："你和库朗讨论过吗？"玻恩回答："关于这些事吗？没有，当然没有。"托马斯·库恩则问道："那时哥廷根的数学家们从来没有积极地投入矩阵力学的发展过程中吗？"玻恩回答说："是的，只有间接的（影响）。年轻的时候我总是跟他们接触，我从希尔伯特和闵可夫斯基那里学到了很多。但是建立矩阵力学时，我已经不是一个小学生，与他们不经常见面。"^③

哥廷根年轻一代数学教授中还有闵可夫斯基的继任者兰道（Edmund Landau，1877—1938）。但是兰道与哥廷根物理学派关系不大，这是因为兰道只热心于用分析方法研究数论："兰道没有闵可夫斯基那种对几何和数学物理的兴趣，他还绝对地蔑视应用数学。"^④ 因此，在哥廷根，克莱因、希尔伯特之后的数学家对玻恩等人建立量子力学工作没有直接的贡献。

3. 哥廷根物理学派先驱人物图谱

玻恩说他曾希望到环境更好的慕尼黑读书。他没去是因为他那时对那里的大学一无所知，不知道那里有物理学教授索末菲。

如果玻恩不是来到了哥廷根大学，他就不会有与希尔伯特、克莱

---

① 康斯坦西·瑞德. 库朗——一位数学家的双城记［M］. 胡复，赵慧琪，杨懿梅，译. 上海：东方出版中心，2002：103.

② 康斯坦西·瑞德. 库朗——一位数学家的双城记［M］. 胡复，赵慧琪，杨懿梅，译. 上海：东方出版中心，2002：107.

③ Thomas S. Kuhn, John L. Heilbron, Paul Forman, Lini Allen. *Archives for the History of Quantum Physics*［微型胶卷］. Philadelphia：The American Philosophical Society Independence Square，1967，E1 Reel 1.

④ 康斯坦西·瑞德. 希尔伯特［M］. 袁向东，李文林，译. 上海：上海科学技术出版社，1982：148.

因、闵可夫斯基等一流数学大师密切接触，并受他们的影响打下坚实数学基础的机会。如果哥廷根大学的数学家只是对纯粹数学有兴趣，那么玻恩就不会在这群数学家里碰到也同时精通并从事物理研究的隆格，也不会遇见知识渊博的物理学教授伏格特。哥廷根数学学派的学术传统使玻恩在这里打下了坚实的一流数学基础，也打下了宽泛的物理学基础。这是在其他大学难以做到的。

作为理论物理学家，具有同时代其他物理学家所不具备的一流数学知识一直是玻恩的优势，这一优势在创立量子力学这一需要复杂数学体系支撑的物理学分支时，得到了最突出的展示。而他的这一学术优势只能得之于哥廷根。哥廷根物理学派先驱人物谱大致如下图 [①] 所示：

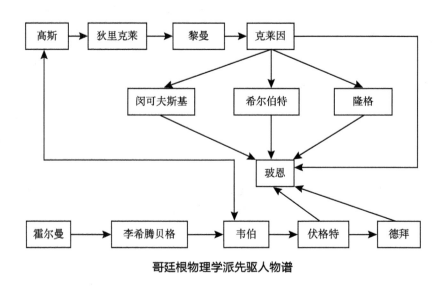

哥廷根物理学派先驱人物谱

哥廷根物理学派的先驱人物关系图，可展示哥廷根数学学派学术传统的传承关系，也展示了玻恩与这个学派多位成员之间的关系。

---

① 图中单箭头所指为高斯学术精神的传承方向或受影响者；双箭头连接的为合作者或相互影响者。

4. 余论

在厘清这一学术图谱过程中，有几点感悟油然而生。

其一，20 世纪 20 年代德国经受了第一次世界大战的破坏，又赶上经济危机而产生一系列社会问题。但物理学却在这里开始了新纪元。周光召先生曾发出疑问："为什么本世纪最重要的物理学发现又恰恰在德国的土地上发生？"[①] 在笔者看来，量子力学诞生于哥廷根大学有其必然性，此即高斯精神的胜利。事实证明，建立原子系统物理理论的工作不能不借助于复杂的数学知识。而在这方面除了玻恩，当时所有的物理学家可以说都是外行。如果不是在哥廷根求学，玻恩就不会成为精通数学又熟悉物理的特殊人才。没有这样的人才量子力学的建立只能延迟。进一步甚至可以说 20 世纪整个物理学的巨大进步，都是高斯学术精神的胜利。除了量子力学，20 世纪另外一个物理学重要分支就是相对论。这其中，闵可夫斯基提出了狭义相对论的四维空间形式表示法，完成了狭义相对论的几何描述。而黎曼几何是广义相对论的数学基础。黎曼和闵可夫斯基都是秉承高斯学术精神的哥廷根数学教授。

其二，科学界有些学派，随着学派领袖的出现而出现，也随其离开而消失。高斯奠定的学术精神难得地后继有人，它使哥廷根大学成为了世界数学中心；它培养出了精通数学与物理的难得人才，契合了物理学发展对于人才知识结构的需求，而在 20 世纪二三十年代又成为了世界物理学中心。这告诉我们，对于一个学派而言，先进的学术精神是其灵魂，而先进的学术精神的成功传承往往是一个学派从胜利走向胜利的保障。

---

① 周光召. 希望在中国产生诺贝尔奖获得者［J］. 物理，2000（1）：1.

九、哥廷根物理学派之成功要素

1. 引言

科学学派是科学哲学与科学史领域学者的研究热点之一。研究、总结著名科学学派的成功要素，对于建立中国自己的科学学派大有裨益。正如有的学者曾经指出："缺少世界一流科研集体是我国难以持续培养出如诺贝尔奖金获得者这样的世界一流科学家的一个重要原因。"[1] 量子力学是 20 世纪物理学家缔造的最重要、对人类社会影响最大的物理学理论新体系。而量子力学最早诞生于哥廷根物理学派。该学派在 1922—1933 年间成果丰硕、科学贡献巨大，在西方世界名噪一时，使得有志于物理学的世界各国青年趋之若鹜。哥廷根物理学派是研究科学学派成功要素的理想个体样本。

学术界尚无专门研究哥廷根物理学派的著述。文献[2] 为研究哥廷根物理学派提供了充分可靠的资料。

2. 玻恩——哥廷根物理学派的缔造者

玻恩为人低调，而哥廷根物理学派的最杰出成果——矩阵力学的创

---

① 李伦，孙广华. 科学学派：现代科研集体的理想模型 [J]. 科学学研究，2000（3）：11—12.

② Thomas S. Kuhn, John L. Heilbron, Paul Forman, Lini Allen. *Archives for the History of Quantum Physics* [微型胶卷]. Philadelphia：The American Philosophical Society Independence Square，1967.

立者的桂冠又被戴在了海森堡的头上。因此，谁是哥廷根物理学派的真正领袖？对于对这两个人不甚了解、对这个学派所知甚少的人来说，就会成为一个问题。甚至有人认为，在建立矩阵力学过程中，在玻恩与约当合作的重要文章中，约当的工作也远超过了玻恩。[①] 事实上，玻恩是哥廷根大学物理学派名正言顺的领袖，在 20 世纪 20 年代初，哥廷根大学计划引入玻恩作为物理学科的唯一教授。在玻恩的坚持下，主管部门同意同时引入玻恩的好友、物理学家詹姆斯·弗兰克做实验物理学教授。

　　首先，玻恩具备了作为学派领袖的专业能力和学术眼光。哥廷根大学则成为了玻恩一生展示其学术才华的最好舞台。1920 年得到哥廷根大学的邀请后，玻恩在去否问题上一度犹豫不决。他写信征求爱因斯坦的意见。爱因斯坦回信说："亲爱的玻恩：对这个选择很难给出一个好的忠告。无论哪里只要得到你，那里的理论物理学就会繁荣起来；在德国，今天不会再有第二个玻恩了！"[②] 爱因斯坦的评价表明，玻恩此时已经成为了德国一流杰出物理学家。

　　玻恩掌握了当时理论物理学的几乎全部领域的理论，他为哥廷根物理系的学生开设并主讲了当时理论物理几乎全部课程，并另设有高级专题讲座班。玻恩开设的宽口径专业课程，对培养年轻物理学家大有帮助。海森堡曾对库恩说："我想说，在哥廷根，我们受到了专业领域很宽的物理教育，我们学到了很多不同的理论物理分支。我的意思是，（慕尼黑的）索末菲更加专门，他仅仅集中于原子领域。而在哥廷根，有人对固体物理有兴趣，有人对液体理论有兴趣，有人对铁磁性问题有兴趣。所以，举个例子，后来（我的）关于铁磁体的论文事实上也是源于在哥

---

　　① B. L. Van Der Waerden. *Sources of Quantum Mechanics* ［M］. Amsterdam：North-Holland Publishing Company，1967：38.

　　② Max Born. *The Born-Einstein Letters* ［M］. New York：The Macmillan Press Ltd.，2005：25.

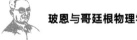
廷根这些年，因为我曾经听过玻恩关于磁学的报告。"①

协同学创始人哈肯（Hermann Haken）说过："杰出的科学家具有一种'本能'：知道什么是重要的，什么是有关的，什么是能达到的，什么是能进行的。"② 这种能力更是一个优秀学派的领袖所必须具备的。能够成为科学史上一个时期的代表的一流学派，其学派领袖必须具有卓越的眼光，使学派的注意力集中在这一时期科学研究最热点、最前沿，并能找到解决这些前沿问题的方法从而取得重要的成就。玻恩是哥廷根物理学派领袖，不仅仅因为他是一个专业基础扎实的教授，还因为他是一个具有卓越的学术眼光和敏锐洞见力的科学大师。

在托马斯·库恩采访海森堡提纲中，有这样的问题："哥廷根怎么如此迅速就变成了研究原子力学的三个中心之一？ 1924 年它就具有了这个科学地位，而直到 1921 或 1922 年，玻恩在这个领域还几乎什么都没有做。你意识到那里发生了一个转变过程吗？"① 库恩的问题反映出学术界的一个倾向，即认为玻恩开始对原子问题的研究发生在 1922 年之后。而实际上，玻恩此前早已开始了对玻尔原子理论的反思。1918 年，玻恩和朗德应用玻尔理论在研究氯化钠类型的晶体的性质时，得出了这类晶体会非常柔软的违背事实的结论。这令玻恩对玻尔理论产生怀疑："（玻尔的）平面轨道是不充分的，显然原子具有（三维的）空间结构……在这个意义上，我们需要一个具有更加一般性的理论。"③

在 1968 年出版的著作中，玻恩曾经如此回顾他和助手们的一系列努力："我的主要兴趣很快转向了量子理论。……我们当然是从玻尔－索末菲的电子轨道理论出发，但是把注意力集中在它的与实验不一致的弱

① Thomas S. Kuhn, John L. Heilbron, Paul Forman, Lini Allen. *Archives for the History of Quantum Physics*［微型胶卷］. Philadelphia：The American Philosophical Society Independence Square, 1967, E1 Reel 2.

② H. 哈肯. 协同学——自然成功的奥秘［M］. 戴鸣钟，译. 上海：上海科学普及出版社, 1988：212.

③ M. Born, A. Lande. *Über die Berechnung der Kompressibilität Regulärer Kristalle aus der Gittertheorie*［J］. Verh. Dtsch. Phys. Ges., 1918（20）：210—216.

点上。因此我们着手发现新的'量子力学'。首先，我们试图用包含普朗克常数的差分演算来代替微分运算；我的学生 P. 约当和我对辐射公式和其他问题获得了某些很有希望的结果以及其他一些东西。然后，在1925 年，海森堡提出一个使我们感到惊喜的新思想……"① 在玻恩看来，海森堡"新思想"导致诞生矩阵力学，是哥廷根物理学派内部研究纲领不断延续与发展的必然结果。而在海森堡做出这一步的贡献之后，又是玻恩第一个发现，海森堡的文章其实可以用矩阵数学知识予以系统描述，并带领约当完成了后来称为矩阵力学的量子力学第一个理论形式。没有玻恩的长期探索和坚持，就不会有哥廷根矩阵力学的诞生。海森堡在晚年曾对研究玻恩的学者说过，玻恩要建立新量子理论的信念铸就的独特的哥廷根精神，才是他获得成功的坚实土壤。② 哥廷根物理学派的核心是玻恩，他是这个学派名副其实的有远见的导师。

我们说玻恩是哥廷根物理学派实至名归的领袖，这一点还可以从一些当事人对于当年的忆述中清晰看出。与玻恩有过合作的控制论创始人 N. 维纳认为："哥廷根大学的早期量子力学的主要人物是 M. 玻恩与海森伯。两个人中，M. 玻恩年长很多。毫无疑问，正是玻恩的思想导致了新的量子力学的开创……"③ 库恩曾问詹姆斯·弗兰克：当时是不是哥廷根大学从慕尼黑大学得到了很多优秀的年轻人，比如海森堡？弗兰克给出了肯定的答案。除了海森堡，弗兰克还提到了泡利、洪德和约当，他对库恩说："然后（他们）来到杰出的玻恩学派。"④ 在弗兰克看来，

---

① Max Born. *My Life & My Views* [M]. New York：Charles Scribner's Sons，1968：33—34.

② N. Kemmer, R. Schlapp. *Max Born：1882—1970* [J]. Biographical Memoirs of Fellows of the Royal Society，1971，17：32.

③ G. H. 哈代，N. 维纳，怀特海. 科学家的辩白 [M]. 毛虹，仲玉光，余学工，译. 南京：江苏人民出版社，1999：121.

④ Thomas S. Kuhn, John L. Heilbron, Paul Forman, Lini Allen. *Archives for the History of Quantum Physics* [微型胶卷]. Philadelphia：The American Philosophical Society Independence Square，1967，E1 Reel 2.

哥廷根物理学派是由玻恩一个人主导的。诺贝尔物理学奖得主维格纳曾一度在哥廷根大学工作，并参加了许多玻恩的讨论课。他回忆说："在哥廷根，玻恩和弗兰克是两个最伟大的科学家。……玻恩是一个友好而有思想的量子理论建立者。……他与约当合作写出了关于量子力学的重要文章……我对约当比对玻恩更熟识……（在这二人的合作中）我感觉玻恩是主导者"。①

综上所述，玻恩是哥廷根物理学派发挥主导作用的真正领袖，而海森堡、约当等则是这个学派的重要成员。

3. 哥廷根物理学派的学术氛围

一个物理学家具备了坚实的专业基础和一流的创新能力，也许能够取得一流的研究成果，但未必能成为出色的学派领袖。玻恩能成功缔造哥廷根物理学派，还与他的其他特质有关。

玻恩的人生之乐主要来自于科学研究。他曾说："……我一开始就觉得研究工作是很大的乐事，这种乐趣一直保持到了今天。……这种乐趣就在于感觉到洞察自然界的奥秘，发现创造的秘密，并为这个混乱的世界的某一部分带来某种情理和秩序。"② 作为一位有自己学术追求的科学家，玻恩也不能完全去除门户意识。1964 年，玻恩在为其学生格林的一本名为《矩阵力学》（*Matrix Mechanics*）的著作作序时，说："我自然对这里强调的（量子力学的）哥廷根形式有点偏好……"③ 但是，玻恩还是能够较好地克服门派观念的束缚。在哥廷根矩阵力学之后，薛定谔提

---

① Andrew Szanton. *The Recollections of Eugene P. Wigner as Told to Andrew Szanton*［M］. New York & London：Plenum Press，1992：113—117.

② Max Born. *My Life & My Views*［M］. New York：Charles Scribner's Sons，1968：33—34.

③ H. S. Green. *Matrix Mechanics*［M］. Groningen：P.Noordhoff Ltd.，The Netherlands，1965：Foreword.

出了他的量子力学的波动力学理论。根据当事人的回忆[①]，艾伦费斯特到哥廷根讲学用到薛定谔理论时，玻恩争辩说，这些问题，矩阵力学同样可以给出很好的解答。但是玻恩自己并没有做任何敌视薛定谔理论的事，相反他自己认真研究薛定谔的理论，并且做出了著名的波函数统计（或概率）解释，完善了波动力学。

　　玻恩有较大的理性包容气度、开明的大师心态。这一点很多与他有过交往的人都能体会得到。物理学家奥斯卡·克莱恩（Oskar Klein）多次表述："我想玻恩的思想是很博大开明的……"[②] 弗兰克也曾对库恩说："玻恩不偏执，但是海森堡偏执。"[③] 而朗德对库恩等人说，玻恩的思想远远比海森堡高明。[④] 从诺贝尔物理学奖得主维格纳回忆的一件事来看，玻恩的学术境界和态度明显高于很多人，具有大师风范。现在群论在理论物理学中有了充分的应用。但它刚出现时，泡利斥其为"群害"（the group pest）。甚至劳厄和薛定谔也是这个态度。玻恩则与众不同，他不是简单地鄙视它而是觉得需要深入研究，先把问题搞清楚。维格纳说："……玻恩展示出了他作为一位科学家的正直、诚实态度……1927 年他发起了一个关于群论的研讨，不辞劳苦很好地去研读这个题目。我的朋友海特勒和我参加了这个研讨，并充分发表自己的见解。"[⑤] 后来维格纳

---

① Thomas S. Kuhn, John L. Heilbron, Paul Forman, Lini Allen. *Archives for the History of Quantum Physics*［微型胶卷］. Philadelphia：The American Philosophical Society Independence Square, 1967, E1 Reel 4.

② Thomas S. Kuhn, John L. Heilbron, Paul Forman, Lini Allen. *Archives for the History of Quantum Physics*［微型胶卷］. Philadelphia：The American Philosophical Society Independence Square, 1967, E1 Reel 3.

③ Thomas S. Kuhn, John L. Heilbron, Paul Forman, Lini Allen. *Archives for the History of Quantum Physics*［微型胶卷］. Philadelphia：The American Philosophical Society Independence Square, 1967, E1 Reel 2.

④ Thomas S. Kuhn, John L. Heilbron, Paul Forman, Lini Allen. *Archives for the History of Quantum Physics*［微型胶卷］. Philadelphia：The American Philosophical Society Independence Square, 1967, E1 Reel 7.

⑤ Andrew Szanton. *The Recollections of Eugene P. Wigner as Told to Andrew Szanton*［M］. New York & London：Plenum Press, 1992：113—117.

在群论的基础上发展了原子能级的理论。

经验说明，所有成功的学派，内部学术氛围一定是积极活跃的。"没有学术争鸣，就没有学派；同样，没有学术争鸣，就不会有学派的发展和壮大。对学派来说，学术争鸣不仅表现在学派内部，更重要的是学派之间的争鸣。"[①] 玻恩在哥廷根，不仅鼓励同事之间的学术争鸣，而且允许年轻学生积极参与这种学术碰撞。对哥廷根学派内部的学术氛围，玻恩自己有过描述："很多重要成果都是在这些非正式会议上首先被提出来的。……打断发言者的话并给予无情的批评是大家习以为常的事。我们的辩论极为生动有趣。我们甚至鼓励青年学生参加，办法是确立如下原则：不仅允许提出糊涂问题，甚至欢迎人提出这种问题。"[②] 玻恩的说法得到了他的学生们的证实。奥本海默在来哥廷根做玻恩的博士生之前在剑桥大学学习过。1963 年 11 月 18 日，库恩问他："在剑桥的（量子力学）课上，像在哥廷根那样有争论吗？"奥本海默回答："在哥廷根有，在哥廷根（的量子力学课上）有很激烈的争论。在剑桥没有任何人争论。"[③] 玻恩不仅鼓励自己学派内部学术自由争鸣，还邀请与自己研究纲领与方法不同的"对手"到自己的学派来从事学术活动，从而更加开阔学生的视野并使他们由此受益。艾伦费斯特是一个典型的例子。艾伦费斯特一直抨击玻恩学派数学化的倾向，他自己更强调所谓的物理意义。虽然每次艾伦费斯特来了两个人都会争吵，但是玻恩还是常邀请当时在荷兰任物理学教授的艾伦费斯特来德国的哥廷根大学参加学术活动。迈耶夫人曾对库恩说："玻恩真是很数学化，他更像一个数学家那样教育我们……艾伦费斯特每个夏天都惯于来哥廷根，而艾伦费斯特教给

① 沙勇忠. 学派与学术争鸣 [J]. 科学学研究，1997（1）：25.

② Max Born. *My Life* [M]. London：Taylor & Francis Ltd.，1978：210.

③ Thomas S. Kuhn, John L. Heilbron, Paul Forman, Lini Allen. *Archives for the History of Quantum Physics* [微型胶卷]. Philadelphia：The American Philosophical Society Independence Square，1967, E1 Reel 4.

我们物理。"① 没有玻恩宽容的学术态度，是难以像他那样对待学术道路上的异己者的。

玻恩成为优秀的学派领袖，除了他卓越的专业能力、崇高的科学境界，以及宽容的学术态度外，玻恩也不缺乏在教育教学方法方面积极的探索并由此展示出的人格魅力。

迈耶夫人在接受库恩采访时说："哥廷根的精神与那个时代其他地方相比是那样地不同！我记得玻恩和他的学生——全部学生——边散步，边谈论科学或其他任何事情。"① 迈耶夫人的叙述，在海森堡的回忆中得到了进一步强调。在比较玻恩与索末菲时海森堡说："……玻恩与学生有较多的私下接触。我们在他的家有很多聚会；我们一起远足。（玻恩的）哥廷根风格只有较少的传统方式。我的意思是索末菲还有点像传统老派的枢密院大臣，玻恩努力去以不同的方式做事，而不像一个枢密院官僚。"① 著名物理学家海特勒也描述出了玻恩领导的哥廷根物理学派内部自由、让人愉悦的学术氛围："哥廷根的空气是令人愉快的。与作为头目的玻恩、弗兰克的接触是令人愉快的，与其他很好的人接触也是一样的感觉。……那里有一种很友好的气氛，每一件事都可以讨论。"②

如果说自由而愉悦的争鸣氛围是促成哥廷根学派做出巨大科学贡献的最理想的学术环境的话，那么，玻恩的科学境界、玻恩的宽容性格、玻恩的大家风范则是开创哥廷根物理学派这样的氛围的决定性因素。

4. 哥廷根物理学派的方法论特征

哥廷根学派的方法论特征，是其学派精神的具体体现，也是决定该

① Thomas S. Kuhn, John L. Heilbron, Paul Forman, Lini Allen. *Archives for the History of Quantum Physics*［微型胶卷］. Philadelphia：The American Philosophical Society Independence Square，1967，E1 Reel 2.

② Thomas S. Kuhn, John L. Heilbron, Paul Forman, Lini Allen. *Archives for the History of Quantum Physics*［微型胶卷］. Philadelphia：The American Philosophical Society Independence Square，1967，E1 Reel 3.

学派获得成功的主要因素。一定意义上说，学派领袖的研究方式、方法一定会成为该学派的基本特征。

4.1 哥廷根物理学派重视哲学思维

在玻恩看来，在一定意义上哲学是科学追求的终极目标："忙碌于冗长乏味的常规测量与计算的物理学家知道，他做的所有一切都是为了一个更高的目标：自然哲学的基础。"[①] 在玻恩的思想中，科学无疑具有特殊的地位，这其中包括科学对于哲学有重要的影响：科学"不仅汇集事实给哲学提供了第一手材料，而且还孕育了关于如何演变这些材料的基本概念。"[②] 科学不仅仅是单向度地有益于哲学，玻恩相信科学与哲学是相互促进、紧密影响的："每个科学阶段都和当时的哲学体系有着相互影响，科学给哲学体系提供观测事实，同时从哲学中接受思想方法。"[③] 从哲学里吸收思想方法应该是玻恩始终对哲学不离不弃的主要驱动力。

为了从哲学里汲取思想营养，玻恩长期留意并批判地接受各种哲学流派的思想观点。玻恩自己说过："我对科学的哲学背景比对特殊的科学成果更有兴趣。我听过一些哲学报告，比如埃德蒙德·胡塞尔在哥廷根的报告。但是我不加入他的学派也不加入任何其他（哲学）学派。"[④] 在玻恩看来，对哲学有一定的了解是一位现代科学家必须具备的基本素质："关于哲学，每一个现代科学家，尤其每一个理论物理学家，都深刻地意识到自己的工作是同哲学思维错综复杂地交织在一起的。没有充分的哲学文献知识，他的工作就会是无效的。在我自己的一生中，这是一个最主要的思想，我试图向我的学生灌输这种思想，这当然不是为了使他们成为一个传统学派的成员，而是要使他们能批判这些

---

① Max Born. *Physics in My Generation* [M]. London & New York：Pergamon Press，1956：27.

② Max Born. *Natural Philosophy of Cause and Chance* [M]. New York：Dover Publications Inc.，1964：2.

③ Max Born. *Physics in My Generation* [M]. London & New York：Pergamon Press，1956：28.

④ Max Born. *My Life & My Views* [M]. New York：Charles Scribner's Sons，1968：47—48.

学派的体系，从中找出缺点……用新的概念来克服这些缺点。"[1]

玻恩有将科学研究的技术手段或思想认识总结、精炼到方法、原则的高度的习惯。量子力学的建立在方法论上是需要哲学思想上的突破的。玻恩对相对论的独立研究和深入的哲学思考，才使得他最早认识到了可观察性原则的思想，并影响了其学派包括海森堡在内的年轻人，为建立量子力学打下了深刻的思想基础。[2]

玻恩重视哲学思想方法，但也清醒地知道哲学方法对于物理学研究的支持是有限度的。哲学思考不能解决所有自然科学问题。因此从哲学中寻求新的思想仅仅是玻恩科学研究的方法之一，而并非全部。他说："我的一般哲学信念是：所有物理学的进步都出自对事实的合理解释而不是（单纯的主观）推测。"[3] 这一认识使玻恩确信爱因斯坦后期逐渐步入困境再鲜有新突破，恰恰是因为爱因斯坦走了相反的方法路径：他抛弃了自己惯用的手法，"试图走一条完全不同的、和经验离得比较远的道路。过去他获得的最大成功，靠的单单是一个小学生都知道的经验事实。然而现在，他试图不和任何经验发生关系，只靠纯粹的思维。他相信能用理性的力量猜测到上帝按之建立世界的规律。"[4]

玻恩因为提出了波函数的统计解释而废弃了经典物理的决定论，但是晚年的玻恩表示可以有条件地接受决定论。他将自己接受的决定论假设限定为："不同时刻的事件是由一些能够预言未知情况（过去或未来）的规律联系起来的。"[5] 玻恩认为这一假设的作用之一是它"废弃了宗教的宿命论，因为宿命论假定命运之书仅仅为上帝打开。"[5] 玻恩认为因果性假设是客观的存在："存在这样一些规律，按照它们，某类实体 B

---

① Max Born. *My Life & My Views* [M]. New York：Charles Scribner's Sons，1968：35.

② 厚宇德. 玻恩对量子力学的实际贡献初探 [J]. 大学物理，2008（11）：40—49.

③ Max Born. *My Life* [M]. London：Taylor & Francis Ltd.，1978：285.

④ Max Born. *Physics in My Generation* [M]. London & New York：Pergamon Press，1956：205.

⑤ Max Born. *Natural Philosophy of Cause and Chance* [M]. New York：Dover Publications Inc.，1964：9.

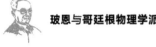

的出现依赖于另一类实体 A 的出现，这里'实体'表示任何物理对象、现象、状况或事件。A 成为原因，B 成为结果。"① 玻恩指出，如果因果性用于个别事件，则须考虑它的如下属性：居先性与接近性。其中"居先性假定原因必须先于结果，或者至少与结果同时发生。"而"接近性假定原因和结果必须在空间上接触，或者由一系列中介事物相接触地联系起来。"① 玻恩认为因果关系是科学家追逐的核心："科学工作永远是在寻找现象之间的因果依赖关系。"②

玻恩自己提出的一些介乎物理与哲学之间的概念，本质上都有确切的物理指向。接近性源自于对物理学上接触相互作用以及场相互作用的一种共性概括，并因此而摒弃经典物理学上的超距作用。因此，玻恩说："接近性在重力上的系统应用推翻了牛顿理论，而被代之以爱因斯坦的相对论。"③ 而居先性则"密切结合着时间的不可逆性"。③ 因此玻恩用接近性与居先性揭示的就是现代物理的场论本质以及与热运动相关的宏观现象的不可逆性。

玻恩一生对待哲学的态度也曾有过变化，读大学时以及他富于物理学研究创造力时，他虽然乐于从哲学里寻求解决问题的新思想，但他认为数学家与物理学家的作为更加可以信赖。他说：把哲学家与数学家和物理学家相比较，他觉得后两者的工作更有说服力、更加有效而可信："当我第一次接触哲学时，我觉得那些正行走在无限的王国里的缺乏数学家们的谨慎和经验的哲学家们，就如同迷雾中在满是险礁的大海上航行的船只，他们充满喜悦，而对危险毫无所知……"④ 另一个方面，玻恩认为年轻时候虽然自己对于哲学问题很有兴趣，但是在哲学里他似乎

① Max Born. *Natural Philosophy of Cause and Chance* [M]. New York：Dover Publications Inc., 1964：9.

② Max Born. *Natural Philosophy of Cause and Chance* [M]. New York：Dover Publications Inc., 1964：17—18.

③ Max Born. *Natural Philosophy of Cause and Chance* [M]. New York：Dover Publications Inc., 1964：17.

④ Max Born. *My Life* [M]. London：Taylor & Francis Ltd., 1978：45.

感受不到在科学领域看到的那种稳健的进步。"所以我和许多人一样，放弃了哲学，而在一个能够真正解决问题的专门领域里得到了满足。"[1]然而，"逐渐到了晚年的时候，有时和许多其他创造力在衰退的人一样，我感到有一种总结科学研究成果的愿望"。[1] 玻恩对自己的这一努力的结果是满意的，他说："我试图说明关于科学的哲学思想，我作为一个物理学家在我的一生中发展了这种思想。"[2] 理论物理学家玻恩堪称一位哲人、思想家。他丰富的科学哲学思想有待进一步专门研究。

4.2 哥廷根物理学派理论与实验并重

在哥廷根，物理学派理论物理与实验物理并驾齐驱。玻恩1954年获得了理论物理学诺贝尔奖。而弗兰克于1925年即因为实验研究而获得了诺贝尔物理学奖。他们二人都在自己的研究领域培养出了多位诺贝尔奖获得者。在哥廷根学派，理论物理学家与实验物理学家之间有良好的互动，彼此受益、相得益彰。弗兰克曾举例说明玻恩与他之间的密切关系。早晨一见面他就说："玻恩，我有了一个新主意，我想告诉你"。于是他就讲起他的想法。然后玻恩接着弗兰克的话讲起来。这时弗兰克问："玻恩，我从不知道你这样快而准确地理解了它的意思以及它为什么这样。你怎么知道的？在你身上发生了什么？"玻恩回答："你看，这对我不是什么困难，我可以给你讲同样的故事。这是我昨天（产生）的想法。"弗兰克对托马斯·库恩等说："通常都是这样。你看，我们是好朋友。"[3]

理论物理学家与实验物理学家良好的互动与合作的氛围，是玻恩追求的目标。当哥廷根大学邀请玻恩来做教授时，他绞尽脑汁说服主管政府部门，把实验物理学家弗兰克也同时引入。玻恩积极为弗兰克的实验

---

① Max Born. *Physics in My Generation* [M]. London & New York：Pergamon Press，1956：93.

② Max Born. *My Life & My Views* [M]. New York：Charles Scribner's Sons，1968：22.

③ Thomas S. Kuhn, John L. Heilbron, Paul Forman, Lini Allen. *Archives for the History of Quantum Physics* [微型胶卷]. Philadelphia：The American Philosophical Society Independence Square，1967，E1 Reel 2.

研究创造条件，他在写给爱因斯坦的信中曾说："弗兰克现在已经在哥廷根展开工作，他必须在这里拥有足够的自由。而我正忙着为他筹集资金。截至现在我已经得到了 68000 马克。……我必须得到更多。"①

玻恩与弗兰克的良好合作，从他们的弟子或助手的回忆中也同样可以看到。朗德对库恩说："第一次世界大战之后，在哥廷根，玻恩与弗兰克开始了密切的合作。他们私下是亲密的朋友，他们的工作室也很近地毗邻。"② 曾在哥廷根学习实验物理的 H.G. 库恩（Kuhn）则对托马斯·库恩谈到了哥廷根学术讨论会上玻恩、弗兰克有时密切合作的细节："弗兰克和玻恩有很多时候在一起讨论。在学术讨论会上，很多时候常有这样的情形。玻恩在黑板上边写边解释。当很多人不是很明白时，然后弗兰克就用他自己的方式解释起来。可能表达的是一样的东西，但是弗兰克的（表述）更直接，他用的是图示的方法。"②

一位一流的理论物理学家与一位一流的实验物理学家结成如此亲密的友谊并进一步形成良好的合作关系是少见而难得的。因此他们的弟子、后来的物理学家艾尔萨瑟（Walter M. Elsasser）相信，理论物理学家与实验物理学家的友谊与合作，是 20 世纪 20 年代哥廷根成为世界物理中心的主要原因。③ 玻恩开创的理论物理学家密切关注实验的学风，使他的弟子们深深受益。海森堡曾说："当然，在哥廷根，（人们）对实验物理也是兴味盎然。而我要说在哥廷根我与实验物理的接触是如此容易并且很美好。我确实向弗兰克那些（做实验研究的）人学习，并且与弗兰克本人讨论。所以在哥廷根我比在慕尼黑（索末菲那里）时与实验有更近、更好的接触。所以（在哥廷根）实验物理和理论的结合就像所

① Jagdish Mehra. *The Historical Development of Quantum Theory*：volume 1, part 1［M］. New York：Springer-Verlag，1982：309.

② Thomas S. Kuhn，John L. Heilbron，Paul Forman，Lini Allen. *Archives for the History of Quantum Physics*［微型胶卷］. Philadelphia：The American Philosophical Society Independence Square，1967，E1 Reel 3.

③ Walter M. Elsasser. *Memoirs of a Physicist in the Atomic Age*［M］. New York：Science History Publications，1978：47.

期待的那样好。"①

作为一位理论物理学家，玻恩在自己的学派里重视与实验物理学家的合作。玻恩自己也从中受益。例如，玻恩在总结为什么能成功给出波函数重要的概率解释的思想时，他指出，虽然当时有人主张取消微观粒子的概念，但是实验告诉他，这绝对不可以：因为"我每天都在目睹弗兰克关于原子和分子碰撞的充满才气的实验中有关粒子概念的丰硕成果，由此相信，粒子概念不能简单放弃，而不得不去发现将粒子概念和波的概念调和在一起的途径。我看到了联系两个概念的关键环节，那就是概率观念。"②

作为理论物理学家，玻恩之所以能做到这样重视实验，无疑源自于玻恩的清醒而正确的认识。他曾说："没人会不承认以下事实的存在：一个狂热的实验师夸大他的测量的作用并蔑视他的'纸张加墨水'的理论物理学家朋友；另一方面，后者则为他的高超的思想观念而骄傲，同时轻视前者的脏手。"③ 因此在玻恩的时代理论物理学家与实验物理学家之间的彼此轻视很常见。但是玻恩绝不盲从，作为理论物理学家的他尤其难能可贵地指出，像爱丁顿（Arthur Stanley Eddington）等人那样过分夸耀理论科学而轻视实验科学的做法，他是坚决反对的："……我认为这些观点对于科学的合理发展是相当危险的认识。"③

4.3　哥廷根物理学派重视数学方法

海森堡认为："（与索末菲的慕尼黑学派相比）在哥廷根，数学对于理论物理学家而言，起着更大的作用。我觉得哥廷根这个地方被数学家

---

① Thomas S. Kuhn, John L. Heilbron, Paul Forman, Lini Allen. *Archives for the History of Quantum Physics*［微型胶卷］. Philadelphia：The American Philosophical Society Independence Square, 1967, E1 Reel 2.

② Max Born. *My Life & My Views*［M］. New York：Charles Scribner's Sons, 1968：57.

③ Max Born. *Experiment and Theory in Physics*［M］. New York：Dover Publicantions Inc., 1956：1.

统治着……"① 哥廷根物理学派最大的特征是重视探索并应用新的数学方法去解决物理难题。这是玻恩继承并光大了的哥廷根学术传统。而根据海森堡向库恩的叙述来看，在哥廷根以弗兰克为代表的实验物理学家，一定程度上还是占据相对次要的位置，海森堡是这样说的："……（实验物理学家）弗兰克自然是对量子理论的所有发展都极其有兴趣，但是这个领域被数学家统治着。在一定意义上，数学铸就了哥廷根学派的全部精神。"①

在哥廷根物理学派形成之前，哥廷根早已是世界数学中心。哥廷根的数学家有一个很好的传统，即他们有兴趣借助于数学去探讨、解决物理学问题。哥廷根数学学派的这一特征至少在高斯时期即已形成，而到20世纪由希尔伯特、克莱因、闵可夫斯基等主宰学派时期，这一学术基因得到了空前的显性、壮大。而玻恩就是在这几位先哲的训导下完成自己的博士学业的。

在哥廷根，即使形成各自独立的学派之后，物理学家与数学家之间也保持着很好的联系。如物理学派掌门玻恩与作为哥廷根数学学派新一代领袖的库朗等之间有着密切的互动联系。虽然玻恩成为了专业的物理学家，库朗还是认为玻恩"是哥廷根传统的一个样板"。② 一到哥廷根学习就成为希尔伯特私人助手的玻恩，与几位大师朝夕相处，受到了充分的哥廷根学派精神的熏陶。玻恩曾说："我总是想数学家比我们（物理学家）更聪明。在用哲学观点分析问题之前，数学家首先去发现关于它的正确的公式。"③ 这种认识使玻恩相信，在解决原子系统的物理问题时，

① Thomas S. Kuhn, John L. Heilbron, Paul Forman, Lini Allen. *Archives for the History of Quantum Physics* [微型胶卷]. Philadelphia：The American Philosophical Society Independence Square，1967，E1 Reel 2.

② 康斯坦西·瑞德. 库朗——一位数学家的双城记 [M]. 胡复，赵慧琪，杨懿梅，译. 上海：东方出版中心，2002：107.

③ Thomas S. Kuhn, John L. Heilbron, Paul Forman, Lini Allen. *Archives for the History of Quantum Physics* [微型胶卷]. Philadelphia：The American Philosophical Society Independence Square，1967，E1 Reel 1.

物理学家必须采纳数学家的方法，不能像玻尔那样囿于哲学上的探讨。

玻恩作为哥廷根物理学派的领袖而格外强调数学的重要性，这给学生留下了深刻的印象。海森堡在接受库恩采访时说："在哥廷根玻恩作为一个非常好的数学家，他对物理学的数学方法感兴趣……我还必须说，从这些（玻恩主导的）讨论中我学到了很多，时间没有浪费，相反我感觉这（种讨论）很有趣，从中我既学到了经典物理也学到了数学，也学会了判断在量子物理范畴，一个人什么可以做，尤其一个人也许什么不可以做。"[1]

尝试寻找新的数学手段解决物理学的复杂问题是玻恩的一个基本追求。但是玻恩认为建立量子力学需要在数学上寻找突破的认识没有得到一些重要同仁的认同。玻尔、泡利、艾伦费斯特等等，都对玻恩的做法多有非议。玻恩与玻尔在这一立场上的分歧形成了两个学派的截然不同，决定了量子力学的理论体系最早诞生于哥廷根物理学派，而不是哥本哈根学派。

其他与玻恩、玻尔关系密切的人也都清楚二人研究路线上的分歧。弗兰克告诉库恩："对玻尔来说，我想他相信玻恩更是数学家。而在玻恩看来，他愿意这样，只有把研究的东西用清晰的数学语言表达出来，他才满意。他们有所不同，但是都很吸引我。……玻恩是一个数学家，而且是一个好数学家。"[1] 玻尔的哥本哈根学派内部的人也对玻尔当时的态度给出了相同的描述。在接受海耳布朗采访时，奥斯卡·克莱恩说："那个时候，他（指玻恩）的思想倾向于很想用更严格的力学处理方式（去解决原子问题）。玻尔对此强烈反对。因为他认为当基础（认识）还不严格（明确）的情况下，缔造更加严格的数学理论是无用的。我不知道玻恩是否同意玻尔的说法。"[1]

历史证明，在建立量子力学的努力中，玻恩的研究策略是正确的。

---

① Thomas S. Kuhn, John L. Heilbron, Paul Forman, Lini Allen. *Archives for the History of Quantum Physics* [微型胶卷]. Philadelphia：The American Philosophical Society Independence Square, 1967, E1 Reel 2.

物理学家拉波特（Otto Laporte）在接受库恩采访时说："我记得海森堡写的被后来称为矩阵力学的第一篇文章，（还）不是矩阵。（但后来却由于玻恩的努力变成了矩阵形式）。"① 玻恩建立新力学思想对海森堡的影响、玻恩对于海森堡思想的数学完善都说明，没有玻恩，就很难出现矩阵力学。

5. 结语

为人谦逊、醉心于科学研究、有容人的雅量、有专业厚实的数理功底、有敏锐的学术眼光、有摒弃他人非议而坚持自己信念的执着精神，这些是玻恩能够成为一个学派领袖的个人内在素质。而玻恩乐于对科学做哲学的思考，重视实验对于理论物理学发展的推进作用，尤其强调数学对于建立量子力学的决定性作用。这成为了他领导的哥廷根物理学派成功建立并完善量子力学的最有效研究纲领。玻恩在建立量子力学过程中的巨大作用，科学史界应该予以充分承认和肯定。

---

① Thomas S. Kuhn, John L. Heilbron, Paul Forman, Lini Allen. *Archives for the History of Quantum Physics* [微型胶卷]. Philadelphia：The American Philosophical Society Independence Square，1967，E1 Reel 3.

十、哥廷根物理学派取得丰硕成果的制度性保障

1. 引言

周光召院士在 2000 年发表的文章中提出：关注物理学史，"最值得我们研究的是本世纪初量子力学为什么在德国的土地上成长。"[①] 周院士提出疑问："20 年代，德国刚经受第一次世界大战的破坏，是经济最困难的时候，然后又紧接着经济危机，造成一系列严重的社会问题，最终导致希特勒上台。为什么本世纪最重要的物理学发现又恰恰在德国的土地发生？"[①] 周院士在短文中并未直接解答在那经济困难时期，德国的理论物理学家如何得以度过危机且取得了辉煌的成就。

准确地说量子力学的矩阵形式诞生于德国哥廷根大学的玻恩学派。哥廷根大学 1737 年在德意志汉诺威王国国君乔治·奥古斯特，即英国乔治二世支持下建成。自 19 世纪中期以后，该校与柏林大学、慕尼黑大学是德国著名的三所研究型大学。据称该校"现今仍为世界八大名校之一。"[②] 20 世纪 20 年代哥廷根物理学派在两个方面的成就堪称伟大，一方面这里培养出了一大批优秀的科学人才，另一方面他们取得了辉煌的科学成就。在这一时期泡利（诺贝尔奖得主）、海森堡（诺贝尔奖得主）、洪德、约当、

---

① 周光召. 希望在中国产生诺贝尔奖获得者［J］. 物理，2000（1）：1.

② 李工真. 哥廷根大学的历史考察［J］. 世界历史，2004（3）：72.

罗森菲尔德（Léon Rosenfeld）和海特勒等人先后为玻恩做助手；费米（诺贝尔奖得主）、维格纳（诺贝尔奖得主）、狄拉克（诺贝尔奖得主）、塔姆（Igor Yevgenyevich Tamm，诺贝尔奖得主）、鲍林（诺贝尔奖得主）、莫特（诺贝尔奖得主）、赫兹伯格（诺贝尔奖得主）、特勒（美国氢弹之父）、福克、冯·诺依曼等人都有在玻恩学派访学或工作而受到玻恩影响的经历；约当、洪德、玛利亚·戈佩特（诺贝尔奖得主）、韦斯科普夫、德尔布吕克（诺贝尔奖得主）、奥本海默（美国原子弹之父）等人都是玻恩亲手指导出来的博士生。在科学研究方面，这一时期哥廷根物理学派创立了矩阵力学，玻恩做出了波函数统计诠释，玻恩还带领众弟子在晶格动力学等领域做出了卓越贡献。莫特曾说：玻恩"对晶体物理学的巨大贡献本身就是诺贝尔奖金水平的成就"。①

　　哥廷根大学的自然科学历史积淀深厚："哥廷根大学早在1866年以前就拥有最为基础的所有学科，如数学、天文学、物理学、化学、植物学、动物学、矿物学、地理学、医学等，有教授32名，在当时所有德意志大学中拥有最雄厚的实力。"② 但是20世纪20年代不说世界范围，即使只在德国，具有较好物理学历史积淀的大学也不只有哥廷根大学一家，因此物理学历史积淀不是量子力学诞生在哥廷根大学的决定性因素。事实上玻恩在哥廷根大学求学期间，哥廷根大学著名的物理学教授只有伏格特一人，当时哥廷根大学是德国数学最强的大学，但其物理学还不能与其数学相媲美。没有好的学术传统或行之有效的捷径，就难以培养出一流的教授或导师；全社会没有良好的教育系统与崇尚科学研究的氛围，就难以出现足够多优秀的学生；没有基本的经费保障，有效的科学研究就难以开展。因此，与依靠国家特别激励与支持的情形（如美国的曼哈顿工程、我国的"两弹一星"事业等）不同，教授们在自然工作的状态下，培养出一批物理学杰出人才、取得一系列重要物理学发现，这种事实是难以用一个简单的因果关系可以全面诠释的。周光召院

---

① Max Born. *My Life* [M]. London：Taylor & Francis Ltd.，1978：Preface X.
② 李工真. 哥廷根大学的历史考察 [J]. 世界历史，2004（3）：73.

士所言极是，20 世纪 20 年代德国的经济是战后恢复未果而又逢经济危机。但是糟糕的经济大环境基本上没有对少数德国理论物理学精英们的生活和工作造成严重的影响。威廉二世、理论物理学家普朗克等人在国家层面、克莱因在城市或哥廷根大学范围，建立国家与工业、金融等社会力量为科学技术研究输血的机制，并使之成功运作，很好地帮助德国的理论物理学精英渡过了难关，并取得了辉煌成就。

2. 影响 20 世纪 20 年代德国理论物理学的几位大人物

影响 20 世纪 20 年代德国理论物理学的主要人物是：威廉二世、数学家克莱因、理论物理学家普朗克和爱因斯坦。下图源自玻恩档案资料。根据照片背面的字迹可知，这张照片拍摄于 1928 年美国物理学家密立根（Robert Andrews Millikan）访问德国柏林大学时。照片中的人物由左向右依次为：能斯特（Walther Hermann Nernst）、爱因斯坦、普朗克、密立根、劳厄。

玻恩档案中的物理学家合影及其背面的说明

19世纪末20世纪初德国物理学的发展，得益于这一时期德国工业受到来自美国的激烈竞争而亟须发展、升级的局面。在这样的情势下德国工业亟待科技人才和知识的直接介入，时势需要有识之士肩负起促成工业界与科技界联合的历史使命。威廉二世与数学家克莱因分别在国家层面、在一个城市（一个大学）层面，是顺应社会和科技发展需要的重要的有识之士，他们成功地将工业家、企业家与科学家联合起来，为工业发展提供科技动力，为科技发展解决经费问题。

2.1　威廉二世

对于普鲁士帝国威廉二世皇帝，史家有如此评价："其性格古怪，言行大胆，曾获得褒贬不一的评价。"[①] 但是在其治下德国传统工业复兴、新兴工业崛起，迅速完成了由农业国家向工业国家的转变，成为资本主义强国是不争的事实。这位"性格古怪"的皇帝在对内政策上在进步与保守之间徘徊。幸运的是他对于科教事业的政策可圈可点："在艺术方面较守旧，但他对自然科学的兴趣却推动普鲁士学术研究机构的现代化……他的学术管理机构透过设立注重大型工业和科学合作的研究所，改变了过去大学垄断的地位。图书馆整理得比以往更好，大学法也现代化了。1899年，尽管大学反对，在皇帝一声令下，普鲁士的大学采用了博士授予法……同时，以实用学科和自然科学为取向的理科中学和高校地位提升，和文科并驾齐驱。"[②] 1910年10月在柏林大学创校百周年纪念会上，威廉二世宣布：要"成立一个学会，执行建设和维护研究机构的任务。"[③] 这就是威廉皇家学会成立的缘由。该学会的部分重要经费来自于民间和工业界的捐资。

威廉皇家学会成立对于德国科学界的意义在于，它在国家意义上奠

① 孟钟捷. 德国简史［M］. 北京：北京大学出版社，2012：118.

② 胡贝尔·戈纳. 爱因斯坦在柏林［M］. 李忠文，译. 北京：中央编译出版社，2012：28—29.

③ 胡贝尔·戈纳. 爱因斯坦在柏林［M］. 李忠文，译. 北京：中央编译出版社，2012：30.

定了德国科学技术界较高的社会地位。威廉二世本人并非热衷理论物理学，他建立威廉皇家学会的直接目的也不是发展德国的理论物理学。该学会对 20 世纪 20 年代德国理论物理学的直接影响，主要发生在普朗克担任该学会要职之后。作为理论物理学家，普朗克是德国科学界、教育界有影响的高层中，对理论物理学有特殊偏爱的人物。他借威廉皇家学会等国家与社会资源为物理发展助力，这对于这一时期的德国物理学界尤其理论物理学界至关重要。如果没有威廉二世与克莱因奠定的平台，没有普朗克与同事们借助既有平台对物理学尤其理论物理学的用心呵护，20 世纪 20 年代德国的理论物理学一定无法取得这一时期它实际上所取得的卓越成就。

2.2 费利克斯·克莱因

如果说威廉二世的举措有利于 19 世纪末 20 世纪初德国的科技界发展，那么克莱因所作所为对于这一时期哥廷根大学的科学技术发展则是不可或缺的："哥廷根大学的自然科学学科之所以能获得巨大发展，主要不是因为普鲁士文化教育当局的意志，而要首先归功于世界著名数学家费利克斯·克莱因的倡议。正是因为克莱因，才巩固并扩大了哥廷根大学在自然科学上的荣誉。"① 克莱因获此评价实至名归。玻恩在他的书中对克莱因的具体做法有过说明："哥廷根大学的科学能够发展主要归功于费利克斯·克莱因。他曾用到下列方法：指示哲学学院授予捐赠人以荣誉学位，以此说服一些有钱的实业家向大学捐款以设立新教授席位或建立新的研究所。哲学学院通常会支持他的做法。"②

作为一流的数学家，克莱因此念、此行缘何而起呢？德意志帝国自 19 世纪 70 年代建立后，遭遇到的经济萧条延续到 90 年代还在继续。德国制造在世界市场上日益受到来自美国科技产品的强烈排挤。1890 年 12 月，德国经济界与政治界召开专门会议，企业家联合会与工程师联合

① 李工真. 哥廷根大学的历史考察 [J]. 世界历史, 2004（3）：75.

② Max Born. *My Life* [M]. London：Taylor & Francis Ltd., 1978：208.

会对德意志大学与经济、技术保持疏离的状态表达了强烈不满。在这样的情况下，克莱因出席了 1893 年在美国芝加哥举办的世界博览会。在博览会上克莱因准确地发现当时的技术革命已经由"工匠革命"阶段进入到"科学家革命"的新时代。他认识到："科学对生产技术的指导意义不仅不可怀疑，而且责任重大，它必将开辟出一个新的工业体系。"①在克莱因的努力下，哥廷根大学先后建立了数学、天文、物理、化学、技术与机械学院，并为哥廷根大学搭建了与产业部门之间富有成果的联系。1898 年"哥廷根应用数学与应用物理学促进会"成立，这实际上是一个资助大学科学研究工作的企业家组织。随后 10 年中，工业界就为这个协会投入 20 万马克。克莱因改造传统大学的超前意识，对其后全世界的大学模式有重要影响，有美国作者指出："这个组织活动的一个结果，就是一系列科学和技术研究所的建立，这些研究所逐渐包围了哥廷根大学，它乃是后来美国许多大学周围设立科学技术复合体的雏形。"②

玻恩在回忆录中也曾提到克莱因的这些大手笔："费利克斯·克莱因自己是位纯得不能再纯的数学家，却对各种形式的应用数学深感兴趣，并且不停地工作以创立特殊应用部门。通过他的影响，在海因堡建立了地震部，设有一个教席，第一任是维希尔特；还建立了一个由西蒙领导的电工部；再一个是应用数学部，也设有一个教席，一直为普兰特和其他一些人所持有。"③西蒙的部门常深入到大工厂、大企业等生产部门，玻恩刚来到哥廷根大学时参加过这样的活动，虽然他是个工业门外汉，不能像工科学生那样融入其中，但是这一活动还是帮助他完成了对于"现代德国工业主义的一瞥。"克莱因的说法与做法在哥廷根大学产生了积极影响："那时克莱因对数学在物理学与技术上应用的兴趣，达

---

① 李工真. 哥廷根大学的历史考察 [J]. 世界历史，2004（3）：76.

② 康斯坦西·瑞德. 希尔伯特 [M]. 袁向东，李文林，译. 上海：上海科学技术出版社，1982：120.

③ Max Born. *My Life* [M]. London：Taylor & Francis Ltd.，1978：88.

到了高峰，并影响到了其他教授们，甚至感染了希尔伯特和闵可夫斯基这样的纯粹数学家。"[1] 克莱因当时的举措在德国的大学中尚属于标新立异的新事物，对于其意义，学生时期的玻恩及其同学无法真正理解：我们"强烈反感克莱因对应用数学的偏爱。我们认为他的这一嗜好与他真正的才能并不匹配，而只是由于他想在工业和政治圈子里起作用的野心所促成的，那时他是普鲁士上议院中哥廷根大学的代表"。[2] 比较而言，克莱因那时对于大学与社会关系的思想意识，远远超越了大学里普通的教授和学生。虽然玻恩当时不理解其意义，而克莱因也并非只为了推动德国物理学的理论研究，但是克莱因奠定的哥廷根大学教授与工业界相互联系的基础，后来在玻恩为学生与助手筹集经费时却发挥了重要作用。《海森伯传》作者说："年青科学家们设法在通货膨胀和后来的艰难岁月中活了下来，只是因为家庭的支持和成名科学家们采取的及时挽救办法。"[3] 当时不善交际的玻恩也不得不从各个角度入手，为他的助手和学生筹集经费。他首先受益于克莱因的传统："很幸运，费利克斯·克莱因已经和德国工业界人士建立了很好的关系，其中卡尔·司提耳向玻恩的学系输送了捐款。"[3] 玻恩又通过关系与美国金融家高耳德曼（H. Goldman）接触，赢得其公司的捐助，解决了布罗迪、泡利以及海森堡等人的私人助教薪金。因此，玻恩的哥廷根物理学派是克莱因思想与事业的直接受益者。

2.3　普朗克与爱因斯坦

基于普朗克在理论物理学方面的科学贡献，以及他对于德国 20 世纪理论物理学发展所做出的推动作用，称普朗克为 20 世纪德国理论物理学之父并不为过。普朗克竭力举荐的威廉皇帝物理研究所主任爱因斯坦，对于德国这一时期的物理学发展也有直接的贡献。

如果回顾一下德国理论物理学的发展史，更能准确理解普朗克对

---

① Max Born. *My Life* [M]. London：Taylor & Francis Ltd.，1978：98.

② Max Born. *My Life* [M]. London：Taylor & Francis Ltd.，1978：100.

③ 大卫．C.卡西第. 海森伯传：上册 [M]. 戈革，译. 北京：商务印书馆，2002：206.

于德国理论物理学界的重要性。虽然德国在 19 世纪出现了亥姆霍兹（Hermann von Helmholtz）、克劳修斯（Rudolf Julius Emanuel Clausius）等理论功底深厚的物理学家，但是总体而言，德国的物理学仍是实验物理学的天下。理论物理学以相对独立的姿态在德国物理学界出现，基本上始于 20 世纪初期。从此理论物理学逐渐成为物理学界一个新的规模较小的职业分支。第一次世界大战末期，普朗克、爱因斯坦、劳厄等理论物理学家的研究成果为德国带来了巨大的社会声誉，但是这个领域与实验物理学相比仍处于较低的地位。德国理论物理学家中犹太裔偏多，主要是因为地位较低的理论物理学家的岗位更容易获得。

1912 年普朗克成为柏林科学院的四位常务秘书之一。科学院秘书是德国科学界最有影响的位置之一。四位常务秘书 3 个月 1 次轮流担任执行秘书，并集体作为科学院的发言人。秘书们的工作包括准备和主持会议、监督科学院的计划、管理它的财务，以及监管科学院会议录的出版等等。1913 年普朗克又开始担任当时德国最著名的柏林大学校长一职。普朗克同时还是德国物理学会的掌门人。这个学会掌握着当时世界上最重要的物理学期刊，20 世纪 20 年代很多重要的一流物理学成果都在这里得以及时发表。在普朗克担任柏林大学校长期间，他开始与经费雄厚的威廉皇家学会密切往来，筹建威廉皇帝物理研究所，并计划由爱因斯坦领导和运作这个研究所。在推进这一切的过程中，普朗克遭遇了巨大的困难："普鲁士的财政部长无法理解，在一个由爱因斯坦领导的研究所中，纯粹物理这门特殊的科学怎样会在工业或真枪实弹的战争中帮助国家"。因此，建立与运作这个物理研究所的愿望一度搁浅。由此可见当时在德国，为理论物理学和理论物理学家争取发展空间，还面临巨大障碍。1916 年普朗克成为威廉皇家学会的理事，他马上重新提出威廉皇帝物理研究所的经费问题。在哈纳克（Carl Harnack）等人的帮助下，问题终于得以解决。爱因斯坦领导的这个研究所，每年有来自学会的经费 1 万 5 千马克，来自科佩尔基金会的经费 5 千马克。研究所主要负责为物理学研究者购买实验仪器。[①]　威廉皇帝物理研究所在爱因斯坦任职期间是纯行政机构，而非研究机构。从爱因斯坦与玻恩夫妇的通信中可以看出，无论玻恩在法兰克福大学任教授时，还是到哥廷根大学任教授时，爱因斯坦对于这位好朋友都有特别的关照。在 1919 年（玻恩此时在法兰克福大学）9 月 1 日写给玻恩夫人的信中，爱因斯坦说："如果我们还有可以分发的经费的话，我要尽力为您的丈夫从皇帝研究所挤出些经费。"[②]　而从玻恩 1921 年 11 月 29 日写给爱因斯坦的感谢信可以看出，威廉皇帝物理研究所主任爱因斯坦为玻恩、弗兰克的哥廷根物理研究所解决了 X 射线实验设备。玻恩是理论物理学家，但是他重视物理学的实验研究，在他的学派里三位教授中，有两位是实验物理学家。

　　从 1919 年开始到 1923 年，通货膨胀对德国的影响达到了顶点。这给德国科学界带来了生存危机。幸运的是德国有一批像普朗克一样的有识之士。柏林科学院的领导成员——贝克尔、普朗克、哈纳克，以及前任普鲁士文化部长弗里德里希·斯密特－奥特（Friedich Schmidt-Ott），策划了一个新的机构——德国科学紧急联合会（也译为德国科学应急协会），该机构 1920 年 10 月 30 日正式成立。其目的只有一个，即为德国科学界筹集资金。它成功地从中央政府、德国工业界、国外获得了足够的资助。在 1927 年和 1928 年，帝国的捐助稳定地增长到约 800 万马克，其中 90 万马克用于支持物理学。外部最大的资金来自洛克菲勒基金会。对物理学最重要的帮助来自日本工业家星一，星一的捐款专门支持对于原子的研究。美国的通用电器公司也有每年可观的资助。普朗克是紧急联合会的执行董事会成员，他还是电物理学委员会的成员。电物理学委员会自己支配通用电器公司捐赠的资金，以及由西门子公司、哈尔斯克公司以及通用电气协会捐助的资金。电物理学委员会支持了许多在

[①] J.L. 海耳布朗. 正直者的困境——作为德国科学发言人的马克斯·普朗克 [M] 刘兵，译. 上海：东方出版中心，1998：92.

[②] Max Born. *The Born-Einstein Letters* [M]. London：The Macmillan Press Ltd.，1971：12.

原子物理学和量子物理学方面的项目，这包括玻恩、爱因斯坦、索末菲等人。

普朗克 1918 年获得诺贝尔物理学奖，爱因斯坦 1921 年获得诺贝尔物理学奖。他们的理论物理学研究在 20 世纪 20 年代前后为德国赢得了声望，因此在危机时期德国的物理学界得到了特别的照顾。1922 年德国科学紧急联合会发表的第一份报告中，宣布把它最大的资助拨给了物理学，而最优先考虑的是原子物理学、辐射和物质结构……① 对于年轻的理论物理学家，科学紧急联合会还有特别的资助：向有希望的博士后研究者提供研究生活费。而"最早的生活资助之一就是拨给海森伯的。另外许多博士后研究者，也像海森伯一样，后来成为了对量子力学有主要贡献的人物。"② 1925 年后半年玻恩还向普鲁士文化部为海森堡申请了一笔两年的讲师生活资助，每月 127.88 保值马克。在海森堡传记作者看来，哥廷根物理学派的研究成果就是对于这些特别资助的直接回报："1925 年的夏天和秋天，理论物理学的哥廷根学派——玻恩、沃尔纳·海森伯和帕斯卡尔·约当——带来了回报。"③ 矩阵力学诞生了！

3. 德国理论物理学界的风尚与哥廷根大学追求极致的精神

至少从 20 世纪初期到 30 年代为止，德国物理学界的重要职位（如物理研究所所长、著名大学的教授等）做到了任人唯贤、有能者居之。前辈对于后辈的欣赏，不是看后辈是否机灵或其他，而主要看重他们的物理学才能。出于欣赏才华，普朗克竭力褒奖爱因斯坦的相对论研究，并不断为其谋求重任。对于玻恩也是这样，同样出于珍惜人才，普朗克举荐哥廷根大学的讲师玻恩到柏林大学，做自己手下的特聘教授。玻恩对于泡利、海森堡、奥本海默等人的欣赏和栽培也如出一辙，只因为欣

① 大卫. C. 卡西第. 海森伯传：上册 [M]. 戈革，译. 北京：商务印书馆，2002：207.

② 大卫. C. 卡西第. 海森伯传：上册 [M]. 戈革，译. 北京：商务印书馆，2002：208.

③ 大卫. C. 卡西第. 海森伯传：上册 [M]. 戈革，译. 北京：商务印书馆，2002：118.

赏这些人的才华，而不是由于他们善于察言观色、拾人牙慧。德语物理学界还有一个现象：优秀理论物理学家，如普朗克、能斯特、索末菲、爱因斯坦、劳厄、玻恩、薛定谔、艾伦费斯特等等，无论学术思想上有无分歧与争论，他们相互之间都是相处得不错的好朋友。20 世纪 30 年代前，德国理论物理学界这些良好的气象，是那一时期德国理论物理学界硕果累累的必要的内在氛围。如果把德国的情况与法国的情况做些对比，就更能说明问题。

　　彭桓武先生说他的合作者海特勒对于德国与法国的物理学有过对比："德国和法国理论物理学发展差别很大，德国很先进，人才济济，法国则不怎么样。造成这种情况的一个重要原因，实际上是个专制和民主的问题。法国当时理论物理权威是德布罗意，是诺贝尔奖获得者，他很专制，学理论物理只能跟着他，别人都不行，唯我独尊，结果培养不出人来。德国有所谓慕尼黑学派和哥廷根学派，代表分别是索末菲和玻恩，他们比较民主，学生之间常有交流，玻恩的学生也可以去与索末菲工作，慕尼黑学派的学生也来与玻恩工作。这样互相促进交流，思想活跃，推动了德国理论物理学的发展，出了一大批好的理论物理学家。"[1]

　　哥廷根这个大学城与德国其他城市的文化有所不同，在这里大学教授具有较高的社会地位："在德意志时代，哥廷根可算是一座普鲁士官僚主义气息最少的城市。……在这个自由研究的世外桃源中，最受人尊敬的不是那些王公贵族、世家子弟、高级官员和耀武扬威的军官，而是这些大学教授与科学家。"[2] 也许正是这样的城市传统孕育了哥廷根大学的教授、科学家与学者们独特的精神气质：追求卓越，当仁不让。在哥廷根大学学习和工作过的人对于这所学校的精神有过这样的描述："在哥廷根，我所有的同事们都被一种科学上的竞争热情所鼓舞，这种精神在我面前从未消失过。哥廷根大学可能是世界上最有雄心的大学，谁要想在

---

　　① 彭桓武. 物理天工总是鲜——彭桓武诗文集［M］. 北京：北京大学出版社，2001：80—81.

　　② 李工真. 哥廷根大学的历史考察［J］. 世界历史，2004（3）：78.

这个社会中有地位，谁就必须写出世界上最优秀的著作，做出世界上最出色的成就。"① 在这里实力是第一位的，教授们在学术和研究工作中都争取出类拔萃。哥廷根人的精神在克莱因身上凝练成一个超越自我的梦想："使哥廷根成为科学世界的中心。"② 他在19世纪末20世纪初那些超越一位数学家的所作所为，就是为了实现这一宏伟目标。克莱因在哥廷根大学的继任者、著名数学家库朗曾说：玻恩是"哥廷根传统的一个样板"。③ 玻恩实现了他的老师之一——克莱因的梦想，把哥廷根缔造成了世界物理学中心。

4. 结论与观点

20世纪20年代德国对于科技界的资助和管理体现出一些鲜明的特点。将这些特点与我国目前科技生态相互对比，可以显示我国科技发展中存在的一些优势与不同。

第一，在德国支持科学技术发展的资金来源是多渠道的，除了国家行为外，社会（如工业界、金融界等）的力量不容忽视。德国科学技术能获得社会资助的前提是其自身业绩足以打动社会财富拥有者。而目前我国有些科技领域还没树立起这样的形象。要开拓这一路径，研究机构不但自己要改变观念，还要帮助社会大众改变观念。

第二，至少在20世纪20年代，大学是德国科学研究的主体。德国重要理论物理研究成果都诞生于著名大学。因此，看待德国的科学成就，不能忽视德国的大学的历史以及德国独特的大学文化。由于篇幅关系，本文对这一部分未做展开讨论。有兴趣的读者请关注赫尔曼·外尔

---

① 李工真. 哥廷根大学的历史考察［J］. 世界历史，2004（3）：78.
② 康斯坦西·瑞德. 希尔伯特［M］. 袁向东，李文林，译. 上海：上海科学技术出版社，1982：120.
③ 康斯坦西·瑞德. 希尔伯特［M］. 袁向东，李文林，译. 上海：上海科学技术出版社，1982：107.

与鲁道夫·施迪希伟的文章①。对德国大学的风格与特点有深入的了解，会感到一些科学上的大事发生在这里是很自然的。在我国，大学的研究力量在不断壮大，但是国家研究主体还是中科院等专门研究机构。究竟什么样的文化氛围更能激发科学创新，有待学者和国家科技管理者深入研究、探讨。

第三，无论在当年的威廉皇家学会还是在德国民间基金会机构内，往往都是对科学事业有强烈责任心的科学界权威人物（如普朗克、爱因斯坦等）担任要职，具有绝对的影响力。普朗克本人坚信科学事业需要少数科学权威寡头管理，而认为依据多数原则来管理科学会导致科学的崩溃。② 在不同的历史时期，要辩证看待普朗克的观点。但事实证明在20世纪20年代的德国，普朗克的看法与做法是行之有效的。目前我国的科研经费充足。存在的问题之一是如何把宝贵的研究经费落实到真正需要的人的研究工作中。为此，可以尝试效仿德国的做法，让对自己领域的发展有足够了解的、有远见的专业权威，在分配研究经费事务上具有较大的话语权。当然为了避免门户之见，这些权威人士也应该同时履行一定的责任和义务。接着问题来了，我们的某些领域是否具有足以担此重任的人物？他必须像德国物理学界的普朗克那样是专业权威，且对自己学科的发展有强烈的责任心及远见。

第四，在特殊时期，如国家遭遇经济危机的时候，20世纪20年代的德国有识之士能够制定特殊政策，最大限度保证科技研究领域，甚至在某些人看来无关民生痛痒的理论物理学界不受到伤害。这对于20世纪20年代德国的科技界实实在在是救命的雪中送炭。在国民经济遭遇困难的时期，少数科学界的精英得到了最大限度的支持和资助，这些受到特殊照顾的科研人员更加珍视自己的职业，更努力地去投身于研究工

---

① 赫尔曼·外尔. 德国的大学和科学 [J]. 科学文化评论，2004（2）：83—100；鲁道夫·施迪希伟. 德国大学的制度结构 [J]. 北京大学教育评论，2010（3）：40—50.

② J. L. 海耳布朗. 正直者的困境——作为德国科学发言人的马克斯·普朗克 [M]. 刘兵，译. 上海：东方出版中心，1998：90.

作，这在任何国家都应该是人之常情。

第五，如何对待基础研究已经成为科技发展规划中的一个基本问题。20世纪40年代美国人相信"基础研究是技术进步的先驱"。对此更直接的解释是："一个在基础科学研究方面依赖他人的国家，将减缓它的工业发展速度，并在国际贸易竞争中处于劣势。"[①] 这一认识直接影响了其后很长时间美国政府的科技政策。然而人们逐渐发现事实并非完全如此："进行纯理论性科学研究的费用是十分昂贵的，而且纯理论科学研究对经济增长没有直接的贡献"。[②] 讨论德国科学技术的整体会比较复杂，但德国物理学界的情形则比较简单而明确，基于普朗克和爱因斯坦等奠定的传统，德国物理学界一直重视基础理论研究："没有纯粹研究，就没有新知识产生；没有新的知识，文化和文明之花将凋谢。"[③] 这是德国物理学界的共识。21世纪的德国物理学界仍然认为："要优先保证基础研究的自由发展和主要风险的评估和预防。"[④] 如果说德国物理学的发展比较成功，那么这可能与崇尚基础理论研究这一传统有关。聚焦我国当下的科学技术，应该说不存在优先发展基础研究与发展应用研究之间的直接矛盾。试想，如果某一基础研究获得诺贝尔科学奖的概率很大，我们会不优先特殊支持吗？而如果某一应用研究的发明很可能提高我们技术的核心竞争力，那么这一应用研究不会得到极大的重视吗？笔者认为在诸多领域，我国研究人员的整体研发能力与科技发达国家相比存在较大的差距，这才是我们必须面对并亟须改善的现实。研究队伍整体水准偏低，进而无法出现著名的大家。而德国的物理学界的成功模式是：一流的大家制定行之有效的科学管理与发展规章制度，并由他们监督执行这些规章制度。而没有一流的大家，就难以建立行之有效的规章制度；即

---

① D. E. 斯托克斯. 基础科学与技术创新 [M]. 周春彦，谷春立，译. 北京. 科学出版社，1999：3.

② 特伦斯·基莱. 科学研究的经济定律 [M]. 王耀德，宋景堂，李国山，译. 石家庄：河北科学技术出版社，2010：218.

③ 德国物理学会. 新世纪物理学 [M] 王乃彦，主译. 济南：山东教育出版社，2005：1.

④ 德国物理学会. 新世纪物理学 [M] 王乃彦，主译. 济南：山东教育出版社，2005：5.

使有较好的规章制度，却由一些庸才所掌控，那么仍然难以产生良好的效果。这可能是我国至少某些科技领域目前难以突破的怪圈。

看待历史事件有不同的层面或视角。哥廷根物理学派培养出了一大批一流科学人才，取得了卓越的独创性科学业绩。直接看去，是由于这里的学派领袖有眼光、有能力，一心沉醉于科学研究，并善于引导杰出青年在物理学的前沿攻城拔寨。这样优秀的学派领袖是如何出现的？为什么这一切发生在哥廷根大学？解决这样的问题，就把看待和分析事实背后的原因拓展到对哥廷根大学物理学科，在历史传承过程中形成的一些独特学术基因的分析；这样的学术基因为什么存在于哥廷根大学？进一步就不能不着眼于哥廷根大学的独特处。一个独特的大学不能生存于真空环境，哥廷根大学得以在德国存在，在特定时期取得了不起的学术声誉，一定与德国的大学体制、德国的科学文化背景以及国家层面的制度和政策之间存在一定的契合。如此看待问题，即使不是在逐层深入，也会更加全面而少些偏颇。

十一、玻恩如何培育物理英才

　　玻恩的哥廷根物理学派是 20 世纪贡献最大的学派之一，玻恩一生培养出的年轻科学家数量之多与水平之高、玻恩撰写的物理学专业著作影响之深远都为其他学派领袖难以比肩。玻恩如何缔造和经营学派、玻恩如何培育英才？他的代表性物理学经典著作有哪些？玻恩的这些作为构成了 20 世纪物理学史，成为 20 世纪科技史不可缺失的辉煌一页。然而除了笔者的几篇文章外[①]，国内外尚未见关于前两个问题的系统而专门的研究著述。玻恩在这些方面的一些方法和经验却值得中国科学家借鉴、学习。

1. 玻恩培养出的杰出人才

　　玻恩曾先后在德国法兰克福大学、哥廷根大学，英国爱丁堡大学任教授。仅在哥廷根大学任教授期间（1921—1933），玻恩就指导出二十几位优秀博士，其中有多位诺贝尔奖获得者（海森堡、迈耶夫人、德尔布吕克等）；没获得诺贝尔奖的伟大物理学家更不乏其人，洪德、约当、韦斯科普夫、奥本海默等等。泡利、罗森菲尔德、维格纳、费米、狄拉克、莫特、海特勒、泰勒（Edward Teller，美国氢弹之父）等

---

　　① 厚宇德，负雅丽. 从玻恩的教学方式看量子力学的诞生［J］. 大学物理，2008（12）：46—48；厚宇德. 哥廷根物理学派及其成功要素研究［J］. 自然辩证法研究，2011（11）：98—104；厚宇德. 玻恩和沃尔夫合著的《光学原理》一书写作过程［J］. 物理，2013（8）：574—579.

著名物理学家，都有在玻恩哥廷根物理学派深造的经历，有的给玻恩做过助手。

玻恩于 20 世纪 40 年代末 50 年代初，在爱丁堡大学为中国培养了三位物理学博士：彭桓武（1915—2007）、程开甲（1918—）、杨立铭（1919—2003）。

彭桓武 1945 年与玻恩共同荣获爱丁堡皇家学会麦克杜加尔 – 布列兹班奖，1948 年被选为爱尔兰皇家科学院院士，1955 年被选为新中国院士（首批学部委员），曾任清华大学、北京大学教授，中科院理论物理研究所所长等职，"两弹一星"元勋，1982 年获国家自然科学奖一等奖，1985 年获两项国家科技进步特等奖，1995 年获何梁何利科技成就奖。

程开甲是"两弹一星"元勋，曾在浙江大学与南京大学等校任副教授、教授，先后担任国防科工委核试验基地研究所所长及基地副司令等职，1980 年遴选为中科院院士，1985 年获得国家科技进步特等奖，1988 年获国家科技进步一等奖，1998 年获得中科院资深院士称号，1998 年获得何梁何利科技进步奖，2013 年获得国家最高科学技术大奖。

杨立铭，曾在清华大学、北京大学任副教授、教授，曾任中国核物理学会理事长，1991 年遴选为院士。下面的照片中后排左一为程开甲，中间者为杨立铭 [①]，前排右一为玻恩。

---

① 笔者在程开甲的传记（熊杏林. "两弹一星"功勋科学家——程开甲. 长沙：国防科技大学出版社，2003.）中初见这张照片，曾请杨立铭教授家人杨跃民辨认后排中间者是否为杨立铭院士。杨跃民说他请母亲夏培肃院士辨认过，夏院士肯定这正是在爱丁堡大学求学期间的杨立铭。

玻恩、杨立铭、程开甲的合影

　　玻恩除了为新中国培养了三位博士外，还与留英博士黄昆（1919—2005）合写了名著《晶格动力学理论》。由于二人之间的密切合作，玻恩有时也称年轻的黄昆为自己的学生。黄昆 1955 年被选为新中国院士（首批学部委员），曾任中科院半导体研究所所长，1980 年当选为瑞典皇家科学院院士，1984 年获得中国科学院科技进步一等奖，1985 年选为第三世界科学院院士，1987—1991 年任中国物理学会理事长，1989年获中国科学院自然科学一等奖，1995 年获何梁何利科学技术成就奖，1996 年获陈嘉庚数理科学奖，2001 年荣获国家最高科学技术大奖。

　　科学大师未必是教育大师，教育大师未必是科学大师。玻恩既是科学大师，又是培育物理英才的教育大师。玻恩能够创造奇迹，原因之一是他酷爱教师职业。他曾说："在大学里教书是最令人愉快的事。……最快乐的是教研究生。发现天才并引导他到内容丰富的研究领域（从事研究工作），这是了不起的事。"[1]

2. 玻恩如何缔造哥廷根物理学派

　　一个普通教授的力量是有限的。玻恩在科学研究与教书育人两方面

---

[1] Max Born. *My Life & My Views* [M]. New York: Charles Scribner's Sons, 1968: 48—49.

取得卓越的成就，是因为他成功缔造了自己的学派。玻恩先在哥廷根大学任讲师，然后到柏林大学做普朗克的副教授，再到法兰克福大学任教授。1920 年玻恩面临抉择：继续在法兰克福做教授，还是接受母校哥廷根大学的召唤？他想倾听爱因斯坦的意见。在回信中爱因斯坦说："很难明确该给你什么样的建议。哪里有幸得到你，那里的理论物理学就会繁荣起来；在今天的德国，难以发现第二个玻恩了。"[1] 事实证明，爱因斯坦眼力非凡。1921 年玻恩回到哥廷根大学任教授时，他在物理学研究以及教书育人等方面的思想方法已臻成熟。1925 年玻恩带领他的弟子们在哥廷根创造了震惊物理学界的奇迹，建立了量子力学（这并非玻恩工作的全部）。在哥廷根大学任教授时期（1921—1933），是玻恩一生中科学研究与教书育人的巅峰期，值得特别关注。

2.1　建设合理的教师队伍

要想培养出优秀的人才，要想做出一流的研究工作，首先就要有一流的教授、一流的研究人员。而要致力于建立一个成就卓著的学派，构成学派的主要成员，不仅专业业务出类拔萃，而且成员之间的关系也至关重要。如果学派主要成员无法有效合作、不能互相支持，那么这个学派就无法顺畅发展。在玻恩回归之前，哥廷根大学物理学教授是德拜，还有一个研究实验的"特聘教授"（相当于副教授）职位，由波耳（Robert Pohl）担任。玻恩在与政府教育部门商讨上任问题时，要求在保留波耳教席的前提下，另设一位实验物理学教授席位，并力荐好友弗兰克担任这一职位。玻恩的想法侥幸获得了批准。作为理论物理学家，玻恩充分肯定实验对于理论物理研究的重要性，因此从人员布局上，他认为需要一位天才实验物理学家的辅佐。这样的人员构成使哥廷根学派的理论研究与实验研究彼此促进、齐头并进。事实证明玻恩的设想是合理而高明的，由一流的理论物理学家与一流的实验物理学家合力缔造的哥廷根物理学派极大地推动了当时物理学的发展。在哥廷根获得博士学位

---

① Max Born. *The Born-Einstein Letters* [M]. New York：The Macmillan Press Ltd.，2005：25.

的艾尔萨瑟（Walter M. Elsasser）认为，理论物理学家与实验物理学家的友谊与合作，是 20 世纪 20 年代哥廷根大学成为世界物理学中心的主要原因。① 玻恩将弗兰克拉入团队，还竭力为他创造实验条件。在致爱因斯坦的信中玻恩曾说："弗兰克现在已经在哥廷根展开工作，他必须在这里拥有足够的自由。而我正忙着为他筹集资金。截至现在我已经得到了 68000 马克。……我必须得到更多。"② 玻恩与弗兰克的良好合作，可以从他们各自的回忆中看出，也可以从他们的弟子或助手的回忆中看到。朗德曾说："第一次世界大战之后，在哥廷根玻恩与弗兰克开始了密切的合作。他们私下是亲密的朋友，他们的工作室也很近地毗邻。"③ 曾在哥廷根学习的 H. G. 库恩则记得玻恩和弗兰克密切合作的一些细节："弗兰克和玻恩有很多时候在一起讨论。在学术讨论会上，很多时候常有这样的情形：玻恩在黑板上边写边解释，当很多人不是很明白时，弗兰克就用他自己的方式解释起来。可能表达的是一样的东西，但是弗兰克的（表述）更直接，他用的是图示的方法。"④

　　玻恩作为理论物理学家，他重视实验研究并为此付出的努力得到了正面回报。在总结为什么能成功给出波函数重要的概率解释思想时他指出，虽然当时有人主张取消微观粒子的概念，但是实验告诉他这绝对不可以："我每天都在目睹弗兰克关于原子和分子碰撞的充满才气的实验中有关粒子概念的丰硕成果，由此相信，粒子概念不能简单放弃，而不得不去发现将粒子概念和波的概念调和在一起的途径。我看到了联系

　　① Walter M. Elsasser. *Memoirs of a Physicist in the Atomic Age* [M]. New York：Science History Publications，1978：50.

　　② Jagdish Mehra. *The Historical Development of Quantum Theory*：volume 1, part 1 [M]. New York：Springer-Verlag，1982：309.

　　③ Thomas S. Kuhn, John L. Heilbron, Paul Forman, Lini Allen. *Archives for the History of Quantum Physics* [微型胶卷]. Philadelphia：The American Philosophical Society Independence Square, 1967, E1 Reel 4.

　　④ Thomas S. Kuhn, John L. Heilbron, Paul Forman, Lini Allen. *Archives for the History of Quantum Physics* [微型胶卷]. Philadelphia：The American Philosophical Society Independence Square, 1967, E1 Reel 3.

两个概念的关键环节，那就是概率观念。"① 哥廷根的实验物理学研究不仅使玻恩受益，也使他的助手和弟子们受益。1963 年 2 月 13 日谈到空间的量子化的发现时，不做实验研究的海森堡说："我在哥廷根时期已经对这个问题感兴趣了，因为我在实验室观察过相关现象。"1963 年 2 月 15 日海森堡说："我想说在哥廷根我更容易接触到物理实验，（理论物理学家与实验物理学家）在哥廷根走得很近。我确实向弗兰克那些人学习，也与弗兰克讨论，所以在哥廷根理论与实验的接触远比慕尼黑好。"②

令人费解的是为什么玻恩要保留波耳的教席呢？玻恩晚年的回忆能帮助我们理解其中的原因："弗兰克对于教学一点兴趣也没有，而波耳承担了全部实验教学任务——一直做到前几年退休为止。"③ 这样玻恩、弗兰克、波耳④ 几个人就各司其职组成了 20 世纪 20 年代哥廷根大学物理学派的核心，玻恩负责全部理论物理课程的教学，波耳负责实验物理课的教学，而弗兰克主要专心于自己的实验研究，并与玻恩一道主持别开生面的讨论课。一个大学的物理系只有三位专职教师，玻恩一个人主讲物理系的全部理论课，这在当下的中国大学里是难以想象的。玻恩学派的一批生力军是玻恩的助手和博士生们，这个队伍包括泡利、海森堡、洪德、约当等等具有一流天赋的科学人才。玻恩取得成功的一大法宝是在挑选助手和博士生时严格要求，绝不收平庸之辈。

还有一些不属于玻恩学派的"编外"人员，对该学派具有不可缺少

---

① Max Born. *My Life & My View* [M]. New York：Charles Scribner's Sons，1968：35.

② Thomas S. Kuhn，John L. Heilbron，Paul Forman，Lini Allen. *Archives for the History of Quantum Physics* [微型胶卷]. Philadelphia：The American Philosophical Society Independence Square，1967，E1 Reel 2.

③ Thomas S. Kuhn，John L. Heilbron，Paul Forman，Lini Allen. *Archives for the History of Quantum Physics* [微型胶卷]. Philadelphia：The American Philosophical Society Independence Square，1967，E1 Reel 1.

④ 波耳的一些理念与玻恩不同，因而他在玻恩学派建立量子力学过程中贡献甚微。但是他埋头实验教学，客观上是该学派所需要的弗兰克的最好补充。

的积极影响。在哥廷根大学内部这些人包括玻恩的前辈，如克莱因、希尔伯特、伏格特等；玻恩的同辈，如空气动力学大师普兰特、数学家库朗等人。在哥廷根大学外部也有一些与该学派保持密切联系的物理学界大人物，如爱因斯坦、玻尔、克喇摩斯、艾伦费斯特等。爱因斯坦对于玻恩学派的影响主要是该学派早期通过玻恩，能够从爱因斯坦那里获得一些硬件支持。如 1921 年 10 月 21 日玻恩致信"威廉皇家学会物理研究所所长"爱因斯坦，希望得到资助以购买物理实验设备并如愿以偿。[①] 玻恩的物理学派与哥本哈根的玻尔和克喇摩斯之间的交流是畅通的。而艾伦费斯特到哥廷根大学多次讲学，对这里的学子们影响深刻。下文对此将有说明。学派人员的合理构成、与当时物理学界高手之间的良好关系，都是玻恩学派得以壮大并做出巨大科学贡献的良好基石。

2.2 玻恩如何教学

实际教学活动是培养人才的具体过程。有很多人，如弗兰克、迈耶夫人都说玻恩的课程深刻而精彩。但是难以见到关于玻恩如何授课的详细描述。已故复旦大学物理学教授王福山在玻恩离开哥廷根之前，有过聆听玻恩几门课程的经历。王先生的回忆使我们今天可以对玻恩的教学有些深入了解：玻恩的"原子物理课听者很多。在这门课每周一小时的习题课上，玻恩要大家共同来解决一个问题，就是如何来计算晶体点阵中的一个原子，它所受其周围原子给它的作用力。……玻恩本来是研究晶体点阵力学的，所以这是他的老本行。学生在课堂上你一句我一句地出点子，讲得对的，他肯定下来，并写在黑板上；不对的，他诱导。每课总是前进一步，下节课再从此开始。……有一次玻恩进习题课教室时，带来了一位女士，玻恩介绍说，'她去了美国，现在是迈耶夫人，她对此问题很有研究，故请她来参加。'……这种形式的习题课，等于在教学生如何做研究工作，所以对学生启发很大。"[②] 王先生还提到了玻恩对待和

---

① Max Born. *The Born-Einstein Letters* ［M］. New York：The Macmillan Press Ltd.，2005：55.
② 王福山. 近代物理学史研究（一）［M］. 上海：复旦大学出版社，1983：89—90.

处理作业的方法，他对玻恩的电磁学课评价更高："我得益更多的是……玻恩的电磁学课。这门课听的人也很多，至少有一百几十个。……这门课每周布置习题，由助教批改，但玻恩要抽查一遍。对每一道题目选解得好的同学，由他在下一次习题课上到黑板上去做示范演算，算完后大家可对之提出不同意见，进行讨论。有些题目可以有几种解法，出题时往往提出须用多少种方法做的要求，或者指明要用某一种方法做。凡是上黑板做的题目，课后必须另抄一份交去存档。"玻恩对于学生作业的要求也很特别："学期开始时，玻恩就做习题事项提出要求：'习题本不一定要每人交一本。可以二人，甚至三人合交一本。习题可以经过二三人互相讨论解决，同样会使大家得到益处。但切不可抄袭人家。'就我所知，学生会遵守他的嘱咐。"[1] 王福山先生的回忆虽然只是关于玻恩上习题课以及处理作业的办法，但是由此我们不难想象在基础课教学中玻恩是肯下功夫的，他有意识地引导学生把学知识和学习科学研究方法结合起来。

玻恩在著述中对于自己的教学谈的不多，但他有成熟的教学方法和自己的认识。在为弟子格林撰写的教材作序时玻恩曾说："现在存在这样一种倾向，即（人们在教学中）忽视历史根由，而将理论建立在事实上是后来才发现的基础之上。这种方法毫无疑问能够迅速接近现代问题，也很适合培养能够应用这些知识的专家。但是，我怀疑这是否培养做原创性研究的好的教学方法，因为这种方法不能展示先驱者，在成堆的无序事实以及隐晦含糊的理论尝试中，是如何发现他的（正确）道路的。"[2] 由此可见，玻恩在教学中非常注意从科学发展的实际历史的角度出发，培养学生的创造力。阅读玻恩《光学原理》一书的"历史引言"部分，可以感受到玻恩对光学的发展史的了解非常全面而详细。历史地考察问题、从历史的角度展开教学是玻恩的常见做法，玻恩是位有

---

① 王福山. 近代物理学史研究（一）[M]. 上海：复旦大学出版社，1983：90—91.

② H. S. Green. *Matrix Mechanics* [M]. Groningen：P. Noordhoff Ltd.，1965：Foreword.

历史头脑的物理学家。

2.3 营造良好的学术氛围

玻恩领导的哥廷根物理学派最大的特征是学术氛围宽松自由，为此教授鼓励学生在讨论课上不要害怕说错话、说傻话。学派内部人际关系简单友好，给很多在那里学习与工作过的人留下了深刻印象。迈耶夫人在悼念玻恩去世的文中写到："玻恩是一个极好的演讲者。他的课程不简单，但是非常清晰、透彻。玻恩和弗兰克都不像那时德国传统的教授，按照德国的传统，教授与学生连手都不握。"[①] 哥廷根物理学派内部的氛围在当时与德国高等教育的传统是有些不同，这里的氛围不保守，而更宽松、自由："哥廷根的物理研究所，有种令人很舒适愉悦的不拘小节的氛围……玻恩很有兴趣地与学生在一起。在哥廷根形成了一个习惯，在理论研讨课之后，玻恩与他的研究生们一起到小山上去散步，然后在村庄的小酒馆里一起共进晚餐。"[①]

作为物理学教授，在私下与学生交流时，玻恩不限于只传授物理学知识："这样学生们就有机会问他一些与物理有关以及与物理无关的问题。可以和玻恩讨论任何领域任何有兴趣的问题。作为一个初学者，我从这些完全非正式的物理讨论中，学习到了很多有用的东西。那时在哥廷根物理研究所学习的我们，绝大多数都重视并珍惜与玻恩的友谊。"[①] 玻恩的助手海特勒也曾说："哥廷根（物理所）的学术氛围是令人愉快的；与玻恩和弗兰克这两位领袖的接触是很简单而愉快的，其他一些人也是同样地友好……在哥廷根，有种很友好的氛围，任何事情都可以讨论。"[②] 1963 年 11 月库恩问奥本海默，在剑桥对于某些问题有像在哥廷根那样的争论吗？奥本海默回答说："在哥廷根有争论，有很激烈的争

---

① Maria Goeppert Mayer. *Pioneer of Quantum Mechanics*［J］. Phys.Today，1970，23（3）：97—99.

② Thomas S. Kuhn，John L. Heilbron，Paul Forman，Lini Allen. *Archives for the History of Quantum Physics*［微型胶卷］. Philadelphia：The American Philosophical Society Independence Square，1967，E1 Reel 3.

论。在剑桥，我想没人争论。"①

　　玻恩对于自己学派的氛围有过一些回忆，如他说自己与弗兰克、波耳主导的研讨课，"是了不起的令人激动的事情。很多兄弟系的人也常来参加。"玻恩列举的有应用电子系、应用数学系、物理化学系、地球物理系的专家，以及一些数学家。② 可见这是一种集思广益的跨学科讨论。玻恩说他主导的讨论课了不起是有理由的："数不清的重要成果就是在这些非正式的会议上第一次提出来的。弗兰克、波耳和我为研讨课提供议题并轮流做主持人。在研讨课上，讲话者被打断并受到无情批评这类事是司空见惯的。结果研讨课生机勃勃并有很多有趣的辩论。甚至我们通过建立一项原则鼓励年轻学生参与讨论，这项原则是：愚蠢的问题不但允许提出来，而且是受欢迎的。"② 正是在这样的氛围下一些智慧的大脑撞击出科学思想火花，几年时间哥廷根物理学派披荆斩棘、争奇斗妍，孕育并诞生了量子力学。

2.4 发扬自己的优势、借鉴他人之长处

　　基于自己的研究、基于畅所欲言的研讨课，玻恩在别人（玻尔、索末菲等）尚在尝试弥补玻恩半经典的原子理论时，带领助手和弟子们开始探索建立该理论更好替代物所需要的物理新思想与数学新工具。玻恩是学习数学出身，与其他物理学家相比，数学是玻恩的优势。海森堡与索末菲、玻恩、玻尔都很熟悉，因此他更能看出这几个人之间的不同。海森堡曾谈到玻恩与索末菲的区别："一定意义上，索末菲更多地处于实验的立场。当我到了哥廷根之后，玻恩出现在了我的面前。作为一位相当好的数学家，他对于物理学的数学方法更有兴趣……"海森堡对此曾很不理解，在写给父亲的信中抱怨过玻恩的做法。这可以从下文提到的《海森伯传》中读到。直到晚年海森堡才对于玻恩的做法有了比较正确

---

① Thomas S. Kuhn, John L. Heilbron, Paul Forman, Lini Allen. *Archives for the History of Quantum Physics*［微型胶卷］. Philadelphia：The American Philosophical Society Independence Square, 1967, E1 Reel 4.

② Max Born. *My Life*［M］. London：Taylor & Francis Ltd., 1978：211.

的认识。海森堡还曾告诉库恩：玻恩接触量子问题比玻尔、索末菲晚，"但是玻恩更愿意用完全不同的设想去理解和看待这一切，因为他说，'好，尽管如此，还有这么多矛盾，所以一定是哪里出了问题。我们必须着眼未来，找出一种根本性的新力学方案'。"[1]

海森堡同样清楚玻恩与玻尔在建立量子力学过程中方法论和思路上的区别："我必须说，在哥廷根更重视数学的立场、形式化的立场。另一方面，在哥本哈根，则更重视哲学的立场。……对于玻恩而言，物理学的描述永远应该是数学的描述，所以他的注意力集中于这样一个思想上，即如何借助合适的数学去描写我们在实验室看到的那些有趣的事实。"[1] 另一方面，在海森堡看来，"玻尔的忧虑是不能很容易通过数学手段得到满意的结果的。因为他会说，'即使数学手段也不会有助于我。我首先想理解自然界事实上是如何消除矛盾的'。"[1] 可见，在建立量子力学的过程中玻恩与玻尔的研究纲领是截然不同的。海森堡也清楚玻尔为什么没能像玻恩那样走上正确道路："关键是在玻尔的思想中，数学手段不是处于根本性的地位。玻尔不是一个具有数学头脑的人……我想说，他是法拉第，而不是麦克斯韦。"[1] 对于自己与玻尔研究思路上的分歧，玻恩的回忆与海森堡所说基本一致。1962年玻恩曾对库恩说："你昨天问我们的哲学思考。我想说的是，关于量子力学的哲学思考那时一直来自于哥本哈根，而我那时很不喜欢这些。玻尔看待所有事情从哲学观点出发的做法在我看来毫无用处，也不适合建立量子力学这事。"[2] 需要说明的是玻恩的这一说法的正确性只局限于某一特定时期。玻恩一生也常常关注哲学并从中吸取有启发的思想，建立量子力学所需

① Thomas S. Kuhn, John L. Heilbron, Paul Forman, Lini Allen. *Archives for the History of Quantum Physics* [微型胶卷]. Philadelphia：The American Philosophical Society Independence Square, 1967, E1 Reel 2.

② Thomas S. Kuhn, John L. Heilbron, Paul Forman, Lini Allen. *Archives for the History of Quantum Physics* [微型胶卷]. Philadelphia：The American Philosophical Society Independence Square, 1967, E1 Reel 1.

要的可观察性原则直接来自于玻恩。[①] 在已经具备了足够的思想原则之后，玻恩发现只靠哲学建立量子力学是万万不能的，而必须借助于数学手段。他的这段话只在这个前提下是正确的。

　　玻恩决定在建立量子力学过程中走数学之路，是基于他对于数学家的无比熟悉："我一直认为数学家比我们（物理学家）更聪明——一位数学家总是在能够做哲学思考前，首先去发现正确的公式体系。"[②] 玻恩的做法遭到了玻尔、泡利、海森堡以及费米等人的反感。泡利甚至在信中直接奚落玻恩。1963 年海森堡终于向托马斯·库恩承认："我想后来（量子力学的发展）已经说明了哥廷根人没错。无论如何，离开数学手段，想真正理解物理学是相当困难的。"[③] 需要强调的是，海森堡晚年曾明确承认玻恩在哥廷根的物理学课程设置十分合理，因而他不仅在玻恩这里学到了高深的数学，还学到了丰富的物理知识："我要提另外一件事。我想说的是，在哥廷根我们受到了相当宽阔领域的物理教育。我们了解到了理论物理学的很多不同的领域。我的意思是说，索末菲更加专门化，他只关心原子领域。在哥廷根，一个人可以对于固体物理感兴趣；一个人可以对于液体理论感兴趣；一个人可以对于铁磁性物理感兴趣……"[③] 这是海森堡于 20 世纪 50 年代之前从来未曾向外界说明的，因此物理学界更了解他另外的言论：在索末菲那里学来了物理，在玻恩这里学来了数学，在玻尔那里学来了哲学。事实上海森堡的很多物理学知识与理论是从玻恩这里学来的，最有价值的哲学思想也是从玻恩学派得来的。作为哥廷根大学物理学领袖，几年时间里基于自己的独特认识，玻恩为自己、也为弟子们准备好了建立量子力学所需要的一切。

---

　　① 厚宇德，杨丫男. 可观察性原则起源考［J］. 大学物理，2013（5）：38—43.

　　② Thomas S. Kuhn, John L. Heilbron, Paul Forman, Lini Allen. *Archives for the History of Quantum Physics*［微型胶卷］. Philadelphia：The American Philosophical Society Independence Square，1967，E1 Reel 1.

　　③ Thomas S. Kuhn, John L. Heilbron, Paul Forman, Lini Allen. *Archives for the History of Quantum Physics*［微型胶卷］. Philadelphia：The American Philosophical Society Independence Square，1967，E1 Reel 2.

玻恩不仅带领弟子们勤于讨论琢磨，练习自家独特内功，还以大师的气度师人之所长，从而惠及学生、壮大学派。玻恩常请其他著名物理学家来哥廷根讲学。他不仅邀请与自己志同道合的物理学家，如克喇摩斯；也邀请与自己有学术分歧或与自己研究风格迥然不同的物理学家来哥廷根讲学，这包括玻尔、艾伦费斯特等等，充分展现了一位学术领袖的博大胸襟。

艾伦费斯特是一个典型的与玻恩个性差异很大的物理学家。1962 年2 月 20 日，在接受库恩采访时，迈耶夫人说："你看玻恩确实很数学化，他更像一个数学家那样培养我们，似乎从来看问题不从物理学出发……艾伦费斯特每个暑假都常到哥廷根来，他教我们物理学……他是玻恩的一个奇妙的互补。我们从艾伦费斯特那里学到了很多在玻恩那里学不到的东西。"[①] 性格与研究风格均明显迥异的玻恩与艾伦费斯特，有时会发生一些分歧和冲突。但是玻恩能够大度地经常请艾伦费斯特来自己的学派讲学。结果如迈耶夫人所说，使学生大大受益。

3. 作为伯乐的玻恩

除了正常的教学与学术研讨外，玻恩还是一位出色的善于识别千里马的伯乐，他能够发现年轻人的长处并因材施教或给出有价值的忠告。朗德、伦敦、迈耶夫人、奥本海默、德尔布吕克、海森堡等等都得到过玻恩的特殊帮助。我们仅举几例说明玻恩如何栽培和指点年轻的物理学子。

3.1 朗德

1962 年 3 月朗德对库恩等人说，他参加了玻恩教师生涯的第一门课，他回忆说："很显然他对我问他的一些问题感兴趣，因为后来他还记得我并把我推荐给希尔伯特做助手，他的推荐成为我人生中最关键的

---

① Thomas S. Kuhn, John L. Heilbron, Paul Forman, Lini Allen. *Archives for the History of Quantum Physics* [微型胶卷]. Philadelphia：The American Philosophical Society Independence Square，1967，E1 Reel 4.

一步。"朗德认为正是玻恩的这一帮助使他能够开启自己的物理学生涯：
"做希尔伯特的助手，在我的一生中这是具有决定性意义的事件。因为
在哥廷根作为希尔伯特的助手，我自然在科学界具有了官方的身份，并
成为了年轻的数学家、物理学家之中的一员……事实上，这件事就是我
科学生涯的真正开始。"[①] 玻恩之所以推荐朗德给希尔伯特，是因为他
认为朗德是位物理人才。后来玻恩到法兰克福做教授，仍把朗德带在身
边，而朗德也就是在玻恩的办公室里写出的论文中，给出了著名的朗德
因子：

$$g_J = 1 + \frac{J(J+1) - L(L+1) + S(S+1)}{2J(J+1)}$$

3.2　韦斯科普夫

韦斯科普夫是玻恩指导出的博士，晚年他对于自己在哥廷根求学
时期有些回忆："当我 1928 年到了哥廷根之后，我发现……理论物理
学的领袖是玻恩，他是量子力学建立过程中主要的处于领袖地位的贡
献者。……在他上课的时候，他倾向于用复杂的数学词语表述任何事
情。"[②] 当时的韦斯科普夫对自己的未来人生的大方向比较明确："那时
我还是很年轻的理想主义者，参与人类事务和解决社会问题在我看来是
更重要的。有一次我再次产生了改换职业的念头。我想为了做一些更直
接对人类更重要的事情，而放弃学习抽象的科学。我有了改学医学而成
为一名医生的一些念头。"[②] 为此在他学习物理后还是比较纠结，思考
了很长时间后韦斯科普夫主动与玻恩去交流："一年以后，我接近玻恩并
表达我的担心：以科学为生可能会使我与社会隔绝，从而丧失我对于人
类事务的关心。他很有预言性地回答我：'留在物理学界，你将会发现，

① Thomas S. Kuhn, John L. Heilbron, Paul Forman, Lini Allen. *Archives for the History of Quantum Physics* ［微型胶卷］. Philadelphia：The American Philosophical Society Independence Square, 1967, E1 Reel 3.

② Victor Weisskopf. *The Joy of Insight* ［M］. New York：Harper Collins Publishers, 1990：31.

新物理学将会多么深刻地与人类事务交织在一起.'"① 玻恩的这句话影响了韦斯科普夫一生,他继续学习物理,后来成为了一位著名的教授、物理学家,曾任美国物理学会主席、欧洲核子中心(CERN)主任,培养出了盖尔曼(Murray Gell-Mann)这样获得诺贝尔物理学奖的优秀物理人才。

3.3 艾尔萨瑟

艾尔萨瑟曾跟随弗兰克学习和研究实验物理学,他逐渐发现自己不具备很好的实验天赋。后来玻恩主动找到了他:"1926 年夏天,玻恩对我说,很显然我的兴趣点更倾向于理论,所以他相信,我具有做理论研究的天赋。他问我是否愿意在他指导下做一篇论文而成为一位理论物理学家?……他愿意给我一个不太难的论文题目,答应会很快让我博士毕业。……玻恩遵守了他的承诺,他给了我一个不复杂的论文题目。"② 几十年后,艾尔萨瑟还记得玻恩对他的一个忠告:"那段时间我记得与玻恩有一次对话,这次对话其后多年对我的思想一直是个极大的激励,所以我还记得对话的细节。玻恩告诉我,我的数学能力并不出色,我的主要长处在于概念性的思考。"③ 艾尔萨瑟发挥己之所长,也成为了一位物理学家,被称为现代地磁场研究理论(dynamo theory)之父,并对理论生物学(theoretical biology)有重要影响。1987 年他获得了由美国总统颁发的(美国)国家科学奖章(the National Medal of Science)。

3.4 伦敦

伦敦和玻恩是布雷斯劳的老乡,伦敦的传记作者说伦敦曾去哥廷根找玻恩,但是他却想学习哲学。玻恩跟伦敦聊过后劝导他去学习物理:

① Victor Weisskopf. *The Joy of Insight* [M]. New York:Harper Collins Publishers,1990:31.

② Walter M. Elsasser. *Memoirs of a Physicist in the Atomic Age* [M]. New York:Science History Publications,1978:67—68.

③ Walter M. Elsasser. *Memoirs of a Physicist in the Atomic Age* [M]. New York:Science History Publications,1978:72.

"玻恩希望说服年轻的伦敦，像其他人那样开始自己的物理生涯：去做一项实际的计算，并说服他去慕尼黑和索末菲一起做研究。"[①] 开始伦敦似乎不以为然，但是最后他还是按照玻恩的指点去做了，他到了慕尼黑："在那里，1925 年伦敦做出了他第一个关于光谱的计算，并发表了他的第一篇物理学论文……不久，他成为了埃瓦尔德的助手…… 并在那里开始了他的量子力学研究。"[①] 他最终成为了一位著名物理学家，与海特勒合作提出了解决量子多体问题的海特勒 – 伦敦方法；与弟弟 H. 伦敦合作，提出了超导领域著名的两个伦敦方程。

3.5　海森堡

海森堡可以说是从玻恩这里在各个方面都受益最多的学生和助手。即使抛开学术上的教导、指点与合作，没有玻恩的帮助，没有玻恩给海森堡提供最好的发展机会，就不会诞生物理学家海森堡。然而由于海森堡的一些不符合事实的说法（如他在诺贝尔奖获奖报告中多次提及并感谢玻尔但没有特别感谢玻恩[②]），以及其后一些不明真相者不做考证的草率渲染，使得很多人错认为玻尔是海森堡的伯乐。1922 年 6 月玻尔应邀来到玻恩的哥廷根大学物理系做学术报告，慕尼黑的索末菲教授带领弟子海森堡也来参加这一学术活动。这是玻恩、玻尔、索末菲、海森堡四人第一次碰在一起，也是海森堡第一次见到玻恩和玻尔。很多著述宣扬这次会面时玻尔即如何如何欣赏海森堡，但是这类说法毫无靠得住的依据。事实却是这次会见中，索末菲与玻恩达成了一项协议："当索末菲在 1922—1923 年间到美国讲学一学期时，他把海森伯送到了哥廷

---

① Kostas Gavroglu. *Fritz London* [M]. Cambridge：Cambridge University Press，1995：1.

② 1933 年海森堡获得了 1932 年的诺贝尔物理学奖，12 月他做诺贝尔奖报告时，德国纳粹反犹太势力高涨，玻恩已经被迫离开德国。此时海森堡在公开场合不对玻恩予以特殊感谢玻恩是理解的。但第二次世界大战之后多年，海森堡还不说出量子力学建立的事实真相，这令玻恩心里十分不满。1949 年末玻恩在写给玻尔的信中，明确表示海森堡的做法让他非常失望。详见 Nancy Thorndike Greenspan. *The End of the Certain World* [M]. London：John Wiley & Sons Ltd.，2005：284。

根的玻恩那里。他们全部同意，沃尔纳将回到慕尼黑来完成他的博士学业。"[①] 期间正在做玻恩助手的泡利要另择高就，推荐海森堡接替他给玻恩做助手，玻恩正式考虑了这件事情。[②] 就这样从 1922 年末开始，海森堡在哥廷根做学生的同时，开始给玻恩做助手。后来海森堡博士答辩很不理想，在索末菲的帮助下才勉强以最低的分数获得博士学位。他带着失败的打击回到玻恩身边，第一句问的就是他最关切的问题："我不知道您肯不肯再要我。"[③] 海森堡的家庭不富裕，而当时德国的经济危机已形成重灾："正好在海森伯于 1923 年获得博士学位时（通货膨胀）达到了天文数字的比例。"[④] 这个时候，如果没有玻恩的提携，海森堡就无法再沿着成为物理学家的道路走下去。他的家庭也对于他的职业选择十分担忧。1962 年 11 月 30 日海森堡跟库恩说："那时我父亲对我未来的职业很担心，他写了封长信给玻恩，讨论他的儿子是否走对了路，他要认真听取玻恩的意见。因为在博士学位毕业取得很差的考试成绩之后，我父亲很怀疑我是否还有机会进入科学界。但是玻恩很乐观，所以一切问题都不存在了。"[⑤] 玻恩不但继续留用海森堡做助教，还不断为他申请各种研究资助。[⑥] 这才使得海森堡不用顾虑生活压力而能专心协助玻恩开展教学和科学研究，共同建立量子力学。

在建立矩阵力学的工作基本完成后，1926 年玻恩正在美国讲学期间，玻尔才正式向海森堡伸出橄榄枝，为他提供了研究所助手以及相当于副

---

① 大卫.C.卡西第. 海森伯传：上册［M］. 戈革，译. 北京：商务印书馆，2002：144—145.

② 大卫.C.卡西第. 海森伯传：上册［M］. 戈革，译. 北京：商务印书馆，2002：173.

③ 大卫.C.卡西第. 海森伯传：上册［M］. 戈革，译. 北京：商务印书馆，2002：201.

④ 大卫.C.卡西第. 海森伯传：上册［M］. 戈革，译. 北京：商务印书馆，2002：133—134.

⑤ Thomas S. Kuhn, John L. Heilbron, Paul Forman, Lini Allen. *Archives for the History of Quantum Physics*［微型胶卷］. Philadelphia：The American Philosophical Society Independence Square，1967，E1 Reel 2.

⑥ 大卫.C.卡西第. 海森伯传：上册［M］. 戈革，译. 北京：商务印书馆，2002：208—209.

教授的大学职位。当时在美国的玻恩极为不舍，但最终还是同意海森堡去哥本哈根。^① 我们不否认在给玻恩做助手期间，海森堡曾有短期到哥本哈根的经历，但是综上所述，在海森堡最困难时期给予帮助而使他能够继续走物理学家道路的是玻恩而不是玻尔，这是铁的事实。玻恩对于海森堡是雪中送炭的救命恩人，玻尔对于海森堡只是锦上添花的贵人。

海森堡在晚年对于玻恩给予他的影响和帮助，有过正面的肯定。这足以告慰当时已逝的玻恩。1971 年凯默（N. Kemmer）和施拉普（R. Schlapp）在发表的一篇关于玻恩的文章中说，在撰写文章过程中，海森堡曾告诉他们："正是哥廷根的特殊精神，正是玻恩以自洽的新量子力学为基础研究目标的信仰，才使他的思想结出丰硕的成果。"^②

3.6　玛利亚·戈佩特－迈耶

玛利亚·戈佩特的父亲是哥廷根大学的一位医学教授，玻恩与他很熟悉。玛利亚·戈佩特曾在剑桥学习过一段时间数学，1924 年回到哥廷根大学追随库朗几年继续攻读数学。1927 年，有一次玻恩在校园中与她相遇，邀请她来听自己的课。由此玛利亚·戈佩特对理论物理学产生了浓厚兴趣，并在玻恩指导下转而研究理论物理学，1930 年获得博士学位。1963 年玛利亚·戈佩特荣获诺贝尔物理学奖。她是第一位因为研究理论物理而获诺贝尔奖的女性，也是第二位获得诺贝尔物理学奖的女性。^③ 可以说，玻恩自己在校园里捡来了玛利亚·戈佩特，并将她培养具有获得诺贝尔物理学奖的专业素质。

3.7　奥本海默

奥本海默是 20 世纪物理学界的一位特殊人物，他因为主持曼哈顿计划而成为美国的原子弹之父，从而青史留名。奥本海默 1925 年在哈

---

① 大卫. C. 卡西第. 海森伯传：上册［M］. 戈革，译. 北京：商务印书馆，2002：280－281.

② N. Kemmer, R. Schlapp. *Max Born: 1882—1970*［J］. Biographical Memoirs of Fellow of the Royal Society, 1971, 17: 17—52.

③ 厚宇德，张卓，赵诗华. 玻恩与玛利亚·戈佩特的师生情谊［J］. 大学物理，2014（11）：38—42.

佛毕业后到剑桥深造，但是剑桥的学术氛围与他格格不入。这导致心高气傲的他心理严重崩溃（曾要自杀，也曾在话不投机时做出严重伤害他人的举动）。这时他遇见了来剑桥做学术报告的玻恩，与当时剑桥的物理大佬们不同，玻恩很欣赏奥本海默，邀请他来哥廷根深造。1926年奥本海默来到哥廷根。在玻恩的指导下，1927年他就撰写出优秀的博士论文并获得博士学位。[①]

作为一位知名教授，玻恩的一生致力于培养物理学精英。玻恩关于历史、关于教育的思想认识是值得商榷的，但是这些思想却与他的教书育人行为密切相关。他认为，不是所有人都适合、都能够学习物理学："在我看来，那种巧妙的、基本的科学思维是一种不能教授的天资，而只有少数人（能理解和掌握）。"[②] 玻恩进而具有一种特殊的英雄或精英史观："文明的发展是由少数人推动的，这少数人是敏锐的、具有好奇心的天才，他们不满于自己的生存环境。他们指引方向；群众跟着走。"[③] 显然，在玻恩看来，教育的重要任务之一就是通过发现和培养，使这样有天赋的人成为能够对人类文明有所贡献的英雄。他是这样想的，实际上他也是这样做的，他是一位了不起的伯乐、伟大的物理教育家。

4. 用心编写讲义、教材

玻恩培育物理人才取得惊人成就，还和他倾注大量精力撰写研究著述和教科书[④] 有关。玻恩做学生时就养成了一个好习惯，课堂上认真记笔记，然后还做出补充整理。因为这一优点，他到哥廷根大学后即被数学大师希尔伯特选为私人助手。玻恩自己做教授后，则是认真撰写授课讲义。物理学界多数人知道玻恩在晚年撰写了《光学原理》《晶格动力

① 厚宇德，赵诗华，杜云朋，等. 玻恩与原子弹之及奥本海默的关系研究 [J]. 大学物理，2014（5）：36—41.

② Max Born. *My Life & My Views* [M]. New York：Charles Scribner's Sons，1968：57.

③ Max Born. *My Life & My Views* [M]. New York：Charles Scribner's Sons，1968：93.

④ 玻恩的物理学专著与教科书，没有本质区别。他撰写的教科书，即使今天在很多物理系因为高深而难以采用。而他的专著也像教科书一样是很多物理天才的必读之物。

学理论》等著名物理学教材和著述。其实玻恩很早就已经撰写了多本物理学著作。1915 年在第一次世界大战期间，玻恩出版了他的第一本著作《晶格动力学》，1920 年在法兰克福大学做教授时，玻恩将他讲授爱因斯坦相对论的讲义整理出版，书名即为《爱因斯坦的相对论》。玻恩在带领海森堡、约当创建量子力学的工作过程中，同时也在讲授相关的研究进展。这方面的讲义初稿（德文版）1925 年即已出版，补充修改后的英文版 1927 年出版，名为《原子力学》（ *The Mechanics of the Atom* ）。日本第一位诺贝尔物理学奖获得者汤川秀树，作为学生并未较早对物理学产生特殊爱好。1922 年爱因斯坦的到来成为日本举国轰动的大事，但汤川没有去听演讲。汤川说是玻恩的一本书改变了他："我在丸善书店买到了一本德国新出版的书，书名是《原子力学》，作者是马克斯·玻恩。这是一本不到 110 页的薄薄的书，但内容全都是新的。……玻恩的书巧妙地说明了刚刚完成的——不，正在迅速发展中的理论。……从那时起，马克斯·玻恩就成为我最佩服的科学家之一。"[1] 1949 年汤川秀树在斯德哥尔摩获得诺贝尔物理学奖之后，立即赶到英国的爱丁堡去看望了他此前尚未谋面、但一直作为榜样的玻恩教授。由此可见玻恩的著作对于汤川秀树影响甚深。

在哥廷根大学时期，玻恩一个人讲授理论物理学的所有课程。1929 年他开始有意识地计划将自己的讲义都整理写成教材正式出版。他本想从自己很熟悉的热力学开始，但是一段时间后玻恩发现，当时体弱的他在精力上还无法短期完成这一任务，于是他转而去写光学教科书，该书 1933 年出版。到 20 世纪 50 年代初，临近退休的玻恩要基于 1933 年的德文版《光学》（ *Optik* ），撰写英文版光学著作。他与助手埃米尔·沃尔夫合作，断断续续历时 8 年完成书稿。该书名为《光学原理》，1959 年出版。截至 2005 年，《光学原理》出版了 7 个版本，前六个版本分别于

———————————

① 汤川秀树. 旅人——一个物理学家的回忆 ［M］. 周东林，译. 石家庄：河北科学技术出版社，2010：165—166.

1964 年、1965 年、1970 年、1975 年、1977 年、1980 年、1983 年、1984 年、1986 年、1987 年、1989 年、1991 年、1993 年、1997 年等年重印 17 次。第七个版本 1999 年出版，并分别于 2002 年、2003 年、2005 年等年重印多次。因此该书英文版已经刊印二十余次。母国光院士为《光学原理》第七版中译本撰写的序言指出：该书"在国际上吸引着一代又一代的读者，历经近五十年而长盛不衰，甚至有人称《光学原理》是学光学的'圣经'，却不因为它没有涉及激光灯现代微观和量子光学而逊色。……新版《光学原理》为有志于攀登光学高峰的年轻人提供了一架云梯，如果不是圣经的话；新版《光学原理》昭示人们，掌握基础理论才是发展和创新的根本，根深叶茂，固本枝荣。"[①]

稍早于重写《光学原理》几年，玻恩与当时在英留学的黄昆博士合作，基于他早年的《晶格动力学》以及该书出版后其学派在这一领域的系列研究，重新撰写晶格动力学专著。该书 1954 年在牛津出版，书名为《晶格动力学理论》(*Dynamical Theory of Crystal Lattices*)。2006 年朱邦芬院士在评价这本书的文章中说："这本书问世以来，很快成为所有固体物理学教科书及晶格动力学专著的标准参考文献，重印十余次并译成俄、中等国文字。几代固体物理学家都通过学习这本专著而了解晶格动力学这个领域。……在半个多世纪后的今天，人们仍在购买，这本书仍在加印，人们仍在引用。据笔者从 Web of Scince 上检索，这本书已被 SCI 引用 6750 多次，近年来平均每年约 200 次。……无论从被他人引用次数，还是从被印证延续时间，《晶格动力学理论》在国际上都是罕见的。"[②] 可以说玻恩的物理学著作，部部都是权威、部部都是经典。

玻恩的教科书或著述影响的不仅是他自己的学生，或如同汤川秀

[①] M. 玻恩，E. 沃尔夫. 光学原理 [M]. 杨霞荪，译. 北京：电子工业出版社，2005：序.

[②] 朱邦芬. 一本培养了几代物理学家的经典著作——评《晶格动力学理论》[J]. 物理，2006（9）：791.

树这样，认为自己与玻恩性格相似的个别人，而是对一代又一代 20 世纪物理学家都有深刻影响，甚至还在继续影响着现在和未来的物理学家。2013 年 9 月末至 10 月初，笔者曾应邀去参加台湾教育部门与东吴大学联合举办的"物理学史研习会"，在会上介绍玻恩的科学贡献。由于时间的关系，当时在报告中，笔者只较为详细介绍了玻恩《光学原理》一书的写作过程及影响。会后物理学家阎爱德[①]先生托人转来一封信。信中有这样一段话："Born '*Atomic Physics*' 的影响力绝不下于他的 '*Principle of Optics*'。（该书）1933 初版，1969 年已是第八版，被公认是经典之作，是我求学时代学原子物理、量子力学必读之书。"下图为该信这句话截图。

阎爱德致笔者的信截图

阎先生提到的这本书，根据原著 1958 年第六版和 1969 年第八版可知，最早于 1935 年出版（闫爱德教授说是 1933 年可能记忆有误），1937 年出第二版，1944 年出第三版，1945 年重印，1946 年出第四版，1947 年、1948 年分别重印一次，1951 年出第五版，1952 年、1953 年、1954 年、1955 年分别重印，1957 年出第六版，并于当年重印，1958 年内再次重印两次，1962 年出第七版，1969 年出第八版。该书 1958 年第

---

① 阎爱德（1940—）：台北清华大学物理系退休讲座教授。美国爱荷华大学（The University of Iowa）学士（物理、数学，1961）、美国纽约州立大学石溪分校（State University of New York at Stony Brook）博士（1968，论文指导教授：杨振宁）。研究专长为粒子物理。曾为台北清华大学物理学系教授（1976—2006）、系主任（1979—1981），中国台湾物理学会理事长（1979—1981）。

六版只有 445 页，而到了 1969 年第八版，则增至 544 页。可见玻恩在离世前此书每一新版本内容都有更新。事实上该书后来还一直在印刷出版，从网络上不难发现，直到 20 世纪末的 1989 年、1990 年此书都曾重印，甚至到了 21 世纪的 2013 年该书还在印刷出版。由此可见闫爱德教授说玻恩这本书当时风靡物理学界、对于其后几代年轻物理学家影响巨大完全是客观事实。

为什么玻恩的著作和教科书影响深远？除了作为一位物理学大师他对于物理学的理解更为深刻、到位外，他喜爱撰写教材也是一个很重要的原因。在玻恩看来写教科书是与小说家或剧作家创作相似的一种很有趣的艺术工作："以有吸引力并具有刺激性的方式提出一个科学问题，是类似于小说家或剧作家的艺术性的工作。这也适用于撰写教科书。"①

还有一点很重要，那就是玻恩撰写著述精益求精、一丝不苟。以玻恩与黄昆合著的《晶格动力学理论》一书为例。对于这样一部厚重的巨著，中文翻译者葛惟昆先生曾说："令我不胜唏嘘的是，重读原著多遍，竟一点错误都没有发现，连标点符号都准确无误。这固然在很大程度上要归功于玻恩在年过七旬以后仍一丝不苟地校阅文稿、编制索引和检查公式，但也完全体现了全书主笔者黄昆的风格。"② 玻恩与黄昆合作奉献一本无错之书，二位合作者当然都有贡献。书稿未完，1951 年黄昆先生就回国了，书稿 1952 年下半年才寄给玻恩。玻恩在自己的回忆中说："手稿寄来了，而我不得不做最后的编辑、校对工作等等。这本书由牛津的克拉兰敦出版社以最高的效率出版。但那时我已经年过 70，这是我曾经做过的最艰苦、最劳累的工作之一。我不得不一行一行、一个公式一个公式地辨认黄昆那有的不容易辨识的手稿，核实全部的计算。最后的结果是令人满意的，这本书看起来是有吸引力的，无论我自己或者其他任何人都未从中发现错误。"③ 玻恩的著作在物理学界广受欢迎和好

---

① Max Born. *My Life & My Views* [M]. New York：Charles Scribner's Sons，1968：48—49.

② 葛惟昆. 严师黄昆 [J]. 物理，2009（8）：594.

③ Max Born. *My Life* [M]. London：Taylor & Francis Ltd.，1978：291.

评，与他在撰写时一向严谨认真大有关系。

5. 余论

在跳跃式浏览玻恩整个教育生涯、罗列出觉得足以保证他成功培养出优秀人才的以上文字之后，笔者尝试做个总结归纳。但是却找不出什么惊人的言辞，去概括玻恩创造的这些实实在在教书育人的奇迹。

乐于做老师，乐于撰写教科书，有责任心；做研究有眼光、有远见，善于捕捉科学前沿的生长点；善于识人、能够看清学生的特点并因材施教；保持自己学派鲜明而自信的特点，同时能够以宽广的胸怀吸纳其他学派的长处。这都是老话。但是一个人把所有这些在行动中都做得很好，就很难。但是玻恩做到了。他之所以能够做到，是因为他的一生就是科学的一生，探索自然奥秘并有所发现在他看来是人生的最大乐趣。他不仅愿意自己，而且希望他人也拥有这样的人生，为此，他尽心尽力去培养学生。这可能就是他得以成为最优秀的理论物理教育家的根本的内在原因。

如果读者对于近现代物理学史比较熟悉，会知道有些著作将汤姆逊、卢瑟福、玻尔等人称为 20 世纪培育物理学人才的大师。然而笔者比较研究的结果是，保守点说，玻恩在这一方面做出的工作，至少不逊于这其中的任何人。同时也未见到这几位曾写过像玻恩的《原子力学》《原子物理学》《晶格动力学理论》《光学原理》等著述，影响一代又一代物理学界学人。这是不争自明的事实。

马克斯·玻恩是个老实人，他一生中除了在科学研究和培养学生方面有兴趣、有追求外，再没有什么个人野心。从来没有一个国家在背后支持他去搞个徒有虚名的物理学俱乐部，从来没有一个大学把他当做一尊神高高在上供起来，从来没有物理学界之外的人将他吹捧为爱因斯坦那样的科学文化明星。笔者研究玻恩十几年，截至目前关于玻恩没见过一句言过其实的描写。仅仅基于本书所述，有头脑的读者都能意识到玻恩是 20 世纪物理学界实际影响力最大的几个人之一，但是读读 20 世

的科学技术史，读读 20 世纪的物理学史，甚至读读量子力学史，会发现，在几乎所有的著述（除了笔者之外）中玻恩都是配角。玻恩的历史境遇提示历史研究者，尤其科学技术史研究者反思：为什么会是这样？玻恩的历史境遇不完全是科学技术史研究者造成的，但是辩证唯物史观信仰者追求和要再现的是客观史实，历史研究者并非毫无责任，而是难辞其咎。

十二、玻恩与玻尔：究竟谁的学派缔造了量子力学

量子力学在微观世界相当于宏观世界的牛顿力学。在它问世 90 年后的今天人们认识到，无论从重要的技术应用，还是从对其他学科、对人类思想的影响等角度看，都难有其他科学分支像量子力学这样对人类社会有如此巨大的影响和推动。然而对于如此重要的量子力学创建的历史过程，却存在着诸多有待澄清的模糊不清甚至完全错误的认识。

1. 哥本哈根学派创立了量子力学吗

无论在国内还是国外，有很多强调玻尔研究所或哥本哈根学派在量子力学建立过程中的重要作用的文字。海森堡 1929 年说：量子力学得以建立，"必须感谢弥散在玻尔的哥本哈根研究所的那种'量子理论气氛'的孕育作用。"[1] 当事人的说法一定会影响其他人，维格纳和拉登伯格 1934 年就认为："海森堡的力学思想诞生于哥本哈根他敬爱的老师玻尔 [2] 周围小圈子的刺激……"[3]

---

[1] 大卫．C.卡西第. 海森伯传：上册［M］. 戈革，译. 北京：商务印书馆，2002：237.

[2] 为避免读者误解，有必要说明，玻尔与海森堡不存在事实上的师生关系。海森堡来到玻尔身边前已经博士毕业，是玻恩非常认可的优秀助手，已是一位出色的年轻物理学家。

[3] R.Ladenburg, E.Wigne. *Award of the Nobel Prize in Physics to Professors Heisenberg, Schroedinger and Dirac*［J］. The Scientific Monthly, 1934, 38（1）：86—91.

中国学界早期也一面倒地肯定玻尔及其学派在建立量子力学过程中的决定性作用。杨福家教授曾明确肯定玻尔在这一过程中的核心作用："如果说，本世纪物理学的两大革命性发现之一的相对论，主要归功于爱因斯坦一个人，那么另一个发现——量子力学，却有不同特色，它是一代人集体努力的结果，而核心人物就是尼耳斯·玻尔。"[①] 卢鹤绂教授则说："发展量子论的先行者，主要是哥本哈根学派的带头成员"。[②] 哥本哈根学派被中国学界视为20世纪第一物理学派："玻尔学派（也称哥本哈根学派）就是崛起于这个关键时期（指20世纪20年代）的世界著名学派之一，它以高水平、多成就、大贡献受到举世瞩目。玻尔学派始终居于物理学发展前沿……"[③] 如果玻尔学派在20世纪20年代"始终居于物理学发展前沿"，而且水平高、成就多、贡献大，那么作为这一时期物理学最重要成就的量子力学，缔造于该学派也就顺理成章了。

玻尔研究者戈革教授明确认为玻尔是建立量子力学的总指挥："在1925年前后的两三年内，不同的学者从不同的观点用不同的方式系统表述了微观世界的运动规律，并且很快就通过这些不同表述形式的'等价性'的证明而把它们连成了一个完整的体系。在这种激动人心的奋进中，玻尔事实上起了'总指挥'的作用。"[④] 戈革教授尤其强调："特别是在新量子力学的诞生阶段，玻尔的研究所简直成了众望所归的'大本营'和'司令部'。"[⑤] 即便承认玻尔本人对于量子力学的建立没有直接贡献，戈革教授仍将他的看法贯彻到底：建立量子力学的工作，"从数量上来看，有许多是在德国的哥廷根和慕尼黑等地完成的，但是从总的精神和纲领上看，哥本哈根才是无可争议的司令部。"[⑥]

综上所述，玻尔研究所或哥本哈根学派在量子力学建立过程中起决

① 王福山. 近代物理学史研究（二）[M]. 上海：复旦大学出版社，1986：10.
② 卢鹤绂. 哥本哈根学派量子论考释 [M]. 上海：复旦大学出版社，1984：序 IV.
③ 张家治，邢润川. 历史上的自然科学研究学派 [M]. 北京：科学出版社，1993：144.
④ 戈革. 史情室文帚 [M]. 香港：天马图书有限公司，2001：199.
⑤ 戈革. 史情室文帚 [M]. 香港：天马图书有限公司，2001：18.
⑥ 戈革. 史情室文帚 [M]. 香港：天马图书有限公司，2001：139.

定性作用，这一看法很长时间里是学界的主流认识，今天仍有人在做此宣传。然而大量事实表明，这种观点是无法成立的。难以想象也没有证据表明玻尔这个"总指挥"在那个时期，曾向一直在尝试建立取代玻尔旧原子理论的新理论的玻恩教授发号施令；没有走在建立量子力学正确道路上的玻尔，如何启发海森堡？1925年前与玻尔不熟识、也无书信往来的约当如何接受玻尔的指导？毫无证据表明玻尔曾指挥特立独行的薛定谔建立波动力学；更没有玻尔指导或指挥沉默寡言的狄拉克的证据。而如果玻尔指挥的不是这几位建立量子力学的关键人物，那么这位"总指挥"的指挥与量子力学的建立有何干系？

对刚刚过去的20世纪的科学界大事存在如此张冠李戴的错误认识，着实令人讶异与不解。不是所有的历史事件都能客观还原，但是基于对可靠文献资料的分析，对足以发现真相的历史事件去伪存真，这应该是史学工作者责无旁贷的重要任务。

2. 哥本哈根学派到底是什么性质的学派 [①]

戈革教授1983年曾说，哥本哈根学派这个词是不乏讽喻的提法："哥本哈根学派这个名词，不见于玻尔的著作中，也很少见于郑重的、公允的学术著作中。人们用到它，往往是在'批判'玻尔等人的时候，从而它往往显现为一个意义不十分明确的'标签'。" [②] 最值得注意的是戈革教授深刻地看到："一般理解下的'哥本哈根学派'是指那些主要在科学哲学观点上和玻尔基本上一致的物理学家和哲学家。" [②] 这一认识抓住了哥本哈根学派的本质特征：它是哲学观点相似而不是物理学研究纲领相似的团体。戈革教授关于哥本哈根学派出现时间的界定，更加

[①] 笔者曾请杨振宁先生审阅本文初稿，杨先生在回函中指出："你的文稿是关于一个重要话题的一篇重要论文。"（Yours is an important article on an important topic.）杨先生给出的几点重要意见之一是，据他回忆："我很熟悉哥本哈根解释这个词，但是从来没听到过哥本哈根学派的说法。"（I am used to the term Copenhagen Interpretation. Never heard of Copenhagen School.）可见哥本哈根学派的名号在物理学界不像在哲学界、科学史界那么响亮。

[②] 戈革. 史情室文帚 [M]. 香港：天马图书有限公司，2001：147.

明确了一个事实，即哥本哈根学派与量子力学的建立无关："大致说来，这一学派从 1927 年开始出现。当时新量子力学的表述形式已经基本完成……"[①] 这时量子力学的理论体系不是"基本建成"，而是已经彻底完成。如派斯就认为玻恩 1926 年提出波函数概率诠释标志着量子力学这一场"科学革命"的结束而不是开端。[②] 因此，量子力学不可能是哥本哈根学派建立的。

关洪教授曾指出，一个机构满足六个主要条件才能称其为科学学派：第一，有学术界认同的核心人物；第二，核心人物具有特色鲜明的学术思想；第三，在特殊时期核心人物有明确的研究纲领；第四，有由核心人物与合作者或学生组成的稳定学术队伍；第五，有固定的研究所或实验室依托，有相对稳定的经费保证；第六，最重要的是，这批人有重要的开拓性标志成果。[③] 关洪教授认为"哥本哈根学派"充其量满足其中的第一和第五条。[④] 然而玻尔的实际领导力主要存在于 1913—1923 年之间（1924 年物理学家已经发现玻尔的原子理论问题多多），量子力学完成于 1925—1926 年，而哥本哈根学派从 1927 年才开始出现。因此关洪教授事实

1922 年哥廷根玻尔节留影，前坐者为玻恩，后排左二为玻尔，后排右二为弗兰克

① 戈革. 史情室文帚 [M]. 香港：天马图书有限公司，2001：610.

② 阿伯拉罕·派斯. 基本粒子物理学史 [M]. 关洪，杨建邺，王自华，等译. 武汉：武汉出版社，2002：314.

③ 关洪. 一代神话——哥本哈根学派 [M]. 武汉：武汉出版社，2002：2—3.

④ 关洪. 一代神话——哥本哈根学派 [M]. 武汉：武汉出版社，2002：3—4.

上又否定了在量子力学建立过程中玻尔事实上的领袖作用与地位："在这段时间里，玻尔本人对量子力学这门物理学理论的产生既没有做过什么有重要意义的工作，当然也就谈不上曾起到过总体的指导作用。其次，玻尔的研究所确实对量子力学的发展和解释提供了一个良好的环境，但这个集体既没有形成一种研究纲领，也没有制订出什么具体计划。"① 这就意味着玻尔研究所只具备关洪教授提出的六个条件中的第五条，即这是一个有经费保证的研究机构。但是它没有建立量子力学过程中的真正学术权威，没有建立量子力学的正确研究纲领，没有目标明确的稳定的学术队伍，更没有标志性的开拓成果。因此，根本不曾存在一个在建立量子力学过程中起到核心作用、做出重要贡献的哥本哈根学派。北京大学（以下简称北大）王正行教授的看法最为直接："哥本哈根学派实质上不是一个物理学派，而是一个哲学上的学派。"② 即使戈革教授在世，王正行教授的看法也是难以辩驳的。

顺便应该一提的是，关洪教授对于哥本哈根学派的核心工作——"哥本哈根解释"也评价不高："把玻恩贡献的这一种 interpretation（指玻恩的波函数的概率解释）称为'诠释'，的确是比较贴切的。因为在汉语里面，'诠'字含有'真理'的意思，适宜于用来称呼已经证明为正确的并且得到公认的命题。反过来，如果把这些各种各样的对于量子力学的不同解释，例如'哥本哈根解释'以及同它对立的一些别的解释称为'诠释'，则明显是不妥当的。"③ 可见在对于量子力学的五花八门的解释之中，关洪教授对于玻恩的概率诠释最为认同。

1927 年之后，哥本哈根学派奉献了两个重要武器，其一是海森堡的测不准原理，其二是玻尔的互补原理。测不准原理曾被物理学界、哲学界视为量子力学的基本原理之一。然而今天看来，它不具备成为一条独立的、基本的量子力学原理的资格，而只是基于量子力学原理的一个数

学推论："严格说来，它不是一个独立的原理……只要有波函数统计解释和力学量的平均值公式，就可以严格导出不确定性原理。"[①] 玻尔的歌颂者曾赋予玻尔的互补原理无以复加的地位。如戈革教授曾说："严格意义下的互补性则代表了人类未之前闻的一种全新的逻辑关系；正如他的对应原理一样，玻尔的互补原理也是独一无二的"。[②] 然而王正行教授的一句话揭示了铅华褪尽后的一个事实："在物理上，根据 Born 对波函数的统计解释，并不需要 Bohr 的这个（指互补）认识论。"[③] 玻尔的互补原理，不是量子力学理论体系中必需的一个组成部分。

派斯也是一位玻尔及其学派的歌颂者。他在《尼耳斯·玻尔传》中说，20 世纪 80 年代初，一位最著名的新一代物理学家（戈革教授猜测，此人是费曼）问他："玻尔到底做了什么？"派斯说："他是量子理论的奠基人之一。"那位发问的物理学家则说："我知道，但是那种工作已经被量子力学超越了。"[④] 这件事令派斯十分困惑：曾经有"两代人给予玻尔的影响以最高的评价而下一代却几乎不知道他为什么是一位如此重要的人物，这到底是怎么回事呢？"[⑤] 派斯还发现了一件怪事："互补性概念被玻尔本人认为是他的主要贡献，为什么在一些最好的教本中，例如在狄拉克的量子力学教本、朝永振一郎的按历史过程叙述的量子力学教本，和理查德·费曼的物理学讲义中，竟会对这个概念只字不提呢？"[⑥]

在笔者看来，派斯难以理解的玻尔地位的峰谷起落是无法避免的。玻尔如日中天时有两大资源：一是他自己旧时代（1913—1923）以及诺贝尔奖获得者的光环；二是有经费保障的可以提供难得工作环境的研究所。借助这两点，在玻恩等人已经缔造量子力学的新时代，玻尔

---

① 苏汝铿. 量子力学 [M]. 上海：复旦大学出版社，1997：148.

② 戈革. 史情室文帚 [M]. 香港：天马图书有限公司，2001：268.

③ 王正行. 量子力学原理 [M]. 北京：北京大学出版社，2004：288.

④ 阿伯拉罕·派斯. 尼耳斯·玻尔传 [M]. 戈革，译. 北京：商务印书馆，2001：21.

⑤ 阿伯拉罕·派斯. 尼耳斯·玻尔传 [M]. 戈革，译. 北京：商务印书馆，2001：21—22.

⑥ 阿伯拉罕·派斯. 尼耳斯·玻尔传 [M]. 戈革，译. 北京：商务印书馆，2001：22.

仍不甘寂寞、继续呼风唤雨，将其研究所打造成了物理学家的国际俱乐部。玻尔自出名后一直处于自我感觉优越的状态，对此马丁·克莱恩（Martin J. Klein）曾说："玻尔无论在哪里，理论物理之父的名号都非他莫属"。[①] 这样的心态使玻尔做出了非凡的"特殊贡献"：虽然玻尔研究所在量子力学建立过程中没有实际贡献，但通过不断邀请外界著名物理学家和崭露头角的年轻人来研究所讲学或短期工作，在很多学派和研究所难以维系、物理学家生存困难的时期，哥本哈根理论物理研究所却格外繁荣、门庭若市。因此在很多人看来，玻尔一直是世界理论物理学尤其是量子物理学的掌门人，无论何人何处做出与量子物理相关的重要贡献，玻尔都视之为自己理论、自己学派成就的一部分。尤其在第五届、第六届索尔维会议上，伴随所谓玻尔－爱因斯坦世纪大辩论，玻尔与爱因斯坦相映成辉，达到了与爱因斯坦一样如日中天的地步，彻底"奠定"了他在 20 世纪物理学界至少老二的位置。[②] 量子力学是否完备是这场辩论的焦点，如果站在爱因斯坦对立面的是建立矩阵力学的学派领袖、概率诠释的提出者玻恩，逻辑上会更加名正言顺。爱因斯坦也认为他和玻恩才是对量子力学持对立两极看法的代表。在写给玻恩的信中，爱因斯坦曾说："在对科学的期望中，我们已成为对立的两极。你相信掷骰子的上帝，而我相信客观世界中存在的完备定律和秩序……"[③] 量子力学不是玻尔建立的，概率诠释与玻尔无关，但他却长期以量子力学代言人自居。正是这一奇怪现象使得如派斯这样的物理学史家以及维

---

① Martin J. Klein. *Max Born on His Vocation*［J］. Science，New Series，1970，169（3943）：360.

② 杨振宁先生同意这一看法，在回复笔者的信函中杨先生指出："玻尔由于与爱因斯坦的辩论而著名。那场辩论使他获得了巨大的声望。"（Bohr was famous for his debate with Einstein. The debate won him great admiration.）王正行教授阅读本文初稿后在回函中说："玻尔的声望来自索尔维会议上他与爱因斯坦的对垒，用现在的说法有炒作和傍大腕的作用。其实这场争论的实质不是物理之争，而是哲学之争，是信仰之争。"

③ Max Born. *The Born-Einstein Letters*［M］. London：The Macmillan Press Ltd.，1971：146.

格纳等物理学家，无法看清谁是建立量子力学的真正功勋。然而费曼等没有目睹和感受过玻尔"皇威"的新一代物理学家，在物理学经典文献中找不到玻尔建立量子力学的标志性文章，自然会惊讶前辈们为什么将这位无作为的"老国王"奉为建立量子力学的"总指挥"？至于玻尔的互补原理的遭遇不难理解：今天的物理学家不认为它是必要的物理学原理，而是可以完全无视的一个哲学命题。

关洪教授、王正行教授等人对于玻尔及其学派的若干看法，深刻地抓住了其本质。但是他们的著述表明，他们的正确观点有些不是在分析大量翔实文献基础上得出的。由于文献的制约，前人描述矩阵力学建立过程时，对于一些方面，如玻恩从 1922 年即开始带领布罗迪、泡利、海森堡、洪德以及约当等学生与助手，几年里为建立矩阵力学而卓有成效地在思想方法以及数学工具上的探索和尝试等等，没做更细微的展示；对于玻恩在建立量子力学方面的实际贡献以及对于海森堡等人的影响，也缺乏基于文献的全面而细致的陈述。关洪教授等人的认识即使深刻，因为所资文献有限无法避免地给他人留下怀疑的空间。下文除引证前人未曾用过的文献外，也引用前人尤其玻尔学派歌颂者得出的有利于揭示量子力学实际建立过程的结论，以求在方法上不留遗憾。

3. 玻尔究竟如何影响其他年轻物理学家

罗伯森（P. Robertson）更早就提出过与戈革教授相似的看法："虽然玻尔本人并没有发表过任何一篇对量子力学的建立有直接贡献的文章，但他在指导和鼓舞年轻一代物理学家方面却起到了决定性的作用。"[①] 因此，要考察玻尔对量子力学是不是有实际贡献，还需要考察他是否真的"指导和鼓舞"了年轻一代物理学家，或者是否"指挥"过其他物理学家，使他们成为建立量子力学的主力。

---

① P. 罗伯森. 玻尔研究所的早年岁月 [M]. 杨福家，卓益忠，曾谨言，译. 北京：科学出版社，1985：104.

在玻恩看来，实际应用方面的失败说明，必须放弃玻尔的半量子化原子理论。在此意义上说，玻尔理论是玻恩要建立的量子力学淘汰的对象。玻尔本质上是被革命的旧理论的提出者，因而他不会像玻恩那样热情地带领弟子们义无反顾地去建立淘汰旧原子理论的新理论，其革命性主观上必然大打折扣。玻恩的努力，是以原子光谱实验事实等为主要依据，寻求强大的数学工具，建立一个关于原子力学的新理论体系。下文将说明，20 世纪 20 年代初玻尔研究所建立后，玻尔一直没走在建立量子力学的正确道路上，因此他事实上已经不具备指导年轻物理学家、指挥其他物理学家去建立量子力学的能力。在玻尔研究所工作的伽莫夫曾说："玻尔最大的特点也许就是他的思维和理解力的缓慢。……在科学会议上他也明显地表现为反应的迟缓。常常会有来访的年轻物理学家就自己对某个量子论的复杂问题所进行的最新计算发表宏论。每个听的人对论证都会清清楚楚地懂得，唯独玻尔不然。于是每个人都来给玻尔解释他没有领会的要点……"[①] 无法想象一个连理解年轻人观点都十分困难的老前辈，怎样还能指导后辈在物理学革命时代不断开拓创新。

在关于哥本哈根学派的故事中，海森堡是玻尔培养起来的最优秀的弟子。对于海森堡的研究工作，玻尔事实上并没起到答疑解惑的好作用。在索末菲手下学习时，为了解决与塞曼效应有关的问题，海森堡提出了原子"心模型"。基于这一模型海森堡写了篇文章，文中大胆引入了半量子数。1922 年他把文章寄给了玻尔。玻尔阅后甚为不快，他在写给朗德的信中说："整个的量子化模式（半整数量子数，等等）都似乎和量子理论的基本原理不协调，特别是和这些原理在我关于原子结构的工作中的方式不协调。"[②] 面对年轻人的挑战，玻尔是不开心的。

1922 年 6 月玻恩对当时物理学家解释光谱实验时常见的手法做出了批评："研究者们的想象力信马由缰地随意设计原子分子模型的时代也许

---

① 乔治·伽莫夫. 物理学发展史 [M]. 高士圻，译. 北京：商务印书馆，1981：226.

② 大卫. C. 卡西第. 海森伯传：上册 [M]. 戈革，译. 北京：商务印书馆，2002：168.

已经过去了。"① 然而1922年12月玻尔还在肯定他的助手克喇摩斯的一个模型，认为其推导结论与实验的不吻合错在经典力学，而仍然在维护他自己的量子法则。这件事说明这一时期玻尔在固执维护自己的旧理论而没有像玻恩那样在困难中主动求变求发展。② 这一时期，玻恩带领学生通过分析具体问题从而揭示玻尔原子理论的局限性。这可以从1923年4月7日玻恩写给爱因斯坦的信函得到印证。③ 与此同时处于防守地位的"玻尔和泡利认真考察了海森伯和朗德对量子原理提出的挑战。"④ 之后玻尔不遗余力地挽救自己的旧原子论。1923年"玻尔拿出了一种惊人的想法，即引入一种原子中的未经说明的力，他称之为 Zwang，即约束力，这种力将一举而说明量子化原子的一切不能用别的方法来说明的特色。"⑤ 由此玻尔能够说明海森堡的心模型中原子心的反常性能，且不必引入半整数量子数。⑥ 玻尔努力的目标是应对其他物理学家对于自己原子理论的冒犯，想方设法使自己的旧理论弥合实验事实。玻尔的做法违背简单性原则和可观察性原则，事实证明他的努力，在性质上等同于地心说维护者为行星添加了一个本轮运动。

了解同一时期玻尔对费米和斯拉特（J. Slarter）的"影响"，有助于看清玻尔是如何"指导"年轻人的。费米是玻尔下一代物理学家中的一位领袖级人物，是在理论与实验方面均被誉为大师的最后一位物理学家，他先后创立了罗马学派和芝加哥学派。1962年7月31日托马斯·库恩写了一页记录文字，题目是《费米对玻尔的态度》（见下图）。记录他从迈耶夫人那里得知费米看不起玻尔。库恩在费米的罗马学派的主要成员塞格雷（Emillio Gino Segrè）那里得到证实，这是费米对玻尔的一贯

① 大卫.C.卡西第. 海森伯传：上册［M］. 戈革，译. 北京：商务印书馆，2002：192.
② 大卫.C.卡西第. 海森伯传：上册［M］. 戈革，译. 北京：商务印书馆，2002：191.
③ Max Born. *The Born-Einstein Letters*［M］. London：The Macmillan Press Ltd.，1971：73.
④ 大卫.C.卡西第. 海森伯传：上册［M］. 戈革，译. 北京：商务印书馆，2002：217.
⑤ 大卫.C.卡西第. 海森伯传：上册［M］. 戈革，译. 北京：商务印书馆，2002：218.
⑥ 大卫.C.卡西第. 海森伯传：上册［M］. 戈革，译. 北京：商务印书馆，2002：219.

看法。费米怀疑玻尔是否具有清晰思考的能力；费米不喜欢玻尔频频使用晦涩不清晰语句的表述方式；费米对神秘兮兮的所谓哥本哈根学派极为反感，他尽其所能反对它。在塞格雷看来，费米看不起玻尔可能与一件事有关。1923 年费米写了一篇很好的论文，文中已经提出了后来的所谓威廉姆斯 - 魏扎克方法（Williams-Weizsacher method）。玻尔没有读懂费米这篇论文，而在他自己论文的脚注中对它做出了相当

CONFIDENTIAL

File: Fermi

Fermi's Attitude Towards Bohr

During a visit to James Franck, Maria Mayer told me that Fermi had not thought well of Bohr. Her information on this score comes from an episode in Chicago after World War II. Some group in the Department proposed that Bohr should be brought to Chicago to give a series of lectures. Fermi was strongly against the idea, even when someone of the group suggested that it would be good for the students just to have seen the great man. He said it might actually harm them to be exposed to so much muddle-headedness.

It was not clear from Maria Mayer's remarks whether Fermi's negative attitude was of long standing, but I have just discussed the matter with Emilio Segré who indicates that it almost surely was. Segré suggests that Fermi did not like Bohr's frequent obscurity or his resort to epigrammatic presentation. Fermi had, Segré thinks, real doubts about Bohr's ability to think clearly, though obviously none at all about his ability to come up with important new ideas. In addition, Fermi had real reservations about the likely permanence of the Copenhagen interpretation even though he had no alternate approach to the problem. Fermi did not, Segré suggests, at all doubt the equations, but he was not at all sure that there were not other ways to interpret their physical and philosophical significance. In general, he was annoyed by the _mystique_ of the Copenhagen school and did what he could to oppose it.

Segré also suggests that there may have been one other factor in Fermi's attitude towards Bohr. In 1923, Fermi wrote a fine paper on the collision of an alpha particle with an atom. In it he developed what is now known as the Williams-Weizsächer method for studying such problems. Bohr read the paper, did not understand it, and then referred to it in quite negative terms in a footnote to one of his own articles. A little later, however, Bohr was the great exponent of the same method when it was developed by Williams in Bohr's own shop. Fermi took this very hard, particularly because it came at a time before Fermi was sure of his power and also at a time when his academic-political situation in Italy was by no means secure. Segré thinks that this episode may also have had an important bearing.

7-31-62　　　　　　　　　　　　　　　　　　　T. S. Kuhn

《费米对玻尔的态度》

否定的评价。然而，稍后当玻尔圈子里的人再提出这一方法时，玻尔却成为了它的鼓吹者，这导致费米这一贡献被物理学界忽视。这件事发生在费米的学术地位还没牢固建立的时期，因此费米对此难以释怀。[1] 费米尚未出名时曾到玻恩的哥廷根物理学派访学过一段时间。在这段时间里，他没能成为玻恩身边的红人。但是与对待玻尔的态度不同，后来费米曾多次推荐玻恩为诺贝尔物理学奖候选人，他也是玻恩 1954 年获奖年为玻恩提名的人之一。[2]

在量子力学建立过程中，玻尔唯一被他人提到的有点关系的工作是所谓的 BKS（玻尔 - 克喇摩斯 - 斯拉特）论文。斯拉特 1923 年在哈佛

---

[1] Thomas S. Kuhn, John L. Heilbron, Paul Forman, Lini Allen. *Archives for the History of Quantum Physics*［微型胶卷］. Philadelphia：The American Philosophical Society Independence Square，1967，E1 Reel 7.

[2] 厚宇德. 玻恩与诺贝尔奖［J］. 大学物理，2011（1）：49—55.

获得博士学位，这年圣诞节后他来到了哥本哈根。在此之前，他在给家人的信中描写了自己的一个想法："既有波又有粒子，而粒子仿佛是由波所携带着的，从而粒子就到达波所携带它们去的地方，而不是像别人所假设的那样仅仅沿直线射出。"[①] 到哥本哈根后斯拉特向玻尔等人介绍了自己的想法，基于对这一想法的讨论，1924 年 1 月 20 日玻尔亲自完成了 BKS 论文。玻尔承认本文是受斯拉特新想法的激励所产生。[②] 但玻尔基于自己的主见，在文中弃用 1905 年爱因斯坦提出的光量子概念，否定了能量与动量守恒定律，这种做法成为后来这篇文章受到批评的硬伤。此事过去四十多年后，斯拉特说过这样的话："我是倾向于确切的守恒的……克喇摩斯在玻尔面前永远说'是'……他们作出的变动是我不喜欢的……我在和玻尔建立联系方面完全失败了……我对玻尔先生不曾有过任何尊重，因为我在哥本哈根度过了一段可怕的日子。"[③] 看来玻尔并没有给有能力的年轻人斯拉特以有价值的指导。海森堡与玻尔直接交流时事实上也有冲突。测不准原理后来备受哥本哈根学派甚至玻尔本人推崇。但是开始时玻尔并不认同关于这一原理的文章，1927 年 3 月底海森堡是在不顾玻尔批评的情况下把稿子投出去的。[④] 如果海森堡屈服于玻尔，这篇文章也许会被扼杀，至少会推迟发表。

　　笔者并非要否定玻尔及其研究所 1921—1927 年的全部作为，而只是要说明，在量子力学建立过程中，玻尔不是建立量子力学的核心人物或"总指挥"，其研究所也不是建立量子力学的"大本营"或"司令部"。至于玻尔及其研究所对于物理学其他领域有过什么影响，仍需仔细考察。克劳普尔（William H. Cropper）对于玻尔及其研究所，有过这样的说明："玻尔研究所于 1921 年 3 月 3 日举行落成典礼，很快就吸引了德国、英国、俄罗斯、丹麦、印度、瑞典、美国等地非凡科学家的汇

---

① 阿伯拉罕·派斯. 尼耳斯·玻尔传 [M]. 戈革，译. 北京：商务印书馆，2001：342.
② 阿伯拉罕·派斯. 尼耳斯·玻尔传 [M]. 戈革，译. 北京：商务印书馆，2001：343.
③ 阿伯拉罕·派斯. 尼耳斯·玻尔传 [M]. 戈革，译. 北京：商务印书馆，2001：348.
④ 关洪. 一代神话——哥本哈根学派 [M]. 武汉：武汉出版社，2002：75.

集。玻尔在学术位置紧张、理论物理学家比艺术家贫困的情况下给他们提供了生活、工作条件。"① 这本身就是玻尔在特殊时期对于物理学界的重要贡献。玻尔的这一贡献也产生了以下效应：在物理学艰难的时期能够靠近玻尔即意味着进入了世界物理学界的核心；有的人因为玻尔提供哪怕暂时的工作环境而得以渡过难关，因此对玻尔格外心存感激；有的人想得到玻尔的青睐和器重，甚至为了表明自己与玻尔关系不一般而过分恭维与赞颂玻尔。在这样的情况下，有人说些不符合实际的甚至违心的话就不难理解了。海森堡就是这样的人之一。

4. 矩阵力学纯系哥廷根物理学派缔造

　　2007 华盛顿大学物理学教授里格登（John S. Rigden）发表了一篇十分醒目的文章：《尼耳斯·玻尔被过高估计》② 。里格登未进一步阐述，玻尔的贡献被过高估计，那么谁被低估了？毫无疑问，那就是低调的实干家玻恩及其哥廷根物理学派。与哥本哈根学派曾被奉为 20 世纪辉煌的第一物理学派的境遇不可同日而语，国内 2010 年之前不存在较全面介绍哥廷根物理学派的著述。张家治、邢润川研究科学学派的著述中，没有提及玻恩的哥廷根物理学派。武汉出版社出版的研究世界著名科学学派的丛书也没有介绍哥廷根物理学派。据笔者所见，国外著作中只有容克（Robert Jangk）《比一千个太阳还亮》（Brighter than a Thousand Suns）一书开始几页，提到了玻恩的学派，但这不是该书的重点。而关于玻恩学派的文章也难得一见。2001 年埃克特（M. Eckert）关于量子学派的文章③ 虽然将玻恩学派与慕尼黑学派、哥本哈根学派并列，但是关于慕尼黑学派的篇幅近 3 页，关于哥本哈根学派的内容超过 4 页，而关于玻恩学派

---

① 威廉. H. 克劳普尔. 伟大的物理学家：下册［M］. 中国科大物理系翻译组，译. 北京：当代世界出版社，2007：232.

② John S.Rigden.*The Overestimation of Niels Bohr*［EB/OL］.［2008-7-21］. http://www.nysun.com/arts/overestimation-of-niels-bohr/58224/.

③ M. Eckert.*The Emergence of Quantum Schools*：*Munich*，*Göttingen and Copenhagen as New Centers of Atomic Theory*［J］. Annalen der Physics，2001，10（1—2）：151—162.

的文字只有 1 页半，内容上也比较肤浅。进入 21 世纪在中国却出现了高度盛赞玻恩及其学派的声音。北大王正行教授在点评玻恩的一篇文章时说："可以毫不夸张地说，哥廷根是当时国际上理论物理学的中心和圣地。只是由于玻恩谦虚谨慎、虚怀若谷、不争强好胜、不拉帮结派的性格，才没有因此而形成一个紧密抱团、称霸学界、目空一切、自吹自擂的哥廷根学派……"[①] 笔者认为王教授的评价是中肯的，遗憾的是王教授没有撰写专门研究玻恩学派的文章。

2010 年笔者在博士论文[②] 中第一次明确提出了"哥廷根物理学派"这一名词，其后在《玻恩研究》一书[③] 以及若干文章中[④] 多次使用这一名词。提出这一名词主要是为区别历史更为悠久的哥廷根数学学派。哥廷根物理学派符合关洪教授提出的衡量学派的全部条件。第一，玻恩与弗兰克是这个学派的核心人物，是毫无问题的（下图为玻恩与弗兰克等人的合影）。1920 年爱因斯坦就曾这样评价玻恩："哪里得到你，那里的理论物理学就会繁盛；在今天的德国，找不到第二个玻恩了。"[⑤] 而弗兰克 1925 年即获得了诺贝尔物理奖，显然在此之前，他的研究工作得到了物理学界的肯定。第二，经过几年的探索和准备，玻恩具有鲜明的学术思想：尝试改造彭加勒除了行星运动的微扰理论，使之适合于应用在原子世界；在学派创建矩阵力学之前，玻恩已多年向学生宣传可观察性原则，并将其明确表达出来；还用数学手段改变了玻尔的对应原理，建立了玻恩对应法则。第三，在建立量子力学的过程中，玻恩秉持与玻尔等人截然不同的研究纲领：设法建立一个数学体系描述已有的物理现

① 关洪. 科学名著赏析·物理卷［M］. 太原：山西科学技术出版社，2006：230—231.

② 厚宇德. 玻恩的科学贡献与科学思想研究——兼论"玻恩现象"［D］. 北京：北京科技大学，2010.

③ 厚宇德. 玻恩研究［M］. 北京：人民出版社，2012.

④ 厚宇德. 哥廷根物理学派及其成功要素研究［J］. 自然辩证法研究，2011（11）：98—104；厚宇德，王盼. 哥廷根物理学派先驱人物述要［J］. 大学物理，2012（12）：30—37.

⑤ Max Born. *The Born-Einstein Letters*［M］. London：The Macmillan Press Ltd.，1971：25.

象，而不是像玻尔那样设想从哲学意义上搞清楚现象背后的思想内涵。第四，玻恩、弗兰克作为教授，与布罗迪、泡利、海森堡、玛利亚·戈佩特、洪德、约当、罗森菲尔德、奥本海默、海特勒等等助手或学生，组成了基本稳定的学术队伍。第五，哥廷根大学在玻恩、弗兰克做教授之前就有理论物理研究所，借助于当时德国政策、爱因斯坦等的特殊关照，以及既有的社会资源，哥廷根物理学派虽然经济状况紧张，但是足以维持日常研究以及玻恩聘请助手之费用。第六，玻恩 1924 年的《关于量子力学》一文、矩阵力学标志性的"一人文章""二人文章""三人文章"，以及玻恩 1926 年提出波函数概率诠释的文章等等，都是哥廷根物理学派在量子力学建立过程中举足轻重的经典开拓性学术贡献，没有这些就没有自成体系的量子力学。

哥廷根物理学派三位教授：玻恩（左二）、弗兰克（左三）、波耳（右一）等人合影

玻恩在其哥廷根物理学派出色地发挥他学派领袖的作用。1923—

1924 年玻恩已经向学生们灌输了自己的一些新思想：他已经命名新的原子理论为量子力学；他改造玻尔的对应原理而提出了玻恩对应法则，使对应性思想更具有数学上的可操作意义；他一再强调可观察性原则。海森堡的传记作者对于这一阶段玻恩的工作做了很好的总结：1925 年之前"在玻恩的新的量子力学中，一切事物似乎都已严丝合缝。"① 当然这时完整的量子力学还没出现，"但是玻恩的新法则却是沿着那个方向迈出的一大步，而且对一年后的实际量子力学的表述来说是不可缺少的。"②

玻恩自己描述过他的学派建立量子力学的大致过程：1921 年回到哥廷根大学任教授后，"我的主要兴趣不久就转向量子理论。……我们当然是从玻尔 – 索末菲的电子轨道理论出发，但是把注意力集中在它的弱点上，因为在那里它同经验不一致。因此，我们着手发现新的'量子力学'。首先，我们师徒用包含普朗克常数的差分演算代替微分运算；我的学生约当和我对辐射公式和其他问题获得了某些相当有希望的结果。然后在 1925 年，海森堡提出一个新思想使我们感到惊喜：他从不应当运用不可观察量这个原则出发，引进了算符演算，并且在简单体系上获得了一些有希望的结果。……我同约当合作，建立了'矩阵力学'的最简单的特征；然后我们三个人系统地发展了这个理论，其结果非常令人满意，以致不可能对它的有效性有任何怀疑。"③ 显然在玻恩看来，其助手海森堡的"一人文章"只是玻恩学派研究纲领下的一个阶段性成果而已，矩阵力学完全由哥廷根缔造。在哥廷根大学，玻恩和弗兰克等人，带领年轻人开展学术研讨，在自由宽松的氛围下大家畅所欲言，探索建立新的原子力学所需要的新的数学工具与思想方法。玻尔在哥本哈根也关注着物理学界，但是他的做法是一旦发现物理学界出现了出色的年轻人，就邀请他到自己的研究所或长或短工作一段时间。玻尔的做法对于

① 大卫 . C. 卡西第. 海森伯传：上册［M］. 戈革，译. 北京：商务印书馆，2002：233.
② 大卫 . C. 卡西第. 海森伯传：上册［M］. 戈革，译. 北京：商务印书馆，2002：234.
③ M. 玻恩. 我的一生和我的观点［M］. 李宝恒，译. 北京：商务印书馆，1979：12.

物理学的发展是有益的，但是他的方式无法摆脱一种俱乐部氛围。而玻恩则目标明确地带领身边的人在发动着一场有明确计划的物理学攻坚战。两种方式的力度和效果是不可同日而语的。但是当时玻恩及其研究所的名气远远逊色于玻尔及其研究所。所以没人相信量子物理的新时代会由哥廷根物理学派缔造。玻恩在回忆中说，当矩阵力学的标志性文章在哥廷根问世后，不仅外界，即使他的老搭档弗兰克教授也感到极其意外而大受震动。原因即"解决难题的不是哥本哈根而在他的隔壁"。[①]

总结一下，在建立量子力学时期，玻恩主要做了以下工作：最基本的是玻恩带领学生探索并找到了建立量子力学所需的数学手段，这留在下文详述。另外玻恩是明确强调和表述海森堡"一人文章"中核心思想方法的先驱。首先，玻恩1923年在课堂上（1924年发表在文章中）提出，必须放弃过去的原子理论而建立新的理论，他称新的理论为量子力学。玻恩基于玻尔的对应原理构建了重要的思想方法与数学手段，即实现如下的一般转换：

$$\tau[\partial\Phi(n)/\partial n]\leftrightarrow\Phi(n)-\Phi(n-\tau)$$

这个转换是走向量子力学的一个关键性创举。雅默（Max Jammer）曾这样评价这个思想："因为这个将经典公式翻译成它们相应的量子对应物的处方，对矩阵力学的发现具有重要的作用……我们将简洁地称其为玻恩对应法则。"[②] 1924年玻恩在摒弃其错误观点前提下以BKS理论和克喇摩斯的色散公式为线索，用微扰方法推导出了电矩表达式。海森堡在写给朗德的信中说："人们现在特别是在玻恩的计算的基础上知道了（或猜到了）量子力学将是什么样子的。"[③] 可见在这一时期是玻恩而不是玻尔在影响着海森堡。玻恩的思想在正式发表前，已经成熟并在海森堡等学生中产生影响："玻恩的分立化纲领形成了海森伯所说的反常塞曼

① Max Born. *My Life* [M]. London：Taylor & Francis Ltd.，1978：211.

② Max Jammer. *The Conceptual Development of Quantum Mechanics* [M]. New York：Mac Graw-Hill Book Campany，1966：194.

③ 大卫.C.卡西第. 海森伯传：上册 [M]. 戈革，译. 北京：商务印书馆，2002：235.

效应的新的哥廷根理论的背景和基础。"① 基于玻恩的这一思想，海森堡在不用玻尔约束力（Zwang）的情况下推出了朗德关于谱线裂距和塞曼效应的全部结果。②

其次，玻恩在 1920 年出版的《爱因斯坦的相对论》一书中，就表述了可观察性原则的思想。1923 年后，他在与海森堡、约当等讨论问题时，多次将这一思想尝试应用于量子力学过程中，这从海森堡和约当的回忆看是毫无疑义的。③ 玻恩在 1925 年海森堡的"一人文章"发表前，发表文章再次清晰表述和强调了这一思想。④ 海森堡晚年曾明确肯定玻恩营造的建立量子力学的良好氛围。1971 年凯默和施拉普发表了一篇关于玻恩的文章。他们说，在该文撰写的过程中，海森堡告诉他们："正是哥廷根的特殊精神，正是玻恩以自洽的新量子力学为基础研究目标的信仰，才使我的思想成为丰硕的成果。"⑤ 在这样的氛围下海森堡学到了很多，他承认："只有在哥廷根我才真的学到了这种数学技术。也正是在这一方面，玻恩的讨论课给了我很大的帮助。"⑥ （下图为访谈记录文字照片，文中的"it"指的就是数学。）

---

① 大卫.C.卡西第. 海森伯传：上册［M］. 戈革，译. 北京：商务印书馆，2002：221.

② 大卫.C.卡西第. 海森伯传：上册［M］. 戈革，译. 北京：商务印书馆，2002：223.

③ 厚宇德，杨丫男. 可观察性原则起源考［J］. 大学物理，2013（5）：38—43；厚宇德，王一妍，张德望. 著名物理学家约当及其重要贡献［J］. 大学物理，2015（4）：44—51.

④ M. Born, P. Jordan. *Zur Quantentheorie aperiodischer Vorgänge*［J］. Zeitschrift für Physik，1925（33）：479—505.

⑤ N. Kemmer, R. Schlapp. *Max Born：1882—1970*［J］. Biographical Memoirs of Fellows of the Royal Society，1971，17：17—52.

⑥ Thomas S. Kuhn, John L. Heilbron, Paul Forman, Lini Allen. *Archives for the History of Quantum Physics*［微型胶卷］. Philadelphia：The American Philosophical Society Independence Square，1967，E1 Reel 2.

H: Well, I should say that already in Sommerfeld's seminar I learned some part of it, but I was not too firm in it. Only in Göttingen I became quite well-acquainted with, I would say, the fundamental structure of it. In Sommerfeld Institute one learned to solve special problems; one learned the tricks, you know. Born took it much more fundamentally, from a very general axiomatic point of view. So only in Göttingen did I really learn the techniques well. Also in this way Born's seminar was very helpful for me. I think from this Born seminar on I was able really to do perturbation calculations with all the rigor which was necessary to solve such problems. Of course, the result was for me, the negative one that one probably should not do it that way. Still, later on, through this technique I was able to formulate the correspondence in this more refined manner as we did it later on.

海森堡访谈记录（1）

　　不仅如此，海森堡晚年还承认在玻恩这里他学习到了多个理论物理学分支，从而开拓了视野。[①]（下图为访谈记录文字照片。）

I might mention another thing. I would say in Göttingen we had a rather wide education in physics in the sense that we heard about many different parts of theoretical physics. I mean, Sommerfeld was more specialized; he was just concentrating on the atoms. In Göttingen one was interested in the solid state; one was interested in liquids; one was interested in ferromagnetism. So, for instance, also the later paper on ferromagnetism actually had its origin in these years in Göttingen because I once heard the lecture of Born on magnetism. He explained the theory of Weiss on ferromagnetism, and then he mentioned -- and that was, of course, the decisive point -- "There must be forces between the magnets in the crystal which put the magnets parallel, but the ordinary magnetic forces are certainly much too weak, and we do not know where these forces come from." Now, this remark was a thing which I kept in mind. I knew from Born that if one would just use the magnetic forces, you would get a Curie point which was about a factor 100 or 1000 lower than it actually is. Still this Weiss theory of ferromagnetism was such a simple theory so that it was easy to keep it in mind and to remember it.

海森堡访谈记录（2）

　　玻恩的贡献还突出体现在"一人文章"撰写之后。海森堡没意识到他的"一人文章"的重要性；玻恩也没有立即明白海森堡"一人文章"的数学含义。原因是海森堡当时不具备矩阵知识，因而他并没有做出矩阵形式的表达。幸运的是玻恩很快就发现了真相，他改写了海森堡的表达方式，把初态量子数与跃迁的量子数增加量 $n+t$ 等价地换成跃迁的末态量子数 $m=n+t$，把数集写成 $q(n,m)$。这样可立即看出，海森堡文中的数集正是数学矩阵。基于此，玻恩带领约当撰写了"二人文章"，

　　① Thomas S. Kuhn，John L. Heilbron，Paul Forman，Lini Allen. *Archives for the History of Quantum Physics*［微型胶卷］. Philadelphia：The American Philosophical Society Independence Square，1967，E1 Reel 2.

明确建立了矩阵力学；凭直觉玻恩猜出了对易关系（$pq-qp=i\hbar$）[①]；并最后带领海森堡、约当合作撰写了"三人文章"，使矩阵力学系统化。王正行教授的评判合情合理："在事实上，若是没有玻恩在数学上的分析和工作，海森堡的物理思想绝对不会成为量子力学，也就谈不上获诺贝尔奖了。"[②]

如果局限于从矩阵力学的三篇标志性文章来看，显然"二人文章"和"三人文章"与玻尔毫无关系。唯有在撰写"一人文章"前，玻恩的助手海森堡去过一趟哥本哈根学派。因此哥本哈根学派唯一能做文章之处就是强调，在"一人文章"的思想形成过程中海森堡受到了玻尔的影响。然而笔者早已论证，海森堡这篇文章中的两个核心思想方法，即对应关系和可观察性原则，都直接源自于玻恩。海森堡的"一人文章"将玻恩 1924 年发表的建立量子力学设想（里面包含对应性法则）的文章，以及 1925 年玻恩与约当合作的、明确表述并特别强调可观察性原则的文章列为了参考文献；而没有将玻尔的具体论文列为参考文献。因此即使玻尔对海森堡撰写"一人文章"有影响，其影响也远远小于玻恩对他的影响。

5. 玻恩与玻尔在 20 世纪 20 年代在研究纲领上的分歧

为了抓住问题的本质，有必要将量子力学建立时期玻恩与玻尔在研究纲领上的不同，再做简明的比较，这是二人对于量子力学贡献迥异的关键点。海森堡晚年对于玻恩与玻尔在建立量子力学过程中的方法与思路有过比较说明："我必须说，在哥廷根更重视数学的立场、形式化的立场。另一方面，在哥本哈根，则更重视哲学的立场。……对于玻恩而言，物理学的描述永远应该是数学的描述，所以他的注意力集中于这样一个思想上，即如何借助合适的数学去描写我们在实验室看到的那些有趣的

[①] 杨振宁先生曾赞此方程为"量子力学的基础"，与狄拉克方程一样是"理论框架中之尖端贡献"，已"达到物理学的最高境界。"详见杨振宁. 美与物理 [J]. 物理，2002（4）：196.

[②] 关洪. 科学名著赏析·物理卷 [M]. 太原：山西科学技术出版社，2006：230—231.

事实。"① （下图为访谈记录文字照片。）

H: Well, the emphasis in Göttingen was more on the mathematical side, on the formal side, and in Copenhagen the emphasis was more on the philosophical side, I should say. This is true in the following sense: For Born, a description of physics would always be a mathematical description, so his attention was concentrated on the idea of how the mathematical scheme to describe these funny things which we see in our experiments would look. Bohr's approach in Copenhagen would be different. Bohr would ask, "Well, how can nature avoid contradictions? Now we know the wave picture, we know interference, we know the Compton effect, we know all that -- how can our Lord possibly keep this world in order?" And so he wanted first to understand how contradictions are avoided, how things are connected, and he would say, "Well, only when we have sufficiently understood that, only then can we hope to put it into forms of mathematics."

海森堡访谈记录（3）

海森堡回忆过玻尔与玻恩在看待数学功能与作用方面的意见分歧："玻尔总是说，'哦，首先我们必须理解物理学是怎么有效工作的，只有当完全理解了之后，我们才能借助于数学工具表述它。'但是玻恩则从另外一个角度展开讨论，他会说，'噢，一些新的数学工具在理解物理学方面可能会具有决定性帮助作用。'"① （下图为访谈记录文字照片。）

Born felt that you should repair physics by introducing a new mathematical tool, namely the theory of difference equations. That would not occur to Bohr. Bohr would always say, "Well, first we have to understand how physics works. Only when we have completely understood what it is all about can we then hope to represent it by mathematical schemes." But Born would argue the other way, and would say, "Well, perhaps some new mathematical tool is a decisive help in understanding physics."

海森堡访谈记录（4）

海森堡认为玻尔之所以不像玻恩那样重视数学，其一是因为玻尔在思想认识上轻视数学；其二是因为玻尔不具备好的数学禀赋："关键是在玻尔的思想中，数学手段不是处于根本性的地位。玻尔不是一个具有数

① Thomas S. Kuhn，John L. Heilbron，Paul Forman，Lini Allen. *Archives for the History of Quantum Physics* [微型胶卷]. Philadelphia：The American Philosophical Society Independence Square，1967，E1 Reel 2.

学头脑的人……"① 弗兰克的回忆同样证实玻尔数学功力较差："我记得，有一次维格纳在一个会上发言时，玻尔说过一句话。他告诉我说他一个字也听不懂，并且说，'你知道，我事实上是一个业余爱好者，因此他们一旦真正进入高深的数学，我就跟不上了。'"② 与玻尔不同，在20世纪的物理学家中，玻恩的数学知识几乎无人可及，他的数学功力是希尔伯特、闵可夫斯基、克莱因等一流数学大师直接培养出来的，数学方法在他的知识结构与思想中根深蒂固："我一直认为数学家比我们（物理学家）更聪明——一位数学家总是在能够做哲学思考前，首先去发现正确的公式体系③。"④ 可见，在建立量子力学的过程中玻恩与玻尔的研究纲领是泾渭分明的：一个致力于寻求数学描述路线，另一个则走哲学理解路线。有些与玻尔关系更近的人也了解玻恩与玻尔的路线分歧。奥斯卡·克莱恩曾多年在玻尔手下工作，1963年在接受采访时他说："（建立量子力学）那个时期，他（指玻恩）的思想倾向于很想用更严格的力学处理方式（去解决原子问题）。玻尔对此强烈反对。因为他认为当基础（认识）还不严格（明朗）的情况下，缔造更加严格的数学理论是无用的。"⑤

对于与玻尔研究思路上的分歧，玻恩本人的回忆与海森堡等人的说法基本一致。1962年玻恩曾对库恩说："我想说的是，关于量子力学的哲学思考那时一直来自于哥本哈根，而我那时很不喜欢这些。玻尔看待

---

① Thomas S. Kuhn, John L. Heilbron, Paul Forman, Lini Allen. *Archives for the History of Quantum Physics*［微型胶卷］. Philadelphia：The American Philosophical Society Independence Square，1967，E1 Reel 2.

② 阿伯拉罕·派斯. 尼耳斯·玻尔传［M］. 戈革，译. 北京：商务印书馆，2001：259.

③ 秦克诚教授在回复笔者的信函中对此有这样的评价："一门学科，只有有了完整的形式体系之后，才算建立起来。否则读都读不懂。比如量子力学，中学毕业时，看了些普及书介绍，也就是捡那些哲学语渣，越看越不懂，直到学了这个体系，才知道是怎么回事。"

④ Thomas S. Kuhn, John L. Heilbron, Paul Forman, Lini Allen. *Archives for the History of Quantum Physics*［微型胶卷］. Philadelphia：The American Philosophical Society Independence Square，1967，E1 Reel 1.

⑤ Thomas S. Kuhn, John L. Heilbron, Paul Forman, Lini Allen. *Archives for the History of Quantum Physics*［微型胶卷］. Philadelphia：The American Philosophical Society Independence Square，1967，E1 Reel 3.

所有事情从哲学观点出发的做法在我看来毫无用处，也不适合建立量子力学这事。"[③] 需要补充的是，玻恩也乐于关注哲学并从中吸取有启发的思想，建立量子力学所需要的可观察性原则直接来自于玻恩[①]。在已经具备了足够的思想原则之后，玻恩发现只靠哲学建立量子力学是万万不能的，而必须借助于数学手段。玻尔在研究工作中重视哲学思考，这本身不是错误。但是没有强大的数学支撑，只局限于哲学思考无法建立量子力学，这是不争的事实。因此对于量子力学的建立而言，玻恩选择的道路被事实证明是正确的。海森堡20世纪50年代后的文字和回忆表明，他完全清楚玻恩在建立量子力学过程中的关键作用，但他早期没有公允评价和说明玻恩的作用。无论海森堡的动机是什么，有一点是明显的：无论他如何感谢玻尔或者爱因斯坦对他的影响，都丝毫不会动摇他本人在建立矩阵力学中的重要地位，因为世人皆知矩阵力学诞生于哥廷根。但是一旦他承认其思想方法、数学工具等都是来自玻恩，那么他在量子力学建立过程中的作用，立即就会大打折扣。

6. 余论

量子力学发展史中诸多长期被张冠李戴、以假乱真的事实，警示科学史、科学社会学研究者深思：所谓学界的共识以及公众对于科学界的认识究竟是如何形成的？谁应该为学界错认李鬼为李逵的是非颠倒事件负责？如何才能杜绝出现类似现象？

戈革教授1988年就接触到了《量子物理历史档案》。笔者2009年研读了该文献的部分内容，从中找到了充分展示玻恩学派作用的证据。为什么戈革教授没注意这些？在戈革教授的思想中，玻尔是20世纪量子物理第一人的认识根深蒂固，他要做的是设法让这一结论看起来合情合理，并回击对玻尔不敬的意见。在专门介绍这一文献的文章结尾，戈革教授说：这套文献，访问了两位非物理学家，她们是玻尔夫人以及玻

---

① 厚宇德，杨丫男. 可观察性原则起源考［J］. 大学物理，2013（5）：38—43.

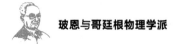

尔研究所的女秘书。由此戈革教授认为："我们想，大多数量子物理学家肯定都有夫人和秘书，但那些人全都没有被列入访问名单；假如玻尔真的像某些传言所说的那样对物理学毫无影响，难道是库恩他们全都昏头了吗？"① 戈革教授这句话有个问题：有怀疑和不认同玻尔在建立量子力学过程中做出过重要贡献的人，但是从来没有人说玻尔"对于物理学毫无影响"。戈革教授不是一位随波逐流的学者，其学养和个人禀赋堪称我国物理学史界的泰山北斗之一。他的失误警示我们，做史学研究要冷静地依赖文献资料，情感和热情能成为动力；但成见过深、情绪过度也会制约视线从而导致客观判断力的弱化。笔者敬重戈革教授的学品与人品，一两个观点上的不同认识丝毫不会影响对于戈革教授的一向仰慕。

基于可靠新文献以及物理学界、物理学史界研究者的既有研究，足以得出结论：玻恩的哥廷根物理学派是量子力学矩阵形式的唯一缔造者；没有玻恩的概率诠释，薛定谔的波动力学就存在严重缺陷。如果今后有人还老调重弹玻尔研究所或哥本哈根学派在建立量子力学过程中的核心作用，只意味着一件事，即说这话的人是根本不了解量子力学历史的门外汉。

---

① 戈革. 量子物理学史档案［N］. 科学时报，2004-7-16：T00 版.

十三、玻恩与牛顿科学贡献之对比

"伟大的科学家""科学大家"，这样的词汇已有些用滥了。说一位科学家伟大是较容易被接受的，但是"科学大家"的桂冠是不可以随意乱戴的。有的研究者在描写一位科学人物时，惯于无视客观事实，动辄称一个二流、三流甚至不入流的科学家为"科学大家"。这样的著述弊大于利，多不如少、少不如无。研究历史人物，不应追求把所研究人物肆意放大，而要努力把人物放到相关人物之间去衡量、比较，然后用合适的语言，给出实事求是的定位。在这个意义上，通过研究发现被历史埋没的伟人与展示历史上虚伪的夸大同样重要。"天台十万八千丈"，这样的语言只该存在于诗歌中。从地质学或地质学史的角度，只有测量天台山的高度，并将其与其他诸岳的高度作对比，才能对其高度有客观、准确的描述与排序。决不能相信、更不能误传天台山在唐代高度真的是十万八千丈。

一位物理学家怎样才能称得上物理学大家，很难找到恰当的唯一标准。现且以被普遍视为大家的牛顿和爱因斯坦为标杆，试将物理学大家的基本特征归纳为"四点论"：第一，他们都建立了有重要影响的基本理论，如经典力学或相对论；第二，他们都有自己原创性发现的标志性重要物理方程，如牛顿第二定律或爱因斯坦的质能方程；第三，他们除创立重要的基本理论外，在其他物理学领域还有很多重要的研究成果，如牛顿在微积分、光学等诸多方面，爱因斯坦在光电效应、布朗运动等诸多方面，均有重要贡献；第四，他们都对于人类哲学层面的思想有特

197

殊的贡献，如牛顿的经典力学确定了决定论，爱因斯坦的相对论改变了人们的绝对时空观。如果一位物理学家在这四个方面都有自己的一席之地，称他为物理学大家则可谓名副其实。

1. 玻恩与牛顿是否有可比性

玻恩（Max Born，1882—1970）与牛顿（Isaac Newton，1643—1727）之间有诸多的不同。牛顿天赋过人。据他自己回忆，他的很多工作完成于 1665—1666 年。[①] 就是说他在二十几岁已经基本完成了他的主要科学研究工作。玻恩不认为自己天赋一流，但是他一生勤奋，几乎每天都在思考科学问题，即使在浪漫的蜜月期间也不例外。他取得最重要的研究成果时已经年逾四十。

玻恩对于权力与管理性事务缺乏兴趣。但是牛顿热衷权力[②]，担任过皇家造币厂总监。玻恩虽然在政治与社会是非面前有原则、有坚持，但是天生倾向于妥协而不好斗。而牛顿在与胡克（Robert Hooke）以及莱布尼兹（Gottfried Wilhelm Leibniz）的优先权斗争中，其好斗、斤斤计较以及善权谋等等特点，都展示得淋漓尽致。玻恩是彻底的唯物主义者，牛顿是有神论者。……

因此玻恩与牛顿之间有诸多的不同。但另一方面，在科学史与科学思想史上，牛顿与玻恩又是有关联与可比性的。牛顿建立了宏观世界最基本的理论体系——经典力学，基于此拉普拉斯（Pierre-Simon Laplace）演绎出了哲学意义的决定论。玻恩带领弟子们建立了微观原子世界的理论体系——矩阵力学，并提出了波函数统计解释，从最基础的角度、以最基本的方式废除了决定论。从这个意义上，两个人分别是不同科学年代标志性思想的提出者。

从其他角度来看，玻恩与牛顿也并非没有相似性。牛顿有时候似乎

---

① 詹姆斯·格雷克. 牛顿传 [M]. 吴铮，译. 北京：高等教育出版社，2004：39.

② 迈克尔·怀特. 牛顿传——最后的炼金术士 [M]. 北京：中信出版社，2004：339.

不是一个低调的人。但是牛顿仍有其谦逊的一面，他的一段话广为人知："我不知道世人对我是怎样看的，不过我只觉得自己好像是一个在海滨玩耍的孩子，有幸拾到光滑美丽的石子，但真理的大海，我还没有发现。我之所以有这样的成就，是因为我站在巨人们的肩膀上。"牛顿在表达这种谦逊之心时，所面对的也许不是他的同代人，而是面对博大、威严与肃穆远远超越大海的外在世界，感受到了自己的渺小，才萌发如此谦逊与敬畏之心。如果说牛顿的谦逊可能是有条件的，那么玻恩的谦虚则近乎无底线："我从来不愿意成为专家，而在通常认为属于我的研究领域，我也是一知半解。"① 这句话是玻恩晚年说出的。难以想象这句话是出自为一些一流物理学家由衷膜拜的玻恩之口。玻恩不认为仅凭借自己的努力就能取得已经取得的成就，成就不决定于自己，也不仅仅属于自己。在玻恩看来，他的成功很大程度上靠的是好运气："有这样的双亲，找到这样的妻子，拥有这样的孩子、老师、学生以及合作者，都是我的幸运。"② 换言之，这些人都是他成功的必要条件。玻恩曾告诫自己"不要把自己看成像爱因斯坦、玻尔、海森堡、狄拉克那样一流的物理学家。如果现在（1961 年）我的地位上升了，大家公认我是一流物理学家的话，那完全是因为我运气好地出生在这样的一个历史时期：有许多最基本的成果明摆在那里，等着人们去捡；而我勤奋地做了些工作；还因为我到了相当大的年龄。"③ 如果对玻恩一生卓越的成就有充分的了解，会觉得说出这些话的玻恩的心境是多么地云淡风轻。

因此，玻恩与牛顿并非没有相似性与可比性。在科学界，认为牛顿是最伟大的科学家或最伟大的物理学家的人不少。在科学史上除了爱因斯坦，似乎还没人被视为可与牛顿比肩。本文将玻恩与牛顿作对比研究，不是将二人放在一起，一较长短、一决高下。而是在"四点论"的同一框架内，将牛顿与玻恩的主要科学贡献及主要影响，分别予以归纳

---

① Max Born. *My Life & My Views* [M]. New York：Charles Scribner's Sons，1968：22.

② Max Born. *My Life & My Views* [M]. New York：Charles Scribner's Sons，1968：47.

③ Max Born. *My Life* [M]. London：Taylor & Francis Ltd.，1978：234.

并作对比与说明，目的是展示玻恩作为一位专业物理学家，其成果之丰厚及重要性，因而堪称物理学大家。

2. 玻恩与牛顿重要科学贡献之比较

在"四点论"的框架内，可将牛顿的主要成就与玻恩的主要贡献，列于下表并予以对比说明。

牛顿与玻恩之对比

牛顿的重要贡献	玻恩的重要贡献
建立经典力学	建立矩阵力学
标志方程：$\vec{f} = m\vec{a}$	标志方程：$pq - qp = -i\hbar$
建立微积分、研究光学等	研究晶格动力学、液体理论等
奠定决定论	否定决定论

2.1　牛顿与玻恩学派各自建立的重要理论

赞颂牛顿及其经典力学的语句足以摘录成几本书。本文只引用爱因斯坦对牛顿及牛顿力学的若干评价。在爱因斯坦看来，牛顿的个人天赋是超群的："他把实验家、理论家、工匠——并不是最不重要的——讲解能手兼于一身。"[①] 在爱因斯坦看来，牛顿的影响是空前绝后的："在他之前和以后，都还没有人能像他那样地决定着西方的思想、研究和实践的方向。……在牛顿以前，并没有一个关于物理因果性的完整体系，能够表示经验世界的任何深刻特征。"[②] 牛顿创立的经典力学，直接的出发点是质点，能够把质点力学较容易推广到研究对象有大小的刚体力学。然而很长时间里人们相信，牛顿力学的有效性是无限的。因此几个世纪里，人们坚信牛顿定律放之四海而皆准，可以解释一切。对此爱因斯坦有过这样的总结："牛顿的成就的重要性，并不限于为实际的力学科学创

---

① 许良英，范岱年. 爱因斯坦文集：第一卷［M］. 北京：商务印书馆，1976：287.
② 许良英，范岱年. 爱因斯坦文集：第一卷［M］. 北京：商务印书馆，1976：222.

造了一个可用的和逻辑上令人满意的基础；而且直到 19 世纪末，它一直是理论物理学领域中每个工作者的纲领。"[1]

对于牛顿，更多世人所了解的一定是那个经不住推敲的、苹果砸在头上而使牛顿悟出了万有引力定律的故事。这一情况说明，虽然原则上牛顿三定律的作用远远超过万有引力定律，但在牛顿所有的科学贡献中，万有引力定律（$F = G \dfrac{m_1 m_2}{r^2}$）的提出具有特殊重要的地位。物理学家劳厄说："没有任何东西像牛顿对行星轨道的计算那样如此有力地树立起人们对年轻的物理学的崇敬。"[2] 在这个意义上，万有引力定律不但为始于哥白尼的天文学革命画上了圆满的句号，在力学范畴内将对于地球上的现象与天象的解释统一到同一个理论之下；还以其预言的高度准确性，而为物理学彻底奠定了坚实可信的基础。牛顿力学除统一了天上与地下之物理现象外，液体、气体领域的研究也都以牛顿力学为基础，牛顿自己还将其力学方法用于光学研究。

牛顿站在巨人的肩膀上一个人缔造了经典力学，但是牛顿力学不适用于原子系统以及比原子系统更微观的物理体系。玻尔的半经典、半量子化的原子理论只在极其有限的范围内有效。其理论预言只与最简单的氢元素的光谱事实相符合，而对于稍微复杂的任何其他元素都明显失效；用之于推演氯化钠的性质，则得到常温下氯化钠是柔软的结论，等等。玻恩在先行者的理论严重失效的情况下，带领学生通过研究，进一步揭示玻尔原子理论的无效性，摸索建立新的力学的思想方法和数学工具，经过几年的努力，他们最早成功建立了量子力学的矩阵表达形式。截至 2017 年以矩阵力学为标志的量子力学已经问世 92 年。它对于人类社会影响之巨大已得到学术界的充分肯定，这一共识完全基于量子力学对于现实世界与思想世界实在的改变和影响。对此马克斯·雅默有过这样的评价："在科学史上，还不曾有一种理论像量子力学那样对人类思想

---

① 许良英，范岱年. 爱因斯坦文集：第一卷 [M]. 北京：商务印书馆，1976：225.
② M. v. 劳厄. 物理学史 [M]. 范岱年，戴念祖，译. 北京：商务印书馆，1978：30.

发生过如此深刻的影响；也从来没有一种理论，对如此大量的现象（原子物理学、固体物理学、化学等等）的预言赢得了这样惊人的成功。"①雅默是在1974年如此评价量子力学的，34年后霍布森（A. Hobson）说："量子物理学（指的即是量子力学）也许是人类所曾发明的最成功的科学理论。它的实际影响伸展到每一种依赖于微观世界的细节的东西：晶体管、硅片和集成电路之类的电子元器件（因而全部信息和通信技术如电视和计算机）；大部分现代化学和一部分生物学；激光器；我们对各种各样实物（从超导体到中子星）的理解；原子核物理学、核能和核武器。"② 基于学者们对于牛顿力学和量子力学的评价，相信即使不了解物理学的人也不会怀疑，玻恩带领弟子们一起建立的量子力学，与牛顿建立的经典力学同样是了不起的科学理论，它们是不同科学时期的标志性重要理论。

2.2 牛顿和玻恩科学贡献的标志性方程

牛顿力学三定律之间有清晰的内在逻辑：牛顿第一定律告诉人们一个不受任何外力的物体，自身能保持静止或做匀速直线运动；牛顿第三定律揭示物体与外界环境之间作用力与反作用力的相互关系；牛顿第二定律确定物体所受外力与物体状态变化之间的关系：$\vec{F} = m\vec{a}$。根据这一公式只要知道物体的受力情况，即可计算出物体在任何时刻的速度和位置：

$$\Sigma\vec{F} = m\frac{\mathrm{d}\vec{v}}{\mathrm{d}t} = m\frac{\mathrm{d}^2\vec{r}}{\mathrm{d}t^2},$$

所以，
$$\vec{v} = v_0 + \int_0^t \frac{\Sigma\vec{F}}{m}\,\mathrm{d}t,$$

$$\vec{r} = \vec{v}_0t' + \int_0^t \frac{\Sigma\vec{F}}{m}\,t\mathrm{d}t.$$

---

① 马克斯·雅默. 量子力学的哲学［M］. 秦克诚，译. 北京：商务印书馆，2014：序.

② A.Hobson. 物理学的概念与文化素养［M］. 秦克诚，刘培森，周国荣，译. 北京：高等教育出版社，2008：301.

因此，牛顿三定律虽然不可彼此替代，各有其独特作用，但是牛顿第二定律是牛顿运动定律即经典力学的核心。因此从对整个物理学的作用角度而言，牛顿第二定律比万有引力定律更具备体现牛顿标志性贡献的资格。

另一方面，在玻恩看来，他1925年写出的下面这个公式，是他的物理贡献中的标志性公式：

$$pq - qp = \frac{h}{2\pi i} l$$

其中 l 为单位矩阵，即：

$$l = \begin{bmatrix} 1 & 0 & \cdots & 0 \\ 0 & 1 & \cdots & 0 \\ \vdots & \vdots & \ddots & \vdots \\ 0 & 0 & \cdots & 1 \end{bmatrix}$$

这个矩阵的非对角元素为零，最早出于玻恩的猜测，其后约当证明了玻恩的猜测。该式是量子力学中动量与坐标的对易关系式，也是矩阵力学里的新量子化条件。杨振宁先生曾称此方程为物理学"理论框架中之尖端贡献"，达到了"物理学的最高境界"。杨先生在文章中称此方程为"海森堡方程"，并说这是海森堡的"最重要贡献"。[1] 将此方程归于海森堡名下的不准确说法由来已久，不是始于杨先生。但是对 $pq - qp = \frac{h}{2\pi i} l$ 这一公式及其重要性，杨先生的评价是准确的。

晚年玻恩曾回忆说，发现这个优美的公式给他带来的激动，"就像长期远航的水手远远看见了渴望的陆地一样。"[2] 玻恩一生科学发现甚多：玻恩–卡门边界条件、玻恩–哈伯循环、玻恩对应法则、玻恩近似、玻恩统计诠释、玻恩–英费尔德理论等等。之所以发现对易关系时令他特别激动，而且这一激动令他终生不忘，是因为这一方程不仅优美，而且

---

① 杨振宁. 美与物理 [J]. 物理，2002（4）：196.

② Max Born. *Physics in My Generation* [M]. London & New York：Pergamon Press，1956：181.

玻恩的墓碑

更重要:"我决不会忘记,当我成功地把海森堡关于量子条件的观念凝练成一个不可思议的方程($pq - qp = \dfrac{h}{2\pi i} l$)时,我所感到的激动。这一方程是新力学的核心,而且后来发现,它暗含测不准关系。"[①] 带领弟子们建立量子力学是玻恩科学事业的巅峰期,在他看来对易关系式是量子力学的核心,那么完全可以理解在玻恩看来,对易关系式是他最了不起的贡献。在德国哥廷根玻恩的墓碑上,镌刻着这个公式。

2.3 牛顿与玻恩在其他领域的研究

除了提出三个运动定律及万有引力定律外,牛顿在数学(建立微积分)、光学等领域还有重要贡献。这些早为人所熟知,本文不再赘述。玻恩除了带领弟子建立量子力学外,自己还在弹性系统的稳定性、晶格动力学、液体理论、场论、相对论等多个领域有重要贡献。对于玻恩在其中若干领域的重要工作,有必要略作说明。

著名数学家、物理学家与哲学家彭加勒(Jules Henri Poincare)说过:"假使在自然界没有固体,那么便不会有几何学。"[②] 这话有道理,如果没有固体,且不问如何能存在人以及人类,即便存在高智商的人类,也难以想象三维空间并建立几何学。因此固体对于人类建立几何与形成关于三维世界的观念都有重要的影响。固体也是人们研究物质结构

---

① Max Born. *Physics in My Generation* [M]. London & New York:Pergamon Press,1956:100.

② 彭加勒. 科学的价值 [M]. 李醒民,译. 北京:光明日报出版社,1988:53.

与特性，最易首先选择的对象。固体从大的角度分为晶体和非晶体两大类。与非晶体相比，晶体具有更加稳定、具有稳定熔点，以及内部结构具有周期性等特点，这都是人们研究固体时首先研究晶体的原因。在第一次世界大战期间，玻恩 1915 年出版了他的第一本著作《晶格动力学》。玻恩在量子力学诞生之前的晶体研究，有一个格局颇大的愿望：从点阵假设出发导出一切晶体的性质。量子力学诞生后，玻恩对于晶体研究，有了更高的追求，即"从量子理论的最一般原理出发，以演绎的方式尽力而为地推导出晶体的结构和性质。"[1] 玻恩动手写了一部分，这就是 1954 年出版的《晶格动力学理论》的第四章到第七章的主要内容。1915 年出版的德文版《晶格动力学》是玻恩撰写的第一部物理学专著，而《晶格动力学理论》是玻恩最后一本纯粹物理学专著。因此晶格动力学是玻恩毕生的研究领域。在这一方面他取得了辉煌的成就、培养了众多在此领域从事研究的博士。诺贝尔奖获得者物理学家莫特曾说："无论怎么评价玻恩的工作，在我看来，他独立做出的对晶体物理学的巨大贡献，本身就是诺贝尔奖水平的成就，如果没有玻恩，这些工作恐怕还要等上 10 年或更多时间。"[2] 在晶格动力学理论研究过程中，玻恩创立了基于点阵能简单计算化学能的方法，这一方法为化学家所广泛使用。其反响令玻恩感慨："这个浅显的应用给我带来的荣誉却超过点阵理论本身，或者超过我的任何其他研究。……或许科学界是对的，在需要的时候取得一些看似不重要的琐碎贡献，要比参与一次哲学革命困难得多，也重要得多。"[3]

在所有物理现象中，光学现象是最绚丽多彩的，这既是最早引起人类关注的领域，也是大物理学家的世界频谱里不能或缺的一个重要波段。伽利略（Galileo Galilei）没有缺席光学研究，开普勒（Tohannes

---

① M. 玻恩，黄昆. 晶格动力学理论 [M]. 葛惟昆，贾惟义，译. 北京：北京大学出版社，1989：序.

② Max Born. *My Life* [M]. London：Taylor & Francis Ltd.，1978：Preface X.

③ Max Born. *My Life* [M]. London：Taylor & Francis Ltd.，1978：190.

Kepler）没有缺席光学研究，牛顿没有缺席光学研究，法拉第（Michael Faraday）、麦克斯韦（James Clerk Maxwell）没有缺席光学研究，迈克尔逊、爱因斯坦也没有缺席光学研究……有的物理学家，比如玻恩可以说未曾做过纯粹的光学研究，但是光现象仍然对他有巨大的吸引力。他讲授光学课，按照自己希望的方式从基本理论出发去推导和解释光学现象，并精心撰写光学教材。他说他在撰写光学著作时，"试图以这样一种方式来表述理论，使得一切结果，追本溯源，实际上都可归到麦克斯韦电磁理论的基本方程，而这组方程就是我们整个考虑的出发点。"[1] 玻恩用他从基本原理出发导出一切的方法，严谨地描绘了一幅相当完整的光学知识图画。玻恩的努力极其成功，其著作被光学专家称为光学界的《圣经》。[2]

在固态、液态与气态等几个物质形态中，液态同样与人类关系密切，但其形态更为复杂。玻恩是液态理论研究的先驱之一。在 20 世纪 40 年代末，玻恩较早带领格林开始对液体做原创性理论研究。当玻恩听说其他地方也有人开始对液体理论的研究后，感觉自己在较为封闭的爱丁堡仍然能够捕捉物理学前沿生长点，而没有被时代抛在后面，他对此十分满意。[3] 玻恩晚年在回忆录中说："在格林的帮助下，我发展了一种新方法，它由 N 个分子的 6N 维的相空间开始，然后逐渐地减少这个多维空间内的连续性方程，直到一个分子的六维相空间或其坐标的普通三维空间。"[4]

在一个角度，玻恩更像爱因斯坦，在他们的世界，最根本的、他们最关注的关系是个人与整个自然界的关系。这个基本关系是他们清醒时

---

[1] M. 玻恩，E. 沃尔夫. 光学原理 [M]. 杨霞荪，译. 北京：电子工业出版社，2005：初版序言

[2] M. 玻恩，E. 沃尔夫. 光学原理 [M]. 杨霞荪，译. 北京：电子工业出版社，2005：序.

[3] Nancy Thorndike Greenspan. *The End of the Certain World* [M]. London：John Wiley & Sons Ltd.，2005：264.

[4] Max Born. *My Life* [M]. London：Taylor & Francis Ltd.，1978：293.

最常态的精神存在环境。他们都以科学研究为乐：科学研究既是他们终生的工作与事业，也是他们的精神追求与人生中的最重要内容。与他们不同，牛顿可以为了其他事务而放弃科学研究；海森堡更是因为旅游之乐，而如他自己所说，能几乎忘却所有的物理知识、丝毫不做物理学思考。牛顿是有追求的人，年轻时他对很多事物充满好奇与疑问。对于这些疑问的较早成功解答，主要基于其出色的天赋。对于爱因斯坦与玻恩而言，在多个领域都有重要贡献是他们人生态度决定的自然而必然的结果。

2.4　牛顿力学的决定论与玻恩统计诠释的非决定论

牛顿建立了运动三定律以及万有引力定律之后，此前的体现为一个个具体的诸如阿基米德浮力定律、伽利略落体运动公式等，零散而彼此缺乏紧密联系的科学表现形式，发生了彻底改变。科学从此有了自己的体系。科学的体系化反映了自然的统一性。虽然 20 世纪人们逐渐发现这一思想认识的基础极其狭隘，但是在此之前牛顿经典力学使人们坚信："有可能根据在一特定瞬间所得到的体系的状态，计算出它在过去和未来的状态"。[①]　由此不难演绎出决定论思想。法国科学家拉普拉斯（Pierre-Simon Laplace）对它有非常精彩的描述："智慧，如果能在某一瞬间知道鼓动着自然的一切力量，知道大自然所有组成部分的相对位置；再者如果它是如此浩瀚，足以分析这些材料，并能把上至庞大的天体，下至微小的原子的所有运动，统统包括一个公式中，那么，对于它来说，就再也没有什么是不可靠的了。在它的面前，无论是过去或是将来，一切都将会昭然若揭。"[②]　在 20 世纪以前，决定论是西方机械科学观与世界观的核心内容。而以牛顿第二定律为核心的一组牛顿运动定律，是决定论思想的直接源头。因此，爱因斯坦说的没错，牛顿除了对物理学界，对人类思想也有过深刻而久远的影响，是人类思想史上少有

---

① 许良英，范岱年. 爱因斯坦文集：第一卷［M］. 北京：商务印书馆，1976：224.

② 赵红州. 大科学观［M］. 北京：人民出版社，1988：14.

的重要人物。

在科学界从根本上废弃决定论的是玻恩。玻恩在 1926 年 6 月发表的论文《论碰撞过程的量子力学》中，有这样一个脚注："一种更加精密的考虑表明，几率 [①] 与 Φnm 的平方成正比。" [②] 更准确地说原子中的一个电子，t 时刻出现在坐标 (x, y, z) 所确定的点的概率 $P = \left| \Phi nm\,(x, y, z, t) \right|^2$。$\Phi nm$ 的平方是个复数，不能指代概率，因此这个脚注不够准确。但玻恩只是表述不够准确，而在实际应用中并未犯错。掀起科学思想一场革命的概率诠释，以如此的方式被提出来，这让著名物理学家、物理学史家派斯不无感慨："这个重大的新发现，即正确的跃迁几率概念，就这样以脚注的方式进入了物理学。" [②]

对于波函数的统计解释，派斯曾有如此评价："量子力学意义上几率的引入——也就是说，几率作为基本物理学定律的一个内在特征——很可能是 20 世纪最富戏剧性的科学变化。同时，它的出现标志着一场'科学革命'……的结束而不是开端。" [③] 从量子力学体系建设的角度看，派斯的说法是正确的，玻恩提出统计诠释标志着量子力学建立过程的圆满结束。但是它对于人们尤其物理学家思想的影响，以及与此相关的争论，却仅仅是个开始。而且还要注意到一点，波函数统计解释，对于量子力学在更广泛领域的发展也有直接的推动："玻恩的波函数统计解释，变成了狄拉克和约当的变换理论的一个要素，海森堡从它导出了他的不确定度关系。" [④] 在笔者看来，玻恩提出概率诠释之后很多量子力学研究，很类似于牛顿之后，18 世纪伯努利（Nicolaus Bernouli）、

① 原文即采用"几率"，为尊重原文，原文引用时未改为"概率"。——本书编辑注

② 阿伯拉罕·派斯. 基本粒子物理学史 [M]. 关洪，杨建邺，王自华，等译. 武汉：武汉出版社，2002：322.

③ 阿伯拉罕·派斯. 基本粒子物理学史 [M]. 关洪，杨建邺，王自华，等译. 武汉：武汉出版社，2002：314.

④ M. Brown, A. Pais. 20 世纪物理学：第 1 卷 [M]. 刘寄星，主译. 北京：科学出版社，2014：185.

欧勒（Leonhard Paul Euler）、拉格朗日、拉普拉斯与哈密顿（William Rowan Hamilton）等人对于力学的进一步研究。这些进一步研究很重要，但就基础性知识而言，并无新的贡献，没有增删甚至改写力学体系的基础。

物理学家对于玻恩的概率或统计解释评价甚高。关洪教授曾指出："把玻恩贡献的这一种 interpretation（指玻恩的波函数的概率诠释）称为'诠释'，的确是比较贴切的。因为在汉语里面，'诠'字含有'真理'的意思，适宜于用来称呼已经证明为正确的并且得到公认的命题。"[1] 1954年玻恩成为诺贝尔物理学奖获奖者之一，获奖的理由是他"在量子力学领域的基础研究，特别是他对波函数的统计解释"（见诺贝尔奖网站）。爱因斯坦很长时间里不承认玻恩统计解释的基本性地位，但是1954年得知玻恩获得诺贝尔物理学奖之后，他终于让步。在寄给玻恩的贺信中爱因斯坦说："我很高兴听说，你因为对于当今量子理论的基础性贡献而荣获诺贝尔奖……特别是你后来对于（量子）描述做出的统计解释，决定性地澄清了我们的思想。在我看来，对此再无丝毫值得质疑的。尽管在这一方面我们有过结果不明的书信讨论。"[2]

霍布森强调量子力学"对哲学的冲击也许意义更重大"，"我们会发现，量子物理学意味着，与牛顿的世界观相反，自然界在微观层次上深深受着随机性或机遇的影响。大自然不知道她下一步将做什么！宇宙不再是一部未来完全可以由现在预言的机器了。"[3] 而正是玻恩的概率诠释才使人类突破了旧范式的桎梏，催生了对自然界的新领悟。

玻恩对概率诠释的意义及作用，有自己独特的领悟。他认为概率诠释不仅对于量子力学本身不可或缺、格外重要，它最大的意义是释放人

---

① 关洪. 一代神话——哥本哈根学派［M］. 武汉：武汉出版社，2002：18—19.

② Max Born. *The Born-Einstein Letters*［M］. London：The Macmillan Press Ltd.，1971：224.

③ A.Hobson. 物理学的概念与文化素养［M］. 秦克诚，刘培森，周国荣，译. 北京：高等教育出版社，2008：301.

类的思想自由："我确信，像绝对必然性、绝对准确、终极真理等等，都是应该从科学中驱逐出去的幽灵。人们可以根据目前关于一个体系的有限知识，依靠一种理论，推演出用概率表示的关于其未来情况的猜想和期望。……在我看来，这种思维规则的放松，是现代科学给予我们的最大恩惠。因为在我看来，相信只有一种真理，并且认为自己拥有这一真理的信念，是这个世界上最根本的万恶之源。"[①] 在玻恩看来，承认绝对必然性和终极真理的存在，尤其这一念头为强权或邪恶势力所霸占，声称自己是终极真理的代言人时，人类的一切邪恶行为都正当化了。因此，斩断终极真理和绝对必然性存在的根基，就取缔了任何人或集团唯我独尊的合法性；释放思想进路的多种可能，即从思想上解放了人类自己。

今天，在真正理解科学思想的人看来，决定论已是明日黄花，没人再执着于决定论梦幻。著名物理学家盖尔曼的一段话表述得非常好，很具有代表性："如果我们确定了基本粒子的统一理论和宇宙的初始条件，那么我们在原则上能够预言宇宙和一切事物的行为吗？答案是否定的，因为物理学诸定律都是量子力学的定律，而量子力学是非决定论的，它只允许做出概率性的预言。"[②] 玻恩对于这一思想局面的出现，做出了决定性的伟大贡献。

3. 结语

在时间上相隔几百年的两个不同的物理学家，无论玻恩与牛顿，还是爱因斯坦与牛顿，处于科学发展的不同阶段，其研究领域又不尽相同，难以通过比较，明确显示他们谁更伟大、谁的贡献更有影响力。对于历史人物贡献与作用大小之比较，留给更久远的未来也许是更加明智

① Max Born. *My Life & My Views* [M]. New York：Charles Scribner's Sons, 1968：182—183.

② Murray Gell-Mann. *The Quark and the Jaguar* [M]. London：Little, Brown and Company, 1994：131.

的。虽然如此，将玻恩与牛顿相互对比并非没有意义，通过这样的比较可以让更多人知道，玻恩与牛顿一样，在物理学史甚至整个科学技术史上，是做出了卓越贡献、具有重要地位的物理学大家之一。伟大的人生都光芒四放，这光芒向正感受着人生的孤独寂寞冷的人们投来舒适的温暖，并能为之充电。

十四、玻恩与薛定谔情感世界之对比

　　玻恩与薛定谔彼此之间交往算不上频繁，但也是彼此惺惺相惜的朋友。无论早期在德国期间还是后期二人定居英伦，二人之间时有书信往来。他们二人的学术成就的交集与分野，也是一道独特的风景。玻恩携弟子先建立了矩阵力学，并摸到了波动力学的边沿。薛定谔建立了波动力学。矩阵力学与波动力学只是数学工具不同，但是在波动力学出现后，矩阵力学的建设者以及哥廷根学派的师生中，有人（尤其海森堡、约当等人）对波动力学怀有某种"敌对"的情绪。但是玻恩总体而言并未排斥波动力学，不仅如此，在薛定谔对波函数以及薛定谔方程的物理内涵给出错误解释的情况下，玻恩独辟蹊径，给出了薛定谔方程中出现的重要的波函数以正确的解释。在这个意义上玻恩挽救了薛定谔的波动力学。但即便物理学界很快普遍接受了玻恩的波函数统计诠释，但是薛定谔对此仍多有微词。波函数的统计解释中，隐含着一种思想，用玻恩的话说，即他坚持微观客体的波粒二象性。但是薛定谔却直到晚年仍然坚信微观客体的粒子性是不能接受的。尽管如此，在玻恩与薛定谔先后离开纳粹势力范围后，最终薛定谔入主都柏林高等研究所，而玻恩成为爱丁堡大学物理教授，二人之间的关系一直保持良好。玻恩的助手和学生，如海特勒、彭桓武等先后曾到薛定谔的都柏林高等研究所从事研究工作。而从玻恩的档案中可以看出，1951 年爱丁堡大学请他推荐荣誉博士学位获得者提名时，他提名的唯一人物即薛定谔（信函照片见下图，另外一图为保存于玻恩档案中的一张薛定谔照片）。

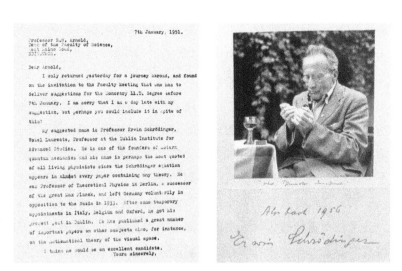

玻恩提名薛定谔获得荣誉博士学位的信函及玻恩档案中的薛定谔照片

玻恩与薛定谔，同为 20 世纪物理学界举足轻重的人物。但是二人的情感、婚姻与家庭观念甚为不同，甚至可谓截然不同。玻恩对于情感追求从一而终、宁静致远；薛定谔的情感世界追求色彩斑斓、随心而动。因此这二人的情感世界堪为追求古井无波与波澜壮阔两极的各自代表人物。玻恩与薛定谔的人生已成往事，关注与否似乎都无所损益。笔者认为关注他们各自的情感故事的最大理由是，曾经困扰他们的情感问题仍然在折磨着今天的每个人。多数人的情感世界即便不是一波未平而一波又起，也难免处处涟漪；抱真守一、古井无波者实属罕见。因此稳固感情世界的秩序，是每一个人无法回避的人生作业。玻恩与薛定谔的情感世界分别是两种极端类型情感生活的典型案例性的镜子或模板，可以为我们提供一些值得思考的问题与答案。

1. 内敛而保守：玻恩的情感世界

1.1 玻恩不是情场高手

玻恩 4 岁时母亲即去世。玻恩认为这对他有重要影响。从小没有最值得信赖的母亲，在玻恩看来自己就失去了咨询人生问题的最好老师。他认为自己敏感、羞怯、内向，有些许懦弱与不自信等性格都与过早失去母亲有关。十四五岁时玻恩与一位叫作伊伦·劳厄的女孩成为了密友。中学快毕业时，玻恩终于鼓足勇气准备向这位女孩表白，却发现女孩已经喜欢上另外一个男孩。这令玻恩十分痛苦、失望与自责。这是玻恩婚前有案可查的唯一恋爱史。并非玻恩没有机会恋爱，而是对于恋爱婚姻问题，玻恩过早具有很理性的头脑，即恋爱要以婚姻为目标，而不能不考虑能否结婚而随意恋爱。玻恩的外祖父、外祖母是极其富有的显贵。一家人几代都有赞助音乐家的传统，经常在他们的别墅里举行音乐会。玻恩在布雷斯劳大学读书时，经常去参加演出。他的钢琴弹得很好，每两周要参加一次定期举行的三重演奏晚会。期间他与一位同龄的叫作伊尔瑟·施佩特的小提琴手成为好友。玻恩感觉到这位女孩爱上了他。然而玻恩竭力抑制心中可能燃起的情感之火。因为这位女孩的父亲是位著名的牧师、传教士，全家是福音派教徒。玻恩认为出身犹太家庭而又无宗教信仰的他不可能和这样家庭的女孩走进圆满的婚姻殿堂。

1.2 玻恩的情感基调：波澜不惊、从一而终

玻恩在哥廷根大学做讲师期间认识了也出身于犹太家庭的海蒂，于1913年与她订婚并喜结连理。海蒂的父亲是哥廷根大学的一位法学教授。有人说海蒂后来是一位作家，也有人说她是位剧作家，但是这方面的资料甚少，难以确定。但是海蒂很多方面能力出众是毫无异议的。她是一个优秀的摄影爱好者，在海蒂与玻恩到美国、埃及以及印度等地时，她拍摄的一些照片很具有专业水准。玻恩无论在哥廷根大学还是在爱丁堡大学做教授，海蒂都堪称其不可或缺的课外助理。玻恩除了上课以及与博士生讨论研究课题外，与学生交流相对较少。而玻恩的家则被称为玻恩学生的幼儿园。学生们可以到这里聚会、弹琴，就像在自家一样。这当然是海蒂的功劳。在玻恩的学生存在一些问题，如严重的心理危机时，海蒂则担负起心理医生的重任。而在玻恩早期做晶体研究时，海蒂帮助他计算了包括成千上万个数据的数据表。玻恩结识爱因斯坦后，海蒂也成为爱因斯坦的好朋友。由赵中立、许良英编译的《纪念爱

因斯坦译文集》中收录了海蒂的一篇文章，名为《谈谈与爱因斯坦的私人交往》[①]。另外在《玻恩-爱因斯坦书信集》[②]中，收录有多封海蒂与爱因斯坦的通信。通过这些文字可以一睹海蒂的才华。

种种迹象表明，海蒂的才华、魅力足以让玻恩知足。他一生没有任何桃色新闻。有时桃花运来了，他也是敬而远之。1919—1920年玻恩在法兰克福大学做教授时，他的教席费用是一位当地富有市民奥本亥默捐赠的。老奥本亥默的夫人喜好钢琴，常约玻恩一起演奏钢琴。而奥本亥默家的儿媳，出身于布鲁塞尔名门，用玻恩的话来说，她是一个"很漂亮又风骚的金发女人"。她目光炯炯，看上哪个男人就与之调情。玻恩未与其深入接触，以至于玻恩的妻子打趣玻恩：太笨，不知道抓住机会。

1.3 玻恩珍视家庭、爱护妻女

1921年玻恩夫妇携两个爱女来到玻恩的母校哥廷根大学，玻恩荣任物理学教授。这一年他们又迎来了他们唯一的儿子古斯塔夫·玻恩。理论物理学就是玻恩的用武之地，而妻子、儿女组成的家庭，则是他最重要的乐园。作为一个人，即使有机会他也不红杏出墙，平静地生活在这个乐园，他心满意足。

玻恩一生满足于与海蒂珠联璧合、相依为命。然而海蒂却不止一次与玻恩同床异梦。最严重的一次发生在玻恩埋头带领弟子们缔造量子力学过程中，当这一事业大功告成之际，玻恩发现自己挚爱的妻子却已经移情别恋，与他人陈仓暗度，并向他明确提出了离婚的要求。这对于珍视感情、婚姻与家庭的玻恩而言，恰如五雷轰顶。很长一段时间在身心上都遭受巨创。

在托马斯·库恩等人建立的量子力学历史档案中，有一页1964年7月28日库恩写下的"机要"秘密记录，记录附有库恩亲笔签名（下

---

① 赵中立，许良英. 纪念爱因斯坦译文集［M］. 上海：上海译文出版社，1979：205—208.

② M.玻恩，A.爱因斯坦. 玻恩-爱因斯坦书信集［M］. 范岱年，译，上海：上海科技教育出版社，2010.

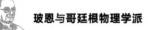

28 July 1964

Memo to Confidential File:

 Some time ago a physicist who had best remain nameless supplied the following bit of information to help me understand Max Born whom I had not yet seen. The informant felt very strongly that the information should not go in our files unless someone else would supply it. I am thus leaving it only with the status of a rumor, and one recorded two years after its reception.

 Some of the troubles that Born is repeatedly reported to have suffered during the middle twenties must be attributed to the behavior of Mrs. Born who was flagrantly involved in at least one extra-marital affair. Apparently it went on even after Born left Germany in the early thirties. Mrs. Born returned from time to time and continued as before.

Thomas S. Kuhn
TSK

关于玻恩夫人的秘密记录

图为此档案照片）。叙述的事情来自一位物理学家。他认为这件事情能帮助库恩理解这一时期的玻恩。记录的事情是：在 20 世纪 20 年代中期，玻恩一再所说的他所遭受的重创，有些与他夫人有关。即他夫人至少一次卷入了严重的婚变。这件事情很显然，在玻恩 20 世纪 30 年代初离开德国后仍在继续。玻恩夫人一次次返回德国像以前一样与情人幽会。库恩对于这则消息十分慎重，说除非另有他人也证实此事存在，否则他不会将其列入正式文件中，而只视其为流言蜚语。然而笔者将库恩的记录与玻恩传记作者南希·格林斯潘提供的玻恩夫人的日记等相互对照、印证，发现库恩得到的消息是完全符合事实的，确有其事。

这件事情，令玻恩悲伤、备受打击。但他没有恼怒、没有冲动，而是表达出了宽容、原谅与不离不弃的胸怀，一直期待海蒂总有一日能够回心转意。结果玻恩成功了。其后二人终于白头偕老。关于这段故事，笔者《玻恩研究》一书中有较为详细的描写 ① 。有兴趣者从那里可以了解更多细节。

玻恩对妻子可谓百依百顺，对儿女则是呵护有加。玻恩一生有一双女儿以及一个儿子。最小的儿子长大后，与玻恩亦父亦友。在年迈之后，他还在为儿女们的生计着想、操心，并设法援助。在玻恩的档案中，有一封写给老朋友弗兰克的信，没有注明时间，但写信地点却明确标明为德国巴德皮尔蒙特，显然是玻恩 1953 年退休回到德国定居之后所写（见下图）。

---

① 厚宇德. 玻恩研究［M］. 北京：人民出版社，2012：174—181.

在这封信中玻恩说，他回到了德国，但是他的三个孩子都在英国定居。根据当时的法律，他去世后他的孩子们就要缴纳德英两国双重的遗产税，这将导致其遗产到孩子们手中时，将所剩无几。玻恩在信中说到他儿子古斯塔夫·玻恩，作为皇家学院以及伦敦大学的医学教授，有很好的经济收入。但是他离婚又再婚，需要养育两次婚姻的三个孩子，但仍可以自保。玻恩的两个女儿，虽本人都无过错，却都处于失去婚姻的状态。她们靠自己的劳动和前夫支付的少量的金钱维持生计。因此她们的未来相当没有保障。因此玻恩说，为了争取赚

玻恩致弗兰克的信

更多的钱留给孩子们，他努力工作（撰写了20多本科学以及科普书籍、发表大量文章、上无线电以及电视节目等等）。但是两次政治事件使他的前半生的很多努力几乎化为泡影。第一次灾难是第一次世界大战后德国的经济危机；第二次是希特勒和纳粹的出现。70多岁后玻恩获得诺贝尔奖，这使他的积蓄有所增加，但由于这一年的奖金较低，而他又是与人分享奖金，因此所得少于人们预期。玻恩听说，如果能够证明一个人在其他国家交了遗产税，就可以申请免除英国政府的遗产税，但是需要出示重量级人物的证明。而他给老朋友弗兰克写这封信，就是请弗兰克作为其证明人。

虽说德国与中国文化有别，但是读玻恩晚年这封信件，我们感觉到的不是一位科学贡献卓越、培养出一批批科学英才的伟大物理学家，不是那位为人类未来殚精竭虑的智者，而是与一位担忧儿女们未来的中国老人心境完全无异的父亲。诚如老话所言，不爱家的人是不会真正爱国

的，不挚爱自己的亲人和邻居的人是不会在乎整个人类的。

1.4 科研与育人：鞠躬尽瘁、精益求精

玻恩做人老实低调，这导致在有的人看来，玻恩缺乏个性或魅力。如马丁·克莱恩就曾说："爱因斯坦当然是独一无二的，玻尔无论在哪里理论物理之父的名号都非他莫属，狄拉克的独特方式与出众天赋，泡利的深刻而伤人，这些已经成为 45 年来物理学家故事的基础。但是很明显玻恩缺乏这五花八门的个人魅力中的任何一个。"①

不张扬、少说多做也许就是玻恩的个性。如果把玻恩比作一位农民，则科研和育人就是他全力耕作的田园；如果把玻恩比喻成战士，则事业就是他忘我拼搏的战场。家庭是休憩的港湾，爱家人也许是玻恩的本能。但是绝不能把玻恩忘我地投入于科学研究与教学，仅仅看作他是为了赚钱。研究的乐趣、教学的成就感，更是他投入地工作的重要动力。玻恩晚年曾说："我一开始就觉得研究工作是很大的乐事，直到今天仍然是一种享受。……我觉得在大学里教书是最有趣的。以有吸引力的和有启发性的方式来提出科学问题，是一种艺术工作，类似于小说家甚至戏剧作家的工作。对于写教科书来说也是同样情况。最愉快的是教研究生。……发现人才并将他们引导到内容丰富的研究领域是件了不起的事情。"②

一个人有号召力、有煽动力、在任何时刻都能成为人们的焦点，这样的人往往被视为有魄力、敢想敢干。但是沉默寡言的伟大科学家在科学领域的每一个成就的取得，也需要魄力和冒险精神。即使是一位务实教学的老师对于教材与科学知识的处理，也需要一种智慧的果断。同样为人低调的汤川秀树曾将在科学上的创见称为是"大胆的越轨行为"："实际上，科学的发展往往不是用这样的方式（指基于大量精密而可靠

---

① Martin J. Klein. *Max Born on His Vocation*[J]. Science, New Series, 1970, 169(3943): 360.

② M. 玻恩. 我的一生和我的观点 [M]. 李宝恒，译. 北京：商务印书馆，1979：20—21.

的实验数据）实现的，而是通过一连串大胆的越轨行为来实现的；这些越轨行为包括从一些比较不充分的数据和一些本身并不怎么精确的测量结果中发现一条简单的定律。"[1] 玻恩显然具有这样一种隐藏于内心深处的狂野与大胆：1933 年玻恩在写给物理学家艾伦费斯特的信中，描述他带领弟子们创立矩阵力学一事，说他经历和完成的是"大胆冒险之事"（the bold things）。[2] 玻恩对于科学的痴迷和忘我是超越常人的。他度蜜月时随身带着爱因斯坦的广义相对论论文并埋头研读，这令新娘极为不快。[3]

　　玻恩在科学事业上的上进心也给很多他的学生和合作者留下了极为深刻的印象。如 1962 年 3 月 5 日，托马斯·库恩和海耳布朗与朗德共进午餐时，朗德曾说：玻恩是一个很有抱负、上进心很足的人。如果有 3 个月不发表一篇重要的文章，玻恩就很沮丧郁闷。[4]（下图为相关档案的照片。）

II. Born

1. When Landé first knew Born, he was gay witty, and secure personally, professionally, and financially (family money). Was, however, very ambitious. If three months passed without a major paper, he was frustrated.

2. Now has changed completely. No sense of humor at all. Great bitterness. Hates Americans.

   a) Landé blames change on Hitler and war. (Doesn't respond to M. Mayer's stories about earlier difficulties.) Loss of financial security. Problem for Jews.

   b) Landé thinks Born would have had Prize for work with Heisenberg except that Germans at that time would not recommend a Jew. (Note that the Prize was '52, however.) Landé adds, as do so many others, that Born should have had it. "Heisenberg stammered something. Born made sense of it." (Quasi-Direct Quote)

3. Landé rates Born's mind far above Heisenberg's.

朗德评价玻恩的档案照片

① 汤川秀树. 创造力与直觉 [M]. 周林东，译. 石家庄：河北科技出版社，2010：151.

② Nancy Thorndike Greenspan. *The End of the Certain World* [M]. London：John Wiley & Sons Ltd., 2005：191.

③ Max Born. *My Life* [M]. London：Taylor & Francis Ltd., 1978：167.

④ Thomas S. Kuhn, John L. Heilbron, Paul Forman, Lini Allen. *Archives for the History of Quantum Physics* [微型胶卷]. Philadelphia：The American Philosophical Society Independence Square，1967，E1 Reel 7.

玻恩在哥廷根大学做教授时，对他过度劳累的情况有过这样的描写："玻恩教授的工作严重超负荷，主要是由于各种国外学生的大量涌来……玻恩每周的教学时间超过 15 小时……" [1] （下图为相关档案的照片。）

Professor Born terribly overworked, largely because of tremendous influx of foreign students of all kinds. . . . Born evidently does not like to refuse any man and has some rather worthless men with him, wasting their own and his time. . . . Born teaching 15 hours a week, which is far more than average of the better men, even in the American universities, where conditions are notoriously bad.

描写玻恩超负荷工作的档案照片

所以说，玻恩有痴迷投入，但他痴迷投入的是更好地教学、更好地写讲义；玻恩内心也充满激情，但他的激情是发自于科学研究的乐趣，以及取得更多更大研究成果的野心。他没有将精力和热情用于招蜂引蝶或拈花惹草。教学与科研几乎释放了其绝大部分生命力。

年近 60 岁的爱因斯坦曾说："我总是生活在寂寞之中，这种寂寞在青年时使我感到痛苦，但在成年时期却觉得其味无穷。" [2] 与玻恩不同，爱因斯坦很早就成为新闻人物，不仅在科学界，即使在政治界、文艺界等领域，他也是人们趋之若鹜的中心。只要他愿意，他可以成为诸多场合的核心人物，为人们津津乐道。如何理解他的寂寞？无他，爱因斯坦的寂寞，应该是具有强大精神追求者共有的精神寂寞。这类人即使经常高朋满座，即使每天被人簇拥恭维，也无法让精神的寂寞烟消云散。对于爱因斯坦、玻恩、薛定谔及其同类而言，无论他们自己是否曾清楚地意识到，以下事实都是无法否定的存在：他们各自的精神世界在人类中就是与众不同、极其独立与强大地屹立在人类文明巅峰之上的一棵参天大树般的存在。爱因斯坦思想巨杉闪烁着足以区隔是非的光泽；玻恩苍

---

[1] Nancy Thorndike Greenspan. *The End of the Certain World* [M]. London：John Wiley & Sons Ltd.，2005：151.

[2] 赵中立，许良英. 纪念爱因斯坦译文集 [M]. 上海：上海译文出版社，1979：138.

劲的思想枝干垂荡着对人类浓郁的忧心以及悲天悯人的悠长情怀；薛定谔思想法相之光显露的更多是一种迫切洞察世界与生命本质的贪婪。虽然他们各具特点，但是他们都是自我意识强烈的有灵魂的人物。精神焦虑、精神快乐、精神寂寞对于他们，如同江南梅雨季时时可能散落心头的一场又一场细雨。爱因斯坦如同一头卧于山巅俯视人类的雄狮；玻恩如同一位在安静中厮守青灯古卷的消瘦方外老人；薛定谔恰似见佛切磋、见魔杀魔、沉湎酒色但颇具大能的灵修者。

2. 激情与创造：薛定谔的情感世界

如果将艾尔文·薛定谔（Erwin Schrödinger，1887—1961）的一生比作一条河，那么这是一条深沉的河，也是一条激流勇进、浪花飞溅的河。这条河滚滚向前的动力是一团探索的灵魂，它驱动他思考、感悟、试图把握并期待融入这世界最深处的本原之海。在他潜意识的世界里，生命、物质世界以及女人不合逻辑地并列着，都是灵魂驱使他渴望认识、理解、把握并征服的对象。因此，理性上以哲学和吠檀多为依托而缔造的千回百转的深思，感性上难以自抑、更无视世俗羁绊的激情互相缠绕，成为薛定谔人生的主旋律。

2.1　薛定谔情感世界素描

中学时的薛定谔是维也纳剧院的常客，有时他一周光顾两次；欣赏之余，他还撰写《戏剧随笔》。戏剧是薛定谔少有的终生爱好之一，对于他情感特征的形成，至少有一定的影响。当时他最喜爱的剧作家是弗朗茨·格里尔帕策（Franz Grillparzer），他是一位色情戏剧大师，曾写过这样的文字："懂得爱和生活的人们，无须比较男人的爱和女人的激情。男人秉性变幻莫测，这就是生活，无常的生活。"[①] 用这一诗句描写薛定谔也颇为合适。戏剧不是维也纳色情巅峰，文化氛围对薛定谔有不小的影响："世纪之交时的维也纳艺术世界比先锋剧院的色情味道更浓……

---

① 沃尔特·穆尔. 薛定谔传［M］. 班立勤，译. 北京：中国对外翻译出版公司，2001：17.

很前卫的维也纳色情文化是如何影响年轻的艾尔文的呢？他终生保存的文献中有大学科学俱乐部杂志的复印件。"① 色情图片是该杂志的亮点。虽然如此，传记作者沃尔特·穆尔（Walter John Moore）在描绘薛定谔情感路线图时，仍将薛定谔读大学前的情感生活彻底忽略，断定他的第一次罗曼史发生在 21 岁读大学期间。薛定谔这次恋爱热烈而短暂，除了女孩的名字是爱拉外，再没留下什么。沃尔特·穆尔对薛定谔早年情感经历的梳理比较细致，但有些断语，还是有草率之嫌且存在明显的自相矛盾。如说薛定谔与爱拉的交往是薛定谔第一次浪漫史，可是书中也说，1915 年身处第一次世界大战前线的薛定谔，曾用多篇日记动情地记录、再现中学时恋爱情景的梦境，而女主角是勒特。② 由此看来薛定谔读大学之前的情感绝非白纸一张，因此说爱拉是薛定谔的初恋对象难以令人信服。

薛定谔情感经历的活跃期似乎开始于他结束学生生涯之后。他成为维也纳大学无薪讲师之后，与父母亲朋友的女儿、比他小 8 岁的弗利切·克劳斯相爱并私订终身。但女孩父母认为："让一个正在研究神秘数学的穷无神论者做女婿简直无法想象。"③ 由于女孩家庭的反对，二人最后解除非正式婚约。但弗利切是真爱薛定谔的，在他 70 岁生日时曾送长诗一首，诗中有云："当公鸡高鸣晨曲，恍惚间，我仿佛觉得我们的童年刚刚离去。年少的嬉戏快乐，真真宛如昨夕。"④ 沃尔特·穆尔断定："在与弗利切解除婚约后的许多年中，艾尔文没有再爱上跟自己社会地位相仿或高于自己的女子。"③ 纵观其后薛定谔的情感生活，确乎他未

---

① 沃尔特·穆尔. 薛定谔传 [M]. 班立勤，译. 北京：中国对外翻译出版公司，2001：18—19.

② 沃尔特·穆尔. 薛定谔传 [M]. 班立勤，译. 北京：中国对外翻译出版公司，2001：60—62.

③ 沃尔特·穆尔. 薛定谔传 [M]. 班立勤，译. 北京：中国对外翻译出版公司，2001：44.

④ 沃尔特·穆尔. 薛定谔传 [M]. 班立勤，译. 北京：中国对外翻译出版公司，2001：46.

再与身份高贵的女性发生感情纠葛。

在弗利切之后薛定谔与一位名为伊兰尼·德雷克斯的女孩坠入爱河，但又是一场无果而终的浪漫。薛定谔工作之始，在弗里茨·克尔劳施领导之下。薛定谔认识了克尔劳施家的小保姆安妮·波特尔，这是位 1896 年出生的农村女孩。至第一次世界大战期间，薛定谔已经追求或交往过多位女孩，有的即使分手也仍是藕断丝连。但只有这位已经 20 岁、农村出身的安妮·波特尔来部队看望过薛定谔。之后二人成为恋人，于 1919 年订婚并最终迈入婚姻殿堂。这对夫妻性格不合，没有共同的兴趣爱好："他们在很多方面很不匹配，安妮几乎没受过正规的教育，对知识也没什么兴趣。她钢琴弹得不错，并有一副好歌喉，但艾尔文对此却毫不动心，而且他从不许她有一架钢琴。安妮体贴周到，善良开朗，是个有点像男孩儿似的顽皮姑娘。当她再大一些，长相明显地男性化了。……安妮最明显的特点是对艾尔文本人，他的相貌、性格、才华都崇拜得五体投地。"[①] 婚后妻子不能生育并对其他男人明显有兴趣的事实，让薛定谔耿耿于怀："在一起四年了，他们没有孩子，性爱空前地不和谐。在苏黎世他们这个特别的圈子里，性解放很是盛行……婚外情不仅可被宽恕，而且人人向往，甚至会使别人因为嫉妒而心生渴望。安妮觉得赫尔·曼韦尔是她愿意全身心都投入的情人……艾尔文和安妮曾考虑过离婚的可能性，但安妮不同意。出了卧室，他们还是一对和谐的夫妻；她实在是个出色的主妇和可靠的妻子。这样，虽然双方都有自由寻找性伙伴，但仍继续维系着这个婚姻。"[②] 显然这不是幸福的婚姻，妻子的不舍心理以及她愿意做出的一些奉献，是婚姻得以延续的重要因素。

转眼到了 1925 年夏季，安妮把富人容格（据传安妮母亲是容格家

---

① 沃尔特·穆尔. 薛定谔传［M］. 班立勤，译. 北京：中国对外翻译出版公司，2001：89.

② 沃尔特·穆尔. 薛定谔传［M］. 班立勤，译. 北京：中国对外翻译出版公司，2001：119.

族私生女）家的一对 14 岁孪生姊妹（伊蒂、维蒂）介绍给薛定谔，请他为她们辅导数学。不久薛定谔开始写情书与诗歌追求伊蒂，伊蒂 17 岁时成为薛定谔的情人。1925 年末薛定谔不知不觉踏入事业巅峰期，这一巨变仍缺不了女神的眷顾。薛定谔写信邀请在维也纳的一位女友到阿洛萨过圣诞节。现在已经无法确定这位神秘女友姓何名谁，但可以肯定这位伴侣极大地激活了薛定谔的创造力："艾尔文才智激增，极具戏剧性。他进入了长达 12 个月之久的活跃创造期，这在科学史上是无与伦比的。"[①] 在此期间他建立了波动力学。

1927 年声名鹊起的薛定谔到柏林大学做教授。那一时期，"柏林是欧洲最放荡的城市。"[②] 这样的氛围一定有助于薛定谔的荷尔蒙分泌，不善于交际的他依然离不开情人。这时他主要的情人是少女伊蒂，但伊蒂不足以填满薛定谔情感世界的空虚："他的风流韵事总是不乏浪漫情怀……那时他浪漫故事的女主人公是伊蒂……薛定谔还有其他几乎不为人知的恋爱故事。"[③]

1929 年底薛定谔认识了同事阿瑟·马奇新婚的妻子希尔德。希尔德身材苗条颀长，出身于普通家庭，接受的是非正规教育。薛定谔旋即向她展开爱情攻势，但并未立即如愿以偿。薛定谔对此毫不灰心，他在日记里写道："从来没有一个女人在同我睡过之后，会不想同我共度余生。"[④] 这一念头成了他最后令希尔德就范的手段。最终二人骑车旅行并致使希尔德怀孕。1931 年安妮的老朋友汉西·拜尔来柏林，与薛定谔一家去滑雪等等。薛定谔与汉西·拜尔擦出爱火。因此，这一时期，薛

① 沃尔特·穆尔. 薛定谔传 [M]. 班立勤，译. 北京：中国对外翻译出版公司，2001：131.

② 沃尔特·穆尔. 薛定谔传 [M]. 班立勤，译. 北京：中国对外翻译出版公司，2001：167.

③ 沃尔特·穆尔. 薛定谔传 [M]. 班立勤，译. 北京：中国对外翻译出版公司，2001：168.

④ 沃尔特·穆尔. 薛定谔传 [M]. 班立勤，译. 北京：中国对外翻译出版公司，2001：185.

定谔同时拥有伊蒂、希尔德和拜尔等多位情人。

　　与伊蒂交往之初，薛定谔有过娶伊蒂的想法。一段时间里虽然他对伊蒂保持着一往情深的感觉，但逐渐意识到伊蒂不适合做妻子，但这不影响二人继续交往。1932 年夏天安妮不在家，薛定谔迎来了伊蒂，二人一起散步、游泳、划船，直至伊蒂怀孕。虽然不想与安妮离婚，但薛定谔竭力劝说伊蒂将孩子生下。薛定谔做此设想仅仅是因为，他非常希望有自己的儿女，事实上此时在他心里分量更重的是希尔德，对伊蒂的爱已经大大褪色。伊蒂失望之余而堕胎，手术导致她再嫁人后几次流产而终身不育。但伊蒂对薛定谔似乎还是一往情深。1934 年伊蒂与薛定谔在伦敦仍曾再聚。1934 年 5 月希尔德在牛津为薛定谔生下了女儿，取名鲁思·乔治亚·埃里克。薛定谔的情感世界达到了他期待的状态：安妮做妻、希尔德做妾，组成妻妾并存之家。这时虽然希尔德仍是同事的妻子，但是薛定谔却视其为自己的家人。薛定谔在日记中写到安妮对待薛定谔这个私生女的态度也耐人寻味：她"爱这个孩子胜若己出"。[①]　后来当这个孩子被带走离开时，安妮悲痛万分，竟然企图自杀。薛定谔与安妮、伊蒂以及希尔德的关系已经足够复杂，但这还不是这一时期薛定谔情感网络的全部。他还曾同有夫之妇、画家、摄影家汉西·博姆坠入爱河，两人 1935 年曾结伴去度假。

　　1940 年薛定谔和安妮应邀去一位朋友家做客，迷上了朋友姐姐 12 岁的女儿巴巴拉。经朋友严肃警告，薛定谔停止了对巴巴拉的追求，但是仍把她列为生命中的单恋对象之一。1944 年前后薛定谔同一位叫作希拉的女性热烈相爱又分手。之后薛定谔通过情人希尔德认识了 26 岁的凯特，并展开对她的追求，很快二人即结伴前往海滨城市维克洛旅行。正在此时薛定谔得知希拉与他爱情的结晶即将诞生，她也为薛定谔生育一女。希拉后来与丈夫戴维离婚，她与薛定谔的女儿竟然由戴维抚养。

---

　　① 沃尔特·穆尔. 薛定谔传［M］. 班立勤，译. 北京：中国对外翻译出版公司，2001：219.

1946 年 6 月凯特又为薛定谔生育一女，取名琳达·玛丽。这个女孩被带到薛定谔家，由安妮和仆人照看。这之后薛定谔与 1931 年结识的汉西·拜尔再续旧情，二人到伦敦相聚。拜尔介绍自己的朋友、绘画陶艺师路西·莱与薛定谔认识，薛定谔与路西·莱立即双双坠入爱河。

这便是《薛定谔传》中展示的薛定谔情感生活的基本面貌。有理由断定薛定谔的日记以及书信等资料中的记载，并非其情感生活的全部。他承认："就这些事而言，没有男人是完全真诚和可靠的，而且他也不应该这样。"① 因此，薛定谔的情感世界，不会比沃尔特·穆尔的描写简单，而很可能更加复杂。

2.2　薛定谔不是特例

薛定谔的情感世界可谓花样翻新，足以令人惊讶。但如果留意一下就会发现，即使局限于科学界，薛定谔的情感生活也并非一枝独秀的另类，更未必是登峰造极者。希尔伯特是 20 世纪数学家的魁首，也是马克斯·玻恩在哥廷根大学最敬重的老师。希尔伯特 50 岁生日时，玻恩等众弟子为这位大师合写了一首诗，其中有这样的诗句："他从未吻过玛尔薇娜，她的丈夫胡塞尔看着呢。"这里的胡塞尔就是那位著名的哲学家。这一诗句的言外之意是，如果不是胡塞尔在看着，希尔伯特就会亲吻他的妻子玛尔薇娜。学生以此调侃他们敬爱的老师的一个习惯："希尔伯特对女人有一个大弱点，他老是按照一种奇特的方式同新欢调情，无论是对女学生或同事的妻子，或者女演员，都是这样。"② 玻恩描写希尔伯特轶事的言辞使我们相信，看似相对极端而混乱的薛定谔情感生活，在他所处的时代与社会背景下，并非绝无仅有的异类之举。爱因斯坦为《爱因斯坦传》作序时说过这样的话："被作者所忽视的，也许是我性格中非理性的、自相矛盾的、可笑的、近于疯狂的那些方面。这些东西似乎是

---

① 沃尔特·穆尔. 薛定谔传 [M]. 班立勤，译. 北京：中国对外翻译出版公司，2001：引言Ⅶ.

② M. 玻恩. 我的一生 [M]. 陆浩，蒋效动，杨鸿宾，译. 上海：东方出版中心，1998：217.

226

那个无时无刻不在起作用的大自然为了它自己的取乐而埋藏在人的性格里面的。"[1] 爱因斯坦没有详细解释，被传记作者忽视的他"非理性的、自相矛盾的、可笑的、近于疯狂的"那些方面，究竟具体所指为何。想来是内容丰富的，其中如果包含爱因斯坦在情爱方面离经叛道之事，并不让人意外。因为有足够多爱因斯坦的爱情故事为世人津津乐道。

薛定谔的情爱故事揭开了很多人都必须面对的人生课题的一块遮羞布。简单粗暴地斥责薛定谔道德败坏、缺乏责任感等等意义不大。薛定谔自己，尤其他到英国工作之后，心里十分清楚很多人对他的生活方式另眼相看的态度。但是他为什么似乎一生都毫不收敛呢？搞清这类情况出现的根本原因是十分必要的。生理意义上的爱情保鲜期十分短暂，这是一个基本的事实。据说有科学依据表明，处于热恋中的大脑会分泌的爱情物质多巴胺，数量不少但在最多不到三年的时间里，会被挥霍一空。但是另一方面，人不像有些动物，有特定的发情期，人类的性渴望几乎与生俱存。这一矛盾是包括薛定谔等在内的名人们，一幕又一幕上演情感悲喜剧的根本原因。客观地讲，在漫长的一生中，要求每个人在情感世界必须一诺终生是不现实的。这也是现代社会婚姻自由观念包括依法可以离婚的根本原因。在复杂的人类情感生活中，男女双方一见钟情，且恰恰都是对方梦中情人的情况，不会比比皆是。因此每对夫妻最后倾心一诺都难免有些不得不的意味。择偶时间与一个人婚后漫长的生活相比，是相当短暂而不成比例的。婚后遇见更加动心者的机会相对更多。因此每一桩婚姻都将遭遇诸多挑战在所难免。在现实生活中更多的婚姻得以善始善终，并非依靠的是爱情或激情，生活中建立的亲情、彼此信赖以及对现实生活中诸多因素的考量，都可成为婚姻家庭的防火墙。薛定谔与安妮的婚姻，即属于得以维系至最后的"问题婚姻"之一。恩格斯的一段话堪称现代人情感法典的第一准

---

① 许良英，赵中立，张宣三. 爱因斯坦文集：第三卷［M］. 北京：商务印书馆，1979：41.

则："在婚姻关系上，即使是最进步的法律，只要当事人在形式上证明是自愿，也就十分满足了。至于法律幕后的现实生活是怎样的，这种自愿是怎样造成的，关于这些，法律和法学家都可以置之不问。"[①] 恩格斯表达的精神实质是：在现代人的情感与婚姻事务中，爱情与自愿是高于一切的先决条件。薛定谔在情感生活中，有手腕、有心机、有私心而几乎无视世俗观念，但他仍然走的是情感攻势，并未违背自愿原则。如果认为薛定谔的情感生活是失败的，那么他所处时代的社会风俗与文化熏陶对他的影响，不可低估。他不是生活在奉"存天理灭人欲"为道德规范的国度，他也不是生活在藐视世间幸福的中世纪，在薛定谔所处的时代，他所隶属的"这个特别的圈子里，性解放很是盛行……婚外情不仅可被宽恕，而且人人向往，甚至会使别人因为嫉妒而心生渴望。"[②] 在一个道德标准混乱的时代，个体的堕落算不得新奇。因此薛定谔固然有错，一定意义上他也是时代与文化的受害者。私人的情感道路是个人生活抉择的一部分，原则上任何人都不具备高高在上可以指责他人的特权，都没有资格对他人品头论足、指手画脚。超越时代、跨越文化与国度，以"八荣八耻"等为标准，对薛定谔做道德审判是不适当的。

2.3 激情与创造

薛定谔并不避讳，要描写他的一生，"不考虑与女人们的关系……会造成巨大的空白……"[③] 薛定谔在情欲世界的我行我素，对于他的科学事业意味着什么？在沃尔特·穆尔看来，情感世界恣意妄为的随冲而动是薛定谔科学创造的重要助推力："薛定谔是个激情化的人，很有诗人的气质。正是普朗克、爱因斯坦、玻尔的旧量子论山穷水尽的绝望境地

---

① 恩格斯. 国家、私有制和国家的起源［M］. 北京：人民出版社，1976：70.

② 沃尔特·穆尔. 薛定谔传［M］. 班立勤，译. 北京：中国对外翻译出版公司，2001：119.

③ 沃尔特·穆尔. 薛定谔传［M］. 班立勤，译. 北京：中国对外翻译出版公司，2001：引言Ⅶ.

激发了他天才的灵感。看起来，精神上的压力，特别是由于热恋而产生的心理压力也有助于而不是妨碍他科学上的创造性。"[①] 如果薛定谔的人生是一束绚烂而活跃的火花，那么这束火花燃烧的不仅是他的智慧、学识、才华，更有他的爱情。爱情不是薛定谔生命中的整个天空，却是冥冥之中对他生命浪潮的最大牵引。

在弗洛伊德（Sigmund Freud）看来，人类精英在科学与艺术等领域取得成就，是在性本能不能如愿以偿的情况下，生命力一种折射释放的结果："性本能一旦屈从于文化的第一需要，便无力得到完全的满足。这种能力便是文化的最大成就的源泉，而文化成就则是由于净化了性本能的组成部分以后才取得的。……两种本能——性本能和自我本能——的要求之间不可调和的对立，使人取得更大的成就，虽然事实上他一直处于危险（比如，神经症）的威胁之中。"[②] 性欲不是人类欲望的全部，弗洛伊德的观点不无道理但有失偏颇。人还有求知欲和好奇心，作为社会人还有成为世人之翘楚的欲望等等。把这些欲望一律看作以性欲为决定性变量的函数，缺乏决定性的说服力。虽然如此，包括科学研究在内的文化创新活动与人的激情有关是有事实依据的。在文学界，一位诗人的一场爱情可以昙花一现，但是这场爱情孕育的一部诗集或一首脍炙人口的诗作，却会永远流传。在笔者看来，创造力强劲、性欲旺盛都是生命力强大的标志。弗洛伊德的观点只揭示了性欲与创造力之间复杂关系中的一种情形。除了二者之间的这种此消彼长外，二者之间还存在着彼此促进、相辅相成关系。薛定谔创作高峰期有神秘情人相伴就是一个例证。第三种关系是：创造力枯竭造成的心理焦虑，唯一的发泄渠道即是过度的情欲泛滥，薛定谔科学高峰期之后的表现是对这一情形的极好诠释。

---

① 沃尔特·穆尔. 薛定谔传 [M]. 班立勤，译. 北京：中国对外翻译出版公司，2001：引言Ⅶ.

② 弗洛伊德. 弗洛伊德论创造力与无意识 [M]. 孙恺祥，译. 北京：中国展望出版社，1986：186.

创造不是艺术家和科学家的专利，政界、军界、商界……创造或创意俯拾皆是、无处不在。另一方面，情感需求也不完全是基本需要有保障后的奢侈品，有人之处便有激情。"文化大革命"期间干校的生活是艰苦的，但是笔者听过一些那时干校里的知识分子的爱情（包括婚外情）故事。笔者不希望读者基于本文形成科学家和文学家等都是色情狂的错误印象。用心调查，可以发现一个也许不为人喜欢但却无法否定的事实：在人类社会360行中，诸领域之翘楚，无论政治家、军事家、商人，还是医学家等等，大凡心理与生理正常的风云人物几乎都伴有风流韵事。这是无解的困惑，只因为他（她）们都是生命力极其旺盛而强大的人类。

2.4 薛定谔给我们的启示

分析薛定谔的情感生活的过程，也是顿悟、经验与教训涌现的过程。在正常社会，个别人的行为突破道德水平线的上下涨落，是一种无法避免的客观存在。挑战规则与底线的人当然有反社会者，但也不乏人类天才。处处循规蹈矩的多为庸凡之辈，而只有敢于藐视既有戒律的超凡脱俗者才有可能成就伟业。世人歌颂伟业的创造者以及他们缔造的伟业，却又对他们超凡脱俗、有违纲常的行为说三道四。这是既有社会规范与天才本性之间无法和解的冲突。社会稳定需要规范，社会进步需要天才，二者缺一不可。笔者并非刻意替天才鸣不平并为其谋求特权，指出这一矛盾属于无法抹杀的客观存在，只为提醒世人以及足担天降大任的天才，彼此之间都该做些适当的自律，并尽己所能给对方一些理解。只有这样才有可能达到某种合理的平衡态。作为薛定谔的同代人，玻恩生活拘谨，薛定谔的所作所为也令玻恩震惊，但这不妨碍他与薛定谔成为好友，他对薛定谔的宽容态度值得借鉴："对我们中产阶级人士来说，他的个人生活看起来很奇怪，不过这都无伤大雅。他是个很可爱的性情中人，风趣而有主见，和蔼而又慷慨，并有着最完美能干的大脑。"[①] 如

---

① 沃尔特·穆尔. 薛定谔传［M］. 班立勤，译. 北京：中国对外翻译出版公司，2001：引言Ⅶ.

果在大尺度时间背景下去审视，人类历史上才子佳人的风流韵事，留给后人的往往并不是道德污点。

做人要尽量培养更多的兴趣爱好。薛定谔作为物理学家，对于生命现象有深入思考，喜欢研读哲学，但是总体看来他还是一个高雅兴趣爱好缺乏者。如果他对于音乐、绘画等等有浓厚的兴趣爱好，且不说这可以进一步升华其精神修养，总能将其投入情欲方面的精力分流一部分出来。当然有人说薛定谔有些大器晚成与他生命后期性欲旺盛有关。玻恩曾预测薛定谔会比玻恩长寿，但事实上薛定谔却比玻恩早去世了 16 年。有人认为这一结果也与薛定谔纵欲过度不无关系。

做人要尽量拓展自己的社交面。薛定谔一生，情感故事此起彼伏。除了妻子安妮外，薛定谔至少与十几位有名可循的女性擦出了爱情的火花：爱拉、弗利切、伊兰尼·德雷克斯、伊蒂、希尔德、汉西·拜尔、汉西·博姆、巴巴拉、凯特、路西·莱……这些人中，除 12 岁少女巴巴拉外，余者或长期或短期都曾成为薛定谔的情人。而这些女性之中一位是他同事的妻子，其余基本都是他妻子或情人的亲戚或朋友。这愈发使对薛定谔私人情感生活不耻的人觉得他人品欠佳，但这也从一个侧面反映出薛定谔社会交际面狭窄的事实。与他有深度交往的主要是物理学界好友，但他们并非总在身边；薛定谔没有亦师亦友的学生，他不像玻恩那样一生很大一部分精力用于教学和培养人。如果薛定谔打开自己的个人世界、扩大自己的生活圈子，交更多良友，自然会一定程度上改变他沉浸于女性旋涡中的生活方式。

科学家、学者要尽力拓展自己的学术视野。从个人天赋才智上看，薛定谔与玻恩很相似，二人作为理论物理学家，都数学功底深厚，都比较精通哲学，都不是实验的门外汉。薛定谔的研究领域比较宽广，在量子力学以及生命科学方面都卓有建树，但是其物理学专业视野的宽展度远不及玻恩。玻恩在量子力学、晶格动力学、光学、非线性电磁场、相对论、液体理论等诸多方面，都勤奋耕耘。凭借薛定谔的能力和精力，他本可以像玻恩那样进一步广种博收，但他没有做到。如果他的科研视野再有所拓展，如同玻恩一样兢兢业业，他就能像玻恩一样享受简单而相对恬静的感情生活。

任何社会人总要对自己有所节制。如果薛定谔对于自己的情欲能有所节制，他的个人生活也许就会更加井然有序。在阅读薛定谔的传记时，笔者不止一次想起歌德（Johann Wolfgang von Geothe）。薛定谔是有着诗人气质的职业科学家，而歌德是酷爱研究自然科学的大诗人。二人都是情圣，但比较而言，歌德在某些方面某些时期，能做到有意识地严格律己。作为魏玛官廷大剧院总监，他身边可谓佳丽无数，而且这些佳丽中不乏仰慕歌德及其权势、地位和名望者。但是对此歌德有原则："我克制自己，对自己说，'不能走得更远了！'我认识到自己的地位和职责。我站在剧院里，不是作为一个私人，而是作为一个机构的首脑。对我来说，这个机构的兴旺比我个人霎时的快乐更为重要。如果我卷入任何恋爱纠纷，我就像一个罗盘的指针不能指向正确的方向，因为旁边有另外一种磁力在干扰。"① 薛定谔在情感世界则表现得更加自我。他让同事的妻子在不离婚的前提下为自己做妾，这在20世纪二三十年代的西方世界也非家庭生活的常态，薛定谔对此不以为然："传统的道德无须多虑，只要当事人接受这种状况就可以了。"② 如果薛定谔能够像歌德那样对个人本能的情欲有所节制，他的一生完全可以更加幸福、更加有成就。

创造源于自我意识，社会法则总对自我有所约束与克制。前一命题之所以颠扑不破，正如爱因斯坦所说："只有个人才能思考，从而能为社会创造新价值"。③ 而后一点则是不言自明的。以创造为天职的科学家不能没有自我意识，但是自我意识一旦成为其性格特征的一部分，将自

---

① 爱克曼. 歌德谈话录［M］. 朱光潜，译. 北京：人民文学出版社，1980：70.

② 沃尔特·穆尔. 薛定谔传［M］. 班立勤，译. 北京：中国对外翻译出版公司，2001：203.

③ 许良英，赵中立，张宣三. 爱因斯坦文集：第三卷［M］. 北京：商务印书馆，1979：39.

我意识只限定于科研领域是困难的，科学家往往无意识地即将其拓展到其他方面，比如情感生活中。这一点是科学家必须觉悟的，并深入认识到适宜自我约束的必要性，因为任何社会个体，都不可能具有绝对的自由。而另一方面，科学家以外的他人或社会，也必须自省，体会爱因斯坦从另一角度阐发的合理思想，并尽可能将其落于实处："只有在自由的社会中，人才能有所发明，并且创造出文化价值，使现代人生活得有意义。"① 而一个社会是否足够自由，不该由"社会"自诩，而很有必要倾听个体的声音。

　　当然，如果薛定谔果真做出这些努力和改变，一位伟大的科学家也许尚未诞生即已夭折。人生就是一种选择，适度与适当，只属于理想或想象。薛定谔是一位科学大家、思想家，甚至还是一位诗人。在有的人看来，他可以被斥为道德败坏的流氓、感情骗子、幼女侵害者；在他自己看来，他只是自己精神和情感欲求的忠实仆人。换一个角度，也不妨可以说他是人类生活方式的一位探索者、实践者，甚至自我实现者。横岭侧峰、见仁见智。无论如何，曾存在这样一个人物，他给某些人制造了不小的情感创伤，但同时他又是人类科学领域不折不扣具有卓越贡献的大人物之一。介绍科学家不能只介绍他们阳光甚至圣徒的一面，而这是过去和现在多数常见的做法。事实上，不回避人性弱点地将科学家作为有血有肉的人去介绍，让人们了解实实在在的他们，才更符合科学的基本精神。面向未来，值得学习的经验与需要警戒的教训同等重要。

---

① 许良英，赵中立，张宣三. 爱因斯坦文集：第三卷［M］. 北京：商务印书馆，1979：118—119.

十五、对玻恩写给彭桓武一封信函的译释

1. 引言

  1963 年，81 岁的玻恩（1882—1970）在自己的回忆录中说：彭桓武（1915—2007）在他那里获得博士学位后，"被任命为爱尔兰的都柏林的薛定谔高级研究所的一位教授，成为去了苏黎世的海特勒的继任者，我想彭是第一个在欧洲获得教授职位的中国人。几年以后，他决定返回中国。在离开之前他来看望我们，并陪我们一路到苏格兰高地的乌拉普尔去度假。他在很热的时候离开伦敦，但是他没带雨衣，当时苏格兰西海岸正下着大雨，我们只好送他一些干衣服和雨衣。我们在一起度过了很美好的几天，带他领略了苏格兰的一些景色，然后他离开了。我们再也没有见到他，他也从没给我写信。但是我通过与其他中国朋友通信来了解他的一点情况"。[①] 彭桓武在英国六七年，一直与玻恩保持着良好的、密切的学生与老师或合作者的关系，玻恩在回忆录中对于彭桓武有极高的评价。[②]

  彭桓武于 1947 年回国。玻恩回忆说十几年后他才收到彭桓武的一封信。

---

① Max Born. *My Life*［M］. London：Taylor & Francis Ltd.，1978：289.

② 厚宇德，王盼. 玻恩对于中国物理界的贡献［J］. 物理，2012，41（10）：678—684.

　　玻恩指的是 1960 年彭桓武先生随代表团赴英参加英国皇家学会成立 300 周年纪念大会，来到伦敦之后他给玻恩写了封信。撰写回忆录时，年过 80 的玻恩记忆中早已淡化、记错甚至完全忘记了一些事情的细节。事实上，1960 年之前彭桓武给玻恩写过信，玻恩也写过较长的回函。

　　2014 年 7—9 月，笔者在英国剑桥大学丘吉尔学院档案中心研读玻恩档案时发现，玻恩在写给他另外一位中国弟子程开甲的信中提到，他收到过彭桓武先生的一封信。笔者找到了玻恩在收到彭桓武来信后，1950 年 11 月 28 日写给彭桓武的回函的打印件。因此彭桓武在 1947 年离开英伦归国之后，到 1960 年赴英参加会议之前，至少给他的恩师玻恩写过一封信，而不像玻恩错记的那样，彭一去便十多年杳无音信。遗憾的是笔者认真阅读玻恩及其家人遗留下来的档案（其中极少部分根据家属意见不公开），却未能找到彭桓武先生 1950 年 11 月写给玻恩的信函。不过从玻恩给彭桓武的回函中，我们还是可以了解到彭先生在致玻恩信函中谈到的某些话题。透过玻恩的这封回复彭桓武的信函，我们可以反观彭桓武先生对玻恩的感情；也可以帮助我们理解爱因斯坦、玻尔父子、郎之万（Paul Langevin）等人到过中国，而玻恩为什么一生不曾来到中国。这封信是了解玻恩与彭桓武之间关系和了解玻恩内心世界的重要物理学史料，非常值得中国物理学界、物理学史界了解。

2. 汉译玻恩写给彭桓武的信函

　　1950 年 11 月 28 日玻恩写给彭桓武信函的全部内容如下：

　　我亲爱的彭：

　　　　你 11 月 4 日写的令人感觉温暖的信，让我妻子和我都开心高兴。它这么快就到了，很令我惊讶。

　　　　我们都很乐见你一切都好，看来你得到了好的、适合你的岗位。

你如此善意地邀请我去中国做一次学术之旅，或者更长时期的居留，非常令我感动。但是你一定得到了很错误的消息，我很讶异是谁给了你这个消息。首先，在我退休前，我还有两年、也可能是三年要留任在这里（指爱丁堡大学。——笔者注）。其次，如果我再年轻些，我想我愿意去看看中国，我感觉对于这么长途而吃力的旅行而言，现在的我已经太老了。第三，在你的祖国，事情有了相当大的改变。如果现在我还年轻，（体力）能够吃得消，我会毫不犹豫地去做一次学术报告之旅，但是不会逗留时间太长。因为你很了解，我是一个崇尚民主与自由的极端个人主义者，这样满脑子充满西方理念的人，现在在你的国家应该很少，因而是不受欢迎的。我想我不能够因为我的哲学信仰而接受当局的任何权利控制。而我太老了，难以再去适应很新的生存环境。我和你以及其他年轻人很不一样。过去这几年，有几位杰出的中国年轻人有的已经回去，有的正准备回去，都渴望回去为建设新中国而去做贡献。从我们听到的中国建设取得成功的消息看，应该是很令人鼓舞的。

你提出的全部购买我的图书馆（指玻恩个人藏书。——笔者注）的计划也是我们之间友情的很善意的展示。但是我在接下来的两到三年还需要利用它们，而之后我不得不通过商业运作去出售它，获得最高的报价，什么时候这么做，我会告诉你。

关于你的个人生活，你没有说很多。但是你的信让人觉得你看起来是很幸福而满意的。如果有时间，请告诉我你正在做什么工作。

除了偶尔的一些小毛病外，我妻子和我都很好。在系里，研究生的数量减少了很多，现在只有 3 个人。其中一位是中国人，很杰出的杨立铭博士。我现在将他推荐给你，希望你随后能帮他在你的国家得到职位。他是一位成功的工程师，但是现在成功转型为一位理论物理学家，他知道场论和基本粒子领域所有最现代的发展。

至于我自己，我的几本书要出版新版本，我主要在忙于撰写、修改书稿。而事实上我已经放弃了对于（物理学）前沿新问题的研究工作。

我的儿子古斯塔夫，在已过去的 7 月份结婚了，现在生活于牛津，他想今年冬天在那里得到博士学位。我的女婿普赖斯和他整个家庭正在普林斯顿，他们将在那里生活工作一年。

我有一个很好的学生——格林博士，在你之后将去都柏林研究所工作一年。海特勒现在离开了这个研究所去了苏黎世大学，而薛定谔将在因斯布鲁克（Innsbruck）大学逗留几个月，但是会回来。这就是所有我想你感兴趣的全部。

我和我妻子送去对你最亲切的问候，以及最美好的祝福。

谨启

这封信是打印而成，全信有近两页半。其中第一页如右图所示。打印信件已经不是很清晰。

28th November, 1950.

My dear Peng,

My wife and I were delighted to have your kind letter of 4th November. I was quite astonished at how quickly it has travelled.

We are both very glad that you are well and seem to have got a good, congenial position.

I was particularly touched by your most kind invitation to come to China for a lecture trip, or for a longer period. But you must have been quite wrongly informed, and I rather wonder who could have given you this information. In the first place, I have still two or perhaps three years to go here, before I have to retire. Secondly, though in younger years, I would have liked to see China, I feel now much too old for such a long and strenuous journey, and thirdly, things have rather changed in your country. I would not have had the slightest hesitation in coming for a lecture trip if I had been younger, and able to stand it, but certainly not for a longer period. For you know me well enough as a dreadful individualist, democratic and liberal, and as one who has many such Western ideas which at present are not popular in your country. I don't think I could accept any authority in regard to my philosophical convictions, and I am too old to adapt myself to quite new conditions. It is different/

玻恩回复彭桓武的信函

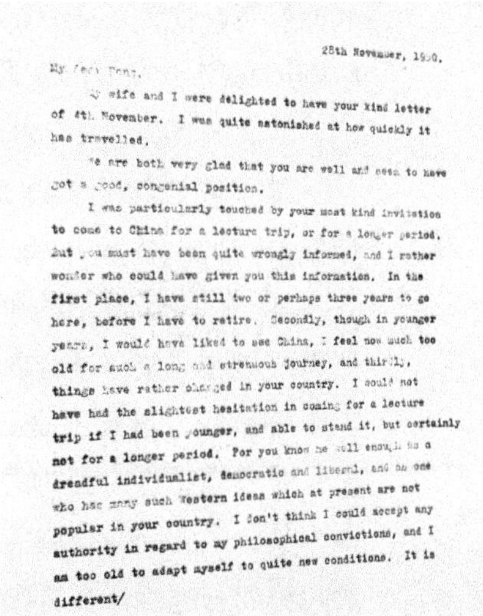

在 1950 年 12 月 8 日写给另外一位中国弟子程开甲的信中，玻恩提到了收到彭桓武信函一事：

我收到了我此前的合作者彭博士的信，他以最友好的方式邀请我退休后去中国。我告诉他我还有两年时间之后才能退休，而我感觉对这样的漫长旅行而言，我已经太年迈了。而且我觉得（在

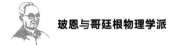

你们国家）政治氛围是这样的，（对我而言适应起来）可能很困难。但是我不想讨论这个困难问题。

从玻恩给彭桓武先生的回信以及对于程开甲先生所说的话可以看出，虽然玻恩当年没能接受彭桓武的访华邀请建议，但是彭桓武先生的提议还是令玻恩温暖而心存感动的。

3. 对玻恩写给彭桓武信函的几点说明

从玻恩的回函来看，1950 年 11 月 4 日彭桓武先生写给玻恩的信，是不准确消息促发的结果。即彭桓武听说玻恩要退休或离开爱丁堡大学。在当时的中国人中，很难有人比彭桓武更了解玻恩的科学造诣以及玻恩的藏书对于当时理论物理研究的价值，因此才致信玻恩提出他的建议：请玻恩来华，希望购买玻恩的全部藏书。

如果不考虑其他因素，只从科学的象牙塔里来看这件事，笔者认为，彭桓武先生的建议除了一定包含着他与玻恩的师生情谊外，必须承认是非常有利于中国当时物理学发展的有远见的举措。玻恩拒绝了彭桓武的设想，今天可能令很多中国物理学界人士觉得遗憾。但是从其后更广阔的新中国发展的实际情况来看，彭桓武当时的设想也是难以实现的，即使玻恩 20 世纪 50 年代如愿来华，也难以发挥更大的作用。

对于玻恩做出的决定，笔者的认识可能有利于读者更好地理解玻恩。

其一，关于玻恩的藏书。玻恩在回函中说，他在退休前的 2—3 年还需要用这些资料是客观事实。另一方面玻恩希望通过商业运作将它们卖个好价钱，这是不是显得玻恩的境界不够高尚呢？为客观理解这件事，对于玻恩当时面对的现实状况我们需要有所了解。古斯塔夫·玻恩在为其父亲的回忆录撰写的后记中说：玻恩退休后，本来希望与他心爱的儿孙们一起生活在英国。但是由于玻恩在英国的工作时间比较短，因此他在英国获得的退休金少到不够生活之用。按照德国的赔偿法，1953

年后玻恩能够得到一些补偿，但当时还不能把这些钱直接转到英国来。因此古斯塔夫说经济收入问题是其父退休后选择回德国一个小镇生活的原因之一。因此，我们可以想见，1950 年即将 70 岁的玻恩一定清楚自己退休后经济上将面临的窘境，并开始思考一些解决的办法。出售藏书也许是在如此处境中的一位教授或学者都会想到的办法之一。玻恩档案中 1950—1953 年的一些信件表明，这时的玻恩曾多次与若干期刊以及出版社联系，希望帮忙补齐自己收藏的一些出版物。这也许是他为了将它们卖个更高价格的一种努力。可以设想如果玻恩在经济上毫无后顾之忧，凭借他和几位中国弟子的感情，再如果彭桓武讲清玻恩的藏书在中国物理学界会发挥更大的作用，也许玻恩会将它们捐给中国。但是，年迈体弱而正忧虑如何解决自己和夫人（由前文可知，令玻恩忧虑的还有他的两个女儿）未来生活中将面临的经济困难的 70 岁老人，希望将自己的藏书多卖些钱，也实在是再自然不过的了，应该予以充分理解。

其二，在给彭桓武的回函中，玻恩对于自己的剖析不可谓不深刻："我是一个崇尚民主与自由的极端个人主义者"，"满脑子充满西方理念的人"。但是玻恩并不敌视新中国，从玻恩的某些言辞可以看出，一定意义上他是很肯定新中国的。在冷战时期受西方军方之约而做的演讲报告 [1] 中，玻恩曾说："人类曾一直受害于瘟疫和大灾难：大火灾、大水患、病痛、饥饿和战争。自从科技革命以来，我们已经能够应对上面的某些灾难。火灾和洪水泛滥在当今文明国家已经被合理方法战胜而很少见。中华人民共和国认为，防御大河泛滥是他们的首要责任。与疾病和痛苦的战斗也在那里开展着"。[2]

----

[1]　这一演讲报告收入了 1962 年出版的玻恩的《物理学与政治学》（*Physics and Politics*）一书中。玻恩在演讲报告中说，这一演讲是受一位缪勒将军（General Mueller）之邀而做出的。虽然笔者未能确认这位将军的更多细节，但是我们还是可以想见这一报告的听众。

[2]　M.Born. *Physics and Politics* ［M］. London：Cliver and Body Ltd.，1962：74

4. 玻恩一直未来中国的原因

在纳粹得势的 1933 年，玻恩被迫离开了他创立的哥廷根物理学派。其后直到 1936 年他才在英国爱丁堡大学获得固定的教授职位。几年里，虽然他自己处境尴尬，但仍不断向在美国的朋友如爱因斯坦、向在英国有一定话语权的牛津大学物理教授林德曼等人推荐他的助手、学生以及其他年轻物理学家。在向林德曼推举的人中，甚至包括后来的美国氢弹之父泰勒 ① 。玻恩为学生与助手们所做的这一努力收效甚微，1936 年清华大学是有回应的学校之一。南希·格林斯潘在她撰写的玻恩传记中曾说："北京的国立清华大学，想得到一位学者，但是不得不要等到对日政治关系整顿好之后"。② 1937 年日本对我国的侵略行为不但没有受到制约，而且该年 7 月的卢沟桥事变之后日本发动了更加疯狂的侵略。因此，笔者曾以为，因为当时这世人皆知的现实使清华大学接收玻恩在哥廷根大学时期的学生和助手的计划也自然无法实现。当然，有人会说 20 世纪 30 年代我国有能力邀请西方学者和科学家来华开展学术交流，比如维纳 20 世纪 30 年代曾来清华讲学。笔者因此想起早年读维纳的传记曾见到此事。看来这事并非像南希女士描述的那么简单。

笔者就此向南希·格林斯潘请教细节。她回函说，清华大学当年与玻恩有联系的是周培源教授，她肯定周培源在 1936 年 1 月 14 日曾致函玻恩。笔者问可否在丘吉尔学院档案中心找到这些信，她给予了肯定的答复。然而笔者反复认真阅读了已经公开的全部档案，并未发现相关信件。而根据目录分析，这一信函保存于未公开档案中的可能性不大。但愿只是笔者的疏忽而未见到这些信。这样从周培源先生的信函原件中了解更多信息的想法无法实现，此事也许需要以后更多相关文献的发现才

---

① Nancy Thorndike Greenspan. *The End of the Certain World* [M]. London：John Wiley & Sons Ltd., 2005：184.

② Nancy Thorndike Greenspan. *The End of the Certain World* [M]. London：John Wiley & Sons Ltd., 2005：205.

能弄个明白。

　　1933 年之前，玻恩在德国物理学界已经是一位难得的资深教授，由法兰克福大学到哥廷根大学，很快建立了世界一流的物理学派，不可能来中国任教。期间他似乎没有机缘与中国物理学界发生重要关联，因此也没有来中国讲学的机会。由于纳粹迫害，玻恩暂时居于英国剑桥大学，但是没有得到长期任教资格。1935 年后半年至 1936 年初，玻恩曾有大半年时间在印度，但是他没能在印度获得长期的教授职位。当时滞留在苏联的卡皮查曾开出丰厚的条件邀请玻恩去莫斯科工作、定居。由于一些顾虑玻恩最终没去，但是从他的回忆录中不难看出他曾动心。爱丁堡大学的达耳文教授另有高就，关键时刻玻恩被推举为达耳文教职的继任者。这一机会的出现使其他所有可能都荡然无存，因为除了德语，玻恩比较熟悉英语，而那时他的孩子们已经适应了在英国的学习和生活。1933—1936 年之间，很多国家的物理学界都有得到玻恩的可能，然而未见当时中国大学伸出的橄榄枝。而当彭桓武先生表达出明确邀请时，年迈的玻恩对于来华的建议，望而却步而终生未能来华。笔者想起可能与此有关的两件事：其一，笔者曾在大成老旧书刊网分别搜索 20 世纪二三十年代我国刊物中关于玻尔与玻恩的文章。关于玻恩，只找到几句话，是介绍《BORN 教授的新电子理论》，而与玻尔有关的报道则有很多。其二，笔者在剑桥大学狄拉克等人的档案里，发现了很多日本物理学家仁科芳雄（Yoshio Nishina，1890—1951）写给狄拉克的信函，但是未在玻恩的档案中发现来自仁科的信。这一切似乎与一个事实有关，即在 20 世纪二三十年代，虽然玻恩做出了很多卓越的科学贡献，但是他为人低调，不为更多同行（尤其东方同行）和世人所了解。这可能导致当时中国科学界认为玻恩的科学地位远不及得到中方邀请的爱因斯坦、维纳（这两人都与玻恩关系密切）等人。因此，对于他本人以及他推荐的人兴趣不是很大。

5. 玻恩与彭桓武等人的珍贵合影

在玻恩遗留下的档案资料中，笔者发现了另外几张珍贵的照片，是玻恩与彭桓武等人在爱丁堡大学的合影[①]，时间应该是20世纪40年代。这两张照片是笔者目前所见玻恩与中国物理学家仅有的合影。照片展示了青年时代彭桓武先生的风采，也依稀可见玻恩在回忆录中所说的彭桓武先生作为年轻人时所具有的那种自信与豪情[②]。

20世纪40年代，玻恩与彭桓武等人在爱丁堡大学的
合影（之一），图中右一为彭桓武，中间为玻恩

[①] 由于时间比较久远，照片已变色不清晰。另外相片由透明胶布封存，直接用相机拍摄效果不好。每张相片笔者交纳12英镑，经档案中心有偿服务、专门处理后，才达到现在的效果。剑桥大学丘吉尔学院档案中心已经授权笔者在文中使用照片和相关信函。他人无论为任何目的，需经笔者同意后方能使用本书中的照片。

[②] 玻恩在回忆录中提到，年轻的彭桓武曾对他讲：一个中国人能做十个欧洲人才胜任的工作。玻恩涉足的研究领域之宽广，著述之丰厚，都足以令人吃惊，面对勤勉的玻恩教授，彭桓武能出此言，也许有玩笑的成分，但是无法掩盖彭先生当年的自信与豪情！

20 世纪 40 年代，玻恩与彭桓武等人在爱丁堡大学的
合影（之二），图中前排右一为彭桓武，后排中间者为玻恩

而在下一张照片中左一为彭桓武，居中者为玻恩：

20 世纪 40 年代，玻恩与彭桓武等人在爱丁堡
大学的合影（之三）

致谢：我在此对剑桥大学丘吉尔学院档案中心的阿兰主任及杰玛·库克（Gemma Cook）、路易丝·沃特林（Louise Watling）、艾米莉（Emily）小姐和安德烈·赖利（Andrew Riley）先生，在阅读文献方面给予的帮助，对南希·格林斯潘女士在文献寻找方面给予的建议，致以衷心感谢。

十六、玻恩与德布罗意物质波的实验验证

任何历史人物（被神话的除外）或团体，无论多么伟大、多么了不起，都肯定有遗憾与错误。玻恩与弗兰克缔造的成就斐然的哥廷根物理学派也是一样。这个学派的遗憾之一是两位学派领袖尤其弗兰克，葬送了一名弟子——艾尔萨瑟的一个实验研究好点子。

科学史家托马斯·库恩认识到这是量子力学发展史上不能忽视的一个事件，因此在 20 世纪 60 年代他及其同事采访玻恩、弗兰克、约当，以及艾尔萨瑟等人时，从不同角度都提到了这一事件。而令历史工作者感到棘手的是，这几个人对于这同一事件的回忆差别不小。这充分展示了基于口述历史开展研究的历史学家最头痛的典型问题：如何处理对于同一事件不同人物回忆中的明显差异？

一个人回忆一件事时，很多时候不是站在这件事情之外去观察和审视，然后描述和分析这件事，而是从自己的内心出发去描述这件事给自己留下的印象。印象存乎心，很多时候描述中很自然就从叙述者变为当事人，甚至是决定性的当事人，让自己担当事件的主角（事实上往往根本不是这样），去构建整个事件合乎逻辑的完整过程，并自然给出结论。这是不同人物对于同一事件的口述文献中出现矛盾的根本原因。

1. 艾尔萨瑟回忆艾尔萨瑟事件

1962 年 5 月 29 日，海耳布朗采访艾尔萨瑟，谈起了这一事件。[①]

艾尔萨瑟：最近我在一些地方读到了玻恩的评论。玻恩说他建议我去做关于衍射的事情，我想他晚年记忆力是有点衰退了。现在我说说在我身上发生了什么。……不知从哪里，我自己得到了发表在柏林科学院的爱因斯坦关于玻色统计的原创论文。爱因斯坦计算了玻色气体的涨落。这些涨落可以通过一个由两项相加的公式表示。其中一项就是粒子在盒子中时的常规涨落，另一部分恰好是一个空腔里充满驻波时的涨落。……那时他认为这相当奇怪。……他在这篇论文里的一个注脚中提到了德布罗意的论文。我很好奇，我说，"我必须看看能否从图书馆找到它。"令我很吃惊的是，在哥廷根大学的图书馆竟然有德布罗意的论文。……里面有著名的德布罗意公式 $f = h/p$ 等等。……我开始思考，最后我有了想法，这些波可能比我想象的要真实很多。……所以我用计算尺算出当德布罗意波透过金属多晶间的空隙时，能得到什么。然后，我也立即考虑了冉绍耳效应。当德布罗意波透过金属多晶之间的空隙时电子能通过原子而没有发现阻碍，这是很奇怪的事。……它确实看起来很像衍射现象。当然不能从任何经典模型得出这一结论。

根据艾尔萨瑟本人的回忆，我们可以概括出以下几点：

① 艾尔萨瑟认为玻恩回忆有误，不是玻恩的指导而是爱因斯坦的论文（尤其一个注脚），引导他去寻找并阅读德布罗意的论文。

② 读过德布罗意的论文后，经过深入思索，艾尔萨瑟想到了用物质波衍射解释戴维孙实验以及冉绍耳效应（Ramsauer-Townsend effect）的想法。[①]

艾尔萨瑟：当我写完这篇注解性小文章后，我首先把它给弗兰克

---

① Thomas S. Kuhn, John L. Heilbron, Paul Forman, Lini Allen. *Archives for the History of Quantum Physics*［微型胶卷］. Philadelphia：The American Philosophical Society Independence Square, 1967, E1 Reel 2.

看，他把论文拿给玻恩看。然后他们说，"噢，这很疯狂，但是你应该把它寄给伯利纳先生。"那时他是《自然科学》的编辑。……伯利纳首先把它寄给实验物理学家普林斯海姆。这位很不清楚该怎么给出评价。他们又将稿子寄给另外的什么人，我忘记是谁了。最后他们认为应该将稿子给爱因斯坦看。……那时爱因斯坦住在柏林，他似乎说，"我想应该给这个家伙一个机会，可以发表它。"因此他们发表了它。戴维孙看到了它，但是很显然它没有给他留下什么印象。它看起来是很疯狂的想法。我从来不了解（我的文章影响戴维孙的）故事细节。……戴维孙的传记作者对其有准确的解释。当他第一次看到我的文章时，他认为这只是胡说八道。而后在他与革末刚做好最终的实验之后，戴维孙到欧洲旅行。在那里他与薛定谔和汤姆逊等人对话时，他们都告诉他去思考波的衍射。这时他已经差不多把我的论文忘得一干二净。那时薛定谔的工作已为人所知，而他在自己文章中给我的文章做了一个很好的脚注，这就是一切。事实上，你看写文章时我只有 21 岁，人微言轻，我不能引起人们对这个思想的较大关注。

在此我们可以归纳出如下几点：

③ 艾尔萨瑟说他去找弗兰克谈这事时，他已经写完了文章。弗兰克与玻恩讨论的结果是他们肯定艾尔萨瑟的工作，并建议投稿给《自然科学》。

④ 戴维孙读到过艾尔萨瑟的文章，但是并不认可艾尔萨瑟的解释。

⑤ 戴维孙到欧洲旅行，在薛定谔等人建议下，开始认为这是衍射现象，但此时他已经忘记了艾尔萨瑟的论文。

⑥ 艾尔萨瑟认为他自己是因为人微言轻，而没能得到这篇文章本该得到的认同和荣誉。①

海耳布朗：弗兰克和玻恩对此没兴趣么？

---

① Thomas S. Kuhn, John L. Heilbron, Paul Forman, Lini Allen. *Archives for the History of Quantum Physics*［微型胶卷］. Philadelphia：The American Philosophical Society Independence Square，1967，E1 Reel 2.

艾尔萨瑟：弗兰克是很慷慨的。我努力了 2—3 个月去设计实验争取发现这些事实。弗兰克说我可以到他那里去做这一切。但是他不能让他手下的人放下自己的工作来帮助我。我曾经这样请求过。所以我想 3 个月之后我放弃了实验研究，因为这对于一个 21 岁的毫无实验经验的学生来说实在太难了。这是一个复杂的实验工作。

⑦ 艾尔萨瑟晚年认为当年要设计一个实验，来验证他的这一设想，那将是一个复杂的实验。这是 21 岁的他做不到的。

⑧ 当年艾尔萨瑟曾请弗兰克为他找一位有实验研究经验的帮手，但是弗兰克拒绝了。

2. 玻恩回忆艾尔萨瑟事件

1962 年 10 月 17 日，托马斯·库恩采访玻恩谈到艾尔萨瑟事件时，玻恩有如下回忆 [1]：

> 爱因斯坦在一封来信中第一次提到了物质波。那是一封很短的信。我不记得很多，但是记得他写道，"巴黎一位叫作德布罗意的年轻人的论文让我很激动。就像光具有波粒二象性一样，这篇文章认为，粒子同样具有波粒二象性。你必须读一读。"从巴黎得到这篇论文并不容易，所以最后我直接给德布罗意写信，得到了他亲自寄来的论文。我读了，这篇文章给我留下了很深的印象。但是我一点没想怎样通过实验去证实它。我想它只是一个抽象的理论——一个抽象的思想。……然后戴维孙的信寄来了。他寄给我一封信里面有一些电子被镍偏转的实验照片，至今我还记得。还有展示不同方向上异常峰值的图表。我认为在晶体中在不同的方向有不同的力，导致了这些异

---

① Thomas S. Kuhn, John L. Heilbron, Paul Forman, Lini Allen. *Archives for the History of Quantum Physics* ［微型胶卷］. Philadelphia：The American Philosophical Society Independence Square, 1967, E1 Reel 1.

常。一周后我给弗兰克看，我也曾将爱因斯坦的来信内容告诉他。弗兰克变得若有所思，他说，"现在我不相信这些仅仅是由于不同的力造成的。你还记得爱因斯坦来信提到过的德布罗意的论文吗？是你告诉我的。"然后他坐下来，把这些联系在一起，他说，"好，我想试一试。"我们讨论了几小时尝试怎么找到一个简单的标准，最后我们无意中很简单地发现了动量与作为倒数的波长（$p=h/\lambda$）之间相互联系的思想。我在心里做出了一个粗略的估计，然后对弗兰克说，"这看起来在数量级上是对的。""那么让你的一个学生去做吧。"他说。我说，"我现在一个也没有，他们都很忙。"然后，第二天弗兰克来找我，说"噢，我有一个不想再要的学生，他适合做这个。"他说的是艾尔萨瑟。他是学实验的，但是弗兰克总是被艾尔萨瑟缺乏处理简单实验问题的能力所惹恼。所以，弗兰克想将他转给我。我不了解艾尔萨瑟，但是当他来看我时，我发现他很好，是个吸引人的、很聪明的家伙。于是我建议他去做这个问题。我说我做了很粗略的估计而认为这是对的，而如果他证明这是对的，那是个伟大的成功。很快，他得到了这个结果。我想这是德布罗意波的第一次实验验证。

玻恩的回忆主要可以概括为以下几点：

⑨ 爱因斯坦向玻恩介绍了德布罗意的论文；玻恩直接从德布罗意那里得到了他的论文；玻恩与弗兰克讨论过德布罗意的论文。

⑩ 玻恩与弗兰克在讨论戴维孙的信时，弗兰克最先将其实验照片的峰值产生，与德布罗意的物质波假设联系了起来。粗略的估计使玻恩相信戴维孙实验照片上的峰值，可以用德布罗意物质波衍射来解释。

⑪ 弗兰克建议玻恩找一个学生在理论上证明这一认识，即戴维孙实验照片上的峰值是德布罗意波衍射的结果。但是玻恩学生都很忙，没人做；弗兰克将他的学生艾尔萨瑟由此转给玻恩，去做此事。

⑫ 艾尔萨瑟很快证明了这一设想，玻恩认为艾尔萨瑟这一研究很重要，是德布罗意波第一次实验验证。事实上艾尔萨瑟没做实验，只是理论上证明戴维孙（Clinton Joseph Davisson）与康斯曼（C. H. Kunsman）的实验照片上的峰值是德布罗意物质波衍射的结果。

3. 弗兰克回忆艾尔萨瑟事件

1962 年 7 月 12 日，弗兰克接受托马斯·库恩采访，问及此事，弗兰克有如下回忆 [1]：

弗兰克：无论如何，我想对与早期历史相关的一件事说几句话，这是与戴维孙 - 革末，不对，是戴维孙与另外某个人（是康斯曼。——笔者注）的实验有关。现在这件事是我们哥廷根人都关心的很有趣的故事。一天上午艾尔萨瑟来了，反复要求开始实验研究。而我对此有点担心，因为他有做理论研究的脑子。而刚巧一开始，他对自己要研究的题目具体要做什么不是很清晰。他说他刚读了我不了解的一篇论文上的一些东西。我想是爱因斯坦谈到德布罗意波的论文。他说："是的，如果有人能展示电子果然具有波的特性，那很不错。"而我前一天刚巧读过了戴维孙和，那个你说是谁了？噢，康斯曼的论文。因此当他跟我这么说的时候，我说："是的，可能是这样。但是如果我告诉你这事已经有人做过了，你认为怎么样？只不过作者不知道他们已经解决了这个问题。"

由弗兰克的回忆可以直接得出以下结论：

⑬ 艾尔萨瑟给弗兰克留下了不具有从事实验物理学实验研究天赋的印象，他初次向弗兰克提出要做实验研究时，弗兰克认为艾尔萨瑟的思路还不够清晰。

⑭ 当他明白艾尔萨瑟要通过衍射实验验证德布罗意物质波假设时，弗兰克说这个实验已经由戴维孙和康斯曼做过了，只不过这两个人还不

---

① Tomas S. Kuhn, John L. Heilbron, Paul Forman, Lini Allen. *Archives for the History of Quantum Physics*［微型胶卷］. Philadelphia：The American Philosophical Independence Square，1967，E1 Reel 2.

明白他们的研究结果的意义。这意味着弗兰克在艾尔萨瑟来之前已经了解德布罗意物质波假设以及戴维孙的实验文章。

库恩与弗兰克继续对话[①]：

库恩：你说这篇论文，指的是戴维孙和康斯曼的论文吗？

弗兰克：是的。……我关注这些事，就在我发现文章里的照片反映的真的很像波时，艾尔萨瑟来了。我说："艾尔萨瑟，现在最好是去做一些实验，你去做吧。找到金属薄片，做成勒纳德窗，让电子通过它，我们就可以研究多晶体图样了——这就是后来 G.P. 汤姆逊所做的。"好了，我们开始做这些实验，但是四周以后事实证明艾尔萨瑟做这些实验根本毫无希望。他没有实验天赋。因此我告诉他，"现在，咱们看看。你有了电子和波的想法，而我给你看了这些人的这篇文章。现在你给《自然科学》写了篇小文章，解释他们事实上做了什么。"戴维孙和革末认同艾尔萨瑟发在《自然科学》的小文章。而劳厄一直对这篇文章表示满意。

……

弗兰克：那时可怜的是我们用了很长时间，直到 G.P. 汤姆逊已经做出来了我们还什么没做出来。因此我对艾尔萨瑟说，"去找玻恩。你是一位理论家。你不能做实验。"

这就是说：

⑮ 弗兰克告诉艾尔萨瑟这个实验应该怎么做；艾尔萨瑟没有做出来。但是艾尔萨瑟写出了用晶体衍射验证德布罗意物质波假设的理论分析文章，投给了《自然科学》。

⑯ 弗兰克回忆直到英国的汤姆逊做出很好的实验结果，艾尔萨瑟还没取得实验结果。于是他让艾尔萨瑟终止实验研究，去找玻恩，去做一个理论物理学家。

必须提及，当库恩介绍了艾尔萨瑟当年的一些想法之后，弗兰克也

---

① Thomas S. Kuhn，John L. Heilbron，Paul Forman，Lini Allen. *Archives for the History of Quantum Physics*［微型胶卷］. Philadelphia：The American Philosophical Society Independence Square，1967，E1 Reel 2.

说过这样的话 [①] ：

弗兰克：噢。我忘记了。现在毕竟距离我们做这一研究已经很久了。这一定是艾尔萨瑟的想法，我需要回忆一下是否来确认这是不是我的观点。它应该完全是艾尔萨瑟的想法。

根据这句话我们认为，弗兰克推翻了此前他以自己为主导的对此事的全部叙述，就是说，整件事更多地还是艾尔萨瑟自己的想法。

4. 约当回忆艾尔萨瑟事件

1963 年 6 月 17 日，库恩与约当有过一次会谈 [②] ：

约当：哦，对，是这样的。在哥廷根发生的事情是这样的：我们首先通过爱因斯坦的论文听说了德布罗意，然后玻恩才不知道从哪里搞到了德布罗意的博士论文。这篇论文我们也读过。

库恩：玻恩对德布罗意的研究也感兴趣吗？

约当：是的。但是我们没有接着继续对它的研究，因为当时我们已经在另一个方向上，也就是在对应原理与跃迁幅值这些问题上进行了很多了。但是德布罗意的这篇论文对我们来说的确也相当有趣并且有意义。然后艾尔萨瑟，他当时是弗兰克的助手，他认为某个实验（很重要），我忘了是谁做的实验了。

库恩：是戴维孙和康斯曼的。

约当：对，是他们的。艾尔萨瑟认为这个实验的现象是德布罗意波的一种体现，并且试图自己重复这个实验。但是接下来美国人发表了更好并且更成功的论文。于是艾尔萨瑟就放弃了。

库恩：但是美国人的实验在时间上要晚不少，是在 1927 年了。艾

---

① Thomas S. Kuhn, John L. Heilbron, Paul Forman, Lini Allen. *Archives for the History of Quantum Physics*［微型胶卷］. Philadelphia：The American Philosophical Society Independence Square，1967，E1 Reel 2.

② Tomas S. Kuhn, John L. Heilbron, Paul Forman, Lini Allen. *Archives for the History of Quantum Physics*［微型胶卷］. Philadelphia：The American Philosophical Society Independence Square，1967，E1 Reel 3.

尔萨瑟在 1925 年就已经在《自然科学》上面发表了一篇小文章了。

约当：是的。

库恩：这很奇怪，为什么几乎没人知道艾尔萨瑟的那篇文章。他没有因此获得任何的荣誉，不知道究竟谁认真对待过这篇文章。

约当：是的，也不对。我们在哥廷根的时候已经被说服了，相信光栅干涉是可能发生的，并且对于艾尔萨瑟将要得到的结论感到激动不已。但是他没能得出结论，他在实验中遇到了一些困难，这导致他没能得出正确结论。

库恩：但是，举个例子，我记得艾尔萨瑟自己说过他不是一个很好的实验者，于是他请求弗兰克让他派一个助手来帮他看看为什么他得不到正确结果。但是弗兰克说，"他们太忙了"。这听起来好像弗兰克压根就没有指望这实验能成功。

约当：啊。弗兰克好像的确没有那么愿意花时间来参与这项研究。他没有预见到这项实验具有的巨大价值。

约当的回忆比较准确，他肯定：

⑰ 哥廷根物理学派通过讨论爱因斯坦的文章，了解到德布罗意的物质波假设；而玻恩得到了德布罗意的论文。

⑱ 爱因斯坦以及德布罗意的论文引起了哥廷根人的注意，但是他们多数人却没在这一方向上做深入研究，因为此时玻恩已经带领大家走在建立矩阵力学的正确的道路上。

⑲ 只有艾尔萨瑟把德布罗意的思想与戴维孙 – 康斯曼实验联系起来，写了篇文章；在做实验研究时，没有得到弗兰克的大力支持。因为弗兰克"没有预见到这项实验具有的巨大价值"。

5. 艾尔萨瑟事件可能是怎么回事

显然艾尔萨瑟要做实验的想法当年没有引起弗兰克和玻恩的充分重视。这一点约当看得比较清楚。玻恩不重视是因为这一时期，他在建设矩阵力学的道路上初见成效，他不可能分心于其他。而弗兰克不重视则是因为在他看来此实验再做的意义不大。让这两个人回忆四十多年前没有太重视的事，他们的回忆不够准确再合理不过。即使重要的当事人艾尔萨瑟的回忆，也存在明显的偏差和不确定。如究竟他的小文章何时写完，是在找弗兰克要求做实验之前，还是实验失败后在玻恩的鼓励下完成？后者更符合情理。再有他说戴维孙到欧洲受薛定谔之影响，之后采取的决定性研究成果。这与戴维孙等一些人的回忆都不一致。因此，我们如果拘泥于采信其中某一个人的回忆，就难以对这一事件达成全面的较为合理的共识。对以上几位的回忆作分析、比较以及合理性想象，艾尔萨瑟事件实际情况很可能是这样的：

　　玻恩与爱因斯坦是好友，因此哥廷根物理圈子关注和了解爱因斯坦的研究成果。如艾尔萨瑟就从爱因斯坦一篇论文的注脚的指示下找到了德布罗意的论文，了解到德布罗意的思想。另一方面，爱因斯坦看到重要的研究成果也推荐给玻恩，如德布罗意的物质波假设。玻恩与弗兰克讨论过德布罗意物质波假设，因此二人对其有一些了解。

　　决定性的进步是艾尔萨瑟独自把德布罗意物质波假设与戴维孙－康斯曼的实验照片联系了起来，认为依据物质波的衍射，应该可以解释照片上的强弱分布。而且更为值得肯定的是艾尔萨瑟虽然还不具备专业的实验能力，但他意识到了做进一步实验研究的必要性。当艾尔萨瑟找他的导师弗兰克，并提出要通过实验验证德布罗意物质波时，弗兰克的第一反应是这个实验已经由戴维孙－康斯曼做过了，只不过他们自己尚未明白其实验结果的意义。艾尔萨瑟坚持要做实验，弗兰克也给出了一些大致如何做的有道理的建议。然而年轻的艾尔萨瑟经过一段时间的努力没有取得实验进展。这使弗兰克断定艾尔萨瑟不是一个做实验的人才，因此当艾尔萨瑟表示，希望弗兰克给他找一个有实验经验的合作者时，弗兰克不但拒绝了，甚至建议艾尔萨瑟去找玻恩做理论研究，不要再做实验研究。艾尔萨瑟跟玻恩谈了他的想法，玻恩鼓励他从理论分析的角度把想法写出来。艾尔萨色很快做出，经玻恩与弗兰克建议投稿给《自然科学》，并顺利得以发表。

如果艾尔萨瑟的提议能够及时得到弗兰克的认可，以弗兰克的高超实验技巧，一定会在 1926 年前即最早得出电子物质波通过晶体时更好的衍射照片。那么就不会有后来戴维孙－革末实验以及 G. P. 汤姆逊的实验，进而他们也不会获得 1937 年的诺贝尔奖了。而代替他们的获奖者当中很有可能就有艾尔萨瑟。现在看来弗兰克犯了一个巨大的错误，正如约当所说，弗兰克没看到这个实验的价值与意义。遮住弗兰克学术眼光的不是他缺乏眼力，而是他错误地认为在戴维孙－康斯曼实验之后，再做实验意义不大。因为这一实验已经验证了德布罗意的假设。

6. 玻恩推动实验物理学家证实德布罗意物质波

在整个哥廷根物理学派的艾尔萨瑟事件中，玻恩的积极与消极作用都不大。但是 1926 年玻恩在英国牛津的一次学术会议上，他再次详细介绍艾尔萨瑟的观点，他的报告以及引起的与会者的讨论，使戴维孙和汤姆逊开始明确实验的真正要点。以此为指导，他们很快得到了理想的实验结果。玻恩在这个关节点上，推动了德布罗意波的实验验证进程。在报告中玻恩说："关于电子按不同转角的分布，理论可以给出一个普遍公式，它和经典理论所期望的结果有明显不同。这是艾尔萨瑟在普遍理论提出以前所首先提出的。他从德布罗意的概念出发即粒子的运动伴随着波，而这些波的频率和波长取决于离子的能量和动量。艾尔萨瑟算出慢电子的波长约为 10^{-8} 厘米，这正是原子直径的大小。因此他得出结论：当电子与原子碰撞时，应当引起德布罗意波的衍射，就像光被微小粒子散射的情形一样。因此，波强在不同方向上的涨落应当表示偏转电子分布的不规则性。戴维孙和康斯曼的实验证明了这个效应……"[1]

德布罗意 1924 年提出物质波概念，但事实上美国实验物理学家戴维孙和助手康斯曼 1924 年前用电子束轰击镍靶时已经看到了电子的衍

---

[1] Max Born.*Physics in My Generation*［M］. London & New York：Pergamon Press，1956：12.

射现象。然而他们当时不可能做出正确解释。1926 年 8 月 10 日戴维孙到英国参加在牛津召开的一次学术会议，他来英国的目的之一是希望得到自己的妻兄——物理学家理查森的帮助，对于自己的实验研究给些建议。没想到此行他有更大的收获。戈瑞贝克（R.K.Gehrenbeck）对此有如下描述："在玻恩的报告中他听到玻恩引用了他自己与康斯曼 1923 年得到的（铂靶）实验曲线，说证实了德布罗意的电子波。想象一下这令他多么惊讶。"[1] 一个实验物理学家不知道得到的实验结果究竟意味着什么，正在头痛、苦恼的时候，听到有人在报告中引用自己的实验成果，而且明确指出了其意义，那的确令人吃惊、兴奋："会议之后，戴维孙与理查森找到玻恩和其他一些著名的物理学家，让他们看新近得到的单晶曲线，并且进行了热烈的讨论。戴维孙回到纽约后……他们已经完全由'不自觉'的状态转到'自觉'地寻找电子波的实验数据中来了。"[2] 他们的新实验开始于 1926 年 12 月，2—3 个月后，他们就取得了一系列成果，都发表于 1927 年 12 月《物理评论》。

　　物理学家汤姆逊也参加了 1926 年 8 月在牛津召开的那次学术会议。他后来回忆说："1926 年 8 月，英国科学促进会对这个问题的讨论，使我想到这种波会产生衍射。"[3] 会后他立即投入于获得电子衍射证据的实验研究。他所用的电子是高能电子，因此可以避免戴维孙只让电子通过单晶体的局限。另外汤姆逊巧妙地证明了衍射图样是由于电子的衍射，而与 X 射线无关。汤姆逊得到成果时间稍晚于戴维孙，但是其论文较早发表于 1927 年 6 月的《自然》期刊。戴维孙和汤姆逊分享了 1937 年诺贝尔物理学奖。

　　结局：艾尔萨瑟事件后，艾尔萨瑟成为玻恩门下的一位博士，毕业

---

① R.K.Gehrenbeck. *Electron Diffraction*：*Fifty Years Ago*［J］. Physics Today，1978（1）：37.

② 郭奕玲，沙振舜. 著名物理实验及其在物理学发展中的作用［M］. 济南：山东教育出版社，1985：187—188.

③ 郭奕玲，沙振舜. 著名物理实验及其在物理学发展中的作用［M］. 济南：山东教育出版社，1985：191.

后他逐渐成为了一位物理学家，被称为现代地磁场研究理论（dynamo theory）之父，该理论解释了地磁场产生的原因。艾尔萨瑟对理论生物学（theoretical biology）有重要影响。1987 年他获得了由美国总统颁发的（美国）国家科学奖章（the National Medal of Science）。

本章小结

作为一位科学家，玻恩在科学研究方面成就卓著；作为一位教授，玻恩在教书育人方面硕果累累。科学研究与教书育人，既是玻恩赖以生存的职业，也是他的乐趣所在，甚至是他个人精神追求的主要领地。因此他做研究、教学生都兢兢业业、全力以赴，从来没有过在教学上混事，在科研上对付、蒙人的想法和念头。玻恩善于独立思考，全身心投入于自己的学派建设与运作；玻恩有一流的学术眼光并敢于选择物理学最艰难的问题作为自己带领学生和助手攻克的目标；在攻克难题时，玻恩基于自己的学养，在哲学思考、数学探索与实验研究几个方面齐头并进；玻恩善于学习其他学派或科学家的长处，且支持和鼓励自己的弟子们多与其他学派交流……日本物理学家汤川秀树曾以玻恩作为自己学术和人生的楷模，玻恩身上很多优秀品质也值得中国科学家学习、借鉴。

经过多年的酝酿、探索，玻恩带领弟子们一扫遍布物理学界的荆棘与笼罩于上空的乌云，成功建立量子力学。在玻恩培育的良好学术氛围下，他自己以及他的弟子们常常脑洞大开、时有灵光闪现。这成就了20世纪量子力学史上的诸多经典范文。但是由于一些特殊情况使得有的学生如艾尔萨瑟很重要的点子，没能引起玻恩学派领袖玻恩以及弗兰克的及时注意，而被耽搁，有的甚至被埋没。先是前文提到的艾尔萨瑟在物理学界第一个意识到，让电子束通过金属多晶结构即可验证德布罗意的物质波假设，而戴维孙等人得到的较为模糊的相关实验照片上的峰值，即可以用德布罗意物质波假设来解释。艾尔萨瑟这一想法如果得到哥廷

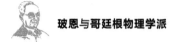

根物理学派领袖们，尤其弗兰克的充分重视，以他高超的实验技能协助艾尔萨瑟，那么在其后出现的戴维孙和汤姆逊获得 1937 年诺贝尔奖的实验研究，就会早些年在哥廷根物理学派诞生。而 1925 年约当最早推导出了后来被称为费米－狄拉克统计的重要公式，并写成了论文。约当将其交给玻恩，请玻恩阅读并推荐发表。玻恩将其放入抽屉，然后因为忙其他的事而把这篇文章忘到了九霄云外。等他再次发现该文时，费米的相关文章已经发表。

　　人无完人，任何一个学派也都不会完美无缺。玻恩的哥廷根学派人员不算众多，但是在十年左右的时间里成就卓著。但是即使这样的学派，也不是没有一丝遗憾。一个科研团队或科研机构的领导者，除了自己作为一流的专家做出一流的研究工作，基于自己卓越的科研眼光，准确捕捉科研发展动向，并引领团队走在正确的道路上，也还要在一些细节明察秋毫且淡定从容，而不要像玻恩和弗兰克，留下既对不住学生，又有损学派光泽的遗憾。虽然他们的遗憾既有偶然性，也有精力不济等客观原因，但如果在学派管理和运作上不是仅凭热血和干劲，而多一些理性的思考，也许这些遗憾是可以避免的。

第二章

玻恩与20世纪著名物理学家

　　科学家通过切身的经验早已认识到：如果承认自然科学是经验科学，就必须充分肯定在科学研究过程中非逻辑方法的重要作用。爱因斯坦认为，在科学研究过程中无法基于特殊的经验事实，依据逻辑直接推论出科学的一般规律，而直觉才是立足特殊经验事实并飞跃到一般规律的智慧通道："从经验事实中是不能归纳出基本规律（比如引力场方程或量子力学真的薛定谔方程）来的。一般地，可以这样说：从特殊到一般的道路是直觉性的，而从一般到特殊的道路则是逻辑性的。"[①]　那么直觉是什么？它是无法理解的神秘因素吗？杨振宁对于直觉有过独特的诠释。他指出，费米有一种独特的能力，即能够在没有理

---

　　① 许良英，赵中立，张宣三.爱因斯坦文集：第三卷［M］.北京：商务印书馆，1979：490—491.

性分析与逻辑推断的前提下，自己能不知所以然地做出正确的、当时不能解释的选择和判断，杨振宁称此为"直觉的下意识的推理"[1]。在杨振宁看来，这种在他人甚至在费米本人当时看来不可思议的、神乎其神的判断和选择，完全出于直觉的作用。与爱因斯坦一样，杨振宁认为这种直觉作用是做出重要科学新发现的直接推手："达到这种直觉的下意识的推理，是所有理论物理学和实验物理一个基本的环节。没有这个环节，不太容易做出真正最重要的贡献。"[1] 杨振宁尤其指出，直觉的、下意识推理的产生是有一定的条件的："产生这一环节的必要基础是要有广泛的经验。这种经验可能是理论的经验，对数学结构的经验，也可能是实验的经验。大家知道，许许多多最最重要的工作，是先经过很多思考，后来在没有经过逻辑推演而得出来的新的想法之下产生出来的。"[1] 知道直觉产生的条件，就可以有意识地创造条件以诱发直觉的降临。杨振宁认为只有直觉才能突破科学研究中逻辑的局限性："只有逻辑的物理是不会前进的。必须还要能够跳跃。这种跳跃当然不是随随便便的跳跃，而是要依据许许多多的不断延续下来的与实际的事物发生的联系。由这些联系出发才可能使一个人有胆量做出一些逻辑上还不能推演出来的这种跳跃。"[1] 对于直觉起作用的机制，贝弗里奇（William Ian Beardmore Beveridge）曾做过如下说明："直觉产生于头脑的下意识活动，这时，大脑也许已经不再自觉注意这个问题了，然而却还在通过下意识活动思考它。"[2] 关于直觉的产生及其起作用的机制，目前人们尚未有足够清晰的认识，但几位科学家关于重要科学创造性思想来自于直觉的观点，应该对于史学家有一些启发。复杂的历史问题的答案，绝对不是文献本身赤裸裸呈献给历史学家的，也不是历史学家基于文献能够简单地靠逻辑推理所能确定无误地找到的，而只有历史学家在反复咀嚼文献之后才能靠直觉获得突破，涌现出新的认识。

---

① 杨振宁. 几位物理学家的故事 [J]. 物理, 1986（11）: 692.

② W. I. B. 贝弗里奇. 科学研究的艺术 [M]. 陈婕，译. 北京: 科学出版社, 1984: 77.

　　科学技术史，归根结底是特殊领域之历史。中国传统文化典籍素分经史子集四大类别。虽言六经皆史，纯粹历史书籍与其他三类仍有明显之区别。史籍的主要内容是描述历史人物、记录历史事件的。在包括科学技术史在内的人类历史中，毫无疑问人是事件发生、发展过程中的主体，即历史的主体。形形色色的历史人物通过一个又一个历史事件建立起内在的关联，从而构成历史不可分割的整体。历史本身可以是记录性质的，但历史研究，无论是科技史研究还是一般意义上的历史研究，在较深层次都是人性研究，或都无法避免研究人性。任何历史事件背后都隐藏着人的智力与情感因素的主导或应对作用。因此每一历史事件都是对某个或某些历史人物具有黑箱属性的精神世界的一次级数展开。时代是舞台，事件是一幕幕人生悲喜剧，而每个历史人物都是本性出演的演员，都在绽放人性的各个方面。

　　不泯灭事实、有依据、可信的历史就是好的历史。这一点任何一位头脑清醒的史学家都心中自有指南。几千年来，传统史学能独成一脉，自有其道理。中国传统史书的基本特点之一是微言大义、记录人文传承。这是其成功之处，但有的时候也是其败笔所在。过于简单之记录，一定来自于对复杂事件及关系之删减。而彼时看似重要的而着重描述的事物，后人可能发现很不重要；而彼时认为不重要的被忽视了的事物，后人可能会认为其实很重要。这是传统史书丢掉重要历史信息，有时候使历史陷于无头绪纷争的显著根源。在笔者看来，传统史书最成功、给人印象最深刻的是对一个个在历史事件中活生生显现的历史人物的刻画与描写，以人为本是传统史家成功的最大秘诀。贴近历史本来面目的科学技术史不可或缺的事件，或者本身或者对于其后的影响一定是至关重要的。因此能够载入史籍的历史事件一定意义上多堪称史诗。借助于历史事件中的人物关系，可以多角度、多棱面反映历史的方方面面：某个人物的历史地位、对时代的突出功绩与贡献、他所受其他人的影响以及他对其他人的影响等等。借助于可以确定的人物关系（包括交往、传承以及思想影响等等）揭示科学技术发展的轨迹，在有些情况下是切实可行的。在深入研究玻恩的过程中，笔者很自然地对于他的老师们、他的朋友们、他的同事们、他的学生们了解得越来越多。仿佛由树干出发，了解了整棵大树的枝杈与树冠，以及这棵大树周围的一棵棵大树，直至对整片森林全貌有了越来越具体的整体了解。而在这过程中，玻恩的形象越发立体、越发伟大，他在这片森林中的高大程度与特殊地位也更加清晰。因此只有在这诸多关系中才能更准确地把握玻恩本人及其作用。

玻恩是 20 世纪物理学界重要一员，研究物理学是其爱好，而培养出优秀物理学人才给他带来成就感。玻恩的一生，以物理学为职业——从事物理学研究与教学——最终基于物理学他构筑了自己的精神世界，他认为物理学才是真正的、看得见实实在在进步的哲学。在玻恩赖以为生并于其中构筑精神家园的 20 世纪物理学界，有很多重要人物与他有特殊关系。玻恩与他们之间的关系、玻恩给他们的影响，是了解与洞察玻恩的主要视角，也是展示玻恩的存在对 20 世纪物理学意义的最好线索。与玻恩有特殊关系的物理学家众多，除本章将提及的之外，还有普朗克、索末菲、玻尔、费米、狄拉克、维格纳、林德曼、洪德、莫特、哈恩、艾伦费斯特、劳厄、斯特恩、英费尔德、卡皮查、德尔布吕克、特勒等等。因此本书中所叙述的玻恩与 20 世纪物理学家之间的关系，只是玻恩在科学领域人际关系之一部分。虽然不够全面，但也已经大致勾画出了玻恩在学界关系网络的基本状况。

一、玻恩与爱因斯坦

爱因斯坦（1879—1955）和玻恩（1882—1970）都是犹太物理学家，两人最重要的科学贡献都完成于德国。玻恩认为爱因斯坦是他一生最亲密的朋友，但事实上两人之间交流的频率和深度在不同时期有明显变化。当然交流的减少并不能直接反映二人之间友谊的变化，被迫离开德国后玻恩多年未能安居乐业，之后又是第二次世界大战，况且在新的环境下，自然各自会面临新的问题并形成新的朋友圈，这些都会影响二人之间交流的频率。但是除了这些客观原因，科学思想上的不同取向使二人的世界越发不同也是事实。相信在很多人眼里玻恩与爱因斯坦无法相提并论。与爱因斯坦深邃耀眼的伟大形象相比，玻恩是平凡甚至暗淡的，但是耀眼和暗淡形象内里各自孕育的科学思想共同构成了 20世纪物理学新世界核心的太极"阴阳鱼"，他们分别是缔造相对论和量子力学最重要的灵魂人物。这样说爱因斯坦，不会有人质疑；这样说玻恩，如果读者了解笔者近年来的一些著述，也不应该再有什么怀疑。在玻恩珍藏的文献资料中，有多张爱因斯坦的照片，其中有两张如右图所示。

爱因斯坦

1. 玻恩与爱因斯坦的交往

　　1908 年玻恩在与别人交流时才了解到爱因斯坦 1905 年关于狭义相对论的文章。他被这篇文章深深吸引，并很快投入到对它的研究之中："我发现了爱因斯坦 1905 年关于相对论的论文，立刻被吸引住了。将他的思想和闵可夫斯基的数学方法结合起来，我发现了一个新的计算电子电磁自能（self-energy）的直接方法……"[①] 闵可夫斯基了解到玻恩研究相对论的情况后，即邀请他来哥廷根协助自己研究相对论。这一契机帮助玻恩后来在哥廷根大学获得讲师资格。因此，玻恩通过研究相对论开启了自己理论物理学家生涯的大门。1909 年玻恩在萨尔茨堡科学会议上第一次见到了爱因斯坦，并开始与爱因斯坦之间偶有信函交流。成为哥廷根大学讲师之后，玻恩有成效的工作是与冯·卡门合作研究固体比热容问题。他们的研究成果将爱因斯坦此前的研究推广到了更复杂的情况，这一合作研究，对于玻恩的整个科学生涯具有特殊意义："固体比热容的工作为我以后的研究开辟了两条主要道路：点阵动力学和量子理论。"[②] 因此，玻恩在与爱因斯坦还不是很熟识的时候，爱因斯坦多方面的研究工作都已经对玻恩产生非常重要的影响。

　　1914 年在柏林大学做教授的普朗克向政府主管部门申请设立特聘教授（相当于副教授）来分担他的教学工作，并经玻恩同意后向主管部门推荐玻恩担任此职。1915 年玻恩到柏林任教后，主动去看望在柏林科学院工作的爱因斯坦。而爱因斯坦也常带着小提琴来玻恩家里。两个人一起或演奏乐器（玻恩是弹钢琴的好手），或谈论爱因斯坦的相对论等物理问题。1955 年 7 月 16 日在一个学术报告中玻恩曾说："只有在这个时期，我经常见到爱因斯坦……我能仔细观察他的心理活动，弄清楚他在物理学以及其他许多方面的思想观念。"[③]

---

① Max Born. *My Life & My Views*［M］. New York：Charles Scribner's Sons，1968：25.

② Max Born. *My Life & My Views*［M］. New York：Charles Scribner's Sons，1968：27.

③ Max Born. *Physics in My Generation*［M］. London & New York：Pergamon Press，1956：197.

在科学方面爱因斯坦给玻恩留下的印象是这样的："他最惊人的思考方法是他坚信基本定律的简明性。但他不是'先验论者'，他的全部理论都直接以经验为依据。他有一种独特天赋，即他能看到不显眼的大家都知道、却又为人们所忽视的事实背后所隐藏的意义。……使他有别于我们所有人的，是他对大自然运行状况的这种不可思议的洞察力，而不是他的数学技巧。"后期玻恩认为爱因斯坦晚年的研究方法出现了问题："他逐渐成为了一个真正的数学家，却脱离了实际的物理学。量子论的一大部分内容应归功于他，特别是光量子或光子的概念，但是十年后发现了量子力学时，他接受不了量子力学，因为他反对统计解释。他经常表示他不喜欢非决定论……"[①] 玻恩对爱因斯坦科学研究天赋以及后期研究方法的认识和批评是准确而深刻的，后辈物理学家中也有人如费曼等指出，爱因斯坦后期的科学研究背离了早期的研究道路。

玻恩在柏林期间德国发生了一场政治革命，成立了社会主义新政府，玻恩因为爱因斯坦而与这次政治运动发生了直接的关联。爱因斯坦支持这一政治革命，但是他不赞成学生们对待大学教授和校长的过激行为，为此他带领玻恩以及心理学家马克斯·韦特墨（Max Wertheimer）前去做学生们的工作。玻恩在他的回忆录中引用了 1944 年 9 月 7 日爱因斯坦写给他的信中的一段话："你是否还记得，大约 25 年前，有一次我们一起坐着有轨电车到国会大厦，相信我们能够有效地促使人们转变成忠实的民主主义者？40 岁左右的我们（那时）是多么天真啊。"[②] 这件事情说明这一时期玻恩是爱因斯坦最信赖的几个"革命战友"之一。

1919 年玻恩离开柏林，成为法兰克福大学物理学教授。这一年爱丁顿在日全食时观测到了光线因太阳质量导致的偏折，验证了爱因斯坦的广义相对论。一时间爱因斯坦誉满全球。这在德国同时也导致了排犹

---

① Max Born. *My Life* [M]. London：Taylor & Francis Ltd.，1978：167.

② Max Born. *My Life* [M]. London：Taylor & Francis Ltd.，1978：186.

者对爱因斯坦更加反对和憎恨。这一时期玻恩做了几件与爱因斯坦有关的事情。其一，这时战后的德国经济情况糟糕，玻恩领导的物理系经费紧张。玻恩在法兰克福大学最大的礼堂面对社会售票做关于相对论的报告。报告很成功，玻恩借此获得的收入帮助物理系度过了经济危机的难关。其二，玻恩在关于相对论的报告基础上写了一本名为《爱因斯坦的相对论》的著作。该书出版后成了当时的畅销书。玻恩后来回忆，出版这本书的目的之一是为了反对各种对于爱因斯坦的攻击，以捍卫爱因斯坦的理论。

在玻恩的著述中，他到法兰克福之后，在柏林时他与爱因斯坦两人聚在一起演奏音乐或讨论各种问题这类场景就再没有出现。玻恩到哥廷根大学任教授头几年，建设哥廷根物理学派需要威廉皇家学会物理研究所所长爱因斯坦的帮助，因此有书信往来属于正常。[1] 但总体而言，二人之间的联系呈减少趋势。对这一时期二人之间联系的减少，玻恩有过解释："从那时起，我们的科学道路就越来越分开了。后来我到了哥廷根，同玻尔、泡利、海森堡相接触。当 1927 年量子力学发展起来的时候，我自然希望爱因斯坦能同意，但却失望了。"[2] 对科学思想上的分歧二人毫不避讳，在写给玻恩的信中爱因斯坦曾说："在对科学的期望中，我们已成为对立的两极。你相信掷骰子的上帝，而我相信客观世界中存在的完备定律和秩序……"[3] 从玻恩在爱丁堡大学稳定工作直到爱因斯坦 1955 年去世，二人之间仍然偶有书信往来。晚年通信甚至明显增加，个中原因留待下文详谈。

2. 从《玻恩－爱因斯坦书信集》看二人之间的友谊

2.1 玻恩－爱因斯坦书信统计与说明

可以通过玻恩《我的一生》等著述了解爱因斯坦在玻恩的世界里

---

① Max Born. *The Born-Einstein Letters* [M]. London：The Macmillan Press Ltd.，1971：55.

② Max Born. *Physics in My Generation* [M]. London & New York：Pergamon Press，1956：204.

③ Max Born. *The Born-Einstein Letters* [M]. London：The Macmillan Press Ltd.，1971：146.

的重要位置。但是爱因斯坦没有这样大部头的回忆录。20 世纪 60 年代末，玻恩整理并注释爱因斯坦与玻恩的（包括少量与玻恩夫人的）往来信函，并于 1969 年以德文出版。这本书后来由玻恩女儿伊蕾娜·玻恩译成英文出版。这些信函可以进一步说明玻恩与爱因斯坦在各个时期交往的一些细节，并从爱因斯坦的角度感受他与玻恩的友谊。收入书中的信函始于 1916 年，终于 1955 年。从 1915 年到 1955 年，以 6 年为一个时间段，本书首先大致统计了爱因斯坦与玻恩彼此写给对方书信的数目（如下表所示）。

爱因斯坦与玻恩彼此写给对方书信的数目统计

发函时间	爱因斯坦致玻恩	玻恩致爱因斯坦
1915—1920	19	16
1921—1926	12	13
1927—1932	5	8
1933—1938	4	6
1939—1944	2	6
1945—1950	8	6
1951—1955	9	13

收入本书的不是玻恩与爱因斯坦之间的全部通信。因此这个统计结果对于任何结论，并不存在量化意义上的决定性。但是收录信函有其代表性，因而统计结果大致还可以佐证玻恩回忆中对于二人之间交往情况的阶段性划分。在 1920 年前二人彼此之间书信最多，说明这是玻恩与爱因斯坦二人之间联系最为热络、兄弟情谊最为炽烈的时期。这对应玻恩不顾爱因斯坦婉转的否定建议、离开法兰克福大学到哥廷根大学执教之前。玻恩到哥廷根大学执教后，与爱因斯坦之间的通信开始逐渐减少。其原因正如玻恩所说，是由于玻恩与量子物理领域的同仁交往增多，此消彼长而与爱因斯坦的交流减少。从 1945 年直到爱因斯坦 1955 年逝世，两人之间的通信又开始增多。这可能与在此时期二人的生活环

境均已稳定有关。这一时期的通信有两大主题，其一是讨论科学的社会问题以及科学家的社会责任问题，其二是围绕量子力学究竟是什么性质的理论这一问题而展开的讨论。最为激烈的一次是 1954 年 1 月 20 日，玻恩在写给爱因斯坦的信中说："我的意图是真诚的和客观的，即使我不赞同你的意见，我对你的尊敬也不会减少。但是如果你以为我已经不可救药，就不需要再给我写信了。"[①] 可见此时的玻恩宁可断绝与爱因斯坦的书信往来，也不愿意在科学观点上做出让步。这些讨论仅限于二人之间，而没有影响整个物理学界。只是到了这样无法再对话的僵局时刻，才有一位和事佬出面了。玻恩说："在这样的情势下，幸好泡利作为中间人出现了。"[①] 此时泡利就在正在普林斯顿高级研究院的爱因斯坦身边。他给玻恩写了几封信，解释爱因斯坦的想法与态度，化解了这场危机。不难想象，泡利的及时出现是爱因斯坦授意的结果。

2.2　从《玻恩－爱因斯坦书信集》看二人之友谊

随着爱因斯坦成功缔造广义相对论，其声望日隆；同时反犹势力反对他的声音也不断高涨。玻恩始终是爱因斯坦理论的忠实捍卫者。在《玻恩－爱因斯坦书信集》中收录的第一封信是 1916 年爱因斯坦写给玻恩的。在这封信中爱因斯坦说，他读到了玻恩一篇关于相对论的文章，"因为得到了我最好的同行之一的完全理解和承认而感到愉快。"[②] 感动爱因斯坦的不仅是玻恩的文章内容，更是因为玻恩的"文章所散发出来的积极而仁慈的精神使我感到高兴——在学者的阴冷灯光下以纯粹的方式表达出这种丰富的感情实在是太稀罕了。"[②] 显然这时的玻恩是爱因斯坦难得的知己。

玻恩此时在爱因斯坦世界里的重要性可以从爱因斯坦写给玻恩夫人的一封信中看出。法兰克福大学教授劳厄因为要到柏林工作，而提出与玻恩互换工作地址的想法。玻恩夫人为此征求爱因斯坦的意见。1918 年

---

① Max Born. *The Born-Einstein Letters* [M]. London：The Macmillan Press Ltd.，1971：212.

② Max Born. *The Born-Einstein Letters* [M]. London：The Macmillan Press Ltd.，1971：3.

2 月 8 日爱因斯坦回函，他首先真诚表达了对玻恩夫妇的不舍；但是出于为好友的事业发展着想，爱因斯坦还是理智地建议应无条件接受这一提议：“我不需要向您保证，我是多么喜欢你们俩，在这片沙漠里有你们作为朋友和志趣相投的人，我是多么高兴。但是任何人都不应拒绝这样一个理想的职位，拥有这个职位意味着拥有完全的独立性。那里有比这里更广泛、更自由的活动领域，它给您丈夫提供了展示自己能力的更好机会。”①

　　玻恩去了法兰克福，的确如爱因斯坦所预料的，玻恩在法兰克福做教授的一段时间里，家庭生活稳定、朋友圈子温馨，而自己的学术研究也是风生水起。但他继续发挥着声援爱因斯坦的作用。在 1919 年 10 月 16 日写给玻恩的信中爱因斯坦说：“亲爱的玻恩：你是一个了不起的家伙！你的小册子已经邮寄出去，并表示同意，写了几句模棱两可的话给幸运的接收者。”② 这说的是爱因斯坦被请求在玻恩的著作上签名并寄给某读者的一件事。玻恩在对这封信的注解中说：“在原信中，礼节性的德文‘您（Sie）’被叉掉了，代之以更亲切的‘你（Du）’。……我记不得是哪本小册子使我荣获‘了不起的家伙’的称号。我只记得我经常支持他和他的工作。”② 在 1955 年的一次讲演中，玻恩曾清楚描述了这件事：在法兰克福大学，“我决定做一系列关于相对论的通俗演讲，利用大家渴望得到有关这个问题的知识的狂热，收一些听讲费用作我们的研究经费。这个计划成功了，听讲的人很拥挤，当讲稿付印成书后，很快就售出去三版。爱因斯坦对我的努力表示感谢，在 1911 年 11 月 9 日给我的一封信中对我用友好的‘你’字来代替拘谨的‘您’……”③ 可见爱因斯坦所说的“小册子”指的就是玻恩这本关于相对论的书。爱因斯坦对玻恩撰写小册子的称赞说明，这时像玻恩这样与他并肩战斗的朋友非常难得。今天可以通过玻恩回忆录中的一个细节来进一步感受爱因斯坦

①　Max Born. *The Born-Einstein Letters*［M］. London：The Macmillan Press Ltd., 1971：5.

②　Max Born. *The Born-Einstein Letters*［M］. London：The Macmillan Press Ltd., 1971：15.

③　Max Born. *Physics in My Generation*［M］. London & New York：Pergamon Press, 1956：202.

当时的处境。玻恩宣传相对论的这本书，在第一版中附有爱因斯坦的小传及照片。这时著名反犹物理学家勒纳德（Phillipp Lenard）与斯塔克（Johannes Stark）等人对爱因斯坦的相对论及爱因斯坦本人的憎恨，在德国物理学界已经尽人皆知。玻恩的朋友、著名物理学家劳厄写信给玻恩，建议在该书再版时一定要把爱因斯坦的照片删掉。因为在当时的德国学者看来，这是比较高调的做法，劳厄认为这只能为爱因斯坦招致更多的反对声。玻恩后来采纳了劳厄的建议。[1]

爱因斯坦重视玻恩，二人彼此走得很近，不仅仅因为玻恩是一位可以为自己冲锋陷阵的"小弟"；就像玻恩深刻了解爱因斯坦及其理论一样，爱因斯坦也是玻恩的真正知己。1920 年初，玻恩开始思考是接受母校哥廷根大学的召唤回去做教授，还是继续留在法兰克福大学做教授，他写信征求爱因斯坦的意见。1920 年 3 月 3 日在写给玻恩的回信中爱因斯坦说："难以提出什么建议。任何地方只要有你，那里的理论物理就会兴盛起来；在今天的德国，找不到第二个玻恩。因此真正的问题是你在什么地方感到更愉快？现在，假如我自己处于你的处境，我想我会宁可留在法兰克福。"[2] 当然对于母校以及那里导师的感情使玻恩最后没有采纳爱因斯坦的婉转建议。爱因斯坦对于尚未进入不惑之年的玻恩的评价，可谓极高；而 5 年后玻恩率领众弟子建立了矩阵力学理论，则证实爱因斯坦的眼光独到而准确。

在玻恩率领弟子们摸索建立矩阵力学的过程中，对于研究的过程及细节，玻恩向爱因斯坦介绍得十分有限，这是一个失误。这使得爱因斯坦和很多人一样，并不了解玻恩在其中起到的重要作用。玻恩一直认为爱因斯坦等大佬不承认他的概率解释应有的理论地位，是他未能较早获得诺贝尔物理学奖的原因之一。实际上玻恩从来都没有向爱因斯坦详细介绍自己在建立矩阵力学过程中的重要领袖地位，以及自己付出的卓有

① Max Born. *My Life* ［M］. London：Taylor & Francis Ltd.，1978：198.

② Max Born. *The Born-Einstein Letters* ［M］. London：The Macmillan Press Ltd.，1971：25.

成效的探索，更未说明这对于海森堡等人的巨大影响，因而在爱因斯坦看来建立矩阵力学的主要功劳属于海森堡。这才是爱因斯坦未能建议玻恩与海森堡分享诺贝尔奖的更重要的原因。关于矩阵力学，玻恩只是在 1925 年 7 月 15 日写给爱因斯坦的信中，提到海森堡将有一篇重要论文要发表，但未介绍这篇论文实际上是玻恩在数学和思想方法上做了多年准备，带领多位学生和助手尝试建立玻尔理论替代品的一个阶段性成果。[1] 不仅如此，玻恩其后更是在很多场合过分夸大海森堡的贡献。20世纪 60 年代末为《玻恩－爱因斯坦书信集》做注解时玻恩说，刚刚建立矩阵力学，他就去美国麻省理工学院讲学，讲学期间写了一本关于量子力学的著作，"在这本书中，我是如此突出了海森堡，以致我自己对量子力学的贡献一直很少被人注意到，直到近来才有所改观。"[2] 爱因斯坦是不知真相的人之一。玻恩为突出弟子的作用而"欺骗"了物理学界，这导致他未能在 20 世纪 30 年代获得诺贝尔奖，而当他发现自己的做法失当时，一切已经难以改变。

　　爱因斯坦一直捍卫决定论的根本地位。为此他论述建立在玻恩概率解释之上的量子力学不是完备理论时，最著名的说法是"上帝不掷骰子"。在 1926 年 12 月 4 日爱因斯坦写给玻恩夫妇的信中，他说："量子力学固然是令人赞叹的。可是有一个内在的声音告诉我，它还不是那真实的东西。这个理论说了很多，但一点儿也没有真正使我们更加接近'上帝'的秘密。无论如何，我都深信上帝不是在掷骰子。"[3] 爱因斯坦的这种态度是玻恩极不希望的："爱因斯坦对量子力学的裁决对我是一个沉重的打击：他拒绝它并非出自任何明确的理由，而只是说有一个'内在的声音'。……这是基于基本的哲学态度的差异，这种差异把爱因斯坦同年轻一代分隔开来了，我感到我属于年轻一代，虽然我只比爱因斯坦小几岁。"[3] 在 20 世纪 30 年代写给玻恩的一封信里，爱因斯坦说："我

---

① Max Born. *The Born-Einstein Letters* [M]. London：The Macmillan Press Ltd., 1971：82.

② Max Born. *The Born-Einstein Letters* [M]. London：The Macmillan Press Ltd., 1971：87.

③ Max Born. *The Born-Einstein Letters* [M]. London：The Macmillan Press Ltd., 1971：89.

仍然不相信量子理论的统计方法是最终的答案，但目前只有我持这种观点。"① 此后爱因斯坦仍然固执己见，直到 1954 年玻恩因为波函数统计解释获得了诺贝尔物理学奖，从爱因斯坦寄来的贺信可以看出他最终让步了："我很高兴地听到你因为对当今量子论的基本贡献而荣获诺贝尔奖，虽然这晚得出奇。当然，尤其是由于是你随后对（量子）描述作出的统计解释决定性地澄清了我们的思想。在我看来，对这一点已毫无疑问，尽管我们对这个课题有过没有明确结论的通信（讨论）。"② 从此直到爱因斯坦 1955 年 4 月逝世，在两人的通信中再没有因为统计解释而引起争执。而随着爱因斯坦的释然，玻恩也看开了很多。1954 年 11 月 28 日在写给爱因斯坦的回信中，玻恩说："有人写信告诉我你病了。请接收我最美好的祝福，愿你尽快康复，不要费神写回信。在个人事务方面我们彼此了解。与此相比，我们在量子力学不完备性方面的意见分歧完全是微不足道的。"③

自 20 世纪 30 年代初二人分别后，玻恩与爱因斯坦再未谋面。玻恩很想去美国再晤爱因斯坦，但是一直没有机会。1954 年 3 月 17 日在祝贺爱因斯坦 75 岁寿辰的信函中，玻恩说："我非常希望在某个时候再次见到你！"③ 在对于这封信的注释中，玻恩说曾有过一次与爱因斯坦再次相逢的机会。他曾收到来自美国加州大学伯克利分校的讲学邀请，但是他拒绝了。拒绝的原因之一是："特勒在那里。他曾和我一起在哥廷根工作，但是这时已成为'氢弹之父'。我不想和他有任何交往。"④ 特勒曾在哥廷根大学给玻恩做过助手，玻恩对特勒也曾很关照。1933 年在玻恩自己的工作还没有落实的情况下，他给爱因斯坦、林德曼等人写信，希望他们能够帮助特勒。⑤ 玻恩不愿意再见到特勒，是因为特

① Max Born. *The Born-Einstein Letters*［M］. London：The Macmillan Press Ltd.，1971：122.

② Max Born. *The Born-Einstein Letters*［M］. London：The Macmillan Press Ltd.，1971：224.

③ Max Born. *The Born-Einstein Letters*［M］. London：The Macmillan Press Ltd.，1971：214.

④ Max Born. *The Born-Einstein Letters*［M］. London：The Macmillan Press Ltd.，1971：216

⑤ Max Born. *The Born-Einstein Letters*［M］. London：The Macmillan Press Ltd.，1971：111.

勒"作为'氢弹之父'在美国享有盛名，并总是充满热情地试图影响公众舆论，赞成强权政治，反对在东西方之间做任何妥协。"① 在玻恩的晚年，他对于两个弟子不能原谅，一个是被玻恩斥为鼓吹强权政治的这位"氢弹之父"特勒；另一个是加入纳粹并有过激错误言论的约当。玻恩与约当之间有信函联系，但玻恩晚年回到德国后，一直不许约当进其家门。

1955 年 1 月 17 日玻恩收到了最后一封来自爱因斯坦的信函，4 月 18 日爱因斯坦逝世。

玻恩在《玻恩－爱因斯坦书信集》里最后一句话是："随着他的逝世，我们——我的妻子和我，失去了我们最亲密的朋友。"② 在这一年的一次报告中，玻恩说："我最后一次看到爱因斯坦大约是在 1930 年。……我和爱因斯坦的友谊是我一生中最重要的经历之一"。③

3. 结语

大哲学家罗素（Bertrand Russell）在为《玻恩－爱因斯坦书信集》撰写的前言中说："这两个人都是杰出的、谦虚的，而面对公共事务，他们都能毫无畏惧地表达自己的思想观点。在充斥着庸才与道德侏儒的时代，他们的人生闪烁着一种强烈的美。而这可由他们之间的书信反映出来，因此这本文集的出版会使这个世界更加充实。"④ 通过回顾玻恩与爱因斯坦之间的交往、他们之间的友谊以及他们为坚守各自的科学思想而展开的争论等等，能够使我们对这两个伟大人物有更深入的了解，从而有可能对今天的人们的生活与工作，有所影响与触动。成为爱因斯坦这样大名鼎鼎的公知与科学明星是一种成功；像玻恩那样埋头教学与科

---

① Max Born. *The Born-Finstein Letters*［M］. London：The Macmillan Press Ltd., 1971：113.

② Max Born. *The Born-Einstein Letters*［M］. London：The Macmillan Press Ltd., 1971：229.

③ Max Born. *Physics in My Generation*［M］. London & New York：Pergamon Press, 1956：206.

④ Max Born. *The Born-Einstein Letters*［M］. London：The Macmillan Press Ltd., 1971：Perface.

研，即使生前身后没有耀眼的光芒，但因为他培养出一批杰出的有作为的人才，因为他撰写了那些承载卓越科学贡献的经得起历史考验的著述，以及包含于其中的伟大科学成就，同样可以永垂不朽。

二、玻恩与弗兰克

詹姆斯·弗兰克作为优秀的实验物理学家，对 20 世纪物理学有突出的贡献。他协助玻恩缔造了 20 世纪 20 年代哥廷根物理学派，这是他不可磨灭的又一大贡献。右图是玻恩（右一）与弗兰克（左一）晚年相聚于哥廷根的合影。

玻恩与弗兰克晚年的合照

1. 弗兰克小传

弗兰克（James Franck）1882 年 8 月 26 日出生在德国汉堡的一个犹太家庭。在汉堡中学毕业后到海德堡大学深造。在这里他结识了从布雷斯劳大学到此游学的玻恩。弗兰克研究者对于两位年轻人当年的这次会面有如此评价："这次会面开始了两人之间直到弗兰克去世为止的友情，对于两个人的人生和科学研究工作都有深重的影响。"[①] 弗兰克是天生的物理学家，从小就醉心于观察和解释物理现象，更乐于经过思考后自己动手实现一些想法。1962 年 7 月 9 日在接受采访时，弗兰克对托马斯·库恩等人说："实际上，我对物理学产生兴趣要远早于我知道有物理学这个词。我记得那时身边的每一件事物都

---

① H. G. Kuhn. *James Franck: 1882—1964* [J]. Biographyical Memoirs of Fellows of the Royal Society, 1965, 11: 53—74.

总是令我惊奇。"①

　　玻恩在回忆录中描写了与弗兰克相识的经过：他和表兄汉斯到海德堡大学游学，那里的亲戚家有一个学习法律的大学生，是弗兰克的中学同学，他介绍玻恩认识了弗兰克。玻恩与弗兰克一见如故："我和汉斯很快就明白弗兰克与我们是同类人。他具有特别吸引人的仪表，又聪明，在我们所有的活动中是极好的成员。他的父亲是位富有的生意人，为了以后让儿子进他的企业，他要求儿子学习法律和经济学。但是詹姆斯的兴趣全不在此，他想做科学家。那时使他着迷的是地质学。但他是听话的孩子，试着上了两学期的法律课，不过他很厌烦这些课。我们认识的时候，他已经决定不再上那些课，要改学地质学和化学。他仍报名经济学的课，但是从来不去听课。而去学习他喜爱的科学课程。正在这个时候，他将他的决定告诉了他的父亲，于是他收到了父亲写来的激愤的信。不仅如此，他父亲带着高雅的太太亲自来到海德堡。汉斯和我决心尽一切努力帮助弗兰克。这可不容易，他父母都认为科学家是没出息的叫花子，属于低级职员。那时，商人尤其是犹太商人的态度普遍都是这样。这是一场与偏见和狭隘心理的有趣战斗。最后我们胜利了。胜利的一部分原因是弗兰克的顽强，他宣称，如果他学法律父亲才给津贴，那他宁可自食其力；另一部分与我和汉斯有关，我俩是巨贾家族的孩子，但是家里并不反对我们学科学。"② 经过此事，玻恩与弗兰克成为最要好的朋友，成为科学道路上的志同道合者。

　　弗兰克认为自己天生就对于物理有兴趣，为什么却主修化学？这主要是因为当时海德堡大学的物理水准较低。在这里学习两个学期后，1902 年弗兰克到柏林弗里德里希·威廉大学学习化学。不久他转修实验物理，师承埃米尔·沃伯格（Emil Warburg），同时选修普朗克的理

　　① Thomas S. Kuhn，John L. Heilbron，Paul Forman，Lini Allen. *Archives for the History of Quantum Physics* [微型胶卷]. Philadelphia：The American Philosophical Society Independence Square，1967，E1 Reel 2.

　　② Max Born. *My Life* [M]. London：Taylor & Francis Ltd.，1978：68.

论物理课程，迷恋上普朗克、爱因斯坦等人一系列的物理讲座。柏林是德国的物理学中心之一，在这里弗兰克认识了一些后来成为著名物理学家的人物，并与他们结成好友，如奥托·哈恩（Otto Hahn）以及迈特纳（Lise Meitner）等等。沃伯格建议弗兰克研究离子在一个点放电时的迁移率。弗兰克经过思考将问题重新定义为一个便于计算的圆柱体问题。1906 年弗兰克获得博士学位，并留在柏林做博士后研究。1911 年，他获得在大学任教的资格。1907 年，他与瑞典钢琴家因格瑞·约瑟夫森（Ingrid Josephson）结婚。弗兰克曾与罗伯特·伍德（Robert Wood）以及赫兹（Gustav Ludwig Hertz，证明电磁波存在的赫兹的侄儿）等人合作开展丰富的实验物理学研究。其中尤以与赫兹的合作最有成效。他们从事的是对电子与原子间弹性碰撞的量化实验研究。1914 年二人合作，让不断加速的电子穿越水银蒸气，发现电流在 4.9 eV 区间内急速下降后又随着电压的增加而增加。对这一现象的深入实验研究与解读证实了玻尔的半经典半量子化原子理论。物理学界将二人的这一研究称为弗兰克 – 赫兹实验。因为这一重要研究，二人荣获 1925 年诺贝尔物理学奖。1914 年 8 月，第一次世界大战爆发后弗兰克应招入伍。1916 年 9 月，他因伤病离开部队，被任命为柏林弗里德里西·威廉大学副教授。20 世纪 20 年代初，弗兰克的实验物理学造诣已经得到物理学界同行的认可。1921 年上半年他曾帮助哥本哈根的玻尔研究所建立实验室。[①] 在玻恩的极力举荐下，1921 年弗兰克成为哥廷根大学的实验物理教授，1921—1933 年弗兰克辅佐玻恩缔造了哥廷根物理学派，开始了原子物理学的新纪元。

　　1933 年纳粹上台，弗兰克虽为犹太人，但因为曾有行伍军功可以继续留在德国做教授。但 1933 年 4 月 17 日弗兰克愤然向教育部提交了辞呈。在辞呈中他说做出这一决定是出于"政府反犹态度使他萌发的内心

---

① P. 罗伯森. 玻尔研究所的早年岁月［M］. 杨福家，卓益忠，曾谨言，译，北京：科学出版社，1985：31—35.

需要"。① 离开哥廷根，弗兰克先到丹麦的玻尔研究所做短期研究工作，1935 年受约翰·霍普金斯大学邀请，到那里研究植物的光合作用。1938 年任芝加哥大学物理化学教授，继续研究光合作用。1942—1943 年，弗兰克任芝加哥大学冶金实验室主任，参加曼哈顿工程。1949—1956 年，他任芝加哥大学光合作用研究团队主席。1953 年，弗兰克和好友玻恩（还有他们另外一位好友、当年哥廷根的一位著名数学家库朗）获得哥廷根荣誉市民称号，二人分离 20 年后在哥廷根再次相逢。1953 年 9 月 26 日，玻恩告诉爱因斯坦，他和妻子回哥廷根参加了城市千年庆祝："弗兰克、库朗和我被授予荣誉市民称号。这是一个融洽的庆祝会。弗兰克和库朗会告诉你庆祝会的情况。"② 1954 年弗兰克获得普朗克奖章（Max Planck Medal），1955 年获得 1800 年开始颁发的主要面向欧洲科学家的传统奖项——伦福德奖（Rumford Medal），以表彰他在光合作用领域的研究贡献。1964 年 5 月 21 日，弗兰克逝世于哥廷根。

玻恩与弗兰克，作为一对好友，都是极其富有社会责任感的科学家，在科学的社会作用方面的态度高度一致，即都强调和呼吁科学技术不能用于制造武器并用来杀人。玻恩在这一方面的观点可通过笔者发表的文章 ③ 了解。弗兰克在这方面的影响在此试举两例。

第一，以弗兰克为首的一些科学家，成立了一个委员会，专门研究原子弹对未来社会与政治的影响。这个委员会 1945 年 6 月 11 日提交了一个报告，后来被称为弗兰克报告。它指出原子武器的威力几乎是无限的；企图以保密的措施防止军备竞赛是徒劳的；希望建立原子弹的国际管制机制。希望建立核武器国际管制机制的设想，虽然缺乏现实可行性，但是总体说来，其目的和意图都是值得肯定的。玻恩本人对于弗兰

① Nancy Thorndike Greenspan. *The End of the Certain World*［M］. London：John Wiley & Sons Ltd.，2005：175.

② Max Born. *The Born-Einstein Letters*［M］. London：The Macmillan Press Ltd.，1971：193.

③ 厚宇德，潜伟. 玻恩在帕格沃什运动中的特殊作用［J］. 自然辩证法研究，2010（2）：112—116.

克的行为极其称赞，并因为有这样的好朋友而引以为自豪。在 1955 年 1 月 1 日的《新年献词》中玻恩说，像卢瑟福这样的科学家也许能够通过他们的伟大人格，避免核武器完全由政治军事势力所控制："某些首要的美国物理学家曾经企图这样做过，但是没有成功。他们曾在一篇文件中警告美国政府不要对人口稠密的城市使用原子弹，文件里正确地预料到在政治和道义上的后果——这篇文件是以我的老朋友詹姆斯·弗兰克的名义提出的，被称为著名的弗兰克报告。"[1] 玻恩在晚年的回忆录中再次说："我曾相信，科学不仅是获得自然知识、取得更好物质生活的手段，而且是一条通往智慧、辨别理智和荒谬的道路。……我所钦佩并热爱的科学家，如弗兰克、爱因斯坦、卢瑟福、普朗克和冯·劳厄等人似乎坚定了我的这一信念。"[2]

第二，1947 年 2 月 28 日，弗兰克在芝加哥原子科学家紧急委员会上做了名为《科学工作者的社会任务》的演讲。在这一演讲中，弗兰克开门见山提出了三个问题："过去我们为什么要躲在所谓象牙塔里？后来为什么又离开了它？如今离开它之后，还打算做些什么？"[3] 围绕这几个问号，弗兰克阐释了他的观点：科学家应该肩负起社会责任，真实地传播真理，阻止核武器成为人类文明的巨大威胁。

2. 弗兰克与玻恩如何做朋友与同事

2.1 互相欣赏的知心朋友

1962 年 10 月 18 日，接受托马斯·库恩与洪德采访，谈到回到母校哥廷根大学任物理学教授一事时，玻恩说："我觉得需要弗兰克的加入，我们是密友，我也知道他是很有天赋的人。"[4] 上一节已经说过，玻恩与

---

① Max Born. *Physics in My Generation* [M]. London & New York：Pergamon Press, 1956：223.

② Max Born. *My Life* [M]. London：Taylor & Francis Ltd., 1978：262.

③ 詹姆斯·弗兰克. 科学工作者的社会任务 [J]. 钟汉，译. 科学时代，1947（6）：10.

④ Thomas S. Kuhn, John L. Heilbron, Paul Forman, Lini Allen. *Archives for the History of Quantum Physics* [微型胶卷]. Philadelphia：The American Philosophical Society Independence Square，1967，E1 Reel 1.

弗兰克一见如故，他是弗兰克的知音，他非常欣赏弗兰克。这一节主要描述在弗兰克看来，玻恩是怎样的人。

弗兰克坦然承认他们刚相识时，玻恩在科学道路上已经先他一步，而且在有些方面，玻恩的能力是他所不及的。1962 年 7 月 13 日接受库恩与迈耶夫人采访时，弗兰克说："当年玻恩来到海德堡，我就认识了他。虽然他比我小几个月，但是他早我一年已经开始了（他对科学的）学习与研究。所以我们认识时他比我成熟一些。但是（那时）他在学数学。在清晰表达自己的想法方面，在驾驭优美的言辞方面，他一直远远超过我。"①

当库恩希望弗兰克深入介绍一下他记忆中的玻恩时，弗兰克再次强调了玻恩的多种能力是他所不及的，同时也介绍了自己的一个优势："从个人的角度说，玻恩早在海德堡读书时期，就是我的好朋友。我想说从各个方面看我都是喜欢他的，我钦佩他的多种能力以及他的聪明，在这些方面他超越我很多。你可以想象，我与玻恩相比也有一个特长。我想我的想象力比玻恩强一点。我相信这一点。但是在智力水平等其他方面，如果不是一直向他学习，我难以与他相提并论。"① 如果抛开感情与友谊方面的考量，纯粹从人才搭配之合理性角度看待玻恩与弗兰克的组合，不得不佩服玻恩了不起的眼力。他恰到好处地做出了一个取长补短的选择，也就是说，从专业研究的能力上讲，玻恩通过与弗兰克搭档、有了弗兰克的辅佐，实现了完备又完美的理论一流与实验一流专业能力组合。

玻恩了解弗兰克的特长，弗兰克也深入了解玻恩的学术特点。在他们都成为科学家后，弗兰克对玻恩的学术优势与学术特点有最清楚的认识以及十分简洁的概括。他 1962 年 7 月 14 日对库恩与迈耶夫人说："马克斯·玻恩……比我认识的绝大多数理论物理学家都更懂数

① Thomas S. Kuhn, John L. Heilbron, Paul Forman, Lini Allen. *Archives for the History of Quantum Physics* [微型胶卷]. Philadelphia: The American Philosophical Society Independence Square, 1967, E1 Reel 2.

学。……只有把他研究的东西用真正清晰的数学语言描述之后，玻恩才会感到满意。"①

弗兰克既是玻恩的终生好友，也一直与玻尔是好朋友。1962 年 7 月 14 日，库恩与迈耶夫人采访弗兰克时，弗兰克把玻恩与玻尔做了比较，可以看出他对于玻恩有更多的欣赏："玻恩是一位优秀的数学家。但是玻尔与玻恩两个人我都喜欢。这两个人对外在世界都具有一种强烈的特殊感受，认识外在世界是他们的人生使命之一。两个人还都很有教养。我必须说当我读玻恩写的东西时，发现它们是那么美好，好极了。玻尔却是另一个样子：写东西对他而言是件苦差事。他必须用他的母语，否则他什么也做不了。……所以他们是这么不同的人。我想哥廷根真的很好，在那里任何思想都能被容忍。"① 玻恩后半生在英国做教授，他常常回忆起自己与弗兰克营造的哥廷根物理学派宽松自由的学术氛围。通过弗兰克这段回忆里的最后一句话可以看出，弗兰克对于当年也有着同样念念不忘的缅怀。

2.2 默契配合的黄金搭档

弗兰克从不讳言，是玻恩的执着而智慧的坚持和争取才帮他在哥廷根获得了教席。他高度认可与玻恩的合作，认为他们的合作对每个人都大有益处。1962 年 7 月 12 日，接受库恩与迈耶夫人采访时，弗兰克说：20 世纪 20 年代初，"事实上是玻恩坚持让我来（哥廷根）。……（在哥廷根）我们真的开启了很好的合作时代。我想我们两个人都从中受益。对我而言这是毫无异议的。"①

玻恩与弗兰克的默契合作引人注目，给弟子们留下了深刻的印象。他们的弟子在晚年仍清楚地记得并高度评价玻恩与弗兰克合作的重要意义，甚至惊讶他们何以能够合作得如此之默契。在哥廷根获得博士学位的艾尔萨瑟曾回忆说："我听到的所有关于马克斯·玻恩与詹姆斯·弗兰

---

① Thomas S. Kuhn, John L. Heilbron, Paul Forman, Lini Allen. *Archives for the History of Quantum Physics* [微型胶卷]. Philadelphia：The American Philosophical Society Independence Square, 1967, E1 Reel 2.

克的故事都说，他们走得很近，相交甚密。我一直讶异为什么性格如此截然不同的两个人，会成为知己而毫无摩擦。我个人认为，他们的合作是首要的基础，奠定了哥廷根在 20 世纪 20 年代世界物理学中心的地位。"① 曾在哥廷根学习的 H. G. 库恩则对玻恩、弗兰克在讨论会上密切合作有一些细节性的描写："弗兰克和玻恩有很多时候在一起讨论。在学术讨论会上常有这样的情形：玻恩在黑板上边写边解释，当很多人不是很明白时，弗兰克就用他自己的方式解释起来。可能表达的是一样的东西，但是弗兰克的（表述）更直接，他用的是图示的方法。"② 不难想象弗兰克所说的他强于玻恩的想象力这时发挥了重要作用。

弗兰克自己也曾举例说明他平时与玻恩之间如何沟通交流，以此说明他们之间是多么默契的好朋友、好搭档。这样的事情常发生："我对玻恩说，'玻恩，我有一个好主意要告诉你。'我开始讲给他。然后，他继续讲。我说：'玻恩，我从来不知道你这么快就准确理解了它的本质以及它是如何发生的，你这是怎么回事？'他说：'你看，这对我而言并不很难，你看我也能讲给你。这是我昨天产生的想法。'……你看，这类事情说明我们是多好的朋友！"③

哥廷根的另外一位实验物理学教授波耳也毕业于柏林大学，因此从学术渊源上他与弗兰克关系更近。但是当波耳有不合适的举动、与玻恩发生冲突时，弗兰克主动为玻恩灭火。1962 年 7 月 11 日，库恩与迈耶夫人采访弗兰克时，迈耶夫人问："您记得（有段时间）由于波耳在研讨会上总是打击玻恩的学生，玻恩觉得他无法保护自己的学生，所以他

① Walter M. Elsasser.*Memoirs of a Physicist in the Atomic Age* [M]. New York：Science History Publications，1978：47.

② Thomas S. Kuhn，John L. Heilbron，Paul Forman，Lini Allen. *Archives for the History of Quantum Physics* [微型胶卷]. Philadelphia：The American Philosophical Society Independence Square，1967，E1 Reel 3.

③ Thomas S. Kuhn，John L. Heilbron，Paul Forman，Lini Allen. *Archives for the History of Quantum Physics* [微型胶卷]. Philadelphia：The American Philosophical Society Independence Square，1967，E1 Reel 2.

不让自己的学生出席研讨会吗？"弗兰克回答说："这确有其事，确有其事。"弗兰克补充说，他就此曾找波耳谈话，提示并批评波耳，波耳认可并接受了弗兰克的意见："不认可理论的态度使他执拗而不随和，这会使他陷入困境。而他承认'是的，可能是这样。'"① 弗兰克为大局出发所做出的努力，对于维持哥廷根物理学派自由宽松的研讨氛围，大有裨益。

在 20 世纪 20 年代玻恩与弗兰克缔造哥廷根物理学派，这是 20 世纪物理学里程碑式的历史事件。因为 20 世纪物理学最重要的理论体系——量子力学的矩阵力学形式诞生在这个学派，量子场论等物理学新领域也在此发端。哥廷根物理学派的重要性还体现在，这里培养出了 20 世纪物理学界（也包括个别生物学界、数学界、计算机学界）一大批有绝对影响力的杰出人才。在十几年的时间里，玻恩和弗兰克指导了几十位优秀博士，如约当、洪德、玛利亚·戈佩特即迈耶夫人、韦斯科普夫、艾尔萨瑟、德尔布吕克、奥本海默、赫兹伯格、威廉·汗勒、亚瑟·希佩尔等等。另外到哥廷根做博士后研究或为玻恩做助手的年轻人，在这里深受玻恩学派熏染，后成为物理学界大人物的也不乏其人，这中间有泡利、海森堡、费米、狄拉克、维格纳、莫特、罗森菲尔德、福克、冯·诺依曼、鲍林、特勒等等。如果考虑到这些受玻恩和弗兰克影响的学生辈人物对后来科学界的影响，哥廷根物理学派的重要性，还将几倍，甚至十几倍、几十倍放大。

弗兰克不仅是玻恩工作上的好搭档，弗兰克的实验研究对玻恩的理论研究工作还具有重要而直接的启发与导向作用。如玻恩在晚年的著述中曾说："我每天都在目睹弗兰克关于原子和分子碰撞的充满才气的实验中有关粒子概念的丰硕成果，由此相信，粒子概念不能简单放弃，而不得不去发现将粒子概念和波的概念调和在一起的途径。我看到了联系两

---

① Thomas S. Kuhn, John L. Heilbron, Paul Forman, Lini Allen. *Archives for the History of Quantum Physics* [微型胶卷]. Philadelphia：The American Philosophical Society Independence Square，1967，E1 Reel 2.

个概念的关键环节，那就是概率观念。"① 弗兰克的实验对玻恩的这一影响相当重要，恰恰因为实验展示给玻恩的事实使他坚信微观客体粒子性概念的合理性，从而对薛定谔方程中的波函数做出了薛定谔本人无法给出的概率性合理诠释。

1952 年在玻恩 70 岁寿辰之际，弗兰克从美国寄来了贺信，在信中他感谢玻恩给予他的 50 年的友谊，在别人不信任他的时候玻恩赏识他并竭力举荐他来到哥廷根大学等等。在信的末尾，弗兰克安慰自己的老朋友，不要因为年老而泄气："你自己要正确意识到你是谁，以及你的工作的价值。这样你就不会担心自己收不到（来自诺贝尔奖委员会的通知获奖的）官方信函。"② 弗兰克坚信玻恩的工作总有一天会获得诺贝尔物理学奖。

3. 弗兰克对于玻恩的最后帮助

玻恩在物理学多个领域做出了诺贝尔奖水准的科学贡献，他获得该奖理应是水到渠成、顺理成章的事。但是他在做出重要贡献近 30 年后才获得此奖。基于种种原因玻恩在退休后荣获诺贝尔奖不是一件容易事，玻恩自己曾感叹他此生可能与诺贝尔奖真的无缘了。玻恩最终能够获奖，他的老朋友弗兰克功不可没。玻恩 1954 年获得诺贝尔物理学奖，这一年为他提名的人有：H. 弗勒利希（H. Fröhlich）、E. 塞格雷（E. Segré）、E. 费米（E. Fermi）、J. 弗兰克（J.Franck）以及 M. 泡森涅尔（M. Pauthenier）。③

弗兰克分别于 1947 年、1948 年、1949 年以及 1954 年 4 次推荐玻恩为诺贝尔物理学奖候选人。弗兰克在美国曾与费米做同事，费米 1922 年到过玻恩的哥廷根学派访学几个月，但是并未成为玻恩身边的红人。

① Max Born. *My Life & My Views* ［M］. New York：Charles Scribner's Sons，1968：35.

② Nancy Thorndike Greenspan. *The End of the Certain World* ［M］. London：John Wiley & Sons Ltd.，2005：294.

③ 厚宇德. 玻恩与诺贝尔奖 ［J］. 大学物理，2011（1）：48—65.

费米 1948 年与 1954 年 2 次为玻恩提名。这其中很可能有弗兰克的某些影响。1954 年为玻恩提名的还有著名物理学家赛格雷，而他是费米罗马学派的弟子与重要成员……

从玻恩与费米的关系这条线来看，按照中国人的观念，一定意义上塞格雷算是玻恩的再传弟子。笔者后来从塞格雷的自传中了解到，塞格雷与玻恩的关联还有更多。塞格雷 1931 年曾到德国汉堡大学向斯特恩学习真空与分子束实验技术，斯特恩的研究方法令塞格雷印象深刻：实验前斯特恩总是"要先计算出与仪器有关的一切数据，例如他想要生成的分子束的形状和密度，直到预备性实验的结果能与其计算出的数据完全吻合后才开始正式试验。"[①] 而玻恩在法兰克福大学做教授时，斯特恩是他的助手。

而从塞格雷的自传中可以看出他本人与实验物理学家弗兰克的关系也非同一般。塞格雷到美国后先落脚伯克利，但开始是临时之举。他寻找更稳定职位时曾多方致函，其中包括弗兰克。弗兰克没能给予直接帮助，但是回函予以鼓励："在所收到的鼓励性友好信件中，记得有一封是来自詹姆斯·弗兰克——哥廷根大学的杰出实验物理学家。他被纳粹解除了职务，那时已到芝加哥大学工作。由于弗兰克是物理学界的大人物，又因不仅有勇气、也心肠好而闻名，我认为他收到过很多请求帮助的信。我给他写信后，他于 1939 年 9 月 1 日回信表示关切和鼓励。发觉用英语口授给秘书的话还不够分量，他用德语加了几句，'我的确对你的事深感乐观，因为人们不会放过像你这样的人才不用的。'他这种人物的鼓励对我帮助很大。后来弗兰克来伯克利看望过我们，我也在以后的岁月中多次遇见他，1962 年在德国的林道参加诺贝尔奖获得者集会是我们的最后一次会面。"[②] 因此，既然塞格雷本人与弗兰克关系也如此非同一般，那么 1954 年他提名玻恩为诺贝尔奖候选人，是受费米的影响，

---

① 埃米里奥·塞格雷. 永远进取——埃米里奥·塞格雷自传［M］. 何立松，王鸿生，译. 上海：东方出版中心，1999：28.

② 埃米里奥·塞格雷. 永远进取——埃米里奥·塞格雷自传［M］. 何立松，王鸿生，译. 上海：东方出版中心，1999：181—182.

还是直接受弗兰克的影响，在没有进一步文献资料佐证的前提下，就难以确定了。

还值得一提的是，在 1954 年为玻恩提名的几位物理学家中，H. 弗勒利希与黄昆是熟人。黄昆在布里斯托大学莫特教授指导下读博士时，弗勒利希是莫特手下的讲师，而弗勒利希成为利物浦大学教授后，即邀请黄昆去利物浦做博士后研究，而同时支持黄昆与玻恩合著《晶格动力学理论》。

在 20 世纪的物理学界，真正了解玻恩的物理学家如弗兰克、朗德等，都为玻恩 72 岁才获得诺贝尔物理学奖而甚觉不公，爱因斯坦在玻恩获奖后写来的贺信中，也认为这一奖项来得为时过晚。[①] 关于玻恩与诺贝尔奖的议题，有兴趣的读者可参照笔者 2011 年发表于《大学物理》杂志的一篇文章。[②]

朋友不难寻求，但彼此欣赏的知音朋友可遇不可求；同事很多，但能互相理解、默契配合并共创辉煌事业的凤毛麟角；短时间结为朋友不难，但情不随事迁，终生皆为好友却非易事。玻恩与弗兰克，是终生的知音、好友，又是共同创造辉煌的黄金搭档，他们的友谊与合作，是 20 世纪物理学史上的一段令人艳羡的佳话。

① Max Born. *The Born-Einstein Letters* [M]. London：The Macmillan Press Ltd.，1971：224.

② 厚宇德. 玻恩与诺贝尔奖 [J]. 大学物理，2011（1）：48—65.

三、玻恩与冯·卡门

1909 年下半年，玻恩开始了自己在哥廷根大学的讲师生涯。玻恩在哥廷根做讲师期间快速成长为一位一流物理学家，其中有些事实的细节值得了解和关注。在教学方面，玻恩的授课效果一度不好，笔者曾专门撰文谈到这一点。[①] 由于玻恩及时反思，找到了影响教学效果的原因并加以改进，很快他的授课效果有了明显改善。与教学工作遭遇的挫折不同，玻恩在科学研究方面迅速成长、顺风顺水。玻恩与哥廷根大学应用力学教授普兰特（Ludwig Prandtl，1875—1953）的弟子、稍年长于他的哥廷根另外一位讲师冯·卡门（Theodor von Kármán，1881—1963）结为好友并成为合作研究的伙伴。关于冯·卡门，玻恩 1962 年接受采访时说，他们有几个人租住在同一座大房子的不同房间，因此经常在一起："刚开始，他（指冯·卡门）对物理学很有兴趣，不久他转而研究流体动力学，成为这一领域的专家。"[②]

1. 冯·卡门其人

冯·卡门 1881 年出生于匈牙利布达佩斯的一个犹太家庭，他的父

---

① 厚宇德，负雅丽. 从玻恩的教学方式看量子力学的诞生 [J]. 大学物理，2008（12）：46—49.

② Thomas S. Kuhn, John L. Heilbron, Paul Forman, Lini Allen. *Archives for the History of Quantum Physics* [微型胶卷]. Philadelphia：The American Philosophical Society Independence Square, 1967, E1 Reel 1.

亲（Mór Kármán）是匈牙利一位著名的教育与哲学教授。1906年冯·卡门获得匈牙利国家科学院资助，前往德国哥廷根大学求学两年。1908年3月冯·卡门曾短期到法国巴黎访问，在那里他目睹了一些先进的飞机，这对于他选择从事航空学研究有重要的影响。在普兰特指导下获得博士学位后，冯·卡门成为哥廷根大学的一位讲师。玻恩在哥廷根的精神领袖是希尔伯特，而冯·卡门的精神导师却是玻恩一直敬而远之的克莱因。冯·卡门曾在接受采访时对人说："你知道克莱因是优秀的老师，像弗里克斯·克莱因这样好的课程（在其他地方）你不会听到。……他（的视野）很宽阔。他对这么多的事物有兴趣。在解释一些事情时他有奇妙的天赋。他不告诉我（问题的）答案，但是听他分析之后，我就能找到解决问题的方法。"[1] 1913年冯·卡门到德国亚琛理工大学就职，在这里他缔造了一个有活力的航空学研究团队。1926年冯·卡门第一次受邀来到加州理工学院讲学，1928年他开始半年在加州理工学院工作，半年继续在亚琛工作。1930年冯·卡门开始了在加州理工学院的全职工作生涯。冯·卡门对于美国科技贡献巨大，这早有公论。[2] 作为一位应用数学家、作为加州理工古根海姆航空实验室的带头人，冯·卡门最为世人所知的是他在空气动力学尤其火箭领域的突出贡献。1963年冯·卡门荣获了由总统肯尼迪颁发的（美国）国家科学勋章。几个月后，在这一年的5月7日冯·卡门在他工作过的德国亚琛去世。

冯·卡门说克莱因学术视野宽广，也许是受克莱因影响的缘故（抑或因为冯·卡门自己也是这样的人才崇拜这样的克莱因），冯·卡门自己也是一个兴趣广泛的人。玻恩与冯·卡门合作开展的研究工作，是玻恩博士论文研究之后最有成效的早期开创性研究。玻恩对于冯·卡门十分

---

① Thomas S. Kuhn, John L. Heilbron, Paul Forman, Lini Allen. *Archives for the History of Quantum Physics* [微型胶卷]. Philadelphia：The American Philosophical Society Independence Square, 1967, E1 Reel 3.

② John L. Greenberg, Judith R. Goodstein. *Theodor von Kármán and Applied Mathematics in America* [J]. Science, 1983, 222（23）：1300—1304.

了解，他在 20 世纪 40 年代撰写的回忆录中说："卡门早期的科学生涯是同我的研究紧密相联的。后来我们分开了；他同普兰特在一起，成为空气动力学方面的一个领袖人物。他是亚琛大学教授，但在希特勒上台之前移居美国，并且成为他那个学科在美国甚至在全世界最权威的人物。在第二次世界大战时，他是美国空军司令阿诺德将军的科学顾问。几个月以前（1946 年 6 月），我在莫斯科见到了他……他还和过去在哥廷根时一样，对朋友友好，对人类社会的一般事务持尖刻的讥讽态度，他是这两者奇怪的混合体。"①

冯·卡门和玻恩在一个方面相似，即他们都为中国培养出了若干一流的科学人才。玻恩为新中国指导的三位博士（彭桓武、程开甲、杨立铭）都成为了优秀物理学家。玻恩还与黄昆有重要的合作。而中国火箭之父钱学森、中国近代力学事业奠基人之一的郭永怀、著名华裔应用数学家和天体物理学家林家翘都是冯·卡门培养出的优秀博士，钱伟长也曾在冯·卡门指导下开展博士后工作。因此冯·卡门与玻恩都对新中国的科学技术有重要贡献。

2. 玻恩和冯·卡门谁是合作的主导者

玻恩高度评价冯·卡门的科学天赋和能力，认为冯·卡门是典型的最适合做应用数学研究的人；玻恩也承认自己曾受到冯·卡门的很大影响："他能够很好地赞赏推导的艺术价值，但是对于在自然科学或工程上不能实际应用的东西无大兴趣。我想，就是我们在汉普太太的公寓内一块儿吃饭那一时期，他研究出了极著名的液体流经圆柱形障碍物的线性涡轮理论。这个理论是很美的……我喜欢它甚至超过喜欢纯数学最出色的定理。……通过我们的日常讨论，我慢慢地转向了研究实际物理学的问题，而在我们待在一起的最后一年里，我们合力搞原子物理学的一个

---

① Max Born. *My Life* [M]. London：Taylor & Francis Ltd.，1978：140.

问题，将量子论用于对晶体的研究。"①

　　早在玻恩与冯·卡门合作之前，爱因斯坦基于简单的固体模型（固体 3N 个振子频率相同），曾将普朗克的量子观念引入固体比热容研究。玻恩在他的回忆著作中，似乎暗示他与冯·卡门的合作是基于爱因斯坦的工作："卡门和我试图基于考虑全部晶格振动光谱来消除（爱因斯坦研究结论与实验事实的）这些脱节。"② 在另外一本回忆著作中，玻恩说他与冯·卡门的合作基于对两个方面研究的讨论，其一是当时也在哥廷根大学物理系工作的年轻的马德隆搞的晶体点阵结构研究，这一研究当时还很有争议。其二是爱因斯坦的固体比热容研究。玻恩承认："我已经不记得我们二人之中，是谁最先将点阵理论与爱因斯坦的固体比热容论文联系起来的。"③ 然而到了 20 世纪 60 年代，回顾二人的合作研究的缘起，玻恩与冯·卡门都不约而同提到了另外一个人，即能斯特（Walther Nernst，1864—1941）的文章。认为他们并非首先直接阅读了爱因斯坦的工作记录，而是从能斯特的文章了解到量子化概念的应用。冯·卡门的说法是："我已经讨论过它（指量子化概念），因为能斯特对它有兴趣。我想能斯特是我 1907 年来到哥廷根一年后离开的。能斯特发现了基于量子公式的热容量经验公式。"④ 冯·卡门还提到了很值得关注的一个细节。冯·卡门回忆说，在他们合作研究之初，玻恩并不相信固体比热容会与量子现象有关："我必须说，当我们开始讨论这些事情的时候，相信如果我们考虑分子的组成去搞出个理论，那么关于比热容的著名的偏差就会自动出现。他（指玻恩）不相信它（指量子化），他想挽救玻尔兹曼的理论。……我们通过准确计算点阵而实现计算光谱的想法来自于玻恩。但是他希望通过计算去展示量子论不是必需的。我告诉他，'马克斯，我

① Max Born. *My Life* [M]. London：Taylor & Francis Ltd.，1978：140.

② Max Born. *My Life & My Views* [M]. New York：Charles Scribner's Sons，1968：26.

③ Max Born. *My Life* [M]. London：Taylor & Francis Ltd.，1978：141.

④ Thomas S. Kuhn, John L. Heilbron, Paul Forman, Lini Allen. *Archives for the History of Quantum Physics* [微型胶卷]. Philadelphia：The American Philosophical Society Independence Square，1967，E1 Reel 3.

不同意你的想法，你看有这么大的偏差……'我们开始工作，（后来）他当然说过，'你是对的。'他后来在液体理论等都应用量子理论的领域里都很著名。"[1] 由此看来玻恩在与冯·卡门的合作中转变了对于普朗克量子化思想的看法。

海耳布朗采访冯·卡门时曾明确问到，是否确信他们的合作主要源自玻恩的原创想法。冯·卡门对此的回答毫不含糊："是的，做这个是玻恩的主意，但是关于点阵结构，我可能有些经验或知识……"[1] 然而在玻恩看来事实不是这样。1962 年玻恩与库恩谈到普朗克的量子化理论以及玻恩和冯·卡门对固体比热容的研究时，玻恩说他在 1907 年博士毕业后才听说普朗克的量子化理论。这个时候能斯特也出现在了玻恩的记忆里。他说是冯·卡门让他关注能斯特的研究："那时他建议我研究能斯特的实验以及固体热容量研究。……他引导我注意能斯特，他想这（指能斯特的结论）一定是很一般的规则。能斯特的一些例子很充分地显示他的结论到处适用。然后我们开始讨论这件事，并立即想到如果真的是这样，那么普朗克的量子化是吸收和辐射时的效应的说法就很荒谬。……谁先想到的？我想可能是卡门，因为他研究一般模型，但是当他把它解释给我时，我确信立即意识到，如果这是一般模型的效应的话，这就是一个绝对的证明，说明的不是别的，而是力学的基本性质。力学一定很不正确。"[2]

库恩想起并告诉玻恩，此前冯·卡门接受他的同事海耳布朗采访时，曾说对于固体热容量研究的原发思想来自于玻恩。对此，玻恩表达了自己的看法："我记不得了。我不知道。但是你知道，卡门比我稍大些，那时也比我有研究经验；我不是合作的领袖；想法应该来自卡门。

① Thomas S. Kuhn, John L. Heilbron, Paul Forman, Lini Allen. *Archives for the History of Quantum Physics* [微型胶卷]. Philadelphia：The American Philosophical Society Independence Square，1967，E1 Reel 3.

② Thomas S. Kuhn, John L. Heilbron, Paul Forman, Lini Allen. *Archives for the History of Quantum Physics* [微型胶卷]. Philadelphia：The American Philosophical Society Independence Square，1967，E1 Reel 1.

这是我的感觉。此后，很短一段时间之后，他放弃了这一研究，而完全靠我自己。"① 冯·卡门和玻恩把关键功劳都推给对方，这让库恩和读者一样觉得很有趣："你看这很有趣，现在他的感觉是，这些都是因你而起；但是你却感觉一切源自于他。我们无法知道答案，但是我想这很有趣。"① 对此，玻恩给出了个比较可以理解的解释。玻恩的说法就是，两个人在一起每天都讨论，在这样的情况下很难说清一个想法究竟来自于谁："我们住在同一幢房子的不同房间，每天早晨大家吃早餐时（往往有个人）会说，'噢，我有了个新想法。'你看就是这样，没人在意谁先有了一个主意。但是我感觉他那时领导者的身份高于我，在开始研究的前几个月确实如此。"① 可见如同冯·卡门坚持认为二人合作的原创思想来自于玻恩一般，玻恩仍然倾向于认为他们合作的重要原创思想来自于冯·卡门。同时也暗示，几个月后应该就是玻恩自己一个人继续推进这一研究了。

3. 玻恩与冯·卡门的合作成果

玻恩说他与冯·卡门合作的研究成果写成文章后，于 1912 年和 1913 年分别发表在《物理学月刊》上②。但是据统计③，玻恩与冯·卡门合作的文章共有 3 篇，发表信息如下：

（1）1913.（With TH. V. Kármán.）*Zur Theorie der specifischen Wärme*. Phys. Z. 14，15—19.

（2）1913.（With TH. V. Kármán.）*Über die Verteilung der Eigenschwingungen von Punktgittern*. Phys. Z. 14，65—71.

（3）1913.（With H. Bolza & TH.V.Kármán.）*Molekularströmung und*

① Thomas S. Kuhn, John L. Heilbron, Paul Forman, Lini Allen. *Archives for the History of Quantum Physics*［微型胶卷］. Philadelphia: The American Philosophical Society Independence Square，1967，E1 Reel 1.

② Max Born. *My Life*［M］. London: Taylor & Francis Ltd，1978：141—142.

③ N.Kemmer, R.Schlapp. *Max Born：1882—1970*［J］. Biographical Memoirs of Fellow of the Royal Society，1971，17：17—52.

Temperatursprung. Nachr. Ges. Wiss. Göttingen. pp. 221—235.

可见研究者的统计情况与玻恩的回忆有所不同。笔者在网络上没有找到这几篇文章，哪个说法更为准确待考。

对于二人合作的研究成果，冯·卡门说："现在想来我认为德拜的热容理论真的抢走了我们论文的价值。德拜真是太幸运了。他得到了一个简单的公式，他的公式的确比我们的简单，因此我们的研究相比就没什么价值了。在德拜的论文发表之前，我们的论文已经写好了，但是还没有付印。"[1] 玻恩在回忆中对他们的研究成果以及德拜的研究，做过更为详细的比较说明："1912 年 3 月苏黎世的彼得·德拜教授已经在瑞士物理学会对同一课题做过一次演讲，并发表了一篇文章……他用的是一种很不同的较粗糙的方法，以连续介质来代替晶体，但是他得到的公式，尤其是很低温度下比热容的著名的 T^3 定律，要比我们第一篇论文里的公式简单。当时我们对此毫不知情，而正从我们的普遍公式推导这个定律。当我们正写第二篇论文时，才从索末菲来哥廷根的一次演讲中得知德拜已经得到了同一结果。这样，我们不得不承认德拜整体上的优先权。我后来发现，我们的结论在英语世界很少为人所知。但是它们要比德拜的更加令人满意，德拜的结论只对于准各项同性物质适用。"[2] 爱因斯坦与德拜对于固体比热容的研究，在现在的物理学相关著作中还几乎是必须介绍的内容。[3] 但是同类著作都几乎不提玻恩与冯·卡门的相关研究了。

4. 玻恩与冯·卡门的合作因何很快终止

玻恩与冯·卡门两个年轻人的合作，很有成效。然而有些遗憾的是

[1] Thomas S. Kuhn, John L. Heilbron, Paul Forman, Lini Allen. *Archives for the History of Quantum Physics* [微型胶卷]. Philadelphia：The American Philosophical Society Independence Square, 1967, El Reel 3.

[2] Max Born. *My Life* [M]. London：Taylor & Francis Ltd., 1978：141—142.

[3] 阎守胜. 固体物理基础 [M]. 北京：北京大学出版社, 2000：168—174；王诚泰. 统计物理学 [M]. 北京：清华大学出版社, 1997：240—241.

这一合作好景不长。两位年轻人很快终止合作的原因也是科学史家有兴趣关注的。1962 年在接受库恩采访时，与玻恩等都很熟识的、后来成为克莱因在哥廷根大学继任者的库朗告诉库恩：冯·卡门和玻恩是好朋友，但是"玻恩与卡门之间的合作很快就结束了……我不想太牵涉私人生活，但是这一结果也是由于玻恩夫人……她厌恶卡门。二人合作关系的终止不是很严重的那种。他们彼此仍然是朋友，但是玻恩夫人认为玻恩与卡门这样不修边幅的人在一起，使她不能像德拜家里人那样很有面子。"① 可以想见玻恩夫人的这种态度足以使冯·卡门与玻恩的关系渐行渐远。不过从库朗的回忆中还能感受到，冯·卡门是明白事情的真正缘由的，因此他还与玻恩保持着朋友关系。而从玻恩与冯·卡门晚年在回忆中提到对方时的态度看，二人至老依然是彼此惺惺相惜的。

5. 玻恩与冯·卡门的君子之交

冯·卡门与海耳布朗的谈话和玻恩与库恩的谈话，两相对照足以说明一些东西。首先两个人的回忆说明两者是真正意义上的合作，彼此都有各自的贡献。这个问题可能最早引起了冯·卡门的注意，而他在这方面当时有更多知识方面的积累。但是玻恩同样有自己的看法，而研究结果很可能主要是靠玻恩计算出来的。他们刚开始研究这一问题时，二人的观点并不相同，冯·卡门较早相信量子论，而玻恩却想剔除原子论的影响。两个人当时有很直接而频繁的讨论，使得他们各自都记不清是谁最早提出了有建设性的研究思路。在这样的情况下，二人不约而同都归功于对方。这也充分展示了两位科学大师的君子风范。

在此恰好有一个反面的例子。1963 年 2 月 19 日采访海森堡时库恩问海森堡是否记得玻恩第一篇《关于量子力学》这篇文章。海森堡说："他（指玻恩）事实上在这篇文章的一些部分重复了克喇摩斯和我（在

① Thomas S. Kuhn, John L. Heilbron, Paul Forman, Lini Allen. *Archives for the History of Quantum Physics* [微型胶卷]. Philadelphia：The American Philosophical Society Independence Square，1967，E1 Reel 1.

合作的文章中）的讨论。"① 然而对于这次采访已经做了充分功课的库恩说："哦，但是我想（玻恩）那篇文章事实上比你与克喇摩斯合作的文章发表得早，至少是早于你们的文章提交给编辑部的。"这时海森堡说："噢，让我看看。是的，（玻恩）那篇文章比我和克喇摩斯合作的文章早些，是的。"① 海森堡向我们展示了与冯·卡门、玻恩等人不同的另外一种性格和形象。把海森堡这种"自我意识"极其强烈的个性与玻恩再作对比，则不禁令人唏嘘不已。1962 年采访玻恩时库恩提到，后来很多人认为出自海森堡论文的一个思想，即量子力学只能处理那些可观察的物理量（即后来的所谓可观察性原则），在玻恩与约当合作的早于海森堡发表的文章中已经重复强调了好几次。玻恩对此的回答是："我一直认为它主要是海森堡的观点。"笔者曾经过多方面考察证实玻恩是哥廷根物理学派该思想的最早提出者以及一贯坚持者。然而在海森堡的个人著述、回忆中，关于这一思想的来源，从来未见到他提及他在自己论文中所说的这一思想是来自玻恩的影响。② 也许我们不能因此就可以对海森堡作道德上的审判。但是读者有权利对于玻恩、冯·卡门这些胸怀宽广的大师油然生出更多的敬意。

6. 玻恩和冯·卡门的合作及其对玻恩的影响

在玻恩看来，他与冯·卡门的合作不仅开启了他实际有影响的个人研究工作，取得了较好的成果，而且作为合作研究者，他还从冯·卡门那里学到了很多方法与经验："我不认为在我们的共同努力中冯·卡门比我做出的贡献大得多，但是动力来自于冯·卡门，我从他的指导思想中学到了数学物理的精髓。它们是：从正确的视角看待问题；在开始详细计算之前，用粗略的已有的方法对预期结果作数量级的估计，使用符合

---

① Thomas S. Kuhn, John L. Heilbron, Paul Forman, Lini Allen. *Archives for the History of Quantum Physics* [微型胶卷]. Philadelphia：The American Philosophical Society Independence Square，1967，E1 Reel 2.

② 厚宇德，杨丫男. 可观察性原则起源考 [J]. 大学物理，2013（5）：38—42.

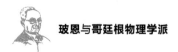

精确要求的近似方法，即便无法严格验证也要这样做，最后心里要一直装着正在研究的所有事实。"① 更为重要的是，这一合作研究确定了玻恩后来一生在科学事业上收获丰硕的晶格动力学研究领域："对我来说，搞晶体研究不像对卡门那样只是一个短期工作，而是具有长远兴趣的。为了产生周期性的排列或者点阵，原子力必须满足的条件是什么？我发现人们对此几乎一无所知。晶体点阵力学成了我关注的核心。虽然在有些时候，其他问题也时而取代它而引起我的重点关注，但我还是一次又一次返回来搞这个研究，直到今天（1945 年 12 月），我仍在研究这个领域的新课题。"② 由此看来，玻恩与冯·卡门的研究，对于冯·卡门而言是其个人能力在物理学领域研究中的牛刀小试；而对于玻恩来说则是自己毕生事业由此山门大开，因此意义更加重要得多。

① Max Born. *My Life* [M]. London：Taylor & Francis Ltd.，1978：141.

② Max Born. *My Life* [M]. London：Taylor & Francis Ltd.，1978：142.

四、玻恩与朗德

作为一位理论物理学家，随着朗德因子、玻恩－朗德方程、朗德间隔定则、朗德劈裂因子等术语写入物理学词典和相关领域的著述，阿尔弗莱德·朗德（Alfred Landé，1888—1975）的科学地位是不言自明的。在约克鲁（Wolfgang Yourgrau）撰写的朗德讣告中，对于朗德如此盖棺定论："朗德是一位杰出的演讲者，是当代物理学领域以及科学的哲学领域的巨人。"[①] 这一评价是恰当的。

朗德是最早听过玻恩课程的几个学生之一。在朗德的早期科学生涯中，曾多次得到玻恩的赏识、关键性举荐与大力帮助。

1. 朗德科学生涯述要

朗德 1888 年 12 月出生于德国的埃尔伯费尔德（现为伍珀塔尔市的一部分）。朗德中小学在何处受教育？关于他的文章，以及对于他的访谈中，都没曾提及。根据他对库恩所说，知道他在中学时数学、物理成绩优异，而且很早就有了投身物理学研究的志向。现有的涉及朗德大学教育的文章，都说朗德曾在慕尼黑大学与哥廷根大学学习。朗德自己也说："我从慕尼黑来到哥廷根，再回慕尼黑，然后再来哥廷根。"[②] 1962

---

① Wolfgang Yourgrau. *Alfred Landé* [J]. Physics Today，1976（5）：82—83.

② Thomas S. Kuhn，John L. Heilbron，Paul Forman，Lini Allen. *Archives for the History of Quantum Physics* [微型胶卷]. Philadelphia：The American Philosophical Society Independence Square，1967，E1 Reel 3.

年 3 月接受库恩采访时朗德说，自己的大学生涯开始于马堡大学（the University of Marburg）。朗德说自己迈进大学门槛时，以为已经做好了充分的准备。因为在中学时，他是数学和物理学得最好的学生。到了大学后朗德发现，坐在自己周围的同学也都是数学与物理学得很好的人。在马堡大学朗德学习不到 4 个月，之后即去了慕尼黑大学。在慕尼黑学习一年半之后，朗德还没有接触到索末菲教授，于是他第一次去了哥廷根。朗德说：在哥廷根，托普利茨（Hans Rademacher Otto Toeplitz）的微分方程和复杂函数等数学课程给他留下了深刻印象。1909 年玻恩作为讲师在哥廷根大学开设第一门课，就在这时或 1910 年玻恩开设第二门课的时候，朗德是听课者之一："在哥廷根我真正进入到了对于物理学更加细节的学习与研究阶段。……在物理学方面我选了新教师马克斯·玻恩的课，我对他的课很感兴趣。"[①] 后来众所周知玻恩成为了一位著名的善于教学的教授，但是朗德说当时玻恩上课还很不在行。尽管如此，听玻恩的课，除了学到知识外，朗德还与玻恩建立了友谊："那是他的第一门课或第二门课。显然他对我在课堂上提出的一些问题感兴趣，因为他后来还记得我，并做了对我而言是人生决定性的最关键的一件事：推荐我做希尔伯特的助手。"[①] 这件事发生在 1913 年。朗德解释说，成为希尔伯特的助手对于他而言至关重要，因为"作为希尔伯特的助手，我就当然地在科学界获得了一个'官方的'地位，而成为年轻数学家与物理学家团体中的一员。"[①] 朗德认为成为希尔伯特的助手，是他个人科学生涯的开始。1962 年 3 月 5 日朗德与库恩等人共进午餐时，朗德再次说如果没有玻恩的举荐而成为希尔伯特的助手，他后来只能从事高中教师之类的职业。朗德认为在当时慕尼黑索末菲的研究小组中他自己太小，

---

① Thomas S. Kuhn, John L. Heilbron, Paul Forman, Lini Allen. *Archives for the History of Quantum Physics* [微型胶卷]. Philadelphia：The American Philosophical Society Independence Square，1967，E1 Reel 3.

因此没有什么发展的空间与机会。哥廷根给了他所需要的自信。[1]　因此在还没有获得博士学位之前，他已经在哥廷根大学有了一席之地。在1914 年第一次世界大战爆发前两周，朗德在慕尼黑大学索末菲那里获得博士学位。

　　第一次世界大战期间，朗德先是加入红十字会并在那里服务两年。当时的玻恩对于第一次世界大战没做是非与正义与否的思考。在哥廷根大学做讲师期间，他相信德国是为了高尚的理由去战斗的。他没有参加军队，但是带领朗德等学生到乡村去帮助收割农作物，以此支援前线。在柏林大学做副教授时，玻恩征得普朗克的同意，主动去为国家效力，参加了物理学家维恩（Wilhelm Carl Werner Otto Fritz Wien）主持的由物理学家和技术人员组成的部队，研制飞机上的无线电。其后因老朋友拉登伯格邀请，玻恩参加了陆军"火炮试验委员会"。这一工作相对而言比较安全。玻恩从别的部队要一些他认识和了解的学习数学和物理的优秀大学生过来，他希望以这种方式保护科学人才。在哥廷根大学做讲师时有位玻恩认识的数学天才学生，在战争中丧失了生命。玻恩确信德国因此失去了一位一流的数学天才（玻恩为这位学生写了讣告并在柏林自然科学学报发表，这对于玻恩以及这家期刊而言都是异乎寻常的）。这位学生的去世促使玻恩尽其所能设法保护年轻科学人才。他第一个保护的对象就是朗德，将其弄到了身边。在火炮测试委员会，玻恩与朗德（后来还有马德隆）等人研究通过炮声测定火炮位置的方法，私下还开始卓有成效的晶体研究，极大地推进了晶体研究以及化学计算。如 1918 年他们得到了计算晶格能量的玻恩 – 朗德方程（The Born–Landé Equation）：

$$E = \frac{N_A M z^+ z^- e^2}{4\pi\epsilon_0 r_0}\left(1 - \frac{1}{n}\right)$$

　　[1] Thomas S. Kuhn, John L. Heilbron, Paul Forman, Lini Allen. *Archives for the History of Quantum Physics*［微型胶卷］. Philadelphia：The American Philosophical Society Independence Square, 1967, E1 Reel 7.

公式中的 N_A 是阿伏伽德罗常数；M 是马德隆常数；z^+ 是阳离子电荷；z^- 是阴离子电荷；$e = 1.6022 \times 10^{-19}$C，即一个电子电荷数；$\epsilon_0$ 是真空电容率；r_0 是相邻离子之间的距离；n 是玻恩指数（一般在 5—12 之间），由实验测量固体的压缩率来确定或由理论推导得出。对于这一时期与玻恩的交往与合作，朗德在接受库恩采访时说：是玻恩克服很大困难把他安排在身边，"那一时期我接受了（科研工作的职业）训练。然后开始了玻恩与我之间的密切合作。"[1]

1919 年玻恩开始到法兰克福大学做教授，他邀请朗德来法兰克福大学从事研究工作。朗德到来后，除了每周在大学做一次讲座，还到中学去上数学和音乐课。但是他主要的精力还是用于科学研究。这时朗德开始转向对光谱学的研究。他主要关注多电子原子的光谱。在法兰克福大学从事研究工作期间，朗德做出了他最著名的发现：朗德因子（Landé g-factor）。置于磁场中的原子所携带电子的总磁矩 $\vec{\mu}$，在总角动量 $\vec{j}$ 方向的分量为：

$$\mu_J = \frac{\vec{\mu} \cdot \vec{J}}{|\vec{J}|} = -\mu_B \sqrt{j(j+1)} \cdot \left[1 + \frac{j(j+1) - l(l+1) + s(s+s)}{2j(j+1)} \right]$$
$$= -g\mu_B \sqrt{j(j+1)}$$

其中，$g = 1 + \dfrac{j(j+1) - l(l+1) + \dfrac{3}{4}}{2j(j+1)}$ 为朗德因子。式中的 l 为电子的轨道角动量量子数，j 为电子的总角动量量子数，s 已取值 $\dfrac{1}{2}$。

1968 年朗德 80 大寿，美国物理学界要为其出版一本纪念文集。组织者请已经 86 岁高龄的玻恩为之撰文。此时玻恩已经不能撰写学术论文，但是他寄来了一封回忆与朗德交往经历的信函。提到法兰克福大学朗德发现朗德因子那段时间发生的事，玻恩说："我在法兰克福做教授期

① Thomas S. Kuhn, John L. Heilbron, Paul Forman, Lini Allen. *Archives for the History of Quantum Physics*［微型胶卷］. Philadelphia：The American Philosophical Society Independence Square，1967，E1 Reel 7.

间，你出现在那里，并用一些时间在我宁静的系部完成你令人吃惊的研究，那是关于复杂谱线和塞曼效应的。如果我记得不错的话，一段时间里你就坐在我的对面，我们共用一个书桌。你深深沉浸在你的计算中，而在另一个房间，斯特恩与盖拉赫正在做着他们著名的实验。"① 可见二人当时的关系非常密切。

1921 年玻恩离开法兰克福大学去母校哥廷根大学做教授，朗德其后则在图宾根大学获得了副教授职位。在图宾根大学工作期间，朗德继续取得新的成果，如提出朗德间隔定则（Landé interval rule）和朗德劈裂因子（Landé splitting factor）等等，其中前者指出在同一多重谱项中，相邻两个能级的间距正比于这间距所包括的一对能级中较大的总角动量量子数 J。

1929 年朗德应邀到美国哥伦布市的俄亥俄州立大学做系列学术讲座。1931 年朗德在俄亥俄州立大学获得教授职位，在这里他工作直到1960 年退休。在图宾根和俄亥俄期间，朗德提出一些关于热力学公理的新奇概念，也发表了一些量子力学方面的论文。自 20 世纪 50 年代后，朗德一直极力反对量子力学的所谓哥本哈根解释。与薛定谔等人放弃粒子说而只坚持波动说相反，朗德尝试只基于粒子说来阐释量子力学的基本原理。他曾希望得到玻恩对于他这一想法的支持。但是玻恩坚持粒子说，也认可波动说，即在玻恩看来微观客体具有波粒二象性，因此玻恩没有声援朗德。

1962 年朗德对库恩说，在一件事上他愧对玻恩："我的数学知识很零散，只是这学点那学点，我从来没能成为这方面的专家。我对于玻恩有深深的歉意，他一直责怪我缺乏坚实的数学基础。"② 可见此时的朗德

---

① Wolfgang Yourgrau. *Perspectives in Quantum Theory——Essays in Honor of Alfred Landé* [M]. Massachusetts：The MIT Press，1971：2—3.

② Thomas S. Kuhn, John L. Heilbron, Paul Forman, Lini Allen. *Archives for the History of Quantum Physics* [微型胶卷]. Philadelphia：The American Philosophical Society Independence Square，1967，E1 Reel 3.

对于玻恩仍以师视之。

朗德 1975 年 11 月在俄亥俄逝世。

2. 朗德对玻恩和海森堡的评价

如果说 1921 年之前朗德多受玻恩的影响和关照的话，那么在其后的几年里朗德与海森堡的合作则明显增多。朗德和海森堡都是在索末菲那里拿的博士学位，又都先后听过玻恩的课并深得玻恩赏识，因此这种双重"师兄弟"关系使二人相交甚密自然而然。朗德在法兰克福的研究成果是海森堡研究塞曼效应的基础。[1] 1921 年 9 月在德国物理学会会议上，海森堡第一次见到了他这位"大师兄"，其后一段时间里，两人几乎每天都要通信。[2] 1924 年 1 月海森堡曾到朗德任职的图宾根大学与朗德紧张地用几天时间合作撰写一篇论文。[3] 朗德与玻恩、与海森堡都有过合作的经历，对他们都十分了解。因此朗德对于海森堡与玻恩的对比评价尤其值得重视。比较两人，朗德说："海森堡（的思想）有些模糊含混，玻恩能把一切搞清楚。"朗德认为"玻恩的思想远在海森堡之上。"[4]

朗德的这种评价显然是那些认为在 20 世纪物理学史上列爱因斯坦、玻尔之后，海森堡稳坐第三把交椅的人们难以理解和接受的。但是朗德对于玻恩与海森堡都了解至深，其观点应该比较可信。与其他科技明星不同，对于玻恩评价极高的，多是与他非常熟识的专业人士。在玻恩带领弟子们建立矩阵力学、自己提出波函数统计诠释之前的 1920 年，爱因斯坦就曾这样评价玻恩："任何地方只要有你，那里的理

① 大卫. C. 卡西第. 海森伯传：上册 [M]. 戈革，译. 北京：商务印书馆，2002：157.

② 大卫. C. 卡西第. 海森伯传：上册 [M]. 戈革，译. 北京：商务印书馆，2002：160.

③ 大卫. C. 卡西第. 海森伯传：上册 [M]. 戈革，译. 北京：商务印书馆，2002：231.

④ Thomas S. Kuhn, John L. Heilbron, Paul Forman, Lini Allen. *Archives for the History of Quantum Physics* [微型胶卷]. Philadelphia：The American Philosophical Society Independence Square，1967，E1 Reel 7.

论物理就会兴盛起来，在今天的德国，找不到第二个玻恩了。"[①]　控制论创始人维纳与玻恩有过合作的经历，维纳曾说："在我看来，有一点是非常清楚的，即海森伯教授是在与玻恩教授有长期联系，因而受玻恩富有成效的思想的影响之下，表述出他的杰出工作的。人们很容易在评价一个杰出年轻人的成果时，全部忽略他可能从他的导师那里得到的伟大启示，特别是从如此富有思想而又如此慷慨大方的玻恩的身上。我确信当所有量子理论的历史搞清楚、写出来之后，人们会看到，玻恩教授实际所起到的作用要远远超过现在一般人所认识到的。我是在充分欣赏、肯定海森伯教授（甚至超越其所作所为）的前提下，这样讲的。"[②]　玻恩 1970 年元月去世，他的弟子、诺贝尔物理学奖获得者玛利亚·戈佩特在纪念文章中说过这样的话："玻恩的去世标志着一个时代的结束；他是发展了原子结构理论、致力于最早的量子理论研究，并最后看到它发展成我们时代的量子力学的那一代人中的最后一个成员。"[③]　理解玛利亚这段评价还要注意到一个事实，即此时长期以来一直被高调誉为量子力学创立者的海森堡尚健在。玛利亚是较早清晰表述在建立矩阵力学过程中玻恩、海森堡以及约当几个人关系的人，即主导者是玻恩，而海森堡和约当只是助手或合作者，海森堡不是引路人："物理学最激动人心的时代之一开始了。玻恩与海森伯以及约当合作，发现应用玻尔－索末菲量子论解决问题时，存在力学上难以解释的困惑和无法克服的困难。玻恩－海森伯－约当的矩阵表述与薛定谔的波动力学具有不同的形式，但是很快（物理学家）指出了二者的等价性。相比而言现在通常认为两种理论中，玻恩－海森伯－约当所

----

①　Max Born. *The Born-Einstein Letters*［M］. London：The Macmillan Press Ltd.，1971：25.

②　厚宇德，韩小菊，张德望. 维纳的哥廷根情缘及其与玻恩的彼此评价［J］. 大学物理，2015（3）：36—40.

③　厚宇德，张卓，赵诗华. 玻恩与玛利亚·戈佩特的师生情谊［J］. 大学物理，2014（11）：38—43.

选择的途径更加具有基本性。"①

科学史家萨顿（George Sarton）曾说：历史学家"必须尽一切可能来确定他所考察的事实是真的，而且已经从包围着它们的谬误和废物中把它们清理出来。"② 在研究工作中，竭力追求去伪存真，接近史实并揭示史实，这应该是史学工作者最基本的职业道德，史学研究的意义即建筑于这一追求之上。

3. 朗德曾竭力设法帮助玻恩

1933 年玻恩被迫离开德国，一度进入半失业状态。之后他收到过一些邀请函，而第一封邀请函就来自在美国俄亥俄大学做教授的朗德。对此玻恩在他的回忆录③ 以及为朗德纪念文集撰写的公开信中都曾提到。

笔者 2014 年 7—9 月在剑桥大学丘吉尔学院档案中心收藏的玻恩档案资料中，见到了几封玻恩提到的当年朗德写给玻恩的信函。但是信函为手书，难以辨识。好在与这些信函在一起的还有一封 1933 年 5 月 12 日俄亥俄州立大学物理系负责人史密斯（Alpheus W. Smith）致玻恩的一封打字的正式邀请函（见下图）。该信中提到："我想你知道朗德教授还有托马斯教授在这里，我们想在这里努力开展理论物理研究工作。"但是俄亥俄大学这几位同仁只能为玻恩争取到 1933—1934 年度一个学期的访问教授的资格，而不是长期的教职。而且这个访问教授的收入（2000—2500 美元），还不是由官方支付，而是这几位教授从他们的个人经费中凑出来的。这位负责人说得很清楚，这是因为当时美国的经济情况相当不好。当时玻恩的好朋友爱因斯坦、弗兰克等人都已在美国，

① 厚宇德，张卓，赵诗华. 玻恩与玛利亚·戈佩特的师生情谊 [J]. 大学物理，2014（11）：38—43.

② 乔治·萨顿. 科学的历史研究 [M] 陈恒六，刘兵，仲维光，编译. 上海：上海交通大学出版社，2007：49.

③ Max Born. *My Life* [M]. London：Taylor & Francis Ltd.，1978：256.

爱因斯坦没有好的办法帮助玻恩，弗兰克只能邮寄一些美元接济玻恩。可见当时要在美国得到教授长期教职何等困难。也可以想见朗德当时已经尽到了最大努力说服自己的同事们，可谓患难见真情。朗德当时的想法是玻恩先来美国，然后再寻找其他机会。

俄亥俄州立大学物理系负责人
致玻恩的邀请函

在 1968 年为朗德纪念文集撰写的公开信中玻恩回忆说，在困苦的时候，收到了朗德的信函后，他与家人十分激动："我难以描写它给我们带来了多大的快乐和安慰，它使我们感到我们没有被遗忘。随后其他的邀请也先后到来，最后我选择了去剑桥大学。因为我有在那里学习的经历，我熟悉英国人的生活方式。另外，那时在卢瑟福领导下的剑桥卡文迪什实验室是物理学的一个中心。我希望你没有因为我的决定而责怪我。无论如何，你的邀请是最早的，因而也是最让我感到温暖的。"①

4. 结语

萨顿曾说："伟大的科学成就是罕见的，伟大的科学家更为罕见。当它（他）出现的时候，叙述它（他）的伟大是重要的，从而形成高尚的榜样……生动地描述那些伟大的先驱和把他们树立为人们所铭记、所崇敬的榜样，是科学史家的职责所在。"② 萨顿的这一思想应该永远是科学史家的座右铭。朗德讣告的撰写者说朗德是一位"不引人注意的、谦

---

① Wolfgang Yourgrau. *Perspectives in Quantum Theory*——*Essays in Honor of Alfred Landé*［M］. Massachusetts：The MIT Press，1971：4.

② 乔治·萨顿. 科学的历史研究［M］. 陈恒六，刘兵，仲维光，编译. 上海：上海交通大学出版社，2007：53.

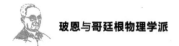
逊的、从不招摇卖弄的人"。[①] 作为玻恩研究者，笔者认为这样的修饰语也很贴切地完全适用于描写玻恩。人以类聚，这也许就是二人之间亦师亦友，朗德一生敬重并高度评价玻恩、玻恩赏识并多次帮助朗德的原因。这两位谦逊而伟大的物理学家对于科学研究的专心痴迷，相互交往中的彼此关心与善意，彼此之间的感恩与感激、欣赏与敬重，都着实感人而堪称楷模！

---

① Wolfgang Yourgrau. *Alfred Landé* [J]. Physics Today，1976（5）：82—83.

五、玻恩与泡利

1. 神童泡利及其教父

1900 年 4 月 25 日，泡利出生，父亲给他取名为沃尔夫冈·恩斯特·弗里德里希·泡利，其中的第二个名字源于泡利的教父、著名科学家马赫的名字。[①]

泡利是一个十分少见的神童。泡利读小学和中学时，所有余闲时间都花在了他的教父、物理学家恩斯特·马赫的物理研究所里。他父亲也定期向马赫咨询小泡利应该学习哪些数学和物理学基础知识。泡利后来回忆说，与马赫的联系是他的"精神生活中的最重要事件。"[②] 读中学时，泡利已经开始攻读爱因斯坦当时发表不久的、深奥的相对论文章。在他觉得无趣、令人生厌的课堂上，泡利在课桌掩护下阅读它们。这时的学习给他留下了深刻印象，后来他曾说，就在那时的一天，仿佛眼罩突然脱落一样，他突然豁然开朗，明白了广义相对论的一切奥妙。[③] 到高中毕业时，泡利的数学和物理知识已经足以助他完成三篇关于广义相对论的论文。这些论文在他进入大学后，于 1919 年得以发表，并立即引起了数学 – 物理学家赫尔曼·外尔等人的注意。

---

① Charles P. Enz, Karl von Meynn. *Wolfgang Pauli Writings on Physics and Philosophy* [M]. NewYork: Springer-Verlag, 1994: 13.

② Abraham Pais. *The Genius of Science* [M]. Oxford: Oxford University Press Inc., 2000: 213—214.

③ Abraham Pais. *The Genius of Science* [M]. Oxford: Oxford University Press Inc., 2000: 217.

　　泡利 1918 年秋季到慕尼黑大学，师从索末菲教授进一步学习物理学。不久，刚刚 19 岁的泡利在索末菲的授意下开始为大百科全书撰写关于相对论的文章，1921 年文章完成并出版。这篇文章长 237 页，有多达 394 个脚注。这篇文章也以名为《相对论》的单行本形式出版。也就在这一年，在索末菲的指导下，21 岁的泡利以"论氢分子的模型"的论文获得慕尼黑大学哲学博士学位。[①] 关于泡利为大百科全书撰写文章一事，玻恩有过这样的说明和评价："泡利为大百科全书写的文章是关于相对论理论的。索末菲最早建议写这部分内容，他让泡利协助他去做，但是泡利做得非常之好，以至于索末菲把全部事情都交给泡利去做了。一个 21 岁的小伙子把这样一篇基础性的文章写得在深度和广度上超越其后 30 年内所有的同类文章，以我的意见，甚至超越爱丁顿爵士的著名工作，这确实是件非凡的事。"[②]

　　泡利的这一工作，同样得到了爱因斯坦的高度评价。1921 年 12 月 30 日爱因斯坦在致玻恩的信中说："21 岁的泡利是个了不起的小伙子，他值得为他在大百科全书里的文章而自豪。"[③] 可以说，年轻的泡利因为撰写关于相对论的文章而一举成名。然而，有点不可思议的是，泡利在撰写那本使他获得爱因斯坦、玻恩等好评的《相对论》时，他还没有彻底接受爱因斯坦的相对论时空观。在论述了动尺缩短效应之后，泡利发问："鉴于上面的论述，是不是应该完全放弃用原子论去解释洛伦兹收缩的任何尝试？"他认为不应该放弃："一根量杆的收缩不是一个简单的而是一个很复杂的过程。如果不存在电子论的基本方程以及那些我们还不知道的决定电子本身凝聚力的定律对于洛伦兹群的协变性，洛伦兹收缩将不发生。"[④] 由此可见，泡利那时也像洛伦兹那样，以为运动会改变

　　① 何伯琦. 泡利——一位具有传奇色彩的物理学家 [J]. 现代物理知识，1995（4）：38—40.

　　② Max Born. *The Born-Einstein Letters* [M]. New York：Macmillan Press Ltd., 2005：63.

　　③ Max Born. *The Born-Einstein Letters* [M]. New York：Macmillan Press Ltd., 2005：62.

　　④ 泡利. 相对论 [M]. 凌德洪，周万生，译. 上海：上海科学技术出版社，1979：20.

物质电子或原子结构中的作用力，从而导致动尺收缩仍然是必要的。这种理解本质上是错误坚持经典时空观的结果，而正确的看法是：这种缩短只与物体的速度有关，而与其构成材料无关；这是一种相对论运动效应，而不是一种特殊的动力学效应。

1921 年秋季学期泡利到哥廷根大学开始做玻恩的助手。大约一年之后，他离开了哥廷根。1924 年他已经发表了关于著名的泡利不相容原理的论文。由于这一工作，他于 1945 年获得诺贝尔物理学奖。就是说，泡利 24 岁即完成了他一生中最重要的研究工作，说泡利是难得的物理学天才，毫不为过。

泡利超人的智力天赋，在他成为一位成熟的物理学家之后，有怎样的体现呢？人们很容易把他的智力天赋与贯穿他一生的敏锐而尖利的批评风格联系起来。毫不留情地批评其他人包括朋友是泡利的特点。曾有人这样评价泡利："泡利表面上像一尊佛，但这是双眼闪烁着智慧之光的佛。泡利在学术争论中是无可比拟的。对他来说，任何解决问题的正确方法，如果证据不够简洁、充分和合乎逻辑，则没有任何意义。……他毫不例外地对一切都打上一个问号。他不讲怜悯，不动感情；批评尖刻，但经常与人有益。"[①] 海森堡对此更有切身体会，他说过：泡利"是极具批评性的。我不知道他对我说过多少次'你是一个完完全全的傻瓜'，等等。"[②] 一个没有极高智商的人难以发出如此强力的批判。但是简单地把泡利的高智商与泡利常常尖利批评他人的做法因果地联系起来，是难以令人信服的。许多聪明人并不如此为人行事。泡利乐于批判的秉性以及其强大的抨击力，很容易让人联想起他的教父——恩斯特·马赫。

恩斯特·马赫以敏锐的怀疑洞察力及犀利的批判而著称，并获得了爱因斯坦等后辈大师的称颂。在马赫之前尤其是 19 世纪的物理学家，

① 何伯琦. 泡利——一位具有传奇色彩的物理学家 [J]. 现代物理知识，1995（4）：38—40.

② 大卫 .C.卡西第. 海森伯传：上册 [M]. 戈革，译. 北京：商务印书馆，2002：144.

"都把经典力学看作是全部物理学的、甚至是全部自然科学的牢固的和最终的基础……"爱因斯坦回忆说，正是"恩斯特·马赫，在他的《力学史》中冲击了这种教条式的信念……这本书正是在这个方面给了我深刻的影响。我认为，马赫的真正伟大，就在于他的坚不可摧的怀疑态度和独立性……"①在悼念马赫去世的文章中，爱因斯坦说，马赫是"一个具有罕见的独立判断力的人。""马赫曾经以其历史的、批判的著作，对我们一代自然科学家起过巨大的影响……"②有这样的教父的潜移默化的深刻影响，聪明的泡利更能识别他人的弱点，并具有无比的批判能力和犀利甚至尖酸的语言，青出于蓝而胜于蓝，就是自然而然的事了。马赫是合格的教父，他成功地影响和塑造了与其具有类似的批判能力而被称为"上帝的鞭子"的泡利。

泡利深受其教父的哲学的影响，和他的教父一样，他是一个极其具有哲学头脑的物理学家。但是科学的发展依靠的往往不是简单的哲学上的逻辑推理和思想信仰。因此泡利的观点也曾多次出错。1956年李政道、杨振宁提出了弱相互作用中宇称不守恒设想，之后吴健雄等人开始准备相关验证实验。坚信时空对称性的泡利不相信实验会支持李-杨的设想。他1957年1月17日在给韦斯科普夫的信中说："我不相信上帝是一个软弱的左撇子，我可以跟任何人打赌，做出来的结果一定是左右对称的。"③实验的结果现在几乎尽人皆知了，上帝并没有偏爱泡利的思想。

2. 玻恩宠爱的泡利与泡利世界里的玻恩

博士毕业后泡利来到哥廷根做玻恩的助手。此事，在玻恩的记忆中是这样的："泡利是慕尼黑大学的索末菲推荐给我的。……作为助手，当

①　许良英，范岱年. 爱因斯坦文集：第一卷［M］. 北京：商务印书馆，1976：9—10.
②　许良英，范岱年. 爱因斯坦文集：第一卷［M］. 北京：商务印书馆，1976：83—84.
③　何伯珩. 泡利——一位具有传奇色彩的物理学家［J］. 现代物理知识，1995（4）：38—40.

然他干得确实不成功。我们一道推敲微扰理论，并把它应用于解决原子的量子理论问题。"①

从教学角度看，泡利的助手工作做得很差。但是从玻恩的回忆中不难看到，玻恩对泡利的学识和能力则有着超高的评价。1921 年 11 月 29 日，在玻恩从哥廷根致爱因斯坦的信中，玻恩提到，自己的哮喘病又犯了，而且很严重，以至于不能讲课了。在信里玻恩告诉爱因斯坦，泡利在代替他上课而且做得很好，其表现超越了 21 岁的年龄。玻恩甚至在信中还说："年轻的泡利是很令人激动的，我不会再找到像他这样优秀的助手了。"② 在后来成书的《玻恩－爱因斯坦通信集》中，玻恩为这封信做注时承认，这封信里关于泡利的说法并非事实："我似乎记得他（指泡利）喜欢睡（懒）觉，以至于为此一次耽误了上午 11 点的课。我们经常让女仆在 10 点半去看他是否已经起床。"③ 看来泡利对玻恩的教学工作的确不够用心。那么玻恩为什么要向爱因斯坦"撒谎"而不说实情呢？玻恩"撒谎"，其一，也许是为了免得老朋友过分担心；其二，主要还是出于为泡利着想。哈里特·朱克曼（Harriet Zuckman）以一个科学社会学家的视角，把玻恩与爱因斯坦的通信的目的看得十分清楚："马克斯·玻恩在他和爱因斯坦长达四十年的通信中，大部分是描述和评价许多年轻科学家跟他工作的情况，实际上是把这些人介绍给了爱因斯坦。"④ 在哈里特·朱克曼列出的玻恩举荐给爱因斯坦的年轻人中，第一个就是泡利。

玻恩的做法符合当时科学共同体里的惯例："师傅的任务就包括推荐的任务，特别是推荐那些被认为出类拔萃的学生和有希望对科学做出重大贡献的人。当然，师傅们完成推荐任务的好坏各有不同，有时候在推

① Max Born. *My Life* [M]. London：Taylor & Francis Ltd.，1978：211—212.

② Max Born. *The Born-Einstein Letters* [M]. New York：Macmillan Press Ltd.，2005：59—60.

③ Max Born. *The Born-Einstein Letters* [M]. New York：Macmillan Press Ltd.，2005：61.

④ Max Born. *My Life* [M]. London：Taylor & Francis Ltd.，1978：218.

荐时并未十分意识到他们是在推荐。当公认的权威们在通讯和谈话中评价年轻科学家们的工作和成就时，推荐往往起到潜在的而不是公开的作用。他们作出的判断传到了其他处于有影响地位的科学家的耳中，然后那些人的推荐又传给国内和国际科学界的其他人。"① 朱克曼所谓的"师傅"，并非博士生导师，而指的主要是类似玻恩这样雇佣年轻的博士做助手的人，他们是这些年轻博士的"师傅"。

泡利对待玻恩，一如对待很多人，表面上甚乏敬意；作为助手，泡利也说不上完全尽职尽责。但是玻恩出于爱才，还是在有机会的时候正如朱克曼所言，极力举荐泡利。玻恩也从没有讲过对泡利不满和埋怨的话。问题是，玻恩对泡利的评价让后人觉得似乎有过分之嫌。而且纵观泡利一生所做出的科学贡献，甚至让人对玻恩的相关评价产生怀疑。泡利是优秀的物理学家，但是与 20 世纪其他物理学家的科学贡献相比，天赋和知识储备超越所有人的泡利的贡献似乎有些说不过去。这是玻恩晚年承认的一个事实。在他看来，泡利没有取得爱因斯坦那样的成就是一件憾事。泡利 1958 年去世，玻恩在为 1954 年收到的泡利的一封信做的注解中说："他在哥廷根做我的助手时，我就意识到他是个只有爱因斯坦才能和他相比的天才。的确，从纯粹的科学角度看，他可能甚至比爱因斯坦更伟大，尽管他们是两个不同类型的人。在我看来，泡利没有取得爱因斯坦那样的伟大成就。"② 20 世纪的众多一流物理学家中，除却泡利，几乎再没有谁的天赋会得到如此高的评价。但是玻恩对泡利一生的科学贡献的比较客观的评论有理由让我们相信，玻恩早年对泡利的评价是出自真心的，在他看来泡利的确是无人可比的天才。因此玻恩对于泡利还是十分喜爱与看重的。这种关系可以由下幅玻恩与泡利的合影看出（照片来自玻恩档案，暂时无法判断拍摄时间和地点）。

---

① 哈里特·朱克曼. 科学界的精英 [M]. 周叶谦，冯世则，译. 北京：商务印书馆，1979：184.

② Max Born. *The Born-Einstein Letters* [M]. New York：Macmillan Press Ltd.，2005：223.

　　尽管玻恩很器重、很宠爱泡利，泡利还是要离开哥廷根大学。这件事一度让玻恩十分难过。在 1921 年 10 月 21 日致爱因斯坦的信中，玻恩提到："我现在的助手是泡利，他令人吃惊地聪明，也很有能力。但是他（事实上）刚刚 21 岁，正常情况下，（应该只）是个孩子气的小伙子。不幸的是，他想在夏天就离开……泡利和我

玻恩与泡利的合影

正在使用我和布罗迪最近发展的近似方法，处理关于原子的一些量子计算。"[1] 1921 年 11 月 29 日，玻恩在致爱因斯坦的信中又说："年轻的泡利是很令人激动的，我不会再找到像他这样优秀的助手了。不幸的是他打算夏天去汉堡的楞次（Lenz）那里。"[2] 在 1922 年 4 月 30 日致爱因斯坦的信中，玻恩再次提到："不幸，泡利已经到汉堡的楞次那里去了。"[3] 从玻恩的这几封信可以看出，玻恩十分欣赏泡利的才干，他不愿意泡利离去，但又没有办法阻止。泡利为什么一定要离开玻恩、离开哥廷根呢？一种说法认为泡利喜欢大都市的夜生活，而哥廷根是一个小镇，这令他很烦恼而离开。[4]

　　有一个事实我们不能忽略：泡利离开哥廷根可以得到待遇更优厚的职位；而另一方面，玻恩自己在 1921 年 10 月 21 日给爱因斯坦的信[1]中则承认，他只能提供给泡利微薄的收入。泡利与玻恩研究理念上的不同，也被认为是导致泡利与玻恩分道扬镳的重要因素。关于泡利的研究理念，海森堡有过这样的总结："泡利同意这样的观点：'一般说，注意

①　Max Born. *The Born-Einstein Letters*［M］. New York：Macmillan Press Ltd., 2005：56.

②　Max Born. *The Born-Einstein Letters*［M］. New York：Macmillan Press Ltd., 2005：59—60.

③　Max Born. *The Born-Einstein Letters*［M］. New York：Macmillan Press Ltd., 2005：67.

④　大卫．C. 卡西第. 海森伯传：上册［M］. 戈革，译. 北京：商务印书馆，2002：143.

力的倾向和直觉的作用远远超越单纯的经验；为了创立一个自然规律系统（即一个科学理论），需要强调必要的概念和理念'。因而，他寻求的一方是直觉、另一方是概念之间的一个结合部……"[1] 可见在海森堡看来，重视直觉和概念推理是泡利的重要研究特点。玻恩传记作者南希·格林斯潘也认为信赖直觉是泡利的研究特点，很有可能由此导致了他和更依赖数学的玻恩的分手："他们之间的主要区别、也可能是导致泡利决定离开玻恩的因素是，他们得到物理洞察力的创造之路是完全不同的。每个人都是从实验事实出发，但是一个转向求助数学，而另一个依赖自己的直觉。"[2] 这种说法是有道理的，泡利离开玻恩，走近了玻尔。恰恰玻尔的研究特点与泡利是更加接近的。另一方面，"玻恩的数学上的'形式主义'，不久就成为了泡利辛辣讥讽的把柄。"[2] 但是，究竟哪种因素起到了决定性的作用，认真分析一下会发现似乎并不那么容易确定，甚至关于玻恩研究特点的定位本身也还值得探讨。在此我们舍弃分析，姑且认为是几个方面的综合的作用促使泡利离开了玻恩。离开与否，只能决定时空联系方式的不同而已。玻恩很长时期远离爱因斯坦，但是并没有影响他们之间的友谊。那么，在泡利的心里，玻恩的位置怎么样呢？可以说泡利对玻恩，不但谈不到敬仰，甚至有时缺乏足够的尊重。

1925 年，海森堡写出了他的著名的"一人文章"，然后到哥本哈根去了。玻恩觉得这个思想尚需深入挖掘、完善，他需要一个合作者。刚巧他在火车上碰到了他昔日的助手泡利。但是当玻恩说明意愿并问泡利是否乐于合作时，得到的却是泡利冷冷的讥讽："是的，你总是热衷于乏味而复杂的形式主义，你只能用你的无用的数学损害海森堡的物理思

---

[1] 海森伯. 沃尔夫冈·泡利的哲学观 [J]. 王自华，译. 自然科学哲学问题，1988（2）：93.

[2] Nancy Thorndike Greenspan. *The End of the Certain World* [M]. London.：John Wiley & Sons Ltd.，2005：111.

想……"等等。① 这一事例说明，泡利为人称道的所谓敏锐洞察力和批判力也是一把双刃剑，也许是阻碍天赋超一流的泡利做出更加超一流工作的主要原因。至少这一次，泡利的判断和直觉彻底失灵了。事实证明玻恩的想法是绝对正确的。而和玻恩的正确判断相比，泡利的刻薄不但算不得什么洞察和批判，简直就是目光短浅的傲慢。因为此时的泡利和玻恩一样了解海森堡的思想。海森堡甚至对泡利有更加敞开的思想沟通。试想如果是数理基础都好的泡利与玻恩合作，而不是约当，也许就没有狄拉克后来的用武之地了。

泡利对玻恩的无礼，还不止于此。1930 年，玻恩和约当合作出版了玻恩几年前出版的《原子力学导论》(*Mechanics of the Atom*) 一书的第二卷。该书一出版，立即遭到了泡利的抨击，他撰文指出：这本书唯一可取的是"版面设计是出色的，印刷和纸张也不错。"② 泡利如此尖刻的语言是否会严重伤害到玻恩呢？玻恩在他的回忆中说："泡利发表了一篇毁灭性的书评，无情地指出了我们的错误。现在，我认为他是完全正确的。"玻恩与约当的书并非真的一文不值，玻恩自评道："我认为此书包含了许多有价值的部分，"而所谓的错误，用玻恩的话说就是："没有注意到当时借助于波动力学和算符力学，原子物理学正进行着惊人的发展。"究其原因，"我们受到了一种'狭隘爱国主义'的影响，决定只采用矩阵方法，不仅舍弃了波动力学，也未使用狄拉克的折中法。……我模糊地记得，约当强硬地坚持这个方法上的框框，因为他认为矩阵法是更深刻和更基本的，但这并没有免除我的责任。"③ 虽然泡利的刻薄批评让玻恩感到难堪和痛苦，但是玻恩反应之客观以及宽容大度令人肃然起敬。

有证据表明，在泡利尤其早年的泡利的心目中，玻恩并不具有特殊

---

① Max Born. *My Life* [M]. London：Taylor & Francis Ltd.，1978：230.

② Nancy Thorndike Greenspan. *The End of the Certain World* [M]. London.：John Wiley & Sons Ltd.，2005：159.

③ Max Born. *My Life* [M]. London：Taylor & Francis Ltd.，1978：234.

的地位与分量，玻恩不是泡利关注和敬重的核心人物。物理学家如爱因斯坦、物理学家兼物理学史家派斯等等都认为，波函数的统计解释或概率解释是玻恩做出的，而且确实有实实在在的论文为证。泡利也称概率观念作为自然界的基本定律进入物理学，从而挑战决定论是一场革命，但是他认为，这个观念的引入不是玻恩一个人的功劳，他说："不可否认，这一革命结果是出自若干伟大的现代理论物理学家的思想，首先是玻恩、海森堡和玻尔……"① 派斯还注意到了一个奇怪的细节："有点奇怪的是——这使玻恩有一些懊恼——他的几率概念论文在早期总是不能被充分认可。海森伯自己对几率的解释——1926 年 11 月写于哥本哈根——就没有提到玻恩。……在泡利的权威性的1933 年的《物理学手册》中，他提到了这个贡献，但只在一条注脚中一带而过。"②

　　无论以什么形式，泡利至少提到了玻恩的这个重要贡献，这比海森堡彻底忽视玻恩的贡献好上许多。但是，显然，如果玻恩是泡利心目中很重要的人物，相信对待玻恩如此重要的论文（文中的观点成为后来所谓玻尔、海森堡以及泡利等为首的哥本哈根学派的重要思想），绝对不会如此轻描淡写。因为泡利不是没有认识到这个思想的重要性。甚至，我们认为泡利也犯过几乎和海森堡一样令人无法正常理解的错误（后来犯这样错误的还有玻恩的学生奥本海默等人），那就是，对于提出量子力学这个名字，并带领泡利、海森堡等人多年探索并尝试建立量子力学的玻恩对于建立量子力学的贡献，泡利竟然能够做到熟视无睹！1948 年他撰文指出："这样，为索末菲的学生海森堡建立量子力学的基础就准备好了。海森堡认识到了计算矩阵乘法是将经典力学转化到合理的量子力学的合适的钥匙。这种转换玻尔的对应原理事实上指出了方向，但是

---

① Charles P. Enz，Karl von Meynn. *Wolfgang Pauli Writings on Physics and Philosophy*［M］. New York：Springer-Verlag，1994：46.

② 阿伯拉罕·派斯. 基本粒子物理学史［M］. 关洪，杨建邺，王自华，等译. 武汉：武汉出版社，2002：326.

没有能够实现。"[①] 值得注意的细节是，泡利在这句话之前所提到的为海森堡的矩阵力学奠定基础的前人之中，并不包括玻恩。无论如何，如果泡利对玻恩以及玻恩的科学工作有起码的重视，他都不会作此说法。反过来，泡利诸如此类的说法，则可以说明，玻恩在泡利的世界里分量很轻，至少不够重。

泡利对待玻恩的态度还可以从另外一个角度体现出来：泡利是一些人尤其是海森堡等人诺贝尔奖积极的提名人，但是泡利没有为玻恩提过名[②]。这可能出于两种原因：其一，泡利看不出玻恩的科学贡献的价值；其二，二人之间存在芥蒂。然而这两点中的任何一点似乎又都难以成立。说泡利不能充分认识玻恩科学贡献的价值，似乎有些费解；而玻恩与泡利的关系总体看来也不曾失和。泡利的一些言语看似对玻恩不敬，但是如果考虑到他对待玻尔、海森堡差不多也是这样也就不足为怪。前文在叙述玻恩与爱因斯坦之间的友谊时曾说过，1954 年玻恩与爱因斯坦曾通过信件有过激烈的交锋。而充当和事佬、消解二人这次冲突的人物就是泡利。泡利为什么没有提名玻恩为诺贝尔奖候选人，也许也将成为科学史难以论证的问题之一。

3. 值得反思的启示

1955 年爱因斯坦逝世后，泡利在致玻恩的信里说："作为一位父亲般的朋友，(爱因斯坦)对我的好感不会再有了。我永远不会忘记 1945 年在我获得诺贝尔奖之后，在普林斯顿他讲的关于我的话。那就像是一位国王退位了，而指定我为他的继位人。不幸的是，这个讲话的记录不在了。这是一个即兴的讲话，手稿也不存在。"[③] 从这段话可以看出，泡

① Charles P. Enz, Karl von Meynn. *Wolfgang Pauli Writings on Physics and Philosophy* [M]. New York: Springer-Verlag, 1994: 66.

② Elisabeth Crawford. *The Nobel Population 1901—1937* [M]. Berkely, Calif.: Office of History of Science and Technology, University of California, 1987: 102—134.

③ Abraham Pais. *The Genius of Science* [M]. Oxford: Oxford University Press Inc., 2000: 213—214.

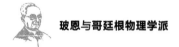

利很在意爱因斯坦的这次即兴的"传位"式的讲话。泡利借爱因斯坦之口，表白了自己的心志：除了爱因斯坦，泡利就是 20 世纪物理学界的红衣教主。泡利一贯的自视颇高，可以由此略见一斑。一向太拿自己当回事也许是泡利具有惊艳的天赋，却没有做出足够多与之匹配的傲人工作的重要原因。而事实上，这一时期玻恩、海森堡、薛定谔、狄拉克等人的科学工作早已超越了泡利。随着时间的推移，人们越来越认识到了为人低调的玻恩对于 20 世纪的物理学的重要作用和多领域的巨大贡献。就性格而言，玻恩和泡利一定意义上可以说截然相反，一个总是自视颇高、"目中无人"；一个则是为人低调、认为自己只不过是一个居于爱因斯坦、玻尔、海森堡、狄拉克等一流物理学家之下的二流物理学家而已。① 比较这两道人生轨迹，我们不能不再一次想起这个简单的道理：科学研究最重要的是踏踏实实做事，而要做到这一点，为人低调一点也许更好。

---

① Max Born. *My Life* [M]. London：Taylor & Francis Ltd., 1978：234.

六、玻恩与海森堡

玻恩与海森堡之间的关系，是阐释量子力学史的核心故事。由此不仅可以了解玻恩对于海森堡的赏识与帮助，还可以较好地感受玻恩为了建立量子力学，而做出的在量子力学经典论文中无法看到的贡献。而忽视这些故事，评价玻恩对量子力学的实际贡献，就大打折扣。没有玻恩的帮助，海森堡就难以成为量子力学建设者、诺贝尔奖获得者、一流物理学家。可以说玻恩对于海森堡恩重如山。但是海森堡的不当言行却曾给玻恩带来诸多烦恼。

有些科学家投身科学研究的一个很重要的原因，是对自然现象背后奥秘的好奇，以及在洞察自然奥秘后所获得的精神愉悦与满足。对于这类物理学家来说，虽然他们未必拒绝，但是绝不刻意追求财富、名誉、地位以及权势。也有一类科学家，将从事科学研究视为实现内心追求世俗成功的一种手段或途径。海森堡似乎更多地属于后一类，他"自幼争强好胜，热衷于成功和出人头地⋯⋯"[1] 著名物理学史家戈革教授对于海森堡其人有过一句比较准确的描写："海森堡是一位很复杂的历史人物。他对 20 世纪的物理学贡献甚大，令人衷心钦佩。但是他在为人处世方面，却有许多值得批评、至少是值得分析的地方。"[1] 戈革先生是基于海森堡与玻尔的关系而发此论的。

---

① 大卫．C.卡西第. 海森伯传：上册［M］. 戈革，译. 北京：商务印书馆，2002：译者引言.

1. 玻恩是海森堡"控"

海森堡的父亲出生于一个手艺人家庭。海森堡的父母有多个孩子，老海森堡长期以中学古典语文教师为业，经过多年努力才成为大学教授。第一次世界大战给德国带来各种社会问题，经济危机首当其冲："在这些动荡中，通货膨胀搞垮了德国经济，正好在海森伯于 1923 年获得博士学位时达到了天文数字的比例。"① 事实上在此之前，本不富裕的海森堡家里日子就已不好过。1922 年索末菲带海森堡去哥廷根听玻尔的著名演讲时，费用即是索末菲支付的，因为"通货膨胀已经迫使海森伯夫妇不再供应沃尔纳（即海森堡）旅行费用"。② 海森堡毕业的时候，他父亲的薪金维持家庭的花销更加捉襟见肘。因此，不难想象这个时候体面的谋生职业，对海森堡意味着什么。然而雪上加霜的是他在慕尼黑大学博士论文答辩时，因为无法回答物理学家维恩的问题，只以较差的成绩勉强获得了博士学位。海森堡不能不担心这一结果对于他今后靠物理学谋生道路的负面影响。这就不难理解海森堡为什么博士答辩第二天，即从慕尼黑赶回哥廷根，胆怯地问玻恩："我不知道您肯不肯再要我。"③

玻恩当然继续留用海森堡做助手。这是因为玻恩赏识海森堡的能力和天赋，但也并非全部理由。在玻恩这位前辈眼里，年轻的海森堡几乎是完美无缺的。从玻恩对海森堡第一印象的描写，就可以看出他是多么喜爱这个儿子般的年轻人：他"有着短短的秀发、明亮清澈的眼睛和可爱的表情。"④ 在写给爱因斯坦的信中玻恩这样夸奖海森堡："海森堡至少和泡利一样有天赋，但是在性格上更加可爱。"⑤ 在写给海森堡前老板

---

① 大卫·C. 卡西第. 海森伯传：上册［M］. 戈革，译. 北京：商务印书馆，2002：123—124.

② 大卫·C. 卡西第. 海森伯传：上册［M］. 戈革，译. 北京：商务印书馆，2002：170.

③ 大卫·C. 卡西第. 海森伯传：上册［M］. 戈革，译. 北京：商务印书馆，2002：201.

④ 大卫·C. 卡西第. 海森伯传：上册［M］. 戈革，译. 北京：商务印书馆，2002：180.

⑤ Max Born. *The Born-Einstein Letters*［M］. London：The Macmillan Press Ltd., 1971：73.

索末菲的信中，玻恩则说："他的天赋是难以置信的，他的优美、腼腆的天性，他的好脾气、他的热心和真诚更是特别可爱。"[①] 在玻恩看来海森堡就是最理想的学生、助手与合作者，用现在的话说，玻恩是海森堡"控"，海森堡如同会施展魔法，彻底博得了玻恩的认可和喜爱。

招人喜爱的海森堡还是极其有心计的人，这使得他愈加讨人喜欢。在他来玻恩这里之前，他就开始认真关注玻恩的研究工作。1922 年 10 月离开慕尼黑前在给索末菲的信中，海森堡说他"已经钻研了玻恩与泡利合作的论文，并已经把玻恩－泡利微扰方法应用到了您的氦模型上。粗略的计算正好得出了测量到的电离能。"[②] 很长一段时间里，海森堡对于玻恩确实也是亦步亦趋。1923 年 1 月 4 日他在给索末菲的信中坦言："我一直和玻尔与泡利唱反调。"[③] 而这正是玻恩通过实例证明玻尔理论不可救药的时期。因此，完全不像后期有些文献所描述的那样，1922 年在哥廷根玻尔节上，玻尔与海森堡第一次相识即起化学反应：教授喜爱这位学生，而这位学生无比崇敬玻尔这位教授，在崇敬玻尔之前，他的神是玻恩。

玻恩不仅仅是口头上喜爱海森堡，而是亲手为他解决问题。他通过与美国金融家高耳德曼接触，赢得其公司的捐助，解决聘用海森堡做私人助教的薪金来源。玻恩还联系当时德国的科学紧急联合会，为海森堡申请研究经费，使海森堡成为这一临时机构的最早资助者之一。1925 年下半年玻恩还从德国文化部为海森堡申请了两年的讲师生活资助。[④] 玻恩不擅长学术外的各种交际，但为了给海森堡创造生活与科研条件，玻恩可谓竭尽全力、亲力亲为。在玻恩的帮助下，海森堡在哥廷根开始了快乐的职业物理学研究生涯。多位学友后来都回忆说，当年在玻恩的家里，有一个受欢迎的节目就是听玻恩与海森堡钢琴四手联弹。

---

① 大卫．C.卡西第. 海森伯传：上册［M］. 戈革，译. 北京：商务印书馆，2002：187.
② 大卫．C.卡西第. 海森伯传：上册［M］. 戈革，译. 北京：商务印书馆，2002：192.
③ 大卫．C.卡西第. 海森伯传：上册［M］. 戈革，译. 北京：商务印书馆，2002：194.
④ 大卫．C.卡西第. 海森伯传：上册［M］. 戈革，译. 北京：商务印书馆，2002：208.

2. 海森堡如何令玻恩深受其苦

玻恩除了帮助海森堡解决生存问题外，他在数学、物理学知识，在科学研究方向方面对于海森堡的影响，更加巨大。海森堡自己晚年的回忆对这些有清晰而具体的说明。相关内容，在笔者早前的文章 ① 中有详细介绍，在此不再重复。在科学研究方面，海森堡没令玻恩失望。在玻恩率领众弟子尝试建立量子力学的几年努力中，在玻恩为弟子们做好数学、物理学与哲学思想的准备，并自己发表《关于量子力学》（1924）等极具启发性的文章之后，1925 年在这条道路上海森堡迈出了关键的一步，写出矩阵力学著名的"一人文章"。玻恩与约当迅速将其体系化，三人共同完成了矩阵力学的建立。其后玻恩在公开场合将建立矩阵力学的贡献错误地归功于海森堡一人，但是海森堡在公开场合非但几乎不提玻恩，还公开感谢玻尔甚至爱因斯坦等人对他的重要影响。对此笔者早期的著述已经多有揭示，在此也不再复述。在笔者看来，这是玻恩未能与海森堡一同获得 1932 年诺贝尔物理学奖的直接原因之一。而这一结果在玻恩后半生很长时期里，给他带来了各方面的极大伤害，直接影响了玻恩一家的境遇。20 世纪 30 年代初期，爱因斯坦、弗兰克、玻恩、薛定谔先后或被迫或主动离开纳粹的势力范围（类似的还有稍后时期意大利的费米等人），他们离开原属国后都很快找到了新的教授岗位。当时玻恩在欧美物理学界的声望，除爱因斯坦外并不逊色于其他人。但是玻恩只在剑桥获得了非长期的讲师岗位，甚至想到印度获得教授岗位都未如愿。关键的原因是玻恩缺少诺贝尔奖获得者这道光环。海森堡为什么不提玻恩对他的影响与研究贡献？在特殊的纳粹当道的时期，他可能是为了自保。但是确有证据表明在纳粹得势之前和纳粹失势之后的一段时间里，海森堡都曾依然故我地犯这个毛病。笔者早些年倾向于认为

---

① 厚宇德，马国芳. 玻恩与玻尔：究竟谁的学派缔造了量子力学？[J]. 科学文化评论，2015（4）：65—83.

这是海森堡工于心计的主观故意。因为一个客观的事实是，无论他如何夸大玻尔甚至爱因斯坦对他的影响，这都是间接的，而一旦弱化玻恩对量子力学直接做出的伟大贡献，作为合作者海森堡的功绩无疑就更加显得重要和了不起。但是现在笔者更愿意善意地相信当年的海森堡，是因为早期被宠坏了少不更事、较晚期则是不明事理所导致，而并非主观故意。海森堡早期不正确对待玻恩的重要工作，可以借助于他对待玻恩伟大的贡献之一，即提出波函数的统计解释这一工作的态度看出。海森堡的做法曾引起科学史家派斯的不解："有点奇怪的是——这使玻恩有一些懊恼——他的论几率概念的论文在早期总是不能被充分认可。海森伯在自己对几率的解释——1926 年 11 月写于哥本哈根——就没有提到玻恩。"[1]　而这时，纳粹在德国还不具有决定性的影响力。海森堡的极为欠妥的做法并未使他与玻恩的关系破裂。1933 年 11 月 25 日海森堡曾寄信给临时栖身剑桥的玻恩[2]。在信中他承认玻恩对于矩阵力学的伟大贡献，因而为自己一个人获得诺贝尔奖而感觉惭愧。玻恩终生保存着这封信，并专门将其译成了英文（见插图）。可见它对玻恩是不小的安慰。

海森堡致玻恩的信函

3. 私人情感与原则的博弈

　　海森堡以及以普朗克为代表的德国物理学界充分清楚玻恩的价值。1934 年海森堡来剑桥做学术报告期间，他向玻恩转达了德国物理学会的官方口信：已经得到纳粹的准许，请玻恩回德国。玻恩承认："这对于

　　① 阿伯拉罕·派斯. 基本粒子物理学史［M］. 关洪，杨建邺，王自华，等译. 武汉：武汉出版社，2002：326.

　　② Max Born. *My Life*［M］. London：Taylor & Francis Ltd.，1978：220.

一个正怀念着家乡的移民来说听起来是很有吸引力的。"[1] 思考一下之后玻恩问："那么这个邀请包括我的妻子和孩子吗？"海森堡回答："我认为这一邀请不包括你的家人。"[1] 玻恩很看重其家人和家庭，海森堡的这一回答令他气愤而断然拒绝。在此有必要把玻恩对于德国的感情，与他对于纳粹的厌恶作区别性说明。在玻恩离开德国暂居阿尔卑斯山脉的意大利小镇塞尔瓦期间，传回的消息说玻恩决定不再回德国，这令海森堡为之一震，他劝玻恩等一等，到秋天再做最后的决定。他相信事情会好转。[2] 玻恩写信告诉海森堡，此时他内心充满痛苦与愤怒，他在德国出生并长大，已经毫无犹太特征。他说如果不是他已经上了报纸上公布的被解职名单，他很可能会继续留在德国。他说自己希望事态好转，但是一种恐惧告诉他没人能使事态好转。[2] 因此如果玻恩留在德国，不意味着他与纳粹同流合污，玻恩自己希望的是像以前一样，纳粹从事着他们的反动，玻恩做着自己的研究。

站在海森堡的角度看，不难想象，纳粹对于一位犹太教授如此"特赦"应该是来之不易的，这一定是海森堡或其他人艰苦努力才争取来的。证据表明，除了海森堡看重玻恩的价值外，从私人感情上看，他也不愿意玻恩离开。为挽留玻恩，海森堡也竭尽全力，但以失败而终。海森堡个人的选择是继续留在德国。对于其真实意图以及期间他的作为，有截然相反的说法，笔者在此且不参与这一讨论。

第二次世界大战之后，情感与原则博弈的难题摆在了玻恩面前。纳粹灭亡后海森堡与一些德国科学家被美军所俘，之后转交给了英国，关押在剑桥附近一个叫作 Farm Hall 的地方。半年后他们被释放。[3] 玻恩固然没忘昔日他这位有天赋的学生和得力助手，但玻恩家族亲戚朋

---

① Max Born. *My Life* [M]. London：Taylor & Francis Ltd.，1978：269.

② Nancy Thorndike Greenspan. *The End of the Certain World* [M]. London：John Wiley & Sons Ltd.，2005：180.

③ Nancy Thorndike Greenspan. *The End of the Certain World* [M]. London：John Wiley & Sons Ltd.，2005：255.

友中，有几十位受害于纳粹。因此如何对待海森堡，玻恩心里不能不矛盾与纠结。1945 年在一次英国皇家学会会议上，狄拉克请玻恩推荐海森堡为外籍会员。玻恩立即开始心里打鼓。他觉得如果他这样做对不住自己被纳粹杀害的亲戚朋友。[1] 玻恩知道约当是一个狂热的纳粹，因此无可原谅。对于海森堡，玻恩本能地认为他不是一个死心塌地投身纳粹的"卑鄙小人"，他的所作所为一定是迫于纳粹淫威的无奈之举。这显然是玻恩一厢情愿的感情用事。但是玻恩还是想了解一下海森堡在纳粹时期的真相。海森堡的好友魏扎克托人传话给玻恩，说他和海森堡在纳粹时期，实际上是伪装下来为推迟纳粹的原子弹计划的。传话人告诉玻恩不要轻信魏扎克的一面之词。但是玻恩对于海森堡先入为主的情感使其丧失了有限的质疑力。魏扎克的口信虽然并不足信，但成了玻恩说服自己的借口，他告诉狄拉克他愿意推荐海森堡为英国皇家学会的外籍会员。其后玻恩与海森堡之间恢复了书信往来。

1947 年末，海森堡应邀到布里斯托大学做学术报告。玻恩也顺便请他到爱丁堡来做报告，海森堡在玻恩家里住了两个晚上。他们开始在一起心绪复杂地叙旧，玻恩与妻子海蒂逐渐感觉到，他们与海森堡之间的友谊"没有变化"。[2] 当时战后德国的生活状况艰难，玻恩让海蒂陪海森堡去购买一些日用品，用的是玻恩给他的报告费。海森堡回到德国后，跟索末菲说，在英国他感受到了一些犹太同行私下的某种敌意，但是他说在玻恩家里感觉"就像过去一样美好"。[2]

然而玻恩却明显感受到了失望，他在写给儿子古斯塔夫的信中说："毫无疑问他（指海森堡）的人生哲学受到了纳粹的一些影响。他用一种'生物学的'信条，将'适者生存'应用于人类关系。相比于我们认

---

[1] Nancy Thorndike Greenspan. *The End of the Certain World* [M]. London：John Wiley & Sons Ltd.，2005：253.

[2] Nancy Thorndike Greenspan. *The End of the Certain World* [M]. London：John Wiley & Sons Ltd.，2005：269.

为值得悲哀和遗憾的，他似乎更为德国未成为'适者'而遗憾。例如，他认为英国从印度撤退是极其错误的，这只能说明英国的软弱和缺乏野心。但是尽管如此，我们还是很喜爱他。你妈妈给他很多东西带回哥廷根，给他家以及其他人。"[1] 有时候人的理性无法战胜感性。玻恩对于海森堡思想状态的描述，说明在对待德国、对待纳粹方面，二人之间存在原则上的分歧。由于政治立场的原因，玻恩晚年回德国定居后拒绝约当登其家门，断绝与美国氢弹之父特勒之间的一切交往。但是对于海森堡，玻恩恨不起来。玻恩再次接纳海森堡，很大程度上是出于类似舐犊之情的不可理喻的情感。有了这种感受，虽然他知道海森堡有错，他知道自己心里还有不满，但是他依然还是要原谅并关心这个海森堡。在对待海森堡这件事上，玻恩个人情感与原则的博弈，以原则苍白无力地妥协而告终。

4. 海森堡终于"浪子回头"

在向世人客观宣传玻恩的贡献方面，笔者可以肯定直到 1950 年初，海森堡还没有什么作为。1949 年玻恩邀请玻尔来爱丁堡做报告，事后玻尔寄来了感谢信。在 12 月 26 日［这封信见于格林斯潘撰写的玻恩传记，但书中没有指明此函所写时间，本处指出的准确时间由丹麦玻尔研究所的费利西蒂（Felicity Pors）于 2014 年提供给笔者］写给玻尔的回信中，谈及海森堡，谈及自己当年在建立量子力学过程中的贡献，玻恩说："在纳粹时期，我不期待他讲出事实，但是战后他仍然什么也不说，这令我非常失望！"[2]

然而自 20 世纪 50 年代，海森堡逐渐开始一件件做他早该做而没做的事情。现在我们还不能确定海森堡是迫于外界压力，还是玻恩再次接

---

① Nancy Thorndike Greenspan. *The End of the Certain World*［M］. London：John Wiley & Sons Ltd.，2005：270.

② Nancy Thorndike Greenspan. *The End of the Certain World*［M］. London：John Wiley & Sons Ltd.，2005：284.

纳他而使之感动，还是年龄使他终于明白了事理——抑或这几种因素同时起作用使然。总之进入 20 世纪 50 年代，海森堡开始亡羊补牢般地说出实话，宣传玻恩在建立量子力学过程中对他的影响以及做出的贡献。

南希·格林斯潘指出，在一篇纪念普朗克的文章中，海森堡的表现令玻恩惊讶："他描写了在哥廷根与玻恩、约当一起拓展克喇摩斯色散理论的过程，并解释说这方面的思考使他放弃了电子轨道的概念，转而注意振幅。他承认（那时）他还不知道矩阵为何物，他将矩阵力学最终数学形式的获得归功于玻恩和约当。"[1] 他说："我有责任强调玻恩与约当在建立量子理论过程中的伟大贡献，而这一直没有得到公众的充分认可。"[1] 海森堡把这篇文章复印并寄给了玻恩。玻恩回信说："我以非常高兴的心情阅读了你的文章，我特别感谢你以如此好的方式提到了我对于（量子力学）发展所做出的贡献。"[1]（见插图）

海森堡承认玻恩在建立矩阵力学中的贡献的文章

对于玻恩的波函数统计解释，前文说到海森堡的态度曾令派斯不解，但是 50 年代后，海森堡的做法也大有改变。如在 1958 年出版的著作中海森堡明确指出："当量子力学的数学体系确定之后，玻恩提出他的概率波思想，给出了这一数学量的清晰定义，被解释为概率波。"[2] 在为《玻恩－爱因斯坦书信集》撰写的序言中，海森堡将玻恩与爱因斯坦相提并论：在现代物理学建立过程中，"爱因斯坦和玻恩都是站在为此做

① Nancy Thorndike Greenspan. *The End of the Certain World* [M]. London：John Wiley & Sons Ltd.，2005：286.

② Werner Heisenberg. *Physics & Philosophy* [M]. New York：Harper & Row Publishers，1958：41.

出贡献的人们之前列。"[1] 海森堡说爱因斯坦是一个人在工作，而玻恩善于营造和运作卓有成效的学派："玻恩与爱因斯坦不同，在哥廷根建立了一个理论物理学派，他教授正规的课程，组织讨论班，很快就成功地在他周围聚集起了人数相当多的一批杰出的年轻物理学家，他试图同他们一道深入量子理论的未知领域。哥廷根是当时世界上最重要的现代物理学中心之一。……哥廷根由此提供了探索描述原子现象的数学原理的大多数前提条件。"[1] 海森堡说玻恩对待学生就像对待家人一样，还有办法激发学生的研究兴趣："玻恩的家总是对年轻人开放，作为他们的社交场所，任何人如果碰巧在这所大学中或哈茨山的滑雪坡上遇到这群年轻人，都会奇怪老师们为何能够成功地使这些年轻人将兴趣如此集中于这些困难和抽象的科学问题。"[1]

1962 年玻恩迎来 80 大寿（见左边海森堡献花照片）。这一年海森堡发表了一篇文章，名为《贺马克斯·玻恩 80 寿诞》。在文章中海森堡回顾了量子力学建立前的量子物理状况，肯定玻恩带领大家走出物理学困境的学派领袖素质："于 20 世纪早期，出现一个致力于原子模型即玻尔－索末菲量子化条件研究的杰出理论物理研究所。然而它的出现绝不是自然而然的。因为从数学和哲学的角度看，玻尔理论显然是半经典物理学，常常被看作是令人不快的沼泽地，其矛盾不清的数学方法使得其半对半错的物理学结果更多的是猜测，而不是推论。因此，要在这个领域开拓需要勇气和可靠的物理学直觉。玻恩在这两方面都具有最高的水平。"[2]

玻恩 80 大寿，海森堡给玻恩献花

① Max Born. *The Born-Einstein Letters* ［M］. London：The Macmillan Press Ltd.，1971：Introduction.

② Werner Heisenberg . *Max Born zum achtzigsten Geburtstag* ［J］. Die Naturwissenschaften，1962，49：45.

在海森堡的回忆中，当时玻恩周围是一群物理奇才，他们攻克物理难关的过程不仅仅有艰辛，也有玻恩为他们营造的值得回忆的美好与快乐："一批堪称精英的年轻学生与研究人员，包括泡利、费米、约当、Karekjarto、洪德，以及其后的狄拉克、奥本海默、韦斯科普夫等人，他们经常聚集在玻恩身边参与讨论。讨论经常是晚上在玻恩家里宽敞的音乐室里举行，玻恩夫人摆上水果和点心，使讨论更加美好。"①

海森堡再次肯定玻恩的贡献，并指出，玻恩弟子们的学术贡献是对玻恩学术传统的发扬光大："对于哥廷根理论物理圈子所有成员而言，最美好时光就是量子力学的发展时期。玻恩通过他对于各种数学方法的精通掌握，很快就为量子力学建立了牢固并且长久的数学基础。对于量子力学的诠释，他提出了重要的建议：相空间中薛定谔波动方程中波函数的二次幂，不是一个可解释的经典波动物理量，而是与概率有关。不久，狄拉克和约当在此基础上将其扩展为一个完整的量子力学公理体系。而引出这些研究的玻恩碰撞理论，也在此后的基本粒子物理学中被不断证明为一种很有价值的数学工具。作为那个时代的研究人员和教师，玻恩的伟大不仅体现在大量实至名归的学术成就和荣誉中，而且更多地还体现在他众多的学生身上，这些遍布全球的学生在当时将他的科学传统继续发扬光大。"海森堡最后一句话笔者高度赞成。近年来，笔者在这方面撰写文章，并通过讲座或学术报告予以宣传，相关报告有：《玻恩如何培养英才》（2014 年 11 月 17 日于北京科技大学）、《玻恩与黄昆合作过程研究》（2015 年 10 月 12 日于佳木斯大学）、《黄昆与玻恩合著〈晶格动力学理论〉一书过程中的若干细节研究》（2015 年 11 月 18 日于南京信息工程大学）、《玻恩如何影响年轻物理学家？》（2015 年 12 月 23 日于清华大学）、《玻恩如何做导师？》（2015 年 12 月 27 于北京第九届中国科技史大会）。

---

① Werner Heisenberg . *Max Born zum achtzigsten Geburtstag* [J]. Die Naturwissenschaften, 1962，49：45.

海森堡在这篇文章中，对于玻恩晚年回到德国后的情况作了说明，并表示学生们希望与玻恩保持永久的密切联系："1933 年玻恩与许多其他学者被迫离开德国离开哥廷根，这对于德国物理学是一个无法弥补的损失。后来他在爱丁堡继续成功地研究与教育人才。令我们宽慰的是，玻恩虽然遭遇到不公正对待，但他心系哥廷根及其德国朋友身上。从爱丁堡退休后，玻恩回到毗邻哥廷根的安静的、风景如画的小镇巴特皮尔蒙特，不再教学只从事研究。令我们欣慰的是他仍然时常参加德国的科学生活——专题讨论会和学术节。如今，他的许多朋友和学生都希望，他与我们的这种联系永久绵长。"①

有迹象表明海森堡 1950 年后关于玻恩的讲话，是发自内心的，并非为了讨好和安慰他的老师。1971 年凯默和施拉普在关于玻恩的文章中说，在撰写文章过程中海森堡曾告诉他们："正是哥廷根的特殊精神，正是玻恩以自洽的新量子力学为基础研究目标的信仰，才使他的思想成为丰硕的成果。"② 1970 年元月玻恩已经去世。海森堡 1950 年后的诸多表现，标志着玻恩与海森堡之间的师徒关系，得以善始善终。虽然中间（20 世纪 30—50 年代约 20 年的时间）由于海森堡的有意或无意，给玻恩带来了很多困窘和不快。

5. 余论：如何做好导师

玻恩一生选学生与助手都是严格把关、宁缺毋滥，因此在他身边的都是些极其聪明、也往往个性十足的人。但是玻恩自己的主要心思和精力都是用于教学与研究，他几乎未曾特意思考过如何处理好和这些天才们之间的关系，而一直是本能、率性、不花心思地对待这些后生。这样不难想象虽然玻恩的多数学生都对他怀有感激之情，但是心思不到处一

---

① Werner Heisenberg . *Max Born zum achtzigsten Geburtstag* [J]. Die Naturwissenschaften，1962，49：45.

② N. Kemmer，R. Schlapp. *Max Born：1882—1970* [J]. Biographical Memoirs of Fellow of the Royal Society，1971，17：17—52.

定就难免疏忽。玻恩亲自指导出的博士生奥本海默对玻恩极为不满；与奥本海默类似的还有到玻恩哥廷根学派来深造的哈瓦·罗伯逊（Howard Robertson），这个人后来在宇宙膨胀说等方面有重要贡献；费米曾在玻恩的哥廷根物理研究所深造半年多，但玻恩未能成为欣赏费米的伯乐，这也成为很多人都感觉遗憾的一件事。玻恩的教训提醒各位学派的领袖和导师们，处理好与后辈的关系是很重要的事，需要高度重视、需要花心思研究学生然后因材施教。事实求是地说，在教书育人方面，玻恩做得已经很好，弟子成材率极高。但是他还可以做得更好。不善于处理人际关系的导师，应该设法找到取长补短的可行方法。

七、玻恩与约当

约当是建立矩阵力学的三个成员之一。在这三个人中，至今世人（尤其中国学人）对于约当仍然所知非常有限。人们不了解他是如何成长为杰出物理学家的；很多人说他在哥廷根是学习数学的，但也有人说他是学习物理的……2009 年笔者见到了 1963 年 6 月托马斯·库恩（Thomas Kuhn，1922—1996）与约当的几次谈话资料，意识到这应该是了解约当以及哥廷根物理学派非常重要的文献资料。[①] 了解约当并通过约当去认识哥廷根物理学派，具有特殊的重要性。在创立矩阵力学之前，约当就到了玻恩身边；在创立矩阵力学过程中，海森堡曾离开过哥廷根，而约当没有；矩阵力学创立后，海森堡赴莱比锡做教授，但约当还有一段在哥廷根的经历。因此约当的回忆可以弥补其他人对于玻恩及其学派描述的某些不足。

1. 约当进入创立矩阵力学研究组的机缘

中文著述多认为约当与玻恩的相识与合作是基于二人 1925 年的一次偶遇。如郭奕玲教授在著作中说："一次偶然的机会，玻恩遇见了年轻的数学家约当，约当正是这方面（指矩阵等数学。——笔者注）的内行，

---

① 遗憾的是谈话语言是笔者不熟悉的德语，记录对话的文本足有 100 余页，这几乎相当于一本德文著作。几年来笔者一直急切寻找一位合适的翻译者，但未能如愿。这一难题最后得以由本节作者之一、留学德国的青年才俊张德望彻底解决。

欣然应允合作。"[①] 类似的说法也出现在涉及这一事件的几乎全部中文著述中。如申先甲等人[②] 的著作，谢邦同先生的著作[③]，潘永祥、王锦光两位主编的著作[④]，等等。

玻恩与约当的相识与合作基于一次偶遇的说法，根据笔者的初步考证，来自于美国著名科学人物传记作者康斯坦西·瑞德（Constance Reid）撰写的，由袁向东、李文林译为中文，于1982年出版的《希尔伯特》一书。在这本书里，瑞德提出了偶遇说："他（指玻恩）与约当是偶然相识，一次他乘火车跟一个同伴讨论矩阵，约当刚好坐在同一车厢听到了，便上前作了自我介绍。约当原来是库朗（Richard Courant, 1888—1972）的助手，参加过库朗－希尔伯特《数学物理方法》的准备工作，对于矩阵代数自然相当拿手的。"[⑤]

约当等人的回忆以及当事人发表的研究论文等文献均证明，康斯坦西·瑞德这种"偶遇说"是极不准确的。在1925年海森堡把他的"一人文章"交给玻恩之前，玻恩与约当就是熟识的。在玻恩著述的目录[⑥] 中，收录有在海森堡"一人文章"发表之前玻恩与约当合作的文章。[⑦] 编辑部1925年6月11日收到该文，而海森堡"一人文章"的收稿日期是1925年7月29日。不仅如此，玻恩与约当还有过更早的合作。玻恩的英文传记作者南希·格林斯潘说[⑧]，此前约当还曾协助玻恩为百科全书

---

① 郭奕玲，沈慧君. 物理学史［M］. 北京：清华大学出版社，1993：310.

② 申先甲，张锡鑫，祁有龙. 物理学史简编［M］. 济南：山东教育出版社，1985：768—769.

③ 谢邦同. 世界近代物理学简史［M］. 沈阳：辽宁教育出版社，1988：250.

④ 潘永祥，王锦光. 物理学简史［M］. 武汉：湖北教育出版社，1990：510.

⑤ 康斯坦西·瑞德. 希尔伯特［M］. 袁向东，李文林，译. 上海：上海科学技术出版社，1982：228.

⑥ N. Kemmer, R. Schlapp. *Max Born: 1882—1970*［J］. Biographical Memoirs of Fellow of the Royal Society, 1971, 17：17—52.

⑦ M. Born, P. Jordan. *Zur Quantentheorie Aperiodischer Vorgänge*［J］. Zeitschriftfür Physik, 1925, (33)：479—505.

⑧ Nancy Thorndike Greenspan. *The End of the Certain World*［M］. London：John Wiley & Sons Ltd., 2005：124.

撰写论文。1963 年库恩问约当是否 1922 年初夏到哥廷根的，约当回答：
"是的是的。我那时最早是和玻恩有密切来往的，然后是库朗。玻恩当
时在为《数学百科全书》写关于晶体的晶格规范理论的文章。我当时给
他做些技术上的协助……"[①] 约当 1922 年刚到哥廷根，就开始做玻恩的
学生和助手了。因此玻恩与约当的合作基于 1925 年的一次偶遇的说法
与事实相差甚远。

　　玻恩与约当何时相识也许算不上非要搞清楚不可的重要历史事件，
但是既然这些著作都涉及了它，对它的描写就应该尽量符合史实而不能
任由作者们想象、虚构。希望这一特殊事件能唤醒我们的某些学者，意
识到西方作者的著述（即使是知名作者的名著）不值得迷信。我国科技
史界前辈，如戈革先生早已指出国外物理学史家学术思想中存在一些深
层次的问题："现在我竟然发现，有一些被公认的物理学史家，他们的史
学修养也居然颇多可议之处，特别是美国的一些比较年轻的名人。"[②] 对
美国著名物理学家、著名物理学史家派斯，戈革先生更是有过这样的评
价："他很有讲故事的本领，写书不肯平铺直叙，往往别出心裁，另辟蹊
径，使人读了常有意外之喜。但是当问题涉及历史的概括或哲学的辨析
时，他的议论往往流于比较表面化的就事论事，而不能从更深和更高的
方面去看待问题。"[③] 早年读戈革先生的这类文字，感触不深；随着阅读
越来越多的西方著述，越来越感到戈革先生所言不谬。笔者无意歧视西
方学者，任何人都会犯错误、都会有纰漏，西方学者也不例外。西方一
些科技史著述的作者，也有浮躁、不求甚解者，也有不懂科技的，也有
不读或少读原始文献的，确实存在如戈革先生指出的以及其他一些学术
思想上的缺失。

①　Thomas S. Kuhn, John L. Heilbron, Paul Forman, Lini Allen. *Archives for the History of Quantum Physics*［微型胶卷］. Philadelphia：The American Philosophical Society Independence Square，1967，E1 Reel 3.

②　大卫．C．卡西第. 海森伯传：上册［M］. 戈革，译. 北京：商务印书馆，2002：译者引言 xvi.

③　戈革. 史情室文帚［M］. 香港：天马图书有限公司，2001：549.

2. 1925 年约当是一位年轻数学家吗

关于约当还有一种错误说法值得一提。康斯坦西·瑞德、潘永祥、王锦光、郭奕玲等在著述中，或说在与玻恩合作前约当是哥廷根大学数学系的人，因而已经对于矩阵代数相当拿手；或者说约当已是一位有相当造诣的数学家。这类说法的对与错相对而言更为重要，因为这直接关涉到玻恩与约当在打造"数学化"矩阵力学时二人所起作用的大小等问题。可以肯定地说，约当不是一位专门学习数学的学生，1925 年他也根本不是什么数学家。康斯坦丝·瑞德在她撰写的库朗的传记中有这样一段文字，说哥廷根大学数学家库朗要选一位助教，结果"他最后选上了帕斯卡尔·约当，他是学物理的学生，虽然他没有听课，却准备了一份笔记。约当还帮库朗准备数学物理方法那本书。"[①] 如果约当没去听库朗的课，他当然无法准备库朗的上课笔记，库朗也不会选择他做助教。"他没有听课"很可能是说，约当没有选修库朗的课，但是却去旁听了。我们关注的是在这里瑞德明确说约当是学习物理的。这是为什么呢？就是因为约当来到哥廷根是先接触玻恩并学物理，又接触库朗也学数学，但终归是在玻恩指导下研究物理并得到了博士学位。

约当在与玻恩合作前还不是数学家，这可以从 1963 年他与库恩的对话[②] 中看出。约当承认，他那时对于矩阵代数了解有限，对于其中的一些重要技巧他只略知一二。玻恩是建立矩阵力学的"数学智库"。

库恩：我现在想问一个关于矩阵力学的问题：当你与玻恩开始做这个的时候，你当时只对矩阵了解一点点，那你对二次型也只了解一点点吗？

---

① 康斯坦丝·瑞德. 库朗——一位数学家的双城记 [M]. 胡复，杨懿梅，赵慧琪，译. 上海：东方出版中心，2002：117.

② Thomas S. Kuhn, John L. Heilbron, Paul Forman, Lini Allen. *Archives for the History of Quantum Physics* [微型胶卷]. Philadelphia：The American Philosophical Society Independence Square, 1967, E1 Reel 3.

约当：是的，一点点，这个与变换矩阵和 S 矩阵都来自玻恩。我当时虽然知道有这些定理，是关于二次型的可变换性的，但我还没了解到它可以对我们要处理的问题适用。玻恩说它对于量子力学是非常有意义的，我很快就明白了。

库恩：当你开始工作的时候，你是自己解决数学问题的，还是回过头来看了关于它的书籍与文章，还是你与库朗谈论了关于数学的问题？

约当：没有，没有很多。我们当时需要的数学工具一部分是关于人们已经掌握的二次型等等的内容……而那些数学家们并不知道的问题，我们则必须自己去发掘那些建立量子力学所必需的特殊东西。玻恩研究过托普立茨（Otto Toeplitz，1881—1940）以及希尔伯特（David Hilbert，1862—1943）的著述……玻恩尝试从中发掘出对我们有用的东西。

可见在与玻恩合作时，约当还远远称不上一位数学家，不过是一位相对具有较多数学知识的刚刚毕业的、聪明的物理学博士而已。在玻恩与约当建立矩阵力学数学体系时，玻恩是完全的主导者。当时的玻恩已经没有必要去直接请教希尔伯特或库朗等数学家。在 1962 年 10 月 17 日库恩（由洪德作陪）访问玻恩时，三人的对话 ① 也证实了这一点：

洪德：您和库朗讨论过吗？

玻恩：关于这些事情（指建立矩阵力学过程中遇到的问题。——笔者注）吗？没有，确实没有。

库恩：那时哥廷根的数学家们一点也没有积极地参与到这一（物理学）发展过程中吗？

玻恩：他们没有参与，但是有间接的作用。当我还较为年轻时总是与希尔伯特和闵可夫斯基保持密切联系，并从他们那里学到了很多（数学知识）。但是在建立矩阵力学的时候，我已经不是学生了，而且我也

① Thomas S. Kuhn, John L. Heilbron, Paul Forman, Lini Allen. *Archives for the History of Quantum Physics*［微型胶卷］. Philadelphia：The American Philosophical Society Independence Square, 1967, E1 Reel 1.

不再能经常见到他们。

虽然约当与玻恩合作建立矩阵力学数学体系之初，还不是数学家，但是他很快就可以肩负重任，说明他具有较强的数学学习和应用能力，以及比较扎实的数学基础。

3. 物理学视角下的约当

这一部分的文献，除特别指出外，主要基于 1963 年 6 月库恩在汉堡与约当的对话。[①] 对话只涉及约当与物理学相关的一切。基于此我们也只能以物理学视角描述约当。

约当最早的科学启蒙者是他的父母。他的父亲恩斯特·约当（Ernst Jordan）是位爱好科学的画家，常读自然科学的书籍，尤其是一套《宇宙》读物。这也是约当看过的第一套关于自然科学的书籍。出于职业需要，约当父亲常研究绘画的视角以及射影几何。约当受其影响在上学之前就已经学到了很多几何知识。约当的母亲伊娃·约当（Eva Jordan）也具有丰富的科学尤其是植物方面的知识。她告诉约当阳光需要 8 分钟才能照射到地球。约当的母亲还对于计算和数字很感兴趣。约当从母亲这里学到了算术的基础。因此约当对于自然科学的兴趣，他的几何与算术启蒙都来自于他的父母。约当说自己在小学阶段数学成绩一直名列前茅。父母培养的数学兴趣促使他以后选学和自学了很多数学知识，为他成为优秀的理论物理学家打下了坚实的数学基础。

小时候约当喜欢学习和思考，但是他最早的理想并不是成为物理学家或数学家。他说：

> 我在 10 岁到 12 岁的时候曾经想立志当一位画家或是建筑师，但是几年之后我就重新决定要研究自然科学了。（我的兴

---

① Thomas S. Kuhn, John L. Heilbron, Paul Forman, Lini Allen. *Archives for the History of Quantum Physics*［微型胶卷］. Philadelphia：The American Philosophical Society Independence Square，1967，E1 Reel 3.

趣点）随着时间的推移而不断变化。我最初感兴趣的学科是生命科学。大概 14 岁到 16 岁的时候，我开始对一本名叫《唯物主义的历史》的书产生浓厚的兴趣。在 16 岁那年我偶然读到了能斯特（W. Nernst，1864—1941，德国物理化学家）与舍恩弗里斯（A. Schoenflies，1853—1928，德国数学家）合著的一本书，书名叫作《自然科学的数学方法入门》。我对这本书有非常深刻的印象，我从中第一次学到了微积分运算。然后在大约 1918 年或者 1919 年，我第一次理解了作用力与反作用力的理论，随即我便明白了即使是在真空的宇宙中火箭也可以获得动力。于是我推断出，人类迟早有一天是可以登月的。这极大地助长了我对自然科学的兴趣。我当时觉得，首先应该解决的是核能的问题……一旦人们找到可以将其投入使用的方法，便会从中得到非常强大的能源供应。应该是在 1919 年……我认为，人们应该首先把重点放在如何应用核能上面，而不是如何建造可以飞向月球的火箭。

还没进入大学约当就开始关注和思考自然科学的哲学问题，他认为自己对于自然科学的兴趣源于这种哲学思考，他深受马赫影响："大概是在我上大学的第一年，也就是 1921—1922 年间，当时我学习了马赫（Ernst Mach，1838—1916）的著作，他给我留下了很深的印象。"约当阅读过马赫的《力学》和《热学理论》等著作。1963 年约当仍然承认："事实上我直到今天都还是一个马赫的追随者，当然对他也会有一些中肯的批评。但是我物理学思维的基础在很大程度上是从马赫的观点上建立起来的。"1921 年约当中学毕业。他在汉诺威工业大学开始了大学生涯。他选择这所学校是因为当时他的家居住在汉诺威。

《自然科学的数学方法入门》一书对约当影响甚大："我被那本《自然科学的数学方法入门》所引导去学习一些大学的数学知识。"约当在中学阶段曾长时间钻研这本书："我其实在这本书上面下了好几年的工夫，直到我上大学为止。从这本书中我真的学到了很多，我对它的印象实在太深刻了。"中学时期对于《自然科学的数学方法入门》一书的自学与钻研，使约当能够进入大学后直接越级听第三学期的常微分方程课程。1922 年夏天到哥廷根则直接从库朗的偏微分方程开始学起。既然这么喜欢数学并打下了坚实的基础，约当进入大学后究竟是想成为数学家还是物理学家呢？库恩也有同样的疑问："当你开始了在汉诺威工业大学的学习之后，你有没有想过你将来要成为一位物理学家呢？还是说你当时或许更想当一名数学家？"这应该是一个艰难的选择。因为约当家人不建议他成为数学家或物理学家："我父亲还一直对我抱有幻想，让我放弃自然科学，而成为一名建筑师。"自己的兴趣不断改变以及他人的影响也在影响着约当的选择："我曾经有一段时间对生命科学特别感兴趣，当然更多的是对于理论生物学而不是特定某一方面的生物学。在我小的时候曾一度特别喜欢动物。我那时经常去动物园，并且我那时还收藏很多诸如灭绝动物的图片或者蜥蜴的图片等等。在小学的最后两年我对生命科学的兴趣就开始下降了，取而代之的是物理学和数学。我在汉诺威工业大学时就抱着学习物理学的目标，但是在到哥廷根的一年后曾经考虑过从事纯数学的研究。当时数学家阿丁（Emil Artin，1898—1962，德国数学家）建议我从事纯数学的研究，而不把物理作为主要学科。阿丁当时是库朗的助手。"可见约当在汉诺威工业大学期间曾想过专攻物理学，但刚到哥廷根时受阿丁的影响曾一度决定成为数学家。从表面上看，约当在汉诺威工业大学时期想立志于物理学是有些难以理解的，因为在汉诺威期间他学的课程几乎全是数学："在汉诺威的第一年我上了一门缪勒（Conrad Müller）的微分方程课。……我还上过老季培特（Ludwig Kiepert）的一门课。季培特写过一本非常厚的关于微分运算的书。……普兰奇（Georg Prange）也是一位数学家，我听过他的一门代数课。后来还上过几节他的积分运算课……"而当库恩问约当在汉诺威学习物理的情况时，约当回答说："汉诺威的物理课实在是太差了，当时的教授是一位很不著名的物理学家，叫作普列希特（Precht）。因此我在汉诺威完全没有听过物理课。我更愿意在哥廷根听物理课。"在主要修学数学课程的时期内心却倾向于做物理学家，这说明汉诺威工业大学的物理课虽然很差，但通过自学和思考物理问题仍是约当这一时期主要的精神乐趣。

正如约当所说，他喜欢哥廷根的物理学课程。约当的物理学知识，除了有限的自学，其余几乎都是他投身哥廷根大学后，来自于玻恩的课堂和讲座。无论约当的兴趣怎么改变，数学和包括物理学在内的自然科学一直是他主要的兴趣点。这也是他离开汉诺威来到哥廷根的根本原因。当库恩问他为什么来哥廷根时，约当回答说："我去哥廷根是因为那里距离我家很近，另一方面当时哥廷根大学在物理学和数学领域享有很高的声誉。"约当来到哥廷根，不仅听到了让他非常满意的数学、物理课程，而且很快即先后给物理学家玻恩、数学家库朗，以及实验物理学家弗兰克做过助手。

作为刚到学校的普通学生，为什么约当有这样好的机会，在人才济济的哥廷根与几位著名教授走得如此之近？对于库恩的这一问题，约当做出了回答："我之前的一个老师，不是物理老师，而是一位教拉丁语和德语的老师，他帮我给波耳（Robert Pohl，1884—1976，哥廷根大学的另外一位实验物理学家。——笔者注）先生写了一封推荐信。他在哥廷根的时候偶然结识了波耳，就帮我写了这封推荐信。然后波耳就跟玻恩说起了我。"

库恩问约当是否 1922 年夏初来到哥廷根的，约当肯定自己 1922 年来到了哥廷根，并回忆了他协助玻恩为《数学百科全书》撰写文章的细节："是单纯的工作方面的协助，比如帮他编辑公式之类的。当然我也因此得到了一个学习很多东西的机会。这我很清楚。"[①] 由此可以确定，约当到了哥廷根最早走近了玻恩。1962 年 5 月 9 日，接受库恩等人采访

---

① Thomas S. Kuhn，John L. Heilbron，Paul Forman，Lini Allen. *Archives for the History of Quantum Physics* [微型胶卷]. Philadelphia：The American Philosophical Society Independence Square，1967，E1 Reel 1.

时，库朗曾说："约当甚至给我做过一阵子助手。他刚到哥廷根时，我想他给我的课做过笔记，我记不准了。但是我跟他很熟。我和他交流起来有困难，因为我与说话结巴的人交流时，我自己变得很紧张、神经质。即使现在我听约当说话仍然非常困难。我偶尔会见到他。但是约当起到了很重要的作用，他是一个好帮手。"[1] 约当对此的回忆是，他在协助玻恩的同时，"另一方面我也和库朗取得了联系。我在第一节偏微分方程课后就申请要做课前复习助教。每节课前都会有个学生做课前复习，帮助大家回忆上节课的内容。我就申请了这个角色。不过很少见到他对学生们做的课前复习满意。后来他就开始写他那本《物理学的数学方法》（*Mathematische Methoden der Physik*），在这本书撰写过程中，我也帮库朗做了和之前（协助玻恩）类似的工作。"库朗与约当在交流上有语言上的困难，但是约当与玻恩的交流却毫无问题。虽然不见当事人就此发表意见，但是这也许是约当逐渐更加亲近玻恩的原因之一。约当在哥廷根彻底进入了物理学和数学圈子的核心，他甚至还给实验物理学家弗兰克做过助手。1962 年 7 月 10 日，在接受库恩等人采访时弗兰克说约当协助他写了一本书："在写这本书时，约当也在我这里学到了很多。这本书在文献引用方面做得并不好，因为事实上总是这样：我对约当口述很大一部分，然后由约当润色。我不查阅文献……约当以为我知道这些，而我想他会去阅读并核实。"[2]

　　哥廷根具有数学家与物理学家关系密切的传统，但是，像约当这样左右逢源、对两方面都有深入接触的情况也不是很多。这当然不能仅仅如约当所说归因于一封推荐信，更主要的应该是因为约当具有数学与物理等多方面较好的基础和研究潜质。最后约当还是把更多的精力用在了

① Thomas S. Kuhn, John L. Hcilbron, Paul Forman, Lini Allen. *Archives for the History of Quantum Physics*［微型胶卷］. Philadelphia：The American Philosophical Society Independence Square，1967，E1 Reel 1.

② Thomas S. Kuhn, John L. Heilbron, Paul Forman, Lini Allen. *Archives for the History of Quantum Physics*［微型胶卷］. Philadelphia：The American Philosophical Society Independence Square，1967，E1 Reel 2.

物理学方面。促使他发生这一转变的，不是玻恩也不是弗兰克，而是玻尔的一篇文章。库恩与约当的对话对此交待得非常清楚：

库恩：初到哥廷根的时候，你觉得你更有可能去的是数学系而不是物理学系。是什么时候决定去学物理的？又是什么促使你做了这个决定呢？

约当：这当然是很多事情综合影响的结果了，但我还能清楚地记得是当时发表在《物理学杂志》上的玻尔的一篇论文（促动了我）。那本杂志放在数学系的阅读室，我看了这篇文章后觉得太不可思议了，然后我说："我继续学习数学是不对的。这些东西太有趣了，我必须学习物理。"

当库恩想问是玻尔哪篇文章影响了约当时，约当回答说他记不得了。从此约当开始更多地参加玻恩的课程，尤其讨论课，二人之间的联系与合作开始得以增加，成为玻恩的"近身侍卫"。约当对库恩说他"更愿意在哥廷根听物理课"，主要指的就是玻恩的理论物理课程，因为他没有参加哥廷根实验物理学家的课程。因此，玻尔的文章使约当更加清楚自己要做物理学家，而从玻恩这里所学到的一切，使约当真正成为了物理学家。1963年库恩想详细了解学了很多数学课程的约当系统的物理学知识的来源。对此，约当做出了明确回答。

约当：我在中小学期间就已经读过一卷赫姆霍兹（Helmholtz，1814—1878）的关于力学的旧的讲座。……我从中学会了力学……至于热力学则是在玻恩的课上学的。

库恩：当时也有电磁学的课程吗？

约当：有，是玻恩教的，我听的就是他的电磁学。

然而可以想象，很多物理与数学知识是来自于约当与玻恩一起开展研究的过程中。在哥廷根期间约当与玻恩交从甚密，成为与玻恩走得最近的人。这也可以从他回答库恩的问题中明显看出。

库恩：你协助玻恩做事的时候，是在他家里吗？

约当：是的，我们去他家里。他有一个非常漂亮的大工作室，后面是一个漂亮的花园，并且在工作室中还有两架三角钢琴。他很喜欢和海森堡一起弹，每人弹一架。

库恩：当你协助玻恩做事的时候，他会让你在家完成某件事，然后告诉他吗？还是你们一起深入地讨论呢？

约当：都有。我经常会把某些工作带回家做。在我上学期间，我们至少两到三天碰面一次，大概每次有两个小时左右在他的办公桌工作。

库恩：这是由于你是他的助手，还是每个学生都有这样的机会呢？

约当：别的学生或者刚刚拿到博士学位的同事也会经常到玻恩家里讨论问题或者一起工作。不过我估计我是和他走得最近的人，因为我和他有很多共同的工作要做，首先是关于晶格规范理论的书，后来则是关于量子理论的东西。

在玻恩指导下 1924 年约当获得博士学位。关于约当博士论文研究方向的选择，约当有清晰的记忆 [①]：

> 我那时要做一个讨论课的演讲。在哥廷根常有关于物理的学术讨论会，是由玻恩和弗兰克或者由玻恩和希尔伯特共同主持的，我做了一个很小的演讲，是关于一篇爱因斯坦和艾伦费斯特刚刚发表的论文的，这篇论文讨论了量子多重吸收的概率。在演讲中我说，人们同样可以在某种程度上利用这个方法来产生二分之一光量子或者四分之一光量子，或者按其他方式分割光量子，然后进行一个吸收的过程。这样把整个原子中的一份 hv 向前推进了，另一份产生了反冲力。这样做是因为人们可以把反冲力与分割的光量子联系在一起。玻恩启发我说："你知道吗，你也可以这样"等等。他建议我去做另一个课题，是一个关于分子理论的课题。然后他又说："如果你有兴趣的话，可以把这个对于光量子的研究作为你的毕业论文。

① 需要指出的是，在库恩采访约当的时候，玻恩已经因为约当政治上的错误而不许这位昔日的得力弟子登门了。详情可见 2013 年第 6 期《科学文化评论》中厚宇德等《玻恩的性格与命运》。在这样的情况下，难以看出约当在回忆中对于玻恩个人有丝毫的不满，所述甚为公允。这十分难能可贵。

读约当的这段回忆，今天仍可以让我们感受到玻恩是一个经验丰富而不强人所难的好导师。在这样一流物理学大师的指导下、在与这样的物理学教授的合作中，有数理才华的约当成长为杰出的物理学家是自然的事情。约当获得博士学位后继续给玻恩做助手。1925 年玻恩、约当以及海森堡在建立矩阵力学中的合作，达到了约当与玻恩合作的最佳时期。在量子力学领域，约当还自己独立推导出了后来称为费米统计的公式。约当把论文交给玻恩，由于玻恩忙于去美国讲学而将其放进抽屉，待归来想起再看时，发现结论已经由费米得出并发表了。玻恩对此甚觉愧疚。他曾说："我憎恶约当的政治立场，但是我为自己对他做的一件事永远不能释怀……"这件事指的就是他没能及时处理约当的这篇文章。玻恩确认，约当不但独立研究出了正确结论而且早于费米，更早于狄拉克，约当是这一量子统计规律的第一个发现者。[①]

其后约当主要从事量子场论研究。在量子力学和量子场论领域，尝试为可观察量建立一种代数时，约当发明了一种非结合代数（non-associative algebras）。为了纪念约当，这种代数被命名为约当代数。该代数满足以下两个公设：

（1）$xy = yx$（commutative law，交换律）

（2）$(xy)(xx) = x[y(xx)]$（Jordan identity，约当恒等式）

约当代数除在量子力学、量子场论等物理学领域有重要应用外，在射影几何、数论、复变分析、最优化理论等其他领域皆有重要应用。[②] 文献和前人的研究都表明在量子场论早期发展过程中，约当贡献颇大。派斯在回顾量子场论的历史时曾向在该领域做出贡献的"主要人物致敬"，而他要致敬的第一个人就是约当："约当，第一个看到二次量子化适合于 BE 和 FD 两种统计；……约当、海森伯和泡利率先提出该理论的

① Bert Schroer. *Pascual Jordan, His Contributions to Quantum Mechanics and His Legacy in Contemporary Local Quantum Physics* [J]. High Energy Physics Theory, 2003（3）：1.

② *Pascual Jordan* [EB/OL]. [2014-06-21]. http://en.wikipedia.org/wiki/Pascual_Jordan.

相对论性公式……"[①] 派斯还引用海森堡写给泡利的信函以说明"约当第一个想到了二次量子化。"[②] 约当在量子场论的早期研究中，与泡利合作研究了自由电磁场；与克莱因（Oskar Klein，1894—1977）合作，诞生了约当 - 克莱因矩阵、约当 - 克莱因关系式，他们发现并指出只能对非相对论薛定谔方程进行量子化；与维格纳合作诞生了二次量子化方法中的约当 - 维格纳形式体系以及约当 - 维格纳矩阵；等等。

关于约当与维格纳的合作，杨振宁先生[③] 在文章中提到过一件轶事：

在普林斯顿大学，维格纳与杨振宁等人在一起喝茶时，如果有人提到下面这个公式，并说这个公式由维格纳和约当获得：

$$b_i b_j^+ + b_j^+ b_i = \delta_{ij}$$

这时候维格纳总是立即纠正说：不，不，是约当和维格纳。杨振宁先生说："经过维格纳几次这样的纠正，虽然每个人都知道维格纳是超级有礼貌的人，但是我们都感觉到（他们合作的）那篇文章应主要归功于约当。"[④]

1928 年约当成为斯托克斯大学理论物理学教授。1933 年约当加入纳粹党，一度成为纳粹党报的积极撰稿人。1939 年约当进入纳粹空军，在佩尼明德（Peenemünde）火箭中心做气象分析工作。他对纳粹发展武器的多个计划感兴趣。但是由于有与玻恩、弗兰克等犹太人合作的经历，约当被纳粹认为是"政治上的不可靠者"，因此他的建议未得到纳粹的重视。1944 年约当成为劳厄（Max von Laue，1879—1960）的继任者，做柏林大学的理论物理研究所的教授。第二次世界大战后由于政治

① 阿伯拉罕·派斯. 基本粒子物理学史［M］. 关洪，杨建邺，王自华，等译. 武汉：武汉出版社，2002：416.

② 阿伯拉罕·派斯. 基本粒子物理学史［M］. 关洪，杨建邺，王自华，等译. 武汉：武汉出版社，2002：419.

③ 杨振宁教授阅读本文初稿后，回函并附件来了先生本人涉及约当的文章。在此对杨先生深致谢忱。

④ Chen Ning Yang. *Fermi's β- Decay Theory*［J］. International Journal of Modern Physics A，2012，27（3 & 4）：1—7.

问题约当曾不得不赋闲两年。在泡利的推荐下，1953 年约当获得汉堡大学教授职位并工作至 1971 年。冷战时期约当不顾泡利的忠告，再次搅入政治圈。1957 年当玻恩等 18 位科学家组织发布反对核武器的哥廷根宣言时，约当却撰文支持联邦德国国防军的核武策略。类似的行为进一步损害了约当与从前的朋友以及合作者之间的联系。

但是约当也没有放弃科学研究。他的科学家的大脑仍在继续工作并仍有所建树。约当曾对狄拉克的大数假说有兴趣，并做过研究。20 世纪 50 年代后期在汉堡大学时约当开始关注广义相对论，组成了一个强有力的研究小组。早期成员除约当外，还有尤尔根·埃斯勒（Jürgen Ehlers，1929—2008）、沃尔夫冈·孔特（Wolfgang Kundt，1931— ），稍后还有瑞纳·萨克斯（Rainer Sachs，1932— ）和曼弗雷德·川普（Manfred Trümper，1934— ）。这一研究小组发表了一些不错的文章。1966 年约当提出了一种地球膨胀概念（the expansion of the Earth）[①]，认为今天的地球最早从一个直径为 7000 千米的球膨胀而成。据说该学说能够解释一些与地球内部结构有关的现象，但是由于缺乏相关文献依据，对此本文无法作出更深的评价。

约当一生获得过一些荣誉，如 1942 年的马克斯·普朗克奖，1957—1961 年他曾被选为联邦德国议会议员。约当是不是应该获得诺贝尔奖以及为什么没获得诺贝尔奖也是有些人热衷讨论的话题。1980 年约当于汉诺威去世。

4. 约当回忆的珍贵文献价值

约当的回忆具有很高的文献价值，与哥廷根物理学派其他成员的回忆相互补充与彼此印证，有助于对一些事情形成更加清晰的认识。兹试举一例如下。

可观察性原则是建立量子力学时的一个重要的思想方法。对于其起

---

① *Pascual Jordan*［EB/OL］.［2014-06-21］. http://en.wikipedia.org/wiki/Pascual_Jordan.

源就有多种说法。针对这一思想，1963 年 2 月，库恩访谈海森堡时，有这样的对话 ① 。

库恩： 现在，我非常有兴趣想知道，这个想法（指可观察性原则）出自何处，以及是如何发展的。这一思想首先在哥廷根得到了最清晰的表述（指玻恩 1925 年的文章）；它是哥廷根的思想还是哥本哈根的思想，或者是每个人都知道的想法？

海森堡： 我想说在哥廷根，（人们）由于对相对论的兴趣而紧密联系起来……闵可夫斯基在那里，而你知道，闵可夫斯基对狭义相对论很有兴趣。当一个人说到狭义相对论，人们总是说，"噢，那里有爱因斯坦的一个很著名的观点：应该只谈论那些能被观察到的事物……"

针对这一思想，约当与库恩 1963 年也有几句对话：

约当： 至少在 1924 年，玻恩一直特别关注马上就会诞生的新的量子力学，他特别提出了这只对可见的物理量有效。这是一个或许很难明确表达出来的一种想法，他首先把它表达出来了。海森堡和玻恩都十分重视它，由于我对恩斯特·马赫的观点的同情，使它对我来说很有说服力。玻恩的观点人们一开始全都否认，可是后来都被说服了。但我也不是很清楚，究竟是谁以一种清楚的方式把它表达出来的。

库恩： 我觉得玻恩肯定比海森堡说得早。至少在玻恩的 1924 年的书《量子力学》中有。而且在你与玻恩合著的关于非周期性过程论文中明确地提到过。它作为一个重要的提示出现在了克喇摩斯与海森堡的论文中。但是你知道，比如在玻恩的讨论课上人们会把它默认为正确的吗？这应该算是哥廷根的一个巨大的亮点吧？

约当： 可能是吧……我相信在我们的圈子之外应该没有人把它更详细地描述过（可观察性原则）。……当我们三人讨论它并且认为它很有说服力的时候，它还没能被人更详尽地讨论。

---

① Thomas S. Kuhn, John L. Heilbron, Paul Forman, Lini Allen. *Archives for the History of Quantum Physics*［微型胶卷］. Philadelphia：The American Philosophical Society Independence Square，1967，E1 Reel 2.

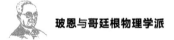
海森堡承认他的这一思想来自于哥廷根而没有提玻尔的哥本哈根学派。但是海森堡却没有说玻恩是否对于这一思想有直接贡献。笔者通过分析不包括约当回忆的文献资料后，曾得出结论："所谓海森伯的可观察性原则，直接来自于玻恩及其哥廷根物理学派的影响，玻恩是早于海森伯明确表述这一思想原则的人。"[1] 现在展示在我们面前的约当对此的回忆，无疑更加明确而直接地支持我们的结论。

约当的回忆中还有更多非常宝贵的文献价值，展示了许多玻恩平时工作的情形，以及该学派内部运作的细节。由于篇幅所限，对于其余部分，笔者将另撰文予以专门论述。

① 厚宇德，杨丫男. 可观察性原则起源考 ［J］. 大学物理，2013（5）：38—43.

八、玻恩与玛利亚·戈佩特

历史上不乏名师高徒。但是弟子始终敬重师父、师父一直对弟子满意并为之自豪却也十分难得。玻恩与玛利亚·戈佩特（Maria Goeppert，1906—1972）即后来的迈耶夫人，都是诺贝尔物理学奖获得者，他们堪称将良好的师生关系保持得善始善终的典范。

1. 玻恩的得意弟子玛利亚·戈佩特

玛利亚出生于书香门第。她的父亲是哥廷根大学的医学教授，也是他们家族的第六代教授 [①]。他在玛利亚很小的时候就培养她的科学兴趣。外界环境也有利于她向科学领域发展，在成长过程中她很容易就能感受到哥廷根大学库朗、玻恩和弗兰克等各个科学研究小组的学术氛围。开始她对数学有兴趣，并于 1924 年成为了哥廷根大学的一名学生，追随库朗学习数学。但是一次玻恩在校园里看到她（下文玻恩的回忆中还会提到），并把她领来参加自己的研讨课。从此玛利亚对物理产生了浓厚兴趣，大约 1927 年彻底改专业转而钻研物理学。这一点她

玻恩与玛利亚、韦斯科普夫在骑车兜风

---

① Karen E. Johnson. *Maria Goeppert Mayer*：*Atoms*：*Molecules and Nuclear Shells* ［J］. Physics Today 1986，39（9）：45.

玛利亚与玻恩一家的合影

与导师玻恩相似。玻恩当年也是因为喜欢而先学数学，后来才逐渐转变成物理学家的，不过玻恩更多的是靠自己的摸索一步步实现转变的。投身玻恩门下的玛利亚几乎成了玻恩家里的一员（左面照片为玛利亚与玻恩一家度假时的合影，左一为玛利亚），她常随玻恩以及韦斯科普夫等人骑车远行，也参与玻恩一家游泳与滑冰等活动。[①] 描写玛利亚的作者几乎都没有忽视她是一位美女。她金发碧眼，堪称 20 世纪 20 年代哥廷根的"市花"[②]。

玻恩喜欢这位女弟子的理由是她不仅漂亮活泼，还十分聪明，而且是一位非常用功的学霸。这使她成为老师和学友们瞩目的焦点。她的性格更加使她成为很多男生乐于追求的偶像：她很少和女士们在一起，与男孩们在一起交往她觉得更自然、更愉快。一些后来在科学界鼎鼎大名的人物，如奥本海默、费米、德尔布吕克、韦斯科普夫等等当年都曾是玛利亚的好友。据说她的学友韦斯科普夫就曾向她表达过爱慕之情。玛利亚·戈佩特是学霸但是并不将自己关在象牙塔中，她的博士导师玻恩说：玛利亚·戈佩特"是哥廷根社交界一位艳丽而机智风趣的人物"。[③]

玛利亚·戈佩特在玻恩指导下于 1930 年获得博士学位。她的博士论文撰写于 1929—1930 年。其中的主要工作是计算一个电子由于同时辐射或吸收两个光子而导致跃迁的概率。她得出的结论是这种概率异常小。后来借助激光的实验证实了她的预言。[④]

---

① Nancy Thorndike Greenspan. *The End of the Certain World* [M]. London：John Wiley & Sons Ltd.，2005．150．

② Olga S. Opfell. *The Laday Laureates*：*Women Who Have Won the Nobel Prize* [M]. London：The Scarecrow Press Inc.，1986：224．

③ Max Born. *My Life* [M]. London：Taylor & Francis Ltd，1978：235．

④ Karen E. Johnson. *Maria Goeppert Mayer*：*Atoms，Molecules and Nuclear Shells* [J]. Physics Today 1986，39（9）：46．

博士毕业的同年,玛利亚·戈佩特嫁给了来自美国的乔·迈耶并移居美国。从此人们称她为迈耶夫人。迈耶曾在玻恩的老搭档弗兰克实验室工作,是弗兰克的助手,也曾与玻恩合作研究晶格动力学。玛利亚自己的职业生涯并非一帆风顺。她随丈夫迈耶在美国的约翰 – 霍普金斯大学、哥伦比亚大学、芝加哥大学等校都工作过。虽然能力出众、授课深受学生欢迎,但是由于当时的种种限制,她在大约 30 年的教学生涯中得不到大学的专职任命。1960 年她终于被聘为加州大学圣迭戈分校的物理学教授,但到任后不久她突然中风。因此,她未曾在自己健康而创造力旺盛期得到做教授的机会。这应该是她人生历程的一大遗憾。

玻恩晚年在回忆中对自己这位得意弟子以及自己与这位弟子的关系有如下的全面描述:"在德国学生中,玛利亚·戈佩特是最出类拔萃的,她是哥廷根大学一位儿科医学教授的女儿,这位教授一直关怀我们的孩子。玛利亚是个可爱、活泼的年轻女孩,她一出现在我的课堂上,就使我非常吃惊。她非常勤奋,学习很自觉,参加了我的所有课程。同时她也是哥廷根社交界一位艳丽而机智风趣的人物,她喜欢集会、跳舞和逗趣,爱笑。我们成了极其要好的朋友。她写了一篇研究量子力学问题的出色论文而获得了博士学位,之后和一个年轻的美国人乔·迈耶结了婚。那时迈耶和我一起研究晶体理论问题。他们夫妇俩总是工作在一起,在美国开创了出色的职业生涯:开始在巴尔的摩的约翰 – 霍普金斯大学,然后在芝加哥大学,而现在在加利福尼亚的拉霍亚大学。"[1]

事实上玻恩几乎一直关注着自己的这位得意弟子。开始几年每个假期玛利亚都回到哥廷根,与导师玻恩做些交流与合作。此前已有学者注意到他们的这种合作关系:"1931、1932、1933 年暑期迈耶夫人都曾返回哥廷根,和玻恩一起工作。第一个暑期她和玻恩完成了《物理手册》中的一篇论文《晶体的动力学晶格理论》。"[2] 他们的合作不仅仅局限于

① Max Born. *My Life* [M]. London:Taylor & Francis Ltd., 1978:235.
② 梅镇岳. 迈耶夫人 [J]. 物理,1984(8):508.

科学研究和撰写论文，玻恩将他的得意弟子介绍给他的新弟子们，而玛利亚则协助玻恩的课堂教学活动。王福山教授回忆说："在玻恩的晶格动力学课堂上，有一次玻恩进习题课教室时，带来了一位女士，我们一看，这正是在数学学院里几年不见了的，库朗以前的女助教。玻恩介绍说，'她去了美国，现在是迈耶夫人，她对此问题很有研究，故请她来参加。'课上她确实也提出了如何前进的解决办法。"①

王福山教授所回忆的事件发生在 1932 年，但回忆有些不准确。玛利亚大约 1927 年告别数学转而师从玻恩读了几年物理学的博士，因此她在哥廷根大学学习生涯的后期主要融入玻恩研究团队而不会继续留在数学圈子里。王福山先生记忆出现错误的原因之一是恰好这期间他曾休学一年多，应该见到玛利亚出现在物理圈子里的机会少一些，从而导致记忆上的失误。

玻恩与玛利亚这种假期的联系随 1933 年玻恩离开德国而终止。但是没有什么能阻止玻恩对于玛利亚多年悉心指导所产生的影响："1935年她发表了关于'双重 β 衰变'的重要论文，其中运用了她在博士论文里运用过的同样技巧。"② 玛利亚的研究领域宽广，但是她最大的贡献是独立提出原子核的壳层模型。对此学界有很高的评价："原子核壳层模型的发现和应用是核物理发展过程中最重要的事情之一。"③ 因此，玛利亚·戈佩特－迈耶与独立研究并有类似发现的汉斯·延森（Hans Jensen）分享 1963 年诺贝尔物理学奖奖金的一半，另一半属于维格纳。在诺贝尔物理学奖历史上，玛利亚·戈佩特是因为理论物理研究成果获奖的第一位女物理学家。玛利亚的原子核壳层模型的主要贡献为：

（1）发现幻数；

（2）解释幻数出现的原因；

① 王福山. 近代物理学史研究（一）[M]. 上海：复旦大学出版社，1983：90.

② 梅镇岳. 迈耶夫人 [J]. 物理，1984（8）：508.

③ Nina Byers，Gary Willams. *Out of the Shadows* [M]. Cambridge：Cambridge University Press，2006：202.

（3）揭示核子配对现象。这一现象是指，对于核子（质子或中子）这样的全同粒子而言，两两配对结合之后，总角动量为零。

对于玛利亚最重要的工作，老年的玻恩仍在密切关注。这可以从当时正师从玻恩的杨立铭先生的回忆中看出："1949 年 M. G. Mayer（即玛利亚·戈佩特）与 J. H. D. Jensen 首次从分析实验数据提出原子核中存在幻数。玻恩教授以他对物理学的深刻理解与广泛联系，立刻觉察到原子核中存在着壳层结构以及可能的统计解释。他要我用 Thomas-Fermi 模型对此进行分析。我在很短的时间内，在合理的核密度分布下，导出了这些幻数。这使他很高兴，我们共同在 Nature 上发表了这项工作。"[1] 杨立铭提到的他与玻恩合作撰写的文章，发表于 1950 年。[2]

在玛利亚看来，玻恩与玛利亚的师生缘最温馨的一刻应该发生在她参加 1963 年诺贝尔物理学奖颁奖活动期间。当她来到下榻的酒店时，一幕令其不能不感动的场景在等待着她："在斯德哥尔摩，在格兰德大酒店，玛利亚看到了她昔日的恩师——马克斯·玻恩送来的鲜花。"[3] 玛利亚虽然生前未在美国获得完全展示自己科学才华的舞台，但是她的卓越贡献最终得到了美国科学界的肯定。在圣地亚哥的加利福尼亚大学，有以她的名字命名的迈耶厅（Mayer Hall），美国物理学会设立了玛利亚·戈佩特－迈耶奖，专门奖励杰出的女物理学家。[4] 这都是对她的最好纪念。

2. 玛利亚·戈佩特眼里的导师玻恩

诺贝尔奖官方网站在介绍玛利亚·戈佩特时指出："除了一个学期她在英国的剑桥大学在英语学习方面大有收获外，她的大学时光都是在哥

① 柏万良. 科坛连理枝——夫妻院士夏培肃与杨立铭 [J]. 科学中国人，2001（10）：25.

② Max Born，L. M. Yang. *Nuclear Shell Structure and Nuclear Density* [J]. Nature，1950，166（4218）：399.

③ Olga S. Opfell. *The Laday Laureates*：*Women Who Have Won the Nobel Prize* [M]. London：The Scarecrow Press Inc.，1986：237.

④ Nina Byers，Gary Willams. *Out of the Shadows* [M]. Cambridge：Cambridge University Press，2006：210.

廷根大学度过的。她发自内心深深地感激玻恩在科学领域对她的指引。在玻恩的指导下，1930 年她获得了理论物理博士学位。"[1]

玻恩对玛利亚的巨大影响或者说玛利亚继承的玻恩学派的精神，在玛利亚的工作中有很好的表现，比如她更习惯用自己导师创造的理论方法研究问题："由于受玻恩的影响，迈耶夫人在处理量子力学问题时，愿意用矩阵力学，而不愿意用薛定谔方程。她在矩阵运算和将对称原理用于特定问题得到答案方面非常敏捷，这种能力对于她后来在获得诺贝尔奖的原子核壳层结构工作中很有好处。看来她把物理理论作为解决物理问题的工具，而不太关心理论的哲学方面的问题。"[2]她在研究有机化合物结构时，除了运用群论外，主要也是应用矩阵力学方法，而不是波动力学。[2]

不仅倾心于自己导师玻恩的理论，玛利亚还在教学中积极向学生推介玻恩的著述和科学思想，希望学生像她自己一样在学术道路上受益于玻恩。美国著名物理学家惠勒（John Archibald Wheeler）回忆迈耶夫人给他们上课时的情景时说："她和赫兹费德合开一门专题研讨课程，我们几个人就围桌而坐，逐章阅读一本由玻恩与约当所著的量子理论的德文新书。以这种方式学习那个主题相当令人振奋。"[3]可见玛利亚成功地向学生传输了玻恩的思想、方法。

玛利亚不仅在研究道路上继承了玻恩的学术风格，她在生活上也曾是最理解自己导师玻恩的人。1962 年 7 月 13 日，托马斯·库恩采访弗兰克，迈耶夫人等在座。她对弗兰克说："我想在哥廷根您和玻恩有很大的不同；玻恩不是一个幸福的人。而您是很平静的，没什么扰动您的生活……"弗兰克应答道："他的生活比较艰难。"迈耶夫人接着说："他的

① Eugene Wigner, Maria Goeppert Mayer, J. Hans D. Jensen. *Maria Goeppert Mayer-Biographical* [EB/OL]. [2013-8-8]. http://www.nobelprize.org/nobel_prizes/physics/laureates/1963/mayer-bio.html.

② 梅镇岳. 迈耶夫人 [J]. 物理，1984（8）：508.

③ 约翰·惠勒，肯尼斯·惠勒. 约翰·惠勒自传：物理历史与未来的见证者 [M]. 蔡承志，译，汕头：汕头大学出版社，2004：127—128.

生活很艰难。"① 二人都没有细说玻恩艰难的具体原因，但是显然他们对于玻恩的生活有心照不宣的相同认识。玻恩的妻子在玻恩最忙碌于科学研究的时候移情别恋，这使玻恩极其痛苦。玛利亚理解和同情玻恩，一度成为了玻恩的情感支柱和情感变化的缓冲器。②

　　玻恩 1970 年元月去世，这一年玛利亚发表了一篇纪念自己恩师的文章③，她言简意赅地回顾了玻恩的一生，高度准确地评价了玻恩的科学贡献。玛利亚这篇文章开宗明义指出在学术道路上受益于玻恩的不只她一个人，玻恩的去世令很多人悲伤："1 月 5 日马克斯·玻恩在德国的哥廷根去世了。他的家人和每一个认识他的人，都会为此哀伤。多数他从前的学生可能都很感激他。玻恩的过世标志着一个时代的结束；他是发展了原子结构理论、致力于最早的量子理论研究，并最后看到它发展成我们时代的量子力学的那一代人中的最后一个成员。"④ 玛利亚的这段话是那一时期对于玻恩的最高评价。这段话还值得关注的是，长期以来一直被高调誉为量子力学创造者的海森堡此时尚健在（他 1976 年去世）。从下面这段话不难看出，在玛利亚看来，在创立量子力学过程中，海森堡只是在玻恩的探索道路上的一个合作者，而非引路人：20 世纪 20 年代，"物理学最激动人心的时代之一开始了。玻恩与海森堡以及约当合作，发现应用玻尔－索末菲量子论解决问题时，存在力学上难以解释的困惑和无法克服的困难。玻恩－海森堡－约当的矩阵表述与薛定谔的波动力学具有不同的形式，但是很快（物理学家）指出了二者的等价性。

---

① Thomas S. Kuhn, John L. Heilbron, Paul Forman, Lini Allen. *Archives for the History of Quantum Physics* [微型胶卷]. Philadelphia：The American Philosophical Society Independence Square, 1967, E1 Reel 2.

② Nancy Thorndike Greenspan. *The End of the Certain World* [M]. London：John Wiley & Sons Ltd., 2005：158—159.

③ Maria Goepper Mayer. *Pioneee of Quantum Mechanics, Max Born, Dies in Göttingen* [J]. Phycics Today, 1970, 23（3）：97—99.

④ Maria Goepper Mayer. *Pioneee of Quantum Mechanics, Max Born, Dies in Göttingen* [J]. Phycics Today, 1970, 23（3）：97.

相比而言现在通常认为两种理论中，玻恩－海森堡－约当所选择的途径更加具有基本性。"①

在玛利亚看来，20 世纪 20 年代的哥廷根是重要的理论物理创造中心，这里有很多与别处不一样的氛围："在 20 世纪 20 年代哥廷根是理论物理主要的中心之一，这主要是因为玻恩和弗兰克在那里。很多博士后学生从欧洲和美国来到这里访学。玻恩是一位杰出的演讲者。他的课程不容易学会，但是讲授得非常清晰。玻恩和弗兰克都是德国典型的传统教授，这些教授甚至不与学生握手。在哥廷根的物理研究所有一种很令人愉悦的随和的氛围，但是与今天美国研究所里随意的情况又不同。"①

她难以忘怀玻恩为他们创造的令人愉悦的学术氛围："玻恩对他学生投入极大的个人化的关注。在哥廷根有一个惯例，玻恩结束了自己的理论研讨课之后，只要不是大雨天气，玻恩一定和他的研究生到山野中去散步，并在某个乡村小酒馆共进晚餐。这时学生有机会向他请教关于物理的和非物理的任何事情。和玻恩讨论一些话题是有趣的。作为一名他的早期学生，从这些非正式的物理讨论中我学习到了很多东西。最为重要的是在这些时候我们学会了领悟和珍惜与玻恩的友谊。他是一位了不起的钢琴家，我记得很多个晚上玻恩与海森堡在两架钢琴上弹奏协奏曲。"①

玛利亚也提到了玻恩离开哥廷根之后的岁月："1936 年他成为了苏格兰爱丁堡大学的自然哲学教授。在这里他和很多学生一起又建立了一个繁荣的物理中心。"① 玻恩的一生就是创造的一生，探索晶格动力学、建立量子力学等等之后，玻恩的创造力并未枯竭，在苏格兰的爱丁堡大学，"玻恩的新兴趣是统一量子力学和相对论。他 1938 年发展了倒易原理，坚信物理学基本定律从位置表述到动量表述的变换下，具有不变性。这一理论最早

---

① Maria Goepper Mayer. *Pioneee of Quantum Mechanics*, *Max Born*, *Dies in Göttingen* [J]. Phycics Today, 1970, 23 (3)：99.

应用于广义相对论，后来玻恩将它应用于基本粒子。"①

　　退休后的玻恩回到了德国，住在距离哥廷根很近的一个小城镇。玛利亚也曾到这里探望年迈的恩师（下面三人照片为 1964 年玛利亚回德国看望玻恩）："三年前在巴特皮尔蒙特（Bad Pyrmont）是我最后一次见到玻恩，在这里他与他的太太生活在一座可爱的房子里。为了消遣，他将 19 世纪幽默作家威廉·布什的诗歌翻译成英语。在我见到他的时候，甚至更早，玻恩谴责科学知识用于战争的所有行为。作为一位物理学家，他认为他有责任警告世人，这些行为如果不停止，那么人类必将自我灭亡。"①

　　在这段话里，玛利亚强调了玻恩退休后、晚年投身于其中的另一项很有意义的事业，即号召人们正确利用科学技术、呼吁滥用科学技术对于人类未来是致命的冒险。为此，他做了大量的工作②。玛利亚的这篇文章不长，但是对于玻恩一生中的主要事迹无一遗漏，对于玻恩的评价崇高而中肯，对于玻恩的怀念在娓娓道来中情深意长而感人至深。

3. 余论

　　科学是在科学家的发明与发现基础上建立起来的。而科学家都是有血有肉、与大众同呼吸共命运的人。他们也有普通人一样的情感。因此科学研究与科学教育过程中都无不伴随着科学家的喜怒哀乐。这正如爱因斯坦所说："感情和愿望是人类一切努力和创造背后的动力，不管呈现在我们面前的这种努力和创造外表上

1964 年玛利亚看望玻恩时的合影

　　① Maria Goepper Mayer. *Pioneee of Quantum Mechanics*, *Max Born*, *Dies in Göttingen* [J]. Phycics Today, 1970, 23（3）：99.

　　② 厚宇德，潜伟. 玻恩在帕格沃什运动中的特殊作用 [J]. 自然辩证法研究，2010（2）：112—117.

多么高超。"[1] 笔者认为，我们应该重视和研究科学研究与科学教育过程中科学人物的情感及其作用。这甚至可以说是沟通人文与科技两种文化的最捷径。玻恩是看着玛利亚·戈佩特长大的，他十分喜爱这位用功而有能力的嫡传弟子。因此玻恩对她的影响自然非同寻常。玻恩与玛利亚这对师徒之间浓浓的情感进一步影响和促进了玛利亚的科学研究与科学教育工作。玛利亚·戈佩特所继承的玻恩哥廷根物理学派的教学与研究特点因此而最为纯正，由此自己在物理学研究方面的创造性成就也十分卓著。作为弟子，玛利亚从来没像泡利和海森堡等人那样，对于玻恩在物理学研究中过分强调和依赖数学方法多有不屑和微词[2]。事实上在研究方法和研究特色上继承玻恩的衣钵不是一件容易的事。玻恩的研究特色是大胆运用强大的数学工具于理论物理研究。要继承玻恩的学术衣钵最根本的前提是要有强大的数学基础。这一点不是很多物理学家都具备的。比如朗德是玻恩一走上讲台就开始听玻恩的课，后来又多年与玻恩合作开展物理学研究的著名物理学家，他也很敬重玻恩，也认为玻恩的学术思想远在海森堡之上（Lande rates Born's mind far above Heisenberg's）[3]。玻恩与朗德早期也是相交深厚，玻恩对于朗德多有指导。但是朗德承认，他无法掌握玻恩那样强大的数学工具："我总是这一点、那一点地学习数学，我从来没能成为数学方面的专家，这使我愧对玻恩。他常因为我缺乏坚实的数学基础而责备我。"[4] 因此，朗德要想继承玻恩的学术衣钵，心有余而力不足。但是玛利亚与朗德不同，她具备

---

① 许良英，范岱年. 爱因斯坦文集：第一卷［M］. 北京：商务印书馆，1976：279.

② 厚宇德，潜伟. 玻恩在帕格沃什运动中的特殊作用［J］. 自然辩证法研究，2010（2）：112—117.

③ Thomas S. Kuhn, John L. Heilbron, Paul Forman, Lini Allen. *Archives for the History of Quantum Physics*［微型胶卷］. Philadelphia：The American Philosophical Society Independence Square，1967，E1 Reel 7.

④ Thomas S. Kuhn, John L. Heilbron, Paul Forman, Lini Allen. *Archives for the History of Quantum Physics*［微型胶卷］. Philadelphia：The American Philosophical Society Independence Square，1967，E1 Reel 3.

扎实的数学基础，也具备一流物理学家的创新能力。本来可以成为光大玻恩学派的一支重要力量。然而由于她在自己最有影响的时期得不到教授的身份，因此在传播玻恩哥廷根物理学派传统方面，她的影响力也随之受到限制。这是玛利亚·戈佩特的不幸，也是玻恩哥廷根物理学派的不幸。

九、玻恩与原子弹之父奥本海默

　　玻恩是 20 世纪一位科学大师，是晶格动力学、量子力学等多个物理学领域的主要缔造者；玻恩还是一位出色的物理教育家。据派斯统计，玻恩在哥廷根大学期间（1921—1933）至少亲自指导过 24 位博士生。[①] 而玻恩的弟子多成为了科学界的佼佼者。玻恩在著作中曾列出了几位他指导的优秀博士的名字：德尔布吕克、艾尔萨瑟、迈耶夫人、洪德、约当，以及奥本海默。[②] 在玻恩的这几位优秀弟子中，奥本海默（J. Robert Oppenheimer，1904—1967）没像德尔布吕克、迈耶夫人那样获得诺贝尔奖；在个人科研成就方面他与德尔布吕克、迈耶夫人和约当等人相比也有一定差距。但是奥本海默是美国的原子弹之父，作为特殊的科学人物，第二次世界大战之后他对世界的影响远远超越玻恩其他优秀弟子，甚至超越 20 世纪绝大多数科学家，更

奥本海默

① A. Pais. *Max Born's Statistical Interpretation of Quantum Mechanis*［J］. Science, New Series, 1982, 218（4578）：1193—1198.

② Max Born. *My Life & My Views*［M］. New York：Charles Scribner's Sons, 1968：207.

广泛地为世人所知。

在较短的时间里，奥本海默在玻恩的指导下获得了博士学位，二人创立的玻恩－奥本海默近似法，已经成为 20 世纪物理学一个经典成果，至今仍在相关领域发挥作用。按理这对师徒应该有良好的私人感情。但事实却并非如此。个中微妙缘由，值得科学界、教育界了解和借鉴。

1. 结识玻恩前的奥本海默

奥本海默 1904 年出生在给人"一种端庄、华贵和孤芳自赏的感觉"的一个美国家庭。[①] 他从小喜欢搜集和研究矿物标本，11 岁成为纽约城矿物学俱乐部会员，12 岁在那里发表了第一篇论文。奥本海默从小就求知欲旺盛，在学校里是成绩优异的好学生。但是在与人交往等方面并不令人乐观：他"彬彬有礼，勤奋好学，但同时也骄傲与自大。"[②] 而且，"他似乎对所有自己做不好的事都产生厌恶心理。"[③] 他的好朋友这样描述大学期间的奥本海默："他发现自己很难适应社交活动，因此我认为他经常是不愉快的。他非常孤独，与周围的人们难以相处。"[④]

奥本海默用 3 年时间在哈佛大学读完本科，1925 年他来到剑桥深造。在这里他发现了自己在哈佛大学时知识储备严重不足，必须恶补理论物理与数学。这是内心高傲的奥本海默始料未及的。因此他难以适应："他的孤独感，思乡病，以及对自己弱点的察觉，这些因素交织在一起，使他陷入绝望的境地。在当年的圣诞节时，他的朋友们几乎认为他可能要自杀了。他自己也叙述过这一情况：他记得非常清楚，当时如何在假日

---

① 彼得·古德柴尔德. 罗伯特·奥本海默传——美国"原子弹之父"[M]. 吕应中，陈槐庆，译. 北京：原子能出版社，1986：5.

② 彼得·古德柴尔德. 罗伯特·奥本海默传——美国"原子弹之父"[M]. 吕应中，陈槐庆，译. 北京：原子能出版社，1986：8.

③ 彼得·古德柴尔德. 罗伯特·奥本海默传——美国"原子弹之父"[M]. 吕应中，陈槐庆，译. 北京：原子能出版社，1986：7.

④ 彼得·古德柴尔德. 罗伯特·奥本海默传——美国"原子弹之父"[M]. 吕应中，陈槐庆，译. 北京：原子能出版社，1986：11.

到列塔尼海边散步，行走在冬季荒凉的海岸上，'真想跳进海里结束自己的生命'。"① 他没有投海，而是来到了巴黎。在这里他巧遇了老朋友弗格森，但是险些酿出大祸："正当他俩闲聊时，奥本海默突然扑到弗格森身上，分明是企图将他扼死。"① 他已经到了无法控制自己的心态和行动的程度。诊断后心理医生认定他患有类似于精神分裂症的"早发性痴呆症"。② 很多证据表明，奥本海默确有心理问题，甚至有时严重到近乎身心崩溃。

2. 奥本海默在哥廷根

奥本海默在剑桥求学时心理受挫，除了前面提到的原因外，还和剑桥的物理学重视实验有关。这里的物理学教授从汤姆逊到卢瑟福等人都是了不起的实验物理学家。而做实验不是奥本海默的特长。因此这成为对他高傲心态的另一种刺激。他小时候就具有的凡是做不好的事都令其烦躁和厌恶的心理使他难以对剑桥有好感。这可以从他自己的回忆里看出。1926 年奥本海默遇见并结识了来剑桥做学术报告的玻恩，这位理论物理学家让他看到了希望："我对于能摆脱实验室工作感到非常高兴。我在实验室里从来做不好工作；别人对我不满意，我自己也不感兴趣；我感到这些事只是别人强迫我去做的。"③ 不难想象遇见玻恩并被邀请去哥廷根会使奥本海默的心理压力有所缓解。得到玻恩欣赏的奥本海默很快就来到了哥廷根。他转投哥廷根一事的缘由，1963 年 11 月 18 日，在接受库恩采访时奥本海默再次予以证实。④

　　① 彼得·古德柴尔德. 罗伯特·奥本海默传——美国"原子弹之父"[M]. 吕应中，陈槐庆，译. 北京：原子能出版社，1986：13.

　　② 彼得·古德柴尔德. 罗伯特·奥本海默传——美国"原子弹之父"[M]. 吕应中，陈槐庆，译. 北京：原子能出版社，1986：14.

　　③ 彼得·古德柴尔德. 罗伯特·奥本海默传——美国"原子弹之父"[M]. 吕应中，陈槐庆，译. 北京：原子能出版社，1986：3.

　　④ Thomas S. Kuhn, John L. Heilbron, Paul Forman, Lini Allen. *Archives for the History of Quantum Physics* [微型胶卷]. Philadelphia: The American Philosophical Society Independence Square, 1967, E1 Reel 4.

奥本海默 1926 年下半年来到哥廷根，1927 年上半年他就获得博士学位离开了哥廷根。他的到来给玻恩教授和学生带来了一些麻烦。玻恩自己在回忆录中对此有这样的回忆 [1]：

奥本海默让我很为难。他很有天赋。他能意识到自己的优势，但后果是他令人别扭，一定意义上也造成了麻烦。在我的量子力学常规讨论班上，他经常打断发言者，不管是谁，我也不例外。而且他还走到黑板前，拿起粉笔宣布："用这种方法，这样做会好许多……"我觉得别的学员不喜欢课堂经常性被打断和更正。不久他们开始抱怨。但我有点怕奥本海默，于是半认真地试图制止他，但不成功。最后我接到一份书面呼吁书。我想玛利亚·戈佩特（即后来的迈耶夫人）是这封信的策划者……他们交给我一张像是羊皮纸的东西，按中世纪公文的格调威胁说，如果这种插话不停止，他们就要抵制这个讨论班。我不知道如何是好。最后我把这份呼吁书放在我的讲桌上，这样，等奥本海默和我一起讨论他的论文的进展时，没法看不到它。为了做得稳妥一些，（他来时）我安排别人把我叫出去几分钟。这个计谋奏效了。当我回来时，见他脸色很苍白，也不再像往常那样多说话，而课堂讨论时他的插话也就随之停止了。但我担心这让他感到被严重冒犯了，尽管他从来没有表示出来。临走前他送我一件贵重的礼物——一本第一版的拉格朗日《分析力学》，这本书我至今还保存着。从第二次世界大战结束，我再没有收到访问美国，特别是去普林斯顿的邀请。当时，各种身份的理论物理学家都在普林斯顿高级研究所待过一段时间，而奥本海默是这个研究所的所长（奥本海默 1947 年被任命为普林斯顿高级研究所所长。——笔者注）。这只是一

---

① Max Born. *My Life* [M]. London：Taylor & Francis Ltd., 1978：229.

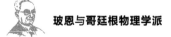

种猜想，很可能他的权势和怨恨并没我想象的这么大。他们怠慢我的原因也许出于众所周知的事实，即我反对原子武器，指责那些制造原子武器的人。

奥本海默送给玻恩的名著照片

左图是当年奥本海默送给玻恩的拉格朗日所著之名著的照片。

可见玻恩十分肯定奥本海默对他是心存芥蒂的，但是这究竟是什么所导致，玻恩自己并不能确定。库恩 1962 年 2 月 20 日采访迈耶夫人时，曾向她求证：“关于奥本海默的故事是真的吗？”迈耶夫人的回答十分耐人寻味：[1]

我不记得了。这是一个可爱的故事，可能是真的。哦，它可能真实，但是我不确定是我策划了它。我不记得了，但是如果那时我是一名学生，当然我可能策划了它……但是无论如何保留下这个故事，这是一个美好的故事。

年轻的奥本海默对于玻恩的不敬重并非只此一事。玻恩自己还记得一件事[2]：

当我写好论述电子和氢原子碰撞的论文后，我把它交给奥本海默以便让他校对一下其中的计算。他把文章带了回来说：“我一点错都没找到，——这真是你单独写的吗？”这句话以及他脸上表现出来的惊讶是情有可原的。因为我从来不擅于做冗

---

① Thomas S. Kuhn, John L. Heilbron, Paul Forman, Lini Allen. *Archives for the History of Quantum Physics*［微型胶卷］. Philadelphia：The American Philosophical Society Independence Square, 1967, E1 Reel 4.

② Max Born. *My Life*［M］. London：Taylor & Francis Ltd., 1978：233—234.

　　长的计算，常常会出一些笨拙的错误，我的学生们都知道。但罗伯特·奥本海默是唯一具有足够的直率和鲁莽而不是出于玩笑敢于说出来的人。我并未觉得受到了冒犯，实际上它使我更加尊重他的这一突出个性了。

　　在这对师徒之间发生的这类故事，在玻恩这方面看来，他并未因为一时心里不快而对奥本海默恼怒甚至长期怀恨在心，他理解并尊重奥本海默的个性。对于自己的应对措施，虽然当时是不得已而为之，他也有反省。但是从后来的情况看，他们之间的这些事情对于彼此的影响，并非像玻恩晚年回忆时这般轻松。玻恩对于奥本海默的害怕似乎远不是一点而已。奥本海默博士毕业后到艾伦费斯特手下做了一段时间的研究工作。一次，艾伦费斯特写信给玻恩，提到奥本海默要回访哥廷根。玻恩对此反应强烈，他在给艾伦费斯特的信中说："他要再次出现在我面前的想法让我颤抖。"[1] 奥本海默对于这段时间的记忆也很不美好。这留在下文介绍。

　　玻恩似乎更值得同情和原谅。尽管奥本海默对他不敬让他难堪，在对外介绍时，玻恩还是大气十足。1927 年初玻恩在写给美国马萨诸塞工业研究院院长的信里如此评价奥本海默："我们这里有一些美国人，其中5 人在我手下。这 5 人之中的奥本海默先生曾在哈佛和英国的剑桥学习，很优秀。"[2]

　　奥本海默在哥廷根时期表现出来的令人尴尬的做法，在他工作之后依然故我。在工作中奥本海默几乎一如既往地不尊重他人。有一次，他在哥廷根时的另外一位老师、1925 年诺贝尔物理学奖获得者弗兰克来伯克利做题为"量子力学的根本意义"的讲演。在讲演中弗兰克提了一个

————————

　　① Nancy Thorndike Greenspan. *The End of the Certain World* [M]. London: John Wiley & Sons Ltd., 2005: 153.

　　② Alice Kimball Smith, Charles Weiner. *Robert Oppenheimer Letters and Recollection* [M]. Aerica: Harvard University Press, 1980: 103.

问题，奥本海默现场立即大声插话："我不想谈论什么'量子力学的根本意义'，不过刚才这个问题提得实在愚蠢。"[①] 还有一次，汤川秀树被奥本海默请来讲他的新发现，但是汤川秀树刚开讲不久，奥本海默就打断他的话，接下来报告会变成了奥本海默一个人的独角戏。[①] 这些行为都是一般情况下人们难以理解的，但是奥本海默意识不到这有什么过错。对此我们只能理解为，这是他心理与性格中一个倾向必然的外露，即他自视颇高、傲慢而有时不顾他人感受。他在哥廷根时的表现，并不完全是因为他年少轻狂。

3. 奥本海默对玻恩的评价

奥本海默在哥廷根期间，深深感受到了玻恩对于物理学的执着和酷爱。他自己也曾因为不能很好理解玻恩的思想而苦恼。在 1963 年 11 月 18 日的访谈中，奥本海默承认，在他看来玻恩做出的"（波函数）的统计解释的意义不是非常清楚的。这使我苦恼。理解它花费了我多年的时间，直到现在我还是这么认为。……玻恩曾不得不告诉我：'你没意识到我为物理学做了多么伟大的事情'。"[②]

在 1963 年 11 月 20 日采访时，奥本海默对库恩谈了当年玻恩给他留下的印象："玻恩当然从来不是一个阳光的人，但是我想他被要做好物理的雄心所驱动，我在哥廷根那年，他很自信"。[②] 奥本海默这一印象是准确的，但是不够全面。玻恩这一时期不够阳光，是由于妻子移情别恋令他遭受了巨大打击所导致。[③] 而根据玻恩其他熟人如朗德的回忆，

---

① 彼得·古德柴尔德. 罗伯特·奥本海默传——美国"原子弹之父"[M]. 吕应中，陈槐庆，译. 北京：原子能出版社，1986：29.

② Thomas S. Kuhn, John L. Heilbron, Paul Forman, Lini Allen. *Archives for the History of Quantum Physics* [微型胶卷]. Philadelphia：The American Philosophical Society Independence Square, 1967, E1 Reel 4.

③ 厚宇德. 玻恩研究 [M]. 北京：人民出版社，2012：234—242.

以前的玻恩是光彩照人又机智、幽默的。[①]

然而奥本海默对于哥廷根的感情是复杂的，1963 年接受采访时他回忆说："虽然这个学术团体（学术活动）丰富多彩而温暖，对我很有帮助，但是它显示着很糟糕的德国气氛……尖刻、痛苦、沉闷。我想说，我深深地感受到了不满、愤怒以及所有后来导致重大灾难的其他元素。"[②] 奥本海默在这里把他对玻恩学派的看法与对当时整个德国社会的看法混为了一体，事实上掩盖了他在玻恩学派时行为举止上的诸多不当引起的彼此不快，让人觉得他对于德国民族看得很准确，预知了德国纳粹时期的必然到来。这不够客观。除了奥本海默，再不见有人对哥廷根物理学派有什么抱怨。海森堡、迈耶夫人、海特勒、王福山等等在哥廷根玻恩学派学习工作过的人，不但不认为哥廷根学派具有当时德国的社会病态，即使与当时德国的其他学派和教授相比，他们也都认为哥廷根物理学派的教授对学生的态度以及整个学派的氛围，与其他学派是大不相同的。大家都留下了美好、自由、让人愉悦的记忆。[③] 这与奥本海默个人的印象有巨大的反差。因此，奥本海默的看法，无可否认更具有较强的个人情感色彩。

在奥本海默心里玻恩的形象十分不堪。根据玻恩另外一个学生艾尔萨瑟（M. Elsasser，1904—1991）回忆，奥本海默向他发泄过对玻恩的不满："大约（离开哥廷根）10 年以后，一次我和奥本海默谈论起玻恩。他显然因为自己的原因而很生玻恩的气。他严厉地批评我，认为我太把玻恩视为理想主义者了。他自己说玻恩是一个令人讨厌的自高自大、自私自利的人。"[④] 然而认识玻恩的人对于玻恩最多的评价之一是为人低

① Thomas S. Kuhn, John L. Heilbron, Paul Forman, Lini Allen. *Archives for the History of Quantum Physics*［微型胶卷］. Philadelphia：The American Philosophical Society Independence Square, 1967, E1 Reel 7.

② Alice Kimball Smith, Charles Weiner. *Robert Oppenheimer Letters and Recollection*［M］. Aerica：Harvard University Press, 1980：103.

③ 厚宇德. 哥廷根物理学派及其成功要素研究［J］. 自然辩证法研究，2011（11）：98—104.

④ Walter M. Elsasser. *Memoirs of a Physicist in the Atomic Age*［M］. New York：Science History Publications, 1978：72.

调、谦虚。如与玻恩合作过的控制论创始人维纳确曾这样评价玻恩："在所有的学者中，他（指玻恩）是最谦逊不过的。"[1] 前文说过玻恩肯定奥本海默对他有些心结，但是究竟让奥本海默耿耿于怀的原因是来自于他在哥廷根做学生时的一些经历，还是因为玻恩常谴责他参加研制原子弹和氢弹的弟子们的话语，玻恩还无法确定。艾尔萨瑟的回忆也许使我们清楚，使奥本海默对玻恩失去好感前者的可能性更大。

在感情上与玻恩的隔阂很大程度上也影响了玻恩在奥本海默心目中的科学地位。南希·格林斯潘在玻恩传记的序言里提到，1953 年奥本海默曾在英国 BBC 做过多次关于量子力学建立过程的系列报告。整个报告一句未提玻恩，这令玻恩十分不快，事后玻恩以少有的态度写信质问奥本海默[2]：

> 我已经沉默了 27 年，但现在我想我至少可以问这样一个问题：为什么作为参与者或者可以说领导者，在经典力学到现代物理的发展过程中，我几乎在任何地方都是被忽视？这始于 1934 年（玻恩记错了，海森堡获得了 1932 年的诺贝尔物理学奖，该奖于 1933 年颁发。——笔者注），海森堡因为与我（在一定意义上还有约当）合作的研究工作，独自一人获得了诺贝尔奖。那时（1925 年）他还不知道矩阵是什么，但是很快"海森堡矩阵"等说法就传开了。对此我是理解的，除了合作者自己外，谁能清楚三个合作者各自的贡献有多大？但是对于波函数的统计解释，情况却大不一样。（提出它之后）我得到了来自于海森堡的强烈反对，他在一封信里把我的观点称为"对矩阵精神的背叛"……

---

① G. H. 哈代，N. 维纳，怀特海. 科学家的辩白 [M]. 毛虹，仲玉光，余学工，译. 南京：江苏人民出版社，1999：121.

② Nancy Thorndike Greenspan. *The End of the Certain World* [M]. London：John Wiley & Sons Ltd.，2005：Prologue.

一周之后奥本海默写信给玻恩，辩解说他在报告中尽量少提人名是为了避免混淆。这是难以说得过去的，关于量子力学的建立，如果说只提一个人而提玻恩，一定意义上也并不为过。奥本海默在信中还是说了句宽慰玻恩的话："我是最不会忘记你在这些事件中的作用的人之一，因为我们差不多是在你做出这一切的时候，听说这些发现的。"① 心里有师令人欣慰，但如把明知而不提理解为故意，似乎站不住脚。

1964 年为纪念美国原子弹之父、著名物理学家奥本海默的 60 岁寿辰，有人组织为其出版纪念文集。组织者自然想到邀请奥本海默博士学位指导老师玻恩为此盛事撰文。此时玻恩年事已高（82 岁）无法撰写过于专业的文章，但他还是给奥本海默寄来一封贺信。玻恩在信中说了这样的一些话：

> 1926 年关于量子力学的几篇文章刚发表后，你加入了哥廷根大学我的系。那是令人激动和愉快的时期。有很多杰出的年轻人基于这一新方法开展研究工作。能跟上他们的步伐对我而言是困难的。如果他们中的一些人有点让我这个教授失去耐心的话，在我的回忆中，与你的合作只有快乐。……从 1926 年（此处玻恩回忆有误，奥本海默 1927 年获得博士学位。——笔者注）以后我没有再见到你。当我局限于大学校园内小天地的生活时，你成为了历史事件的引领者。我满怀兴趣和同情（sympathy）关注你影响着大众的职业生涯，不仅仅因为你被证明是有能力的领导者和高效率的管理者；还因为，我觉得你背负着对于个体而言过于沉重的社会责任心。……这不是切入这些问题的场合。现在你又回归学院生活已经多年，开始纯科学研究并又取得了成就。祝愿未来有很多幸福而一帆风顺的岁月属于你。

---

① Nancy Thorndike Greenspan. *The End of the Certain World* [M]. London: John Wiley & Sons Ltd., 2005: Prologue.

将奥本海默与玻恩二人彼此的评价与行为做些比较，谁更坦荡，谁更偏狭，读者自己会得出一个结论。

4. 玻恩－奥本海默近似以及奥本海默在科研方面的长与短

在哥廷根期间，奥本海默在科学研究上的最大收获是与玻恩合作发表了一篇重要文章。[①] 著名的玻恩－奥本海默近似即出自该文。用量子力学处理分子或其他体系问题，需要通过解薛定谔方程或其他类似的偏微分方程获得体系波函数。这个过程往往由于体系自由度过多而非常困难，甚至无法进行。玻恩－奥本海默近似基于这样一个事实：原子核的质量要比电子大很多（一般大 3—4 个数量级），当核发生微小变化时，电子能够迅速调整其运动状态以适应新的核势场，而核对电子在其轨道上的迅速变化却不敏感。由此，可以实现原子核坐标与电子坐标的近似变量分离，将求解整个体系的波函数的复杂过程分解为求解电子波函数和求解原子核波函数两个相对简单得多的过程。在玻恩－奥本海默近似下，体系波函数可写为电子波函数与原子核波函数的乘积，即：

$$\Psi_{total}=\Phi_{electronic} \times \Theta_{nuclear}$$

这篇文章具有鲜明的玻恩风格，先回顾介绍了本研究所依据的已有研究基础。其后系统、严密地叙述了文中所用的数学知识，全文主要应用玻恩处理量子力学问题的常用工具——微扰法，给读者的印象是数学工具强大，表述极为严密。玻恩－奥本海默近似由于在大多数情况下非常精确，又极大地降低了量子力学处理的难度，被广泛应用于分子结构研究、量子化学、凝聚态物理学等领域。

对于玻恩与奥本海默合作撰写这篇文章一事，玻恩的传记作者有这样的描述："奥本海默后来说（笔者没找到这一说法的文献依据），他提出了这个想法，并写了 4 或 5 页的一篇简单的文章拿给玻恩看。奥本海

---

① M. Born, R. Oppenheimer. *Zur Quantentheorie der Molekeln* [J]. Annalen der Physik. 1927（20）：457—484.

默的文章写得糟糕到令玻恩吃惊，他只好重写。"最后的文章有 27 页之长。玻恩向从哈佛大学到哥廷根访问的埃德温·肯鲍（Edwin Kemble）教授提到了奥本海默写文章的事情。肯鲍将这一消息传回了哈佛："不幸，玻恩告诉我他（指奥本海默）在清晰表达自己想法方面具有我们在哈佛时曾目睹过的那样的困难。"[1] 可见在哥廷根时期的奥本海默虽然有了进步，但他在写文章方面还是菜鸟，有证据证明他理论物理学家的基本功也不够扎实。在玻恩的指导下 1927 年奥本海默获得了博士学位。1928 年，他选择了到加州工学院工作的机会。他到加州工学院之后，又"发现了自己的一些弱点，特别是数学基础薄弱，因此他要求基金会再资助他回欧洲进修一年，然后再回伯克利工作。"1929 年夏天，他回国后到伯克利担任教授。[2] 基于此，我们推测，玻恩与奥本海默合作这篇文章，玻恩是主要操刀者应该是真实的。

　　玻恩–奥本海默近似是奥本海默纯粹科学研究中最重要的贡献之一，但是在玻恩的科学成果中，它却算不上最重要。奥本海默一生最有影响的是他在研制原子弹的曼哈顿工程中的领袖作用。他的个人天赋和性格不足以使他成为一流的研究者，但是却非常适合做原子弹研制计划这样的、具有专业视野的管理者。奥本海默传记作者对于奥本海默的个人能力做过很好的总结："他特别善于理解别人创造性思想的实质并加以发挥，所以，显然他非常愿意做一名教师，而不是一个研究工作者。"[3] 奥本海默的一位研究生曾说，奥本海默在研究工作中失败的主要原因恰好是使他在教学方面获得成功的原因："他博学多才，但不求甚解。他不愿意集中精力去钻研一个具体问题。他具有这样的才能，但却缺乏必要的

　　① Nancy Thorndike Greenspan. *The End of the Certain World* [M]. London: John Wiley & Sons Ltd., 2005: 144.

　　② 彼得·古德柴尔德. 罗伯特·奥本海默传——美国"原子弹之父"[M]. 吕应中，陈槐庆，译. 北京：原子能出版社，1986: 21—23.

　　③ 彼得·古德柴尔德. 罗伯特·奥本海默传——美国"原子弹之父"[M]. 吕应中，陈槐庆，译. 北京：原子能出版社，1986: 29.

耐心。"①

当奥本海默成为研制原子弹的管理者时，他的特点成为了优势："他的思维敏捷，能够及时抓住讨论中不同意见的实质并引导它们不离主题。同时，他对科学知识的涉猎面很广，但却并不深入，这一点特别适合于处理研制原子弹过程中所遇到的极为广泛的各种问题。"② 从心理特征的角度看，笔者认为，奥本海默最大的问题来自于他内心深处的傲慢。当一个傲慢者被放在他所期待的超乎他人之上、又符合他的个人才能发挥的位置上时，他会找到最好的感觉。这时他能把自己优秀的一面发挥得淋漓尽致。费曼差不多是参加曼哈顿工程的最年轻的物理学家。奥本海默给他的印象就近乎完人③：

> 洛斯阿拉莫斯（Los Alamos）是个很民主的地方。我们在奥本海默的房间开会时，大家都能畅所欲言，不必担心自己是否够分量。奥本海默建立了一个很了不起的组织。从没有人尝试召集一大群科学家，在一个全新的环境中工作。但奥本海默似乎有这种天赋，大家也都很满意。奥本海默很懂人情世故。他把一大批人招揽到洛斯阿拉莫斯后，必须和秘书处理一大堆棘手问题，还要忙着和高层人士商讨；但他仍会关心其他小事。举例而言，他找上我时，我告诉他我太太得了肺结核。他便亲自找了一家医院，并打电话告诉我，他们已经替我太太安排好医院了。他招募了一大批人，我只是其中之一；但他就是这样体贴的人，很关心大家的个人问题。他也是个博学的人，对每个人的工作都了如指掌。我们能进行很专业的讨论，因为

① 彼得·古德柴尔德. 罗伯特·奥本海默传——美国"原子弹之父"[M]. 吕应中，陈槐庆，译. 北京：原子能出版社，1986：31.

② 彼得·古德柴尔德. 罗伯特·奥本海默传——美国"原子弹之父"[M]. 吕应中，陈槐庆，译. 北京：原子能出版社，1986：77.

③ 克里斯多夫·西克斯. 天才费曼：科学与生活的探险家[M]. 潘恩典，译. 台北：商周出版社，2000：47—49.

他什么都知道。此外，他也很擅长化繁为简，找出结论。他常
请我们到他家吃饭，他真的是个好人。

我们很难相信这个奥本海默，就是曾经在剑桥几乎寻短见、在哥廷
根引起众怒让老师敬而远之的年轻人；也不像离开老师十多年后还称导
师是"令人讨厌"的"自私自利"者的耿耿于怀者；更不像成为教授
后，在请来的专家演讲时，对演讲者极尽冒犯之能事的那个人。在奥本
海默的传记中，作者古德柴尔德说的第一句话是这样的："奥本海默那种
才华横溢与错综复杂的性格，使与他相识的人们对他产生了两种印象。
大多数人认为他是一个伟大的人物，具有非凡的天赋、动人的魅力与高
尚的品德，从而赢得许多人的深切爱戴。然而也有少数人，却认为他骄
傲自负，狭隘自私。"[①] 他这里所说的"大多数人"，指的几乎都是奥本
海默回到美国后春风得意时期与他相识的人。而早期以及后来特殊时期
与他相识的人一般不会认为他具有动人的魅力以及高尚的品德。如果把
早期和一些特殊时期对他评价不佳的同学、朋友、老师全部统计起来，
恐怕也不是"少数人"了。

5. 余论

玻恩自己就多少具有一些心理上的小问题，有时胆怯、易让步妥
协、缺乏自信，有时又率直、倔强、自负。这样的老师遇见奥本海默这
样的学生，在心理上对学生产生了恐惧，自然难以给学生以健康的心理
引导。虽然出于责任心玻恩对奥本海默在学业上给予了很大帮助，又由
于玻恩的正直善良，他也充分肯定奥本海默的能力、替他做宣传，但是
在年轻气盛、心理不健康的奥本海默行为不得体时，玻恩没有足够的能
力处理好这些事情。后来的事实证明这对奥本海默的心理构成了极大的

---

① 彼得·古德柴尔德. 罗伯特·奥本海默传——美国"原子弹之父"[M]. 吕应中，陈
槐庆，译. 北京：原子能出版社，1986：3.

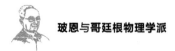
刺激。就事论事，似乎多是奥本海默的不对。但是考虑到玻恩是一位老师，他当然对于这种师生关系处理不妥负有责任。不过客观地说，以玻恩的心理和性格，他已经尽其所能地包容和理解奥本海默了。

1933 年后玻恩的哥廷根物理学派由于玻恩的被迫离开而不复存在。但是玻恩培养的弟子可谓桃李满天下。奥本海默就是这个学派培养出来的后来很长时间在美国物理学界极具话语权的人物之一。如果玻恩与奥本海默师生关系莫逆，奥本海默完全可以成为在美国发扬光大玻恩学派传统的一支重要力量。然而事实远非如此，与早年玻恩害怕奥本海默重返哥廷根相似，后期这位弟子心怀怨恨，不愿再见昔日的老师。这值得还未意识到这一问题的科学研究学派的领袖以及从事科学教育的导师们认真思考，至少应该踏踏实实学习一些必要的心理学知识，以免重蹈覆辙，像玻恩这样可谓损失惨重。

十、玻恩与控制论创始人维纳

玻恩是 20 世纪理论物理大师、哥廷根物理学派创始人；维纳是 20 世纪杰出数学家、控制论创立者。二人之间的合作以及彼此评价是值得科学史研究者关注的话题。

1. 维纳的哥廷根情缘

诺伯特·维纳（Norbert Wiener，1894—1964）14 岁获得学士学位，18 岁在哈佛大学获得哲学博士学位。博士毕业后得到哈佛大学出国奖学金资助，维纳得以去剑桥大学和哥廷根大学留学。在剑桥，维纳先是师从罗素（Bertrand Russell，1872—1970）学习数学哲学。后来他说："罗素使我铭记，要搞好数学哲学研究，我必须对数学本身有更深刻的了解。"[①] 罗素还建议维纳学习卢瑟福等的物理学新发现。其后维纳在剑桥又投身大数学家哈代（Godfrey Harold Hardy，1877—1947）门下。维纳承认，哈代"引导我掌握了高等数学的复杂逻辑。"[②]

维纳

1914 年春天维纳到哥廷根大学师从著名数学大师

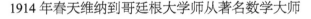

① G. H. 哈代，N. 维纳，怀特海. 科学家的辩白［M］. 毛虹，仲玉光，余学工，译. 南京：江苏人民出版社，1999：86.

② G. H. 哈代，N. 维纳，怀特海. 科学家的辩白［M］. 毛虹，仲玉光，余学工，译. 南京：江苏人民出版社，1999：87.

大卫·希尔伯特（David Hilbert，1862—1943）和埃德蒙·兰道（Edmund Landau，1877—1938）等人研修数学。维纳说哥廷根的学术氛围，越发使他觉得罗素提示他高度关注物理学的建议是极为正确的。[①] 可见维纳感受到了哥廷根大学的大数学家如克莱因、希尔伯特等几乎也都是物理学家的现象。以前学者认为，剑桥大学的罗素对于维纳的影响更为重要。事实上，笔者认为，虽然维纳在哥廷根学习的时间不长，但是对于哥廷根大学，维纳更有特殊的感情，其后他曾经多次再访哥廷根。现有的文献表明，维纳第二次回哥廷根是 10 年后："出于怀旧的心情，1924 年我曾重访哥廷根大学"。[②]

其后，1925—1927 年，维纳几乎每年都来哥廷根。而 1926—1927 年维纳在哥廷根大学曾较长时间讲学。维纳与哥廷根大学的情缘主要体现于他在哥廷根从希尔伯特等大师那里所受教益甚大；还体现在他与希尔伯特、克莱因、库朗等人之间有较深的情谊。本文主要涉及他与哥廷根大学物理学教授玻恩之间的交往、合作以及彼此之间的相互评价。

2. 玻恩回忆与维纳的合作

维纳第一次来哥廷根时玻恩在哥廷根大学任讲师；维纳再来哥廷根时玻恩则在这里做物理学教授。维纳在哥廷根先是师从希尔伯特和兰道，后来又与哥廷根年轻一代数学家库朗一度交往甚密，也拜访过已经荣休的数学大师克莱因。希尔伯特是玻恩的恩师之一，库朗是玻恩一生的好友之一。共同的交集使维纳早期到哥廷根时，应该与玻恩认识并彼此有所了解，但是二人之间尚无深入交往。在玻恩的回忆中，他们的交往是

---

① G. H. 哈代，N. 维纳，怀特海. 科学家的辩白 [M]. 毛虹，仲玉光，余学工，译. 南京：江苏人民出版社，1999：89—90.

② G. H. 哈代，N. 维纳，怀特海. 科学家的辩白 [M]. 毛虹，仲玉光，余学工，译. 南京：江苏人民出版社，1999：100.

从他 1925—1926 年第二次赴美讲学开始
的 ①；维纳的回忆表明他 1924 年第二次
来哥廷根时已经与玻恩有接触。但是在
下文将谈到的 1962 年维纳的一封信里，
他也认为二人之间的联系从在美国麻省
理工学院的合作开始（插图为 1926 年玻
恩赴美时与维纳的合影）。可见他们两
人对于早期的交往印象都不深刻。因此
玻恩与维纳之间的深入交流始于玻恩第
二次到美讲学期间。玻恩这次讲学始于
1925 年下半年跨年度到 1926 年上半年，

玻恩与维纳的合影

共约半年时间。玻恩这次赴美讲学主要讲两部分内容：晶格动力学以及
刚刚建立并尚待完善的量子力学。这次讲学是应麻省理工学院之邀，但
该校的薪酬不足以支付玻恩夫妇的花费，因此玻恩准备出版讲稿以增加
些收入。麻省理工当时的校长斯特拉顿（S. N. Stratton）告诉玻恩，麻省
理工已将他的书稿列入将要出版的一套丛书的首卷。这是一种荣誉，但
是却无稿酬。好在一家德国出版社愿意出版玻恩讲稿的德文版，并稿酬
从优。② 我们介绍这些，是因为这与后期玻恩、维纳之间的合作有关。

　　对于当时量子力学的状况，玻恩再清楚不过。它仅适用于封闭系统
的稳定状态，既不适用于自由粒子，也不适用于碰撞过程。玻恩意识到
这些过程非常重要，因为可以从中得到一些关于原子结构的实验数据。
在美讲学期间，玻恩与学生们一起探讨这个问题。玻恩的想法得到了呼
应，使"一位很引人注目的年轻人做出了强烈的反响"。这个人就是维
纳。在玻恩看来，当时刚过而立之年的维纳已经是一位有声望的数学
家。二人一拍即合开始了合作，在回忆中玻恩一如既往，像高度评价其

---

① 1912 年在哥廷根大学做讲师的玻恩应著名物理学家迈克尔逊（Albert Abrahan Michelson，1852—1931）之邀，曾赴美讲学。

② Max Born. *My Life* [M]．London：Taylor & Francis Ltd.，1978：226.

他合作者的作用那样，他充分肯定维纳的作用；但是玻恩对于与维纳合作的结果很不满意而充满遗憾。玻恩的回忆 [1] 是这样的：

> 他把我的注意力引向一个事实：可以把矩阵看成作用于多维空间矢量的算符。并且他提议把矩阵力学推广为一种算符力学。我们一起为这一设想而努力，并发表了一篇论文。可以说这篇论文在某种程度上是量子力学中薛定谔算符微积分的前驱，但我们恰恰某个做法上没有抓住最重要一点，这甚至使我至今仍感到羞愧。因为在论文中我们已经使用了微分算符 $D=d/dt$，并证实其等同于 $(2\pi i/h)W$（这里 W 表示能量），但我们没能看到 d/dq 按同一方式和 $(2\pi i/h)p$ 等同（这里 p 是针对坐标 q 的动量）。与薛定谔不同，我们对 p 与 q 发展了一个复杂的积分表示式，这符合维纳的数学思想，但连我本人都很难接受（现在我已经忘了）。这样，尽管我们已经很接近波动力学，但最终与之擦肩而过，只有薛定谔才是公认的波动力学发现者。从那时起，我就对维纳的睿智有了些怀疑，并抱有偏见地反对他的理论，甚至对他赢得了全世界呼声的理论也是如此，例如对他的控制论。几年后，哥廷根大学的数学家们邀请他去讲学。他的课讲得不是很成功，在学生们抱怨他的教学时，在他与库朗之间产生了隔阂，我曾试图调解过。这是我最后一次见到他。有一次他想来爱丁堡拜访我们，但由于我和海蒂都身体状况不佳而只得谢绝。去年他在汉诺威自然科学会议上有个报告，我本打算去听他的报告，但又因为我生病而未能成行。

在玻恩的这段回忆中，时间上有些差错：维纳到哥廷根讲学就在玻

---

① Max Born. *My Life* [M]. London：Taylor & Francis Ltd.，1978：226—227.

恩赴美讲学归来后不久，而不是几年后。但是对照维纳的回忆可以看出，玻恩的回忆，大体上正确描述了二人合作的过程以及自己当初的感觉印象。玻恩提到的他与维纳合作发表的这篇论文的信息如下：M. Born and N. Wiener. *A new formulation of quantum laws for periodic and non-periodic processes*. Zeitschrift Fur Physik，1926，36（3）：174—187，1926.

这篇文章的题目完全体现了玻恩当时的学术期待，想拓展量子力学的适用范围，有兴趣的读者可以去搜索阅读。这篇文章首次明确提出能量算符的贡献已经得到了物理学史界的肯定。但是不难看出，玻恩对于与维纳的合作以及发表的文章，是很不满意的。他承认自己当时的想法与维纳一拍即合，但是文章更多地体现了维纳的学术思想和风格，对于文章的结论玻恩自己都很难接受。之所以出现这样的结果和当时的一个现实直接相关：在旅美讲学期间，玻恩除了讲学、陪家人游历，前面说过还要整理英文、德文讲稿准备出版以挣得一些收入。这样他没有更多的精力投入到与维纳的合作之中，而主要由维纳去实现两个人的想法。这样玻恩自己的设想就没能充分得以实现。作为创立控制论的数学家，维纳在 20 世纪重要的科学地位无可置疑，但是由于对他们之间合作的不满，显然玻恩因此对于维纳以及他的控制论评价不高，这对于一向惯于高度评价他人的玻恩而言，有些让人意外。客观地说相比于下面将提到的维纳对于玻恩的高度评价，玻恩对于维纳的评价有失公允、不够大气。之所以如此，是因为对于他们合作的研究方向，玻恩是寄予极大期待的，没能实现自己的设想而失去一次做出重大科学贡献的机会，令他在心理上对于维纳难以正确理解和释怀。玻恩的一句话充分地显露了他的这一心结："我谈及维纳的情况比较多的原因在于，这是我很接近做出重要发明而又将其错过的最突出的实例。" [①]

但是，从玻恩的回忆可以看出，二人这次合作后维纳还曾主动联系

---

① Max Born. *My Life* [M]. London：Taylor & Francis Ltd.，1978：227.

玻恩；另外下面将提到，维纳对于玻恩有很高的正面评价。这些说明，可能维纳根本没有感觉到玻恩对于他们二人之间合作极为不满而充满遗憾的心态。

3. 维纳对于玻恩的评价

维纳在他的回忆 [①] 中曾说：

> 哥廷根大学的早期量子力学的主要人物是 M. 玻恩与海森伯。两个人中，M. 玻恩年长很多。毫无疑问，正是玻恩的思想导致了新的量子力学的开创，但这一理论作为一个独立实体的实际创始，却归功于比他年轻的同事海森伯。玻恩总是镇定自若，温文尔雅。他酷爱音乐，他生活中最大兴趣便是与妻子共奏双钢琴曲。在所有的学者中，他是最谦恭不过的了。他在1954年才获得诺贝尔奖，那是在他训练好别人，准备让他们从事他们获得诺贝尔奖的工作之后。

可以看出维纳对于玻恩是相当了解而评价甚高的。

1924 年维纳第二次到哥廷根时，他的学术研究引起了哥廷根教授们的注意，他说："希尔伯特、库朗和玻恩都暗示，翌年我可能会获得邀请到哥廷根大学工作一段时间。在此期间，玻恩要到麻省理工学院讲学，我便准备在这一时期的几个月与他一起工作。" [②] 可见玻恩与维纳的实际接触应该是较早的。早期的接触为维纳接下来与玻恩的合作打下了基础。维纳记得玻恩到美国后向他阐述过自己的想法 [②]：

---

① G. H. 哈代，N. 维纳，怀特海. 科学家的辩白［M］. 毛虹，仲玉光，余学工，译. 南京：江苏人民出版社，1999：121.

② G. H. 哈代，N. 维纳，怀特海. 科学家的辩白［M］. 毛虹，仲玉光，余学工，译. 南京：江苏人民出版社，1999：122.

　　玻恩需要一种理论，能把这些矩阵或数字网格加以推广，使其具有一种连续性，这种连续性与光谱连续部分的连续相当。这项工作是专业性很高的工作，他希望我能助他一臂之力。……这项工作不仅是高度抽象化，而且一定程度上只是量子论的一个小片段，因此，学术这项工作的专门知识便毫无意义了。只要说一下我已经把这些现有的矩阵推广成称为"算符"的形式，也就足够了。玻恩对我的方法有效与否甚感疑虑，而且一直拿不准希尔伯特是否会同意我的算符运算。事实上，希尔伯特很是同意，而且，自那以后，算符始终是量子论中不可缺少的一个部分。

　　维纳的回忆基本上完全能够与玻恩的回忆相互印证。但是可以看出，与玻恩甚感遗憾不同，在维纳看来，他与玻恩合作的文章，是满意而值得自豪的。

　　1962 年维纳应邀到意大利那不勒斯大学讲学。期间德国有人准备为玻恩 80 寿辰组文而致信维纳。维纳在回复的信件中对于玻恩有极高的评价。2014 年 7 月，笔者在剑桥大学丘吉尔学院档案中心收藏的玻恩档案中，读到了这封信。笔者此前尚未在其他文献中发现过这封信。现将其全部内容翻译 ① 如下：

　　尊敬的 Mueller 博士：

　　　　您的信刚刚在 9 月 20 日才到我在那不勒斯的住处。我当然非常乐意为玻恩教授的生日（祝贺文章）贡献绵薄之力。我把它写成英语，希望这是您想要的内容。

　　　　我第一次与玻恩教授建立联系是在海森堡（Heisenberg）

---

　　① 笔者没有找到关于这位 Mueller 博士的更多信息。该信前两句话是用德语写成，由德国柏林工业大学电气工程系留学生张德望翻译。

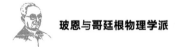

维纳对玻恩有极高评价的信函

教授已经开始发展他的量子理论的矩阵处理方式时。在我看来，有一点那时是非常清楚的，即海森堡教授是在与玻恩教授有长期联系，因而受玻恩富有成效的思想的影响之下，表述出他的杰出工作的。人们很容易在评价一个杰出年轻人的成果时，完全忽略他可能从他的导师那里得到的伟大启示，特别是从如此富有思想而又如此慷慨大方的玻恩的身上。我确信当所有量子理论的历史搞清楚、写出来之后，人们会看到，玻恩教授实际所起到的作用要远远超过现在一般人所认识到的。我是在充分欣赏、肯定海森堡教授（甚至超越其所作所为）的前提下，这样讲的。马克斯·玻恩与艾伦费斯特（Ehrenfest）等人一样，他们的科学贡献，远远超越他们自己发表的科学论文所能承载的内容。

可见在这封信里维纳把他与玻恩交往的时间也搞错了。前文提到，在自传中，维纳说在玻恩赴美讲学前他已经认识玻恩，但是此时他将自己与玻恩建立联系的时间错误地定位在了玻恩赴美讲学、二人开始合作那一时期。这封信是打印而成。可能是打字机的问题，打印名称是"Norbert iener"，丢失了大写字母"W"。好在信的手写签名是完整而比较清晰的：Norbert Wiener。而通过维纳的年谱可知，他这一年的确曾在那不勒斯大学讲学。因此，此信出自维纳应该没错。

笔者关注和研究玻恩及其学派已有十余年。2001年在文献极为有限的条件下，在笔者发表的关于玻恩的第一篇文章中，曾说过："就对物理学的贡献而言，玻恩同玻尔、海森伯、狄拉克以及薛定谔等相比，毫无逊色之处，是20世纪物理学界举足轻重的一流大师。试想，没有玻恩的贡献，不谈其他，量子力学还剩下些什么？"[①]

当年，主要因为这句话，这篇文章曾被一家期刊退稿。在当时的认识程度下，有审稿专家质疑这种说法是完全可以理解的。近年来笔者发表了多篇关于玻恩的文章[②]，这些文章汇总可靠的零散文献，分析描述了玻恩在建立量子力学等方面做出的具体工作，充分肯定了他的贡献，如有这样的概括[③]：

> 首先，玻恩利用玻尔理论研究晶格动力学时得到了违背事实的结果，通过分析这些结果，他最早对玻尔的理论产生了怀疑；继此，经过多年探索，玻恩对未来的关于原子体系的量子力学理论有比较前瞻性展望；最后，玻恩在海森伯写出重要文章之前，为构造量子力学，就已经带领泡利、海森伯以及约当等人，做出了大量充分而重要的数学和思想方面的前期探讨，营造和开创了量子力学几乎呼之欲出的局面。

2012 年笔者在《玻恩研究》一书[④] 中，进一步指出：

> 一般说来，历史上物理学的重大发现都要经历三个重要阶段，即酝酿准备阶段、主体建构阶段和最终完善阶段。具体针对量子力学的建立而言，现在有充分的证据表明，在哥廷根

① 厚宇德. 麦克斯·玻恩——令人回味的大师 [J]. 物理，2001（1）：47—51.

② 厚宇德. 玻恩对量子力学的实际贡献初探 [J]. 大学物理，2008（11）：40—49；厚宇德，负雅丽. 从玻恩的教学方式看量子力学的诞生 [J]. 大学物理，2008（12）：46—49；厚宇德. 玻恩与诺贝尔奖 [J]. 大学物理，2011（1）：48—55；厚宇德. 哥廷根物理学派及其成功要素研究 [J]. 自然辩证法研究，2011（11）：98—104；厚宇德，王盼. 哥廷根物理学派先驱人物述要 [J]. 大学物理，2012（12）：30—37；厚宇德，杨丫男. 可观察性原则起源考 [J]. 大学物理，2013（5）：38—43.

③ 厚宇德. 玻恩对量子力学的实际贡献初探 [J]. 大学物理，2008（11）：41.

④ 厚宇德. 玻恩研究 [M]. 北京：人民出版社，2012：67—68.

物理学派内部，酝酿准备阶段的工作是按照学派领袖玻恩一个人的思路完成的。……说玻恩为海森伯写出"一人文章"准备好了数学工具、物理知识和新思想，毫不过分。玻恩的工作，其实是如此地接近了新发现本身。玻恩仿佛走到了被轻纱遮盖的矩阵力学面前，但是他因为又去忙碌别的事情而没有掀掉伸手可及的轻纱，因而错过了第一个目睹矩阵力学的机会。

至于矩阵力学的主体建构阶段，玻恩也有重要的作用。海森伯的"一人文章"还不是矩阵力学。可以说海森伯延续玻恩的研究纲领搞出了一个还不成型、自己也不认识是什么的四不像。而玻恩慧眼识珠，在经过初步雕琢之后知道了这是矩阵运算，然后在约当的协助下完成了清晰的矩阵表述的矩阵力学。至此，矩阵力学的完成阶段才告结束。

而矩阵力学的最终完善，主要也归功于玻恩。他带领年轻的约当，并偶尔通过书信与海森伯联系，使矩阵力学理论得以在物理体系与数学表述上都彻底系统深化，原则上能够处理原子领域的所有问题。这主要体现在署名为玻恩、海森伯、约当的所谓"三人文章"。因此，玻恩对于矩阵力学的贡献，在酝酿准备阶段、主题构建阶段和最终完善阶段都相当重要，每一阶段玻恩的作用都不可或缺。

通过前面的介绍不难看出，维纳对于玻恩建立量子力学过程中的重要贡献的个人看法，还是基于他对于玻恩、海森堡的了解而产生的一种感觉性的评判，并没有立足于具体而微观的依据深入分析与说明。因此，一定意义上，笔者通过多年的关注和分析，在厘清量子力学发展所依赖的一个个数学方法与物理思想出现过程的基础上，证实了维纳的评价是正确的，并发现玻恩的贡献实际上甚至超越了维纳的预估。当然笔者做这些的目的并非要证明维纳的正确，因为维纳对于玻恩的较为全面的评价，笔者在十几年过去后撰写本文的今天，才刚刚有幸看到。笔者借此机会呼吁通晓德文、了解物理、愿意做些物理学史研究的朋友，与笔者联系，共同探索深入合作的可能性。

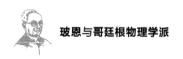

十一、玻恩与埃瓦尔德

埃瓦尔德（Paul Ewald）是一位著名的晶体学专家。玻恩一生持续研究的领域之一是晶格动力学。在玻恩做讲师时，二人就已经熟识。因此二人虽非交往密切的挚友，但交集甚多。玻恩在回忆录中多次称埃瓦尔德为老朋友。他们之间的关系是科学家之间一种人际关系类型的典型，处于这种关系之中的科学家，在研究工作中为争辩是非可以针锋相对、毫不顾忌私情；但在生活中作为普通人的交往中，彼此释放善意，甚至情深意笃。

1. 埃瓦尔德其人

保罗·埃瓦尔德 1888 年 1 月 23 日出生于柏林。在大学做讲师的父亲，在埃瓦尔德出生前刚刚去世。因此他是由母亲一人抚养长大。埃瓦尔德在柏林和波茨坦受到了很好的中学教育。希腊语、法语、英语以及他的母语都学得很好，但是他厌恶拉丁语。埃瓦尔德 1905 年冬季在剑桥大学的冈维尔凯斯学院正式开始学习物理学、化学及微积分。其后1906—1907 年间他到哥廷根大学继续学习，在这个世界数学中心他很快发现自己的主要兴趣是数学。1907 年埃瓦尔德到慕尼黑深入研修数学，这时他被索末菲的学识所吸引，再转修物理学。很自然索末菲成为了埃瓦尔德的博士论文指导教师，1912 年他获得博士学位。他的博士论文发展了 X 射线在单晶体中的传播定律。埃瓦尔德为新出现的劳厄等人的 X 射线衍射实验所吸引，他立即能够用他自己新发明的倒易格子概念从几何上解释这一实验。第一次世界大战期间，继建立 X 射线传播定律之后，埃瓦尔德构想并发展了 X 射线衍射的动力学理论。衍射的动力学理论的成熟与应用引领了从 X 射线与中子干涉法则到高分辨率电子显微镜等领域的新进展。第一次世界大战期间埃瓦尔德为德国军队的医药技术部门服务，战后他返回慕尼黑大学做讲师，同时做索末菲的助手。1912—1913 年埃瓦尔德应邀成为哥廷根大学希尔伯特的物理学助手，1917 年获得教师任职资格。1921 年埃瓦尔德成为慕尼黑理工大学副教授，1922 年成为斯图加特大学教授。在纳粹上台后他辞职之前，埃瓦尔德曾在斯图加特大学做过几年校长。1937 年他移居英国，在剑桥做研究人员直到 1939 年贝尔法斯特的女王大学为他提供了讲师教职，后来他成为那里的数学物理教授。1949 年他来到美国，成为布鲁克林理工学院的教授兼物理系主任。1957 年他辞去后一职务，在那里做教授直到 1959 年退休。第二次世界大战之后，埃瓦尔德越来越关心晶体学的国际性发展。1944 年在牛津大学他提出建立国际晶体学协会，其任务是负责发表晶体学领域的研究成果。这一倡议很快赢得《北美晶体学》期刊的热烈欢迎。1946 年埃瓦尔德被推举为国际晶体学临时委员会主席。委员会同时提名他为学会期刊的总编辑。他为国际晶体学会服务到 1966 年，首先作为总编辑，1957 年被选为副理事长，1960 年被选为理事长。[1] 1985 年 8 月 22 日埃瓦尔德逝世于美国纽约。埃瓦尔德科学研究的主攻领域为 X 射线晶体学，埃瓦尔德结构（Ewald construction）、埃瓦尔德球（Ewald sphere）等名词是物理学界对于埃瓦尔德的永久纪念。埃瓦尔德 1958 年成为英国皇家学会会员，1978 年获得德国马克斯·普朗克奖，1979 年获得第一届爱明诺夫奖。爱明诺夫奖是根据已故瑞典皇家科学院院士爱明诺夫的遗嘱设立的，用以奖励世界范围内在晶体学领域做出重大贡献的科学家。

---

① Editorial. *P. P. Ewald Memorial Issue* [J]. Acta Cryst., 1986, A 42: 409—410.

2. 埃瓦尔德与玻恩

2.1 玻恩回忆录中的埃瓦尔德

在玻恩的回忆录中，埃瓦尔德大约出现过 4 次，第一次出现在玻恩在哥廷根做讲师时期。冯·卡门在哥廷根物色到一个好住处，从此冯·卡门、玻恩、库朗等几位好友得以租住在同一座大房子中。新房东提供的用餐服务不仅限于住在这里的几个年轻人，有些客人也常加入。玻恩说："其中一个人是保罗·埃瓦尔德，是刚从剑桥回来的年轻理论物理学家。"[1] 埃瓦尔德与住在玻恩等人租住的房子里住户之一的一位女孩恋爱结婚。因此这一时期，埃瓦尔德与玻恩应该也接触频繁。

埃瓦尔德第二次出现在玻恩的回忆中时，已经是一位有成就的研究者："当卡门和我以红外点阵振动理论为依据发展晶体热力学时，我的朋友保罗·埃瓦尔德在他的著名论文中已经为现代晶体光学（包括 X 射线频段）奠定基础。除了证明许多别的问题外，他还指出，四方晶体的双折射可由他的点阵结构推导出来。希尔伯特对此文有兴趣，他按新的方式在一系列的课上讲述埃瓦尔德的成果，我去听了这些课。在我看来有必要把这两种事物——点阵的红外振动和光学振动——归并成一个统一的理论。"[2] 可见埃瓦尔德的成果对玻恩的研究工作是有所促进的。

埃瓦尔德在玻恩回忆录中第三次出现，与他的另外一项研究成果有关：玻恩说马德隆基于玻恩的晶体研究而提出了马德隆常数。对于这个常数，他说："有几个人搞出了确定这个常数的别的方法，其中最普遍、最有效的方法是埃瓦尔德提出的。"[3] 可见玻恩对于埃瓦尔德的研究是非常了解并高度认同的。

埃瓦尔德在玻恩回忆录中第四次出现，则是与他的下一代有关了。玻恩在回忆录中提到在书信往来中，他曾经遭到一位年轻物理学家汉

[1] Max Born. *My Life* [M]. London: Taylor & Francis Ltd., 1978: 152—153.
[2] Max Born. *My Life* [M]. London: Taylor & Francis Ltd., 1978: 162.
[3] Max Born. *My Life* [M]. London: Taylor & Francis Ltd., 1978: 182.

斯·贝特（Hans Bethe）的无知奚落：玻恩看到了一篇贝特的文章，写了封信表示赞赏；贝特回信却无理地说："你没看出物质粒子碰撞问题与众所周知的 X 射线散射之间的联系，真是很可惜。"[1] 玻恩认为这样的话只能是发火的老师说给懦弱的学生的，而不是一个年轻人写给长辈的。后来他见到贝特时，发现这是一个很有魅力的人。而"当他和我的朋友保罗和爱拉·埃瓦尔德夫妇的一个可爱女儿结婚后，我对他的友好感更有所增加。"[1] 汉斯·贝特，埃瓦尔德的这位女婿对于天体物理学、量子电动力学以及固体物理学均有研究和贡献，1967 年获得了诺贝尔物理学奖。汉斯·贝特还是著名的期刊《物理手册》（*Handbuch der Physik*）的主编。

2.2　从埃瓦尔德与玻恩之间几封通信看二人的关系

在玻恩的回忆录中，埃瓦尔德出现不多，也没有大篇幅的描写。但是两个人以及两个家庭，一直存在着很友好的关系。在剑桥大学丘吉尔学院档案中心的玻恩档案中，有他们之间的一些往来书信（见插图）。从中可以看出他们一直到晚年，都保持着老朋友之间的轻松、真挚的关系；对科学研究，彼此之间可以不留情面地"斤斤计较"，但不伤和气。

1950 年 6 月 2 日埃瓦尔德致玻恩函：

亲爱的玻恩：

在琳达结婚之际，非常感谢你美好的祝愿，我们为她稳定下来而开心。从宾夕法尼亚州大学的会议以来，我就打算给你写信，你听说了那次会议上比弗斯（Arnold Beevers，英国著名晶体学家。——笔者注）的报告。比弗斯将你的手稿给我浏览，还给我看了你抱怨在以前的一个场合，我没有理解你的想法的信件。我很抱歉地说，再一次我没能从你的手稿中发现你在做任何有用处的什么东西。我的印象是你清晰地叙述了问题，

---

① Max Born. *My Life*［M］. London：Taylor & Francis Ltd.，1978：234.

1 June 3, 1950

Prof. Max Born
84 Grange Loan
Edinburgh
Scotland

Dear Max:

[letter text]

2 6th June, 1950.

Professor P.P. Ewald,
Polytechnic Institute of Brooklyn,
99 Livingston Street,
Brooklyn 2,
NEW YORK.

Dear Paul:

[letter text]

玻恩与埃瓦尔德的往来书信

但是将它放在一处,而那里刚好是我们的麻烦开始的地方。对我们来说,对问题的这种叙述并不新鲜,所以老实说,我不认为你的文章在我们的讨论中,将我们引向进步。很清楚这是由于我的知识不足,而不是对你真实所为的全面描述。但是那时我确实不能从你的手稿中感受到更多的什么。我想,即便如此,那次会议也为收到你的来函而高兴。一月初我在美国物理学会会议上遇见泡利时,我建议他应该邀请你来普林斯顿,看起来他想玉成此事。后来我从在普林斯顿访问回来的两个后辈同行那里听说,你希望以访问教授身份来这里。如果结果这是真实的,我很开心。请告诉我这是不是真事。……你的《永不停息的宇宙》和《原子物理学》新版令人满意,带着同样的期待问一下,关于晶格动力学的书写得怎么样了?黄昆做得很成功吗?我们在这里特别期待这本书的出版。

在这封信中,埃瓦尔德对于玻恩的一篇手稿的批评可谓尖刻。但同时他积极动员泡利推动普林斯顿邀请玻恩来美国访学。埃瓦尔德与玻恩之间,在看法不一致时可以很直接地表达自己甚至刻薄的不同意见,但之后仍互相欣赏并期待再次相见。

1950 年 6 月 6 日,玻恩回复埃瓦尔德:

亲爱的保罗:

　　非常感谢你 6 月 2 日的友好来函。至于我交给比弗斯的我的小手稿,我从来没想过它包含什么新东西。我的目的只是反对我读到的一些期刊上关于晶格结构的文章,对于傅里叶分析方法，通过不可能确定的位相，问题被搞得模糊不清。我已经听说了你的一些类似意见。我的意图是使我自己清楚，事实上很多时候，只要存在很多强度高的可以测量的斑点，晶格确定的结构比超越可确定的结构要多很多倍。相信你和其他专家一样了解这一切，但是我从来没有看到这方面的清晰表述。别介意，我一点没想发表我的这个小手稿。我只是把它给比弗斯自己去阅读理解，因为他对原则上的东西不是很清楚。我的关于晶体动力学的书已经取得了一些进展，但是我已经有 6 个月没有看到黄昆了，我不知道他的准确进展情况。在长假期间他要来这里，但是我们现在要完成它还是不可能的。非常感谢你竭力帮我去普林斯顿。去年秋天我与奥本海默通过信，但是只为我提供了到那里 3 周的短期访问，因为我们这里当时 10 月有个会议，而且我觉得这么短的访问会过于劳累。奥本海默提到了更长时间访问的可能性，但是今年不行了。因为要资助人们去参加国际数学会议，他们的经费紧张到了极点。我希望明年我有可能会去的。……送给你海蒂和我两个人的最美好祝愿。你再来信，告诉我关于你的工作、你的生活以及你的住房等等的一些事情。

这封回信中只是对于他的想法以及他的手稿做了些解释，我们看不出玻恩对埃瓦尔德有丝毫的不满。可见二人之间比较尖刻的批评已属司空见惯。

1952 年 12 月 11 日是玻恩 70 寿辰。12 月 10 日埃瓦尔德从纽约寄来贺信：

亲爱的马克斯：

　　为了能够赶上给你的 70 大寿送上我最美好的祝愿，从几天前我就开始写这封信了。最近几天我时常想起你，不能前往

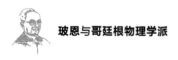
3

December 10, 1968

Professor Max Born
64 Grange Loan
Edinburgh, SCOTLAND

Dear Max:

I would have written several days earlier to come in line with my congratulations for your seventieth birthday and my best wishes. I have been thinking of you very often these last days and felt sorry not to be able to come and tell you my sentiments personally. They are those of a long and lasting friendship ever since we first met. I do not know whether already in El Escorials or more likely in the Squares Max before El Escorials was conceived. What a wonderful period we have had to live in, witnessing all this extraordinary development of physics. I myself have been more on the receptive side, but you have taken such an important and active part in the development that it should give you great satisfaction in looking back on your work. That is, if there is such a thing as satisfaction, seeing the vastness of the field still lying ahead and the problems which have been raised in greater numbers than those solved. However, this perhaps be too static an outlook, instead one would adopt a more dynamic one and get satisfaction from the fact that one has been fighting for progress as well as one could and you certainly have achieved a lot in that respect. Your incredible activity seems not to slow down even now and I hope it will not diminish in the future even your years could outlive you to make rest.

I wonder how you are going to arrange your life. Is there any chance for any paid occupation in England? Somebody said you intended to live half the year in Edinburgh and half in Göttingen. I wonder whether that is actually your plan.

What has become of the Crystal Dynamics book? Is it in progress of being printed? We are here very keen to get acquainted with it.

You remember the dissertation from Andhra University by a man called Venkataramudu, "Application of Group Theory to Vibrations of Molecules and Crystals". This man is over here now and we have asked him to give a course of lectures on this subject in the spring semester.

I small be coming to England shortly after Easter, but only for 2 or 3 days, so that it is unlikely that I can see you. I guess our meeting will be in Cambridge, but the place has not yet been definitely fixed. So if you happen to be in or near London soon after Easter, please let me know.

Hilde joins me in sending you our very best wishes and greeting you and Hedi most sincerely.

Yours as of old

Paul.

埃瓦尔德回复玻恩的信

向您讲述我对我们之间情感的珍视，我自觉抱歉。从我们第一次相识以来，伴随我们的是漫长而持久的友谊。……我们曾经生活在一个多么精彩的时代，目睹了所有这些物理学非凡的发展。我自己更属于愿意接受这一切的一个角色，但是你在物理学的这一发展过程中却起着如此活跃又如此重要的作用。回首你的工作你会非常满意。也就是说，如果存在令人满意的事情，那么就是无边的领域展示在眼前，提出的问题还远远超过已被解决的问题。然而，这可能是一种过于静态的展望，更可取的应该是采取更加动态的方式，一个人要从他为了进步而所能付出的奋斗中去获得满足感，你确实在这方面收获多多。你不可思议的活动力现在看来也没有下降，我希望将来也不要下降，即使你的年龄使你有资格去颐养天年。我想知道你将如何安排你未来的生活。在英国有机会再做些有报酬的事吗？有人告诉我你以后想半年生活在爱丁堡半年生活在哥廷根。我想知道这的确是你的计划吗？……复活节后我很快将要去英国。但是只逗留2—3天。因此我不可能有时间去看你。我想我们可以在剑桥一聚，但是地方我还没有完全确定。所以，如果你刚巧复活节后在伦敦或伦敦附近，请告诉我。请代我向海蒂致以最美好的问候，请在百忙之中回答我的一些问题。

1952年垂垂老矣的玻恩尚未获得诺贝尔物理学奖，在有些人看来，玻恩此生与诺贝尔奖无缘了。而这很大程度上意味着玻恩只是一位二流物理学家。玻恩一度自己也产生过这样的悲观而缺乏自信的看法。但是从这封信的字里行间中不难看出，埃瓦尔德对于玻恩的科学成就是有充分的认识及高度的评价的。

　　实事求是地说，玻恩在埃瓦尔德的个人世界里，埃瓦尔德在玻恩的个人世界里，对方都不是关系最紧密的最重要的朋友。在生活中，对于普通人而言，这样的朋友为数更多；科学家也是一样。在玻恩与埃瓦尔德之间相对而言不是最密切的朋友关系中，我们能够感受到朋友之间的互相争论与认可、对对方工作和事业的尊重，以及平淡中显真情的友谊。科学家之间既有志同道合的，也有格格不入的，这是他们与其他人相似的一面。但是科学家之间的感情也与有些行业的从业者之间的感情存在明显的不同。有些科学家（如玻恩与爱因斯坦、玻恩与埃瓦尔德）之间，因为对科学的理解以及对科学研究成果的认识不同而有激烈争论，但是他们这种争论不伤害彼此之间的友谊和感情。能够做到这一点的科学家清楚，他们激烈争论为的是真正认清事实，而无关私心。两位文学家、两位政治家、两位商人，甚至两位普通人之间，如果存在不可妥协的争论，似乎就难以再做朋友。这是值得科学新人文主义者深入关注并进一步辨析和探讨的重要话题。

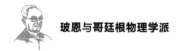

十二、迈克尔逊：科学革命旋涡中一位常规科学家

1. 迈克尔逊学术生涯述要

迈克尔逊（Albert Abraham Michelson，1852—1931）出生于被德国占领的波兰小镇斯托尔诺，1855 年随家人移居美国。迈克尔逊 13 岁时到旧金山上中学，寄住在校长家里。这位校长发现他具有出色的动手能力，于是以每月 3 美元的酬劳请迈克尔逊负责学校简单的科学仪器的管理和维修。1869 年迈克尔逊中学毕业。

迈克尔逊

中学毕业后迈克尔逊报考美国海军学院未果。他一个人长途跋涉到白宫，说服总统格兰特并获得他的特殊帮助而成为海军学院的一名学生。1873 年迈克尔逊在海军学院毕业。在同届 29 位学员中，他的数理化类课程成绩名列前茅。作为一位军校生，他对于军事类课程没兴趣。他的人文学科成绩更差，历史和作文课几乎垫底。海军学院的负责人沃登曾劝诫迈克尔逊："如果你少学点科学那玩意而多用心于海军炮术，那总有一天你能具备足够多的

对于国家有用的东西。"① 可见按照海军学院的培养目标，迈克尔逊不是一个优秀学生。他的特长在于科学领域。毕业后迈克尔逊在海军服役两年，其后他成为海军学院物理和化学课的教员。教学工作使迈克尔逊获得了从事科学研究的机会。他对于光学的兴趣与日俱增，满怀热情地开始了在这一领域的研究。英国著名物理学家丁达尔（John Tyndall）到美国来做的学术报告更加坚定了迈克尔逊的研究方向。丁达尔来美国讲学期间考察了美国的科学界。他在演讲中忠告美国的科学家不能诸事缠身而要专心于科学研究："如果美国不能取得伟大的科学成就，那不是我将谈到的来自于社会缺陷的小干扰，而是因为另外一个事实，即在座的各位之中有人拥有深入从事科学研究所必需的禀赋，但却有诸多沉重的管理事务缠身。这与原创性研究所需要的持续而平静的沉思是全然不相容的。"② 丁达尔建议："在你们中间有科学天才。要为他们的科学研究扫清所有不必要的障碍。要关注知识的源头。给他从事研究工作所必需的自由，不要拿实用的成果去要求他，尤其要避免经常问那个无知的问题：'你的研究工作有什么用途？'"③ 丁达尔的忠告对于凭自己的兴趣刚刚走上科学研究道路的迈克尔逊而言是场及时雨，他向往的就是专心致力于自己感兴趣而没有实际功利色彩的科学研究。丁达尔的言论鼓舞了迈克尔逊的自信心。

丁达尔在美国做了关于光的学术报告。这是在当时科学界变得越来越重要的热门话题。3 年前即 1873 年，麦克斯韦出版了他的《电磁通论》，将光与电磁现象联系了起来，认为光就是导致电与磁现象的媒介中的横波。根据这一假说，光速是自然界最基本的常数之一。准确测出光速作为一个挑战点燃了迈克尔逊的研究热情。他认为这是非常重要而

---

① Bernard Jaffe. *Michelson and the Speed of Light* [M]. London：Heinemann Educational Books Ltd., 1961：45.

② Bernard Jaffe. *Michelson and the Speed of Light* [M]. London：Heinemann Educational Books Ltd., 1961：49.

③ Bernard Jaffe. *Michelson and the Speed of Light* [M]. London：Heinemann Educational Books Ltd., 1961：49—50.

迷人的研究："事实上，光速迄今为止是超越人类理解力的概念，但是却有可能得到特别准确的测量，这样测量光速成为落在所有研究者肩上最迷人的问题之一。"①

迈克尔逊不满意前人测量光速的实验设计及测量结果。他相信自己能做得更好。1877 年 11 月，他对于傅科（Jean Bernard Leon Foucault）测量光速的方法做了改进。他用一个平面镜和透镜取代了傅科实验里所用的凹透镜，并改变了傅科实验里旋转镜的原位置。这些改变使得实验里的光路径几乎可以是任意长而不减弱光束的强度。他计划在实验中用距离 500 米远的两个平面镜，一个固定一个可以旋转。但是迈克尔逊没钱去购买昂贵的仪器，他搜集零零碎碎的物件来装配他的实验。1978 年 5 月，不等计划完全实现，迈克尔逊就向《美国科学期刊》提交了一封名为《关于一种测量光速的方法》的信件。这封信有 19 行打印字和 1 张图片，但没有实验数据。

在克服重重困难做了一系列实验后，迈克尔逊参加了美国科学促进协会在圣路易召开的会议。会上他公布了自己测得的空气中的新光速：186508 英里/秒，即 300155530.752 米/秒。他的文章《光速的实验测定》发表于 1879 年 4 月的《美国科学期刊》，这是世界科学界的一篇历史性的重要论文。此时的迈克尔逊意识到自己需要在光学领域继续深造。他将目光转向了当时科学的中心——欧洲。1880 年他带妻儿赶赴欧洲。在差不多两年的时间里，迈克尔逊在德法等国的大学之间勤于游学，接触到了很多著名的物理学家。在柏林他听赫姆霍兹的报告，并在他的实验室做一些实验工作。他在海德堡大学结识了马斯卡特（E. Mascart）等人。马斯卡特撰写过一本光学著作。迈克尔逊向他接触到的这些著名物理学家介绍和讨论自己的实验研究成果。1881 年 9 月迈克尔逊向他服役了 12 年多的海军递交了辞呈。之后他接受了俄亥俄州的凯斯应用科学

---

① Bernard Jaffe. *Michelson and the Speed of Light* [M]. London：Heinemann Educational Books Ltd.，1961：50—51.

学院的教授职位。

在欧洲的这段日子，在著名物理学家们的影响下，迈克尔逊的科学思想变得更加深刻。在对于光的本性越来越深入的探索中，他逼近了物理学的一个基本问题：以太真的存在吗？在当时绝大多数西方的物理学家看来这无可置疑："很多世纪以来，否定以太存在的人，与说大海没有水，船还可以自由飘荡的人是同样愚蠢的。"① 在 1875 年出版的第九版《大英百科全书》中，麦克斯韦说："如果能够通过测量光通过地球表面两点之间的时间，就可以确定光的速度。同样也可以得到光沿着逆此光路行进时的速度。通过比较这两个速度，就可以确定以太相对于地面上物体的速度。"② 以麦克斯韦的这一思路为基石，迈克尔逊开始设计实验来测量以太与地球之间的相对速度。而麦克斯韦对于测量这个速度的不乐观估计则撞击出了迈克尔逊激情的火花。1879 年在麦克斯韦去世前出版的《自然》上，发表了一封麦克斯韦的信件。在这封信里，麦克斯韦认为也许无法测量以太与地球之间的相对速度。迈克尔逊的传记作者杰弗推测迈克尔逊很可能读到了这封信。无论是否读过此信，测量以太与地球之间的相对运动速度的难题成为了最令迈克尔逊魂牵梦绕的问题。在既有范式下解决难题是常规或常态科学研究的基本方式。迈克尔逊对这一问题深入探索的结果是 1887 年他与莫雷完成了物理学史上最重要的实验之一的所谓以太拖曳实验，证实无法测到以太与地球之间的相对运动速度，此即物理学史上著名的迈克尔逊 – 莫雷实验的"零结果"。③

1889 年迈克尔逊成为马萨诸塞州克拉克大学的教授。1892 年迈克尔逊成为新成立的芝加哥大学物理系的教授及第一位系主任。1907 年迈

---

① Bernard Jaffe. *Michelson and the Speed of Light* [M]. London: Heinemann Educational Books Ltd., 1961: 61—62.

② James Clerk Maxwell. *Encyclopædia Britannica*: Ninth Edition[M/OL] [2013-08-07] http://en.wikisource.org/wiki/Encyclop%C3%A6dia_Britannica, _Ninth_Edition/Ether.

③ Albert A. Michelson, Edward W. Morley. *On the Reletive Motion of the Earth and the Luminiferous Ether* [J]. The American Journal of Science, 1887, 35: 333—345.

克尔逊荣获诺贝尔物理学奖。1931 年 78 岁的迈克尔逊病逝于加利福尼亚的帕萨迪纳。

2. 迈克尔逊获得诺贝尔物理学奖的原因

迈克尔逊荣获诺贝尔物理学奖，并非众望所归，一定意义上是由于他与当时诺贝尔奖物理学委员会的主要成员具有相同的科学理念。19 世纪末，经典牛顿力学、热力学与经典统计力学、经典电动力学等物理学经典框架已经建立。有的物理学家相信既有的物理学足以解释力、热、声、光、电等所有现象，未来的物理学研究只具有追求更加精确测量的意义。借用托马斯·库恩的概念，持此认识的经典物理学家认为物理学到了常规科学阶段。迈克尔逊对当时物理学状况的判断也是如此。密立根对他听到的一次迈克尔逊学术报告的描述能形象地展示迈克尔逊的学术追求："他做了一个关于精确测量在物理学发展中的作用的演讲。在这一演讲中，他引用了某个人（我想是开尔文）的一句话，大意是说物理学中的伟大发现都已经完成了，未来的进步很有可能是发现小数点后第 6 位数字。"[①]

瑞典物理学界的类似看法形成得更早。19 世纪中叶，瑞典的乌普萨拉（Uppsala）大学的昂斯特伦教授在元素和太阳辐射的光谱测量领域取得了重要的研究成果。他以精确测量为傲的学术追求成为了这所大学的科学传统。乌普萨拉大学在瑞典科学界具有举足轻重的地位。这所大学礼堂的门上刻着这样一句话："自由思考伟大，正确思考更伟大。"[②] 这一思想落实到物理学研究上表现为更看重追求精度测量的实验研究而看轻理论探索。以哈塞尔贝里（Klas Bernhard Hasselberg）为代表的来自于这一大学的诺贝尔奖物理学委员会的成员，都深受这一认识的影

---

① Robert A. Millikan. *The Autobiography of Robert A. Millikan* ［J］. New York：Prentice-Hall Inc., 1950：23—24.

② Robert Marc Friedman.*The Politics of Excellence ——behind the Nobel Prize in Science* ［M］. New York：Henry Holt and Company, 2001：8.

响。因此不难理解迈克尔逊的科研风格得到了诺贝尔奖物理学委员会专家的青睐。为了促成迈克尔逊得奖，哈塞尔贝里写了一篇特别报告来说服其他委员。在报告中，哈塞尔贝里高度赞扬了迈克尔逊在精确测量方面所取得的成就，极力称赞测量本身所蕴含的伟大意义。最后诺贝尔奖委员会声明几乎采用了与此完全一致的评价：由于"他（设计）的光学精密仪器和他借助于自己发明的仪器在精密计量学以及光谱学领域的研究"①，迈克尔逊获得了 1907 年的诺贝尔物理学奖。

在迈克尔逊的研究生涯中，迈克尔逊 – 莫雷实验的"零结果"对于 20 世纪的物理学最为重要。正如玻恩所说："他的著名实验是相对论的主要依据。"② 但是迈克尔逊获得诺贝尔物理学奖与爱因斯坦提出相对论没有任何关联。迈克尔逊 1907 年获奖，这时爱因斯坦的狭义相对论刚问世两年，多数人对于相对论还不甚理解而多有质疑。爱因斯坦到 1921 年才获得诺贝尔物理学奖，并且获奖的理由中仍未明确提及相对论。可见在其后很长时间内诺贝尔物理学奖委员会对待相对论的态度是相当谨慎甚至保守而且也许是排斥的。因此迈克尔逊获得诺贝尔奖不可能含有相对论的出现而带来的加分。

迈克尔逊获得的诺贝尔奖不仅仅属于他本人，而同样属于美国和美国科学界。其后美国成为了获得诺贝尔科学奖最多的国家，并成为了 20 世纪世界科学的中心。这一切都始于迈克尔逊获得诺贝尔奖。迈克尔逊对于美国科学发展的个人带动作用不能过分夸大。但是客观地讲，他获得诺贝尔奖才真正使美国的科学第一次登上了世界科学的舞台中央，成为美国科学进步的一个历史拐点，他确实是美国科学进入新时代的标志性人物。其后在美国的大众社会文化中迈克尔逊曾成为影视和戏剧主人公的原型。在科学界、学术界，他在获得诺贝尔奖之前已经拥有巴黎大学、剑桥大学、耶鲁大学等著名学府的荣誉学位。1901 — 1903 年他任

① Alert A, Michelson. *The Nobel Prize in Physics*, *1907*［EB/OL］.［2013-08-07］. http://www.nobelprize.org/nobel_prizes/physics/laureates/1907/press.html.

② Max Born. *My Life*［M］. London：Taylor & Francis Ltd., 1978：146.

美国物理学会会长，他还曾任美国哲学学会的副会长，1923年任美国国家科学院院长。荣誉不是迈克尔逊追求的目标。早在1897年，他在信中曾对芝加哥大学校长说："我不愿意吹嘘自己的名声"，他请校长不必奖励他本人而要多支持他领导的芝加哥大学物理系。但他认识到自己获得荣誉一定意义上代表的是当时美国社会对于科学的认可和礼赞，因此当荣誉到来时他都谦逊而得体地接受。[①] 迈克尔逊认为他在自己的国家得到普遍认可、获得很多荣誉，标志着美国对于科学态度的转变。他预言美国的科学事业将繁荣昌盛。在他的有生之年他看到这一预言一步步地变成现实。

3. 试析迈克尔逊理论意识淡薄的原因

迈克尔逊逝世于20世纪30年代初，这时物理学两大重要理论相对论与量子力学均已建立。因此，他目睹了这一切的建立过程。但是迈克尔逊并不是哥白尼、伽利略或爱因斯坦这类在理论上勇于创新的物理学家，而是一位典型的常规类型的科学家。常规科学家最根本的特征是他们的工作主要体现在解决难题。解题必须在一定的认知框架即库恩所说的"范式"下进行。在库恩看来，旧的范式是常规科学家看待世界以及开展研究的基础："成规提供的规则告诉一门成熟专业的工作者世界是怎样的，他的科学又是怎样的，他就可以自信地集中到这些规则和现有知识为他规定好的深奥问题上去。于是，他向自己提出的挑战就是：怎样对留下的难题给出一个解。"[②] 对于迈克尔逊而言，他的一生主要是依赖自己的实验技能解决了两个问题。这两个问题都与经典电磁学的缔造者麦克斯韦的影响有关，都是常规科学形态的经典电磁学所蕴含的问题，而不是科学革命过程中涌现的问题。这两个问题就是精确测量光速以及

---

① Bernard Jaffe. *Michelson and the Speed of Light* [M]. London: Heinemann Educational Books Ltd., 1961: 145.

② T. S. 库恩. 科学革命的结构 [M]. 李宝恒，纪树立，译. 上海：上海科学技术出版社，1980：35.

涉及测量以太与地球之间相对速度的实验。至于他的研究结论对于物理学以及其他物理学家的革命性影响，很大程度上不是他本人所能理解和预期的。

迈克尔逊的常规科学家特征，不仅体现在他的工作性质中，还体现在他对于革命性新理论的态度上。即使对于在别人看来与他的实验研究关系密切的狭义相对论，他也缺乏兴趣和关心："一段时间内，迈克尔逊不乐意接受相对论，在公开场合也很少提到它。他看起来不愿意放弃他生命里已经接受的经典定律和物理概念。"[①] 1927 年在他最后一本书里，他承认相对论得到了普遍的承认，但是他个人仍持怀疑态度。[②] 一个不愿意放弃旧理论因而不接受新理论的科学家，无疑明确将自己归于不舍旧范式的常规科学家之列了。

不仅对于革命性的新理论不热心，迈克尔逊似乎对于所有物理理论都缺乏兴趣。他是远离理论而埋头实验这类物理学家的代表人物。应迈克尔逊之邀，玻恩曾于 1912 年 4 月到美国讲学，余暇时间玻恩在迈克尔逊的实验室做点工作。对于迈克尔逊的学术态度玻恩有深刻的感受："迈克尔逊将他的奇妙凹光栅给了我一个，并给我演示怎么使用它。这样，我就把很多快乐的时光用于调焦距、观察和给很多物质拍光谱照片上。当我自己照的一张片子得到迈克尔逊的赞许时，我非常高兴。但是，他只对照出无瑕疵片子的技术感兴趣，而对片子上的谱线和谱带的意义几乎毫不关注。我观察到无数有规律的线，尤其是碳弧的光谱，于是我问迈克尔逊能否解释。他的反应很奇怪。……他却把不规则性指给我看，其中一些线从它们应处的地方挪动了，他说：'如果发生了这么讨厌的事，你还真的认为在它背后存在一个简单规律吗？'我不知道他是否认为自然现象是按照偶然的方式发生的？然而他确实对现象背后隐

---

① Bernard Jaffe. *Michelson and the Speed of Light* ［M］. London：Heinemann Educational Books Ltd., 1961：102.

② B. Strelno. *Michelson*, *Albert Abraham* ［EB/OL］. ［2013-08-07］. http://www.encyclopedia.com/topic/Albert_Abraham_Michelson.aspx.

藏的奥妙不感兴趣。"① 迈克尔逊的传记作者杰弗对于迈克尔逊的认识与迈克尔逊给玻恩留下的印象是一致的："本质上他是一个出色的测量者、一个精确测量仪器的特殊设计者、一个富于想象力的光学实验创新者。"实验室才是他的用武之地。②

迈克尔逊成为理论意识淡薄的物理学家，与他的先天禀赋有关；还与他的成长经历及环境有关。在他成长的时期，美国处于更加重视技术而轻视科学的历史阶段。那时，"技术常常在美国被称赞，但科学却常常被视为太抽象——值得尊敬，但不值得支持……这个国家的年轻人正在学习科学，但不是科学理论，而是指科学对各种技艺的应用。"③ 重视技术的思想在科学教育领域的体现就是重视实验研究，即使培养研究人员也受此思想的局限和制约：那时"美国的研究生教学课程通常注重精确的实验研究。博士生们从事的高等研究主要集中在精密测量方面……"④ 一个动手能力出色的孩子，在重视技术与实验的社会环境下成长为一位实验物理学家，这虽然不是必然的结果，但也不会超出人们的想象之外。迈克尔逊展示出来的最令人称道的才华也都是他的实验技能：在1938年纪念迈克尔逊的文章中，密立根说："巧妙的观测技巧、巧妙的分析方法、巧妙的表述，这就是迈克尔逊留给我们这些有幸目睹他的实验并听他讲解的年轻物理学家的印象。"⑤

不是所有实验物理学家都对理论漠不关心。迈克尔逊对理论缺少兴趣，一定程度上还与他缺乏数学与物理学理论知识、不能搞懂很多物理

---

① Max Born. *My Life* [M]. London：Taylor & Francis Ltd.，1978：149.

② Bernard Jaffe. *Michelson and the Speed of Light* [M]. London：Heinemann Educational Books Ltd.，1961：147.

③ 罗伯特．H. 卡巩. 罗伯特·密立根的足迹——一位杰出科学家的生活侧影 [M]. 方在庆，译. 上海：东方出版中心，2002：4—5.

④ 罗伯特．H. 卡巩. 罗伯特·密立根的足迹——一位杰出科学家的生活侧影 [M]. 方在庆，译. 上海：东方出版中心，2002：18.

⑤ 罗伯特．H. 卡巩. 罗伯特·密立根的足迹——一位杰出科学家的生活侧影 [M]. 方在庆，译. 上海：东方出版中心，2002：24.

理论有直接的关系。迈克尔逊在海军学院毕业后，在海军服役两年，然后成为了一名海军学院教师，在没有进一步系统深造也没有名师指导的情况下，就直接开始了自己的科学研究工作。他虽然后来曾到欧洲游学，但是他在游学过程中接触到著名的物理学家时，交流的内容还是围绕着自己的实验研究展开的。因此，迈克尔逊一直未能把自己武装到足以自如阅读和理解理论物理学的重要分支的程度。正如他的传记作者所说："迈克尔逊不是一流的数学家。……相对论和其后的量子理论，迫使物理学家去钻研更高深的数学。迈克尔逊具备的数学知识使他没有可能去掌握物理学的一般理论。他依靠物理模型思考而不是抽象的数学。"复杂的物理学新理论已经属于迈克尔逊学术兴趣以外的东西："他不研究热力学、放射性、电子学以及量子力学……"[1] 他不谈论相对论，并非是他的主观故意，而是他不能深刻把握它的精髓："他认为爱因斯坦的推理不是他都能弄明白的。"[2]

善于与年轻物理学家合作是老物理学家更新知识的重要方式和渠道。但是迈克尔逊有个特点：他不善于与人合作。对此密立根有这样的评价："他本性上是一个个人主义者，他自己知道这一点。他一个人单独做研究工作好于与人合作。"[3] 合作会给有的人带来乐趣，同样是实验物理学家，卢瑟福就非常善于在与年轻物理学家或学生的合作中寻求乐趣。但是迈克尔逊在合作中感受到的更多是烦恼。密立根的回忆可以让人对此有深刻体会："我记得 1905 年的一天，他将我叫到办公室对我说：'如果你能想出其他办法，我就不介入论文工作了。只要我把问题交给研究生做，他们要么没能力达到我的要求，并把问题弄得如此糟糕以至于我自己也无法接手；要么就一旦得到满意的结果后马上就认为这工作

---

① Bernard Jaffe. *Michelson and the Speed of Light* [M]. London：Heinemann Educational Books Ltd., 1961：102—103.

② Bernard Jaffe. *Michelson and the Speed of Light* [M]. London：Heinemann Educational Books Ltd., 1961：102.

③ Robert A. Millikan. *The Autobiography of Robert A. Millikan* [M]. New York：Prentice-Hall Inc., 1950：23—24.

不是我而是他们自己的。……因此，我不想再管研究生的论文了。'"①
独立的研究方式阻塞了迈克尔逊获取新知识的一条重要渠道，这也是他
不能主观上融于 20 世纪物理学革命洪流中去的原因之一。

4. 余论：科学革命的艰难性与复杂性

20 世纪物理学的革命，需要以深奥的数学知识以及对经典理论不
足之处的深刻洞察为基础。缺乏必要的数学知识储备、未能深刻掌握
足够多物理学理论的迈克尔逊，自然不能成为普朗克、爱因斯坦、玻
恩等人那样的物理学革命性理论或重要概念的创造者。他在科学界有
所建树的立足点就是发挥自己的特长、通过实验更精确地去测量一个
重要的如光速这样的物理常数，或设计实验去证实或证伪物理学的一
个理论认识。对于一个常规科学类型的实验物理学家来说，解决一个
常规科学时期难题的实验工作，与设计实验验证一个新的革命理论的工
作，在表现形式上没有本质区别。他没能力也没兴趣去建立属于自己的
新理论。

去除前科学阶段，库恩将科学发展模式描绘如下：常规科学→反常
与危机→科学革命→新的常规科学……。这种描述，容易让人把科学发
展过程理解得过于简单、过于单纯。事实上并非常规科学家只存在于常
规科学阶段，而科学革命期的科学家也不可能都是科学思想上的革命
者。即使在科学的革命期，真正做出革命性工作的也只是少数人。科学
革命的发生是一个极其复杂、极其艰难的过程。新的革命理论问世后往
往不能立即获得多数科学家的支持，不同的科学家接受同一个理论的速
度会有明显不同。这就势必造成在发生科学革命时期，新的革命性理论
与此前的常规科学理论混杂并存的态势。在发生科学革命的过程中科学
家的心态是形形色色的：有的掀起革命；有的很快认同并接受革命理论；

---

① 罗伯特．H. 卡巩．罗伯特·密立根的足迹——一位杰出科学家的生活侧影［M］. 方在
庆，译. 上海：东方出版中心，2002：36.

有的坚决拒绝接受并抵制革命理论；有的理性接受但情感不接受；有的自己提出革命理论，但其后十几年、几十年却设法用旧的理论取代自己提出的革命理论……在这方面普朗克是一个范例，就像玻恩所说："普朗克对他自己发现的革命性推论，一直持谨慎的态度……"[1] 事实上普朗克曾多年探索不用量子论解决黑体辐射问题的可能性。

　　作为一位具有革命精神、坚决地将统计观念引入新物理学，并相信它揭示了微观物质世界本性的物理学家，玻恩对于严谨的物理学家有深刻的洞察。他说：本质上，"物理学家不是革命者，而是相当保守的，他们倾向于只有在强有力的证据面前，才会屈服而放弃一个已有的观念。"[2] 玻恩的这一阐释说明，严谨的科学家即使作为科学革命的发动者，他也不是为了革命而革命。通过深入透视著名科学家在科学研究实际过程中的内心变化，可以证实玻恩所述可信性。玻恩揭示的科学家迈出革命步伐的被迫性和迈克尔逊难以进入革命物理学家行列的事实，从不同的角度展示了科学革命过程的复杂性与艰难性。

---

① Max Born. *Physics in My Generation* [M]. London & New York: Pergamon Press, 1956: 102.

② Max Born. *Physics in My Generation* [M]. London & New York: Pergamon Press, 1956: 42.

十三、两位极端反犹物理学家

回溯历史可知，人类遭遇的深重灾难更多来自人类本身而不是自然界。如日本军国主义侵略中国的大屠杀；德国纳粹发动战争、疯狂屠犹，堪称 20 世纪人类的两大灾难。其危害非任何一场地震、海啸或台风等自然灾害所能比拟。玻恩深受纳粹之害，目睹纳粹"发展"过程，并亲身经历德国物理学界的反犹活动。

1. 玻恩家族——忘记自己身份的犹太人

玻恩的父系、母系（包括后母）家族都是犹太人。其外祖父考夫曼家族经济实力雄厚，玻恩外祖父是在当地极有影响的纺织业实业家。布雷斯劳市音乐团是玻恩外祖父的弟弟资助建立的。玻恩外祖母的家族也是犹太巨贾，曾因为资助费德列大帝的军队而获得过特殊赏赐。玻恩祖父是一位名医，被普鲁士政府委任为区医官，是当时得到这一任命的第二个犹太人。玻恩继母的父亲是一位俄国犹太大商人。玻恩用"简朴但高傲"形容其父系家族，用"富有、显贵并高傲"形容母系家族。[①]

玻恩家族作为极为成功的犹太家庭，在当时与上层为伍，特殊的社会地位使他们与普通犹太家庭的观念有很大的不同。对此玻恩有清晰的认识和描述："玻恩和考夫曼两家是几代之前即被解放了的犹太人，已经被周围的异教环境所同化。他们相信自己与邻居的区别仅仅在于宗教信

---

① Max Born. *My Life* [M]. London: Taylor & Francis Ltd., 1978: 16.

仰的不同，而宗教对于他们来说无甚大用。如果从文化传统和生活习惯上看，他们就是德国人。"[①] 对于这一认识，玻恩曾通过一个例子予以说明。古斯塔夫·弗雷塔希（Gustav Freytag，1816—1895）是 19 世纪一位著名的德国作家，是最受玻恩长辈们欢迎的小说家之一。这位作家有本名为《应该与曾经》（德文名为 Soll und Haben）的著名小说。玻恩读过这本书后十分讶异，因为这是一本极端反犹、排犹的小说。该书中对犹太人的描写，与后来纳粹头子斯特雷希尔（Streicher）创办的臭名昭著的报纸，对犹太人的描写"如出一辙"。[①] 因此，玻恩认为这本书是"纳粹灾祸的起因之一"。[②]

　　玻恩之所以讶异是因为这样一本极端反犹太的小说，竟然在他们这个犹太家族受到赞扬："我们家族的人……热心阅读此书，并备加赞扬。"[①] 这本小说中刻画的反面人物都是犹太人，如金融家和小商人，但这并未引起玻恩家族以及考夫曼家族的反感，之所以这样是因为"他们显然以为自己属于德国高等商人阶层，与那些讲土话的、教养欠缺的西里西亚小商贩毫不相干。"[①] 持这种看法的德国犹太人，"常常是伟大的德意志爱国者，在 1848 年革命中曾为自由和立宪的权利而斗争，并遭受苦难。"[③] 玻恩外祖父的一位兄弟就是投身其中的人之一。

　　然而后来玻恩不得不承认这只是高阶层犹太人的一厢情愿："历史已经证明，大多数雅利安德国人并不认同这种看法。"[④] 玻恩、玻恩的妻子（是一位犹太教授的女儿）以及他们的孩子，更是丝毫没意识到自己是犹太人，或者说与其他人有什么不同。这可以从玻恩 1933 年 6 月 2 日写给爱因斯坦的信中看出："至于我的妻子和孩子们，他们只是在过去的几个月里才意识到自己是犹太人或者说非雅利安人。而我也从未感觉自

① Max Born. *My Life* [M]. London：Taylor & Francis Ltd.，1978：26.

② Max Born. *My Life* [M]. London：Taylor & Francis Ltd.，1978：6.

③ Max Born. *My Life* [M]. London：Taylor & Francis Ltd.，1978：16.

④ Max Born. *My Life* [M]. London：Taylor & Francis Ltd.，1978：27.

己是特别的犹太人。"① 玻恩及其家族的这种一厢情愿的"错觉"并非特殊阶层犹太人鲜见的特例，马克思等人也有类似的对于德国文化的认同感。然而正如维特·拉克尔（Waiter Laqueur）所说，雅利安人并不这样看："无论马克思和拉萨尔这些人如何强调他们早已脱离了犹太教，并且认为他们更多的是德国人，是这个世界的公民，但外部世界仍认为他们是犹太教。"② 这样的家庭文化氛围使他们对于宗教信仰本身也已经不是十分刻板。比如玻恩的父亲，他"并不特别偏爱犹太教，对基督教也一样。"③ 然而不是所有人都具有玻恩父亲这样较为自由的宗教思想。在父亲授意下玻恩学前阶段学到的宗教知识，在他进入学校后使他尝到了苦头：他所学的经文被老师和同学们认为是不正确的。因此他被嘲笑。玻恩此时对于宗教已生怨恨 ③，成年后一直是无宗教信仰的彻底唯物主义者。

2. 玻恩目睹反犹主义在德国的发展

有研究者指出："纳粹党在早期没有正规宣传部，但有专人负责宣传工作。从 1920 年起，希特勒、埃塞等人先后负责宣传工作。1925 年，纳粹党重建。在新纳粹党组织机构中，专门设立了宣传部。"④ 然而事实上，反犹排犹不是始于纳粹，在沙皇俄国更早曾出现过排犹事件。玻恩的继母一家就是在这样的背景下离开俄国的。⑤ 在欧洲文化中视犹太人为异类的情绪是有历史的。从几百年前莎士比亚在《威尼斯商人》中对于犹太商人的描写，不难看出这种端倪。

19 世纪 90 年代，在上小学的时候，玻恩就感受到了排犹的气氛。他有个被称为 P 的同学，是天生的纳粹材料："强壮，有些发胖，却

① Max Born, *The Born-Einstein Letters* [M]. London: The Macmillan Press Ltd., 1971: 114.

② Waiter Laqueur. *A Hstory of Zionism* [M]. New York: Holt, Rinehart and Winston, 1972: 19.

③ Max Born. *My Life* [M]. London: Taylor & Francis Ltd., 1978: 20.

④ 杨光. 早期纳粹宣传机器群体心理学分析 [J]. 山东大学学报（哲学社会科学版），2004（2）：147—154.

⑤ Max Born. *My Life* [M]. London: Taylor & Francis Ltd., 1978: 25.

精力旺盛、嘴欠，非常残暴——至少在他确信不会被老师看到时是这样……"①P这时就仇视犹太同学："那时已经有了排犹的最初迹象。……P及其他少数人或多或少地公开反犹，只要不被公正心肠的老师们发现，他们随时都以欺负犹太人为乐。到高年级后，P变成了那种后来影响到全国的极端民族主义者。在地理课上他完全按照纳粹方式勾画未来的大德意志版图。他学法律，后来成为普鲁士官吏，当我在报章上读到他在前波兰的波松省的普鲁士行政机关做了头目的时候，我并不觉得惊奇。"② 1933 年玻恩被迫离开德国暂时避难于意大利小镇时，他遇见了P的姐姐。玻恩从她那里得知，P"已经在纳粹行政机关里青云直上了"。对此玻恩觉得毫不奇怪。玻恩晚年回忆少年往事时说："就这样，在早年的学校生活中我已经预感到德国以后将发生怎样的事情了。"②

玻恩说他读小学时在学校里还只是某些同学反犹，老师和校方并无此倾向。但事实上，小孩子的情绪和举动往往是受大人世界影响的结果。玻恩的父亲是一位有成就的生物学家，在胚胎发育方面取得过很高的荣誉。③ 但是由于身为犹太人而多次在竞选教授中失利，离开世界时还是副教授。④ 玻恩有位叫作特普利茨（Otto Toeplitz，1881—1940）的老同学，是位有为的数学家，因为是犹太人而在竞聘职位时也遭到过淘汰。1919 年爱因斯坦与玻恩曾通信讨论此事。⑤ 1920 年玻恩在离开法兰克福大学，赴哥廷根大学任物理学教授前，曾举荐自己的助手斯特恩继任法兰克福大学的教授职位，但是仍然由于斯特恩是犹太人而失败。⑥ 在哥廷根大学也是如此："1925 年（玻恩等人）曾提出建议聘请冯·卡门，但这一工作从未进行。"玻恩、库朗、弗兰克几人虽然非常想让冯·卡门到哥廷根来同他们在一起，但有些教授反对，理由是学校的科学部门中

---

① Max Born. *My Life*［M］. London：Taylor & Francis Ltd.，1978：16.

② Max Born. *My Life*［M］. London：Taylor & Francis Ltd.，1978：23.

③ Max Born. *My Life*［M］. London：Taylor & Francis Ltd.，1978：46.

④ Max Born. *My Life*［M］. London：Taylor & Francis Ltd.，1978：24.

⑤ Max Born. *The Born-Einstein Letters*［M］. London：The Macmillan Press Ltd.，1971：16.

⑥ Max Born. *The Born-Einstein Letters*［M］. London：The Macmillan Press Ltd.，1971：44.

犹太人已经太多了。[①] 这几个事例说明，在德国的犹太人，即使是有才华有造诣的犹太知识分子，在 20 世纪早期，在就业等方面受到打压和不公平对待的事并不罕见，而且在纳粹得势前，甚至在纳粹出现之前就已经如此。而纳粹和反犹思潮几乎同步地越发强大和严重，有人认为这是纳粹借助反犹势力壮大自己，而反犹势力也是在借助纳粹势力。

玻恩在回忆中说："1930—1933 年，希特勒夺权的斗争日益加剧。我记不清当时解散了多少次国会，又几度选出新的来。……尽管那时我总有大难将临的预感，但我们的生活依然正常而愉快。"[②] 玻恩真心希望德国变好。在 1931 年写给爱因斯坦的信里，他提到当时的政治和经济情况都不好，但是他还怀有希望："事态一定会有所改善，虽然有希特勒和他的同伙存在。"[③] 哥廷根是个文化小城，但是这时情况也越发糟糕，午夜玻恩接到了"犹太滚蛋""灭绝犹太子孙"等恐吓电话。形势让所有能思考的犹太人恐惧。这一切可以通过玻恩夫人写给物理学家艾伦费斯特的信感受到："在哥廷根有 1 万个纳粹分子！这是十分严重的，这是这里四分之一的人口总数，或者说是二分之一的成年人总数！纳粹有一个计划：清除所有犹太教授——不再有犹太博士。（这一切的）基础是：德国人的灵魂已经丧失了同情心！！！"[④]

纳粹作为新生政治力量随乱而强："经济衰退和失业达到了顶峰；希特勒的势力迅速增长，排犹主义亦随之快速发展；政府也不可能稳定。"[⑤]最后，"德国的形势恶化了，纳粹攫取了权力，甚至在哥廷根我们也开始感到了紧张。"[⑥] 1933 年 1 月 30 日希特勒当选为总理，第二日哥

---

① 康斯坦丝·瑞德. 库朗——一位数学家的双城记 [M]. 胡复，杨懿梅，赵慧琪，译. 上海：东方出版中心，2002：156.

② Max Born. *My Life* [M]. London，Taylor & Francis Ltd.，1970：246.

③ Max Born. *The Born-Einstein Letters* [M]. London：The Macmillan Press Ltd.，1971：107.

④ Nancy Thorndike Greenspan. *The End of the Certain World* [M]. London：John Wiley & Sons Ltd.，2005：161.

⑤ Max Born. *My Life* [M]. London：Taylor & Francis Ltd.，1978：247.

⑥ Max Born. *My Life* [M]. London：Taylor & Francis Ltd.，1978：250.

廷根的纳粹分子举行了火炬游行。2 月 26 日德国国会大厦起火。次日明令取消了受魏玛宪法保护的言论自由。3 月 5 日新选出来的国会从法律上赋予希特勒统治国家的一切权力。[①] 很快普遍抵制犹太人的口号出台。

狂热的氛围让很多德国人彻底失去理智。1933 年纳粹在德国的势力无可遏止。4 月 17 日弗兰克给大学写信提出辞职。弗兰克因为在 1914—1918 年的战争中在前线服役，所以可以免受针对文职人员的种族歧视。弗兰克声称他不利用这一特权。玻恩说："几天后，保守派报纸《哥廷根新闻》发表了 40 位教授的联合声明，谴责弗兰克的辞职是对国家社会主义完美目标的破坏。"[②] 可见这时很多高级知识分子也站到了纳粹的新政权队列。1933 年 4 月 25 日报纸刊载了被解雇的公职人员名单，其中有玻恩以及其他具有犹太血统的学者的名字。[②] 1933 年 5 月 10 日玻恩一家离开了哥廷根。第二次世界大战结束后，据玻恩统计，他的家族以及朋友中，有几十位被纳粹迫害。

20 世纪前几十年，德国出现了爱因斯坦、玻恩、弗兰克、库朗等一大批科学家。他们取得了令人瞩目的科学成就，而这使他们成为最遭一些人嫉恨的犹太人。在 20 世纪 30 年代，德国学术界的反犹情绪与狂热的民族主义同步高涨。在科学界内部勒纳德（Philipp Lenard，1862—1947，1905 年诺贝尔物理学奖获得者）和斯塔克（Johannes Stark，1874—1957，1919 年诺贝尔物理学奖获得者）是反犹的急先锋。玻恩和弗兰克在回忆中都曾提到过勒纳德和斯塔克，相信这部分内容是物理学界朋友有兴趣了解、关注的。

3. 玻恩记忆中的勒纳德与斯塔克

勒纳德是德国科学界反犹核心人物。1920 年 9 月在著名的德国自

---

① Max Born. *My Life* [M]. London: Taylor & Francis Ltd., 1978: 250—251.

② Max Born. *My Life* [M]. London: Taylor & Francis Ltd., 1978: 251.

然科学家与医生协会例会期间，反犹主义分子勒纳德对爱因斯坦进行了尖锐的、恶毒的攻击。爱因斯坦对此做出了针锋相对的反击。这之后勒纳德对爱因斯坦进行了一系列的迫害，他"发明"了"德意志物理学"和"犹太人的物理学"的物理学二分法。他和另一位反犹太物理学家斯塔克在纳粹政权下成为了科学界行政领导人。玻恩认为1920年爱因斯坦与勒纳德之间的直接冲突，第一次显示了反犹主义对德国科学的巨大危害。[①]

玻恩与斯塔克有过较近距离的接触。玻恩在哥廷根大学读书时，斯塔克是那里的老师之一。玻恩在回忆中说：斯塔克"是个纯粹的教条主义者，他不证实或展示实验，只是以颇为模糊的术语描述实验，把结果列为教条，而不尝试对其做任何解释。上了很少几节课我就决定，如果这就是现代物理学，我宁愿与它毫无关系。"[②] 显然，即使从纯粹科学理念上说，玻恩与斯塔克也不是同道。玻恩认为：斯塔克"在掌握和摆弄仪器方面是个天才。但是他从来不懂物理学。"[②] 玻恩这句话的意思是说斯塔克缺乏物理学理论修养。

从做人的角度看，玻恩觉得斯塔克更为糟糕："他脾气不好，他在哪个系里都惹麻烦。为了替自己的坏脾气找发泄对象，他开始憎恨理论物理学家，因为他不了解他们。他也憎恨犹太人，因为在理论物理学家中有相当大一部分是犹太人。他特别恨一个人，这个人在1914—1918年的第一次世界大战后获得了世界声誉，他就是阿尔伯特·爱因斯坦。斯塔克是反相对论的代表人物，后来又反对量子理论。他加入菲利普·勒纳德的势力，组织反对'犹太物理学'的示威，并操刀撰写反犹太物理学的小册子和书。他自然地成为了一位狂热的纳粹分子，而希特勒一上台，他就得到了国家物理技术学会主席的重要职位。"[③] 这正是斯塔克所

① Max Born. *The Born-Einstein Letters*［M］. London：The Macmillan Press Ltd.，1971：34—35.

② Max Born. *My Life*［M］. London：Taylor & Francis Ltd.，1978：86.

③ Max Born. *My Life*［M］. London：Taylor & Francis Ltd.，1978：86—87.

追求的。

　　在玻恩看来，当时德国物理学界这两位著名的反犹太物理学家的行为，并不能证明人之初性本恶。他更认为这些人是受整个国家当时政治病的感染，才变成这样的。在 1920 年 10 月 28 日写给爱因斯坦的信中，玻恩说："在你看来勒纳德和维恩是魔鬼，而洛伦兹是天使。这都不完全对。前面两个人身患政治病，在我们饥饿的国家这是司空见惯的事，并不是性本恶使然。"[①]

4. 弗兰克谈斯塔克与勒纳德

　　勒纳德和斯塔克都是实验物理学家，比较而言弗兰克比玻恩对他们了解得更多。弗兰克的回忆可以帮助我们对这两位有更深入的了解。

　　1962 年 7 月 10 日，托马斯·库恩问弗兰克："斯塔克是对你早期的研究工作有很大影响的人吗？"弗兰克谈了他对于斯塔克的印象："我得问是在什么方面的影响？他在哪里都是不好相处的人。有一点是事实，即他对别人不引用他的研究成果这事特别敏感。而一说起他人以及他人的工作，他总是很讨厌的样子。他是令人讨厌的家伙。但是另一方面，我必须说，他常有好的点子。较早他就有了光化学是一个量子过程的观点。虽然不像爱因斯坦相关表述那么清晰，但是斯塔克确实有这个观点。还有斯塔克效应（也是好的点子）。……他获得诺贝尔奖之后，他停止了科学研究而一门心思想发财。所以他购买了一个制造瓷器的工厂，并在经营中陷入困境。那时候他所在的实验室全部做对他工厂里生产瓷器所需要的事。他是一位高级纳粹分子。在纳粹得势的时候我还能收到哈恩和劳厄的书信。那时候劳厄总写信（谈斯塔克的作为）。"[②] 显然在弗兰克看来，斯塔克是一个出色的实验物理学家，但是他难以与人

---

　　① Max Born. *The Born-Einstein Letters* ［M］. London：The Macmillan Press Ltd., 1971：42.

　　② Thomas S. Kuhn, John L. Heilbron, Paul Forman, Lini Allen. *Archives for the History of Quantum Physics* ［微型胶卷］. Philadelphia：The American Philosophical Society Independence Square, 1967, E1 Reel 2.

相处。其根本原因是他很自我、很目中无人、很有科学事业之外的个人野心。

谈到勒纳德，弗兰克说："瑞典的朋友（在勒纳德成为纯粹纳粹分子很久之前）告诉我：'在德国你们有这么可笑的同事。你知道当我们要勒纳德推举诺贝尔奖候选人时，他总是说：这几年最好的论文都是我写的。而我已经获得诺贝尔奖了。因此没必要再推荐其他什么人。'这就是勒纳德，一个疯狂的家伙。"① 如此狂妄的勒纳德当然看不起他人的著述。弗兰克说："勒纳德从来不读文献，因为他认为别人都是在胡说。这就是勒纳德的态度。"① 显然勒纳德是一个极端狂妄的自高自大者。

弗兰克向库恩爆了一个极少为人所知的大料："勒纳德来自匈牙利。有人对他的过去好奇，就到教堂的洗礼记录等处去找关于他的记载。但是什么也没找到。最后他们想到去犹太人记录档案中寻找，结果在那里找到了他。他本来是犹太人出身，却变成了这样一个超级纳粹。"① 一个犹太人，埋没自己的历史，成为德国科学界最臭名昭著的反犹太人物，这实在是值得思考的事件。

5. 结语

从玻恩与弗兰克对在纳粹时期得势的德国科学界两位反犹狂人的描写可以看出，他们有很多共性：在专业上的特殊领域研究中，他们有一定的能力，目中无人，但也有明显的弱点，理论功底较弱；在性格上，他们都很难与人正常相处，都渴望出人头地，且具有对名誉、权力或金钱的贪婪野心。在专业上的短处使他们很难单纯靠自己的本事去实现他们的野心，从而出人头地，于是他们对于强过自己的人物，内心存在本能的嫉妒与憎恨。当社会思潮或政治上出现风吹草动时，他们立即

---

① Thomas S. Kuhn, John L. Heilbron, Paul Forman, Lini Allen. *Archives for the History of Quantum Physics* ［微型胶卷］. Philadelphia：The American Philosophical Society Independence Square, 1967, E1 Reel 2.

张牙舞爪借机打击他们嫉妒和怨恨的人，不放过任何可能实现其野心的机会。相信经历过"文化大革命"等政治运动的人，见到对这二位的描写，脑海里一定立即会浮现出自己身边在政治运动中类似的若干人物。在这个意义上，反犹与加入纳粹既契合了勒纳德与斯塔克一向的情绪，也是实现他们个人野心的机会与途径。

政体的核心筋腱是权力，念着咒语般邪恶的政治口号、各怀心事的政客可以实现他们不同的私心与愿望。种族歧视是基于人类群体间特殊认知关系的一种敌视性情感和行为。在德国纳粹时期，反犹势力与政治的主流力量合体。任何社会群体的参与者，在内心驱动力以及目标等方面都不可能完全一致，纳粹亦然。勒纳德身为犹太人却隐瞒历史成为反犹核心与先锋，除了借反犹实现个人野心，难有他解。

十四、玻恩对汤川秀树的重要影响

玻恩是 20 世纪物理学界最重要的领袖之一，他的工作成就是鲜有人可以媲美的。但是他的名望与他的杰出贡献之间还相当不匹配。他不仅自己在晶格动力学、量子力学以及光学等领域取得了辉煌的成就，还培养和影响了 20 世纪一大批优秀的物理学家以及化学和生物学等领域的杰出人才。这些人中获得过诺贝尔奖的有斯特恩、泡利、海森堡、玛利亚·戈佩特、德尔布吕克、费米、维格纳、莫特等等；没有获得诺贝尔奖但同样优秀的著名科学家有朗德、约当、奥本海默、洪德、罗森菲

汤川秀树

尔德、英费尔德、海特勒等等。尤其需要指出的是玻恩为中国培养出了后来功勋卓著的三位物理学博士，即彭桓武、程开甲、杨立铭，还与黄昆合著了晶格动力学世界名著。著名物理学教授王福山也曾在玻恩的课堂上受益甚多。在这些方面，笔者曾发表过专门著述 ① 。事实上，玻恩不仅影响了曾学习和工作于其身边的青年科学家，20 世纪科学界还有很多著名人物深受玻恩的影响。日本第一位诺贝尔奖获得者、物理学家汤川秀树（1907—1981）就是

---

① 厚宇德. 玻恩研究［M］. 北京：人民出版社，2012：136—143；厚宇德，吕德明. 获得诺贝尔奖的"徒弟"最多的物理学家［J］. 大学物理，2012（4）：50—54；厚宇德，王盼. 玻恩对于中国物理界的贡献［J］. 物理，2012，41（10）：678—684.

其中的一个代表。这一段史料不为多数人所注意，却是展示玻恩对于 20 世纪物理学界后辈有过巨大而广泛影响这一事实的一个极好的例证。

汤川秀树不是从小就对物理学痴迷的人。爱因斯坦 1922 年访问日本，这在当时的日本是一件引起轰动的大事。对此汤川秀树说："在爱因斯坦访日时，我对物理学的兴趣不大。相反，我却比较热心于数学。"[1] 到临近中学毕业时，汤川秀树才决定专攻物理。他 1926 年进入大学，这时他感觉到："物理学像是一艘在狂澜怒涛中颠簸的巨舰，或者说像是正在经受地震的一块土地。"[2] 汤川秀树与玻恩结缘也即始于此时。

除了言传身教，优秀著述是传递科学家深刻影响的重要渠道。在现代媒介技术诞生前，言传身教的影响在时间上与空间上都是极为有限的。事实上更一般地说，著述历来是人类传播和继承重要思想的主要媒介之一。孟子未见孔子、庄子未见老子。孟子继承和发扬孔子的学说，庄子光大道家的影响，都要依赖著述；没有著述，他们就很难全面感受先哲思想衣钵的精髓。汤川秀树了解和崇拜玻恩始于他读到玻恩的一本德文专著。对此汤川秀树有这样的追忆：1926 年"我在丸善书店买到了一本德国新出版的书，书名是《原子力学》，作者是马克斯·玻恩。这是一本不到 110 页的薄薄的书，但内容全都是新的。当时，玻恩是哥廷根大学的一位教授，许多优秀的年轻理论物理学家都出于他的门下。我进入大学的前一年，他的一个学生维纳

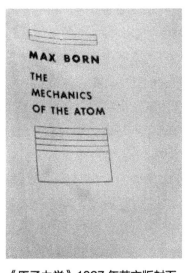

《原子力学》1927 年英文版封面

① 汤川秀树. 旅人——一个物理学家的回忆 [M]. 周东林，译. 石家庄：河北科学技术出版社，2010：107.

② 汤川秀树. 旅人——一个物理学家的回忆 [M]. 周东林，译. 石家庄：河北科学技术出版社，2010：164.

尔·海森伯在 23 岁时就提出了一种新的量子论。玻恩立即认识到它的价值，他和海森伯以及另一位学生帕斯夸·约当一起发展了这一理论。这一理论和另一理论即波动力学汇合成为今天的量子力学。"[①] 这本书对于汤川秀树有重要影响，借助于它，刚上大学的汤川秀树很快清楚了"像是一艘在狂澜怒涛中颠簸的巨舰，或者说像是正在经受地震的一块土地"的物理学界，正在发生的巨变的实质。因此他更加敬仰玻恩："玻恩的书巧妙地说明了刚刚完成的——不，正在迅速发展中的理论。对于我来说，新量子论尽管颇具魅力，但却很难。从那时起，马克斯·玻恩就成为我最佩服的科学家之一。"[②]

汤川秀树对于玻恩的敬仰是与日俱增的，而不是随着他个人在物理学界的逐渐成熟并最后成为一流的世界级物理学家而有所减弱。有一件事可以对此给出最好的说明。获得诺贝尔奖是汤川秀树在物理学界地位达到了顶峰的标志。在这一重要时刻他没有忘记而仍在感念玻恩。在瑞典参加了诺贝尔奖的颁奖活动之后，汤川秀树即赴苏格兰，来到玻恩任教授的爱丁堡大学，专程拜见玻恩："在 1949 年末，从斯德哥尔摩返回纽约的途中，我在英格兰的爱丁堡停留以便拜访玻恩博士，他在几年前曾被驱逐出德国并任教于爱丁堡大学。"[③] 我们必须要意识到，这时的玻恩还不是诺贝尔奖获得者，他在退休后的 1954 年才获得自己的诺贝尔奖。一位刚刚获得诺贝尔奖的人，通常即使不是踌躇满志，也是心情非常愉快的。在这个时候，有感恩之心的人想起早年给予过自己启迪和帮助的人是比较正常的，但是放下一切首先专程去看望一位还未曾谋面的给予过自己思想帮助的老人，能做得到的人不多。尤其要考虑到虽说玻恩曾是一位学派领袖，但是直到这时却一直未能获得诺贝尔奖这一殊

① 汤川秀树. 旅人——一个物理学家的回忆［M］. 周东林，译. 石家庄：河北科学技术出版社，2010：165.

② 汤川秀树. 旅人——一个物理学家的回忆［M］. 周东林，译. 石家庄：河北科学技术出版社，2010：165—166.

③ 汤川秀树. 旅人——一个物理学家的回忆［M］. 周东林，译. 石家庄：河北科学技术出版社，2010：166.

荣，而且此时已经年迈。汤川秀树果真去看望玻恩这一事实，一方面说明玻恩在汤川秀树心目中占据着崇高地位，也反映出汤川秀树具有美好的内在人格。与汤川秀树的行为相比，玻恩有的亲传弟子做得就难以恭维，比如对于曾经的恩师玻恩，海森堡早期就做得不好，甚至可以说做得非常糟糕。[①]

　　玻恩对于这位比自己小 25 岁、刚过不惑之年的来自东方亚洲的青年人，也是礼让有加："在我们抵达火车站前面的旅馆时，前来迎接我们的那位老绅士就是马克斯·玻恩本人，他正像我所想象的那样。"[②] 汤川秀树对玻恩的认识是深入的，他发现自己与玻恩属于同一类型的科学家，这可能是两个在年龄与文化背景等方面都存在巨大差异的人彼此惺惺相惜的真正原因："学者有不同的类型，他们可以被区分为'硬'和'软'两类，马克斯·玻恩显然属于'软'的成分较多的那种类型。我认为我本人也是属于软类型的学者，这也许是我正无意识地在前辈的大学者中间寻找一位与自己性格相似的人吧。"[②] 在汤川秀树的心目中，玻恩是他的楷模。他对玻恩性格的把握是准确的。正因为玻恩的"软"使得这位真正的量子力学之父成为了总是"硬气"的玻尔等人的陪衬，不但自己的哥廷根物理学派至今不为多数人所知，而且玻恩自己也被人视为玻尔的哥本哈根学派的一员。这在今天仍是物理学界、科学史界一些人的错误"常识"。在玻恩的档案中，有一张当年玻恩夫妇与汤川秀树夫妇等人的合影（见下图），图中中间二人为汤川秀树夫妇，右一为玻恩，左二为玻恩夫人海蒂·玻恩。

　　汤川秀树认为玻恩是 20 世纪创立量子力学的领袖级人物。这可以从他在另一本书里的一段表述中感受到。在这本书中，汤川秀树指出在有的历史时期，科学天才成批出现，如培根、伽利略、开普勒和笛卡尔以及牛顿是一批。而"20 世纪初又是这样一种情况，因为当时在一段短

---

① 厚宇德. 玻恩与诺贝尔奖 [J]. 大学物理，2011（1）：48—55.

② 汤川秀树. 旅人——一个物理学家的回忆 [M]. 周东林，译. 石家庄：河北科学技术出版社，2010：166.

玻恩夫妇与汤川秀树夫妇的合影

的时间出现了普朗克、爱因斯坦、卢瑟福、德布罗意、玻恩、海森伯、玻尔、薛定谔和狄拉克等人。"① 这个名录顺序仔细分析大有奥妙。普朗克、爱因斯坦、卢瑟福这几位且不论。"德布罗意、玻恩、海森伯、玻尔、薛定谔和狄拉克"这个顺序的逻辑是什么呢？显然不是按照年龄排序的，也不完全是按照每个科学家提出自己代表性理论的时间排序的。德布罗意 1924 年提出物质波假设，算作量子力学的先导，置于前可以理解。按照通常的误解，量子力学的矩阵形式最初源自海森堡的"一人文章"，那么似乎该将海森堡置于德布罗意之后、玻恩之前。但是事实上汤川秀树没有这样做。有人说"海森堡的思想，是在他敬爱的老师玻尔周围圈子的激励下，产生于哥本哈根。"② 如果真的这样，矩阵力学就该叫哥本哈根矩阵力学，而实际上它被了解详情的人称为哥廷根矩阵力学；如果这种说法为真，玻尔就该位居海森堡之前，而玻恩应列于海森堡之后。毫无疑问玻尔本人的原子理论问世最早，如果把它看作量子力学发展史上的一个必要环节，则玻尔也应该置于前列，但事实上汤川秀树不认为事实如此。因为他清楚，是玻恩发现玻尔的原子理论具有本身无法克服的困难，才另起炉灶带领学生经过几年摸索，建立了新的关于原子世界的理论——量子力学。海森堡的"一人文章"只是这

---

　　① 汤川秀树. 创造力与直觉——一个物理学家对于东西方的考察［M］. 周东林，译. 石家庄：河北科学技术出版社，2010：141.

　　② R.Ladenburg，E.Wigner. *Award of the Nobel Prize in Physics to Professors Heisenberg，Schroedinger and Dirac*［J］. The Scientific Monthly，1934，38（1）：86—91.

一过程中的一篇重要的文章而已，其中的主要思想又都直接源自于玻恩的课堂和著述 [①] 。早有关注物理学原始文献的物理学专家如拉波特、如北京大学的王正行教授指出：海森堡的"一人文章"还不是矩阵形式（因为这时的海森堡不具备矩阵知识），因而也还不是矩阵力学。而发现可以借助于矩阵很好地表述它并付诸实施的正是海森堡的老师玻恩 [②] 。因此，如果仅针对在建立量子力学方面贡献的重要性而言，比较玻恩、海森堡与玻尔三个人，汤川秀树的排序是合乎事实的、中肯的。但是这毕竟是很专业的史实，要让更多人理解和接受这一认识还存在相当的困难。至于薛定谔和狄拉克，都是在别人（前者基于德布罗意，后者基于玻恩、海森堡与约当）的坚实工作基础之上开展自己的研究并做出贡献的，因此就建立量子力学而言将他们置于列尾并非没有道理。也许有人会认为这个序列只是汤川秀树的随意之说，但是笔者更愿意相信这里面暗含深意，至少体现了他更加看重玻恩在建立量子力学过程中的巨大作用。

从文献中可以看出，在遥远的东方有位自己的忘年交知音也令玻恩欣慰，他也重视汤川秀树的观点。在《玻恩 - 爱因斯坦书信集》里，玻恩曾多次提到汤川秀树，其中在他撰写的 1955 年致爱因斯坦的信（这是最后一封玻恩与爱因斯坦的通信）的注释中有这样的话："汤川秀树是一位杰出的理论物理学家，唯一获得诺贝尔奖的日本人（1964 年后日本又有多人获得此奖。——笔者注）。1949 年他因预言一种叫作介子的新粒子（它的质量介于电子和质子之间）的存在而获该奖。我和他时而通信并见面，例如这一年（1965 年）在林道（Lindau）举行的诺贝尔奖获得者会议上。我们不仅在物理思想上一致——他承认我的倒易原理是基本粒子理论中有指导作用的探索性思想——而且对于误用科学研究成果

---

① 厚宇德. 玻恩研究［M］. 北京：人民出版社，2012：32—61；厚宇德，杨丫男. 可观察性原则起源考［J］. 大学物理，2013（5）：38—42.

② 厚宇德. 玻恩研究［M］. 北京：人民出版社，2012：117—118.

于战争和破坏目的这类做法的反对态度也是一致的。"[①]

对于玻恩的这段话需要作出几点说明。首先，关于汤川秀树对于玻恩提出的倒易原理的态度，玻恩的说法是有据可查的。如汤川秀树1948年有一篇相关文章[②]，用这一原理讨论了广义场论（generalized field theory）。文中引用了玻恩1938年相关文章中的思想。

其次，玻恩说汤川秀树与他在反对为战争和破坏的目的而误用科学研究成果方面的观点一致，这从汤川秀树的著作中也是可以看到的。玻恩退休后晚年主张和平利用科学技术，倡导禁止将科技手段无原则地应用于战争，在这方面他做了很多工作。他向罗素建议由自己联络诺贝尔奖获得者，借助他们的影响投身遏止误用科学的国际活动；游说罗素和爱因斯坦，促成了罗素－爱因斯坦宣言的诞生；玻恩在德国倡议科学家签署并公布了迈瑙宣言和哥廷根宣言。因此，玻恩是帕格沃什运动的最早倡议发起者[③]，也是积极参与者。汤川秀树参加了1962年的第十届帕格沃什会议。他后来回忆：这一届会议召开时，"在除了罗素以外的10位声明签署的人中，有3位——爱因斯坦、约里奥和布里奇曼——已经去世。玻恩和穆勒病得很重，没能出席。"[④] 但是玻恩对于这次会议仍有影响。他给大会写来了表达自己看法的信函。罗素在大会上宣读了玻恩的来信。玻恩的思想给汤川秀树留下了深刻的印象，他曾在其著作中转述了玻恩信函中的部分内容："在第三届会议上，我在担任会议主席时曾有过如下一段插话：'聪颖的和理性的思维方式是不够的。大规模屠杀的危险……只能通过道德上的悔悟来加以克服，只能通过用人类之爱代替

---

① Max Born, Albert Einstein. *The Born-Einstein Letters*（*1916—1955*）[M]. New York: Macmillan Press, 2005: 229.

② H. Yukawa. *Reciprocity in Generalized Field Theory* [J]. Progress of Theoretical Physics, 1948, 3（2）: 205—206.

③ 厚宇德，潜伟. 玻恩在帕格沃什运动中的特殊作用 [J]. 自然辩证法研究，2010（2）: 112—117.

④ 汤川秀树. 创造力与直觉——一个物理学家对于东西方的考察 [M]. 周东林，译. 石家庄：河北科学技术出版社，2010: 224.

民族自尊和民族偏见来加以克服.'即使我能够来参加这次会议,我也只能重复我在那时说过的这一段话。"[①] 汤川秀树同意玻恩的观点。

汤川秀树与玻恩之间更多的是一种神交。这段神交是玻恩学派发展图谱上一类分支的典型代表,这类分支指的是那些非玻恩的入门弟子,但对玻恩的学术思想以及为人之道都认同和效仿的科学家全体。孔子主张述而不作,但有弟子服其劳而成《论语》并恩泽后世。在玻恩学派图谱上汤川秀树这类枝干的存在,说明一位重视自己学术思想影响力的科学家既述又作并且出佳作是十分必要的。玻恩是一座山峰,汤川秀树也是一座山峰,从汤川秀树这座山峰的特殊视角看过去,我们对于玻恩以及玻恩的影响有了更多独特细节的体察,值得今天年轻与年长的科学人士关注。认真关注者,会获得某种感悟和启示。

---

① 汤川秀树. 创造力与直觉——一个物理学家对于东西方的考察 [M]. 周东林,译. 石家庄:河北科学技术出版社,2010:224.

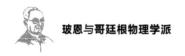

十五、玻恩与拉曼

拉曼（C. V. Raman，1888—1970），是印度著名实验物理学家，1928年在与同事克里希南（K. S. Krishnan）研究液体和晶体内的散射时发现了后来称为拉曼效应（the Raman effect）的现象：入射光与介质的分子相互作用，使其频率发生变化。这种散射也被称为拉曼散射。事实上苏联物理学家在同一年也发现了这一现象。1930年拉曼一个人获得了诺贝尔物理学奖。为什么只有他一个人获奖？这是个需要很长篇幅才能分析清楚的问题，在此不予以深入分析。拉曼是与玻恩有过特殊关系的物理学界同行之一。

1. 玻恩的印度之行

基于有点偶然的原因，玻恩与拉曼有了一段深入的交往。离开德国后在剑桥逗留的玻恩，1935年接到印度科学院院长拉曼的来信，希望玻恩为印度科学院介绍一位有能力的年轻物理学家，最好这个年轻人不是英国人（当时印度人与英国统治者之间关系比较紧张）。玻恩回函说，他更加了解德国物理学家，但是现在他已经移居国外，不想与他们发生关系。况且玻恩认为自己对班加罗尔以及印度科学院都毫不了解，怎么说服别人去那里呢？不久拉曼回函对于玻恩的说法表示理解。然后提出一个建议：欢迎玻恩去班加罗尔的印度科学院考察并感受一下，可以在这里工作半年，由科学院支付旅费和很不错的薪水。这样1935年秋天玻恩夫妇前往印度。到印度后玻恩发现他是印度科学院的第一个欧洲人，在他之后来了位英国工程学教授阿斯顿（Aston）。玻恩在印度受到了超乎想象的欢迎：印度教育部长为之安排晚宴，多个大学请他去做报告，受邀到电台发表讲话。研究所内部的工作也很快开展起来，玻恩做了包括拉曼效应在内的主要关于晶体研究的一些讲座。玻恩多次与拉曼及其合作者讨论过他们的实验，主要涉及与拉曼效应有关的光学问题。玻恩感到拉曼等人对这些讨论没有兴趣。玻恩自己以为这是由于他的讨论对于他们的实验研究帮助不大。针对拉曼的理论见解，玻恩与拉曼有过多次激烈的辩论。但是玻恩觉得他与拉曼的关系还不错（见下面玻恩与拉曼等人当年的黑白合影，照片中右一为玻恩夫人，右二为玻恩，右三为拉曼）。拉曼在科学研究方面有更大的追求，他意识到需要与精通理论的物理学家合作（遗憾的是他一直没实现这一目标），因此他主动提出要在印度科学院给玻恩争取一个永久的教授职位。玻恩对此有些犹疑，并就此事与剑桥的卢瑟福、福勒（Ralph Fowler）等人书信讨论过。玻恩心里不喜欢印度当时人们社会地位以及财富非常悬殊的现状，但是因为他还没有其他职位，最后表示愿意接受拉曼的安排。种种迹象表明，此时的拉曼真心想帮玻恩留下来，为此他费了心思，打了不少小算盘。但是在玻恩看来拉曼的做法明显欠考虑、不合适。如拉曼要召集教授特别会议，希望获得支持而将对玻恩的任命提交给科学院。拉曼告诉玻恩，他发给与他关系不好的会员们的信函时间较晚，因此等他们接到邀请后即使想阻止，也来不及了。这个会议似乎按部就班地召开了。拉曼首先对玻恩作为科学家、作为教授等方面的造诣以及做人方面的美德予以充分美言。这令玻恩感觉不舒服。更让玻恩不舒服的是，他看到有些与会者并未很好地听拉曼讲话，最出乎其预料的

玻恩夫妇与拉曼等人的合影

是，从英国来的阿斯顿站起来反对拉曼的说法。他说玻恩是一个被自己国家驱逐的二流外国人，这样的人不适合在印度科学院任永久教授。今天无论借助百度、谷歌还是维基百科，都无法查询到丝毫关于这位英国人的更多信息。将玻恩被纳粹迫害说成玻恩被自己的国家驱逐，此翁如此是非不分可谓奇葩。阿斯顿反对的是拉曼的主张，但事实上这是直接对玻恩最大的侮辱。玻恩回到家里，无助而百感交集地面对妻子痛哭不已。令玻恩夫妇不解的是他们认为平素与阿斯顿夫妇相处得不错。据南希·格林斯潘的研究，阿斯顿早有预谋。[1] 如果真的如南希所言，那么刚到印度的阿斯顿的行为就不是偶然的个人之举。因为搞掉拉曼对阿斯顿而言毫无益处。因此他应该是被反对拉曼势力安排好的一名炮手。会议上的一幕幕其实是一场事先精心导演的政治斗争。拉曼在这场他根本没有充分预料到的斗争面前，彻底陷入被动。而玻恩则是印度科学院内部要搞掉拉曼的势力与拉曼斗争的牺牲品。这件事之后，拉曼给一些人发通知信函时故意拖延时间的小伎俩被揭穿，因而他失去了在印度科学院的职位。事后他成功筹集到经费建立了私人研究所。按常理，在这件事中玻恩和拉曼同为受害者，应该互相理解互相慰藉。然而拉曼事后变得对玻恩很不友好，玻恩明显感觉到了拉曼的这一变化："我的访问造成的遗憾后果可能使拉曼对我心生怨恨。后来我们之间在科学问题上发生了意见分歧，如果不是他当年对我心生怨恨，我就无法理解他攻击我时表现出的憎恶行为。"[2]

玻恩的印度之行，最有意义的是他受到了当时印度科学院物理研究生们的欢迎。在玻恩的档案中，保留着他离开印度时，学生们制作精美的一封感谢函（见插图）。信中说：在过去 6 个月里，"在您处理现代物理学难题的报告中，我们感受到了清晰的表述与只有大师才拥有的深刻思想之间难得的结合。在这短暂的一段时间里，您已经为我们展示了

---

[1] Nancy Thorndike Greenspan. *The End of the Certain World* [M]. London: John Wiley & Sons Ltd., 2005: 206.

[2] Max Born. *My Life* [M]. London: Taylor & Francis Ltd., 1978: 277.

在物理学领域，通过研究找到问题答案的方法。您的教导性工作已经在我们中间一些人的原创研究中开花结果。……毋庸置疑，您是一位杰出的探索者，而作为老师您具有一种非凡的才能——在课堂上您能用您的热情鼓舞学生。我们每个人都由衷喜爱您亲切和蔼的风格，我们将永远记住与您这位具有透彻思想的思想者密切接触的这些幸福日子。"玻恩一直把这封信保留着，这可能是印度之行能唤起他美好回忆的难得物件。

印度科学院物理研究生们致玻恩的感谢函

2. 玻恩与拉曼的争论

20 世界 40—50 年代，玻恩与拉曼之间发生了一场科学论战。玻恩与拉曼争论的问题并不深奥。任何准弹性系统的频率数是粒子数的 3 倍，因而玻恩认为由 10^{24} 个原子构成的晶体具有超大的频率数，可以认为其波谱是连续分布的。通过二级拉曼效应实验，能观察到波谱具有明显的波峰。拉曼认为这证明了他的理论，即晶体振动波谱不是准连续的，而包含有限数目的频率。在这场争论中，玻恩的做法是，把自己的观点表达清楚就达到了目的。但是拉曼一直没能放下这场争论，在玻恩偃旗息鼓之后，他还择机攻击玻恩，不仅在著述上，后文根据佩尔斯（Rudolf Peierls，1907—1995）的回忆可以看出，在学术会议上拉曼也不放过攻击玻恩的机会。对此，玻恩说："我们几次交换意见，多数是靠在《自然》发表短文。拉曼还在他较大部头的出版物上攻击我以及我的学生。但是我们很少回应，因为我相信多数物理学家是支持我们的。现在这个问题已经由实验证实，结果对我有利，因为所有点阵谱均可以借助中子散射直接观察。我刚刚去哥本哈根出席了关于点阵动力学的国际会议（1963 年 8 月）。会上彻底讨论了这个话题。拉曼甚至未被邀请参加会议。"①

这的确是再纯粹不过的科学观点上的商榷与争论。但是科学争论对于不同的人的意义和影响是不一样的，对此玻恩的认识过于简单。从今天的情况看，拉曼过于个性化的脾气使他在当时印度物理学界招致不少反对。玻恩批评拉曼的文章传到印度，就成为了那些拉曼反对者攻击拉曼的武器。拉曼与玻恩对待学术争论的反应有很大不同，原因就在于此。

玻恩在回忆录中，提到了他离开印度后与拉曼的两次相遇。第一次是法国的波尔多大学举办了拉曼效应发现 25 周年纪念会。会议主办方在活动过程中授予拉曼荣誉博士学位。但同时也授予玻恩荣誉博士学位。玻恩认为这表明，法国同行在点阵振动问题上，肯定他的观点。两人见面后，玻恩礼貌而诚恳地表达问候，他感觉也得到了拉曼诚恳的问候。但在讨论问题时，拉曼尖刻谴责一位理论物理学家差劲的实验。玻恩绵里藏针予以反讽："亲爱的拉曼，实验家们冒昧提出理论，其后果又怎么样呢？"② 结果拉曼暴怒，私下对玻恩的妻子说，玻恩严重地冒犯了他。

二人再次相遇是在德国由诺贝尔奖获得者参加的一次林道大会上。在宾馆餐厅，拉曼刚巧坐在玻恩的邻桌。他很友善地与玻恩夫妇致以问候。但是第二天，拉曼却开始躲着玻恩，这让玻恩想起拉曼曾认为自己是"敌人"。对此玻恩说："事实上我从来都不是他的敌人。至今我还钦佩他那迷人的人格，以及他献身科学研究的精神。"玻恩想到因为邀请他去印度并想为他谋得一个永久职务，使拉曼陷于被动并失去了在科学院的职务，心里甚觉遗憾。但是玻恩认为："我不明白为什么我要因为这一件不幸事件而该承受责备；我也不能接受一个我认为错误的科学理论。"③

① Max Born. *My Life*［M］. London：Taylor & Francis Ltd.，1978：277.

② Max Born. *My Life*［M］. London：Taylor & Francis Ltd.，1978：277—278.

③ Max Born. *My Life*［M］. London：Taylor & Francis Ltd.，1978：278.

3. 后人对玻恩 – 拉曼争论的研究

拉曼是亚洲第一位获得诺贝尔物理学奖的物理学家，因此他在科学史上的地位足够特殊。关于拉曼的文章很多，拉曼与玻恩的交往也是关注的焦点之一。其中有的文章，比较实事求是，如拉默斯山（S. Ramaseshan）1998 年的文章 [1]。基本上也与玻恩那一时期的信件以及后期的回忆相吻合。印度物理学家凯沃尼（G. H. Keswani）对他的同胞毫不护短，他的文章更值得肯定：拉曼的数学知识太有限，这使得他不能理解玻恩的理论。"除此之外还有一个原因，那就是拉曼生性好斗的特性以及他高估了他自己作为物理学家的地位" [2]。他认为这是拉曼犯错误并使论战升级的主要原因。

也有学者，如阿巴·苏尔（Abha Sur）站在物理学甚至科学之外去看拉曼与玻恩之间的争论。他的具体做法是，把科学家分成东方与西方两大类，从东西方在社会与文化上不同的角度，分析这场科学争论。这种做法过于牵强，其一正如辛格（Rajinder Singh）所说，这种做法违背事实。如果这种争论真的是不同文化、不同社会与政治背景造成的，那就无法解释为什么印度物理学家中反对拉曼观点的也大有人在的事实。[3] 然而，从科学史甚至历史研究的角度，笔者认为辛格本人在批评他人的同时，犯了更大的错误。他在一篇文章中，在没有任何证据和理由的情况下竟然说："重要的问题是：在这场争论发生的时候，台面下正在发生什么？这两派究竟是怎么摩擦起来的？在这种特殊的情况下，玻恩的自传多大程度上我们可以相信？" [4] 事实上玻恩返回剑桥不久，就

---

① S. Ramaseshan. *Draft of the Letter from Max Born to C.V.Raman and the Story of the Unsuccessful Attemp of Raman to Get Born and Ather Refugee-scientists from Germany to India* [J]. Current Science, 1998, 74（4）: 379—380.

② G. H. Keswani. *Raman and His Effect* [M]. New Delhi: National Book Trust, 1980: 105.

③ Rajinder Singh. *Max Born's Role in the Lattice Dynamic Controversy* [J]. Centaurus, 2001, 43: 260.

④ Rajinder Singh. *Sivaraj Ramaseshan——a Reminiscence* [J]. Current Science, 2004, 86（8）: 1056.

在爱丁堡大学获得了教授职位，在教学与科研两方面每天忙碌不已的他早已将发生在印度的事放在了脑后，无暇再顾及。从玻恩定居爱丁堡后与各位同行及朋友的通信，可以看到他几乎能精确到每周的活动情况。这位忙碌而乐于宽恕的老实人，根本没对拉曼或在印度的遭遇耿耿于怀。如果拉曼不再从事晶体领域的研究，或者说不发表和宣传错误的理论，玻恩几乎就不会再与拉曼存在交集。这就是台上台下的一切。辛格暗示玻恩与拉曼的论战出于双方或一方的报复行为。这在事实面前也是站不住脚的。玻恩1935年刚到印度的一段时间里，在他的印象中，与拉曼彼此之间还是好朋友。而这个时候玻恩在与拉曼讨论时，已经直接对拉曼的观点提出过批评。因此这场科学争论至少从玻恩这方面来看，并不是为了报复而故意找拉曼的麻烦。玻恩其后一直坚持自己的观点就是证据之一。玻恩与拉曼之间的争论，在玻恩一方看来非常简单，就是单纯地指出同行的错误认识。如果辛格发现玻恩回忆录所写的内容，与他当年写给拉曼、卢瑟福、福勒等人的信件，在内容上有明显的不同；如果辛格发现，相信玻恩在回忆录中所说，就会出现无法解释的问题；如果辛格自己掌握了其他什么相关文献证据，那他作此阴暗的揣测是可以理解的，也是有一定道理的。但事实上他什么都没有。在历史研究中，采取这种无端而随意猜疑的思维方式，不仅仅是无缘由怀疑一切，也是在侮辱历史人物的人格。在现实世界侮辱人格是要受到道德谴责的，在学术研究中这般无缘由侮辱历史人物也应该受到相应的批判。

4. 如何理解拉曼的行为

拉曼的心态使他与同行越发格格不入。拉曼是第一个亚洲诺贝尔奖获得者，这使他充满自信而自视颇高，在印度他感觉自己鹤立鸡群；在欧美他也认为自己位于一流物理学家之列。这种自我定位使得他在印度目空一切、不可一世；在欧美，如果有人对他有不同意见，他倾向于认为这是歧视。拉曼在印度树敌过多，这使得他对来自于欧美，比如来自于玻恩的科学争论更加顾忌。因为欧美物理学家对于拉曼的批评，会成为拉曼国内敌人攻击他的更有杀伤力的武器：你不是世界级物理学家吗？看看世界级物理学家是怎么评价你的！因此拉曼反感玻恩的批评，重要的原因是他特别害怕这种批评在印度对他产生更糟糕的影响。

使拉曼自己陷入被动的是他失误的研究策略。诚如凯沃尼所说，拉曼的数学知识有限，因而不可能成为一流理论物理学家。但是因为拉曼对自己的能力缺乏理智的判断，又不满足于只做实验研究，这就使他无法避免地陷入策略上的大失误。包括玻恩和佩尔斯等著名物理学家在内，都认为拉曼是了不起的实验物理学家。拉曼真不该以己之短去与人争胜。客观地看，从值得肯定的方面说，拉曼之所以这样做，根本的原因在于他是有大抱负的人、在人生追求上渴求大作为的人。事实上，在科学研究之外，拉曼也是一个有能力的人。他离开科学院后，自己能够成功运作起一个研究所就是有力的证据。而经过努力他能很快获得诺贝尔奖的事实，更充分显示了拉曼的独特能力与智慧："拉曼刚一提交出版他关于新结果的手稿，传奇就开始了，在接下来的 12 个月他就从加尔各答往斯德哥尔摩发布了这一内容。可以相信，大家都知道拉曼是很自信的，而他得到诺贝尔奖的认可紧随他的发现之后，这个速度也是非同寻常的。"① 取得非同寻常的结果，恐怕不是只向斯德哥尔摩通报一下自己的研究结果就可以搞定的。

拉曼的性格也是他有时行为不得体的原因。凯沃尼说拉曼生性好斗。除此之外，在对拉曼有较多的了解之后，笔者认为拉曼还有善变的特点。这从玻恩的回忆中可以看出，拉曼有时今天一个态度，明天就会态度 180 度大转弯。著名物理学家佩尔斯记录的关于拉曼的一个故事，充分展示了他自我、好斗、缺乏理性又善变的性格："1950 年在印度的孟买有一个理论物理会议……他（拉曼）确实是一位很有能力的实验

---

① 伊什特万·豪尔吉陶伊. 通往斯德哥尔摩之路［M］. 节艳丽，译. 上海：上海世纪出版集团，2007：37.

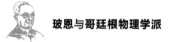
师，但是不愿意接受理论；他甚至声称马克斯·玻恩对于晶体的基础性研究工作都是错误的。在这次会议上……拉曼一个人讲话占用 1 个小时 50 分钟的时间，而这个房间只能使用 2 个小时。拉曼批评玻恩的工作，尤其批评所谓的周期边界条件。玻恩的这个条件虽然不是实在的，但是它可以使计算更简单。给我的时间只够我说这个条件是正确的，并且我能证明这一点。我表示如果他愿意在他的期刊发表的话，我可以写出证明过程并提供给他。他同意了。但是当我把论文寄给他以后，他首先争论说证明不对，后来却说无论如何这个问题不重要。"[1] 佩尔斯的这段回忆里面的拉曼的做派，再一次活灵活现展示了拉曼的个性。与拉曼这样的人相处，是件麻烦事。

中国老话说交友不可不慎。但无论如何谨慎，人生中有些事是躲不过的。玻恩与拉曼的交往，主动联系玻恩的是拉曼；想帮玻恩，不但没帮成，自己还失去了位置的是拉曼；本该互相体谅但是却怪罪同病相怜者的还是拉曼。玻恩与拉曼两个人的研究领域有重叠，以玻恩对待研究工作的认真和执拗，当他发现错误说法时，无论这错误说法来自于拉曼还是其他人，玻恩都不可能不表明自己的观点。玻恩这样做没有错误。但是如果说他有欠考虑的话，那就是他没考虑到拉曼在印度面对的学术环境，以及在那样的学术环境下，玻恩的批评将给拉曼带来的影响。如果玻恩能清楚意识到这一层，是可以把事情处理得更好一些的。

① Rudolf Peierls. *Bird of Passage* [M]. Princeton: Princeton University Press, 1985: 262—263.

十六、论科学家的职业操守

1. 科学家与其他从业者职业操守的异同

选择一种职业，很大程度上就是选择了特定的生存方式以及人生道路。所以，孟子云：术不可不慎。而要走好所选择的职业道路，需要对自己行为的进与退能够理性掌控。所谓职业操守通常指人们在职业活动中所应遵守的行为规范的总和。但是在人们的一般理解中，职业操守尤其特殊职业的职业操守，并非指某种职业要求从业者必须履行的基本工作行为规范本身；而往往特指在比较极端的情况下，一个人在职业要求与自己的现实利益之间发生某种冲突时的抉择中，所体现出的精神境界。

不同职业的从业人员自律的力度及其来源有所区别。有些职业较大层面上只是一种谋生手段。这类职业的从业者的职业操守，很大程度上来自于单纯、朴素的道德良心，或来自于从业者心里清楚如果不自律将带来的后果的压力。很多时候，后者的约束力强于前者。与此不同的是，对有的科学家而言科学研究不仅是他们的谋生手段，也是他们实现精神追求的途径。科学家最高境界的职业操守，很大程度上直接取决于其精神境界，表现为他们的理想、价值观、是非观等内在精神素质对其行为的驱动。对于科学界很多伟大的人物而言，他的职业操守对其行为的自我约束力，较之外界压力的影响更为强大。如有的科学家不顾压力断然拒绝参加研制某种武器的工作（如玻恩在第一次世界大战时拒绝参加化学武器研发；而在这之后虽然他研究量子力学却从未从事与核武器研发直接相关的研究）；再如有的科学家为了自己的理想而即使极度清贫也不肯以自己的科学研究成果去换取物质上的富足，等等。

大科学时代的科学需要全方位的、合理而合适的管理。然而任何管理都有局限。管理的局限性有时是由于被管理者的复杂性导致的。很久以来科学探索既是一个美好的为人类而献身的事业之一，也是个别人追逐名利的一条途径。有些人投身科学事业，用爱因斯坦的话说："为的是纯粹功利的目的。"而他们投靠了科学事业，往往是一时的机会使然："对于这些人来说，只要有机会，人类活动的任何领域他们都会去干；他们究竟成为工程师、官吏、商人，还是科学家，完全取决于环境。"①这类人的职业操守，往往是软弱的。他们的核心目标是追名逐利。对于他们而言，剽窃、造假、夸大等等违背科学精神和职业道德操守的行为，在特定的情形下往往是难以杜绝的。

然而一些科学大师以其行动书写了科学家职业操守的神话。科学事业，是他们人生唯一的理想选择，这是他们的职业之路，也是他们人生价值的实现之路，更是他们追求信仰之路。对于完全醉心于科学探索的科学家而言，他们与科学研究工作的关系，很类似于某些虔诚的宗教从业人员与宗教的关系：他的谋生之路也是他信仰的获得永生之路。这些科学大师，对于科学事业毫无三心二意，他们的人生之路就是科学探索之路，他们的存在就是为了献身于科学探索。对他们而言，科学探索的意义甚至可以重于他们的生活和生命本身。

2. 科学家职业操守的范例

2.1　范例之一：法拉第（1791—1867）

从其做出科学贡献的重要性及丰硕性而言，法拉第都位于人类历史上一流的科学大师之列；从其秉持的高尚的科学精神而言，法拉第是科学界圣洁的榜样之一。法拉第对待人生、对待科学展示的崇高境界，并非完全来自于严谨科学生涯中的历练和感悟，而是其基本人生态度借助

① 许良英，范岱年. 爱因斯坦文集：第一卷［M］. 北京：商务印书馆，1976：100—101.

于科学研究而释放的光辉，因此不可避免染足科学的色调。还在希望成为化学家戴维的助手而向其表露心迹时，法拉第就说过："我认为做生意是邪恶与自私的，我的愿望就是逃避生意以便投身科学事业，在我的想象中科学会使其研究者变得和蔼、没有偏见……"① 正因为在法拉第看来科学研究是一项高尚的事业，他才选择这一人生道路。法拉第成为了他所敬仰的那类人。1853年亥姆霍兹在写给他夫人的信中这样描述他见到的法拉第："他纯朴、温和、谦恭，有如小孩。我尚未遇见过这样可爱的人。而且，他待人也是最亲切的，他亲自向我展示了一切。"②

法拉第下面这段话值得我们深思。它既可以告诉我们他何以能做出巨大的科学贡献，也向我们诠释了他职业操守的强大力量究竟是什么："我一直冥思苦想什么是使哲学家（法拉第所说的哲学家，实际上就是我们今天意义上的科学家。——笔者注）获得成功的条件。是勤奋和坚韧精神加上良好的感觉能力和机智吗？难道适度的自信和认真精神不是必要的条件吗？许多人失败难道不是因为他们所向往的是猎取名望，而不是纯真地追求知识，以及因获得知识而使心灵得到满足的快乐吗？我相信，我已见到过许多人，他们是矢志献身于科学的高尚的和成功的人，他们为自己获得了很高名望；但是还有一种，他们朝思暮想的是名声和奖赏，这就是世界对他们的赞扬和奖赏。因此在他们心灵上总是存在着嫉妒或后悔的阴影，我不能设想一个人有了这种感情能够作出科学发现。至于天才及其威力，可能是存在的，我也相信是存在的，但是，我长期以来为我们实验室寻找天才却从未找到过。不过我看到了许多人，如果他们真能严格要求自己，我想他们已成为有成就的实验哲学家了。"③

---

① 约瑟夫·阿盖西. 法拉第传 [M]. 鲁旭东，康立伟，译. 北京：商务印书馆，2002：34.

② 埃米里奥·赛格雷. 从落体到无线电波 [M] 陈以鸿，周奇，陆福全，译. 上海：上海科学技术文献出版社，1990：140.

③ 埃米里奥·赛格雷. 从落体到无线电波 [M] 陈以鸿，周奇，陆福全，译. 上海：上海科学技术文献出版社，1990：151—152.

虽然是一位铁匠的儿子，但具有强大内心世界的法拉第是科学界的精神贵族。在法拉第的心里，其尊严是无须任何装饰的，也是不可侵犯的。因此，法拉第可以拒绝做皇家学会会长，能够拒绝王室的贵族封号，更能够因为首相的不恰当言语而断然拒绝王室为其提供的特殊养老金。

2.2 范例之二：皮埃尔·居里（1859—1906）

皮埃尔·居里是一位在很多方面可以与法拉第媲美的伟大科学家。居里夫人告诉我们："皮埃尔·居里不喜欢谋求职位的升迁，也不愿为荣誉所左右。事实上，他对荣誉有着非常坚定的看法。他深信荣誉不但没有任何好处，反而只会有害。他觉得获得荣誉的欲望是烦恼的根源，并且足以凌辱人类纯粹为爱好而研究的崇高目的。正因为他有这种高尚的道德观念，他会毫不犹豫地作出符合自己意志的行为。当舒曾伯格校长为了表示对他的推崇与尊敬，想推荐他接受教育成就勋章时，他婉言谢绝了，虽然这项荣誉还附带有许多利益。"[1] 1903 年居里的名声不断提高，有人代表政府劝他接受骑士荣誉勋章，他回信说："我请您待我感谢部长，并请告诉他，我不需要任何勋章，我最需要的是一间完善的实验室。"[1] 在 1894 年写给后来成为了居里夫人的玛丽的信中，居里充分地描述了他的人生追求以及选择科学事业的理由："如果我们确实能够共同度过一生，沉醉于我们的梦想之中，比如，你报效祖国的梦，我们为人类谋求幸福的梦，以及我们为科学而努力奋斗的梦，这实在是天下最美好的事情。然而，我却不敢相信它会实现。在上面这些梦想之中，我相信只有最后者是最合理的。我的意思是，我们没有能力改变社会秩序，即使是我们有这种能力，也不知道怎样进行。……相反，如果从科学的立场来看，那么我们就可能有所成就，因为这一领域较为明确、坚实，而且不论怎样渺小，知识将永远长存。"[1]

在居里看来，科学研究是一项伟大而崇高又比较现实可行的事业，

---

① 玛丽·居里. 居里传［M］. 周荃，译. 南昌：江西教育出版社，1999：42.

而不是一种谋求虚名与私利的手段。虽然他一生没有过真正像样的实验室、常为科研经费而烦恼，但他和夫人将提取镭的方法等完全可以申请专利从而获取巨大利益的研究成果公布于世，放弃从中很容易得到物质回报的机会。他们甘守清贫，为的就是捍卫他们自己的理想。正如居里夫人后来所说："人类毕竟也不可缺少具有理想主义的人，他们追求大公无私的崇高境界，无心去顾及自身的物质利益。"① 居里的人生追求和个人理想，是他在面临很多选择取舍时能够牢牢保持自己的职业操守的强大动力。

2.3　范例之三：费曼（1918—1988）

也许有人会说时代不同了，法拉第、居里距离我们已很遥远了。但事实上，即使在法拉第的时代，法拉第的境界也使其鹤立鸡群；在居里的时代，也不缺乏为自己的私利而苦心经营、沽名钓誉的科学人物。相反，如果达到了高尚的精神境界，即使在物欲横流的时代与社会，也有木秀于林者。在刚刚过去还不久远的 20 世纪，美国物理学家费曼（Richard Phillips Feynman）就是一个新的典范。

费曼酷爱物理。1942 年 6 月，24 岁的费曼在致妈妈的信中说："我要贡献全部心力，为物理学付出。这件事在我心中的分量，甚至超越我对阿琳的爱。"② 阿琳是费曼热恋并正准备与之结婚的女友。视科学研究重于自己热恋中的女友，这样的科学家，难有可夺其志者。

费曼醉心科学研究，却从来不是书呆子，他对事物的认识甚为深刻。1954 年 8 月在致母亲的信中，他说："我们的国家是个物欲横流的世界，一般人很容易在当中灭顶。"③ 聪明的费曼在这物欲横流的世界里，在现实的生活中，对自己的行为能够做出令人钦佩的理性选择。

① 玛丽·居里. 居里夫人自传［M］. 陈筱卿，译. 杭州：浙江文艺出版社，2009：50.

② R. P. 费曼. 费曼手札：不休止的鼓声［M］. 米雪·费曼，编辑. 叶伟文，译. 长沙：湖南科学技术出版社，2008：16.

③ R. P. 费曼. 费曼手札：不休止的鼓声［M］. 米雪·费曼，编辑. 叶伟文，译. 长沙：湖南科学技术出版社，2008：105.

1949 年一个大学邀请他去做一次学术报告，费曼回信说："我现在一点不想出席学术研讨会做报告。我现在正在设法整理我研究的东西，很想有点自己的时间，只希望能待在一个地方好好地工作。"[1] 在费曼的一生中，他还拒绝过很多会耽搁他科学研究的事务。这其中有些是很多人梦寐以求的。从 1964 年 10 月之后，费曼不再为任何机构或单位，基于升迁的需要，对其成员的能力和表现做评估证明。他谢绝了包括芝加哥大学在内的多次提出授予他荣誉博士学位的提议。1960 年 11 月，费曼致信美国科学院行政副主任鲁帕，第一次提出要放弃科学院院士的身份，并且说明了这样决定的理由："我发现自己对国家科学院所举办的各种活动，没有什么兴趣。请允许我放弃院士身份，离开这个组织。"[2]

费曼的这次请辞未予获准，此后他在整个 20 世纪 60 年代还曾多次递交辞呈信。他在 1961 年 8 月 10 日，致布朗克院长的信中，比较详细地说明了他决定辞去院士的理由："我决定辞去院士，完全是个人因素，绝对不是任何形式的抗议，或者是针对科学院或它所办活动的某种批评。也许我就是喜欢与众不同的行径。我这个怪异举动的主要原因是，我发现自己在心理上，非常排斥为别人'打分数'。因此，我很不愿意参加那些以遴选院士为目的的活动。这个团体的最重要工作是决定谁有资格获选成员，这件事令我很不安。每次想到要挑选出'谁有资格成为科学院院士'，就让我觉得有一种自吹自擂的感觉。我们怎么能大声地说，只有最好的人才加入我们？那么在我们内心深处，岂不是自认为我们是最好、最棒的人？当然，我知道自己确实很不赖，但这是一种私密的感觉，我无法在大庭广众下这么公开地表示。……参加这个自我标榜的团体，让我很不开心。因此，除了我在第一年获选为院士之外，过去我从来没有推荐哪个人，说他可以加入国家科学院。而且我一直想找个

---

① R. P. 费曼. 费曼手札：不休止的鼓声 [M]. 米雪·费曼，编辑. 叶伟文，译. 长沙：湖南科学技术出版社，2008：98.

② R. P. 费曼. 费曼手札：不休止的鼓声 [M]. 米雪·费曼，编辑. 叶伟文，译. 长沙：湖南科学技术出版社，2008：128.

机会，辞去院士这个头衔……"①

为什么要这样？除了以上费曼自己的解释，他后来表达的一些观点也可以帮助我们对他的举动加深理解。1981 年在接受 BBC 访谈时，费曼说："做真正精深的物理研究，需要有绝对保障的时间。……也就是说，需要足够有保障的时间去思考，而如果你有了什么行政事务，时间就没有保障了。所以我就为自己找了个诀窍：不负责任。我向所有人申明，我什么事也不管。如果有人请我进一个委员会去负责一个录取工作，那么对不起，我不去负这个责任。……因为我喜欢做物理研究，我想知道我还能不能继续研究下去。我自私，好吧？我想做我的物理研究。"②

绝不耽搁研究工作，这就是费曼职业操守的底线。费曼的这种职业操守，使得他永葆研究工作的青春活力。在 1965 年获得诺贝尔奖的在量子电动力学领域的卓越研究之后，他在超导理论研究、液氦超流体研究等多方面也有突出的贡献。1978 年，60 岁的费曼仍保持着科学研究的活力，还在发表关于量子色动力学的论文。然而他的研究工作难以再继续，因为这一年他被发现患了癌症。到 20 世纪 80 年代，费曼没有再于理论物理领域做出重要贡献，但是他对计算机产生了浓厚的兴趣，开始思考和设想计算机下一步的发展。可以说，没有费曼的职业操守，他就难以永葆科学研究的活力，延续自己的研究生命。

2.4　范例之四：亥姆霍兹（1821—1894）

法拉第和居里的精神世界，可能非常人所能企及；而费曼的人生又几乎不可复制；但是亥姆霍兹的自我表白，却塑造了每一个科学家都可以效仿的榜样。

亥姆霍兹以及其得意弟子赫兹，都是德国科学史上甚至世界科学史上不可或缺的人物。在 70 岁生日时亥姆霍兹对自己的学生们说："如果

---

① R. P. 费曼. 费曼手札：不休止的鼓声［M］. 米雪·费曼，编辑. 叶伟文，译. 长沙：湖南科学技术出版社，2008：130.

② R. P. 费曼. 费曼手札：不休止的鼓声［M］. 米雪·费曼，编辑. 叶伟文，译. 长沙：湖南科学技术出版社，2008：20.

要让我对自己作出评价的话，我的主要成绩在于它们说明了还有更多的工作需要去做——我没有什么可以自我夸耀的。我清楚地知道，对于一个学者，过分的自我夸耀将导致多么有害的结果，而对自己工作和能力的严格自我批评就可以防止这种结局的出现。一个人必须经常看到哪些是别人能做到的，而哪些是自己不能做到的，以避免上述危险。……在我的前半生，当我还必须以工作求立足时，虽然我也具有求知识、为国服务等高尚情操，但是由于自己仍然存在利己主义的思想，这些感情是不稳固的。也许大多数科学家都是如此。后来，当有了稳固的职位，不必再担心研究科学会影响个人生计时，只有为了全人类这一更高的境界才能敦促人们继续努力工作。"[①]

我们可以不再渲染亥姆霍兹的谦逊；他敢于承认自己早年虽有高尚的情操，但是利己主义使之不能稳定，这种坦诚很值得后人敬重。这不是每个人都能够做到的对自己的深刻剖析，更不是每个人都敢于讲出来的精神隐私。最可贵也最值得借鉴的是，他终于为自己也为所有科学家的高尚情操找到了稳固的基石、为不懈钻研找到了永恒动力和终极目标，也从而升华了自己的精神境界。

然而，遗憾而糟糕的是，现实中我们很多科学家在科学进取之路上，很容易固步自封；但另一方面则恰恰相反，对科学研究之外的名利、地位等等却是令人吃惊地欲壑难填！

3. 科学家职业操守本质再解析

没有一定的行为自律，职业操守就无从谈起。科学家高水准的职业操守是建立在科学家的理想、科学观、价值观、是非观等精神层面之上的。当科学家在现实世界面临一些选择的时候，其理想、科学观、价值观、是非观等精神层面的内在品质驱动科学家做出抉择，职业操守得以

---

① 埃米里奥·赛格雷. 从落体到无线电波［M］. 陈以鸿，周奇，陆福全，译. 上海：上海科学技术文献出版社，1990：224—225.

实现或失守。有的科学家职业操守软弱无力、形同虚设；有的科学家，其职业操守十分强大，科学家依此做出的决定，可以完全出乎世俗的想象和理解。

科学家的职业操守，在特殊的时刻科学家会通过其行动予以诠释。因此，原则上，科学家的职业操守并非完全私密的个人事件，而至少是部分可知的。个体人在其职业方面与外界社会发生了某种特殊关联，这是职业操守得以展示的先决条件。科学家的职业操守，从作为科学家的个体人的内在来说，有两个必需的基本组成部分：这个个体人具备的科学素养和致力于科学研究的能力；这个个体人的道德情操。前者是这个个体人能够成为一个有作为的科学家的专业基础要件，后者是这个个体人仅仅作为一个社会人的道德水准。这与人们评价一个艺术家需要从艺术和道德两个方面来考察是一个道理。比较微妙的是，像前文我们提到的几个大科学家一样优秀的科学家，他们的科学探索行为与其个人的理想、信仰以及人生价值等等往往难分难解。因此他们与非科学家的大众相比，在道德情操方面有新的拓展，因而其道德理念包含更多的诸如科学精神等内容。唯其如此，在一个科学家为其职业操守纠结的时候，往往是这个科学家复杂人性中，作为一个普通的俗人的一面与作为一个有信仰与献身倾向的天使的另一面之间博弈的一个过程。因为科学家要做出的抉择往往既直接影响其理想追求，又关乎世俗的名利、地位等等。而现实的诱惑力往往是巨大的。这也是有的科学家在职业操守上最终失守的原因。科学研究是一门认识自然的艺术，在这个意义上可以把科学家归入艺术家一列。最优秀的科学家未必就是职业操守同样令人仰慕的，比如牛顿的为人做事难说没有大瑕疵。我们所能知道的在职业操守上经受住了考验的科学家，确实在德与艺两个方面都很是值得称道，可谓德艺双馨；非德艺双馨的科学家，在职业操守上，是难以做出优秀的答卷的。

必须承认时代变迁会带来很多改变。比如我们无法想象法拉第和居里会像费曼那样去娱乐场所欣赏舞女的表演；到酒吧里去完成自己的理论物理思考；任由一群学生把他扮成国王、为他选几个美貌女子扮作妃子来服侍他，并很配合地把游戏做到极致。但是，当一次次世俗的名利场的东西干扰他的研究时，费曼同样理智地予以拒绝了。在职业操守的考验中，幽默、快乐甚至很会享受的费曼同样做出了精彩的表现。

布拉格（William Henry Bragg）说：科学家的"成就有一种价值，而他们赖以工作的精神则有另一种价值；并且后者的价值远比前者更值得向往。我们可以真诚地说，一些伟大的科学家，世界从他们生活中比从他们的发现中得到的更多……"他以巴斯德、居里夫妇以及法拉第为例，说："他们对真理的崇敬以及在追求真理过程中的无私奉献精神，比他们建立的定律有更高的价值。"[①] 布拉格所说的科学家赖以工作的精神，就是科学家职业操守的内核；科学家创造的比他们的科学贡献本身更重要的价值，也正是后辈科学家以及所有人都该学习和继承的精神财富。

研究发现，一位科学家具有的职业操守能力，往往与其人生历程尤其与其早期所受的教育密切相关。法拉第如此，居里如此，费曼也是如此。早期所受的正确引导越好，后来即使遇见恶劣的社会风气，科学家的自我免疫力也会越强。

1977年1月，物理学家、科学史家杰拉德·霍尔顿（Gerald Holton）在接受采访时说：他曾经在电器工程师、律师、科学家等几个职业之间犹豫，而最后的决定的做出与他早年受到的教育有关："……在我进入哈佛之前，我有过接受科学与人文双重教育的经历。有件事很奇怪，无论喜欢与否，很多受过这一类型教育的人，教育过程结束了，当他们很高兴忘记这一切一段时间之后，这种教育的影响就像延迟了反应的作用一样再一次撞击他们的生活。之后他们发现，事实上他们已经被打上了不可磨灭的烙印。"[②] 霍尔顿的意思是，他所受到的也许当初并不喜欢的

① G. M. Carroe. *William Henrry Bragg*（*1862—1942*）: *Man and Scientist*［M］. Cambridge: Cambridge University Press, 1979: 160.

② Katherine Sopka, Gerald Holton. *Gerald Holton*［EB/OL］. http://www.aip.org/history/ohilist/31279.html.

科学与人文双重教育，对他后期的职业选择起了出乎意料的作用。霍尔顿说的不是科学家的职业操守，但也道出了影响抉择的一条有效途径。他的这一感悟给我们的启发是，要加强科学家的职业操守，必须加强孩子们的早期教育，包括社会公德教育，也包括费曼的父亲对费曼的那种科学启迪与科学兴趣培养的教育。没有这种教育对孩子灵魂深处的深刻影响，成为科学家后，他的职业道德操守就不具备坚实的附着与依靠的基石。

4. 结语

在现实的法治社会，法律是不可或缺的。但是，对于真正遵纪守法的人而言，法律是毫无用处的。而一个人之所以遵纪守法，往往不是由于他像一位律师那样通晓法典的繁文缛节；事实上支撑他遵纪守法的往往是他朴素的伦理道德。同样道理，具有高尚的道德情操并深爱科学研究的人，他们的职业操守都是出色的。职业操守出色的科学家对待科学研究是深谙自我激励方法的，他们也多有能力处理好与自己的职业相关的社会与个人的利益问题。因此，他们是社会最需要的科学精英人才。这提示我们应该把加强科学家职业操守议题与科技政策及科技管理领域的议题并列对待或视为后者的必要组成部分，因为它们是约束和决定科技工作者行为的重要力源。

职业操守观念的形成有赖于外界的影响。中国科学家今天面对的现实对其职业操守和职业道德都是极大的考验。我国科技自主创新乏力多大程度上是受此影响所致，有待进一步研究评估。唯其如此，加强职业操守与职业道德教育就具有迫切的现实意义。

在这一话题中，玻恩不是主角。但是玻恩的言与行都表明他也是一位具有毫不含糊的是非观、职业操守与人生观紧密结合而牢不可破的科学大师。之所以在本话题中较多引用其他科学家的精神表白，目的只有一个，操行高洁、具有坚定职业操守的玻恩，其道不孤，先贤与后学中，均不乏境界相近的同道。

十七、对与费米－狄拉克统计发现权相关文献的分析

1. 前言

在量子统计领域有两个重要的公式：玻色－爱因斯坦统计和费米－狄拉克统计。前者描述具有整数自旋的玻色子的统计分布规律，而后者是关于具有半整数自旋的费米子的统计规律。玻色－爱因斯坦统计指出，一个玻色子系统的最概然分布表述为：

$$a_l = \frac{\omega_l}{e^{\alpha+\beta\varepsilon_i}-1}$$

而费米－狄拉克统计描述的费米子系统的最概然分布为：

$$a_l = \frac{\omega_l}{e^{\alpha+\beta\varepsilon_i}+1}$$

玻色－爱因斯坦统计的由来可概述如下：1924 年，默默无名的印度青年玻色（Satyendra Nath Bose，1894—1974），将自己写的一篇文章寄给爱因斯坦（Albert Einstein，1879—1955），这就是研究玻色子系统分布规律的文章。这篇文章得到了爱因斯坦的赏识因而予以推荐发表。爱因斯坦与玻色还在后者文章基础上合作，做出了进一步的拓展研究。后来就将描述玻色子系统统计分布规律的公式命名为玻色－爱因斯坦统计。

然而费米 – 狄拉克统计的由来，在物理学界有的人看来却不像玻色 – 爱因斯坦统计的由来那样清晰。1926 年 3 月，费米（Enrico Fermi，1901—1954）在德国发表了一篇文章 [1]，文中得出了后来称为费米 – 狄拉克统计的关于费米子系统分布规律的公式。费米文章中以下面的截图明确可见编辑部收稿日期为 1926 年 3 月 24 日。

Zur Quantelung des idealen einatomigen Gases [1]

Von E. Fermi in Florenz.

(Eingegangen am 24. März 1926.)

费米文章截图

需要说明的是，费米这篇文章曾于 1926 年 2 月以意大利文在一次学术会议上宣读，在德文文章发表时对此有页下注说明。1926 年 10 月，狄拉克发表了一篇名为《关于量子力学理论》（*On the Theory of Quantum mechanics*）的文章 [2]。狄拉克在他的文章中，以不同的方法得到了同一个费米子系统分布规律公式。该文发表的原始文献显示，期刊编辑部的收稿日期为 1926 年 8 月 26 日。可见编辑部收到狄拉克稿件，已是在费米文章问世半年之后了。下面是该刊这一信息的截图。

On the Theory of Quantum Mechanics.

By P. A. M. DIRAC, St. John's College, Cambridge.

(Communicated by R. H. Fowler, F.R.S.—Received August 26, 1926.)

狄拉克文章截图

---

① E. Fermi. *Zur Quantelung des idealen einatomigen Gases* [J]. Zeitschrift für Physik, 1926, 36（11—12）: 902—912.

② P. A. M. Dirac. *On the Theory of Quantum Mechanics* [J]. Proceedings of the Royal Society of London. Series A, Containing Papers of a Mathematical and Physical Character, 1926, 112（762）: 661—677.

2. 与费米－狄拉克统计相关的文献及分析

狄拉克的文章发表于 1926 年 10 月 1 日，10 月 25 日费米给在剑桥圣约翰学院的狄拉克写了一封信 ① （见下文照片）。信文如下：

Dear Sir!

In your interesting paper 'On the theory of Quantum Mechanics' (Proc. Roy.Soc.112，661，1926) you have put forward a theory of Ideal Gas based on Pauli's excusion Principle.

Now a theory of the ideal gas that is practically identical to yours was published by me at the beginning of 1926 (Zs.f.Phys，36，p.902；Lincei Rend. February 1926)

Since I suppose that you have not seen me paper，I beg to attract your attention on it.

I am，Sir，

Yours Truly

Enrio Fermi

读者需要留意的是费米信中的如下内容：

在你有趣的文章《关于量子力学的理论》中……基于泡利不相容原理，你提出了关于理想气体的一个理论。现在，几乎与你完全相同的关于理想气体的理论在 1926 年初就已经由我发表了。……因为我假设你没有读过我的文章，我请你对它予以留意。

---

① Thomas S. Kuhn, John L. Heilbron, Paul Forman, Lini Allen. *Archives for the History of Quantum Physics*［微型胶卷］. Philadelphia：The American Philosophical Society Independence Square, 1967, E1 Reel 6.

费米致狄拉克的一封信

毫无疑问，即使狄拉克是独立完成研究的，对于这一研究费米也具有无可争议的优先权。既然如此，那么费米为什么还要写这封信呢？笔者认为，费米意在通过这封信提示狄拉克，对于这一研究，狄拉克不公开做些说明是不合适的。如果只是单纯而毫无不满的中性提醒，费米应说"我相信你没读过我的文章……"，而不会像他事实上对狄拉克说的那样："我假设你没读过我的文章……"。"假设你没读过我的文章"的说法，自然地不排除一种可能性：狄拉克事实上读过费米的文章但是却没做必要而适当的说明。

《量子物理历史档案》(*Sources for the History of Quantum Physics*)是科学史家、科学哲学家托马斯·库恩（Thomas Kuhn，1922—1996）带领一些学者和物理学家于 20 世纪 60 年代建立的大型档案文献，其中有我们刚刚提到的这封 1926 年费米致狄拉克信函 [1]。笔者未能在其中找到狄拉克给费米的回函。

可以想象当年就会有物理学家（如费米学派成员）对于狄拉克是否具

---

[1] Thomas S. Kuhn，John L. Heilbron，Paul Forman，Lini Allen. *Archives for the History of Quantum Physics*［微型胶卷］. Philadelphia：The American Philosophical Society Independence Square，1967，E1 Reel 6.

Incidentally, the paper of Dirac, Proc. Roy. Soc.(A) 112, 661, 1926, is independent of Fermi's paper. Dirac was in Copenhagen in the autumn of 1926 and I wrote to him, there, whether he knows how a spin of the atoms (or electrons) would modify the results. I also mentioned Fermi's paper. He answered me, that he never considered this question and that Fermi's paper was entirely new to me. Immediately after that I started to work on this questions myself (autumn 1926), and I found very quickly all answers.

4) I met Fermi personally the first time at the Volta-congress in Como, 1927, which you mention. Heisenberg introduced us with the words "may I introduce the applications of the exclusion principle to each other", or with some similar joke.

With best regards
Yours sincerely
V. Pauli

泡利给拉赛迪的回函

有对这一发现的独立发现权产生疑问。此事过去 30 年后，1956 年（此时费米已去世两年）费米罗马学派重要成员、费米当年重要合作者之一的拉赛迪（Franco Dino Rasetti，1901—2001），又与泡利（Wolfgang Pauli，1900—1958）通过信件讨论此事。我们没有找到拉赛迪写给泡利的信件，但是发现了泡利给拉赛迪的回函。在信中泡利说[①]：

> ……狄拉克的论文……是独立于费米文章而写出的。狄拉克 1926 年秋天在哥本哈根，我给在那里的他写信，问他是否知道原子或电子的自旋如何改变这一结果。我也提到了费米的文章。他给我回信说，他从来没有思考这一问题，对他而言费米的文章是全新的（意即他还没阅读费米的文章。——笔者注）。

在 20 世纪物理学界，泡利以其深刻的有洞察力的思想和尖厉无情面的刻薄批评而著称。然而在对待狄拉克一事上，他的回信是糊涂僧搅乱清晰案，严重缺乏逻辑性。在费米的文章问世后，泡利询问狄拉克一个问题，并问狄拉克是否已经读了费米的文章。狄拉克给他的回函说还未曾思考过这个问题，也未读费米的文章。不久狄拉克写出了与费米文章结论一致的文章，泡利与狄拉克不是每天居于一处，狄拉克的文章是在泡利提示他关注费米的文章后很快做出的。泡利在无法证明经他提示后狄拉克没有去寻找并阅读费米的文章的前提下，就断言狄拉克是独立做出这一研究的，这种断言显然毫无说服力。事实上，下文将提到的狄

---

① Thomas S. Kuhn, John L. Heilbron, Paul Forman, Lini Allen. *Archives for the History of Quantum Physics*［微型胶卷］. Philadelphia：The American Philosophical Society Independence Square, 1967, E1 Reel 6.

拉克与库恩谈话时的表白表明，泡利的推测的确是完全错误的。

　　不过泡利的回忆对于破解这一公案却并非毫无意义。前文说过，文章原件表明，期刊编辑部于 1926 年 8 月 26 日收到了狄拉克的文章。但是泡利说 1926 年秋天狄拉克回信说他还没思考这一问题，也还没读费米的文章。一般而言总要到八九月才算秋天。而前文说过 8 月 26 日编辑部即收到了狄拉克的文稿。无论如何泡利总不至于将 7 月视为秋天，因此他当年可能是在 8 月初给在哥本哈根的狄拉克写信的。而如果真的如此，即使泡利在 8 月 1 日写信给狄拉克，那么狄拉克就是在泡利提示后二十几天里就完成了他的大作。泡利完全有可能把几十年前的一件事发生的时间记错（在很多人的回忆录和访谈中，最容易发生错误的就是关于许久前事件发生的具体时间）。但是说当年根本没有这件事，即泡利没给狄拉克写信提醒他关注费米的文章，狄拉克也没有给泡利回信，而泡利写给拉赛迪信函中所说的故事完全是泡利本人所虚构，那是极为不可思议的。泡利记错一件事情发生的具体时间是可以理解的，但是说他在没有任何主观目的性的前提下，凭空虚构了一个历史事件，那是无法理解的。因此泡利的说法即使在时间上不够准确，对于解决狄拉克是否在费米 - 狄拉克统计发现中的独立研究权问题，也还是有意义的。那就是它向我们证明，在费米的文章问世以后，狄拉克还没思考这一问题，而他开始思考并关注这一问题以及费米的文章，必在泡利提示他以后。

　　尽管有人质疑，但是只要狄拉克本人不公开声明，承认自己是在读了费米的文章后才写出了关于量子统计的文章，那就有理由认为他是独立研究了费米子系统的分布律，不过比费米的工作晚了半年的时间而已。事实上物理学界也的确接受了这样的看法，直到今天仍称这一结论为费米 - 狄拉克统计。然而 1963 年 5 月 7 日，在接受库恩采访时，狄拉克突然的一席话令库恩震惊（见插图）。他们的对话 [1] 如下：

　　① Thomas S. Kuhn, John L. Heilbron, Paul Forman, Lini Allen. *Archives for the History of Quantum Physics*［微型胶卷］. Philadelphia：The American Philosophical Society Independence Square, 1967, E1 Reel 2.

Dirac: I had read Fermi's paper about the Fermi statistics and forgotten it completely.

Kuhn: Had you?

Dirac: Absolutely forgotten it, and when I wrote up my work on the antisymmetrical wave functions, I just didn't refer to it at all because I had completely forgotten it. Then Fermi wrote and told me, and I remembered that I had previously read about it.

Kuhn: That's terribly interesting. Do you have an notion how that paper had seemed to you when you read it?

Dirac: Well, I saw that it was the right statistics for electrons in an atom, but I didn't feel that it had wider applications. It was just a question of not appreciating a generality of the ideas.

Kuhn: I'm very much interested both in the fact and in the way in which that sort of thing happens again and again I think.

Dirac: It shows what a bad memory I have. If something doesn't strike me as being specially important, it's liable to slip out of my mind altogether.

现将主要对话内容译如下：

狄拉克：我已经读过费米关于费米统计的论文，但是彻底忘记了它。

库恩：你真的吗？

……

狄拉克：绝对忘记了它，当我写关于反对称波函数的文章时，我恰恰一点也没有提到它，因为我已经把它彻底忘记了。其后费米写信告诉我（他的文章的事），而我（才）想起此前我已经读过了它。

库恩：那实在是太有趣了……

从二人的对话不难想象狄拉克的"坦诚"令当时的库恩极其惊讶。

后来在另一场合狄拉克对于这件事还有更进一步的说明。狄拉克说他通过关注玻色 – 爱因斯坦统计，意识到"还有反对称波函数，会给出一种新的统计。我推算出这种新统计的基本关系式，然后我发表了这一

库恩采访狄拉克的记录

工作。"[1] 关于费米的来信以及狄拉克自己忘记费米文章的情况狄拉克是
这样描述的 [1]：

文章发表不久，我收到了费米的一封信，他指出这种统计
规律不是一个新结论；他早些时候已经发表过。他告诉了我他
的文章发表在哪里。我查阅了他的文章，发现事实确如费米信
中所说。……在读费米的文章的时候，我想起我以前曾经读过
它，但是我彻底把它忘记了。我想这是我脑子的问题。有些东
西，如果我不认为它是重要的，我看过后它可能会从我的记忆
中一闪而过而被彻底忘记。我读费米文章的时候，我没有看出
它对于量子理论的基础问题具有什么重要性；它是很超然（与
其他具体问题没有联系）的工作。它完全从我的记忆中消失
了，当我撰写关于反对称波函数的文章时，我一点没有想起
它。然后我给费米写了一封道歉信。我觉得费米有理由生我的
气，因此我应该抚慰他。费米应该原谅了我，因为关于这一事
件他再没有给我写信，以后我们见面时他也很友好。对于谁是
这种统计规律的作者，我们从来没有做过任何讨论。现在这种
统计规律经常把我们的名字连起来命名。但是发表记录很清楚

---

① Dirac.P. A. M. *Recollections of an Exciting Era* [M] // C. Weiner.*History of Twentieth Century Physics*. New York：Academic Press，1977：109—146.

地说明它是费米首先提出的，而我后来的工作展示了它可以适用于量子力学，而且当进一步假设波函数是反对称的之后，它事实上是量子力学的一个结论。

由这一文献资料可以断定，狄拉克收到费米的信后写了致歉信，并平息了费米的不满（狄拉克原文用词为 angry）。但是狄拉克更合适的做法应该是这个时刻立即致函发表该文的杂志，对这一切做出明确的说明。但是他没这么做；他所做的就是安抚下费米，却将整个物理学界（尤其泡利等人）蒙在鼓里。狄拉克 1977 年的回忆与解释看似更加自然。但是如果以泡利对这一事件的相关回忆为佐证，那么狄拉克接到泡利的信件、回复泡利的信件、开始关注这一领域、阅读并忘记费米的文章、自己撰写相关文章并发表、收到费米的信件而记起自己确实在写文章前读过费米的文章，这一切都发生在较短的时间之内，这无论如何总让人觉得匪夷所思、太不寻常。

狄拉克 1977 年的回忆除解释自己忘记读过费米的文章的原因，还刻意指出了自己的研究角度与费米所做之间的区别。比较一下费米与狄拉克的文章，会发现他们得出结论的方式有所不同。但是需要说明的是，任何人都不得不承认狄拉克是一位数学基础扎实的有能力的天才物理学家。如果有人认为狄拉克这样的天才会以完全照抄的方式剽窃，那实在是对这位物理学大师智商的蔑视和亵渎。费米读过狄拉克的文章，当然知道两个人做法上的微妙区别，但仍然写信提示狄拉克；拉赛迪明知两篇文章撰写方法不同依然几十年过去还心存疑问，可见在费米、拉赛迪等人看来不能根据两文得出结论方式的不同而简单认定狄拉克是独立做出这一研究的。

现在我们假设研究者 A 发表了一篇文章，得出了一个重要物理学结论；半年后，另外一个研究者 B 也发表了一篇文章，写法虽然不同但其结论与 A 的文章是一样的。当有人怀疑 B 剽窃了 A 的文章时，B 说："我写文章前读过 A 的文章，但是我写我这篇文章时彻底忘记了他的文章。"那么我们会怎么对待这位 B 呢？如果他不是大名鼎鼎的狄拉克，我们会相信他所说的话吗？也许 1926 年狄拉克还算不上大名鼎鼎，但他是剑桥大学绝对大名鼎鼎的卢瑟福教授的女婿（福勒教授）的高足，这一事实无法否定。

退一万步，即使狄拉克向库恩所说的完全是真实的，他的的确确在写他的文章时"彻底忘记了"费米的文章，那么我们似乎将面对一个心理学难题。如上所述，开始狄拉克没关注这一领域以及费米的文章，但是在泡利提示后他迅速关注这一领域，找到并阅读了费米的原文。然后他把这一切"彻底忘记了"而开始了对于这一问题自己的独立研究，得出了与费米一致的结论，并将这一切予以公开发表。如果没有泡利的提示，如果没读过费米的文章，狄拉克会迅速将注意力转移向这一研究并很快得出正确结论吗？另一方面，即使相信狄拉克"彻底忘记了"的说法，显然事实上狄拉克无法、也确实没有做到在自己的大脑中将费米文章的影响完全清零。因为近乎 40 年过去以后，他还能如此清晰地向库恩叙述这一过程。因此，在狄拉克撰写他的文章时，费米的文章仍存在于狄拉克的头脑中，至少是在潜意识中。因此说狄拉克是否独立完成了这一研究，无论如何都是值得商榷的。

3. 玻恩葬送"约当统计"

在物理学界从来不存在"约当统计"，但是据玻恩说约当曾早于费米推导出了与"费米－狄拉克统计"完全相同的公式。约当将稿子交给玻恩，请玻恩审阅；玻恩在繁忙中将约当的文稿放在了抽屉里，准备抽空再读。随后他因为忙于去美国讲学，彻底忘记了这回事。等他再次发现约当的稿子时，费米的文章已经发表。约当的文章没有再发表。玻恩与约当师徒二人没有就此事去与费米争夺优先权。但这件事让玻恩觉得很丢脸、对不起约当，仿佛犯罪一样剥夺了本该属于约当的研究成果。玻恩的传记作者在2005年出版的玻恩传记中，基于档案文献提到了此事 [①]（见下图）。

---

① Nancy Thorndike Greenspan. *The End of the Certain World* [M]. London：John Wiley & Sons Ltd., 2005：135.

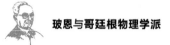

Born had one disconcerting moment after returning—his discovery of a paper by Pascual Jordan at the bottom of his suitcase. Just before Born's departure, Jordan had given it to him for possible publication in the journal *Zeitschrift für Physik*, of which Born was an editor. Born had packed it, intending to read it on the trip. When he pulled it out and finally read it, he saw that Jordan had discovered the important statistical laws that Enrico Fermi had just published in the *Zeitschrift für Physik*. Shortly, Paul Dirac made the same discovery of what became known as the *Fermi-Dirac statistics*. These laws describe the statistical distribution of identical particles of spin $1/2$ (now called *fermions*). They follow Pauli's exclusion principle: that only one such particle can occupy an energy state at a time. These laws, as applied to electrons, aided in the development of the field of electronics. Amid the serious problems that rocked his future relationship with Jordan, Born always felt guilty, even "ashamed," that he had robbed Jordan of his due.

玻恩葬送"约当统计"的记录

4. 余论

我们相信，有了我们提到的这些关键文献证据链以及相关的分析，有的人会认为毫无疑问狄拉克在这一"研究过程中"，存在学术不端行为；但是可能还会有人继续坚信狄拉克是自己独立做出了这一项伟大的研究工作。所以笔者似乎没有得出确切的令所有人信服的结论。读者和研究者一样，都心里有自己的一把尺子，都有自己的评价标准，并有权基于文献做出自己的判断。无论如何，我们认为，这些宝贵文献以及我们的分析，有助于物理学史研究者以及物理教师们更深入地了解费米 – 狄拉克统计的问世过程。而约当对于量子统计分布规律研究成果由于玻恩的忙碌而酿成悲剧，无疑会令人惋惜并唏嘘不已。

笔者 2009 年在伦敦自然博物馆图书馆里，在大量微型胶卷中发现相关重要文献。从剑桥回国后即已将本话题写成小文章。先后投寄给国内笔者能想到的几乎所有物理类、科学史类、自然辩证法类期刊，但均被退稿。还曾投寄香港一家著名期刊，也被婉言拒绝。后译成英文投给几家外文期刊，仍然一一拒发。其中有家非常著名的国际科技史期刊，编辑审稿意见仿佛酩酊大醉时所写，在此不宜转述。此篇小文遭此不测实在出乎笔者意料。无论如何笔者认为这些文献资料应该是值得物理学界、科学史界广泛了解并讨论的。故借此书出版之际，使之获得出世之机，供有兴趣读者认真玩味。

十八、杨振宁专题研究之杨振宁与科学技术史

　　著名科学家晚年涉足科学史，特别是介入所在学科的历史研究并不罕见，但搏得学界的交口称誉却很难得。主要问题在于：他们往往下意识地认为撰写历史类的东西，与曾经的纯粹科学研究工作相比，要简单和容易很多。基于这样的认识，他们往往不会去认真领会史学的方法与规范。戈革（1922—2007）先生曾指出："老年改治科学史的著名物理学家"多有不当之举，"他们往往在物理学方面很有成就（例如获得过诺贝尔奖），在国际学术界很有威望，自己又以为很懂物理学，而且亲自经历过物理学发展中的一些重大事件，到了晚年，'随便地'搞搞物理学史。……他们往往发表一些高谈阔论，有意无意地'指教'起别人来。他们的回忆一般很有参考价值，但不可当成定而不移的圣经贤传。因为，这些学者一般没有受过正式的史学训练，自己也没进行过认真的史学进修，全靠自己的'经验'来讲话，从而很可能讲出一些十分不妥的话来。"[①]

　　杨振宁是优秀物理学家成功研究科学史的代表人物之一。杨振宁投身科学史领域的初衷是什么，对于科学史他有哪些个人的独到观点？本节基于对杨振宁相关著述的研究和对他的访谈，将在科学技术史视角下展示杨振宁的思想与作为。

---

① 戈革. 史情室文帚：下［M］. 北京：工人出版社，1999：792.

1. 杨振宁科学史与科学文化著述大观

杨振宁的科学史著述，包括对自己熟识的物理学家们的回忆、对物理学特殊领域发展历史的回顾、将中国文化传统与西方科学传统做比较、对自己学术生涯的回顾与经验总结、对未来科技动态的展望以及对中国科技发展的观感和建议等等。首先有必要将杨振宁在科学文化与科学史方面部分代表性著述，予以集中展示，便于读者对杨振宁的学术视角与兴趣，形成一个总体印象。

①从历史角度看四种相互作用的统一（1978）；②几何学和物理学（1979）；③巨型加速器对物理学发展的促进作用（1980）；④对称与20世纪物理学（1982）；⑤分立对称性P、T和C（1982）；⑥自旋（1982）；⑦王淦昌先生与中微子的发现（1986）；⑧赵忠尧与电子对产生和电子对湮灭（1989）；⑨对称和物理学（1991）；⑩负一的平方根、复相位与薛定谔（1987）；⑪ 20世纪理论物理学的主旋律：量子化、对称与相因子（*Thematic Melodies of Twentieth Century Theoretical Physics：Quantization，Symmetry and Phase Factor.* Int. J. Mod Phys. A18. 2003）；⑫麦克斯韦方程和规范理论的观念起源（*The Conceptual Origins of Maxwell's Equation and Gauge Theory.* November 2014，Physics Today，中译文发表于《物理》2014年第12期）；⑬几位物理学家的故事（1986）；⑭费米教授（1949）；⑮贺奥本海默60寿辰（1964）；⑯汤川秀树的贡献（1965）；⑰爱因斯坦对理论物理学的影响（1979）；⑱爱因斯坦和现代物理学（1980）；⑲韦耳对物理学的贡献（1985）；⑳爱因斯坦：机遇与眼光（2005）；㉑他永远脚踏实地——纪念恩芮科·费米诞辰100周年（2001）；㉒沃纳·海森伯（1901—1976）（2002）；㉓吴大猷先生与物理（1994）；㉔施温格（1995）；㉕陈省身和我（1991）；㉖关于理论物理发展的若干反思（1993）；㉗美与物理学（1997）；㉘我对统计力学和多体问题的研究经验（1987）；㉙物理学的未来（1961）；㉚关于怎样学科学的一些意见（1983）；㉛读书教学四十年（1983）；㉜谈学习方法（1984）；㉝创造与

灵感（1985）；㉞谈谈物理学研究和教学（1986）；㉟科学人才的志趣、风格及其他（1987）；㊱陈嘉庚青少年发明奖及教育问题（1986）；㊲宁拙勿巧（1988）；㊳现代物理和热情的友谊（1991）；㊴对中华人民共和国的物理的印象（1971）；㊵中美科技交流对中国科学家的意义（1976）；㊶中国现代化及其他（1979）；㊷对于中国科技发展的几点看法（1982）；㊸关于中国科技的发展（1986）；㊹关于东方传统与科技发展（1987）；㊺关于现代中国科学史研究（1991）；㊻近代科学进入中国的回顾与前瞻（1993）；㊼华人科学家在世界上的学术地位（1995）；㊽《易经》对中华文化的影响（2004）；㊾中国文化与近代科学（2005）；㊿基本粒子发展简史，上海科学技术出版社，1963（英文版 1962 年出版）；⑤基本粒子及其相互作用（是《基本粒子发展简史》扩展版，见插图），杨振玉、范世藩译 . 湖南教育出版社，1999。

杨振宁作品的封面

　　杨振宁教授在科学史方面的著述，当然远远不限于以上所述。2000年出版的《杨振宁文集》（华东师范大学出版社）收录了包括他博士论文以及更多已发表的重要研究论文的后记或说明，对一些问题的源起、研究思路以及与其他同行关系等等，有明确的细节性介绍。这些文字能帮助读者身临其境般感受其当年所处的学术与思想氛围，是研究杨振宁教授乃至 20 世纪物理学史的重要文献资料。

2. 杨振宁为什么研究科学史

　　大凡著名科学家，多为求知欲旺盛、好奇心强烈之士。而向外看去探索自然奥秘和向后看去窥视造就现实的历史过程，并澄清其中存在的问题，是人类好奇心的两个主要向度。历史上不乏关注科学文化与科学史的著名科学家。对于自己为什么投身于科学史领域，杨振宁在多个场合做过说明。1990 年杨振宁在与张奠宙的谈话中明确表示，他研究当代中国物理学家贡献的念头是受日本学者启发而萌生："我觉得自己有责任做一点中国现代的物理学史研究，介绍和评论一些当代中国物理学者的贡献。说起来，这还是受日本学者的启发。日本人对本国学者的科学贡献研究得很透彻，而且'寸土必争'，著文论述。……说起来，对本国学者取得的科研成就确实应该认真对待。中国前辈科学家在艰苦条件下取得的成果更应该珍视。正是在这种刺激下，我开始做一些工作。"[1] 杨振宁认为，正本清源，客观正确评价中国学者的科学贡献、恢复历史的本来面目，应该成为中国科技史研究的一个重点："我想，整理和评价当代中国学者的科学贡献，应当是中国科技史研究的重点之一。特别是一些重要的历史性的贡献，应当恢复其历史本来面目，不可马虎。"[2] 之所以亲自捉刀上阵，是因为杨振宁清楚，科学界著名人物的影响力非普通学者所能比拟，有些问题由他撰文更会引起关注。谈及某项具体物理学研究的历史时他说："奥本海默对这段历史很清楚，如果他健在，我去问他，他的话会更有说服力。我想，这类事还得靠大家来做。……事在人为，做和不做是大不一样的。"[3]

　　基于自己对于科学界常见做法的了解，杨振宁认为，科学的历史研

---

① 杨振宁. 杨振宁文集：下 [M]. 上海：华东师范大学出版社，2000：716—717.

② 杨振宁. 杨振宁文集：下 [M]. 上海：华东师范大学出版社，2000：718.

③ 杨振宁. 杨振宁文集：下 [M]. 上海：华东师范大学出版社，2000：720.

究非常必要，有助于研究成果在世界范围得到客观而公平的认可。他早年曾给中国科学家提出建议："应该看到，一般人引用文献时[①]，总是喜欢多引自己熟悉的、认识的或者打过交道的学者的工作。由于中国学者过去与国际交往较少，别人不熟悉就容易被忽略。所以，中国学者多参加国际交往，注意国际合作，还是很重要的。"[②] 杨振宁这段话的含义很明显，中国科学家要主动地想方设法，让世界了解我们自己的工作成果。

杨振宁研究科学史，不仅出于为中国科学家争得应有荣誉的责任感，还与历史学家朋友的影响有关，在他面对自己"年龄大"的事实时，做出了明智的选择。这可由 2006 年在台湾接受采访时他的一段话看出："科学前沿的研究工作，我想可以比喻为冲锋陷阵。年纪大的人冲锋陷阵的本领不能和年轻人相比，这点和文学[③] 完全不一样。比如我的老朋友何炳棣（1919—2012，历史学家），比我大三四岁吧，著作和研究还是在前沿做得很好。我现在基本上渐渐从最前沿退下来，改走到物理学发展的历史，注意的是过去一两百年学术上发展的总趋势。我到各地去演讲，讲题都与这有关。这些年关于这方面，我写了不少文章……"[④]（插图：杨振宁在作报告，照片由《大学物理》编辑部提供）

杨振宁在做报告

3. 杨振宁科学史研究的学术特征

3.1 两个案例

在杨振宁的科学史著述中，《王淦昌先生与中微子的发现》和《赵忠尧与电子对产生和电子对湮灭》是两篇有代表性的作品，能鲜明体现杨

---

① 指科学家在撰写研究论文时。——笔者注

② 杨振宁. 杨振宁文集：下 [M]. 上海：华东师范大学出版社，2000：720.

③ 指广义的社会科学。——笔者注

④ 杨振宁. 曙光集 [M]. 翁帆，编译. 北京：生活·读书·新知三联书店，2008：396.

振宁科学史领域著述的学术特征。

《王淦昌先生与中微子的发现》为李炳安教授与杨振宁先生合作完成，该文介绍了 1930—1941 年的 10 年间，国际物理学界围绕中微子问题的理论探讨以及实验研究。文章指出，令人遗憾的是 10 年里"没有人能提出简单而又有决定性意义的实验证实中微子的存在。"① 为中微子研究带来突破性思想的是中国年轻物理学家王淦昌（1907—1998）。1941 年他撰写了名为《中微子探测之建议》（*A Suggestion on the Detection of the Neutrino*）的文章 ②，并投稿美国《物理评论》，1942 年文章发表。王淦昌的文章开宗明义，明确而果断地指出："测量放射性元素的反冲能量和动量是能够获得中微子存在的证据的唯一希望。"① 这一观点直击肯綮。当时因日寇所迫浙江大学暂迁于贵州，难能可贵的是王淦昌在随浙大流亡到遵义的困难时期写出了此文。王淦昌在文中建议用 ^{7}Be 的 K 电子俘获过程探测中微子的存在。从 1942 年王淦昌的文章发表之后，国际上一些实验物理学家，如阿仑（J. S. Allen）、莱特（B. T. Wright）、施密斯（P. B. Smith）、楼德拜克（G. W. Rodeback）、戴维斯（R. Davis, Jr.）即依照王淦昌的建议，先后分别开始实验工作。1952 年先是由楼德拜克与阿仑合作得到预期结果，稍后戴维斯也独立得到了预期的实验结果，最终得以确认中微子的存在。《王淦昌先生与中微子的发现》这篇文章在清晰交代国际物理学界对中微子研究的历史背景之下，精准地阐明了王淦昌的文章对于中微子研究的影响和作用。在回溯物理学历史问题时，该文基于扎实可靠的史料，但是阅读该文，不难感受到，作者对于历史问题认识之透彻、化繁为简后叙述之精准扼要以及举重若轻。这是作者对文中涉及的物理学专业知识了如指掌的功力使然。如果作者对物理知识一知半解或根本不懂，即使拥有同样甚至更多的文献资料，也断不能成就此文之说服力。这就是专业物理学家按照

---

① 李炳安，杨振宁. 王淦昌先生与中微子的发现［J］. 物理，1986（12）：758—761.

② 《王淦昌先生与中微子的发现》这篇文章中，没有提到王淦昌这篇重要文章的篇名。

史学的方法研究物理学史，其他人难以企及的优势之所在。

《赵忠尧与电子对产生和电子对湮灭》一文仍为李炳安与杨振宁二人合写 ① 。文章首先介绍 1930 年英国物理学家泰伦特（G. P. Tarrant）、德国物理学家霍普费尔德（H. H. Hupfeld）以及在美国加州理工学院的赵忠尧（1902—1998），都各自独立在实验中发现了钍 C" 的能量为 2.65 百万电子伏特的 γ 射线被重元素的"反常吸收"现象，并都发表了相关论文。几个实验细节有一些不同，其中赵忠尧的实验结果十分平滑没有异议，而迈特纳（L. Meitner）和霍普费尔德的实验结果不够平滑还引起过争论。但三个实验都证实了硬 γ 射线在重金属中额外吸收的存在。这一现象后被称为"反常吸收"或"迈特纳－霍普费尔德效应"。

这年稍后，赵忠尧进一步发现了钍 C" 的 γ 射线在铅中存在"额外散射射线"。李炳安与杨振宁通过文献发现，赵忠尧当年的成果对于其他同行有重要影响。如半个多世纪后的 1983 年，安德森（C. D. Anderson）说："赵忠尧博士在一个与我紧邻的房间工作，他用验电器测量从钍 C" 发射出的 γ 射线的吸收和散射。他的发现使我极感兴趣。……赵博士的结果十分清楚地表明，吸收和散射的实验结果都比用克莱因－仁科（Klein-Nishina）公式算出的值大得多。……我们研究从赵的实验可以得出什么进一步的结论。" ② 1980 年早川幸男（S. Hayakawa）曾转述奥克里尼（G. P. Occhialini）对赵忠尧工作的评价："奥克里尼对赵的成就评价很高，他讲述了赵 C" γ 射线的反常吸收的研究是如何激起了甚至远在英国的他们的有关研究。" ③

20 世纪 20 年代后期狄拉克（P. A. Dirac）提出无穷电子海理论。其后狄拉克、奥本海默（J. R. Oppenheimer）、塔姆（I. Tamm）等人对电子湮灭过程有深入的探讨，但没人将其与赵忠尧发现的额外散射射线联

① 该文英文发表于 *International Journal of Modern Physics* A，1989，4（17）：325，中译文发表于 1990 年第 5 期《自然杂志》。

② 杨振宁. 杨振宁文集：下［M］. 上海：华东师范大学出版社，2000：573—574.

③ 杨振宁. 杨振宁文集：下［M］. 上海：华东师范大学出版社，2000：574.

系起来。[①] 1932 年 9 月安德森发现了正电子。1933 年布莱克特（P. M. Blackett）和奥克里尼才将狄拉克对于湮灭过程的计算结果，与赵忠尧发现的额外散射联系起来，他们的文章影响巨大。而"布莱克特和奥克里尼的文章产生巨大影响的原因不仅是由于他们报告了新发现的正电子的大量事例，也由于他们建议了'反常吸收'和'额外散射线'分别是由于电子对产生和电子对湮灭引起的，这些使物理学家对狄拉克理论的正确性所具有的感性认识发生了变化。"[②]

如此看来布莱克特和奥克里尼似乎充分重视赵忠尧的成果。然而李炳安、杨振宁的文章却细心指出事实并非如此。李、杨引用了布莱克特与奥克里尼文章中的一段文字："也许重原子核对 γ 射线的反常吸收与正电子的形成有关系，而再发射的射线与它们的消失有关。事实上，实验发现，再发射的射线与所期望的湮灭谱有相同的能量等级（即约 0.5MeV。——笔者注）。"[③] 李炳安、杨振宁肯定这一结论是"杰出的物理记录"。[④] 同时，李炳安、杨振宁还引用了布莱克特与奥克里尼文中的一个注解[④]：

格雷和泰伦特，proc.Roy.Soc.，A，Vol.136，p.662（1932）；
迈特纳和霍普费尔德，Naturwiss.，Vol.19，p.775（1931）；
赵忠尧，Phys.Rev.，Vol.36，p.1519（1931）.

据此李炳安、杨振宁指出布莱克特和奥克里尼文章中的这个注释是"粗心的历史学认识，特别是注解中有关赵忠尧的部分非常糟糕"。[④] 具体而言，存在两个错误：其一，将赵忠尧发表于 1930 年的文章错写为 1931 年，这样就错将最早的发现写成了落后于人的发现；其二，这

---

① 杨振宁. 杨振宁文集：下 [M]. 上海：华东师范大学出版社，2000：579.
② 杨振宁. 杨振宁文集：下 [M]. 上海：华东师范大学出版社，2000：580.
③ 杨振宁. 杨振宁文集：下 [M]. 上海：华东师范大学出版社，2000：574—581.
④ 杨振宁. 杨振宁文集：下 [M]. 上海：华东师范大学出版社，2000：581.

三篇文章与额外散射射线有关，而与反常吸收无关。经过分析李炳安、杨振宁文章认为："更重要的是，布莱克特和奥克里尼的论点实际上仅建立在赵忠尧文章基础上，只是，如我们所指出的，这个事实被这个错误的不加区别的注解弄模糊了。"[1] 布莱克特和奥克里尼文章最大的问题是他们没有明确说明："他们引用的三篇文章中只有赵忠尧的文章给出了正确的关键性的值 0.5 MeV，迈特纳和霍普费尔德的文章比赵的文章晚一年，并且根本没有发现额外射线。格雷和泰伦特的文章比赵的文章晚两年，他们在—0.47 MeV 处发现了这样一个额外散射射线，但是他们在—0.92 MeV 处还发现了一个分量，这把事情弄得非常混乱，并且即使后来 1934 年的文章中这个分量仍然没有去掉。"[2] 基于比本文所述更为详尽的分析，李炳安、杨振宁文章认为："很不幸由于布莱克特和奥克里尼文章中对参考文献粗心的引用和由其他实验引起的混乱和争论，赵的文章没有得到应有的评价。"[3] 在大量复杂的文献中能敏锐地区分彼此的细微差异，从而找到物理学家实际贡献与史学公论不相符合的根本原因，杨振宁在这方面的能力超越常人，这使得他的一些科学史类文章让读者觉得条理清晰、理由充分，具有不可置疑的权威性，这远非他人所能企及。

本文专门介绍李炳安与杨振宁这两篇文章，是因为还要说明一个道理。王淦昌的文章，在中微子研究走不出关键一步时一语道破天机，指明了进一步研究的方向，且明确提出了具体的实验方案，但限于条件，他本人没有将合理设想付诸实验。赵忠尧先生的实验研究，精准而超越其他同行得出了最能说明问题的实验数据。但是将他的研究数据与正负电子对的产生与湮灭联系起来的却不是他自己。因此虽然布莱克特和奥克里尼的实验研究乏善可陈，但是他们却最早看出了赵忠尧实验结果的价值与意义，因此他们的文章得到物理学界的更多关注也并非不可理

---

① 杨振宁. 杨振宁文集：下 [M]. 上海：华东师范大学出版社，2000：581.

② 杨振宁. 杨振宁文集：下 [M]. 上海：华东师范大学出版社，2000：582.

③ 杨振宁. 杨振宁文集：下 [M]. 上海：华东师范大学出版社，2000：582—583.

解。王淦昌与赵忠尧两位前辈各自的研究，尽管无可指责，但是现在做个设想，不考虑条件限制，如果王淦昌不仅提出实验设想，而且自己测出了理想的实验结果；如果赵忠尧不但最早得到理想实验数据，而且适时将其测量结果与正负电子对的产生与湮灭联系起来，那么不难想象，都发表于美国的他们的研究成果的影响力，一定会大大加强。当然笔者的这两个"如果"在现实中是很难做到的，但仍然值得从事实验研究的科学家认真对待。

3.2 善于选择重要问题

由前面所列杨振宁科学史领域部分著述以及上面两个案例可以看出，一如在科学研究领域善于选题一样，杨振宁在研究科学史过程中善于选择重要题目。除上面所例举的两篇文章外，《从历史角度看四种相互作用的统一》《几何学和物理学》《对称与 20 世纪物理学》《20 世纪理论物理学的主旋律：量子化、对称与相因子》《麦克斯韦方程和规范理论的观念起源》等文，都是以一个重要选题为视角，历史地诠释了 20 世纪物理学一次次思想的革命性发展，以及一桩桩重要成就的取得。在邮件往来以及与杨振宁先生谈话过程中，笔者也能深刻感觉到，年过 90 的杨先生思路清晰、敏捷，捕捉瞬间出现的问题之能力仍然极强。2016 年 5 月 6 日在与杨振宁先生交谈时，我们谈到了费米和玻恩。有著述认为费米在哥廷根学派玻恩教授手下那近乎一年时间里状态不好，几乎没做什么。笔者说根据约当的回忆，费米当时承担了学派一个问题的研究。玻恩在写给迈耶夫人的信中也明确表示，费米那时不是表现不好而是太好了。杨振宁先生对此非常感兴趣，他说："你如果能够把那个时候费米做了些什么、当时他跟海森堡、泡利以及玻恩之间的关系搞清楚，会写成非常重要的文章。"在阅读了笔者的一些著述后，再考虑到费米等人谈到玻尔时的态度，杨振宁曾向笔者提出过一个他很大程度上属于直觉的判断：玻恩学术地位和声望与其实际贡献不成比例，很可能与玻尔的一些行为有关。杨先生建议笔者注意这一点。

虽然由于文献不足，笔者至今尚未能将杨先生的建议变成现实，也未能证明杨先生的设想，但是非常佩服杨先生看问题的洞察力与敏锐性。敏锐性与洞察力是善于选择研究课题必备的天赋。是否善于选择研究课题，对于学者或科学家都至关重要，这既决定着他们学术道路是否顺畅，也将最终决定其学术贡献的大小。在这方面，杨先生堪称高人。

3.3　重视史料、充分发挥专业优势

如同戈革教授所说，著名科学家治科学史，必须把握史学研究的基本方法、技巧与规范，否则难免失败。对此在科学史方面资深的贝尔纳（J. D. Bernal，1901—1971）也有过告诫性论断："一个未在历史研究的技术上受过训练的忙碌科学家而企图把历史的这个形象认真而全面地加以分析和陈述，那简直就是狂妄。"[1] 杨振宁能奉献出科学史与科学文化精品之作（见插图），与两点相关：首先作为科学家，他兴趣广泛、博览群书，小说、诗歌、历史、书法、绘画与雕塑等等，他都阅读、都欣赏；其次，他有专业历史学家朋友，他了解历史学家工作的特点与方法。杨振宁极为欣赏历史学家何炳棣的研究工作。

笔者与杨振宁先生面谈时，也曾谈到与科学技术史有关的若干话题。这些谈话对于在科学技术史视角下近距离展示杨振宁教授及其观点，大有帮助。当然有些对话是临时即兴而起，因此也许不能视为杨振宁教授深思熟虑的观点。

杨振宁部分作品

---

① J. D. 贝尔纳. 历史上的科学［M］. 伍况甫，译. 北京：科学出版社，1959：序Ⅵ.

厚： 您的很多观点对我都有启发。如果条件允许，我计划找机会再去欧美等 20 世纪科技强国搜集有价值的史料，推进自己的研究工作。

杨： 很好。有价值的资料对于历史学家而言，就像理论物理学家获得了重要的实验结果、实验数据一样重要。在这方面我有个例子，我在美国认识一位历史学家叫何炳棣。他早年是哥伦比亚大学历史系读西洋史的研究生。他获得博士学位后，逐渐转到研究中国史。他有一个成功的例子。在美国国会图书馆，他发现了明、清殿试发榜时的文献资料，这些文献把殿试一甲、二甲、三甲等头几名的身世都记录下来，包括他们的祖父、父亲、叔父是做什么的等等。何炳棣仔细研究这些文献。他得出的结论是：（明、清）每个朝代刚开始时，三甲多半出身平民，但上层社会出身的后来所占比例越来越多。之前没人做过这项研究，他找到了好的角度，找到了好的、关键的文献资料，他的相关研究结论对认识中国古代社会的人员问题、社会结构，以及社会阶层的流动等非常重要。科学史研究也是一样，缺少了关键的文献资料，有些问题就难以澄清。

厚： 研究科学技术史，或者在更小的范围说研究物理学史，意义应该是多角度、多方面的。比如您的物理学史研究，有的就是直接为物理学家服务。有的物理学家工作的意义没被学界认识到或未被充分认可，但是您把它挖掘出来了，让更多人了解历史事实究竟是怎么回事。这本身就很重要。这是直接为物理学家的工作负责任、为历史负责。

杨： 对，要解决物理学史上的问题，就得先思考哪些文献是重要的；然后再思考该怎么利用这些文献资料。这需要学问和眼光。你积累了、利用了很多关于玻恩学派的重要文献，所以你写的文章让人相信。

厚： 您提到先考虑找什么文献和如何利用文献，这至关重要。另一方面，仅以物理学史研究而言，如果对于物理学的理论体系没有一个整体的把握与了解、对物理学很多重要知识一窍不通，就很难判断哪个分支理论、哪位物理学家或他的学派的重要性，很难确定什么是更有价值的研究对象。

杨： 当然，扎实的数学、物理基础，以及对物理学专业知识的深刻理解，不仅对于物理学尤其理论物理学研究至关重要，也是物理学史研究所需要的。研究有些物理学史问题，不对历史文献中的物理知识做细节的比较分析，是无法达到预期效果的。我想研究其他科学学科的历史道理也是一样。

科学史研究要严谨、要有理有据。杨振宁先生不仅从正面阐述在史学研究中，可靠史料的重要性，他还曾批评国内著述抄袭现象以及一种文学化虚构的历史类著述。

杨：和科学史有关，还有一个问题，可能与我们中国从前知识产权观念淡薄有关，老传统说书是可以偷的，你拿别人的书出版，说是散布了圣贤的学说，所以是没有什么不好的。因为这样，所以写书时抄袭、随便不严谨的乱搞很多。传记有些就是乱搞的。我举个例子（此文暂略）。中国发明了一个名词，叫传记文学。既然是文学，就可以虚构，所以国内写的很多传记常常有一半甚至超出一半是想象出来的，即使讲了一件真实的事情，为渲染起见，也添油加醋。我想这习惯必须要改。写传记不去调查，靠自己猜想，靠编故事，其结果就是乱讲一气。现在这个习惯还没有完全取消掉。总而言之，我觉得物理学史是应该提倡的，有它的意义，做好了是很有趣味的事情，从中可以挖掘出来很多很重要的事情。中国的歪传统、坏传统是需要改正的。现在的年轻人很多，他们不知道可以向这个方向发展，所以我觉得这个事是需要提倡的。我希望能够使得一些年轻人多对这方面发生兴趣。

杨振宁先生批评的现象和批评的这类传记文学，并不罕见。这类著作中有对于科学人物的心理描写以及带有引号的对话。但是显然这些都是作者自己"设想"出来的。对此笔者与杨先生的观点相似，是反感的。但是老实说，不知道这类作品在文学界是如何界定的，以及算不算做存在问题。无论如何，这类著作至少应该明确标示出属于文学创作，而不是严谨的史学类著作。谈到史料问题时，笔者也曾问及杨振宁先生自己的档案资料：

厚：您和同行朋友的通信等档案资料都在哪里保存着？

杨：多半在香港中文大学，一部分在清华。早年的捐给香港中文大学，最近这些年的在清华。文献资料很受通讯方式影响。50 年代，我做研究最多的时候，多半通讯是打电话。打电话就无法留下文献资料。现在很多是写 e-mail，而不像海森堡和泡利他们那时候，或更早时候那样，写纸质书信。

3.4 语言简洁、毫无闲言赘语

在阅读杨振宁先生的著述时，其文风给笔者留下了鲜明而深刻的印象，用语简洁、准确且意味深长。这是一种极高的叙述与表达的境界。《曙光集》之两页"前言"即是一个样本：所引鲁迅、王国维、陈寅恪、冯友兰几个人的诗或文，各表征一个时代。引文之间只有寥寥数语作解释、转承。而几则重要引文及说明语之间，是 3 个空格宽度的留白。仿佛提示读者对每一个历史时期略做回味。而言罢署名，则如一曲告终，虽微言而大义，仍有余韵犹存而绕梁三日之感。实在是散文诗中的上乘之作。

对此笔者与杨先生曾在电子邮件中做过一些交流。2015 年 12 月再次当面请教。

厚：杨先生，您的文章条理极其清晰，字斟句酌、简洁精炼；仿佛做文字上的增减、替换都不可能。您有的文字，如《曙光集》前言，读起来就像是一首深沉又明快的散文诗。这是您的刻意追求吗？

杨：这个很难说清楚。记得中国古人说过，写诗的功夫全在诗外。我对很多东西都有兴趣，但我知道有些方面我是不行的。比如我欣赏诗可是我不可能写出好诗来。音乐我也喜欢，但达不到高的欣赏水平。文学喜欢东看看、西看看。我看了你写给我的问题提纲，我就知道，你对写作、散文的风格比较了解，知道哪些文章是好的，哪些文章是不好的。我喜欢读海明威（Ernest Hemingway，1899—1961）的作品。为什么喜欢海明威呢？因为他的句子都不长，喜欢他可能与我喜欢浓缩有密切关系。我知道简洁是一种文学的美，比如在诗词里；但是相反的情况也能成为一种文学美，比如汉赋用词就似乎存在堆砌，就是说特殊的重复和堆砌也可以具有很强的文学效果。但是啰唆而不简洁的描述不符合科学美，这是毫无疑问的。文章我没有事先考虑写成什么样，写出来并修改到一定程度后，本能会让自己觉得满意。

海明威的写作风格以简洁著称。文学评论家说海明威有出色的语言驾驭本领，常以最简单的词汇表达最复杂的内容。也许海明威的文风对杨振宁有一定影响，也许二人语言风格上的相似性使得杨振宁格外欣赏海明威的作品。无论如何，两位大师虽然一文一理，但二人的写作风格都可以用同一个词语来言状，那就是简洁。如果需要格外突出杨振宁科学家的身份特征，则除了简洁，力求文字准确，是其著述的另一特点。

4. 对科学技术史研究的期望

前文已经涉及杨振宁重视科学史研究，并期待更多人投身此领域之中的愿望。对于这一话题，本文再引用两次与杨振宁先生的谈话，对此予以强调。

厚：2006 年您说，自己逐渐从最前沿退下来，从此重点关注过去一两百年物理学发展的总趋势。今天想请教您，在您看来科学史研究的意义何在？现在科学史人才就业等等存在诸多问题，对此您有什么看法？

杨：这是几个大话题。无论如何，人类现在处于科技主导的文明社会。过去的历史可以主要研究政治、军事与经济。但 20 世纪以来的政治、军事与经济无不与科技息息相关，甚至可以说是为科技所主导。在这样的时代背景下，单从重视历史研究的方面看，就不能不重视科学技术史研究。至于科学技术史方面人才的出路问题，我希望有更多的人去研究科学史或作相关的工作。对这个问题要乐观，要从大方向上看。现在清华大学的学生很多，全国更多，好像一年有六七百万的大学毕业生。这么多的人里面我想至少有几百万人是学文科的。这几百万人有什么出路呢？很少有人走到科学史，原因是没有这个传统，很多年轻人不

知道有这个领域。科学史有很多事情值得研究。我举个例子，我觉得科技史一个非常非常重要的领域就是要研究一下，美国的原子弹是怎么造出来的，德国的原子弹怎么没成功，日本的原子弹做到了什么程度，苏联是怎么做的。当然如果条件允许更要研究中国的原子弹研发过程。不夸张地说，科技史的题目是做不完的，因为科技已经是 20 世纪以来人类社会实际的主导力量。

杨振宁先生关心科学史研究，有一次曾问笔者："你研究玻恩，研究经费怎么解决？"笔者回答："对于普通高校的普通教师个体而言，目前研究物理学史甚至整个科学史，研究经费还是个大问题。科学技术史作为一级学科，在国家社科基金资助的学科目录中，没有科学技术史；在国家自然科学基金资助的学科中，除天文学史、冶金史在册外，科学技术史也不在所列明确资助的学科范围之内。我个人前几年去剑桥，申请的是李约瑟研究所的李氏基金；这几年的研究，完全靠侥幸从物理学科申请的一项国家自然科学基金。"杨振宁先生了解到这一情况后表示，愿意找机会同国家自然科学基金委沟通，建议将物理学史明确列入资助范围之中。

十九、杨振宁专题研究之杨振宁论数理关系

作为一位理论物理大师，杨振宁能够在自己的研究工作中敏锐发现物理学前沿问题的数学结构；他在研究物理学问题时缔造的数学方法与成果，促进了 20 世纪某些数学领域的极大发展。因此，他对于数学和物理学以及二者之间的关系，都有独到的感悟，并在著述和学术报告等场合，多次表述自己在这方面的观点和态度。

1. 借助双叶图阐释数理关系

20 世纪的物理学家尤其理论物理学家已经非常清楚，离开数学的支撑，物理学的发展寸步难行。理论物理学家研究最基本的、最原始问题时取得的突破性研究成果，往往包含对数学发展有建设性意义的、有启发作用的思想。杨振宁对此深有体会，但是在他看来，数学和物理学共同的、一致性的东西很少，只体现为若干最基本的概念；二者之间更多的是不同：目标不同、价值观不同、研究传统不同、主体内容不同。1979 年在一篇文章中杨振宁表达了他的这一观点："虽然数学和物理学关系密切，但是，如果认为这两门学科重叠很多，则是错误的。事实不是这样。它们各有各的目标和爱憎。它们有明显不同的价值观和不同的传统。在基本概念上，二者令人诧异地具有某些共同的概念。然而，即

471

使在这些方面，二者的生命力也向着不同的方向奔驰。"[1] 杨振宁进而发明了一个形象化的、有助于表达其这一思想的双叶图。1980年1月在香港大学的演讲中，杨振宁借助于此图，进一步阐述他关于数理关系的观点："数学与物理学之间的关系如此之深，然而，如果认为两方面有多么大的重叠，那就弄错了。它们并不这样。它们各有不同的目的和兴趣。它们有明显不同的传统。在基本概念的水平上，它们令人惊异地共同使用某些概念，但即使在这里，每一方面的生命力是沿着各自的脉络奔流的（见图）。"[2] 据笔者的初步了解，这是杨振宁第一次公开使用双叶图阐述数理异同。

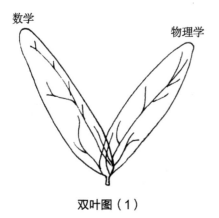

双叶图（1）

在1997年的文章中，杨振宁再次借助双叶图阐述数理关系，并对图中双叶重叠的那一小部分，即数学与物理学相通或相似的部分，以及双叶彼此不同的主体内涵做了更深入的辨析性说明："重叠的地方是二者之根，二者之源。譬如微分方程、偏微分方程、希尔伯特空间、黎曼几何和纤维丛等，今天都是二者共用的基本观念。这是惊人的事实，因为首先达到这些观念的物理学家和数学家曾遵循完全不同的路径，完全不同的传统。……必须注意的是在重叠的地方，共同的基本观念虽然如此惊人地相同，但是重叠的地方并不多，只占二者各自的极少部分。譬如实验1与唯象理论2都不在重叠区，而绝大部分的数学工作也在重叠区之外。另外值得注意的是即使在重叠区，虽然基本观念是物理学与数学共用，但是二者的价值观和传统截然不同，而二者发展的生命力也各自遵循不同的茎脉流通，如图

---

① 杨振宁. 曙光集［M］. 翁帆，编译. 北京：生活·读书·新知三联书店，2008：17.

② 杨振宁. 杨振宁文集：上［M］. 上海：华东师范大学出版社，2000：334.

所示。"[①] 这一诠释开宗明义，认为数
学与物理在最早的、最原始的部分可
谓同脉同源；但是因为二者有不同目
标和价值取向等等，在其后的发展过
程中，就主体态势而言，二者至少在
表现形式等方面是渐行渐远。

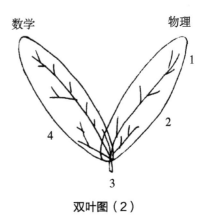

双叶图（2）

杨先生的这幅双叶图中重叠的部
分不是固化的，而是随着物理学和数
学的发展而处于变化之中，呈现重叠
面积扩大之趋势。而且有理由相信，在杨振宁的思想中，这种重叠区域
的变动并非仅仅是因为数学与物理学各自独立发展使然，而是从本质上
表现出数学和物理学互为对方发展的重要原动力。早在 1993 年的一篇
文章中，杨振宁就较为详尽地说明了这一认识："交叠的面积只是每个
学科的一小部分，或许仅有百分之几。例如，实验物理学就不在交叠的
区域中，虽然它代表物理学中一大块研究领域。有时，交叠的面积会扩
大，例如，当爱因斯坦将黎曼几何引入物理学时。但同时这两门学科的
不交叠的面积也大大地扩张了。"[②]

虽然事实上如杨振宁所说，数学与物理学的交融，彼此促进，但并非
所有数学家和物理学家对于二者的交融均持支持与期待的态度，尤其一些
数学家竟然有追求与物理学最好井水不犯河水的心理，杨振宁描写过某些
数学家与物理学家的心态："数学家倾向于离开物理学家，但在物理学家
之间，有一些人认为数学家们是在自鸣得意。依我看来，这一现象的社
会学还没有被充分分析过。尽管本世纪中一大群数学家有脱离物理学的
倾向，但在这时期中，交叠区域却大大扩张了：黎曼几何、希尔伯特空
间、李群、纤维丛、拓扑学和量子群都是当代物理学许多分支的概念性

基础。很难避免得出这样的结论：自然界似乎倾向于用数学中漂亮的基本结构去组织物理的宇宙。"① 杨振宁这段话展示了数学与物理学世界之间存在的、不随部分数学家主观意愿而改变的客观事实，即无论数学家多么不愿意、多么想远离，数学与物理学越发更多地纠缠于一起之大态势，现在已然，还将依然。探寻这其中的根本奥妙，则近乎回到毕达哥拉斯主义或柏拉图主义，这思想完全蕴涵于被历代物理学家，从伽利略、牛顿、爱因斯坦、海森堡，再到杨振宁等等反复翻版的那句绝唱里："自然界似乎倾向于用数学中漂亮的基本结构去组织物理的宇宙。"这既可以理解为实在论者上帝创世般的断语，也可以理解为他们对于疑惑之心的一种别无选择的自我解脱；而唯心主义者则可以以此作最牢固之基础性理论公设，于其上建筑唯心主义之楼阁，而从另一角度去看待一切。

笔者与杨振宁的合影

物理学家与数学家各自的研究，从出发点即已分道扬镳：物理总要从现象、从事实开始，而数学家则从基本的公理等少数逻辑前提开始，然后按演绎推理下去。2015 年 12 月在笔者向杨振宁请教时（插图为笔者与杨振宁的合影，右一为杨振宁），提到了数学家打趣物理学家的一个故事：数学家与物理学家开玩笑说，你们物理学家，感觉自己很厉害、了不起，但你们总是发现，我们数学家早就提前给你们准备好了数学工具，而且我们只靠推理和想象就做到了。杨振宁接着这个话题说了以下一段话，其中再次提到并进一步说明了他的双叶图：

---

① 杨振宁. 杨振宁文集：下［M］. 上海：华东师范大学出版社，2000：779—780.

物理和数学共用的那个区域是完全重叠的，可即使在重叠那部分，他们的价值观也是不一样的，发展的倾向也是不一样的。数学家和物理学家都知道电磁场的基础结构是纤维丛结构，但数学家研究纤维丛是什么东西，这是他的着重点；而物理学家呢，也认为这个妙不可言，可是他着重的是考虑这个数学结构用到实际上会有什么新的发展。对于同一个东西他们都觉得妙不可言，都觉得重要，不过侧重点是不一样的，所以生长的动力是向着不同方向。双叶图里面还有一点我讲过，即事实上重叠的部分只是物理学很小的一部分，也只是数学很小的一部分。这句话的意思就是说，多半物理学里重要的东西跟数学没有多大关系。有学生问我是不是应该尽量多念数学，或者把数学中妙的想法都照搬过来？我回答是这样不行，因为多半的数学和物理是没有关系的，不在那个重叠的部分，怎么能找到哪部分是重叠的，哪部分是不重叠的？这个我想没有规律。

杨振宁对笔者说的这段话，除了对于双叶图做进一步的说明外，还涉及了他此前表述过的一个观点，即人们对于数学与物理学之间关系的认识尚未结束："数学和物理学的关系不是一个已经弄得很清楚的问题。"[①] 他甚至认为："数学与物理学的关系问题是个有吸引力的问题，也是个经过大量评论的问题。我并不认为对于这个关系究竟是什么的问题，会有任何具体明确的解答。"[②] 这些表述充分展示了杨振宁对待数理关系所持有的开放与发展的眼光。

2. 应用数学：数学与物理学之中介

双叶图能表达杨振宁关于数理关系的很多思想，但也并非是他在这个问题上的全部认识。他还曾通过数学的特殊分支，直接将数学和物理

---

① 杨振宁. 杨振宁文集：上 [M]. 上海：华东师范大学出版社，2000：333.
② 杨振宁. 杨振宁文集：上 [M]. 上海：华东师范大学出版社，2000：332.

学联系起来，构成了数理科学在二维平面视野上，彼此交叠的"连续谱系"，并以此阐释二者的关系。这一特殊的数学分支即应用数学。1961年，早在提出双叶图之前的一次学术会议上，杨振宁就表达了他的这一观点："应用数学是一门大部分介于数学和物理学之间的创造性学科。但也介于数学和其他学科之间。在这一领域里，用数学语言综合物理世界的一些现象。应用数学与理论物理之间应该只有强调上的一个小区别，即强调从物理现象到数学公式的归纳与从数学公式到物理现象的演绎过程的不同而已。理论物理学家更强调归纳过程，应用数学家更强调演绎过程。一位真正好的理论物理学家实际上也应该是一位好的应用数学家，反之亦然。我相信这一观点与应用数学家的本身的观点是一致的……"①

也就是说在这一视角下，杨振宁认为数学与物理学的交集构成应用数学的主体部分；以物理学家的视角看物理学与数学的这一交集部分，它就是理论物理学；而以数学的眼光来看，它是数学中的应用数学的一大部分。如此看待数学与物理学的关系，二者之间的交集包含全部的理论物理学，这要远远大于双叶图比喻中数学与物理学的交集。事实上用这种方法展示数学与物理学关系，言外之意是对于数学和物理学都采用了二分法：数学包括应用数学和非应用数学；物理学包括主要以数学方法为研究工具的理论物理学，以及实验物理学。此种看法更加宏观化、粗粒化，着眼于数学与物理学主体方法的不同；而双叶图中对于数学与物理学叠合部分之解释，相对而言更为微观、细化，可以落实到某些具体概念。但是横岭侧峰，两个视角并无对错之别，各揭示一定寓意，分别有不同的启发意义。

3. 杨振宁论数学家与物理学家的不同心理感受

笔者对杨振宁著述中的一些语汇，诸如描述数学家或物理学家时所

————————

① 杨振宁. 杨振宁文集：上［M］. 上海：华东师范大学出版社，2000：115.

用的专业"情趣"与"爱憎"等等颇感兴趣；曾就此请其予以说明。在对这一话题的阐述中，他的一些观点相当独到。据笔者所知，这些观点是杨振宁首次公开表述，值得关注：

　　我想是这样，一个诗人有了一个念头，他想把它变成具体的简洁的文字。一个数学家产生某种想法，把它具体化，写出一个方程式、一个定理。在他们这样做的过程中，诗人与数学家的感受很显然是不一样。在诗人的表达与自我感受里面，感情成分比较多；数学家在他 create（创造）的时候他的内在感受也是很深的，但却是不同的一种感受。很难说清二者的区别，但区别的确存在。物理学家与数学家在创造的过程中心理感受的不同，也与此相似。我用"情趣"一词形容数学家和物理学家，是一种没有办法的借用。两者有什么不一样的地方呢？我想最主要的是一个和感情有关系，一个和感情没有关系。不过所有的创造性的工作都有共同点，即都是看到别人没看到、做到别人没做到的更远的一步。如果创作者看对了，他还能够把它具体化表达出来，那他就是在构建，不论他是诗人、物理学家，还是数学家。关于这点，拿这三种人（诗人、数学家、物理学家）相比较，我想很清楚的就是刚才讲的，诗人的感情成分比较多，这是没争议的。理论物理学家和数学家的感受到底是什么分别呢？这其实是个很重要的题目，我思考过，但还没有写出来。我认为，真正到了非常重要的革命性的新发展阶段，面对自己的成果，数学家和物理学家的感受有一个很大的不一样，那就是数学家的感受是无我的，而物理学家的感受是有我的。无我和有我是王国维讲诗词时的用语，也能表现物理学家与数学家不一样的感受。什么意思呢，我举例子对比一下。按照柯西积分定理，平面空间 360 度积分一周，如果积分路径内没有奇点，积分结果等于零。这个结果一定令其发现者觉得妙不可言，我想任何一个人真正懂了它以后，都会觉得它很美妙。但是数学家的结论总是在数学家这个人之外，就是说，那个结论不是关于他自己的。物理学家与此不同。麦克斯韦写下麦克斯韦方程组，他据此算出电磁波的速度和光速是一样的，于是他指出光就是电磁波。我对此是非常佩服的。我在《今日物理》（*Physics Today*）上的文章中就写了这么一句："麦克斯韦是个虔诚的教徒。我想知道，在做出如此巨大的发现后，麦克斯韦是否在祷告的时候因为揭示造物主的最大秘密之一而请求宽恕。"[1] 他的这个感受是有我的，为什么物理学家和数学家的感受不一样呢？因为数学家所研究的东西在他看起来是客观的、身外的，他只能站在外头看；可是物理学家，不管他是研究光学也好、量子力学也好，他做出一个重大发现的时候，他不能忘记他本身也是受这个规律支配的。所以面对最重大的新发现的时候，物理学家和数学家在感受上是否有我这个问题上，答案是不同的。

面对自己取得的研究成果，数学家与物理学家的心理感受不同。数学与物理学无论多大程度上反映客观世界，每个数学家与物理学家作为个体都是矗立在数学世界与物理世界面前的镜子，其心理感受的不同，归根结底还是数学与物理学差异的一种映射。

4. 理论物理学家的数学知识多多益善吗

物理学家尤其理论物理学家，离开数学几乎寸步难行。在特殊时刻理论物理学家毫不隐晦他们对于数学知识的渴求。如薛定谔在尝试建立后来被称为薛定谔方程的量子力学基本公式时，就曾发出这样的感慨：

---

① Chen Ning Yang. *The Conceptual Origins of Maxwell's Equations and Gauge Theory* [J]. Physics Today, 2014（11）: 45—51.

"此刻我正在为建立新的原子理论而挣扎。如果我拥有更多的数学知识有多好！……现在，为了彻底结束对于振动问题的研究，我必须学习更多线性微分方程方面的知识，它与贝塞尔方程相似，但并不广为人知。"①那么一位理论物理学家是否可以通过学习更多的数学来增加自己作为理论物理学家的专业优势呢？杨振宁结合自身的体会和观察，对此的态度是明确的："如果一个理论物理学家学了太多的数学，他或将有可能被数学的价值观念所吸引，并因此丧失了自己的物理直觉。"②而在这一问题的另一方面，杨振宁指出："一种倾向于物理学的训练，对于后来吸收数学概念却不是障碍。实际上，它往往有助于进行创造性的数学思维。为什么会这样，显然是一个深奥的问题。"③在与笔者的谈话中，杨振宁再次强调了过分喜爱和学习数学，会成为培养物理学研究能力的障碍：

> 数学的美是非常诱人的。如果一个人对数学的感受不是从功利主义的立场讲，而单纯地觉得它是非常漂亮的，如果这种感受很强烈的话，这个人就容易成为数学家。他的思维方式、动力会向数学研究的方向走，渐渐地他就入迷了。像陈景润，他就是对数字之间、整数之间的关系特别有兴趣，所以就钻研到里面去，别的都不管了。这种引诱可以达到不拔之境的地步。结论是，假如想要研究物理的话，不能被数学引诱得太厉害。数学引诱太厉害的话，物理的想法就会被撇开了。

这个问题，虽然杨振宁说"是一个深奥的问题"，也并未予以进一步解答。但是我们可以从两个方面理解。其一是杨振宁所说的，数学与物理，有不同的价值、不同的趣味与不同的传统，对于极少的特殊者而

---

① Walter Moore. *A Life of Erwin Schrödinger* [M]. Cambridge：Cambridge University Press，1994：141.

② 杨振宁. 杨振宁文集：下 [M]. 上海：华东师范大学出版社，2000：740.

③ 杨振宁. 杨振宁文集：上 [M]. 上海：华东师范大学出版社，2000：115.

言二者可以兼得、可以相得益彰，但是对于多数人而言鱼与熊掌不可兼得。而一个人如果想致力于物理学研究，那么要有意识提醒自己，有意识控制自己的数学爱好，否则过多地沉醉于数学之中，完全有可能造成事业发展之树上物理能力的削弱或物理学顶端优势的丧失。其二，恰如年轻时的爱因斯坦所感受的那样，"数学分成许多专门的领域，每一个领域都能费去我们所能有的短暂的一生。"① 庞大的数学风景区会让有的人因迷路而走不出，也可能让有的人乐不思蜀而不再想走出数学世界。

有志于成为物理学家的年轻人，更多的还是要培养自己的物理感觉，当然也不是无须培养基本的数学素养，但是想一劳永逸先学好将来物理研究中可能用到的数学并非切实可行。更多理论物理学的成功之士，从爱因斯坦到薛定谔等等，在研究物理学特殊问题过程中，遇到自己难以解决的数学困难时，都是通过向周围数学能力更好的人请教并得到指点而攻克难关的。因此潜在的理论物理学家结交几位有能力的数学家朋友，比盲目地预先储备数学知识更加必要。

5. 杨振宁与爱因斯坦对数学的相似感悟

爱因斯坦借助黎曼几何建立了广义相对论。这一经历使他对数学有了更深刻的感悟和困惑。1921 年爱因斯坦曾提出如下问题："数学既然是一种同经验无关的人类思维的产物，它怎么能够这样美妙地适合实在的客体呢？那么，是不是不要经验而只靠思维，人类的理性就能够推测到实在事物的性质呢？"② 这第二个问题不可小视，提出这一问题，一定意义上意味着对于物理学实验纲领的怀疑，甚至显露了背叛这一物理学基本纲领的苗头和可能性。相信有一些理论物理学家会对爱因斯坦在这里提出的第二个问题给出否定答案，爱因斯坦本人更多时候也是持有

---

① 许良英，范岱年. 爱因斯坦文集：第一卷 [M]. 北京：商务印书馆，1976：7.
② 许良英，范岱年. 爱因斯坦文集：第一卷 [M]. 北京：商务印书馆，1976：136.

这样的认识，但是无可否认超然的数学具有的这种超前性的强大功能，的确曾让爱因斯坦费解、困惑并对此深思。

爱因斯坦在建立广义相对论之前数学知识的积淀以及对于数学的认识都有欠缺。这一点他自己是明确承认的。比较而言，数学在杨振宁的知识世界里较早就占据几乎与物理学同样重要的地位。杨振宁欣赏并钦佩数学的趣味、数学的美感与数学的力量，同时像爱因斯坦一样，数学不可思议的作用也令他震惊与讶异："我的大多数物理学同事都对数学采取一种功利主义的态度。或许因为受父亲的影响，我比较欣赏数学。我欣赏数学的价值观念，我钦佩数学的美和力量；在谋略上，它充满了巧妙和纷杂；而在战略战役上则充满惊人的曲折。除此之外，最令人不可思议的是，数学的某些概念原来竟规定了统治物理世界的那些基本结构。"[1] 这种不可思议、这种震惊与讶异不是来自于抽象的意向或朦胧的感觉，而是源自于十分具体的直接感悟与特定的间接影响。杨振宁成功利用纤维丛理论建立了重要的理论物理学规范场理论，二者完美的契合令他惊叹、叹服。对此他曾与数学家陈省身有过交流："1975 年我与陈省身讨论我的感觉，我说：'这真是令人震惊和迷惑不解，因为不知道你们数学家从什么地方凭空想象出这些概念。'他立刻抗议'不，不，这些概念不是凭空想象出来的，它们是自然而真实的。'"[2] 不难看出，对于数学魔力的亲身感受和疑惑在爱因斯坦和杨振宁的思想世界里是极为相似的，而陈省身的回答似乎并未解答杨振宁的困惑，反而让非数学家的人们更加觉得不可思议。很多人无法理解，在他们看来基本的研究对象与研究方法都脱离客观事实的数学家，究竟是如何感受、认证与理解由他们提出的数学概念，不是凭空想象，而是具有自然性与真实性。

杨振宁与爱因斯坦对于数学的相似感悟还有很多。读书时对数学怀着敬而远之心理的爱因斯坦，后来数学在他的思想中的分量却与日俱

---

[1] 杨振宁. 杨振宁文集：上 [M]. 上海：华东师范大学出版社，2000：214.

[2] 杨振宁. 杨振宁文集：上 [M]. 上海：华东师范大学出版社，2000：242.

增。他甚至认为在所有的科学学科中，数学具有无可比拟的特殊性与权威性。让他产生并坚信这一认识的理由之一是，在他看来，物理、化学等其他自然科学，存在无休止的优胜劣汰、改朝换代或新陈代谢；但数学世界却一经奠定即江山永固，与物理世界存在根本的不同："为什么数学比其他一切科学受到特殊的尊重，一个理由是它的命题是绝对可靠的和无可争辩的，而其他一切科学的命题在某种程度上都是可争辩的，并且经常处于会被新发现的事实推翻的危险之中。"① 无独有偶，在杨振宁与笔者的交谈中，他将物理学与数学相比较，曾详尽地表达了与爱因斯坦的这一看法十分一致的认识。他的语气以及叙述时的神态告诉笔者，这些看法完全来自于他独立的思考：

> 数学这门学科像是一个极其漂亮的非常大的宫殿，里面漂亮的东西有很多。代数、几何等不同的分支都有其妙处，而且妙的地方又互相关联起来。……一个数学家假如发现了一个，或证明一个很漂亮的定理，那么这个功劳永远存在，不会消失或被推翻。数学好像是一个很大的风景区，里头有很多山。有雄伟的大山，有许多的小山，甚至还有很多很小的小山。如果一个人没能力创造一座大山，也没有能力创造一座小山，只能创造一个漂亮的小小的东西，那么这个东西即使很小也将永远存在，不会泯灭、消亡，足以令他引以自豪。换句话说，他创造的这个小小的东西不会因为渺小、不能和其他大山相比，就毫无价值。相反在物理学界不一样。你在好的学校如清华大学或者普林斯顿大学，找数学系的研究生，请他们写下来十九世纪重要的数学家，我想他们随便就能写出几十位；但物理系的研究生却写不出很多十九世纪的物理学家，我想也许能写出四五位。为什么呢？因为十九世纪更多的物理学家都被认为不

① 许良英，范岱年. 爱因斯坦文集：第一卷 [M]. 北京：商务印书馆，1976：136.

重要了。相对论与量子力学一出现,以前所做的很多工作都被忘记了。从长远的角度来看作数学比较保险。无论其后的数学家做出什么,再过 200 年陈景润的成果还是很有意义。但物理界不是这样,麦克斯韦方程组一出现,其他人以前做的那些电磁学的东西根本就没用了,没价值了。从这个立场讲,做数学比较保险,物理和数学的最后价值观是不一样的。

关于物理学与数学之间分分合合、藕断丝连的复杂关系,杨振宁表达了自己的看法,他不否认这是一个尚未讨论清楚甚至可能永远没有明确答案的问题。谈起相关话题,杨振宁思绪翩翩,不仅限于本节所述。笔者相信,在未来的日子里,他还会继续思考并产生新的认识。在杨振宁关于数学与物理关系的所有论述中,有一种积极乐观的看待事物以及事物发展的心态。展望未来他坚信一点,那就是物理学与数学必将继续互相促进、互相纠缠、渗透:"我个人相信,在下一个世纪,(数学与物理学)交叠区域将继续扩大,这对两门学科都会有益。"[1] 杨先生的期待,也值得我们期待。

---

[1] 杨振宁. 杨振宁文集:下[M]. 上海:华东师范大学出版社,2000:780.

二十、小议史学、科学与哲学

一切历史都是当代史，这话有一定道理。但是历史学家的学术眼光，仍然更多时候聚焦于过去发生的事件。这决定了历史学与自然科学（比如物理学）存在很大的不同：一般来说，物理学的正确结论，是可以在不同的地点、不同的时间，由不同的人通过实验一再验证的；而历史上虽然有时会出现惊人的相似，但是与生命的不可逆同理，不可逆性是历史事件的基本特性，因而历史事实一般不具备能够重演的可证实性。另外，相同的客观条件决定的物理现象，其结果是相同的，至少是相似的。但是在确定的条件下，却难以精确地预见一个国家、一个民族，甚至一个人的未来。这与混沌等复杂的确定性系统具有的内在随机性行为极为相似。

但是物理学与历史学并非毫无相似之处。物理学研究任何一个物体的运动，都必须要选择一个参照物。而基于不同的参照物，考察同一物体的运动，会得出完全不同的结论。例如，如果忽略其他影响，将地球和月球都看作标准的圆球，以地球为参照物考察月球的运动，会得出月球绕地球做圆周运动的结论。以地球为坐标原点，建立直角坐标系，则月球绕地球的运动轨迹，如左图所示，是个圆周。

而如果以太阳为参照物来考察月球的运动，则月球的运动是在围绕地球做圆周运

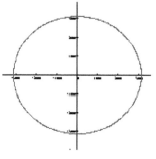

以地球为坐标原点，月球绕地球的运动轨迹

动的同时，又随地球一道绕太阳做圆周
运动。在以太阳为原点的坐标系下观察，
月球的绕日运动轨迹即如右图中曲线所
示，是一个弹性螺环被均匀拉开的样子，
将逐个小环心链接起来构成的圆周，就
是地球绕太阳运动的轨迹。

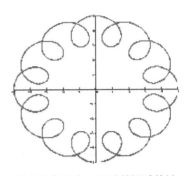

以太阳为原点，月球的运动轨迹

　　在历史著作中不难发现，横岭侧峰，
对于同一历史事件的描述，可以是不同
的，可能有很大差异，甚至有时反映出的事实是彼此截然相反的。这是
不同的人，在不同的视角、不同的立场，描述同一历史事件时难以避免
的结果，并往往直接导致学术争议。我们可以称此为历史描述的相对
性。这一现象与物理学上相对于不同参照物考察同一运动时，可以得出
完全不同结论的事实相类似。但是这也仅仅是一种相似而已，并非可以
简单地等价视之。在物理学上，虽然选择不同的参照物考察同一物体的
同一运动会得出不同结果，但是这些结果之间并不矛盾，只要知道两种
情形下参照物之间的运动关系，原则上可以在知道物体在一个参照物中
的运动情形的条件下，依照数学推导出物体在另外一个参照物内将如何
运动。如在沿 x 轴方向以速度 v 做匀速直线相对运动的惯性系 S 与 S' 中，
描述同一事件的两组坐标 (x, y, z, t) 与 (x', y', z', t') 之间，即有如
下直接关联：

$$\begin{cases} x' = \gamma(x - vt) \\ y' = y \\ z' = z \\ t' = \gamma(t - \dfrac{vx}{c^2}) \end{cases}$$

　　式中，$\gamma = \dfrac{1}{\sqrt{1 - \beta^2}}$，$\beta = \dfrac{v}{c}$；$c$ 为真空中的光速。

其逆变换形式为：

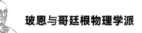

$$\begin{cases} x = \gamma(x' + vt') \\ y = y' \\ z = z' \\ t = \gamma(t' + \dfrac{vx'}{c^2}) \end{cases}$$

因为存在这种确定的关系，所以知道事件在任何一个参考系中的坐标，即可导出在另一参考系中，对同一事件的另外一种描述。而史学描述的相对性却无法达到如此量化的描述程度，当然也无法实现不同立场、不同视角下的史学描述结果之间的唯一性精确的互相推导。

历史事件发生在三维空间与曾经的一维时间构成的时空区域内，本质上说，历史就是基于文献资料，以一维时间为主轴去叙述与注解过往。但是在历史学家的历史世界里，三维时空以及物质世界有时严重缺乏刚体性与物质世界的稳定性；一维时间有时也非均匀流淌、逝者如斯夫。而且历史学家看待事物的每一个视角都构成了描述事物的一个特殊维度。因此可以说历史具有非正交的无限维度。事实上，包括历史学家在内的每个人思想与情感等构成的精神世界都是复杂的，一个人可以同时是唯物主义、唯心主义、泛神主义等等的杂合体；他可以既是保守的又是激进的，既是入世的又是超然的。尤其是我们不能机械、线性地看待文献资料与历史学家精神世界的耦合过程与结果，历史学家的大脑不是历史文献单纯的排序贮藏库，而是既有分类排序贮藏，也有"化学反应"，更有加工生产。所以事实上，每个历史学家的大脑里，都有一个具有与众不同的个性特征的历史世界。随着历史学家思想认识以及情感好恶的变化，历史世界本身也处于动态的变化中。因此在时间维度看事物，挺拔与扭曲可以并存、清晰和混乱可以同在；衡量事物的标尺制式可以不统一，时间的进程可以时而快速、时而缓慢，甚至事件似乎可以瞬息生灭；在不同世界之间可以穿越、交错与勾连。这番话语，只是笔者回眸多年来对于包括科技史、中国古代史的感悟之上形成的一种意向。担心引起误解，曾一再犹豫是否该删除，然而2017

年 6 月 21 日微信上的一篇文章让笔者改了主意。其文题目为:《科学家破解意识之谜? 人脑在 11 个维度上运行! 》,说: "当我们思考问题的时候,神经元的团块会逐渐组合成更高维的结构,形成高维的空隙或空洞,团块中的神经元越多,空洞的维度就越高,最高的时候可以达到 11 个维度。" 如此看来笔者的这番感悟也多少算有了一定的科学依据;或者说,有了这篇文章的存在,笔者的感觉意向也再算不得什么胡思乱想。

一位历史学家,如果不能在历史研究中正确理解与处理复杂的甚至支持截然相反的历史文献资料与观点,他所描绘的历史一定是偏颇的、片面的。史学家成功的要素有二:其一,掌握足够多的珍贵历史文献,其二,具有卓越的学术眼光。对于能够研究的历史问题,任何人只要勤奋,原则上都有可能做到第一点;更难能可贵的是第二点。不具备第一点肯定影响和制约第二点,但是具备了第一点的史学家,事实证明依然可能不具备第二点。卓越的学术眼光,决定于特殊的智商,它看似由人的逻辑推理能力决定,但本质上是由直觉制约的一种判断力。有的人面对史料无感觉,有的人面对史料产生错觉,而高明的史学天才的感觉在多数情况下是敏锐而正确的。在这一点史学和科学对于研究者的天赋的要求是相似的。

历史是无法绝对再现的,史学研究成果难以摆脱种种客观限制,也难以剔除研究者主观(是非观、感情倾向等等)的影响,但是因此认为历史毫无确定性、客观性,也是夸大其词。历史学家撰写历史著述时,毕竟不能像小说家那样天马行空地随意虚构历史情节。必须承认历史叙述中,存在可靠的、不是历史学家自由创作的内容。否则,历史与文学、历史与科幻、历史与巫幻等等就不存在本质上的不同,历史和历史学家存在的意义将荡然无存。自然科学在方法论上的核心特征之一是重视可观察性原则、以实验事实作为判定是非的唯一标准,这一点虽然也早已遭到一些哲学家的解构和诟病,但科学界依然在卓有成效地我行我素。史学研究应该追求的是阐发历史见解必须基于可靠的、直接支持历史结论的文献资料。在文献与历史结论之间不存在必然联系情况下的一切宏论，一定无根地漂浮于虚妄，本质上都算不上纯粹的史学研究。只读若干通史类的泛泛之论即著书立说，此类著述，与转述以讹传讹之八卦、相信人云亦云之将错就错，本质无异。其大行于世的后果是坏读者视听、损学术道体。唯精微可靠之文献才是科技史研究之基石。史学研究唯细节制胜。历史学家应该从历史的复杂性中领悟到自己研究工作的有效方法：对历史的深入认识等价于追求历史研究的足够微观化；缺乏细节依据的宏观历史畅想等于玄学空谈。史料上存在漏洞的史学论证，无论如何靠想象与推理去弥补，永远都无法天衣无缝。经不住学术眼光分辨与检验的史学著述，都是精致程度欠缺的研究。

科学技术包罗万象，因而科学技术史自然也包罗万象。在笔者看来科学技术史（事实上亦可指称所有历史）问题却只有两大类：可以做史学研究的和无法做史学研究的。所谓可以做史学研究的，即指有足够文献依据的；无法做史学研究的，即指没有足够文献依据的。这与有实验基础的叫作科学、无实验基础的叫作科幻的二分法相类似。前辈们说得很有道理：实事求是的历史研究，应该有多少文献说多少话。严格地讲，超越文献之外的任何推论与畅想，都是逻辑分析或文学想象，而不是历史学本身。允许有人对这个观点持不同意见；同理也应该允许笔者此念坚定不移。

史学与历史研究本身并不高深莫测。笔者认为史学家必须有意识挣脱某些哲学思想（如某种历史哲学）的绑架、保持思考问题时一定意义上的自我独立。在史学史上，古今中外，有过一次次史学接受哲学指导的过往。然而随着时间之流的滚滚前行，回视史学的历史，我们发现，哲学指导的作用基本上是使一个又一个时期的史学接受偏执思想，史学家因此避免不了对史实戴上有色眼镜，因而导致对事实的偏离，进而使历史本身受到伤害。其中的道理，正如爱因斯坦在评议 20 世纪著名科学家，如奥斯特瓦尔德、马赫仍怀疑和厌恶原子论一事时所说："这是一个有趣的例子，它表明即使是有勇敢精神和敏锐本能的学者，也可以因为哲学上的偏见而妨碍他们对事实作出正确的解释。"[1] 这事实也附带说明了一种可能：即使"有勇敢精神和敏锐本能的学者"，至少有时也无法判断，什么是好的哲学、什么是坏的哲学。笔者不厌恶哲学，相反是哲学爱好者；所厌恶的是对哲学的错误认识以及哲学的不当应用。历史学家避免接受错误思想"指导"的唯一秘诀，就是培养自己的怀疑精神、培养自己辨别是非的能力，学会独立思考、独立判断。一个没有自我意识的人是不会做出高明创造的，他所作所为只能像一个学徒，班门弄斧学些屠牛、种菜的匠艺，而不会成为可以巧夺天工的创造大师。玻恩对待哲学的态度值得借鉴：他不仅广泛阅读物理学著作，也阅读包括哲学、心理学、文学在内的各领域著述以拓展自己的视野，从中吸收营养。他也以此教育和引导他的学生。但是他不作茧自缚，不主张成为任何哲学流派中的一员。相反除了从其他领域获得启发和灵感，他还教育学生不忘记批判和怀疑的态度。[2]

历史有朴实与相对简单的一面，也有华丽与复杂的一面。对待历史需要自身专业化的理性思考，缺乏历史专业性的对历史的所谓理性思考，并由此建立的理论以及大量语汇，只能人为地增加理解历史的难度和复杂性。今天一些人的史观尤其后现代史观，到了几乎抹杀历史价值的阶段。核心问题是他们否认历史具有真实性。如果追求历史之真是徒然的，那么历史学家的所有努力都将毫无意义。在这里心理学研究可以作为借鉴。心理学研究者无法剔除研究者本人对心理现象与心理事实的强势介入，但心理学研究还是找到了一些方法，并取得了成功。历史研究也是一样，不应该因为它不具备纯粹科学技术研究那么强劲的客观性、确定性、总有主观的成分而就彻底否定其结论的真实性、非主观性。历史很多时候也没有追求历史事实客观性极致的必要，而只对

① 许良英，范岱年. 爱因斯坦文集：第一卷 [M]. 北京：商务印书馆，1976：22.

② M. 玻恩. 我的一生和我的观点 [M]. 李宝恒，译. 北京：商务印书馆，1979：26.

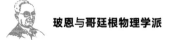

历史人物做类似心理学上行为主义的描述即足以令人满意。对于历史学家而言，要言之有理，更要言之有据。言之有理指的是对于一些历史问题的分析必须合乎情理，而这种合乎情理中也一定足以包含特殊情况下的反常；言之有据指的是历史观点或结论有足够充分的文献依据。好的历史不但历史学家自己可以判断，即使是普通人也可以判断出来。

在学术研究上存在一个真实的二律背反：科学研究需要研究者极大地调动和激发其自身的主观力量；然而一旦研究者强大的思想逻辑貌似真理在握，而如果主观意识对自己的夜郎自大不做适当的限制，而任由其膨胀，结果是很可怕的。笔者在阅读黑格尔著作的时候，有时恍惚觉得在他涂鸦的智慧与理性之巅，黑格尔极端自信：在他的精神世界，他本人即使不是上帝代言人，也是一位无出其右的知识渊博又智慧卓越的大师。于是仿若只有他一人大道在身，而其他科学家、艺术家的所作所为，都不过是雕虫小技。类似的关注使笔者认识到存在一个现象：物理学家，如爱因斯坦、玻恩、费曼等等随着研究的深入越发走向谦逊，但有的哲学家，如黑格尔、尼采随着研究的深入、学术地位的提高则往往走向偏激或无限度的个人的彻底膨胀。问题的根源在于研究方法上的区别：伟大的物理学家随着研究的深入越来越认识到自我之外世界的伟大与崇高；而有的哲学家一生的努力是构造自我的思想世界并以此去囊括所有外在。因此历史上有一个又一个哲学家或思想家认为自己已经窥见万事万物的最终奥秘就不奇怪了。事实上哲学确实曾有过身为诸学科之母的时代，但哲学生机勃勃、敢于雄心勃勃的时代已成历史。物理学早期隶属于哲学，因此物理学家曾经具有哲学家所具有的几乎全部方法论弱点，然而越来越依靠实验方法的做法使物理学家得以自救，并由此与哲学家分道扬镳。

哲学的失败在于过分相信理性力量，相信以此能够从根本上一劳永逸彻底解决某些巨大的基本问题。实质上这种自信是对于人类所知永远有限这一前提的直接挑战。这一错误在哲学越界而鲁莽侵入的任何领域一再重演。一定意义上说，任何领域只要有哲学的进入，一定时期、一定条件下可能会有积极的促进作用，但是最终的灾难性后果总难以避免。哲学家拉卡托斯（Imre Lakatos）说过这样的话："库恩指控说我对历史的看法'根本就不是历史，而是编造实例的哲学'，这是对我的误解。我认为，一切科学史永远都是编造实例的哲学。在很大程度上，科学哲学决定了历史的说明；库恩给我们提供了一种也许是最丰富多彩的编造实例的哲学。……我敢说，我的编造比库恩的编造包含着更多的真理。"[1] 在此我们不分析拉卡托斯与库恩究竟谁依据自己的哲学，编造历史实例的本事更大、走得更远，而是让读者体会哲学家的这种历史态度以及他们的勇气，以及隐含在这种勇气之中的傲慢，并可想而知哲学家描述的历史，因其思想的局限而一定对真实历史有较大的偏离。各个学科并存构成了一个彼此竞争的世界，当然学科本身不具备生命，学科的竞争是通过建设它们的人来体现和完成的。凡是竞争都一样，难免弱肉强食、优胜劣汰，而强者为尊。20 世纪科学的巨大成就使哲学相形见绌。虽然时至今日在国内学界还不断有阐释哲学对自然科学研究指导作用的著述，但是拉卡托斯却比中国一些学者更有自知之明，能做出更加理性的判断。在 20 世纪 70 年代出版的著作中，他即放弃了其职业先师们凌驾于一切之上的霸气，把其妥协而仍不愿退出"导师"岗位的心态表达得淋漓尽致："我认为科学哲学更多地是科学史家的向导，而不是科学家的向导。"[2] 显然哲学家已经臣服于科学家，而仍觉得具有俯视史学家的资格。科学家为什么能阶段性完胜呢？当然靠的是哲学家无法否认的科学成就。科学成就使科学家获得了在学术界高贵而有威信的地位，用拉卡托斯的话说："我认为即使在今天合理性的哲学仍然落后于科学的合理性……"[2] 在此笔者要说，科学对于哲学的完胜只是阶段性的，对科学别有用心者不会彻底死心，而他们每次对科学发起挑战的重要堡垒之一

---

① 拉卡托斯 . 科学研究纲领方法论［M］. 上海：上海译文出版社，1987：268.

② 拉卡托斯 . 科学研究纲领方法论［M］. 上海：上海译文出版社，1987：213.

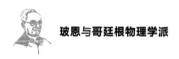

就是哲学。历史学家应该向科学家看齐，用自己无可置疑的工作，击毁某些哲学家的傲慢。要做到这一点，历史学家首先要自信：历史学家自己有能力妥善解决历史问题。

第三章
玻恩的思想世界

在2012年由人民出版社出版的《玻恩研究》一书中，笔者曾对玻恩的一些科学思想做过专门研究。那本书讨论过的内容本书基本上不再涉及。有兴趣全面了解玻恩思想的读者，如果对两本书都有所涉猎，应该是有所帮助的。玻恩是一个不停止思索的思想家，对于其思想的理解和解读，笔者自己觉得也许尚不及其十之一二；即使对于已经涉及的部分，无论追根溯源还是理解体会，有多少偏差与欠缺，老实说笔者并未做到心中有数。如果由于笔者的著述使有的读者也对玻恩及其思想等等产生兴趣，那也算得上一份足以慰藉笔者的功德。本书对有些科学思想的认识，并未完全局限于玻恩一人，而是基于更多科学家的思想做分析解读。当然玻恩一定是这些科学家中的重要一员。

无论作为晶格动力学权威，还是作为创立

量子力学学派的掌门人，玻恩的主要研究领域都是关于微观世界的。这一领域的最早的萌芽是古希腊的原子论。玻恩也认为量子力学的源头可以上溯到那个时期。为了全面了解西方的原子论文化脉络，本章第一部分介绍笔者研读卢克莱修《物性论》时的一些心得体会。

一、《物性论》中的重要物理思想择析

1. 学界对原子论与卢克莱修的评价

在西方的科学文化源流中，原子论堪称思想脊梁。没有原子论，就难有牛顿的经典力学。有些著名思想家、科学家明确认为古希腊的原子论体现的就是近代力学的精神。如恩斯特·马赫就曾说："不能否认，从德谟克利特到今日，一直盛行着一种未被误解的倾向，这就是用力学说明所有的物理事件。"[①] 成中英先生对于原子论的历史作用，则有这样的评价："犹太教及基督教传统的超绝神学，与德谟克利特原子论的机械式模型相辅相成，共同造就了作为现代科学之基础的因果律标准模型。"[②] 这些观点足以彰显原子论在西方科技文化中的特殊地位，及其在近现代科学崛起过程中的重要作用。

我们能够了解古希腊的原子论，主要应该感谢古罗马的诗人卢克莱修（Lucretius，约前99—约前55）。之所以这样说，是因为原子学说在古希腊并不如后期在科学文化氛围里这样显赫而受人重视："原子论吸引了一小批追随者，其中较为知名的有罗马诗人卢克莱修。但是可以肯定，那场运动只是一股小思潮，直到17世纪它才开始在欧洲复兴，19世纪出现了现代原子论，人们通常对古代原子论比较关注，实际上是反

---

① 恩斯特·马赫. 科学与哲学讲演录［M］. 庞晓光，李醒民，译. 北京：商务印书馆，2013：143.

② 成中英. 论中西哲学精神［M］. 上海：东方出版中心，1996：273.

映了我们自己的兴趣，而非古人的兴趣。"[1] 梅森同样认为卢克莱修宣传的希腊原子论哲学"在罗马并不占有重要地位。"[2] 不仅如此，他对于卢克莱修的评价也可谓不高："卢克莱修和伊壁鸠鲁一样，保留了早期原子论哲学的内容，但没有保留它的精神，没有加上什么新的东西。"[2] 然而李约瑟却说：原子论"在公元前三世纪后期和公元前一世纪早期的伊壁鸠鲁和卢克莱修手里达到高峰。这段历史我们很熟悉。"[3] 既然原子论在卢克莱修时代达到高峰，作为代表人物，他的作用就不可低估。

　　科学史家丹皮尔（William Cecil Dampier）充分肯定原子论在希腊文化中的重要历史地位："原子哲学标志着希腊科学第一个伟大时期的最高峰。"[4] 在丹皮尔看来，在规避了一些理论和技术细节上的麻烦之后，卢克莱修大胆而彻底地从原子论出发，完成了令原子论者满意的诠释世界及其所有诸多运动与变化的任务："卢克莱修告诉我们的德谟克利特的学说，把过去人们心目中的自然界的画面巧妙地加以简单化。事实上，这个画面是太简单了。原子论者竟不自觉地把2400年后还不能解决的一些困难，轻轻放过。他们大胆地把这个学说应用于至今仍然无法从机械角度加以解释的生命和意识问题。他们满怀信心地自以为把一切奥秘都发现了……"[5] 丹皮尔的评价言之有理，但是当我们仔细品味和研读卢克莱修的学说时，我们仍常常被他思索和解决一些问题时的智慧与方法所折服。对于卢克莱修的历史作用，马克思也充分肯定："一般说来，在所有古代人中卢克莱修是唯一能够了解伊壁鸠鲁物理学的人，在他那

---

① 詹姆斯.E.麦克莱伦第三，哈罗德·多恩. 世界科学技术通史［M］. 王鸣阳，译. 上海：世纪出版集团，2011：87.

② 斯蒂芬.F.梅森. 自然科学史［M］. 周煦良，全增嘏，傅季重，等译. 上海：上海译文出版社，1980：50.

③ 李约瑟. 中国科学技术史：第一卷总论·第二分册［M］. 中国科学技术史翻译小组，译. 北京：科学出版社，1975：331.

④ W.C.丹皮尔. 科学史［M］. 李珩，译. 北京：商务印书馆，1975：64.

⑤ W.C.丹皮尔. 科学史［M］. 李珩，译. 北京：商务印书馆，1975：61.

里，我们将可以找到一种较深刻的阐明。"①

虽然见仁见智，但是有一点有目共睹：卢克莱修不只简单地继承和传播了古希腊的原子论。他以原子论为基础几乎解释了一切现象。这不是一件容易的事，缺少了他个人对于原子论的深刻理解与创造性的运用是不可能做到的。但是要从《物性论》中准确辨别出哪些是卢克莱修从前辈那里继承的，哪些是他自己独创的思想已不可能。因此我们姑且忽略这一问题而只选择《物性论》里若干主要物理学思想，并予以分析和解读，从而展示其物理思想的精华。需要向读者说明一下的是，在英文版本中，卢克莱修的《物性论》一书名字为：*On the Nature of Things*。

2. 彻底的唯物主义者

原子论未必一定是唯物论，这取决于原子论持有者对于"原子"的理解。卢克莱修是一位纯粹的唯物主义者，他称原子为事物的始基："自然用它们来创造一切，用它们来繁殖和养育一切，而当一件东西终于被颠覆的时候，她又使它分解为这些始基。在我的论说中我想把这些东西叫作质料、产生事物的物体、事物的种子或原初物体，因为万物以它们为起点而获得存在。"② 从生与灭的变化角度，卢克莱修曾明确诠释唯物主义："未有任何事物从无中生出。"③ 另一方面，"没有什么东西会归于无有；在崩溃时一切都化为原初质料。"④ 一言以蔽之："事物不能从无中产生，当产生之后也不能使归于无有"。⑤ 借助于这一思想不难推论出一个很重要的科学结论：原子是物质的基本单元，原子不生不灭，物质必然守恒。

卢克莱修还是一位唯物的科学主义者先驱。公开与神创论切割是进

① 马克思. 马克思博士论文：德谟克里特的自然哲学与伊壁鸠鲁的自然哲学的差别 [M]. 贺麟，译. 北京：人民出版社，1973：18.

② 卢克莱修. 物性论 [M]. 方书春，译. 北京：商务印书馆，1981：5—6.

③ 卢克莱修. 物性论 [M]. 方书春，译. 北京：商务印书馆，1981：9.

④ 卢克莱修. 物性论 [M]. 方书春，译. 北京：商务印书馆，1981：14.

⑤ 卢克莱修. 物性论 [M]. 方书春，译. 北京：商务印书馆，1981：15.

一步断言他是唯物论者的重要依据。他说，唯物主义不是一条不虔诚的道路，这条道路也不会繁衍罪恶的思想，相反，"正是宗教更常地孵育了人们的罪恶的亵渎的行为"。① 知识就是力量，在卢克莱修看来："能驱散这个恐怖、这心灵中的黑暗的，不是初生太阳炫目的光芒，也不是早晨闪亮的箭头，而是自然的面貌和规律。"② 而无知则直接导致迷信和超自然崇拜："人们看见大地宇寰有无数他们不懂其原因的现象，因此以为有神灵操纵其间"。② 卢克莱修明确反对神创论："万物绝不是神力为我们而创造的——它是如此充满着巨大的缺点。"③ 卢克莱修所说的这个世界的"巨大的缺点"，指恶劣的自然环境、不适宜人生活的酷热、严寒等极端天气等等。

3. 论虚空与原子

原子论者需要虚空，虚空是原子存在和运动的场所："独立存在的全部自然，是由两种东西所构成：因为存在着物体和虚空，而物体是在虚空里面，以不同的方向在其中运动。"④ 原子和虚空就是构成世界的全部要素："除了物体之外，没有什么能动作或承受动作；除了虚空之外，没有什么能提供场所。"⑤ 虚空和运动的原子是卢克莱修勾画宇宙万有的全部素材。

对于物体的组成与物质的分布，卢克莱修明确具有密度的观念："一个同样大小而却较轻的东西，无误地告诉我们它包含更多的虚空；正如较重的东西表示更多的物质，以及他内部包含更少的虚空。"⑥ 但密度的概念似乎不适用于原子本身：原子是具有绝对刚性而坚实的，"原始物体

---

① 卢克莱修. 物性论 [M]. 方书春，译. 北京：商务印书馆，1981：6.
② 卢克莱修. 物性论 [M]. 方书春，译. 北京：商务印书馆，1981：9.
③ 卢克莱修. 物性论 [M]. 方书春，译. 北京：商务印书馆，1981：272—273.
④ 卢克莱修. 物性论 [M]. 方书春，译. 北京：商务印书馆，1981：22—23.
⑤ 卢克莱修. 物性论 [M]. 方书春，译. 北京：商务印书馆，1981：24.
⑥ 卢克莱修. 物性论 [M]. 方书春，译. 北京：商务印书馆，1981：20.

是坚实而不带半点虚空。"① 因此，原子本身的密度可以是无限大，原子与虚空是截然不同的两种存在。原子之所以成为不可再分的、永存的物质单位，正因为它内部没有丝毫虚空："原始物质是坚实而没有虚空的，那么它们就必定是永恒的。"②

原子是虚空的对立面，对于原子卢克莱修有这样的描述："它不是由部分所构成，它是自然的最小限度，它从来不曾单独本身存在，——就是将来也不会如此，因为它本身还是另外一物的一部分，是那最初的和单纯的部分；它和别的其他相似的部分，有秩序地排列在一个紧凑的列式里，就形成了原初物体的本性：它们既然不能自己独立存在，就必定要紧靠它们绝对离不开的东西。"③ 卢克莱修对于原子这样的描述，不符合我们今天原子的含义，但是它却极其吻合对于我们而言更加基本的"原子"——夸克所具有的幽禁、不可再分等性质。

因为承认存在不能再分的原子单元，因此物质就绝对不是无限可分的，卢克莱修曾借助于类似于现代数学分析的方法描述和论证他的这一思想认识：如果物质无限可分，那么就会出现大的物体与小的物体没有差别的谬论。因为这样，"不管总量是怎么地无限，但那最小的量也仍同样会有无限的部分"④。

4.《物性论》的时空观

卢克莱修所说的虚空，指的就是原子之外的绝对空间。因此空间观对于原子论者具有特殊意义。卢克莱修对于空间还有其他更多的诠释。在卢克莱修看来，空间是无限的、各向同性的："宇宙向各方伸展，绝无止境。"⑤ 卢克莱修似乎打破了地球人在重力环境下而形成的绝对的"上

---

① 卢克莱修. 物性论 [M]. 方书春，译. 北京：商务印书馆，1981：27.
② 卢克莱修. 物性论 [M]. 方书春，译. 北京：商务印书馆，1981：29.
③ 卢克莱修. 物性论 [M]. 方书春，译. 北京：商务印书馆，1981：32—33.
④ 卢克莱修. 物性论 [M]. 方书春，译. 北京：商务印书馆，1981：34.
⑤ 卢克莱修. 物性论 [M]. 方书春，译. 北京：商务印书馆，1981：53.

下"时空观:"在整个宇宙里,并没有什么地方是底部,——没有什么原初物体可以停止的地方,因为可靠地推理已经充分指出和证明空间并没有什么边界和限度,而是向周围所有方向无限地伸展。"[①] 在论证宇宙不能有限时,又展示了卢克莱修对于重力以及空间认识的局限性:"如果宇宙的全部空间是被限定在一定的边际之间,是四面八方都有着界限,那么,世界的全部物质就会由于坚实的重量而从各方面汇合而流向世界的底部,沉淀,沉淀,也就没有什么能在天宇之下发生,根本也就不会有一个天或太阳——真的,全部的物质会堆集在一起,由于经过无限的时间而沉积下来。"[②] 在有限的宇宙空间,物质不是涌向有限宇宙或物质的中心,而是流向世界的底部——这说明在卢克莱修看来,只要宇宙空间是有限的,那么空间的各向同性的特征就不存在了,一切几乎又回到了各向异性的存在绝对的上与下等空间秩序的亚里士多德空间范畴。这暴露了卢克莱修较先进空间观的脆弱性。

在经典物理学中,重力指的是地球对于其附近物体的引力,其作用与效果与空间取向无关。但是卢克莱修则强调重力作用与特殊空间取向——向"下"的必然联系,可见他对于绝对的"上下"时空观的突破不是明确而持久的。所以他说物体的"重量总把它们向下拉。"[③] 再如:"火焰当被挤压的时候,应该也能够通过空气的微风而向上升,虽则它们里面的重量竭力把它们往下拉。"[④] 事实上亚里士多德之所以认为宇宙空间存在特殊秩序、空间各向异性、物体要回到它该处的位置等理念,也都是由于对普遍存在的重力作用所导致物体下降——实质是靠近地球的中心这类现象的错误认识使然。由于时代局限,不能期待卢克莱修对于重力有更加深刻而正确的认识。因此卢克莱修在空间观念上的突破或与亚里士多德空间观区别的有限性也是比较自然而可以理解的。

① 卢克莱修. 物性论 [M]. 方书春,译. 北京:商务印书馆,1981:66.
② 卢克莱修. 物性论 [M]. 方书春,译. 北京:商务印书馆,1981:53.
③ 卢克莱修. 物性论 [M]. 方书春,译. 北京:商务印书馆,1981:73.
④ 卢克莱修. 物性论 [M]. 方书春,译. 北京:商务印书馆,1981:74.

　　《物性论》对于时间有比较深刻的认识，最为宝贵的是认识到离开运动，时间不复存在："从事物中产生出一种感觉：什么是许久以前发生的，什么是现在存在着，什么是将跟着来。应该承认，离开了事物的动静，人们就不能感觉到时间本身。"[①] 时间是为了描述运动的持续性而人为引进的参量，这符合经典物理学观念。

5.《物性论》中的"各态历经假说"

　　如果不是上帝和神灵缔造的，唯物主义的卢克莱修如何基于原子和空间，想象和理解现实世界的诞生呢？在破解这个问题时，卢克莱修显得极其高明而深邃："说真话，事物的始基，并不是由预谋而安置自己，不是由于什么心灵的聪明作为而各个落在自己的适当的位置上；它们也不是订立契约规定各应如何运动；而是因为有极多始基以许多不同的方式移动在宇宙中，它们到处被驱迫着，自远古以来就遭受接续的冲撞打击，这样，在试过所有各种运动和组合之后，它们终于达到了那些伟大的排列方式，这个事物世界就以这些方式建立起来；而且也正是借助于这些排列方式，在悠久的年代里世界才被保存……"[②] 因此，在卢克莱修看来，世界是在足够长的时间里，无数的原子尝试了各种可能的排列组合方式之后，才找到的"伟大"而稳固、足以永久保留下来的排列方式，然后形成了现实世界。

　　玻尔兹曼（Ludwig Edward Boltzmann）在 19 世纪 70 年代提出了现代统计物理学重要的等概率原理：对于处在平衡态的孤立系统，系统各个可能的微观状态出现的概率是相等的。这一原理是统计物理学的一个基本假设，其正确性由它的种种推论与客观实际相符而得到肯定。一个物理系统，在总能量与粒子数等不变的前提下内部状态不断变化，达到一个动态平衡的过程，就是系统向微观状态数最大值的状态的过程。具备微观状态数最大值，与系统具有最大的存在可能性在这里含义是一致

　　① 卢克莱修. 物性论［M］. 方书春，译. 北京：商务印书馆，1981：25.

　　② 卢克莱修. 物性论［M］. 方书春，译. 北京：商务印书馆，1981：55—56.

的。如果将卢克莱修所说的原子的一个排列方式理解为宇宙的一个宏观状态，他说的"试过所有各种运动和组合"的过程，就相当于物理学系统状态不断变化的过程；而卢克莱修说的原子"伟大"而稳固的排列方式即现实世界，对应的就是物理系统最终趋向的存在概率最大的动平衡状态。一个热力学孤立系统与卢克莱修思想中空间所有原子构成的系统之间具有下面一些可类比的对应关系：

热力学孤立系统 ⇔ 空间所有原子系统

热力学孤立物理系组分的一个分布 ⇔ 空间所有原子系统内原子的一个排列

热力学孤立系统趋近平衡态过程 ⇔ 所有原子从紊乱演化到事物世界过程

热力学孤立系统平衡态 ⇔ 现实世界的稳定存在状态

因此，卢克莱修构建的由空间所有原子的运动而演化出现实世界的思想，与物理学家玻尔兹曼基于等概率原理对热力学孤立系统趋向平衡态的解释，无论从宏观趋向上，还是从微观类比上，都具有相当明显的相似性。

等概率原理是以假设的形式提出的。有人不满意这一状况，试图从更基本的规律将其推导出来。方法之一是由玻尔兹曼、麦克斯韦提出原始思想，而由吉布斯明确完成了的各态历经假说：系统微观运动不管从哪一个初态开始，只要时间足够长，能量面上的所有微观状态都要经过。最为宝贵的是，卢克莱修认为伟大而稳固、足以永久保留的排列方式是在无数的原子"试过所有各种运动和组合之后"才达到的。这意味着，在达到稳固的排列之前，无数原子之间的每一种微观排列方式都经历过了。无疑罗马时代卢克莱修的思想与近代物理学家的各态历经假说貌合神合，令人称奇。我们无从考证 19 世纪后期的物理学家是否受到过卢克莱修思想的影响，但是可以肯定，基于卢克莱修的思想来理解 19 世纪 70 年代后出现的这些物理学新思想，不存在任何阻力和困难。

在《物性论》中，卢克莱修对于类似于各态历经假说的思想曾多次做进一步的说明，比如："极多的事物始基以极多的方式从无限久以前就为冲击所骚扰，并借助自己的重量而在运动，它们曾这样一直地飞动着，并且尝试了那些它们由于互相结合而能够创造出来的所有的各种东西，所以，无怪乎它们到了现在已经达到了这样的各种配合，已经进入了这样的各种运动，这个世界就是借这些结合和运动而生成和存在，并永远重新获得补充。"① 再如：事物的始基"在亿万年的长时间里面远远地广泛地分布开着，同时尝试着各种各样的结合和各种各样的运动，终于其中某些始基彼此相遇了，这些始基当突然被抛掷在一起的时候，常常形成了巨大事物的开端，天地海洋和生物的种族的开端。"②

我们不得不佩服卢克莱修思想的深邃有力与宏大壮观！

6. 对运动根源的探究

卢克莱修认为，原子的运动出于两个缘由："所有的事物的始基之所以能运动，必定或是由于它们自己的重量，或者由于外面另一个始基的撞击。"③ 无论由于原子自己的重量还是由于其他原子的撞击，事实上卢克莱修认为原子是不能静止的。他借助于类似布朗运动的自然现象说明了他的这一观点："每当你让太阳的光线投射出来，斜穿过屋内黑暗的厅堂的时候，你就会看见许多微粒以许多方式混合着，恰恰在光线所照亮的那个空间里面，像在一场永恒的战争中，不停地互相撞击，一团一团地角斗着，没有休止，时而遇合，时而分开，被推上推下。"④

归根结蒂，卢克莱修认为原子的运动才是一切可见运动的源泉：所有运动"都是从最初的始基开始的，因为正是事物的始基最先自己运动，接着，那些由始基的小型组合所构成、并且最接近始基而首当其冲的物体，就由那些始基不可见的撞击而骚动起来，之后这些东西又刺激

---

① 卢克莱修. 物性论［M］. 方书春，译. 北京：商务印书馆，1981：272.
② 卢克莱修. 物性论［M］. 方书春，译. 北京：商务印书馆，1981：287.
③ 卢克莱修. 物性论［M］. 方书春，译. 北京：商务印书馆，1981：65.
④ 卢克莱修. 物性论［M］. 方书春，译. 北京：商务印书馆，1981：67.

更大些的东西：这样，运动就由原子开始而逐步上升，而终于出现在我们的感觉里面，直至那些能在阳光中见到的粒子也动起来，虽然看不出什么撞击在推动它们。"① 既然原子不能静止，运动就成为了原子的一种基本属性。

7. 正确认识流体阻力与落体运动

古代人因为忽视了流体尤其空气对于运动物体的阻碍作用，直接导致了一些错误的运动观。亚里士多德忽视空气对运动体的阻碍而得出了重物下降更快的错误结论。卢克莱修意识到了流体如水和空气对于在其中运动物体的阻碍作用，因而他对于落体运动的认识比亚里士多德有巨大的进步："任何在水中落下的东西，或任何在稀薄空气中落下的东西，其所以都按各自的重量而以不同的速度落下，乃是由于水和稀薄空气两者的物体绝不能相等地延阻每一物，而是对较重的东西就让开得更快；反之，虚空就不能在无论哪一边，在任何时候，抗拒任何东西，而总是会屈服，忠于它本性的倾向。因此，每样东西虽然重量不相等，却必定以相同的速度冲下，通过静寂的虚空在运动。"② 在这层意义上，基于流体对运动的阻碍作用是轻重物体下落速度不同的原因，以及虚空对于物体运动无阻碍的两个命题，卢克莱修已经清楚认识到了重物与轻物在虚空中等速下落的规律，而这是伽利略落体定律的重要内容。在《物性论》中，卢克莱修分析一些重要物理现象，靠逻辑推理导出一些重要结论时所体现出的物理智慧，使之堪立于优秀物理学家之列。

8. 原子自由运动的不确定性

基于对虚空中所有原子做等速运动的认识，卢克莱修推论出了一个在 20 世纪有些物理学家看来仍然无法作为基本物理事实接受的结论，即原子自由运动时其位置具有不确定性。直线运动的物体在没有外界影

---

① 卢克莱修. 物性论 [M]. 方书春，译. 北京：商务印书馆，1981：68.
② 卢克莱修. 物性论 [M]. 方书春，译. 北京：商务印书馆，1981：75—76.

响的前提下会无端偏离原轨道，这是不可思议的。但是这却是卢克莱修的原子论不可或缺的一个理论基础。对于可能的指责，卢克莱修的辩解是，见不到的未必就不存在："谁能借助感觉认出根本就没有什么东西能够从它直线的道路稍微向旁边偏开？"① 这意味着，他所说的原子在虚空中对于直线轨迹的偏离是足够小的；而这种偏离即使可见物在重力作用下下落时也是存在的，但由于十分微小以至于人眼无法直接观察。对于卢克莱修来说虚空中运动的原子原则上只需要存在微弱的对于直线轨道的微微偏离就足够了，就足以导致直线等速下落的原子之间无法避免发生撞击。

卢克莱修通过反证法证明原子自由运动时存在微小的偶然、随机性轨道偏离这一主张：如果原子保持等速直线运动而不偏斜，就不会有它们之间的冲突或撞击，于是什么事物也不会被创造出来。而事实上，存在着基于原子撞击与冲突的创造过程，其成果就是本来不存在的由原子碰撞、结合而构成的现实世界。因此，这种原子运行轨迹的偏斜是一定存在的："当原初物体自己的重量把它们通过虚空垂直地向下拉的时候，在极不确定的时刻和极不确定的地点，它们会从它们的轨道稍稍偏斜——但是可以说不外略略改变方向。因为若非它们惯于这样稍为偏斜，它们就会像雨点一样地经过无底的虚空各自往下落，那时候，在原初的物体之间就永不能有冲突，也不会有撞击；这样自然就永远不会创造出什么东西。"② 一句话，没有原子自由运动时对于直线轨道的不确定性偏离，就不会产生由原子构成的现实世界；而这个现实世界实实在在地存在着——这只能说明原子自由运动时对于直线轨道的偏离是必然存在的。

卢克莱修对于这种偏离发生的时间以及偏离方向的不可预测性有明确的表述：不可目视的始基的微小偏离，发生于"在空间不一定的方向，不一定的时间。"③ 我们可以进一步推想：按照卢克莱修的主张，

① 卢克莱修. 物性论［M］. 方书春，译. 北京：商务印书馆，1981：76.
② 卢克莱修. 物性论［M］. 方书春，译. 北京：商务印书馆，1981：74—75.
③ 卢克莱修. 物性论［M］. 方书春，译. 北京：商务印书馆，1981：79.

在自由空间里受重力作用的原子，在直线（加速）运动的同时，不可预测地就会出现观察者无法觉察的偏离直线轨道的运动。因此原子的运动存在着出于其本性（不是由于外在原因）的不确定性，其位置是随机的、不可预测的。这种不确定性十分近似于量子力学里同时测量微观粒子位置和动量时出现的测不准原理（或曰不确定性关系），即在量子力学里不能同时精确测量微观粒子的位置和动量，二者的不确定量满足下列关系：

$$\Delta \chi \Delta P_x \geqslant \frac{h}{2}$$

这一公式最早由海森堡提出，该式只描述了粒子在一维空间运动时位置与动量的不可同时确定性。

在量子力学里微观粒子之所以满足不确定性关系，是因为微观粒子具有波粒二象性，因而严格说来卢克莱修的原子不仅仅具有粒子性，还应具有波动性，其状态适合于玻恩的波函数统计诠释。将概率概念引入物理学是玻恩的重要贡献之一，这一思想因为有悖于经典决定论的精神，因而受到了爱因斯坦、薛定谔等人一定程度上的抵制。然而古罗马时期的卢克莱修，本质上已经将原子位置不确定性作为了重要的基本假设。认为没有这一假设，就不会产生现实世界。不仅如此，卢克莱修还认为原子运动中存在的最微小的偏离，是"产生出某种运动的新的开端"，也是产生自由意志的最根本原因。[①] 这不禁让我们想起，当20世纪物理学家提出电子等实物粒子由波粒二象性决定的运动轨迹存在不确定性后，有人推论出电子等存在"自由意志"。[②] 这种古今的思想暗合让人体会到某种思想力量的美妙以及产生对于古人的一丝敬仰。当然我们没必要苛求他对此思想做出类似海森堡给出的数学描述。

对于卢克莱修原子无规偏斜运动的思想，马克思曾充分肯定："卢

① 卢克莱修. 物性论 [M]. 方书春，译. 北京：商务印书馆，1981：76—77.

② A. 布多. 混沌哲学 [J]. 世泉摘，译. 哲学译丛，1992（4）：11.

克莱修很正确地断言，偏离运动打破了'命运的束缚'；并且像他立即把这个思想应用到意识方面那样，同样，关于原子也可以说，偏离运动是在它胸怀中的某种东西，这东西是可以对外力作斗争并和它对抗的。"① 对于卢克莱修的这一思想的重要性，马克思也高度认同："众多原子的冲击，乃是卢克莱修称之为偏斜运动的那个'原子规律'的必然结果。……卢克莱修说的很对，如果原子不偏斜，就不会有原子的反击，也不会有原子的遇合，并且将永远不会有世界创造出来。"② 在 20 世纪接受粒子的波粒二象性进而运动的不确定性，仍然存在思想阻力。而古罗马时期的卢克莱修即已明确坚信这一点，无论如何这需要超越时代的思想视野和异乎寻常的勇气。

当然时代的思想局限性在卢克莱修这里也多有显现。他说："所有的事物的始基之所以能运动，必定或是由于它们自己的重量，或者由于外面另一个始基的撞击。"③ 但如果认真追究下去，会发现在卢克莱修的运动观中，重力的作用是至关重要的。最初只有原子在重力作用下的等速下降运动，其后原子出现对于直线轨道的随机偏离，之后原子之间的撞击才会发生。因此，原子在重力作用下的运动以及运动原子随机的对于直线轨道的偏离，这才是卢克莱修运动的本质根源以及世界形成的两个前提条件。联想到前面所述他对于运动根源的探究结果，不难发现卢克莱修的思想具有一定的含混与不明确性。

地球的存在是在重力作用下无数原子等速下降的先决条件。但是卢克莱修认为在万物尚未形成前原子就已经在重力作用下等速下落，在今天看来这当然存在逻辑上的错误。卢克莱修之所以相信，还是不自觉地受亚里士多德的空间各向异性——向下运动是物体本能的运动的思想制

---

① 马克思. 马克思博士论文：德谟克里特的自然哲学与伊壁鸠鲁的自然哲学的差别［M］. 贺麟，译. 北京：人民出版社，1973：20.

② 马克思. 马克思博士论文：德谟克里特的自然哲学与伊壁鸠鲁的自然哲学的差别［M］. 贺麟，译. 北京：人民出版社，1973：23.

③ 卢克莱修. 物性论［M］. 方书春，译. 北京：商务印书馆，1981：65.

约的结果。事实上，卢克莱修之所以需要比较强硬地引入在重力作用下于虚空中运动的原子偶然对直线的偏离，就是因为他认为在没有地球时原子仍然受到"向下"的重力的作用。如果他基于光线照射下空气中灰尘的乱运动现象而明确虚空中的原子具有永无休止的无规运动的属性，而不受什么重力的作用，那么，这些原子之间就可以实现碰撞，进而形成现实世界。完全不必引入原子做直线运动时会无端对于直线出现偏离的超大胆假设。

9. 论颜色与光

光与色一直是物理学关注的重要现象之一。《物性论》认为，原子本身是无色的："物质的原初物体丝毫不带色彩——既不是和物同色，也不是和物不同色。"[①] 那么颜色如何产生呢?《物性论》认为：事物的种子即原子虽然无色，"却具备着不同的形式，从这些形式它们就产生各种颜色，并加以变化；因为最重要的是：以什么姿态跟什么种子相结合，以及它们给予和取得什么样的运动……"[②] 卢克莱修进一步以实例解释说："我们平常看见的黑色的东西，当它的物质被重新搅匀、有些粒子被再行安排、有些被抽走、有些被加上的时候，我们就看见它变成白亮的。"由此可见颜色在卢克莱修的哲学中，只具备第二属性。卢克莱修认识到了一个重要的观点："没有光颜色就不能有"。而这一点也成为了卢克莱修论证原子无色的根据：因为"原初物质却不出现在光里面，你就应该知道他们并不带颜色"。[③] 对于颜色产生的机制，《物性论》有进一步的阐述："颜色是由光的撞击而产生，没有这些撞击这些颜色就不能生成。"[③] 原子的不同形式、光的碰撞、到底什么是颜色产生的根本原因? 似乎又是后者。基于此卢克莱修进一步认为对颜色的感知，不能忽视眼睛本身的因素："既然当眼睛的瞳孔被称为感到白色的时候，乃是因

---

① 卢克莱修. 物性论［M］. 方书春，译. 北京：商务印书馆，1981：104.

② 卢克莱修. 物性论［M］. 方书春，译. 北京：商务印书馆，1981：105—106.

③ 卢克莱修. 物性论［M］. 方书春，译. 北京：商务印书馆，1981：107.

为它在自身中受到了一种撞击，而当它感到黑色或任何颜色的时候，则是受到了另外一种的撞击"。①

卢克莱修重视原子的形状："要紧的是它具有什么样的形状"。但是因为颜色不是始基即原子的特征，因此虽然重视形状，但原子的形状也不是形成颜色的直接因素："特定的形状并没有一种特定的颜色，而始基的任何一种组合都能具有任何一种颜色"。因此一种颜色是不同形状的原子的一种特定组合形成的特殊结构，借助于光在人的视觉上的一种反应。

事实上我们且不论卢克莱修在这一方面的具体结论的对与错，在原子论的道路上，他的一个基本观点是正确的，即他认为原子具有一些物理量如重量，但是并非人眼所见的物体具有的属性原子都具有。有些特性是原子本身不具有的，只有大量原子集体才能够"涌现"。这一认识是了不起的，从现代统计物理的角度看完全合理。用今天的话讲，有些物理量是大量原子集体统计系综合的结果，即宏观物理量对应的是某种统计平均值。如单个或少数原子不具有温度，但是温度却是热力学系统的重要状态量。在这一方面《物性论》的认识是比较彻底的："事物的始基在产生事物的时候，必须不能被认为供给事物以颜色或声音，因为它们不能从本身放送出什么东西，也不能放出气味、寒冷、热气和温暖。"②而一旦大量原子组合、结合成物体，所有物质的属性就显现了。卢克莱修的高明之处不能不令人由衷钦佩。

10. 肖像场辐射与传播

与光学或现代场论有关，卢克莱修有一种似乎奇怪的理论，即他认为事物的"肖像"本身是一种特殊的存在："有我们称为物的肖像者存在着，这些东西像从物的外表剥出来的薄膜，它们在空中来来往往飞动

---

① 卢克莱修. 物性论 [M]. 方书春，译. 北京：商务印书馆，1981：108.
② 卢克莱修. 物性论 [M]. 方书春，译. 北京：商务印书馆，1981：109.

着……"① 他认为这些肖像人眼是可见的："有物的肖像和薄薄的形状从物放出来，从物最显露的外表被送出来，它们像一些薄膜，或可称为一层皮，因为这些肖像和那把它投出来使它到处飞动的物体两者之间，有着一种相同的外貌和形式……"① 在卢克莱修看来"辐射"是物质的常态，而物体的"肖像"本质上就是物体表面层的"辐射"："因为在事实上我们看见许多东西大量地放出它们的物质，不单从它们的内部的深处，像我们前面已经说过的那样，并且也常常是从它们外表放出，例如它们的颜色。这是常见的：那些黄色的、红色的、紫色的帐篷，当它们张盖在大剧场顶上，在柱子和横梁上振动着的时候，就有这样一种活动：因为它们把它们下面大厅里的观众和整个舞台和那些服装富丽的长老们都染上色彩，使一切都带着它们的颜色在波动……"②

"肖像"的唯一特殊之处在于它是物体表层的"辐射"，卢克莱修认为这种辐射的传播扩散过程中，保持着辐射源物体的本来形状。如果要做到这一点，这种辐射的"肖像"薄膜组分间借助于现代的物理认识，非存在较强的非线性作用不可。卢克莱修认为，人眼观察到的物体在镜子里或水面上或其他光滑物体表面形成的影像，就是由他所说的"肖像"构成，它们也是"肖像"存在的证据："确实有一些形式的痕迹到处飞动着，它们具有着最精细的组织，当一个个单独分开时就不能被看见。再者，所有气味烟热和同样的东西，当它们从物里面流出时都是散开的，因为它们产生自物体内部，当它们向外边出来的时候，在它们的曲折的旅途上它们就被弄碎；也没有笔直的门路让它们结成一块通过而冲向外面。但是，相反地当这样一种薄薄的外表颜色的薄膜被抛开来的时候，却没有什么东西能够把它撕碎，既然它是位于最外边，不受阻碍。最后，我们的眼睛在镜子里在水里或任何光滑的表面中所看见的那些肖像，既然都具备着与原物相同的样子，就必定是由物放出的肖像所

---

① 卢克莱修. 物性论［M］. 方书春，译. 北京：商务印书馆，1981：191.

② 卢克莱修. 物性论［M］. 方书春，译. 北京：商务印书馆，1981：193.

构成。可见必定有物的形式的一些薄薄的肖像，像原物一样；这些肖像当一个个单独存在时就没有人能觉察到它们，但当它们为反复不断的反撞所逐回时，就能够从镜子的平面投回一幅图画；好像也不能有什么别的方式能够使它们保存得这样好，以致它们能够投回这些和原物那么相似的形象。"[1]

11. 论燃烧

彻底的原子论者卢克莱修，无论解释什么，都必从原子论出发。从他对于木材为什么可燃以及森林为什么起火的说明，可助我们理解他对于燃烧现象的看法："火并不是移植在树木里的，而是有许多热的种子，当它们由于磨擦而汇合在一起的时候，就引起了森林里的大燃烧。"[2] 是否着火决定于热的种子（即热原子）的分布密度。这也许是关于热质说思想的最早表述。但是卢克莱修在此犯下了一个逻辑错误：存在热的种子的这一认识与我们刚刚提到的他认为温度等物性是原子集体效应的思想直接背离。

12. 论磁力的产生与作用

磁石为什么能够吸引铁？这是一个令古人迷惑而好奇的问题。原子论者卢克莱修对这一问题，给出了自己的解答："首先必定有许多种子，或者说一种流出物从磁石流出来，它用它的打击驱散了磁石和铁之间的空气。两者之间有一大片地方已变成了虚空的时候，铁的种子立刻就滑进去，互相联结着落入真空里，"于是铁块"在后面跟着走"[3]，这样磁石对于铁的吸引即得以实现。卢克莱修对于磁力作用机制的说明，在今天看来已经极其缺乏科学价值。但是这毕竟是较早的对于具有某种神秘性作用的一种唯物的、清晰简单的说明，在科学发展历程中，不乏积极

① 卢克莱修. 物性论 [M]. 方书春，译. 北京：商务印书馆，1981：194—195.

② 卢克莱修. 物性论 [M]. 方书春，译. 北京：商务印书馆，1981：48.

③ 卢克莱修. 物性论 [M]. 方书春，译. 北京：商务印书馆，1981：410—411.

的历史意义。

13. 结语

　　20 世纪量子力学大师马克斯·玻恩高度评价古希腊人提出的原子论，他甚至认为，如果具备更利于科学技术发展的社会条件，借助于他们的数学天赋，古希腊人完全有可能在那个时期就将人类的科学技术发展到难以预期的高度："大约在 2500 年前，在希腊自然哲学学派的思辩中，泰勒斯、阿那克西曼德、阿那克西美尼，特别是原子论者留基波和德谟克利特，在通向原子物理学的道路上迈出了决定性的一步。他们是从纯粹求知的渴望出发来思考自然界，而没有追求直接物质利益的第一批哲学家。他们假定自然规律存在，并试图把形形色色的物质归结为看不见的、不变的、相等的粒子的结构和运动。要认识到这种观念对于那些流行于世界其他地方的一切概念的巨大优越性，那是不容易的。要是社会条件比较有利的话，这观念同希腊数学的辉煌成就一起，本来可以引起科学技术的决定性的进步。"[①] 当然，玻恩也不为古希腊人没有走到这一步而惋惜，因为这笔科学技术文化遗产并未徒然消亡，玻恩说："我们这一代人正在收获希腊原子论者播种的果实。"[②]

　　在《物性论》中，卢克莱修的目标是根据原子论说明和解释一切真实现象。因此，按照现在的学科来看，其中除了物理学还包括与天文、地理、气象以及生物等诸多学科相关的内容。鉴于《物性论》在西方原子论文化源流上的不可替代的重要作用，该著作中的很多思想精华仍有必要进一步做更全面的分析研究。回顾与感受卢克莱修的原子论思想，能够让我们深刻感受到西方近代原子论坚实的历史与文化根基。在20 世纪著名的量子力学缔造者中，有以薛定谔为代表的一派人物，反对微观粒子如电子的粒子性，而只强调其波动性。而玻恩与薛定谔针锋相

　　① M. 玻恩. 我的一生和我的观点 [M]. 李宝恒，译. 北京：商务印书馆，1979：32—33.
　　② M. 玻恩. 我的一生和我的观点 [M]. 李宝恒，译. 北京：商务印书馆，1979：34.

对，肯定微观粒子的粒子性与波动性同样实在。在这个意义上，玻恩是
20 世纪西方原子论者的重要捍卫者。当然此时原子论的含义，与古希腊
时期已经大不相同。

二、概率解释：令确定性成为过去的重要观念

1. 波函数概率解释的诞生及其重要性

在玻恩 1926 年 6 月名为《论碰撞过程中的量子力学》的论文里，有一个脚注："一种更加精密的考虑表明，几率与 Φ_{mn} 的平方成正比。"[①] 量子力学波函数的概率或统计解释（下文简称概率解释），就这样以脚注的方式进入了物理学。历史证明玻恩这篇文章，最为重要的就是这句脚注。美国著名物理学家、物理学史家派斯的评价极好地揭示了这一脚注的重要性："量子力学意义上几率的引入——也就是说，几率作为基本物理学定律的一个内在特征——很可能是 20 世纪最富戏剧性的科学变化。同时，它的出现标志着一场'科学革命'……的结束而不是开端。"[②]

在派斯看来（当今的物理学界也大多持此观点），玻恩 1926 年提出波函数的概率解释，已经为量子力学的建立过程画上了圆满的句号。其后玻尔的互补原理等等相当长一段时间内为人关注的思想，对于物理学家视域中的量子力学而言，无关紧要。[③] 物理学家可以在丝毫不知晓互

① 阿伯拉罕·派斯. 基本粒子物理学史［M］. 关洪，杨建邺，王自华，等译. 武汉：武汉出版社，2002：324.

② 阿伯拉罕·派斯. 基本粒子物理学史［M］. 关洪，杨建邺，王自华，等译. 武汉：武汉出版社，2002：314.

③ 玻恩晚年也十分推崇玻尔的互补原理，但是笔者认为波恩这时并非出于物理学的考虑。个中原因有必要专门撰文分析探讨。

补原理为何物的前提下，应用量子力学解决它能够解决的任何问题。事实上，玻恩的波函数概率解释，不仅仅为量子力学添上了最后圆满的一笔，它还有更大范围的影响和更加重要的意义。南希·格林斯潘将其撰写的玻恩传记命名为《确定性世界的终结》[1]，玻恩因为提出概率解释而使非决定性真正从根本上走进了物理学，他因此成为了经典物理学确定性世界的终结者。从这个意义上，南希·格林斯潘抓住了玻恩贡献之核心中的重点。

玻恩曾经多次回忆概率解释思想的产生过程。1953 年他说："当薛定谔的波动方程发表时，我马上感到它要求非决定论的解释，我猜想 $|\Psi|^2$ 就是概率密度……"[2] 玻恩之所以能先于他人看到隐于现象背后的本质，是因为他早有这方面的考虑。在 1965 年发表的一篇文章（该文后来收入玻恩《我的一生和我的观点》一书）中，对于概率或统计率解释的提出，玻恩说：薛定谔发表了波动方程，但是薛定谔的目标是固守经典物理："他认为，电子不是粒子，而是由他的波函数的平方 $|\Psi|^2$ 确定的密度分布。他提出，粒子概念和量子跃迁概念都应该一道放弃……然而，我在弗兰克关于原子和分子碰撞的充满才气的实验中每天都目睹展示粒子概念的丰硕成果，因而确信，粒子性不能简单地取消。必须发现使粒子和波概念协调起来的途径。我在概率概念中发现了（可以将粒子与波概念）彼此衔接的环节。在我们的三个人论文中，有一节（第三章，第二段）是我写的，在那里出现了一个带有分量 $\vec{X}_1$, $\vec{X}_2$, $\vec{X}_3$ …… 的矢量 $\vec{X}$，矩阵即作用于它，但是没有说明它的意义。我猜想它一定同概率分布有些关系。但是，只是在薛定谔的研究出名以后，我才能证明这种猜想是正确的；矢量 $\vec{X}$ 是他的波函数 Ψ 的不连续的表示，因此证明 $|\Psi|^2$ 是位形空间里的概率密度。通过把碰撞过程描述为波的散射，再

[1] Nancy Thorndike Greenspan. *The End of the Certain World* [M]. London：John Wiley & Sons Ltd.，2005.

[2] Max Born. *Physics in My Generation* [M]. London & New York：Pergamon Press，1956：131.

佐以其他方法，这个假说被证实了。"[1] 玻恩的这一段回忆表明，<u>在薛定谔提出波动力学之前，玻恩就已经有了量子力学概率解释思想的初步猜想。</u>

玻恩曾说他提出波函数的概率解释，是受爱因斯坦思想启发的结果："爱因斯坦的观念又一次指明了方向。他曾经把光波的振幅解释为光子出现的概率密度，从而使粒子（光量子或光子）和波的二象性理论成为可以理解的。这个观念马上可以推广到 Ψ 函数上：$|\Psi|^2$ 必须是电子（或者其他粒子）的概率密度。"[2] 如果玻恩的波函数概率解释真的只是爱因斯坦处理光子与光波振幅关系所用方法的一种类比性移植，那似乎太过简单和容易了。派斯也认为玻恩自己的这一描述是不准确的。派斯对于玻恩提出波函数概率解释的认识过程，给出了一个"冒险"的解释。他注意到玻恩一开始并未考虑到波函数模的平方是概率的量度，而认为波函数本身是概率的量度。派斯认为如果像玻恩所说他开始就受到了爱因斯坦这一思想的影响，玻恩就不会步入这一误区。而玻恩曾步入了这一误区则表明，玻恩开始并未受到爱因斯坦对于光子的波粒二象性解释的影响。派斯的分析显然不无道理。不过派斯认为玻恩做出这一贡献的确受过爱因斯坦的影响，但影响不是来自爱因斯坦处理光的波粒二象性的方法。玻恩的同事弗兰克的实验使玻恩相信微观客体的粒子性，如电子的粒子性必须承认和保留。而爱因斯坦的"鬼场"思想成为玻恩深入探讨的思想动力："波动只是给微粒性的光量子指明道路，并在这个意义上谈到一种'鬼场'，这鬼场决定光量子的几率……"[3] 派斯认为爱因斯坦对玻恩的影响仅此而已，即受到了爱因斯坦所述光量子与"鬼场"关系的启发。而接下来从 Ψ 到 $|\Psi|^2$，完全是玻恩自己完成的。派斯充分认识到了这一步跨越的艰难与重要，他说："我们感谢玻恩这种富有创见的

① Max Born. *My Life & My Views* [M]. New York: Charles Scribner's Sons, 1968: 35—36.

② Max Born. *Physics in My Generation* [M]. London & New York: Pergamon Press, 1956: 183.

③ 阿伯拉罕·派斯. 基本粒子物理学史 [M]. 关洪，杨建邺，王自华，等译. 武汉：武汉出版社，2002: 324.

洞察力，Ψ 本身——不像电磁场——没有直接的物理学实在性。"[1]　这是描述物质波的波函数 Ψ 不能与电磁波（光波是其特例）波函数简单类比的根本原因。

玻恩产生和提出统计解释思想过程的细节已无法准确再现。但玻恩的回忆和派斯的研究，肯定了两点：其一，玻恩提出这一思想，一定受到了爱因斯坦思想的影响，但是具体是哪一思想，究竟在何时段影响了玻恩，以及有什么程度的影响，也已无法确认；其二，在提出这一思想的过程中，玻恩自己的独创性不可低估而要充分予以承认。

2. 概率解释给玻恩带来的烦恼

对于玻恩提出的波函数概率解释，物理学界的反应大不相同。"他最近的合作伙伴约当为此很开心；他此前的助手海森堡却很惊骇。"[2] 1962 年 11 月 12 日海耳布朗采访著名物理学家克隆尼格时，克隆尼格说他与拉比等人"用了很多时间理解波函数的概率解释和概率幅。我想玻恩是第一个首先清晰将波函数的物理意义表述为概率幅的人。……我必须说是玻恩提出了概率解释，我想我们被他的思想迷住了。"[3] 1963 年获得诺贝尔物理学奖的维格纳回忆说，当他看到玻恩的论文后，"先是吃了一惊，但马上认识到玻恩是正确的。"[4]　而当时老一代经典物理学的标志性人物之一洛伦兹的表现也具有另一种代表性："在

① 阿伯拉罕·派斯. 基本粒子物理学史［M］. 关洪，杨建邺，王自华，等译. 武汉：武汉出版社，2002：326.

② Linda Wessels. *What was Born's Statistical Interpretation?* ［J］. Proceedongs of the Biennial Meeting of the Philosophy of Science Association, 1980, 2（Symposia and Ivited Papers）: 187—200.

③ Thomas S. Kuhn, John L. Heilbron, Paul Forman, Lini Allen. *Archives for the History of Quantum Physics*［微型胶卷］. Philadelphia：The American Philosophical Society Independence Square, 1967, E1 Reel 3.

④ 阿伯拉罕·派斯. 基本粒子物理学史［M］. 关洪，杨建邺，王自华，等译. 武汉：武汉出版社，2002：322.

玻恩的工作之后，洛伦兹再也不能把握量子论带来的变化了。"[①] 即使玻恩自己，对于波函数的统计解释的认识也是逐渐加深的，"玻恩可能没有立刻认识到他的贡献的深刻意义——这项贡献结束了量子革命。"[②]

波函数概率解释给玻恩带来的烦恼是另外两种情形。情形之一是物理学界一些大人物不承认波函数概率解释在量子力学中的基础核心价值。玻恩自己很清楚，普朗克、爱因斯坦、德布罗意和薛定谔等人都不接受他的统计哲学。[③] 概率解释的前提是相信微观客体的波粒二象性，二者不可彼此取代。玻恩通过对微观尺度散射或碰撞等问题的研究肯定了粒子概念的有效性，他说："我是强调保留粒子观念的。"[④] 同时玻恩也肯定微观粒子的波动性。与他相反，薛定谔1926年明确指出，他坚信波动是唯一的实在，而电子等粒子只是派生的东西，即不发散的波包。一直到20世纪50年代，他仍然坚持这样的观点，这令玻恩非常不快："最近（1952年），薛定谔又开始了他的所谓澄清活动，他积极呼吁，不仅要把粒子，而且还要把定态、跃迁等等从物理学中清除出去。"[⑤] 1944年9月7日在致玻恩的信中，爱因斯坦说："在我们的科学期望中，我们已成为对立的两极。你信仰掷骰子的上帝，我却信仰客观存在的世界中的完备定律和秩序……"[⑥] 得知玻恩获得诺贝尔奖后，爱因斯坦在写给玻恩的贺信里说，20年代对于量子力学的建立做出巨大贡献的玻恩这个时候才获奖，是"奇怪的延迟"；"特别地，当然正是你随后作出的对量子描述的统计诠释决定性地澄清了我们的思想。"[⑦] 由此看

---

① 阿伯拉罕·派斯. 基本粒子物理学史 [M]. 关洪，杨建邺，王自华，等译. 武汉：武汉出版社，2002：327.

② 阿伯拉罕·派斯. 基本粒子物理学史 [M]. 关洪，杨建邺，王自华，等译. 武汉：武汉出版社，2002：326.

③ Max Born. *My Life & My Views* [M]. New York：Charles Scribner's Sons, 1968：36—37.

④ Max Born. *Physics in My Generation* [M]. London & New York：Pergamon Press, 1956：187.

⑤ Max Born. *Physics in My Generation* [M]. London & New York：Pergamon Press, 1956：130.

⑥ 许良英，范岱年. 爱因斯坦文集：第一卷 [M]. 北京：商务印书馆，1976：415.

⑦ Max Born. *The Born-Einstein Letters* [M]. New York：Macmillan Press Ltd., 2005：224.

来，爱因斯坦并非不清楚玻恩工作的价值。但是他却不曾为玻恩做过诺贝尔奖提名。①

情形之二是一段时间里具有影响力的若干物理学家接受和应用波函数的概率解释，却忽视玻恩对于它的优先权："有点奇怪的是——这使玻恩有些懊恼——他的论几率概念的论文在早期总是不能被充分地认可。海森伯自己对几率的解释……就没有提到玻恩。在莫特和梅西的两版论述原子碰撞的书中也找不到有关玻恩工作的参考文献，在克喇摩斯的论述量子力学的书中亦是如此。"② 1933 年莫特与梅西合著了一本关于量子力学的书，其中没有提及玻恩论述概率解释的文章。玻恩说"这一疏忽对我损害不小。因为，尽管我不是特别有野心，但这是我很引以为自豪的发现"。③ 莫特后来承认"而实际上，当 1928 年我在哥本哈根工作时，这已被称作'哥本哈根解释'，我想我一向没有认识到玻恩是第一个提出它的人。"④ 这一现象是有案可查的客观事实。但是为什么如此，是一个值得专门讨论的有趣话题。

3. 爱因斯坦等人拒绝概率解释基本性的根本原因

惯于思考的哲人科学家的科学价值观往往决定于其精神的向度。后者或者是他投身科学的原动力，或者是其人生追求的重要目标。爱因斯坦 12 岁时，由于读了科学书籍而对宗教信仰产生了质疑，并终止了自己狂热的宗教信仰。其后，精神彷徨的他发现："在我们之外有一个巨大的世界，它离开我们人类而独立存在，它在我们面前就像一个伟大而永恒的谜……对这个世界的凝视深思，就像得到解放一样吸引着我们，而且我不久就注意到，许多我所尊敬和钦佩的人在专心从事这项事业中，

①　厚宇德. 玻恩与诺贝尔奖 [J]. 大学物理，2011（1）：48—55.

②　阿伯拉罕·派斯. 基本粒子物理学史 [M]. 关洪，杨建邺，王自华，等译. 武汉：武汉出版社，2002：326.

③　Max Born. *My Life* [M]. London：Taylor & Francis Ltd.，1978：232.

④　Max Born. *My Life* [M]. London：Taylor & Francis Ltd.，1978：Ⅺ.

找到了内心的自由和安宁。"①　如果不是宗教信仰破灭，爱因斯坦很可能成为艺术家甚至宗教人士，失去宗教信仰的他转而关注外部自然界，为蕴含于其中的谜而吸引，而破解自然之谜的努力使他成为了一位伟大的科学家。以爱因斯坦为代表的一类物理学家并非认为概率解释谬不可取，在实用或有效层面上没人否定玻恩的概率解释。在 1949 年发表的文章中，玻恩说："我认为爱因斯坦所完成的这些研究（指对布朗运动等的研究），比任何其他人的工作都更能使物理学家相信原子和分子的实在性，相信分子热运动理论，相信概率在自然规律中所起的基本作用。人们读了这些文章以后都会相信，物理学的统计方面当时已经在爱因斯坦的思想中占据优势；可是他同时却研究相对论，那属于严格因果律的统治范围。他似乎总是相信（今天仍相信），自然界的终极定律是因果的和决定论的定律；要是我们不得不研究大量的粒子，我们就用概率来掩盖我们的无知，他相信只是巨大的无知才把统计学推到台面上来。"②而玻恩自己的感受反映了 20 世纪多数哲人科学家的基本共识。1951 年他在书中说："我们已经到达了我们深层探索物质旅程的终点。我们寻找牢固的陆地，但是我们一无所获。……宇宙中没有固定不变的地方：万物皆流，一切都在疯狂的舞蹈中摇摆。……真理是科学家追求的目标。他在宇宙中没有找到任何静止的东西、持久的东西。……在飞驰的现象中，矗立着不变的规律之杆。"③　既然物质世界失去了永恒的确定性，哲人科学家们认为一定意义上他们的使命就是在变化的现象中寻求不变的规律或原理。不变的规律是他们能够追求的、精神之毛可以附就的可靠之皮。但是玻恩自己最大的贡献确实因为提出概率解释而使不确定性成为了 20 世纪自然科学的基本概念，从而揭示和宣布了决定论的必然性等曾被康德认为具有先验性概念的无效性，完成了科学思想的一次重大

---

①　许良英，范岱年. 爱因斯坦文集：第一卷［M］. 北京：商务印书馆，1976：2.

②　Max Born. *Physics in My Generation*［M］. London & New York：Pergamon Press，1956：82—83.

③　Max Born. *Physics in My Generation*［M］. London & New York：Pergamon Press，1956：225.

革命。这一革命精神与爱因斯坦等人对于客观世界及其规律的根本信念发生了难以调和的冲突。这是普朗克、爱因斯坦、德布罗意以及薛定谔等人拒绝承认统计解释具有基本定律资格的根本原因。他们视物理学应用概率解释是一种权宜之计，这一点玻恩看得十分清楚："我认为甚至是最狂热的决定论者，也不能否认目前量子力学已经在实际研究中为我们服务得很好。可是他也许还希望，有一天它会被一个经典式的决定性理论所代替。"①

　　概率解释触动了一些哲人科学家的一根重要的精神神经，即决定论思想。对此玻恩有清楚的认识："必须牺牲的是决定论的观念；但这并不意味着严格的自然规律不再存在。只是因为决定论存在于一般的哲学概念中的事实，才使我们认为新理论特别具有革命性。"② 一定意义上，玻恩概率解释的遭遇，与哥白尼日心说以及达尔文进化论的遭遇有些相似，因为他们都触动了人们认为天经地义的基本信条。

4. 玻恩论因果性与决定论的区别

　　爱因斯坦曾形象地说明他无法从根本上接受玻恩概率解释的理由：他不相信一个掷骰子的上帝，或者说他认为如果有个上帝，他不会靠掷骰子来决定自己的圣意。在爱因斯坦看来，如果承认概率解释是自然界的基本定律，那么他信念中的建立在因果必然性之上的有秩序的自然界必将崩溃。然而玻恩认为他的概率解释，与机械决定论势不两立，但是并不会取缔因果关系："机械决定论的观点产生了一种哲学，它无视最明显的经验事实；但是在我看来，一种既反对决定论又否认因果性的哲学是荒谬的。"③ 这不是玻恩的妥协，在他自己的理论体系里，他的说法有理有据："新力学本质上是统计的力学，关于粒子的分布，它完全是非决

---

　　① Max Born. *Natural Philosophy of Cause and Chance* ［M］. New York：Dover Publications Inc.，1964：106.

　　② Max Born. *Physics in My Generation* ［M］. London & New York：Pergamon Press，1956：35.

　　③ Max Born. *Physics in My Generation* ［M］. London & New York：Pergamon Press，1956：97.

定论的。可是够奇怪的是，它和经典力学仍有一定的类似之处，因为函数 Ψ 的传播规律（即所谓薛定谔方程）形式上和弹性力学或电磁学里的波动方程相同。所以这是一个颇为矛盾的情况：对微小的粒子这些物理客体来说，是没有决定性的；而对它们出现的概率来说则是决定性的。"[①] 因此，在爱因斯坦看来，承认概率解释的基本性之后，将陷于死胡同；但是在玻恩看来，只有承认概率，解释物理学的前方才是坦途一片。

玻恩在《关于因果和机遇的自然哲学》一书中，试图建立一套巩固概率解释科学地位的思想框架。他的思想框架的哲学基础是承认支配自然现象的既有必然性也有偶然性："因果是表达事件之间必然联系的观念，而机遇刚好相反意味着完全的随机性。自然界和人类事务一样，看来既受必然性的支配也受偶然性的支配。"[②] 玻恩认为在坚信决定论的爱因斯坦的世界，不存在可以容纳偶然性的空间。而如果承认必然性和偶然性在自然界的平权地位，就相应地必须承认因果律与机遇律的各自合法地位，而不可偏信其一："对因果性的无限信任必然导致形成这样的观念：世界是一部自动化的大机器，而我们只不过是其中的一些小齿轮。这意味着唯物论的决定论。……另一方面，对机遇也不能无限信任，因为不可否认世界有着许多规则性；因此，至多只能说存在'有规律的偶然性'。……自然界同时受到因果律和机遇律的某种混合方式的支配。……常常有人说现代物理学已经放弃了因果性，这是毫无根据的。现代物理学的确已经放弃了或修正了许多传统的观念；但是如果放弃了对现象的因果关系的研究，现代物理学即将不成为一门科学。"[③] 因此，玻恩是理智的，他所认同的因果性是受到约束的因果性；他承认的偶然

① Max Born. *Physics in My Generation* [M]. London & New York: Pergamon Press, 1956: 101.

② Max Born. *Natural Philosophy of Cause and Chance* [M]. New York: Dover Publications Inc., 1964: 1.

③ Max Born. *Natural Philosophy of Cause and Chance* [M]. New York: Dover Publications Inc., 1964: 3—4.

性也是在承认世界存在一些规律的前提下的偶然性。在肯定概率解释的前提下摒弃决定论而保留因果性，在玻恩看来是最现实的面向未来的态度。为此他决计从概念上将因果性与决定论区别开来："因果性概念与决定论有着紧密的联系，但在我看来它们并不是等同的。"① "因果性并非指逻辑上的依赖性，而是指自然界中实在事物之间的彼此依赖。"② 玻恩认为属于因果性的依赖关系，必须是符合可观察性原则的："科学仅认同能够通过观察和实验可以证实的依赖关系"。②

在玻恩看来，决定论主要包含两种情形，其一，认为上帝安排了一切，而所有的过程都是上帝事先早已决定了的因而不可能更改的。在这种情况下，人的自由意志甚至人的创造，本质上都是不存在的。其二，是人类主观规定的类似于列车时刻表之类的规程："时刻表的规律是决定论的：你能够用它预言未来事件，但（针对它的预言）问'为什么'是没有意义的。"③ 而与决定论截然不同的因果性认为相互关联的两个事件，其中之一是另一个事件产生的原因，而后者则是前一事件的结果："因果性假定，存在这样一些规律，按照这些规律，某类实体 B 的出现依赖于另一类实体 A 的出现，这里'实体'这个字表示任何物理对象、现象、状况或事件。A 是原因，B 为结果。"④ 玻恩认为对于单一事件而言，因果性必须重视居先性原则与接近性原则："居先性假定原因必须先于结果，或者至少与结果同时发生。接近性假定原因和结果必须在空间上接触，或者由中介事物链联系起来。"④ 具有居先性的物理过程，一定是不可逆过程；满足接近性原则的过程一定是符合物理学上的场论思

① Max Born. *Natural Philosophy of Cause and Chance* [M]. New York：Dover Publications Inc., 1964：5.

② Max Born. *Natural Philosophy of Cause and Chance* [M]. New York：Dover Publications Inc., 1964：6.

③ Max Born. *Natural Philosophy of Cause and Chance* [M]. New York：Dover Publications Inc., 1964：7—8.

④ Max Born. *Natural Philosophy of Cause and Chance* [M]. New York：Dover Publications Inc., 1964：9.

想的。因此，玻恩在应用因果性时考虑居先性原则和接近性原则，说明他充分认同和肯定 20 世纪物理学的发展方向。或者说玻恩阐述的因果性，是基于 20 世纪最新的物理学思想之上的。

玻恩认为，牛顿之前的天体运动理论是数学与决定论描述而非因果性描述。托勒密、哥白尼以及开普勒，除了造物主的意志外都没找到行星行为的其他原因。而牛顿定律中的"'力'这个词是对一般的原因这一概念的最好说明，即它是可以测量的、可以用数字表示出来的。"① 但是牛顿方程也有其弱点，即它是可逆的，因此不满足居先性原则；另外牛顿方程允许存在超距作用，因此它也不满足接近性原则。麦克斯韦的电磁场方程比牛顿的力学有所进步，即它满足接近性原则，但它仍不满足居先性原则。

总之，玻恩认为因果性不同于决定论；他要摒弃的是决定论，而因果性是必须保留的。但是值得说明的是，玻恩个人在特定的场合，也有将因果性与决定论混为一谈的时候。

5. 玻恩论概率的实在性

在玻恩看来，严格意义上的决定论从来就不具有现实意义："由于没有任何观测是绝对正确的，机遇的概念一开始就参与到最初阶段的科学活动中来了。"② 玻恩提出的波函数概率解释虽然直接面对的是微观现象，但是在玻恩看来即使在经典物理统治的宏观世界，决定论也无法真正实现："事实上，作为经典概念之根据的绝对可测性这个假设，在我看来仅仅存在于想象中，这是一个不能在现实中得到满足的理想化假定。"③ 因此，玻恩相信概率或统计思想方法在自然界具有普适意义。

---

① Max Born. *Natural Philosophy of Cause and Chance* [M]. New York：Dover Publications Inc., 1964：12.

② Max Born. *Natural Philosophy of Cause and Chance* [M]. New York：Dover Publications Inc., 1964：47.

③ Max Born. *Natural Philosophy of Cause and Chance* [M]. New York：Dover Publications Inc., 1964：100.

　　玻恩对于自己获得诺贝尔奖的概率解释工作的根本与基础性有过深刻的描述："我荣获 1954 年的诺贝尔奖，与其说是因为我所发表的工作里包括了一个新自然现象的发现，倒不如说是因为那里面包括了一个关于自然现象的思想新维度的基础发现。"[①] 这个基础发现就是要摒弃建立在理想主义基础上的决定论思想，代之以看待现象与理论的现实主义的概率或统计认识。玻恩自己首先实现了这一范式的转变："我认为机遇是比因果更基本的一个概念；因为在一个具体情况下是否具有因果关系，只能根据机遇律在观测上的应用来判断。科学的历史显示出一个强烈的趋势，使人们忘记了这点。当一个科学理论牢固地建立起来并且得到证实的时候，它就改变了自己的性质，而成为其时代形而上学基础中的一部分：科学的学说变成了教条。事实上，没有什么科学学说具有超越概率性的意义，都需要新经验的启发而加以改进。"[②] 玻恩并非认为量子力学尽善尽美，但是坚信统计解释在量子力学中的核心地位："尽管我非常知道量子力学的缺点。但我认为它的非决定论基础将是永恒的……"[③]

　　玻恩能够在历史意义上正确看待决定论。他认为决定论虽然被量子力学的概率解释所取代，但是在经典科学时期，决定论是不可避免和不可或缺的。他认为相对论和量子力学对于经典科学的革命具有巨大的哲学意义："在相对论改变了空间和时间的观念以后，现在又必须修改康德的另一个范畴——因果性。这些范畴的先验性不复存在了。但是，这些原则原来所占据的地位当然没有成为空白点；它们被新的规律表述所代替。在空间和时间方面，这些新的规律表述就是明可夫斯基的四维几何规律。在因果性方面，同样也有一个更普遍的概念，那就是概率的概念。必然性是概率的特殊情况；它是百分之百的概率。物理学原则上正

① Max Born. *Physics in My Generation* [M]. London & New York：Pergamon Press, 1956：177.

② Max Born. *Natural Philosophy of Cause and Chance* [M]. New York：Dover Publications Inc., 1964：47.

③ Max Born. *Natural Philosophy of Cause and Chance* [M]. New York：Dover Publications Inc., 1964：114.

在变为一门统计科学。"① 所以说，玻恩为了让概率解释概念深入人心，他在这一概念与因果性的关系、与决定论的关系等角度探讨了人们难以接受它的根本原因，也在哲学层面上探讨了这一概念的价值和意义。当然最为重要的是，玻恩还探讨了引入概率概念并视之为基础概念，将给物理学带来的重要改变，它可以使物理规律异乎牛顿力学等经典理论适用于不可逆过程："机遇和概率引入到了运动定律中就可以去除其中的内在可逆性；或者换句话说，它导致具有确定方向并在因果关系中满足居先原则的时间概念。"② 经典物理的多数理论具有时间上的对称性，原则上可以预测未来，也可以返观过去。逻辑上只适用于不可逆过程的统计理论，适用范围受到了制约。而事实上却并非如此，因为物理学的发展早已认识到，即使在宏观领域，所有与温度有关的现象都具有不可逆性。

玻恩对于概率概念更深一层的认识使他对于物理学的贡献，与法拉第对于物理学的贡献极为相似。在法拉第时代，人们相信："任何事物要么是精神的要么是物质的，如果既非精神的亦非物质的，那么它就只能是某种属性了。"③ 法拉第在实验现象面前放弃了这种几乎公认了 2500年的观点，他断言力也是物质，是一种状态物。后人称法拉第的这一思想是"法拉第思想中最大胆的和最具独创性的观点：必须对物质加以解释。"④ 与法拉第的大胆和独创性相比，玻恩的思想毫不逊色。概率，简单地说就是数学上的概率，只是一个比值。一向性格保守的玻恩却直觉地感受到了它的更深刻的内涵："我个人喜欢把概率波甚至 3N 维空间中的概率波看作实在的东西，而肯定不仅仅是一种数学演算工具。因为它具有观测中的不变性；也就是说，它可以预言实验的数值结果，并且如果我们在相同的实验条件下实际完成多次实验的话，从它可以期望得到

---

① Max Born. *Physics in My Generation* [M]. London & New York: Pergamon Press, 1956: 47.

② Max Born. *Natural Philosophy of Cause and Chance* [M]. New York: Dover Publications Inc., 1964: 71.

③ 约瑟夫·阿盖西. 法拉第传 [M] 鲁旭东，康立伟，译. 北京：商务印书馆，2002: 166.

④ 约瑟夫·阿盖西. 法拉第传 [M] 鲁旭东，康立伟，译. 北京：商务印书馆，2002: 170.

相同的平均数、相同的平均偏差等等。"① 他还曾明确指出："尽管波函数的平方代表的是概率，但是它具有实在性。概率具有不可否认的一些实在性。否则，我们根据概率计算所作的预言又怎能对实在世界有什么应用呢？"② 可见玻恩相信概率具有实在性，而他如此有信心的依据则是概率理论在实在世界的成功应用。玻恩提出的概率解释八十多年来得到了实验的完全肯定："波函数或概率幅完全描述了微观粒子的各种性质，已经为各种实验所检验。"③ 现在学术界承认波函数具有其实在性。对于波函数的实在性可以从三个角度来理解。第一，"从可观察标准来看，波函数本身并不能被直接观察，但是，它能被间接控制，波函数所显示出来的量子信息可以被传递，这足以说明波函数具有可观察性。"④ 第二，"从因果性标准来看，波函数满足因果性标准，因为波函数满足薛定谔方程。"③ 第三，"从语义学标准来看，波函数概念的正确性在于用各种物理场合的正确预见，在经典物理看来是不可能的现象，但是，波函数都做出了解释。"④ 波函数具有实在性，那么波函数模的平方即概率当然也就含有实在性信息。以上三点理解波函数实在性的依据，完全都可以用于进一步阐释和支持玻恩所相信的概率具有或揭示一定实在性，而概率波是一种实在的观点。

6. 玻恩为何能够消解概率解释带来的烦恼

玻恩说过，物理学家原则上都具有保守性："物理学家不是革命者，而是相当保守的，他们倾向于只有在强有力的证据面前，才会屈服而放弃一个已有的观念。"⑤ 玻恩在 1926 年前是相信决定论的，但是其后

---

① Max Born. *Natural Philosophy of Cause and Chance* [M]. New York：Dover Publications Inc., 1964：106.

② Max Born. *Natural Philosophy of Cause and Chance* [M]. New York：Dover Publications Inc., 1964：106.

③ 吴国林. 量子信息哲学 [M]. 北京：中国社会科学出版社，2011：4.

④ 吴国林. 量子信息哲学 [M]. 北京：中国社会科学出版社，2011：68.

⑤ Max Born. *Physics in My Generation* [M]. London & New York：Pergamon Press, 1956：42.

他的思想逐渐发生了改变。到了 20 世纪 50 年代他曾这样说："客体和主体之间的分界线已经模糊不清，决定论的规律已被统计规律所取代了……"① 与爱因斯坦等人相比，虽然玻恩有时也难免在新旧思想之间有些许含糊与摇摆，但是主体上他没有因为接受新思想而过度痛苦纠结，他也不顽固，他是欢迎和倡导物理学新思想的，无论对于相对论还是量子力学都是一样。玻恩没有像普朗克那样多年尝试以经典旧理论替代自己提出的革命性新概念。

玻恩知道要建立一个完全非决定论的世界观是困难的。因此他提出过这样的问题："一个纯粹赤裸裸的统计和非决定性的理论，能否满足我们的理解和解释事物的欲望呢？我们能否满足于承认机遇是支配物理世界的终极规律，而不是因果支配的呢？"② 对于这个问题，他找到的出路就是区分因果性与决定论，而以保全因果性、摒弃决定论来搭建新理论的出路，并从而驱除自己的精神芥蒂："我对后一个问题的回答是：如果适当地理解因果性的话，那么，这里并没有取消因果性，而只是取消了对它的传统解释，也就是取消可把它和决定论等同起来的看法。……在我的定义中，因果性的含义是一种物理状态依赖于另一种物理状态的假设，因果的探索就意味着去发现这种依赖关系。这在量子力学中仍然是对的，尽管这里我们要求有依赖关系的那些对象有所不同，它们是基本事件的概率，而不是这类单个事件本身。"③ "可观测的事件遵从机遇率，而关于这些事件本身的概率在传播时所遵循的规律，就其全部特色看来都是因果的规律。"④ 因此，在玻恩看来，摒弃决定论并非是接受一

---

① Max Born. *Physics in My Generation* [M]. London & New York：Pergamon Press, 1956：Preface.

② Max Born. *Natural Philosophy of Cause and Chance* [M]. New York：Dover Publications Inc., 1964：101.

③ Max Born. *Natural Philosophy of Cause and Chance* [M]. New York：Dover Publications Inc., 1964：101—102.

④ Max Born. *Natural Philosophy of Cause and Chance* [M]. New York：Dover Publications Inc., 1964：102—103.

个没有秩序的混乱世界，因果性以新的方式依然存在并发挥作用。理解这一点的关键，还在于正确理解玻恩阐述的因果性与决定论的本质区别。

玻恩不认为物理学的发展是纯粹理性思维的产物。在强有力的证据面前，他会屈服而放弃一个已有的观念。他认为"物理学只能由实验来推进，而不需要一些艰难的思维，我也不是否认新概念的形成在一定程度上要受一般哲学原理的指导。但是我从我自己的经验里知道，并且我也能叫海森堡来作证，量子力学规律的发现经过了一个漫长而曲折的解释实验结果的过程。"① 因此玻恩不认为爱因斯坦的相对论和普朗克的量子论是纯粹思维的产物："这些理论都是对观测事实的解释，是对自然界之谜的解答，虽然它们的确是难解之谜而只有伟大的思想家才能给出答案。"② 爱因斯坦的思想体系是复杂的，在他的复杂思想中，有一种困惑。1921 年爱因斯坦在文章里以疑问的形式表达了他的困惑："数学既然是一种同经验无关的人类思维的产物，它怎么能够这样美妙地适合实在的客体呢？那么，是不是不要经验而只靠思维，人类的理性就能够推测到实在事物的性质呢？"③ 有理由相信，对这一疑问爱因斯坦一定意义上倾向于给出肯定的答案。1937 年他指出：科学"是人类头脑用其自由发明出来的观念和概念所做的创造。"④ "要是不相信我们的理论构造能够掌握实在，要是我们不相信世界的内在和谐，那就不可能有科学。"⑤ 玻恩与爱因斯坦在思想上的分歧由此可见一斑。

玻恩追求的是规律的客观性：规律本来是什么样，就是什么样。这是玻恩追求的。对于认为规律应该具有美丽、典雅、简单等特性的信

---

① Max Born. *Natural Philosophy of Cause and Chance* [M]. New York: Dover Publications Inc., 1964: 86.

② Max Born. *Natural Philosophy of Cause and Chance* [M]. New York: Dover Publications Inc., 1964: 90.

③ 许良英，范岱年. 爱因斯坦文集：第一卷 [M]. 北京：商务印书馆，1976：136.

④ 许良英，范岱年. 爱因斯坦文集：第一卷 [M]. 北京：商务印书馆，1976：377.

⑤ 许良英，范岱年. 爱因斯坦文集：第一卷 [M]. 北京：商务印书馆，1976：379.

念，玻恩持保留意见。^① 有些科学家的这类思想十分为科学哲学界研究科学思想的学者所热衷。事实上这是一个误区，并非所有的科学家都持这样的观点，玻恩甚至说："我想我们可以把寻找自然规律的目的性与经济性的想法，当做一种荒谬的拟人修辞，看作形而上学思想统治科学时期的残余。"^② 科学家不应该根据他们喜欢的样子去打造自然规律，而应该致力于发现自然规律本来的样子。无论它简单或复杂；十分丑陋或极具美感。这应该是更能体现科学精神的一种理念。这种理念使玻恩的科学世界具有开放性而不具有排他性。这就是玻恩化解新思想与旧观念冲突的利器。有了这一利器，他不会表现出对旧观念的过分眷恋与不舍。玻恩思想的博大不仅局限于科学领域，对于自然规律的思索使他的思想得以升华。在 1954 年的诺贝尔奖获奖报告中，玻恩说："我相信诸如绝对确信、绝对准确、终极真理等概念，都是想象力虚构的，在任何科学领域都是通不过的。……在我看来，'思想上的解放'正是现代科学给予我们的最大恩惠。因为，相信一个单一的真理，并相信自己是这个真理的占有者，这是世界上一切罪恶的根由。"^③ 如此深刻的思想值得科学家、艺术家，更值得当今的政治家以及所有人反复咀嚼……

从严格意义上讲，玻恩是在研究微观原子尺度物理问题时，提出了概率解释。20 世纪后半叶的非线性混沌理论研究表明，在宏观的确定性系统（最简单的以二体为限）的状态演变过程中，仍然存在着不规则的内在随机性。玻恩较早接触过非线性，但是这些进展超越了玻恩的研究范围。非线性科学成为新自然观重要特征的结论，却支持了玻恩秉持的思想：物质世界不存在绝对的可以预言的必然性。

① Max Born. *Natural Philosophy of Cause and Chance* [M]. New York：Dover Publications Inc., 1964：124.

② Max Born. *Physics in My Generation* [M]. London & New York：Pergamon Press, 1956：75.

③ Max Born. *My Life* [M]. London：Taylor & Francis Ltd., 1978：298—299.

三、哪位物理学家首先提出了可观察性原则

物理学家和科学史家都认为，可观察性原则是建立量子力学的指导性思想。阅读海森堡著名的"一人文章"可以发现，这种看法是正确的。该文开门见山指出："这篇文章力图只基于满足可观察性原则的物理量之间的联系，为理论量子力学建立一个基础。"[①] 在文章的结尾，海森堡又说："本文倡议限于可观察量之间的关系确定量子论数据，这种方法是否令人满意，或者说尽管现在表述还过于粗糙，这种方法是否就是建立理论量子力学的门径？现在一个很显然的相关问题，可借助这一方法更加透彻的数学研究来解决，而本文只是做了很浅显的尝试。"[②]

1925 年海森堡的"一人文章"发表之后，多数与量子力学史相关的著述都指出，可观察性原则源自海森堡。著名物理学家洪德曾说："海森堡因此尝试只使用可观察量建立量子力学。"[③] 马克斯·雅默说，对应原理思想是海森堡建立量子力学的一个选择，"在他有历史意义的'一人文章'中，他做的另一个选择引导他建立了矩阵力学这一现代量子力学的

① B.L.Van Der Waerden. *Sources of Quantum Mechanics* [M]. Amsterdam：NorthHolland Publishing Company，1967：261.

② B.L.Van Der Waerden. *Sources of Quantum Mechanics* [M]. Amsterdam：NorthHolland Publishing Company，1967：276.

③ Friedich Hund. *The History of Quantum Theory* [M]. London：George G. Harrap& Co. Ltd.，1974：133.

最早构想，即彻底抛弃玻尔对（微观电子）运动的经典物理描述，代之以海森堡称为可观察量的描述。"①

也有人不认为可观察性原则是海森堡全新的思想。如南希·格林斯潘曾在书中写道："可观察性不是一个新思想。泡利已经谈论几年，玻恩也是，而海森堡和克喇摩斯关于色散的论文中只包括可观察量，但玻恩和约当重新强调了这一思想。"② 格林斯潘所说半对半错：诚然，这一思想不是海森堡提出的新思想，但是它也不是泡利提出的新思想。而且她也没有告诉读者，究竟谁第一个提出了这一思想。

在 20 世纪 60 年代，库恩和他领导的团队做了一件精彩的工作，建立了《量子物理历史文献》（AHQP）。这一工作的主要目的是"搜集手稿策划口述文献，为研究量子物理的发展史准备充分的史料。"③ 在工作过程中，积累了决定性的能够明确可观察性原则优先权问题的证据。托马斯·库恩成为当时唯一清楚谁是第一个提出可观察性原则的人。我们可以从他与玻恩、海森堡、约当和朗德等物理学家的对话中看出这一点。在他访问这些物理学家时，他提出的问题具有明显的暗示性。但是他做得最多的是尽力从相关人那里得到更多证据，留给后来的研究者。从 AHQP 中的相关文献中，我们可以清晰描绘这一原则的提出过程，也能得到谁是提出者的结论。相关的主要文献及其日期如下：

（1）1962 年 10 月 17—18 日，采访玻恩；

（2）1962 年 3 月 5—8 日，采访朗德；

（3）1962 年 11 月 30 日，1963 年 2 月 7、11、13、15、19、22、25、27、28 日，1963 年 7 月 5、12 日，采访海森堡；

① Max Jammer. *The Conceptual Development of Quantum Mechanics* [M]. New York：Mcgraw-hill Book Company，1966：197.

② Nancy Thorndike Greenspan. *The End of the Certain World* [M]. London：John Wiley & Sons Ltd.，2005：124.

③ Thomas S. Kuhn, John L. Heilbron, Paul Forman, Lini Allen. *Archives for the History of Quantum Physics* [微型胶卷]. Philadelphia：The American Philosophical Society Independence Square, 1967, E1 Reel 8.

（4）1963 年 6 月 17、18、19 日，采访约当。

1. 海森堡和库恩谈论可观察性原则

海森堡撰写他著名的"一人文章"时，他是玻恩的助手。1963 年 11 月 30 日，他和托马斯·库恩对话时，他说："我必须说，我从来没有很认真读过恩斯特·马赫的著述。我后来读过一点，但是那已经很晚了。一定意义上，马赫从来没给我留下过很深的印象。爱因斯坦的思考方法给我的印象颇深。但是马赫不然。"[1] 根据海森堡所说，我们可以得出第一个结论：

①海森堡的可观察性原则思想不是来自于马赫的影响，而是来自爱因斯坦。

库恩继续发问 [2]：

库恩：现在我非常有兴趣想知道这个思想是怎么发展起来的，以及它源自何处。它是在哥廷根首先被明确表达出来的。它是哥廷根的思想，还是哥本哈根的思想，或者是每个人的思想？

海森堡：我想说在哥廷根这个思想与对相对论的兴趣紧密相关。闵可夫斯基在这里，你知道闵可夫斯基对狭义相对论很有兴趣。当有人说起相对论时，人们总会说，"噢，那有爱因斯坦的一个很著名的观点，只谈论能被观察到的事物。"

基于海森堡的这段话，我们可以进一步得出结论：

②影响海森堡得到可观察性原则的不是哥本哈根。

③不是爱因斯坦直接影响海森堡得到可观察性原则，而是哥廷根的闵可夫斯基。

---

[1] Thomas S. Kuhn, John L. Heilbron, Paul Forman, Lini Allen. *Archives for the History of Quantum Physics*［微型胶卷］. Philadelphia: The American Philosophical Society Independence Square, 1967, E1 Reel 2. Interview with Heisenberg, 30 November 1962.

[2] Thomas S. Kuhn, John L. Heilbron, Paul Forman, Lini Allen. *Archives for the History of Quantum Physics*［微型胶卷］. Philadelphia: The American Philosophical Society Independence Square, 1967, E1 Reel 2. Interview with Heisenberg, 15 February 1963.

因此海森堡自己的话否定了基于他此前的话得出的结论①。然而事实上海森堡在哥廷根从来没有见到过闵可夫斯基。他1922年到哥廷根，而闵可夫斯基1909年1月就去世了。由此，我们得到新结论：

④海森堡在哥廷根得到了可观察性原则，但他不可能直接得之于闵可夫斯基。

闵可夫斯基去世后，在20世纪20年代的哥廷根，马克斯·玻恩是唯一精通爱因斯坦相对论的教授。由于他对于相对论的研究而被闵可夫斯基聘为助手；闵可夫斯基去世后，他因为在相对论方面的研究获得讲师资格；他1909年成为哥廷根大学的物理学讲师后，继续研究和讲授相对论。1921年他被聘回哥廷根做教授，之后他讲授包括相对论在内的几乎全部理论物理课程。海森堡在哥廷根了解到相对论，只能是从玻恩这里。他抛开讲授相对论的玻恩，而提他根本没见到的闵可夫斯基的做法很令人奇怪。基于前面的结论③、④以及刚刚提到的事实，我们可以给出结论：

⑤直接帮助和影响海森堡了解到可观察性原则的，只能是马克斯·玻恩。

2. 约当与库恩谈论可观察性原则

约当告诉库恩，当他在哥廷根给玻恩做助手时，他们经常在一起讨论问题。1963年，当库恩采访约当时，约当用的是德文。他们关于第六个问题即可观察性原则的对话 ①，由清华大学天体物理学家楼宇庆教授的英译文本转译为中文。

约当：这个思想可能很难准确说是谁最先提出的。海森堡很强调这思想。玻恩也很强调它。对我而言很显然是因为我支持马赫，马赫的思想……让每个人信服。但是我不能肯定谁最早以清晰的方式表达了这一思想。

---

① Thomas S. Kuhn, John L. Heilbron, Paul Forman, Lini Allen. *Archives for the History of Quantum Physics* [微型胶卷]. Philadelphia: The American Philosophical Society Independence Square, 1967, E1 Reel 3. Interview with Jordan, 18 June 1963.

可以这样理解约当的说法：当他成为玻恩建立量子力学小组成员时，可观察性原则已经是玻恩和海森堡的共识性观点。约当不知道这一思想最早出自于二人中的哪一个。至于他自己，由于他对哲学有兴趣，他知道马赫实证主义哲学中有类似的思想。针对约当的反映，库恩明确肯定玻恩比海森堡更早提出了这一思想：

库恩：我想，肯定是玻恩比海森堡更早提出了可观察性原则。至少在玻恩1924年的《量子力学》一书中已经很清晰地表述了这一原则。在玻恩与你合作的关于非周期过程的文章中也清晰表述了这一思想。……你说说，是不是在玻恩的讨论课上，大家认为这是理所当然的？这是哥廷根的一个普遍认识吗？

约当：是的，是这样。在我们三个人的讨论中，这个想法经常成为焦点。我不能确定更多的细节。……可以肯定在我们这个圈子之外，这个思想没人做过细节讨论。有可能在一个研讨课上提到过，但是我忘记了。（在其他场合）这一思想没有做过更细节的讨论，但是我们三个人确实相信它并多次对它有过深入讨论。

约当的说法可以总结成第六个结论：

⑥在量子力学建立的过程中，除了玻恩的研究团队，没有其他人深入讨论可观察性原则。

基于约当的回忆得到的这个结论⑥与基于海森堡回忆而得出的结论②、③和④相一致。但是约当的回忆并未对于结论⑤提供直接的支持。不过有更多的其他文献证据支持结论⑤。

3. 朗德对库恩所说及玻恩在 1920 年所写

1909 年玻恩在哥廷根开设第一门课时，朗德是听课者之一。后来玻恩推荐朗德做希尔伯特的物理学助手。1919 年玻恩到法兰克福去做教授，朗德也在法兰克福，并在大学兼课。玻恩晚年在一次写给朗德的信中曾说："我在法兰克福做教授，你出现在了我的面前。有一段时间你就在我安静而不大的系里，完成你那关于多重谱线以及塞曼效应的惊人工作。

如果我的记忆准确的话，有几周你就坐在我的办公桌前，正对着我，深深专注于你的计算中……"① 在法兰克福期间，玻恩与朗德保持着紧密接触。1962 年库恩问朗德从哪里了解到可观察性原则，朗德回答：

朗德：我是听玻恩以及很多其他人说的。……马克斯·玻恩是持这一种观点的代表人物，这个观点是："我们必须抛弃我们的物理图像中多余的不必要的元素，而用尽可能简单的概念描述自然。"我确切记得在法兰克福期间玻恩已经阐述过这一思想。

根据朗德的回忆我们可以做出第七个结论：

⑦从 1919 年到 1921 年前几个月，玻恩在法兰克福大学做教授期间就已经清晰表达过可观察性原则。

不仅如此，笔者发现，玻恩 1919 年撰写 1920 年出版的《爱因斯坦的相对论理论》一书中，多次表达过可观察性原则这一思想，如有这样的话："因为绝对的'同时性'不能被确定，不得不把这个概念从我们的理论系统中清除。"② 这句话反映的正是可观察性原则的思想方法。这样约当不清楚玻恩与海森堡谁更早明确提出可观察性原则的困惑可由此彻底解决。

现在我们将若干结论列入一个表格。

结论总结表

结 论	具体内容
结论①	海森堡认为可观察性原则思想不是来自于马赫而是爱因斯坦
结论②	哥本哈根对于海森堡了解可观察性原则没有正面影响
结论③	使海森堡认识可观察性原则的是哥廷根的闵可夫斯基，而不是爱因斯坦
结论④	海森堡的可观察性原则思想来自于哥廷根，但不可能直接来自于闵可夫斯基
结论⑤	在玻恩的直接影响下海森堡了解了可观察性原则
结论⑥	在量子力学建立过程中，除了玻恩的研究团队，没有其他人研究可观察性原则
结论⑦	1919 年至 1920 年玻恩在法兰克福任教授时期，他已经清晰表达了可观察性原则

① Wolfgang Yourgrau. *Perspectives in Quantum Theory——Essays in Honor of Alfred Landé* [M]. Massachusetts：The MIT Press, 1971：2—3.

② Max Born. *Einstein's Theory of Relativity* [M]. New York: Dove Publications Inc., 1962：217.

4. 玻恩对库恩所说及玻恩在文中所写

1962 年库恩问玻恩是否知道他自己是最早提出可观察性原则的人时，玻恩的回答令人难以相信。

库恩： 在《量子力学》这本原子力学书中，也在第一篇你和约当合作的关于非周期过程的文章中，你多次强调的一个思想，后来在海森堡的论文中而广为人知。这个思想认为，新的量子力学将只处理可观察量，而当时我们经常假定的像电子轨道等概念是错误的。

玻恩： 我一直认为这主要是海森堡的思想。

库恩： 可能是，但是从出版和发表的著述上看显然你的肯定最早。

玻恩： 我将只使用可观察量这一思想归功于海森堡，但是他给我看这里这篇我的论文，确实清楚地叙述了这一思想。我从不引用我自己写过的东西，即使我知道我的东西比他人早也是这样。因此我总在引用这一思想时说来自海森堡。

库恩提到的玻恩和约当合作的论文，发表于 1925 年。期刊收到论文时间为 1925 年 6 月 11 日，而海森堡的"一人文章"的收到日期为 1925 年 7 月 29 日。在玻恩和约当的论文中有对可观察性原则的正确描述，强调只有可观察和测量的量才允许进入真实的自然定律之中。[①]

5. 哥廷根大学 20 世纪 20 年代的一种特殊学术氛围

今天的人们难以理解或想象马克斯·玻恩能够彻底忘记他反复强调多年，并首先在自己的著作和论文最先表述的一个重要思想。但是在 20 世纪 20 年代的哥廷根，这类事情却不奇怪。哥廷根大学很早就有集体讨论科学问题的良好习惯和氛围。但是这种氛围也形成了一些特有的文化现象。著名数学家库朗和玻恩在哥廷根时是好友，他的传记中有这样

---

① M.Born, P.Jordan. *Zur Quantentheorie Aperiodischer Vorgänge* [J]. Zeitschrift für Physik, 1925（33）：479—505.

的描写："哥廷根人有一个共同的毛病：对于思想属于谁不太在意，包括希尔伯特在内的几乎所有人都这样。……他们在这些事情上不在乎。……哥廷根人诙谐地把别人的思想变成自己的思想的过程叫作'为我所有'。这种过程有不同的类型：'有意识的为我所有''无意识的为我所有'，甚至'自我的为我所有'。最后一种的含义是，一个人忽然产生一个好想法，但是后来发现在他自己以前的工作中早已发表过。"[1]

希尔伯特是玻恩在哥廷根最敬佩的教授，也是对玻恩影响最大的教授。库朗曾称玻恩为哥廷根精神的典型继承人，玻恩的物理学派也沿袭着与数学学派相似的自由学术氛围，也存在"为我所有"现象。玻恩不在意原初思想属于谁的意识，可以从他与库恩的对话中感受到。不过他这种意识与他出于不恰当的因谦逊而更愿意引用别人的观点的特征结合在了一起。在这样的学术背景下看，由玻恩先提出的可观察性原则被归功于海森堡名下，就毫不奇怪了。

人们认为可观察性原则是建立量子力学不可或缺的指导思想之一。即使玻恩不是可观察性原则的最早提出者，他仍然是在建立量子力学过程中，最早明确表述这一原则并将其视为重要指导思想而加以宣传的策动者。玻恩除了自己曾贯彻这一原则，还影响了朗德、海森堡等人。但是正如玻恩自己所说，海森堡的作用仍不可低估："问题是究竟哪些量是多余的，这只有海森堡这样的天才所具有的直觉力才能清楚。"[2] 也就是说，海森堡在其"一人文章"中，创造性地应用了可观察性原则。

6. 结语

玻恩后期对于可观察性原则的态度也蛮有趣味。在 20 世纪 40 年代的一次演讲中，他说："有人经常说是一条形而上学的思想引导海森堡走向建立矩阵力学，这种说法是那些纯粹理性力量信仰者热衷的一个范

---

① Constance Reid. *Courant* [M]. New York：Springer-Verlag New York Inc., 1996：120.

② Max Born. *My Life* [M]. London：Taylor & Francis Ltd., 1978：217.

例。……海森堡觉得与实验没有直接联系的量应该被淘汰。……但是，如果将其理解为必须将不能观察到的量全部从理论中删除，那就走向了荒谬与无知。"[1]　可观察性原则在建立量子力学过程中起到了重要的作用，这已经是无人质疑的历史事实。但是在玻恩（爱因斯坦也持同样观点）看来，完全受可观察性原则的限制，就不能建立起物理学全部的理论体系。

物理学家研究工作的目标是新的发现。一种新的发现如伽利略研究落体现象那样，从发现一个历史错误开始，然后基于自己的研究去纠正它。这种事情如果成功发生在一位历史学家身上，那是一个幸运。因为不是所有的历史问题都能得以解决。既然可观察性原则曾经对量子力学的建立起过至关重要的作用，而今天能纠正这一错误认识，揭示其被提出的可靠历史过程，那就是一个有意义的历史研究。但它也可以成为物理学家的有趣读物与谈资。

---

[1] Max Born. *Experiment and Theory in Physics* [M]. New York: Dover publications Inc., 1956: 18.

四、玻恩顽固反对共产主义吗

马克斯·玻恩一直生活在欧洲，1933 年前在德国，1933 年后在英国，1953 年后又回到西德定居直到 1970 年去世。回顾、分析玻恩对待社会主义、共产主义制度以及马克思主义信仰者的态度，有助于加深我们对于部分西方自然科学家政治态度的深入理解，也有助于我们认识西方自然科学家政治理念形成与变化的外在原因。

玻恩在两个不同的家庭氛围中长大：祖父是位名医，也是有地位的政府医官；外祖父是当地数一数二的实业资本家。在这样的家庭氛围中成长起来的玻恩对待社会主义、共产主义思想会是什么态度呢？2005年加拿大麦克马斯特大学（McMaster University）罗素研究中心的安德鲁·博恩（Andrew Bone）博士在一次报告中说道："玻恩尤其哈恩，是顽固的共产主义反对者……（Born and especially Hahn，were staunch anti-Communists…）"[①] 但是，通过追寻、分析玻恩的政治思想轨迹，发现这样的盖棺定论很不中肯。

1. 玻恩早期与社会主义思想的几次接触

玻恩在中学时开始了解马克思主义思想。玻恩的父亲在大学任教时的助手拉赫曼博士是位社会主义者，对玻恩产生过一定影响。玻恩后米

---

① Andrew Bone. *The Russell-Einstein Manifesto and the Origins of Pugwash*［EB/OL］. http://www. Pugwashgroup. ca/events/documents/2005/2005.10.01-Bone.lecture.htm.

回忆说："他不仅读过马克思以及其他社会主义作家的著述，也读黑格尔和康德。正是从他这里我第一次听到了这些名字。面对重大的哲学和社会问题，他打开了我的心灵之窗……"[1] 但是来自拉赫曼的影响并没有使玻恩彻底赤化："我并没有立即变成一个狂热的社会主义者。"[1] 将拉赫曼博士与自己作为资本家、实业家的外祖父等人进行对比之后，年轻的玻恩认为：外祖父等人讲求效率而具有领导能力，虽出身底层却变成了大人物；而拉赫曼博士这样的社会主义者对社会的看法，很大程度上是建立在对成功者妒忌的心理之上的。可见，玻恩没有变成社会主义者不是因为他无法接受社会主义思想，而是拉赫曼的性格特点以及个人魅力还不足以与玻恩心目中外祖父的形象相抗衡。

1915 年玻恩到柏林大学做副教授。在柏林，他结识了几位社会主义者。一个是著名皮肤科医生阿尔弗列德·布拉胥柯博士，"他是一个活跃的政治家，十分坚定的社会主义者。"[2] 布拉胥柯属于德国的温和社会主义者，他所在的党派的领袖是埃杜阿德·伯恩斯坦。玻恩对于他们的评价是："两个人都是狂热者，充满精神追求和才智，聪明而有学问。但比这些更突出的是他们对于遭受苦难的人的热爱。"[2] 可见，玻恩对这些社会主义者是极为欣赏和钦佩的，毫无敌意。在柏林期间，玻恩与爱因斯坦缔结了深厚的终生友谊。1918 年 11 月在德国的工人和士兵等爆发了武装起义，成立了"德意志共和国"。这就是德国共产党创始人之一的卡尔·李卜克内西当时所说的"自由的社会主义共和国"。[3] 玻恩说，那时爱因斯坦在德国还没有因为提出相对论而成为红人，但是"爱因斯坦作为一个政治上的左翼人物已经很著名了。"[4]

对于这一政治运动，爱因斯坦在 1918 年 11 月 11 日写给母亲的明

---

① Max Born. *My Life* [M]. London：Taylor & Francis Ltd.，1978：49.

② Max Born. *My Life* [M]. London：Taylor & Francis Ltd.，1978：178.

③ 丁建弘，李霞. 德国文化：普鲁士精神和文化 [M]. 上海：上海社会科学出版社，2004：380.

④ Max Born. *My Life* [M]. London：Taylor & Francis Ltd.，1978：185.

信片中，有这样的描述："伟大的事变发生了！……能亲身经受这样的一种经历，是何等的荣幸！……军国主义和官僚政治在这里都已被铲除得一干二净。"① 世人已经给爱因斯坦贴上了标签："学术界把我看作是一个极端社会主义者。"① 与爱因斯坦走得很近的玻恩自然会受这个"极端社会主义者"的影响。一天爱因斯坦打电话告诉玻恩，大学已经被革命学生和士兵所占领，并且校长以及一些教授被拘禁。虽然爱因斯坦拥护革命，但他担心这些人会遇到危险，因此邀玻恩以及心理学家马克斯·韦特海姆与他一道前去调解。爱因斯坦在现场发表了讲话，肯定了革命行为、表达了自己对革命的期望。② 据玻恩回忆，爱因斯坦也批评了革命学生的不当行为。几十年后，回忆起这件事情，玻恩说这是"印象深刻的一天"，并且说"关于那一天（的细节），我一点也不会忘记。那时，我们相信会有一个自由、民主的社会主义德国，我们看到了它的诞生。"③ 1920 年（这时玻恩已经到法兰克福大学做教授）发生了推翻"德意志共和国"的开普叛乱以及法军的占领。对此玻恩和妻子都非常痛心："我们是社会主义政府的热情支持者，因此得悉开普反革命叛乱的消息时，我们极为愤慨。"④ 这时的玻恩已经举双手赞成和支持他心目中的德国的社会主义运动，而没有反对社会主义言行。

2. 玻恩对于共产主义信仰者的态度

在玻恩后期的工作生涯中，他还有机会接触更多具有共产主义信仰者，从他与这些人的关系，也能反映出玻恩对待共产主义的态度。爱因斯坦是具有明确社会主义倾向的人。1949 年，在列举了当时资本主义导致的种种社会与经济问题之后，爱因斯坦说："我深信，要消灭这些严重

---

① 许良英，赵中立，张宣三. 爱因斯坦文集：第三卷 [M] 北京：商务印书馆，1979：6.
② 许良英，赵中立，张宣三. 爱因斯坦文集：第三卷 [M]. 北京：商务印书馆，1979：7—8.
③ Max Born. *My Life* [M]. London：Taylor & Francis Ltd.，1978：185.
④ Max Born. *My Life* [M]. London：Taylor & Francis Ltd.，1978：194.

祸害，只有一条道路，那就是建立社会主义经济，同时配上一套以社会目标为方向的教育制度。"① 玻恩早期没有像爱因斯坦那样关注并投入于国际政治之中。但是他却在思想上深受爱因斯坦的影响，二人常常交换对德国和世界政治事件的看法。因此，爱因斯坦势必促进了玻恩对于社会主义思想的进一步了解。玻恩愿意走近爱因斯坦，主要不是由于爱因斯坦的社会主义政治倾向。但是，愿意接触爱因斯坦至少可以说明玻恩对于社会主义信仰者并不排斥，更不顽固敌视。玻恩在哥廷根大学做教授时，比利时人罗森菲尔德是玻恩的好助手之一，罗森菲尔德是一个马克思主义者。②

玻恩不戴有色眼镜看待马克思主义者，自己还一度几乎要去莫斯科工作。1936 年，临时居住在剑桥大学的玻恩仍处于对工作的忧虑之中。这时被强留在莫斯科的物理学家卡皮查向玻恩伸来了橄榄枝。他希望玻恩能够去莫斯科工作。玻恩事后回忆，卡皮查在信中对玻恩说："现在是决定你在即将来临的政治斗争中站在正确或错误路线的时刻了。"③ 玻恩没有拒绝卡皮查如此政治立场鲜明的呼唤，他决定到莫斯科去实地考察一下。正在这时，爱丁堡大学提供了新的教职，玻恩此前在那里做过报告并很受欢迎。玻恩最后选择了去爱丁堡而没有去莫斯科，但是这一决定不表明他对社会主义有偏见。如果玻恩是一个共产主义的顽固反对者，他不会有去莫斯科考察的想法。玻恩 1933 年离开德国，辗转来到英国，此时家人尤其孩子们刚刚掌握了英语，而玻恩深知这对孩子们是一个艰难的过程。如果答应卡皮查去莫斯科，就意味着玻恩要第二次把他的孩子们连根拔起去学习新的语言，并熟悉新的环境。这对于玻恩以及家人都是一个现实的困难，这是玻恩未去莫斯科的重要原因之一。

玻恩到爱丁堡大学做教授不久，在布里斯托大学任教的著名物理学家莫特教授推荐给玻恩一个名叫福克斯的研究生。当时玻恩自己没有培

---

① 许良英，赵中立，张宣三. 爱因斯坦文集：第三卷 [M]. 北京：商务印书馆，1979：273.

② Max Born. *My Life* [M]. London：Taylor & Francis Ltd.，1978：234.

③ Max Born. *My Life* [M]. London：Taylor & Francis Ltd.，1978：280.

养费，莫特答应由他来解决。玻恩对此甚觉奇怪。玻恩发现福克斯极有天赋，而且也是一个共产主义信徒。一次玻恩遇见莫特时，莫特问福克斯如何，玻恩说非常好，并赞扬福克斯的才干。莫特告诉玻恩他是不得不送走福克斯，因为福克斯在学生中宣传共产主义思想。可见当时的环境使西方科学家对于政治还是有所顾虑的。玻恩知道了这一事实后并不在意。玻恩与福克斯一起愉快工作，两人合作发表了多篇文章。后来福克斯参加了英、美的原子弹研究计划，期间他向苏联方面提供秘密情报，最后以间谍罪被捕入狱。即便如此，玻恩对于福克斯还是予以充分理解。玻恩在 1968 年出版的著作中说："我想他成为间谍不是另有所图，而是由于忠诚的信仰。"[1]

玻恩在临近退休时决定与在英留学的年轻中国物理学家黄昆合作写一本晶格动力学著作。这本书玻恩已经写出了一部分。但是黄昆不同意玻恩的写作计划。玻恩说这是因为"他（指黄昆）是一个共产党信徒、唯物主义者，因此（他说）他不需要抽象思维；他把科学看作是改善人民生活的手段。……我们发生了争执……（最后）我同意了（他的主张）。"[2] 玻恩并未因为黄昆的政治信仰而影响二人之间成功的合作，共同完成了该领域的一部经典的权威巨著。

在生活和工作中，玻恩没有排斥具有社会主义思想倾向的同事或学生，相反与他们结为好友。这不是一位共产主义顽固反对者所能做到的。

3. 20 世纪 40 年代后玻恩对于两种社会制度并存的思考

玻恩曾支持而未曾反对社会主义、共产主义制度。到了 20 世纪 40 年代，当玻恩写自己的回忆录时，他的思想进一步有了巨大转变，更加倾向于认可社会主义。此时他认为自己年少时接触拉赫曼博士的社会主义思想，却没能成为狂热的社会主义者是由于："我认为当时的社会主义缺乏如今它具有的一种决定性的推动力：基于科学研究的几乎无限的

---

[1] Max Born. *My Life* [M]. London：Taylor & Francis Ltd., 1978：148.

[2] Max Born. *My Life* [M]. London：Taylor & Francis Ltd., 1978：290—291.

生产力。如今，所有人过上好日子不再是乌托邦，而是一种切实的可行性。在 1900 年，这很难成为事实……"[1] 20 世纪 40 年代的玻恩认为社会主义更能依靠科学技术从而极大地解放生产力，因此他对社会主义怀有期待。玻恩说："由于这种情况的发展，我开始转向社会主义，还希望看到它在英国获得进一步的发展。"[1] 与玻恩对于社会主义的态度相类似的，当时还有其他一些西方科学家。这种思想倾向，事实上是当时西方科学界甚至知识界的一种思潮。其中的代表人物之一的贝尔纳认为："马克思主义国家的基本原则就是人类利用知识、科学和技术直接为人类造福。"[2] 当然贝尔纳在这一方面比玻恩看得更加深远："马克思主义者总是梦想建立一个处处都可以看到科学的社会。在这个社会中，科学成为教育和文化的基石。"[3] 而最后 "就其奋斗的过程而言，科学便是共产主义。"[4] 西方科学家此时对于社会主义的好感和认同，来自于他们对于身居其中的资本主义制度的失望。他们因为对自己身边社会的失望而更加关注社会主义理论与社会主义国家。玻恩也紧密关注并高度肯定社会主义国家的优势和取得的成就，他曾说："中华人民共和国认为，预防和阻止大河泛滥是她首要的责任之一。（在那里）反病痛斗争的运动正在持续进行。"[5] 在玻恩看来这无疑是社会主义制度进步的标志。

在资本主义与社会主义两个阵营尖锐对立的特殊年代，玻恩感受到了二者一方取代另一方的想法不现实。因此他曾尝试从理论上探讨两种制度共存的可能性。1950 年，在名为 "物理学和形而上学"（*Physics and Metaphysics*）的演讲报告中，玻恩提出了基于互补原理和海森堡不确定关系来解决世界政治格局的设想："为什么不把它（指玻尔的互补原理）应用于自由主义（或资本主义）这一正命题和共产主义这个反命

① Max Born. *My Life*［M］. London：Taylor & Francis Ltd., 1978：49.

② J. D. 贝尔纳. 科学的社会功能［M］. 陈体芳，译. 北京：商务印书馆，1982：317.

③ J. D. 贝尔纳. 科学的社会功能［M］. 陈体芳，译. 北京：商务印书馆，1982：327.

④ J. D. 贝尔纳. 科学的社会功能［M］. 陈体芳，译. 北京：商务印书馆，1982：551.

⑤ Max Born. *Physics and Politics*［M］. New York：Basic Books Publishing Co. Inc., 1962：74.

题，从而期待由一个综合体去取代反命题全面而永远的胜利呢？……事实上，正题与反题代表着与两种经济力量对应的两种心理动机。两者各自都是合理的，但就极端情况而言，两者则是相互排斥的。个人经济行为上的完全自由，和一个有秩序的国家的存在是不相容的；而整体行为的国家是和个人的发展不相容的。在自由的幅度 Δf 和受限制的幅度 Δr 之间，一定有一个形如 $\Delta f \cdot \Delta r \approx p$ 的关系，它容许合理的妥协。但是这个'政治常数' p 是什么？我得把这个问题留给未来关于人类事务的量子理论。"[1] 玻恩期望资本主义制度与社会主义制度两者各自有所克制，以达到彼此妥协、并列共存的状态。

坚定的左派和决然的右派都会指责玻恩是折中主义，甚至批判他是在混淆黑白、和稀泥。然而不难看出，此时的玻恩面对资本主义与共产主义两大阵营并存的客观事实，认识到了二者长期并存的可能性，而并不主张在二者之间取一去一。从思想基础上看，这是当时物理学家的思维方式发挥作用的结果：当物理学家发现实验事实既支持光的波动性，也支持光的粒子性时，他们迷惑了。然而物理学家相信的最终法官是实验事实：既然每种理论都有坚实的实验基础，虽然按照既有的经典理论，粒子性与波动性是一对互相矛盾、无法集于一个客体的概念，但物理学家还是谦卑地尊重事实而宽容地兼收并蓄彼此矛盾的概念，赋予光的波粒二象性这一难以直观理解的命题以合法的地位。与物理学情景相似的社会现实使玻恩相信，资本主义与共产主义，如同光的波粒二象性难以放弃其一样，二者也都不能彼此取代对方；二者相互作用、相互影响、相互补充、相互妥协与相互承认，反而会达到更加圆融的状态。玻恩用一个物理学家的角度和方法去看政治，方法是否得当、结论是否有道理，我们权且不论。在资本主义与共产主义之间，玻恩没有一褒一贬、一是一非，而认为都有其各自的合理与不妥之处。客观地说，玻恩对于资本主义与共产主义的态度，是既现实又理性的中间主义：他不是

---

① Max Born. *Physics in My Generation* [M]. London & New York: Pergamon Press, 1956: 74.

共产主义的顽固反对者，也不是资本主义的坚决维护者。这对于在资本主义环境下成长起来的玻恩而言，一定意义上也是难能可贵的。无可否认，这种折中之中就包含着他对于社会主义的肯定与认同，以及社会主义将永存的预判。

玻恩对待两种社会制度的态度，还可以从玻恩对两种制度的代表，即美国与苏联的评论中表现出来。在 1951 年出版的《永不停息的宇宙》一书的后记中，玻恩说："现在有两个政治阵营，即美国和苏联，两者都装作它们的目的没有别的，只是和平；然而两者都尽了它们的全力武装起来，为的是保卫它们的意识形态和生活方式；……为了壮大武力，两个阵营都贪心地吞下了科学技术的最新成就。两者对于其生活方式，都有一些理论，而且它们都以一种惊人的狂热相信着。……美国的理论比俄国的要模糊得多，而这似乎是历史上的原因造成的。美国的成长，好像在一个现实的真空之中，充进了东西并膨胀起来；西部的探险家们必须克服的是可怕的自然障碍，而不必顾虑到人为的阻力。而今天俄国必须征服的，不仅有自然的困难，而且有人为的困难：她必得打破沙皇的陈腐制度，而且同化落后的亚洲部落；她现在已经在从事这样的工作；为此目的，也非得有些充满口号的教条，去迎合贫困群众的本能与需要。"①

不得不承认，作为一位伟大的理论物理学家，玻恩对于当时美国、苏联两个国家的认识还是独到而比较深刻的。玻恩还进一步借用物理学的研究成果的启发，期待在思想上找到缓解世界紧张态势的出路与方法："牛顿的正命题认为光由粒子所组成，而对立者惠更斯的反命题认为光由波所组成，而最后两者构成了量子力学的'合'命题。……为什么不再进一步把它应用于两个抗争着的主义呢？把自由主义（或资本主义）及共产主义当做一正一反，然后我们就会预期到某种'合'……一方是主观的自由感，另一方是动机的因果关联。就这样，西方把政治

---

① Max Born. *The Restless Universe* [M]. New York：Dover Publications Inc., 1951：312—313.

和经济自由给理想化了，而东方把以强大国力管制的集体生活给理想化了。……可以借助互补性概念以解除这种矛盾；……如此则在东、西之间意识形态的鸿沟上，将架起桥梁……"①

对待 20 世纪 50 年代世界政治上的一些特殊现象，玻恩有时是困惑的。特殊时期的资本主义意识形态与社会主义的政治现状都令其甚感忧虑。1952 年 10 月 28 日在致爱因斯坦的信中，玻恩说："我想知道你怎么看当代的世界政治，尤其美国的情况。从这里（指英国）看，包括英国的政治在内，一切都很可怕。……"② 玻恩还特别提到了当时的中国，有两点给他印象深刻，其一，中国的反美宣传让他觉得有些粗野（wildly）；其二，从信件上感觉到，他可爱而优秀的中国学生与合作者回国后，变得在政治上狂热起来了。玻恩一直没有彻底偏向社会主义或资本主义制度，甚至可以说他本质上不在意制度，他最为关心的是人类和平、美好的未来。因此，他对于社会制度的评价用语基本上是理性占主导的。

当然，一直生活在资本主义制度下，学术思想上反对决定论的玻恩也说过令共产主义者不快的话，如："共产党人认为马克思主义的预言会必然实现的信念看起来似乎是荒诞的。"③ 但是玻恩如此讲完全是出自他的一贯思想，即反对决定论，而不是从资本主义立场出发对于马克思主义者的敌视。他在说出这句话之前已经讲明了自己持此观点的理由："东方的马克思主义教导说，共产主义经济制度是一种历史的必然性，它的狂热就起源于这种信念。然而，这种观念是从物理学上的决定论派生出来的东西，这种决定论产生于牛顿的天体力学；30 年前，物理学已经离开了这种决定论哲学。"③ 在这段论述中玻恩不是单单批评马克思主义，他对马克思主义的最大对立面美国的思想意识也同时予以批评："另一方面，美国人的思想被紧紧掌握在一种浅薄的实用主义之中，它把真理同

① Max Born. *The Restless Universe* [M]. New York: Dover Publications Inc., 1951: 314—315.

② Max Born. *The Born-Einstein Letters* [M]. New York: Macmillan Press Ltd., 2005: 190—191.

③ Max Born. *My Life & My Views* [M]. New York: Charles Scribner's Sons, 1968: 148.

有用看作是一回事。我不赞同这种信念。"① 因此，玻恩看似对共产主义不敬的话语并非出自于他对资本主义制度的青睐，而是出自于他作为科学家的思想的独立性：当他看到任何主义的好，他不抹杀；当他看到任何制度下非理性的言论时，他都不护短。他反对极左，也反对极右。至于他的言论是对是错，又当别论。

4. 结语

　　20 世纪 30 年代，在英国出现了一个以著名科学家 J. D. 贝尔纳为代表、以剑桥大学为活动中心的左翼科学家团体，人们称其为"无形学院"。"无形学院"的活跃分子还有 L. 霍格本、J. B. S. 霍尔丹以及李约瑟等人。"无形学院"的思想诉求是："不满足于科学只是孤立的活动，而要使它进入市场、政府委员会、工农业生产过程，乃至人类活动的一切领域中去。"② 玻恩对于社会主义制度的更加肯定的认识却主要发生在 40 年代到 50 年代之间，而这恰恰是"无形学院"整体式微的历史阶段。在这样的时代大背景下玻恩对社会主义、共产主义思想的认识却能够逐步深入并更加客观，是尤其值得注意的。他个人认识能够持续深化主要取决于他面对人类事务如同面对物理现象，能够展开自己独立的、有创造性的思考。

　　认识玻恩（以及以他为代表的一类科学家）的政治态度，有两个基点需要首先清楚：其一，他一直善良地希望人类能和平、自由并将更加美好。其二，他一直基于自己熟悉的物理学的思想方法来分析和看待社会以及社会制度等问题。对于前者，基本上是可以肯定的。后者有的时候可能会得出一些有价值的结论，但囿于狭窄的某一具体自然科学的方法往往也难以避免政治视域的局限性。

　　通过回顾玻恩对于社会主义或共产主义制度的态度及其转变过程，

---

① Max Born. *My Life & My Views*［M］. New York：Charles Scribner's Sons，1968：148.

② 莫里斯·戈德史密斯. 约里奥-居里传［M］. 施莘，译. 北京：原子能出版社，1982：118.

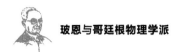

我们可以得出这样的认识：科学家是尊重事实的，只要社会主义制度能够显示出它的客观优越性，那么尤其在其他社会制度出现问题的时候，即使是西方科学家，也能够明辨是非，正确看待并承认社会主义制度的优越性。

五、科学家对待两种文化的态度

1. 引言

科学文化与传统人文文化的冲突问题由来已久。斯诺的相关言论就像蝴蝶效应中引发风暴的蝴蝶翅膀的扇动，触发了迟早爆发的文化冲突的大风暴。1996 年美国年轻理论物理学家索卡尔蓄意发表的诈文，对两种文化冲突进一步推波助澜。在这样的大背景下，中国学术界也增多了相关的研究讨论。或分析两种文化冲突的意义[①]，或对两种文化理论进行批判和反思[②]，或探讨两种文化融合的文化背景[③]。也有研究表明："当前两种文化的分裂，非但没有缓解，反有愈演愈烈之势。"[④]

然而值得注意的是，在大量的研究文献中，缺少对著名科学大师们的相关思想的充分重视。而经过分析研究会发现，他们的思想甚至早于斯诺的相关思想，对于两种文化的问题的认识以及破解，都有十分重要的指导意义。

2. 斯诺——掀起文化风暴的蝴蝶

斯诺（Charles Percy Snow，1905—1980）是英国莱斯特大学毕业

---

① 江晓原. 当代"两种文化"冲突的意义 [J]. 上海交通大学学报（哲学社会科学版），2003（5）：3.

② 李丽，周动启. 对斯诺"两种文化"理论的批判与反思 [J]. 哈尔滨工业大学学报（社会科学版），2007（3）：39.

③ 王丛霞. 生态文化："两种文化"融合的文化背景 [J]. 科学技术与辩证法，2005（6）：22.

④ 徐晴. C. P. 斯诺两种文化分裂命题的现代分析 [J]. 复旦教育论坛，2004（5）：76.

的化学硕士、剑桥大学毕业的物理学博士，博士毕业留校任教，成为一位从事红外光谱学研究的科学家。留校两年后斯诺虽然在物理学研究上没有令人瞩目的成绩，但是他却发表了一部小说，再后来因为发表另外一本小说《探索》竟然引起轰动，从而确立了他小说家的地位。第二次世界大战期间，他是英国政府的科学顾问。这些特殊身份导致的特殊经历使得他对文化问题具有自己独到的见解。1959 年他在关于《两种文化》的著名演讲中说："在许多日子里，白天我同科学家一道工作，晚上我又和一些文学上的同事们在一起……我认为这两群人智力相似，经历相同，社会出身也没有明显的差别，收入相差无几。但是他们几乎已经完全不相通，在知识上、道德上和心理气质上，他们的共同点是如此之少。"[1]

在了解这种现象的基础上，斯诺提出，在现实世界里，存在着"相互对立的两种文化，一种是人文文化，一种是科学文化。两种文化之间存在着一个互相不理解的鸿沟，有时还存在着敌意和反感。他们彼此都有一种荒谬的歪曲了的印象。"[2] 斯诺的观点在 20 世纪 50 年代末一石激起千重浪，在知识界掀起轩然大波。

3. 科学家对待两种文化的态度

不同的历史时期的具有思想家气质的许多科学家，一定意义上都思考过科学的文化问题。然而由于各自的出发点不同，他们得出的结论各有千秋。

3.1 态度一：整体文化观

20 世纪著名物理学家薛定谔可以看作这种观点的代表人物之一。1950 年他在都柏林大学的高级研究院发表的演讲就集中展示了他的这种思想。

---

① C. P. 斯诺. 对科学的傲慢与偏见 [M]. 陈恒六，刘兵，译. 成都：四川人民出版社，1987：6.

② C. P. 斯诺. 对科学的傲慢与偏见 [M]. 陈恒六，刘兵，译. 成都：四川人民出版社，1987：3.

作为一位杰出的科学家，薛定谔肯定科学对于人类的重要性："它（指科学）是人们在努力探索如何掌握人类命运的一个重要组成部分。"[①]但是同时薛定谔不承认科学知识与其他知识相比较具有什么特殊的重要性，他说："我认为自然科学与其他方面的知识……即在大学或其他研究中心获得的知识是居于同等地位的。……在这一方面，我看不出科学有什么特殊的地位。"[②] 由此，我们可以推论，如果让薛定谔比较后人提出的所谓人文文化与科学文化，相信他即使承认这种分法，也不会认为两者中哪一个更重要或者更加具有优势。

而如果再深入了解和研究薛定谔的思想，我们会发现，文化的二分法本质上是违背他的思想基础的。他相信，按狭窄领域孤立起来的知识是没有任何价值的，而只有它们结合成有机的整体，它们才有意义与价值，对于把自然科学和人类其他知识隔离开来，而单独询问自然科学的价值的问题，他说："我会回答：它的影响范围、目标和价值与人类知识的其他分支是同等重要的。不仅如此，只有针对由它们组成的统一整体，而非某一个单独的分支，讨论它的范围或价值才会有意义。"[③]

薛定谔这样的思想观点，和他具有哲学与诗人气质，而十分关心一个他认为最为重要的问题是直接相关的："一群专家在一个狭窄的领域所取得的孤立的知识，其本身是没有任何价值的，只有当它与其他所有的知识综合起来，并且有助于整个综合知识体回答'我们是谁？'这个问题时，它才真正具有价值。"[④] 根据这些表述，笔者认为，薛定谔不会认为两种文化的划分有什么实际的意义。文化即使细化为若干种类，它们

① 埃尔温·薛定谔. 自然与古希腊［M］. 颜锋，译. 上海：上海科学技术出版社，2002：93.

② 埃尔温·薛定谔. 自然与古希腊［M］. 颜锋，译. 上海：上海科学技术出版社，2002：95.

③ 埃尔温·薛定谔. 自然与古希腊［M］. 颜锋，译. 上海：上海科学技术出版社，2002：96.

④ 埃尔温·薛定谔. 自然与古希腊［M］. 颜锋，译. 上海：上海科学技术出版社，2002：97.

也都是平等的，没有特权文化，而且它们也只有结合为有机的整体才有意义与价值。

美国物理学家、原子弹之父奥本海默，也是一位对科学文化问题思索很多但本质上不承认文化二分法的科学家。与薛定谔有所不同的是，奥本海默认为纯粹的自然科学是有价值的，并且"科学依赖着、交织着、改变着、影响着几乎全部人类的道德生活。"[①] 进一步，他明确表示自己不同意文化二分法："我赞同那种认为科学与文化是共存的、是具有不同名称的同一事物的观点，我也不赞同那种认为科学是有用的、但本质上是与文化无关的观点。"[②]

奥本海默也理解为什么科学被一些人摒弃于传统文化之外。他承认："科学的传统就是专门化的传统，这正是其力量之所在。"[③] 同时他也意识到："科学的令人难以置信的增长，令人难以置信的专门化，以及其非等级结构特征，意味着人们不可能轻易地掌握它，或使之简洁化。"[④] 因此，一定意义上，在事实面前他承认由此而造成的科学与大众或者科学与传统的隔阂，但是这种隔阂仅仅只是一个接受和理解的难度问题。为减小和弱化这种隔阂，他对科学家提出了要求："科学家的适当角色不仅在于发现新的真理，把它传达给他的同事，而且在于他的教学，在于他努力用最纯正最易懂的语言，把新知识讲述给所有愿意学习的人们。……在教学中，在学者们的交往中，在教育者和受教育者之间的友谊中，在那些由于其职业本身必须既是教育者又是受教育者的人们的友谊中，科学生活的狭隘性得到最有效的缓解，而科学发现的类推、洞

---

① 罗伯特·奥本海默. 真知灼见：罗伯特·奥本海默自述［M］. 胡新和，译. 上海：东方出版中心，1998：39.

② 罗伯特·奥本海默. 真知灼见：罗伯特·奥本海默自述［M］. 胡新和，译. 上海：东方出版中心，1998：58.

③ 罗伯特·奥本海默. 真知灼见：罗伯特·奥本海默自述［M］. 胡新和，译. 上海：东方出版中心，1998：64.

④ 罗伯特·奥本海默. 真知灼见：罗伯特·奥本海默自述［M］. 胡新和，译. 上海：东方出版中心，1998：47.

见、和谐，则能更为广泛地进入人类生活。"① 因此，他相信通过努力科学文化是能够与其他文化融为一体的。

更进一步，奥本海默既对传统文化也对科学的本性获得了深刻的认识。他认为传统文化是人类一切（包括科学）的基础，因此科学不过是它的一个成长着的组成部分而已："传统正是这么一种东西，它使我们可能作为有感知和思维的存在物，去处理我们的经验，去以某种方式克服我们的悲痛，去以某种方式节制我们的快乐并使之高尚起来，去理解我们遇到的事件，去与他人交谈，去揭示事物与其他事物的关系，去找出组织起经验并给它们以意义的主题，去发现事物之间的关联性。无疑，正是它使我们成为人类，构成我们的文明。它是典型的和决定性的共同遗产；……它是人类共同体的中心，是人类生活的本质。"②

在对科学本质的探寻中，奥本海默首先强调科学的怀疑与奉献精神：科学共同体的世界，"首先，它是这样的世界，其中对于知识和真理的探究是神圣的，这种探究的自由是神圣的；它是这样一个世界，其中怀疑不仅是允许的，而且是达到真理所不可或缺的方法；……科学的戒律之本质，就在于它的奉献精神，就在于它献身于及时发现你的错误，献身于对错误的探测和觉察。"③

其次，他强调科学本质上的民主内核："无论它出现在什么文化中，科学的本性本质上是民主的，我们不应当低估我们所继承的广泛传播、威力四射的能力，因为这正是我们的职责所在。"④

同样值得注意的是，在自然面前，在自己的科研过程中，奥本海默彻

---

① 罗伯特·奥本海默. 真知灼见：罗伯特·奥本海默自述［M］. 胡新和，译. 上海：东方出版中心，1998：77.

② 罗伯特·奥本海默. 真知灼见：罗伯特·奥本海默自述［M］. 胡新和，译. 上海：东方出版中心，1998：38.

③ 罗伯特·奥本海默. 真知灼见：罗伯特·奥本海默自述［M］. 胡新和，译. 上海：东方出版中心，1998：105.

④ 罗伯特·奥本海默. 真知灼见：罗伯特·奥本海默自述［M］. 胡新和，译. 上海：东方出版中心，1998：108.

底摒弃了人的盲目自大的弊病，而再生了人在自然面前的谦逊的美德："我们是无知的；即使我们中的佼佼者，也仅能成为很少几个方面的专家。"①他强调人们不应该忘记："我们的知识是有限的，绝非无所不包的"②

3.2 态度二：两种文化互补共存观

爱因斯坦完全可以作为这种观点的代言人。首先，他为人类（包括科学与人文领域在内）的所有追求找到了最基本的共同原动力："人类所做和所想的一切都关系到要满足迫切的需要和减轻苦痛。如果人们想要了解精神活动和它的发展，就要经常记住这一点。感情和愿望是人类一切努力和创造背后的动力，不管呈现在我们面前的这种努力和创造外表上多么高超。"③因此，传统文化和科学文化的基本出发点也应该是相同的。这样就为它们的互补共生奠定了坚定的基石。

当然，作为最伟大的科学家，爱因斯坦同样坚信科学对于人类或者一个国家的重要作用："凡是科学研究受到阻碍的地方，国家的文化生活就会枯竭，结果会使未来发展的许多可能性受到摧残。"④但是，他一定意义上受逻辑实证主义的影响，承认科学的局限性："科学只能断言'是什么'，而不能断言'应当是什么'……"⑤而且"关于'是什么'这类知识，并不能打开直接通向'应当是什么'的大门。人们可能有关于'是什么'的最明晰最完备的知识，但还不能由此导出我们人类所向往的目标应当是什么。"⑥可见，爱因斯坦与薛定谔不同之处在于，他不否认独立的科学知识所具有的价值，即它能回答"是什么"的问题。但是

---

① 罗伯特·奥本海默. 真知灼见：罗伯特·奥本海默自述［M］. 胡新和，译. 上海：东方出版中心，1998：15.

② 罗伯特·奥本海默. 真知灼见：罗伯特·奥本海默自述［M］. 胡新和，译. 上海：东方出版中心，1998：68—69.

② 许良英，范岱年. 爱因斯坦文集：第一卷［M］. 北京：商务印书馆，1976：279.

④ 许良英，赵中立，张宣三. 爱因斯坦文集：第三卷［M］. 北京：商务印书馆，1979：94.

⑤ 许良英，赵中立，张宣三. 爱因斯坦文集：第三卷［M］. 北京：商务印书馆，1979：182.

⑥ 许良英，赵中立，张宣三. 爱因斯坦文集：第三卷［M］. 北京：商务印书馆，1979：173—174.

"应当是什么"则是自然科学知识所不能解决的问题，因此必须依赖人文领域的探究。所以科学文化与传统的人文文化之间存在区别。

因此，在爱因斯坦看来，一方面，科学是社会和国家进步的不可或缺的关键因素；另一方面，科学不能解决一切问题，而人类要正常生存，除了科学外，信仰、伦理道德等古典文化基本元素也必须承担起各自的使命、履行各自功能。因此，在理想的状态下，科学文化与传统文化应该是互补共生的、共存共荣的。通过他对待教育内容的态度使我们可以间接体会，他对两种文化是一视同仁的："对于经典文史教育的拥护者同注重自然科学教育的人之间的抗争，我一点也不想偏袒哪一方。"[①]爱因斯坦主张两种文化协调发展。

3.3　态度三：两种文化冲突观

可划归到这一派的科学家有贝尔纳和玻恩等人。贝尔纳是最早明确关注两种文化现象的科学家之一，他承认两种文化冲突的现实存在，因此，理所当然是这一观点的代表人物。在1944年出版的《科学的社会功能》一书中他专题分析了"科学与文化"问题。他认为："目前的情况是高度发展的科学几乎和传统学术文化完全隔绝。这种情况是完全不正常的，是不能长久存在下去的。"[②]他相信传统文化一定需要科学的加入，因为"没有任何文化能够永久脱离当代主要的实用思想而不蜕化为学究的空谈。"[③]而科学与传统文化的融合在他看来，科学本身也必须改变："不过，也用不着设想不对科学本身结构进行极其重大的改革就可以使科学和文化融合起来。"[②]贝尔纳认为科学与传统文化的分离的原因是由科学方法、科学的弱点以及科学的文风等三个方面共同导致的："今天的科学的渊源和很多特性都恰好来源于物质建设的需要。它的方法从

---

① 许良英，赵中立，张宣三. 爱因斯坦文集：第三卷 [M]. 北京：商务印书馆，1979：146.

② J. D. 贝尔纳. 科学的社会功能 [M]. 陈体芳，译. 北京：商务印书馆，1982：546—547.

③ 埃尔温·薛定谔. 自然与古希腊 [M]. 颜锋，译. 上海：上海科学技术出版社，2002：546.

本质上来说是批判式的，即最终的检验标准是实验，亦即实验验证。科学的真正积极部分，即科学发现，是不在科学方法本身范围之内的。科学方法仅仅是为科学发现做准备并确定科学发现的可靠性。……今天的科学的同一缺陷的另一个方面在于它不能妥善地处理各种包含有新颖事物、不容易归结为数学公式的现象。为了把科学扩大应用到社会问题上去，就需要扩大科学以补救这个缺陷。科学越是同一般文化融合为一体，就越是需要这样做。科学的枯燥和一本正经的文风使它受到文艺界人士的普遍抵触，并使科学家自己又添加上种种不合理性的和神秘的色彩。必须把这种枯燥和一本正经的文风消除掉，才能使科学完全成为生活和思想的普遍基础。"①

贝尔纳的观点得到了其他科学家的认同和支持。对于贝尔纳提到的所谓科学的第二个缺陷，普利戈津（Ilya Prigogine）表达了科学家的积极的态度："我们认为科学是在社会中发展的，我们的科学不应再否认社会关心的问题和社会的探求，不应再自称与这些毫不相干，科学应能够最终同自然对话，注重自然的各种神奇魔力，能够最终同处于各种文化领域的人们对话，并重视他们提出的问题，只有到那个时候，科学才能具有普遍意义。"②

对于贝尔纳最后一点即扩大科学的影响问题，著名物理学家玻恩更早就有同感，他在1936年的演讲中就明确指出他不能同意那种同"为艺术而艺术"相似的"为科学而科学"的观点："我认为科学结果应该用每个有思想的人都可以理解的语言来解释。自然哲学的任务正是要做到这点。"③

玻恩在退休后的近二十年里，几乎是用尽自己全部精力，致力于研

① J. D. 贝尔纳. 科学的社会功能［M］. 陈体芳，译. 北京：商务印书馆，1982：546—547.

② 普律戈津，等. 软科学研究［M］.《国外社会科学》编辑部，译. 北京：社会科学文献出版社，1988：44.

③ M. 玻恩. 我这一代的物理学［M］. 侯德彭，蒋贻安，译. 北京：商务印书馆，1964：60.

究科学对人类的影响以及人类未来出路的人。按照我们此前的分法，他应该属于承认存在两种文化，并且承认二者之间有着尖锐冲突的人。但是玻恩对科学的看法，实际上发生过剧烈的改变。1951 年以前，他认为："……我相信——和我同辈的物理学家大多数也有这个信念——科学提供了关于世界的客观知识，而世界则是遵从决定论的规律的。在我看来，科学方法比其他用以形成世界图像的较主观的方法（哲学、诗歌和宗教）更为优越；当时我甚至认为，科学的明确语言乃是取得人类之间更好了解的一个步骤。"[①] 这时的玻恩，俨然就是一位科学主义者。然而，"在 1951 年，我一点也不相信这些了。客体和主体之间的分界线已经模糊不清，决定论的规律被改为了统计规律；虽然物理学家们越过国界相互取得了很好的了解，但是他们对国家与国家之间的较好了解并未做出丝毫贡献，反而促成了最可怕的毁灭性武器的发明和应用。"[①]

从此，玻恩开始了关于科学对社会影响问题的思索以及对人类未来的关心。作为一位职业的一流科学家，尤其还由于早年对科学的乐观信仰，他对科学的挚爱并寄予幻想和希望在所难免；另一方面，悲观的现实又让他无比绝望。因此，无论出自理智还是本能，他的观点之中都充满着自我矛盾和冲突。然而经过仔细分析，我们发现，在这种矛盾与冲突中，实际上饱含着玻恩思想上超越对两种文化思索的飞跃与升华。

一方面，玻恩和其他几乎所有的大科学家一样，对科学的价值和作用有很高的积极评价："科学已经成为我们文明的一个不可缺少的和最重要的部分，而科学工作就意味着对文明的发展做出贡献。科学在我们这个技术时代，具有社会的、经济的和政治的作用，不管一个人自己的工作离技术上的应用有多么远，它总是决定人类命运的行动和决心的链条上的一个环节。"[②] 在玻恩看来，科学的发展就是人类进步的重要标志："真正的科学是富于哲理性的；尤其是物理学，它不仅是走向技术的第

---

① M. 玻恩. 我这一代的物理学 [M]. 侯德彭, 蒋贻安, 译. 北京: 商务印书馆, 1964: 3.

② M. 玻恩. 我的一生和我的观点 [M]. 李宝恒, 译. 北京: 商务印书馆, 1979: 21.

一步，而且是通向人类思想的最深层的途径。"① 正因为如此，人类物质文明与精神文明的发展都与科学的进步紧密相关："物理学不仅是物质进步的源泉，也是人类精神发展的链条上的一个环节。"② 然而另一方面，玻恩同时对科学带来的困境是悲观的甚至是绝望的："在我看来，自然界所做的在这个地球上生产一种能思维的动物的尝试，也许已经失败了。"③

在玻恩看来，科学技术的危害并不仅限于此，更加可怕的是，科学和技术在战争上的应用，彻底摧毁了人类的传统伦理原则："真正的痼疾更为深刻。这种痼疾就在于所有伦理原则的崩溃……使我们的伦理规范适应于我们这个技术时代的形式的一切尝试都已经失败了。……就我所见，传统的道德观的代表们、基督教教会，已经找不到补救的办法。……乐观主义者也许希望，从这个丛林里将会出现一种新的道德观，而且将会及时出现，以避免一场核战争和普遍的毁灭。但是，与此相反，这个问题很可能由于人类思想中科学革命的性质本身而不能得到解决。"④ 他认为这些危害，是科学的方法带来的不可避免的后果。因此，展望未来，有时他看不到丝毫希望："我在我的一生中目睹的政治上和军事上的恐怖以及道德的完全崩溃，也许不是短暂的社会弱点的症候，而是科学兴起的必然结果……如果是这样，那么人最终将不再是一种自由、负责的生物。如果人类没被核战争所消灭，它就会退化成一种处在独裁者暴政下的愚昧的没有发言权的生物，独裁者借助于机器和电子计算机来统治他们。这不是一个预言，而只是一个噩梦。"⑤ 玻恩晚年对于科学技术的心态，是抱有一丝幻想的绝望。在绝望的同时，他期待未来的人们拥有更高的智慧，能够解决科学技术带给人类的那些在他看来似

① M.玻恩. 我的一生和我的观点［M］. 李宝恒，译. 北京：商务印书馆，1979：44.
② M.玻恩. 我的一生和我的观点［M］. 李宝恒，译. 北京：商务印书馆，1979：76.
③ M.玻恩. 我的一生和我的观点［M］. 李宝恒，译. 北京：商务印书馆，1979：21.
④ M.玻恩. 我的一生和我的观点［M］. 李宝恒，译. 北京：商务印书馆，1979：22—24.
⑤ M.玻恩. 我的一生和我的观点［M］. 李宝恒，译. 北京：商务印书馆，1979：26—27.

乎无解的问题。

对待科学与传统文化，玻恩承认二者之间存在分裂与冲突："非科学的思维方式，当然也取决于少数受过教育的人们，如法学家、神学家、历史学家和哲学家，他们由于受训练的限制，不能理解我们时代最强有力的社会力量。因此，文明社会分裂为两个集团，其中一个是由传统的人道主义思想指导的，另一个则是由科学思想指导的。"[①] 而且他甚至悲观地认为这种裂痕是不能弥补的。有人建议可以由完全平衡的教育来补救这种分裂，对此玻恩说："朝这个方向改进我们的教育制度的建议很多，但是到目前为止仍然无效。"[②] 按照玻恩自己的历史分析，他认为科学文化与传统文化的分裂，是不可避免的科学带来的不可避免的结果。然而在具体探讨两种文化的分裂时，他却又更多地把矛头指向了人文学者，这再一次体现了他的自相矛盾："我的个人经验是，很多科学家和工程师是受过良好教育的人，他们有文学、历史和其他人文学科的某些知识，他们热爱艺术和音乐，他们甚至绘画或演奏乐器；另一方面，受过人文学科教育的人们所表现出来的对科学的无知，甚至轻蔑，是令人惊愕。……因此，我认为科学家并不是和人文学科的思想割裂的。"[③] 这就是说，在玻恩看来要破解两种文化的隔阂，人文与社会学者应该学习和思考的，比较而言更多。

虽然极端悲观，但是善良的玻恩不希望他的分析和展望真的成为现实。在他看来，具有理性的人类很多人还没清醒，因此他对后人给出了严厉的警告和郑重的规劝："我们现在正站在十字路口，人类以前从来没有遇到过类似的情况。然而，这种'活下去或不活下去'只是我们的精神发展状态中的一个征兆。我们必须对人类已经陷入的这种进退两难的处境的更深刻的原因进行探索。"[④] 当然，唯物的玻恩不会指望什么神奇

---

① M. 玻恩. 我的一生和我的观点 [M]. 李宝恒，译. 北京：商务印书馆，1979：25—26.

② M. 玻恩. 我的一生和我的观点 [M]. 李宝恒，译. 北京：商务印书馆，1979：30.

③ M. 玻恩. 我的一生和我的观点 [M]. 李宝恒，译. 北京：商务印书馆，1979：38—39.

④ M. 玻恩. 我的一生和我的观点 [M]. 李宝恒，译. 北京：商务印书馆，1979：41.

的力量，他把一切希望寄托于人类自身在新时代的调整能力以及对伦理
原则的加强理智意识上："一切都取决于我们这一代人根据新的事实来重
新调整自己思想的能力。如果不能这样做，地球文明生活的时期就要告
终。而且即使在一切顺利的情况下，文明生活的道路也将紧紧沿着深渊
旁边经过……下一个目标必须是借助于加强伦理原则来巩固这种和平。
只有伦理原则才能保证人们的和平共处……只有当在国际范围内使不信
任代之以了解，妒忌代之以帮助的愿望，恨代之以爱，我们才能生存下
去。"[①] 玻恩的悲天悯人，大方向没错，但是要整个人类做到"使不信任
代之以了解，妒忌代之以帮助的愿望，恨代之以爱"，至少目前看来，还
十分艰难。民族主义、国家主义、利益冲突、宗教冲突，以及由此种种
而导致的贸易战与军事战，我们还看不到在地球上即将偃旗息鼓的征兆。

4. 深刻的思索赋予科学家豁达的胸襟

由以上几位著名科学家的思想可以看出，无论是承认文化一体论还
是承认文化二分法的科学家，在一点上他们是一致的，就是他们竭力呼
吁同行并自己身体力行地致力于科学文化与人文文化或者科学文化与大
众的沟通，以期得到大众的理解。即使是对两种文化融合前景非常悲观
的科学家，也在思考问题时给出了许多忠告，甚至有玻恩等那样远远超
越文化问题的深刻思想。而前面我们提到奥本海默在对科学的思索中，
则低下了人类高傲的头颅，承认人的无知而重获虚怀若谷的心胸。20 世
纪另外一位美国物理学家理查德·费曼，同样认识到了人应该承认自己
的无知，并且感受到了这种心态潜在的巨大作用："我认为我们必须坦率
地承认有些东西我们也不知道。并且，我认为，承认了这一点，我们或
许就找到了这个沟通不同民族的开放渠道。"[②] 在他看来承认我们的无知
的自觉意识非常重要："承认我们的无知和不确定性，是为了避免再犯过

① M. 玻恩. 我的一生和我的观点 [M]. 李宝恒，译. 北京：商务印书馆，1979：39.

② 理查德·费恩曼. 费恩曼演讲录——一位诺贝尔物理学奖获得者看社会 [M]. 张增
一，译. 上海：上海科学技术出版社，2001：30.

去所犯的错误，使人类在某个方向上继续发展、不受限制、不受阻碍的唯一希望。"①

费曼从对人类无限发展的命题下，从正、反两个方面论证了承认无知而谦逊的意义："对全人类说，我们现在只是一个时代的开端。……我们可能犯错误的唯一方式是，在人类社会的年轻冲动阶段就断定我们知道了所有问题的答案，如此而已，没有别的。如果我们断言我们已经知道了全部问题，我们将不再进步。我们将把人类的无限未来限制在今天人们的有限想象之中。我们并不太聪明，我们是笨拙和无知的，我们必须保持开放的头脑。没有哪一个政府有权以任何方式确定被研究问题的性质。"① 这一意识使一向自恃聪明过人的费曼的人格发生了改变："我试图寻找的是一种谦虚、诚实的态度。而且只有这样，我们才能从那种狂妄中解脱出来。"② 科学家呼吁的，以及他们亟待揭示出来的远远超越科学事务的思想，恰恰是当今世界极其缺乏的。

悲观而忧伤的玻恩对人们的最后规劝更是升华了科学家的境界，他的话语简直就是先知的戒律："我们必须学会顺从；我们必须实行谅解、容忍和助人的意愿，而且我们必须抛弃武力威胁和运用武力。否则文明人的末日就临近了。……我觉得，相信只有一种真理而且自己掌握着这个真理，这是世界一切罪恶的最深刻的根源。"③ 如果在近乎半个世纪之后玻恩得以再生，今天的世界一定有些事物足以使其惊讶不已，但是在惊讶之余，他一定更有对于人类深深的失望。

我们不难看出，这些科学大师不仅在科学上做出了卓越的贡献，而且经过他们自己的精神炼狱，他们感受到了生命的真谛，看清了人类的生命线以及人类致命的弱点，并且给出了负责任的忠告。而这一切正是

---

① 理查德·费恩曼. 费恩曼演讲录——一位诺贝尔物理学奖获得者看社会 [M]. 张增一，译. 上海：上海科学技术出版社，2001：42—43.

② 理查德·费恩曼. 费恩曼演讲录——一位诺贝尔物理学奖获得者看社会 [M]. 张增一，译. 上海：上海科学技术出版社，2001：81.

③ M. 玻恩. 我的一生和我的观点 [M]. 李宝恒，译. 北京：商务印书馆，1979：97.

当今国际社会、整个人类所急切需要的思想财富。试想，如果世界上有的国家的举足轻重的政治家具有谦逊的美德而不认为自己是正确与民主的代言人、如果他们深深懂得并在履行职责时不忘玻恩的告诫，那么世界上很多战争就有可能避免，世界上很多争议与冲突也将会较为容易地得以解决。因此，讨论两种文化问题，而让这些科学家、思想家的思想缺席是不明智的。

5. 结语

笔者毫无美化科学家之意图。并且承认，前面提到的科学家，或者是科学家中的大智者，或者是科学家中具有较好人文修养的思想家，他们是科学的象征，但是毕竟属于科学界凤毛麟角的少数。他们是科学界的脊梁，是科学大树的主干，但是从来大树发出的沙沙声都来自于它的枝条和碎叶。

在现实生活中人们能遇到的较多科学专家或者以科学为职业的人们，相当多并不具备这些大师们的人文素养或智慧。而科学文化与人文文化之间的相互排斥力，主要由这些人身上产生并作用于社会。比如，和这些人中的某些个体接触，有时可以明显感受到偏执以及狭窄的视野和心胸。比如在他们中的有些人（即使自己的工作做得不怎么样的）看来，除了他们自己做的东西，别的专业研究或者都是十分容易的，或者其结果是毫无重要性而言的。现实中人们不难发现，有些从事硬科学研究的人骨子里也具有很强烈的学科优越心理。

另一个方面，本来中国的人文文化界对科学界的传统态度，是十分尊重而友好的，并且其中有的大文人就是科学文化引入的参与者。但是，近年来随着西方后现代主义哲学思潮的涌入，中国人文学术界，也出现了效仿西方后现代的对科学以及科学家的评判。

两种文化之间存在对立是自然而然的事情。在现实世界里，不仅科学文化与人文文化之间存在彼此的不理解甚至鄙视与敌意，就是科学的不同学科之间、一个学科里的理论与实验分工之间，甚至同一个学科内部不同分支之间，都一定程度上存在这样不和谐的关系。著名物理学家卢瑟福有一句名言："一切科学要么是物理学，要么是集邮术。"① 显然，这里不能说没有对其他学科的歧视。

关于科学文化探讨的现实出发点是，我们必须承认科学文化的客观存在及其重要性，我们需要兼容科学与传统或者科学与人文的大文化观。正如斯诺所说："我们需要有一种共有文化，科学属于其中一个不可缺少的成分。"②

科学文化与人文文化等文化分裂问题不仅长期广泛存在，而且对于人类的现实和未来都十分重要。因此，两种文化或多种文化的融合，一定是长期而持久的过程，致力于促进这一融合的人们，任重而道远。但是，著名科学家们通过自己加强人文文化方面知识的学习，以及对科学与人类传统之间关系的思索，而获得的精神与境界升华的事实使我们相信，至少在他们这个方面，两种文化之间的融合与沟通是完全可能的。至于另一方面，人文学者成功实现与科学文化融合与沟通的方法，主要还有待于他们自己付出真诚而艰苦的努力去探索。

---

① 冯端. 漫谈物理学的过去、现在与未来 [J]. 物理，1999（9）：524.

② 斯诺. 两种文化 [M]. 纪树立，译. 北京：生活·读书·新知三联书店，1994：9.

六、物理学有终极理论吗

　　物理学家有一天会发现全部物理定律吗？可能有人认为当然不会，因为物理现象是形形色色而无法穷尽的。但是确有多位重量级一流理论物理学家认为，总有一天物理学的理论大厦的建筑工程会彻底竣工。具有这一思想的物理学家包括爱因斯坦（Albert Einstein，1879—1955）、玻恩（Max Born，1882—1970）、薛定谔（Erwin Schrödinge，1887—1961）、海森堡（Werner Heisenberg，1901—1976）、狄拉克（Paul Dirac，1902—1984）、费曼（Richard Feynman，1918—1988）以及霍金（Stephen Hawking，1942— ）等等。

　　1980 年 2 月 14 日，剑桥大学冈维尔与凯斯学院（Gonville and Caius College，Cambridge）的当代著名传奇物理学家霍金写信给著名物理学家马克斯·玻恩之子古斯塔夫·玻恩（Gustave Born，1921— ）教授 [1]（见插图），向他了解关于玻恩的一个故事。信文如下：

　　亲爱的古斯塔夫·玻恩：

　　　　我听说您的父亲在 20 世纪 20 年代后期，曾对访问哥廷根的一组科学家说："物理学，正如我们知道的，将在 6 个月内终结。"这刚巧发生在狄拉克发现关于电子的方程之后，并且认为类似的一个方程将制约质子（质子是那时知道的另外一种基

---

[1]　霍金致古斯塔夫·玻恩教授的信函照片，拍摄于剑桥大学丘吉尔学院档案中心。

本粒子）。然而中子和核力的发现熄灭了这一希望。

我想知道，关于这一故事，您是否有一些其他资料，或者说您是否知道一些与之相关的更进一步细节。我想在将于 4 月进行的就职演讲中引用这个故事。

UNIVERSITY OF CAMBRIDGE
Department of Applied Mathematics and Theoretical Physics
Silver Street, Cambridge CB3 9EW
Telephone: Cambridge (0223) 51645

Professor Gustav Born,
Gonville and Caius College,
Cambridge.

14th February, 1980.

Dear Gustav,

I have heard that your father told a group of scientists visiting Goettingen in the late 1920's that "physics, as we know it, will be over in six months". This was just after Dirac's discovery of the equation governing the electron and it was thought that a similar equation would govern the proton, the only other elementary particle known at the time. However the discovery of the neutron and of nuclear forces put paid to this hope.

I wonder if you have any information on the accuracy of this story or any further details that would be relevant. I intend to quote it in my Inaugural Lecture which will be in April.

Yours sincerely,

Stephen

Stephen W. Hawking

霍金致古斯塔夫的信函

后来霍金将玻恩的这个故事写进了自己的书中，该书曾于 1996 年发行 ①，2005 年以新的书名再版 ②。我们不知道霍金是从何处了解到这一故事的。但是可以肯定这个故事是真实的。根据笔者的考察，霍金提到的 20 世纪 20 年代末到哥廷根访问的"一组科学家"，很可能是玻恩在法兰克福大学做教授时的助手斯特恩（Otto Stern，1888—1969），以及后来也获得了诺贝尔奖的斯特恩的弟子拉比（I. I. Rabi，1898—1988）。玻恩当时对于到访的斯特恩与拉比说过很类似的话。当然霍金说的"一组科学家"也可能不是斯特恩、拉比这对师徒，玻恩也许还对其他"一组科学家"说过类似的话。在拉比传记 ③ 里有与霍金提到的关

---

① 该书曾于 1996 年以书名 *The Cambridge Lectures: Life Works*，由 Dove Audio Inc. 出版。

② Stephen W. Hawking. *The Theory of Everything* [M]. Burlington：Phoenix Books, 2005.

③ John S. Rigden. *Rabi*：*Scientist and Citizen* [M]. New York：Basic Books Inc. Publisers, 1987：73.

于玻恩的相似故事：

> 1928 年，拉比还在汉堡的时候，斯特恩带他去哥廷根看望玻恩。这时狄拉克划时代的论文——《电子的量子理论》（*The Quantum Theory of the Electron*）刚刚发表不久。物理学家们对此欢欣鼓舞。在这篇论文中，狄拉克将新问世的量子力学与较早的相对论结合起来，成功地说明了电子自旋与磁矩两个基本属性。拉比看到，玻恩对斯特恩说，在 6 个月的时间里，物理学即将终结。

早在 1963 年接受托马斯·库恩的采访时，拉比就曾披露了此事（霍金也许是从这里了解到这一故事的），他说："玻恩说，'物理学在 6 个月之内即将终结。'他还说：'我们已经能处理电子。不用太久就是质子，然后，原则上，物理学（理论发展）即将结束。'我真的很吃惊，但是我确实听到他这么说，我记得那是 1927 年在散步中。"[1] 拉比 1963 年的回忆，与他的传记作者所述除了时间不同（一说 1928 年，一说 1927 年），基本意思一致。

这个故事说明，玻恩至少在一段时间内，对物理学的发展有过一个错误的预言。这之后，他并未放弃对于终极物理理论的追求。从 20 世纪 30 年代末开始，玻恩的一个努力方向是通过他提出的所谓倒易原理（reciprocity principle，通过空间–时间到能量–动量的变量变换来实现），发现物理学新的基本定律。玻恩抱有这一思想不是当时物理学思想世界的奇特风景。正如物理学家戴森（Freeman Dyson，1923—）所描述的那样，在 20 世纪 40—50 年代，物理学界出现了一个反常的现象[2]：

> 革命者是老人，而保守者都是年轻人。这些老的革命者包

———————————

① Kuhn. *Kuhn Interview with Dr. I. I. Rabi*, 1963［EB/OL］.［2014-10-01］. http://www.aip.org/history/ohilist/4836.html.

② Max Born. *The Born-Einstein Letters*［M］. New York：Macmillan Press Ltd., 2005：Preface.

括阿尔伯特·爱因斯坦、狄拉克、海森堡、马克斯·玻恩，以及埃尔文·薛定谔。他们中的每个人都提出了一个疯狂的理论，认为这个理论是理解每一件事情的关键。……他们中的每个人都相信，他所宠爱的理论是引导物理学取得重大突破、迈向成功道路的关键的第一步。年轻人，比如我自己，认为所有这些著名的物理界老人们在自欺欺人，所以我们变成了保守者。

戴森称他们自己这新一代为保守者，意指在老一辈做更大胆的疯狂尝试时，他们没有追随，而是利用相对论与量子力学，沿着物理学既定的路线推进物理学的发展，创立了量子电动力学等等。但是当他们这一代人功成名就之后，在对待物理学会不会终结这个问题上，与20世纪早期那些著名的物理学家的态度则趋于一致了。如戴森的合作者（也是戴森所谓的年轻一代的领袖人物之一）的费曼，在他的著作 [①] 中表达了自己对于物理学可否无限发展的看法：

如果把科学研究看作是探险事业，前途如何呢？最后会发生什么呢？我们继续不断地在猜想新定律，要猜想多少新定律才行呢？对这些问题，我无法作答。有些同事说，科学研究会这样一直继续下去，但我以为不会永久如此，比方说，再过一千年，不见得还在找寻新定律。如若如此，则科学研究也像钻孔一样，一层下去还有一层。我觉得将来若不是发现了全部定律——即有了足够的定律，计算的结果总与实验相符，到了这一步，科学的发展便算到底了……

如果物理学新理论的发现不是所有时代都可以做出的，那么作为一位物理学家，适逢物理学健康发展的时代，必然是极大的幸运。费曼感

---

① 费曼. 物理定律的特性［M］. 林多梁，译. 台北：中华书局，1970：150—151.

受到了这种幸运的幸福 ① ：

> 我们很幸运，因为正好生在仍有新发现的时代。好像发现
> 美洲新大陆一样，只能发现一次。我们生存的时代乃是发现自
> 然的基本定律的时代，这一时代不会再来。这是刺激而神奇的
> 时代，但它一定会过去的。

对终极发现的含义，费曼在发表的讨论物理学的未来的文章中给出
了解释 ② ：

> 我所说的得到终极答案，指的是发现了一套基本的定律，
> 以至于每个新实验只能提供检验已知的定律事实，一次又一
> 次，我们无法得到违反已有基本原则的任何新发现。这样研究
> 工作就变得越发无聊。

在文章中，费曼再次阐明物理学是不会发展不息的："我相信基础
物理学（的发展）具有有限的寿命。" ③ 作为当代理论物理学家的优秀
代表，前文提到的斯蒂芬·霍金与费曼的观点十分相似，他曾在书中说：
我"谨慎而乐观地相信，我们现在正在接近寻求关于自然界的物理定律
活动的终点。" ④ 1998 年霍金在一次演讲中说："在 1980 年，在 20 年内
我们有五成的机会发现全部的物理学定律。我现在的估计还是这样，不
过这 20 年要从现在开始算起。" ⑤ 可见他一直在坚持物理学理论大厦的
建设工程在不远的未来将会竣工的信念。

① 费曼. 物理定律的特性 [M]. 林多梁，译. 台北：中华书局，1970：151.

② Michelle Feynman. *The Letters of Richard Feynman* [M]. New York：Basic Books，2005：438.

③ Michelle Feynman. *The Letters of Richard Feynman* [M]. New York：Basic Books，2005：440.

④ Stephen W. Hawking. *The Theory of Everything* [M]. Burlington：Phoenix Books，2005：122.

⑤ Stephen W. Hawking. *The Theory of Everything* [M]. Burlington：Phoenix Books，2005.

为什么这些一流的理论物理学家认为物理学理论探索的过程会有终点?

笔者这样看待这个问题:如果不存在物理学终极理论,那么物理学理论构建的过程就是一个无限的过程。这必然是物质世界具有无限性,而不同尺度的物质之间没有可类比性所决定的。诚如是,随着人类对不同尺度物质认识的深入,知识将不断增加。这种趋势的极限情况是,不断增长的知识总有一天会超越我们人类对于知识的负载能力而被知识压垮。从根本上说,科学概念、科学定律或科学理论,都是对物质世界共性的概括,从而实现以精炼而有限的理论工具对物质世界形形色色的无限多的特殊现象的囊括。这体现在物理学家把物理现象概括为力、热、光、电等;认为构成物质的基本粒子在种类上是有限的;将相互作用简化为四种基本的相互作用并相信它们在本质上是可以统一的等等方面。如果承认物理学将无限发展,则意味着反映和概括共性的科学概念、科学定律与科学理论是永远无限累计的。这在逻辑上意味着科学陷入了基本纲领上的失败。因此承认物理学发展的无限性,将导致逻辑上对于物理学本身意义和价值的某种挑战和否定。

如果认为物理学的理论建设是有终点的,那对于物理学家意味着什么?在霍金看来到达物理学理论建设的终点是激动而神圣的时刻:"那将为我们理解宇宙的漫长而辉煌的历史篇章画上句号。"① 在霍金看来,这几乎意味着人类到达了攀登真理的最高峰,因此人类的思想认识也会有相应的飞跃:"如果我们找到了最终的答案,那将是人类理性的最终胜利。然后,我们才能搞懂上帝的思想。"② 然而笔者认为,如果物理学终极理论有一天真的大功告成,也许物理学家感受到的不是霍金预期的这种登堂入室的喜悦,或者说在这瞬间快乐之后的就是无尽的烦恼,物

---

① Stephen W. Hawking. *The Theory of Everything* [M]. Burlington: Phoenix Books, 2005: 133.

② Stephen W. Hawking. *The Theory of Everything* [M]. Burlington: Phoenix Books, 2005: 136.

理学家从此将陷入万劫不复、无所作为的绝境。从此以后，如果还有人学习和研究物理学，无论他多么热爱物理学、多么聪明、多么勤奋，命中注定地他将不会再拥有阿基米德发现浮力定律、牛顿发现万有引力定律、法拉第发现电磁感应定律、玻恩发现对易关系的喜悦和成就感。因为一切都已由前辈发明出来、陈列在教科书中。那么这样的命运是不是会令无数后人感叹生不逢时而寡欢悲哀呢？答案必然是肯定的。

费曼在这方面的思索似乎较霍金更多。除了物理学理论体系构造大功告成的结局外，他还想到了另外一种可能[①]：

> 若不是这样，便是实验越来越难，越来越费钱，结果是我们知道了 99.9％ 的自然现象，但总有一些新发现很难观测，等到这一发现有了解释，便有另一件接踵而来，进步越来越慢，研究也变得越来越没意思。

费曼提出这一想法，也许可以看作是他对 20 世纪后半叶物理学发展状况的一种现实主义的概括和具有一定前瞻性的预言。他所描绘的状态看似物理学将艰难地无限发展，其实不然。虽然他看似提出了与物理学理论建设将要终结不同的另一种可能态势，但是事实上承认"我们知道了 99.9％ 的自然现象"，自然暗示着另一个前提：物理现象是有限的，我们只差 0.1％ 尚未认识；而认识这艰难的 0.1％，只是一个时间上的问题。因此，物理学理论建设，还是会有竣工的时刻，不过需要一个较为漫长的过程罢了。因此费曼提出的物理学未来的"另一种可能"，本质上并不成立。难能可贵的是费曼为有好奇心、探索欲望的人还指出了另外一条出路。他认为，即使物理现象的认识过程宣布告罄，对于其他物质现象和领域，如对生命现象的认识和对于宇宙其他空间的探索还大有可为[②]：

---

① 费曼. 物理定律的特性［M］. 林多梁，译. 台北：中华书局，1970：150.
② 费曼. 物理定律的特性［M］. 林多梁，译. 台北：中华书局，1970：151.

　　　　将来可以有其他有兴趣的现象需要进一步的了解，如生物
　　学的现象；或者谈探险的话，可以有其他行星的探索，但不会
　　再有我们现在正在做的事情可做了。

　　费曼为具有科学探索精神的人指出了在物理学理论建设完备之后的
出路。但是无论如何，有一点是可以肯定的：只要物理学理论建设宣告
结束，从那一天起，此前理论物理学家所从事的那种研究方式、生活方
式与价值观以及最让他们快乐的做出理论新发现的机会，必将从此消
失。因此，理论物理学家无法避免地将从此陷入一种心理上难以自拔的
纠结：在此时探索的道路上，他们期待着物理学理论建设竣工那一天；
放眼更远的未来时空，他们惧怕物理学理论构建竣工这一时刻的到来。
因为这一时刻，在宣告人类探索物理世界达到了前所未有的高度的同
时，也宣告了理论物理学家从此将不再拥有过去的那种发现的乐趣、发
现的成就感，理论物理学家从此失业而必须改行。

　　物理学理论将无限发展，还是总有一天会终结？这个问题，虽然与
物理学有关，但这不仅仅是一个物理问题。因此这个问题不应该为物理
学家所垄断。但是，有一点我们不得不承认，除了这些一流的理论物理
学家，如今的哲学家、科学史家等等，有几人精通理论物理学所依赖的
强大数学？有几人能够真正通晓理论物理学的全部精髓？有谁能深刻体
会一流物理学家在建立物理学理论时，以及用物理学理论解决物理世界
实际问题时的细微感受？如果对理论物理学的了解只能是一知半解，对
理论物理学家的工作又知之有限，那么其他领域的人有什么信心认为自
己对于理论物理学的未来发展有高于理论物理学大家的洞见？哲学家必
须承认一个事实：物理学家在他们的研究中，不拒绝并尝试运用了人类
可能的全部智慧。这其中包括他们会自觉不自觉学习或自己做哲学思考。
还认为一流物理学家仍需要依赖哲学家做方法性指导与路线上指引的妄
念，早已远远脱离实际。事实上这种哲学家的"伟大"意识在黑格尔的
著述中，也只能徒添笑柄。哲学家要有所作为，必须像当年的康德、当

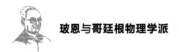

年的恩格斯、当年的罗素、当年的波普尔、当年的拉卡托斯、当年的托马斯·库恩那样，了解科学家、了解科学甚至精通某一科学分支。唯其如此，才能不说外行话或少说外行话，才有可能不自话自说，才有可能不胡思乱想、闭门造车，才有可能贡献出自己的洞见；唯其如此，即使批评，也才能批到关键点而一针见血。对于科学技术本身知之有限，这是包括笔者在内的当下中国科技哲学、科技史研究者的最大软肋。

七、著名科学家论科普

1. 引言

法拉第、爱因斯坦、玻恩、贝尔纳……这些伟大的科学家是将社会责任感与自己的使命紧紧联系起来的典范。致力于科学普及或科学的大众化，是他们的社会责任感与科学使命的一个基本方面。法拉第是最勤奋的科学家之一，但是法拉第在出任皇家研究所实验室主任后不久，即发起星期五晚间讨论会和圣诞节少年科学讲座。他做了超过百余次费时精心准备的星期五晚间讨论会讲演，而圣诞节少年科学讲座则坚持了 19 年。他之所以如此不惜宝贵时间与精力持之以恒地做这些科学启蒙与普及的社会工作，是因为在法拉第的思想意识里，科学启蒙与普及是一项十分重要的为科学文化奠基的社会事业。本文搜集并分析几位世界一流科学大师在科学普及或科学大众化方面的深刻思想，希望能给我们中国的学者尤其科学家们一些启发与激励。要求一位科学家必须取得法拉第那样的科学成就是苛求，但是对于法拉第在科学普及方面的作为，任何一位科学家都没有理由只是望尘莫及。

2. 著名科学家论科普

2.1　玻恩：通俗阐释科研成果是科学家的责任

玻恩是 20 世纪 20—30 年代诞生量子力学的哥廷根物理学派的领袖和缔造者、1954 年诺贝尔物理学奖获得者之一。1937 年在就任爱丁堡大学自然哲学（即物理学）教授的演讲时，他说："我认为科学结论应该用每一个思考者都理解的语言予以解释。"（I think that scientific results should be interpreted in terms intelligible to every thinking man.）①

玻恩的这一思想如今成为了西方社会的主流共识之一。48 年后英国公众理解科学委员会在其发布的《英国：公众理解科学》的著名报告中强调："每一个科学家的一个职业责任就是促进公众对科学的理解。"②在特殊时期，在玻恩看来科学大众化具有更加重要的作用，即科学普及是科学家行使其社会责任的重要手段："正是科学家把人类带到了这个十字路口。……我们物理学家必须继续解释和警告，我们必须致力于对做决策的政治家产生影响。"③ 玻恩身体力行，自己写过脍炙人口的科普类著作如《永不停息的宇宙》以及《爱因斯坦的相对论》等，还做过很多关于相对论和量子力学的深入浅出的科学报告。

2.2　爱因斯坦：科学传播与科学交流不应该受到任何限制

爱因斯坦基本上没有关于科学普及或科学大众化的专门论述。但是在他批判美国当时阻碍科学国际交流等活动的言辞里，可以看出爱因斯坦对于科学普及的看法与态度。在他看来，公众对于科学以及科学研究有一定的了解会培养他们对于人类的智慧以及对于科学的信心："一般公众对科学研究细节的了解也许只能达到一定的程度，但这至少能标示出这样一个重大的收获：相信人类的思维是可靠的，自然规律是普天之下皆准的。"④ 因此，科学家致力于向一般公众介绍科学与科学研究的细节是有意义的社会科学文化活动。

更多地了解他人的科学新思想，不仅是一般公众的需要，对于一个研究者也是十分必需的。爱因斯坦说："一个人要是单凭自己来进行思

---

① Max Born. *Physics in My Generation* [M]. London & New York：Pergamon Press，1956：48.

② 朱效民. 当代科普主体的分化与职业化趋势 [J]. 科学学与科学技术管理，2003（1）：69.

③ Max Born. *My Life & My Views* [M]. New York：Charles Scribner's Sons，1968：144.

④ 许良英，赵中立，张宣三. 爱因斯坦文集：第三卷 [M]. 北京：商务印书馆，2010：162.

考，而得不到别人的思想和经验的激发，那么即使在最好的情况下，他所想的也不会有什么价值，一定是单调无味的。"① 正因为有这样的认识，爱因斯坦认为传播自己研究得到的新思想是研究者的本分，而抑制知识传播是错误的行为："一个人不应该隐瞒他已认识到是正确的东西的任何部分。显然，对学术自由的任何限制都会抑制知识的传播，从而也会妨碍合理的判断和合理的行为。"② 为了更好地宣传科学思想，仅仅有研究者个人的努力还不够，爱因斯坦建议设立专门的组织机构来强化科普工作的执行力："一个以宣传和教育来影响舆论的脑力劳动者的组织，将对整个社会有积极的意义。"③ 专业科学普及组织机构应该高悬此语。

科学文化是社会文化必需的健康成分，因此"我们不应该允许对科学工作的发表和传播有任何限制；这对于社会文化的发展非常有害。"④ 鼓励和支持科学普及与教育应该是政府职责的一部分："政府能够而且应当保护所有的教师不受任何经济压迫，这种经济压迫会影响他们的思考。它应当关怀出版好的、廉价的书籍，并且广泛地鼓励支持普及教育。"⑤ 然而在现实遏制了爱因斯坦的思想的 1950 年，爱因斯坦通过发问，表达了自己对于政治干扰科学以及科学传播的谴责："科学家通过他的内心自由，通过他的思想和工作的独立性所唤醒的那个时代，那个曾经使科学家有机会对他的同胞进行启蒙并且丰富他们生活的时代，难道

---

① 许良英，赵中立，张宣三. 爱因斯坦文集：第三卷［M］. 北京：商务印书馆，2010：351.

② 许良英，赵中立，张宣三. 爱因斯坦文集：第三卷［M］. 北京：商务印书馆，2010：372.

③ 许良英，赵中立，张宣三. 爱因斯坦文集：第三卷［M］. 北京：商务印书馆，2010：227.

④ 许良英，赵中立，张宣三. 爱因斯坦文集：第三卷［M］. 北京：商务印书馆，2010：249.

⑤ 许良英，赵中立，张宣三. 爱因斯坦文集：第三卷［M］. 北京：商务印书馆，2010：202.

真的就一去不复返了吗？"① 爱因斯坦认为用研究成果影响他们所生存的时代是科学家的责任；科学家通过履行他们这样的责任，展示和收获了他作为科学家的价值和尊严。

2.3 贝尔纳：青年科学家应该投身科普事业

与爱因斯坦不同，既是有建树的科学家同时也是著名的科学社会学家的贝尔纳专门探讨过与科学普及相关的问题。科学与大众相互脱离，其结果对双方都极为不利。科学与大众相脱离，"对于普通大众之所以不利是因为：他们生活在一个日益人为的世界中，却逐渐地越来越不认识制约着自己生活的机制。"② 科学与大众之间的距离越大，大众对于科学就越加陌生，而非科学因素就会在大众文化中更加大行其事。贝尔纳认为科学孤立于社会对于科学以及科学家也是不利的："从最粗糙的观点看来，除非普通大众——这包括富有的赞助者和政府官员——明白科学家在做些什么，否则就不可能期望他们向科学家提供他们的工作所需要的支援，来换取他们的工作可能为人类带来的好处。不过，更加微妙的是，如果没有群众的理解、兴趣和批评的话，科学家保持心理上的孤立的危险倾向就会加强。"③ 贝尔纳认为，为了缩短科学与大众之间的距离，不仅科学家要致力于科普工作，他尤其强调青年科学家要积极投身科普活动：科普著作"最好是由青年科学家，而不是由老年科学家来从事编写工作。因为老年科学家已经同正在进行的工作失去联系了。科学可以用普及形式来介绍，而又不损及它的任何精确性，而且事实上由于把科学同普通人类需要和愿望联系起来，科学就更加显得重要。"④ 贝尔纳的这一论述反映了他对于科学普及的一个独到的重要思想认识。可以看出，贝尔纳之所以强调年轻科学家要投身科普活动，是因为他重视科

① 许良英，赵中立，张宣三. 爱因斯坦文集：第三卷 [M]. 北京：商务印书馆，2010：338.

② J. D. 贝尔纳. 科学的社会功能 [M]. 陈体芳，译. 北京：商务印书馆，1985：141.

③ J. D. 贝尔纳. 科学的社会功能 [M]. 陈体芳，译. 北京：商务印书馆，1985：144.

④ J. D. 贝尔纳. 科学的社会功能 [M]. 陈体芳，译. 北京：商务印书馆，1985：415.

学普及与科学发展的尽量同步性。常见有些老年科学家远离了科学研究工作后开始致力于探讨科学的哲学、历史与普及问题。而青年科学家不参与科普工作似乎更加可以理解，因为他们正在从事科学前沿的重要研究工作，没有更多时间去顾及科普。然而在贝尔纳看来，对于一位科学家而言，及时的面向大众的科普工作与科学研究工作同样重要。科学研究与科学普及，是科学文化不可或缺的重要部分。

2.4　奥本海默：科学家要给他人生活带来光亮

科学的发展过程就是科学的专门化强化的过程，而专门化加强意味着科学愈来愈远离大众，高高在上。对此奥本海默有明确的表述："科学的传统就是专门化的传统，这正是其力量之所在。……而就其术语而言，它是最为高度专业化的，几乎不可理解的，除了那些曾工作于此领域中的人之外。"[①] 这一点是科学家的普遍共识。费曼也说过："在学科越来越专门化的今天，很少有人能够对人类知识的两个领域都有深刻的认识，而能够做到不自欺欺人或愚弄他人。"[②] 科学的专门化更增加了大众理解科学以及科学家与大众之间交流的难度。因而科学越发展越不被大众所能理解和掌握。但科学家与大众的交流以及大众对于科学的理解是不能忽视、不可弱化的。因为，"如果科学发现能对人类的思想和文化真正有影响，它们必须是可以理解的。"[③] 使越加专门化的科学研究成果转化为可以理解的知识或思想，就需要科学家在科普或科学大众化过程中肩负重任。

科学发展将加强专业化与抽象化的必然趋势使贝尔纳所期待的科学普及与科学发展同步进行的愿望越加困难。因此，将自己科学研究的新成果用大众能够理解的语言予以解释，至少第一步把自己的科研成果用

---

① 罗伯特·奥本海默. 真知灼见：罗伯特·奥本海默自述［M］. 胡新和，译. 上海：东方出版中心，1998：64—65.

② 理查德·费恩曼. 费恩曼演讲录——一位诺贝尔物理学奖获得者看社会［M］. 张增一，译. 上海：上海科学技术出版社，2001：2.

③ 罗伯特·奥本海默. 真知灼见：罗伯特·奥本海默自述［M］. 胡新和，译. 上海：东方出版中心，1998：66.

科普作家能够理解的语言予以解释，是每个科学家的科学研究工作的一个不可或缺的后续组成部分。缺少这一环节，有些重要的科普工作难以进行，科普工作必将远远落后于科学的发展的步伐，从而违背贝尔纳所期待的科普与科学发展同步性的目标。

在奥本海默看来，他提出的所谓知识阶层共同体是科学大众化的成果，也是进一步推动科学大众化的主体力量：由艺术家、哲学家、政治家、教师、大多数职业工作者、预言家、科学家等等构成了一个知识阶层共同体，"这是一个开放的群体，并没有截然的界限以区分出那些自认为属于它的人们。这是全体人民中一个增长着的部分。"[1] 这个共同体责任重大："它被赋予重大的职责以扩展、保存、传播我们的知识和技能，以及甚至我们对于相互关系、优先权、允诺、律令等的认识……"[1] 奥本海默预测，未来人们会有更多的闲暇时间。而这刚好为知识阶层共同体做科学传播工作提供了条件："我认为随着世界上财富的增长，以及它不可能全部被用于组成新的委员会，确实将会有着真正的空闲，而这闲暇时间的主要部分，是投入重织我们的共同体及社会成员之间的交流和理解。"[2] 具体到对于科学家而言，在科学大众化的过程中，不要置身其外，以为与我无关。恰恰相反，科学家"既是发现者又是教育者……我们，和其他人一样，是那种给人们的生活和世界中广大无边的黑暗带来一线光亮的人。"[3]

2.5 费曼：科普工作是件难事

1959 年 5 月 1 日，在录制电视节目时，主持人问费曼，科学家是否尽到了与大众沟通的责任。费曼回答说："并没有，他们并没有尽全力。如果他们把手边的研究工作全都停下来，告诉人们他们刚刚做完了

① 罗伯特·奥本海默. 真知灼见：罗伯特·奥本海默自述 [M]. 胡新和，译. 上海：东方出版中心，1998：70.

② 罗伯特·奥本海默. 真知灼见：罗伯特·奥本海默自述 [M]. 胡新和，译. 上海：东方出版中心，1998：72.

③ 罗伯特·奥本海默. 真知灼见：罗伯特·奥本海默自述 [M]. 胡新和，译. 上海：东方出版中心，1998：22—23.

什么，（这样）他们（在教育大众方面）会做得更多。但是大家不要忘记了，这群人有自己的专业追求。而且，他们因为对大自然有兴趣才投身科学研究；和人沟通、教育人不是他们的兴趣所在。很多科学家如此醉心于科学研究，就是因为他们不大擅长与他人打交道。因此，与大众沟通并非他们的主要兴趣，（即使沟通）效果当然难免差强人意。但这种说法并不是完全公允的。科学家也有很多类型，有许多科学家也很乐于做知识传播的事。事实上，或多或少我们都在做科学传播的工作。我们教书，把知识告诉学生，我们也常演讲。但将科学知识传达给一般人，是非常困难的事。由于近两三百年来，科学发展一日千里，累积了大量的知识，但一般人对这类知识往往一无所知。有时候，人们会问你在干什么，要解释给他们听，却需要很大的耐心……介绍两三百年的背景知识，而让人理解为什么（科学）问题是有趣的，这是非常困难的事情。"[1]

费曼对于科学普及问题，有自己的认识和理解。他认为一个现代人对科学缺乏了解是个悲剧："你们一定都从经验了解到，民众——我指的是普通人，绝大部分的人，数目巨大的大众——是可悲可叹的，他们对自己所生活的这个世界的科学完全无知，而且能够忍受自己的愚昧，就这样生活下去。"[2] 费曼清楚感受到了当时美国文化中存在的违背科学精神的东西，诸如迷信与伪科学。1964 年他说："至少在美国，每一天的每一种日报上都印着他们（指星相家）占卜的结果。为什么直到今天还有星相家？……人们还在谈论心灵感应，尽管它正在消亡。这儿有许多信仰治疗、到处都是。"[3] 费曼认为很多广告也都充斥着骗人的伪科学。比如，有广告说一种威森食物油不会浸入食物。费曼认为这种说法有违科学的正直。理由是："事实上，在某个温度下，任何油都不会浸入食物；但是在另一个温度下，所有油都会浸入食物——威森食物油也不

① Michelle Feynman. *The Letters of Richard P. Feynman* [M]. New York：Basic Books，2005：424.

② 费曼. 发现的乐趣 [M]. 张郁平，译. 长沙：湖南科学技术出版社，2005：103.

③ 费曼. 发现的乐趣 [M]. 张郁平，译. 长沙：湖南科学技术出版社，2005：107.

例外。"① 在这样迷信与伪科学多有存在的社会环境下，科学家该如何作为？费曼认为："我们一定要重点写一些文章。如果我们这样做了，会有什么效果呢？因为你来我往的争论，相信占星术的人就不得不去学一点天文学，相信信仰治疗的人可能也就不得不去学一点医学和生物学。"② 通过科学家的科普活动，拉近科学家与大众的距离，可以培养大众的科学精神："在检查证据，报告证据等等时候，科学家们感觉到他们相互之间有一种责任，你也可以称这为一种道德。……不要带任何倾向，让别人自由地去明确理解你所说的，也就是说，尽量不要把你自己的意愿加诸其上。……相比于这种科学道德，那些诸如宣传的事情，就应该是个肮脏的词语。……例如，广告就是一个例子，它是对产品不科学不道德的描述。这种不道德无所不在，以至于人们在日常生活中已经对它习以为常了，以至于你已经不觉得它是件坏事了。所以我想，我们要加强科学家和社会其他人群的联系……"③

费曼不仅是这样说的，更是这样做的。他惜时如金，为了集中精力于自己的研究工作，他拒绝知名大学授予他荣誉博士学位，他多次致信美国科学院相关人员请求辞去院士职务，他拒绝有的学术报告邀请，他婉拒参加有些只有形式而无内容的学术讨论会……但是他认真地投入到为中小学生遴选数学、科学教科书的工作中；他常常为一位中小学老师、一个小学生来信里的一个科学问题，耐心地写出长长的回函；他到电视上宣传科学知识、科学方法，语言深入浅出，节目深受大众欢迎而成为电视上的科学明星；他自己去证明当时在美国风行的一些伪科学、神秘主义说教的不可信，并明确予以反对……费曼的看法和做法告诉我们，不能苛求每一个科学家都必须投身科学普及或科学大众化事业；但是那些善于讲解、长于与人沟通的科学家应该在这方

---

① 费曼. 发现的乐趣 [M]. 张郁乎，译. 长沙：湖南科学技术出版社，2005：107.

② 费曼. 发现的乐趣 [M]. 张郁乎，译. 长沙：湖南科学技术出版社，2005：111.

③ 费曼. 发现的乐趣 [M]. 张郁乎，译. 长沙：湖南科学技术出版社，2005：108—109.

面做更多的工作。在这方面，费曼以自己的行动为其他科学家树立了楷模。

3. 西方世界的主流认识

在很多中国人的意识里，科学家不做科学普及或科学大众化的工作，也不是什么大不了的事；这一工作对于科学家而言，本就属于副业。这种意识早已落后于时代。美国科学、工程和公共政策委员会在关于科学家责任的论述中，明确指出："如果科学家确认，他们的发现对某些重要公共问题有意义，他们有责任去唤起有关公共问题的注意。……科学技术已成为社会的组成部分，因而科学家不可能再游离于社会关注之外。国会几乎一半的法案有明显的科技成分。科学家更多地被要求去对公共政策和公众对科学的理解做出贡献。他们在教育非科学家学习科学知识和方法方面起重要作用。"① 科学家应该树立起这样的认识：大众的支持使我有机会做自己喜爱的研究工作，我必须将我的研究成果首先奉献给社会大众。只有这样科学和科学家才能得到社会更多的理解与支持，科学才能更好地发挥它的社会作用，科学家的工作才更有意义。

4. 结语

在中国，大众对科学家这一职业的评价较高。一个科学家完成的科普作品具有一个科普作家完成的作品难以比拟的可信赖度。著名科学家的影响力更非科普作家所能企及。著名科学家多头顶光环，具有偶像效应。霍金的《时间简史》如果不是出于霍金之手，可能难以在世界范围内产生持续而广泛的影响。因此，如果明星科学家投身科普事业，完成相同的科普作品，其影响与一般的科普作家相比，具有多倍的放大效应。这是科学家更有利于科普事业的另外一个理由。

---

① 美国科学、工程和公共政策委员会. 怎么当一名科学家——科学研究中的负责行为 [M]. 何传启，译. 北京：科学出版社，1996：31—32.

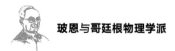
　　根据以上几位科学家的观点以及我们的分析可以得出一个结论，无论回首历史还是远望未来，科普工作都应该与科学家密切相关，科学普及工作是科学家共同体的工作的一个重要环节，也是科学家不能推卸的社会责任。

　　当下我们社会文化中缺乏科学文化的成分。这值得我们从很多角度去反思。这样事态的形成，很多领域、很多方面都有责任。但是中国的科学家在这个方面做得不够也是不争的事实。我国的科学工作者，不仅在科学创造性上要发奋图强；在科学普及方面，也需要更多地有所作为。科学家的科研经费原则上都是来自普通百姓纳税人，科学家做了什么以及在做什么，应该对社会和大众有所交代；科学家的科学研究成果如果对于丰富社会大众文化是有意义的，科学家就有责任尽力去向大众作出解释、说明与宣传。

八、玻恩的经典科普著作:《永不停息的宇宙》

科普工作今天仍然不是每一位职业科学家分内之事。但是历史上诸多科学伟人均或多或少直接参与科普工作,一定意义上,这是其社会责任感的一个重要体现。玻恩在 1936 年的一句话很好地揭示了科学家、科学研究成果与大众的关系:"我认为,科学结论应该以每一个思考者都能理解的语言予以解释说明。"[①] 玻恩一生著述等身,其中就包含若干科普类著作。《永不停息的宇宙》(*The Restless Universe*) 这本书是玻恩科普著作的代表作。

1951 年新版本刊印后,有书评指出:"这一新版本对于现代物理学的经典描述,将会得到所有学者的欢迎。它为所有专业的人们以及学生们提供了一个把握现代物理基本观念的机会。"[②] 玛利亚·戈佩特在悼念玻恩的文章中曾特别提到这本书:玻恩发表了 300 多篇文章,出版了 20 多本书。在这些书中,"半通俗的《永不停息的宇宙》是最妙不可言的。"[③]

1.《永不停息的宇宙》一书的出版情况

该书最早在英国出版。下面两幅图取自老版本,其中明确表明初版

---

① Max Born. *Physics in My Generation* [M]. London & New York: Pergamon Press, 1956: 48.

② R. L. A. *The Restless Universe by Max Born* [J]. Philosophy of Science, 1953, 20 (4): 346.

③ Maria Goepper Mayer. *Pionee of Quantum Mechanics*, Max Born, *Dies in Göttingen* [J]. Phycics Today, 1970, 23 (3): 99.

《永不停息的宇宙》早期版本

于 1935 年。

1933—1935 年是玻恩生活与工作较为特殊的时期。1933 年玻恩一家离开哥廷根辗转落脚剑桥后，他虽然在剑桥获得了临时的教职，但是一家的经济状况较之在德国时已经大大降低。这本书的撰写竟然与其生活压力过大有直接关系。正如玻恩的传记作者南希·格林斯潘所说：玻恩撰写《永不停息的宇宙》这本科普著作的最初动机就是赚点稿费以贴补家用。① 但是玻恩在撰写本书时却如同他撰写专业物理学著作一样严谨认真。

1951 年该书新版在美国出版，其后影响颇大。但新版本却将初版时间错写为 1936 年（见下图）。

美国出版的《永不停息的宇宙》

　　① Nancy Thorndike Greenspan. *The End of the Certain World* ［M］. London：John Wiley & Sons Ltd., 2005：201.

该书很受欢迎，曾多次再版，在网络上可以查询到，多佛出版公司（Dover Publications）2013 年仍在出版发行。

这本优秀的物理学科普著作在我国大陆没有中译本，台北徐氏基金会 1968 年曾出版黄振麟、黄慰慈合译的该书中文版本，书名 *The Restless Universe* 译为《不息宇宙》（见插图）。

这一译本总体不错，有自己的特点。如原著给几个分子起名标号为：约翰、爱德华、威廉和乔治。该译本则按照汉语习惯写成：王二、张三、李四、陈五。再如将分子射线实验中吸附分子的低温壁比喻为"捕蝇纸"，而这是玻恩原著中没有的比喻。诸如此类都是值得肯定的。但是有些语汇并非大陆当下所常见，如钱罐（money box）译为"扑满"；另外有些译法虽然笔者外语水平有限，但仍持不同看法。如第四章题目 The Electronic Structure of the Atom 该译本译为"原子中电子的结构"，这种说法易产生歧义。诸如此类不再枚举。基于以上原因，本文所引该书语句，均直接译自英文原著。

2.《永不停息的宇宙》一书的内容

《永不停息的宇宙》主题内容是介绍 20 世纪量子物理学以及相关的狭义相对论。1935 年英文版，全书包括 5 章，具体内容如下：

Ⅰ　空气家族（The Air and Its Relatives）

Ⅱ　电子与离子（Electrons and Ions）

Ⅲ　波与粒子（Waves and Particles）

Ⅳ　原子的电结构（The Electronic Structure of the Atom）

不同版本的《永不停息的宇宙》

V 核物理学（Nuclear Physics）

该书 1951 年英文版在以上内容基础上，加进了 36 页的"后记"（Postscript）。"后记"包括以下内容：①科学与历史；②更改与修正；③无害的物理学方面的进展；④原子核物理方面的实验进展；⑤原子核理论的进展；⑥原子核束缚能与稳度；⑦介子；⑧原子核分裂；⑨政治分裂与核分裂；⑩原子弹；⑪物理和政治的悲剧性融合；⑫天堂或地狱；⑬展望。可见"后记"的内容主要是 1935 年后量子物理与核物理新进展，以及玻恩在科学与社会论题方面的主张。

《永不停息的宇宙》之第一章，从大气压开始，介绍分子的运动（惯性定律、分子碰撞、质量、动量、动能、牛顿第二定律、气体分子无规运动、分子运动速度与温度、热传导、分子射线实验、分子大小与数量等）；再介绍分子由原子组成（分子量、原子量、阿伏伽德罗常数），以及化学元素周期表。第二章指出原子不是终极粒子，通过介绍电解知识以及阴极射线实验研究，确定电子与离子的存在。通过对电子质量（荷质比）的分析，引入狭义相对论（参照系、以太、相对性原理思想），并在这一理论基础上阐释质量与能量的关系；再通过气体电离研究，引入光电效应（光压、光子）；并介绍微观物理研究中的盖革计数器，以及威尔逊云室等实验及设备。第三章从光的干涉开始，介绍光的微粒说与波动说。在介绍可见光与光的叠加原理以及干涉仪等知识之后，转入近代物理阶段，介绍普朗克假设、爱因斯坦光量子说、光电效应的深入介绍、气体光谱研究与玻尔的光谱理论，揭示微观物质的波粒二象性，以及物质波的实验基础，波动力学及其统计诠释，互补性与海森堡的测不准原理。第四章从原子中正电荷的发现开始，介绍卢瑟福实验研究及原子有核模型、玻尔的氢原子理论、空间量子化等知识；在给出薛定谔方程的前提下介绍基于此理论得出的对于氢原子能级结构的研究结果，解释了塞曼效应及斯塔克效应；专门介绍了 X 射线及莫塞莱的研究、电子自旋及其对能级结构的影响、泡利不相容原理、元素周期系统的意义，以及磁性的微观解释。第五章从放射性开始，介绍衰变定律、半周期、同位素、质谱仪、氖离子、重水、中子及正电子的发现、宇宙射线、原子核转换以及原子核构造等核物理知识。

纵观全书，囊括了近代物理学中量子物理以及与狭义相对论相关的主要基本内容；也阐述了玻恩自己在科学与社会之互动、科学与人类之未来等方面的主要看法。

3.《永不停息的宇宙》堪称经典科普著作

科学研究的本质是探索未知，科普过程的本质是带有一定"翻译"性质的语言叙述上的再创造。在这个过程中，科普作者把将要介绍的科学知识与思想，从科学家的专业语汇框架下，准确地转化到大众日常语汇框架，使之成为尽人皆知或至少是绝大多数人可以阅读理解的作品。明白这一道理很重要，如果一位优秀的科学家不认识到这一点，就难以写出合格的科普著作。但是更为重要的是将这一做法真正落实到科普创作的过程之中。玻恩很好地做到了这一点。《永不停息的宇宙》一书，娓娓道来，语言准确而简明易懂。玻恩很好地把握了撰写科普作品的真谛。该书以简洁的语言，游刃有余、举重若轻地将抽象物理知识描写得人人能懂。

玻恩这本科普著作之成功，除与他准确把握住了撰写科普作品所需要的语言外，还和他的以下努力相关。

3.1 以历史维度为线索，适时应用史料

玻恩对物理学发展史的准确认识，使得《永不停息的宇宙》一书整体结构简明，全书由气体分子运动论、电子与离子、波粒二象性、原子结构、原子核物理等几个部分构成，条理清晰而毫不紊乱。全书以物理学发展的历史为主线索展开叙述。一个人在学习知识、建立自己的科学知识结构时，科学的历史对他而言不是必需的。但是一旦他进入对科学（或科学的某一分支）做整体的文化层面的把握与理解阶段，科学史就会显出其重要性。只有了解历史，才能把握其文化的根脉。《永不停息的宇宙》中的很多叙述清晰交代了物理知识的由来与根脉，如："这

些定律（指惯性定律、碰撞定律）在伽利略的时代即已为人所知，伽利略是第一个清晰表述速度、加速度、质量、力等概念，并通过事例说明其含义的人。"① 再如："（20世纪）物理学的伟大革命开始于一个人的工作，这个人就是马克斯·普朗克。"② 玻恩还在回溯物理学的历史过程中认识到了物理学发展的某些微妙规律，如："发现氖的历史是一个很好的例证，足以说明理论预测与实际测量之间的微小偏差，如何引导科学家确信新物体的存在，并导致做出实际新发现。最令人惊异的事，是实验者对于他们试验精确性的坚定信心。然而这类事例以前也发生过，毫不新鲜。海王星的发现，就是因为其他各行星的轨道存在无法解释的细微偏差，除非假设还有未知的物体在扰乱它们，这未知物体的轨道可由这些偏差预测出，最后果然在期待的位置找到这颗新星。"③ 类似的还有："科学的进步并不总是由简单到复杂，而经常采取相反的方式：通过相当间接而麻烦的方法得到一个结果，然后很简单而直接的证明方法才被发现。"④ 这是不了解科学发展史上相关细节者，难以认识到的。

3.2 善于通过比喻说明科学的抽象概念或事实

在《永不停息的宇宙》一书中，有很多奇妙的比喻。玻恩善于通过打比方，以形象的方式说明抽象的概念或事实。例如，在解释真空一词时，玻恩以教室里的学生全部离开后，教室空空如也的简明状态，比喻气体分子全部离开容器后而形成的真空空间。⑤ 而在形容液面上花粉粒子永不停息的布朗运动时，玻恩信手拈来地打比方说：这些花粉颗粒"就像一群不断蠕动的蜜蜂一样。"⑥ 善于打比方，实在是某些科普题材最事半功倍的好手段。当然好的、有创意的贴切的比喻，只能来自勤于思考、善于观察与联想这类作者的大脑。

① Max Born. *The Restless Universe*［M］. New York：Dover Publications Inc., 1951：7.

② Max Born. *The Restless Universe*［M］. New York：Dover Publications Inc., 1951：117.

③ Max Born. *The Restless Universe*［M］. New York：Dover Publications Inc., 1951：254.

④ Max Born. *The Restless Universe*［M］. New York：Dover Publications Inc., 1951：28.

⑤ Max Born. *The Restless Universe*［M］. New York：Dover Publications Inc., 1951：3.

⑥ Max Born. *The Restless Universe*［M］. New York：Dover Publications Inc., 1951：37.

3.3 直接借用文学手段

在《永不停息的宇宙》一书中，玻恩还很用心地以创作寓言故事的方式表述量子物理的奇妙特性，以下就是一例 [①]：

从前有两个男孩，在森林里从毒蛇的口里救出一个小精灵。为了表示感谢，小精灵给两个男孩每人一个很特别的钱罐。钱罐像陶制的圆球，摇晃的时候钱罐里能发出金币碰撞的叮当声，但是却看不到存钱或取钱的开口。小精灵说："不需要开口。只要用力摇晃，金币就会跳出来，而钱罐永不会变空。"两个男孩开始摇晃钱罐。其中一个男孩很快不耐烦，来了脾气而打碎了钱罐，他只得到了一枚金币。另外一个男孩是个听话的好孩子，他继续摇晃钱罐，并开心地听着金币相撞的悦耳声音。忽然一枚金币跳了出来，但是钱罐上却并未出现任何空洞。他继续不停地摇晃，每过一段或长或短的间隔又不断会有金币跳出，最后他成为了富翁。他不但是一个沉得住气的好孩子，而且非常聪明。他琢磨这个魔罐，很快发现了奥秘：金币碰撞发出的声波如同德布罗意波，而一枚一枚金币如同微观实物粒子。

玻恩通过创作这个寓言故事说明微观粒子的波粒二象性，也通过金币能够从没有出口的陶罐中跳出，说明在量子力学世界，能量有限的微观粒子可以突破势阱的限制，如同一只仅能跳起 1 米高的小青蛙，忽然间从 10 米深的井底跳了出来的奇怪现象——这在宏观世界是不可能；而在微观世界，粒子创造这种奇迹的机会却不为零。玻恩在《永不停息的宇宙》一书中，还巧妙引用文学作品。如在介绍以太的兴衰时，他引用莎士比亚的诗句："如同莎士比亚很久很久以前所说：'天地之间多物存焉……'" [②]

---

① Max Born. *The Restless Universe* [M]. New York：Dover Publications Inc., 1951：240.

② Max Born. *The Restless Universe* [M]. New York：Dover Publications Inc., 1951：76.

玻恩深刻体会到了宇宙之间万物皆变的道理，他说："科学家的目标即是真理。他发现宇宙之间没有静止、没有永恒。……唯有科学定律如不变之柱石，于各种现象飞逝之中矗立。"[1] 写到这里，玻恩引用了歌德《浮士德》中的诗句："时间之织机轰轰作响，我辛勤地为上帝编织圣袍。"[2] 以劳作的编织者比喻探索的科学家，不断运转的织布机则比喻物质世界不断变化的现象，而圣袍象征描述事物运动变化的客观规律。

3.4 通过解释直观现象加深对抽象科学知识的深入理解

玻恩在这本书中解释了生活中常见的一些现象，如以布朗运动解释人吐出去的香烟，进一步说明在其袅袅升起过程中变化莫测的原因。[2] 再如用较长的文字详细说明天空是蓝色的、落日是红色的原因[3]，等等。通过这样的方式，使在有些人看起来深奥、抽象的物理学，直接与身边熟知的事实或现象紧密联系起来，既有助于读者加深对于外部世界的理解，也能强化对于物理知识的认识。

3.5 书中绘制很多精致插图

这本书图文并茂，书中每一页边缘都有一列三四幅精致手绘插图。由玻恩学习艺术的外甥奥托·寇尼斯贝格尔（Otto Koenigsberger）博士所绘制。这在书的扉页上有明确说明。

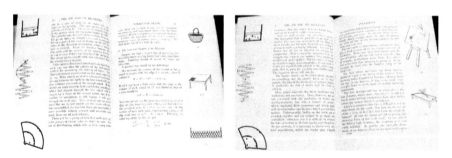

《永不停息的宇宙》内页附有精致手绘插图

---

① Max Born. *The Restless Universe* [M]. New York：Dover Publications Inc., 1951：278.

② Max Born. *The Restless Universe* [M]. New York：Dover Publications Inc., 1951：36—38.

③ Max Born. *The Restless Universe* [M]. New York：Dover Publications Inc., 1951：38—44.

玻恩还专门撰写了"致读者（To the Reader）"，对这些插图予以说明。

TO THE READER

You may have wondered why so many of the pictures in this book are so like one another. No doubt you have already found out how they work. I am going to try and tell you something about the restless universe and to let you see something of its inner secrets for yourselves! You will come across from time to time references to " Film No. so-and-so ", you then turn it up and work it. The pictures all run from the middle of the book outwards. For those in the first half of the book it is best to hold the book in your right hand and flick over the pages with the left thumb; for those in the second half, use the opposite hands. First run through each " film " quickly, then more slowly, and watch carefully exactly what happens.

M. B.

《永不停息的宇宙》"致读者"

"致读者"的大意是："你可能奇怪，为什么这本书中有这么多幅彼此相似的图画。无疑你已经发现了它们是怎么回事。我将要尝试告诉你关于这变动不息的宇宙的一些事情，而让你自己看到其内在的一些秘密。……将书页一分为二，从中间向两边迅速翻阅。在看书的前一部分时，正确的方式是右手持书，而用左手拇指控制书页滑过。在看书页的后半部分时，方式刚好相反。首先让每页的图片快速滑过，然后慢些，仔细看着，注意发现了什么。"实际每一页很相似的画面，绘制的图片，相当于物理系统（如盛有分子的气缸）发生物理变化时拍摄的若干前后依次相继的照片，当按照合适方式翻阅时，就会看到整个变化过程的动画效果。其用心之细腻由此再次可见一斑。

除了这些每页侧列均有的插图外，书中在介绍实验和仪器时还有一些插图。下面是所选书中 29 页分子射线实验说明图（A）、247 页质谱仪说明图（B）、65 页阴极射线实验说明图（C），以及 67 页反映阴极射线在电场中偏折（D）等四幅插图。

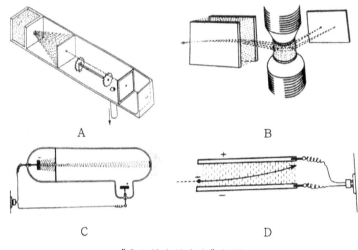

《永不停息的宇宙》插图

由于在国外图书馆拍摄这些插图时存在技术问题，导致图中个别部位略有变形，但绘制这些图时追求精致之用心，仍可见一斑。

3.6 耐心介绍重要的物理实验

理论物理学家玻恩重视实验，他的这一特点在这本书中也有充分的体现。除了介绍物理概念和定律，还介绍了大量重要的物理实验或实验仪器。这保证了这本书没有把物理学写成类似哲学的纯理性著作。物理学是实验科学，只有不忽视实验的决定性作用，才能体现物理学本身的根本特征。在这本书中涉及并介绍的实验较多，如分子射线实验、电解实验、阴极射线研究相关实验、奥斯特实验、光电效应实验、盖革－穆勒计数器、威尔逊云室、光的干涉实验、戴维逊－革末实验、α 粒子散射实验、塞曼效应、斯塔克效应、质谱仪、发现中子实验、加速器等等。在对这些实验的叙述中，使读者明白在获得科学知识的过程中，实验的作用不可或缺，科学不是仅仅靠科学家思考即能建立的。

3.7 简明易懂而不失思想深刻

科普著作要简明易懂、引人入胜，但是并非因此就回避重要的科学思想，以及科学家在科学研究过程中所获得的深刻感悟。玻恩这本书做到了这一点。有些表述很具有玻恩特征的思想性，如他曾这样描写什么样的理论才是更加进步的："一个对我们真正有用的学说，必须令人满意地通过两个检验。首先，它不可采用任何未经实验证实的概念。绝不能因为遭遇到某些特殊的困难而拉进一些特殊的假设。其次，一个学说仅仅能解释我们已经知道的事实是不够的，它还应能预测我们尚不知道，而可以经过更进一步的新实验去检验的一些其他事实。"①

玻恩在这本书中，鼓励科学研究中敢于怀疑的精神，同时也指出怎样的科学理论才能让人信服："任何怀疑都是合理的。单一的现象不足以成为支撑一个理论的牢固基础，单一的测量也不能对某个量值作出使人相信的判断。关键是能作预测，并通过实验予以证实。这样才能做到无可质疑。"②　玻恩还曾将新闻记者的创作与科学家的创造相对比，以说明科学研究工作的特性："很多人觉得新闻素材的组合令人着迷……然而，物理学家却发现那些记者的报告素材特别吸引人。他并不把它们不自觉地组合起来，相反地，他谨慎地使用高度独创性巧妙地设计出来的仪器，去分析研究它们。于是它们告诉了他一个很不同的故事：永不停息的原子组成的宇宙，由一些陌生的定律所主宰。"③

诸如此类的精彩思想性文字在这本书中也是处处显现，使得这本书浅显易懂，却又不失厚重，充满思想性；但叙述这些思想的文字，并未使这本书减分，而是获得加分。因为这些思想适时地出现在了合适的地方，表述又恰到好处，从而使这本书让读者感受不到令人反感的说教、压抑与乏味。

综上所述，《永不停息的宇宙》是一本非常成功的经典科普读物，也是研究玻恩关于科学及科学研究、关于科学与社会等思想时不可忽视的重要著作。

---

① Max Born. *The Restless Universe* [M]. New York：Dover Publications Inc., 1951：5—6.

② Max Born. *The Restless Universe* [M]. New York：Dover Publications Inc., 1951：36.

③ Max Born. *The Restless Universe* [M]. New York：Dover Publications Inc., 1951：106—107.

九、物理学家视角下的科学史

1. 引言

在中国，科学技术史（简称科学史）已经是独立的一级学科。涉足这一学科的除了专门的科学史人员外，还有某些专业科学家、某些科学领域的教师、一些相关人文学科如哲学或历史或考古等从业人员等等。科学史与其他学科不同，没有本专业的本科生，学习和研究科学史的学生都是研究生。因此专业的科学史从业人员的学科背景不能整齐划一，几乎可能是来自于任何其他学科。对来自不同学科背景的人看来，科学史的内涵可以存在很大的不同。其中，科学家心目中的科学史，或者说科学家视角下的科学史值得专业科学史研究者予以关注。因为科学史的重要意义之一是"为科学服务"。① 科学史要为科学服务，主要就是为成长中的科学家服务。科学史要为科学家服务，首先就要清楚，科学家需要什么样的科学史。

2. 物理学家对于科学史的相关论述

物理学是自然科学的基础学科，也是认识自然的前沿学科。物理学家有资格作为体现科学精神的科学家的典型代表。

2.1 玻恩、费曼与麦克斯韦对科学史的认识

科学史描述的对象是构成科学、技术的演变历程的重要历史事件与

---

① 吴国盛. 科学史的意义［J］. 中国科技史杂志, 2005（1）: 59.

历史人物。在玻恩看来，物理学家科学思想与概念演进的过程，就是对客观世界认识的深入而对此前思想与概念的修正或扬弃过程。他说："当这些原始概念——宇宙地心说、光的微粒说、力学里的静态力——被其他概念所代替的时候，改变的意义是什么？决定性的因素肯定是人需要相信存在一个独立于他的永恒的外在世界；而人为了保持这一信念具有怀疑自己此前的感觉的能力。"[1] 怀疑打开科学新的进路。

1964 年在为昔日弟子格林的《矩阵力学》（*Matrix Mechanics*）一书所写的前言中，玻恩说[2]：

> ……我印象中现在存在这样一种倾向，即（人们在教学中）忽视历史根由，而将理论建立在事实上是后来才发现的基础之上。这种方法毫无疑问能够迅速接近现代问题，也很适合培养能够应用这些知识的专家。但是，我怀疑这是否培养做原创性研究的好的教学方法，因为这种方法不能展示先驱者，在成堆的无序事实以及隐晦含糊的理论尝试中，是如何发现他的（正确）道路的。

玻恩的这一洞见无疑是十分合理的。显然，在他看来，好的科学教学过程应该有科学史的渗透，并由此让学生更多地感受和了解科学家的实际科学研究过程中的细节，从而启迪并培养学生的创造能力。在很多物理、化学等等传统教科书中，科学知识不是按照其发现过程与发现顺序，而是依照后来建构的知识内在逻辑关系清晰组合起来的，并以无可怀疑而类似于绝对真理的表象展示给学生。这样的教科书以及墨守这样的教科书的老师的主要作用是传授僵化的知识，这不利于培养有创新精神的学生。

费曼对于错误的物理学教育方法的后果有很深的体会。他在巴西发

---

[1] Max Born. *Physics in My Generation* [M]. London & New York：Pergamon Press, 1956：19.

[2] H. S. Green. *Matrix Mechanics* [M]. Groningen：P. Noordhoff Ltd., 1965：Foreword.

现，这里的学生是通过死记硬背课本的方式学习物理（相信我们的物理教育也不乏这样的做法）。结果使得学生不了解物理学知识的实际意义。书本上的布儒斯特定律告诉他们，海水反射出来的光能够变成偏振，但是当学生通过偏振片亲自观察之后，都为所见而惊呆。因为他们此前从书本上学来的物理知识与真实世界并未曾建立联系。

不仅教科书中因为忽视历史细节，而使充分运用自己的智慧潜心科学研究的科学家最多只变为伽利略变换、牛顿万有引力定律、爱因斯坦的相对论等等短语中符号化的名字，就是在发表研究成果的科学家自己的学术论文中，由于所谓的学术规范的要求，科学家也隐匿了其科研过程中的艰辛努力的实际细节，而只以最简洁的方式表述了他的最后的成果。这正如 1965 年 12 月 11 日费曼在诺贝尔奖获奖报告中所说："我们在为科学杂志撰写文章的时候，习惯于掩盖所有的线索，不谈及死胡同，也不描述起初曾有过怎样的错误想法等等，而把工作尽可能描述得天衣无缝。"① 通过阅读这样的学术论文以及与此类似的教科书，学生无法了解和感受科学家具体的研究过程。而物理学家对于他们在科学研究中所犯的错误、所走的弯路似乎格外铭心刻骨。因此很多科学家都积极呼吁吸取其中的教训。比如麦克斯韦（James Clerk Maxwell，1831—1879）说过："科学史不限于罗列成功的研究活动。科学史应该向我们阐明失败的研究过程，并且解释，为什么某些最有才干的人们未能找到打开知识大门的钥匙，而另外一些人的名声又如何大大地强化了他们所陷入的误区。"②

如同一个没有见过苹果树的孩子，虽然每天都吃苹果，但是他对于苹果树的形象以及果农如何种树、如何施肥、如何浇水等等永远不会有直接的印象一样，只读这类展示科学家研究成果的文章的学生，永远不

---

① Sin-Itiro Tomonaga, Julian Schwinger, Richard P. Feynman. *Richard P. Feynman-Nobel Lecture* [EB/OL]. http://nobelprize.org/nobel_prizes/physics/laureates/1965/feynman-lecture.html.

② 杨建邺. 傲慢与偏见——诺贝尔奖获得者的误区 [M]. 武汉：武汉出版社，2000：前言 3.

会知道科学家实际上是如何开始以及如何坚持他的研究工作并最终取得研究成果的。费曼从巴西回到美国后，他有感而撰文指出 [①]：

> 科学是一种方法，它教导人们：一些事物是如何被了解的，不了解的还有些什么，对于了解的，现在又了解到什么程度……如何对待疑问和不确定性，依据的法则是什么，如何思考并作出判断，如何区别真理与欺骗、真理与虚饰……在对科学的学习中，你学会通过实验和误差来处理问题，养成一种独创和自由探索精神，这比科学本身的价值更巨大。

在物理教育过程中没有对于物理学家科学研究过程细节的一定再现，玻恩与费曼期待的物理学教学效果是无法达到的。可见在重视培养学生的科学创造能力的科学家看来，科学史为科学教育服务大有可为，但是传统教材难以完成这一使命。

2.2 爱因斯坦谈论科学史

1955 年 4 月 3 日，科学史家 I. B. 柯亨与爱因斯坦有一次围绕科学史的对话。柯亨回忆说，爱因斯坦认为 [②]：

> 历史无疑要比科学缺少客观性。他解释，比如要是有两个人研究同一历史题材，个人都会侧重于这个题材中最使他感兴趣或者最吸引他的那个特殊部分。在爱因斯坦看来，有一种内部的或者直觉的历史，还有一种外部的或者有文献证明的历史。后者比较客观，但前者比较有趣。使用直觉是危险的，但在所有各种历史工作中却都是必需的，尤其是要重新描述一个已经去世的人物的思想过程时更是如此。爱因斯坦觉得这种历

---

① 约翰·格里宾，玛丽·格里宾. 迷人的科学风采——费恩曼传 [M]. 江向东，译. 上海：上海科技教育出版社，1999：156.

② 许良英，范岱年. 爱因斯坦文集：第一卷 [M]. 北京：商务印书馆，1976：622.

史是非常有启发性的，尽管它充满危险。

历史比科学更加缺乏客观性应该是史学家首先面对和承认的一个事实。不同的历史学者可以勾画出不同的历史画面，除了爱因斯坦提到的不同的历史研究者具有不同的喜好的原因外，还有一个原因，那就是基于既有的历史文献历史学家往往不足以决定历史的唯一与必然。爱因斯坦所说的由文献证明的历史，很容易理解。但是他提出的内在的"直觉的历史"却是值得辨析的。比较而言，所谓内在的"直觉的历史"，不是指科学史界所谓的"内史"，而是指不由文献限制的、也无须文献引导的、完全凭借直觉感受到的历史。局限于科学史而言，"直觉的历史"，就是凭直觉感受到的符合逻辑的科学思想史。爱因斯坦是高度肯定和重视科学思想的科学与精神价值的："爱因斯坦说，他始终相信，发明科学概念，并且在这些概念上面建立起理论，这是人类精神的一种伟大创造特性……"[1] 因此，爱因斯坦认为，科学思想史应该在科学史中占有特殊的地位，他认为科学史与科学哲学相类似，"因为两者都是研究科学思想的。"[2] 而爱因斯坦理解的科学思想，具体而言即指科学家的所思所想的思想轨迹；致力于描出这一轨迹应该是科学史家的最高目标："去了解牛顿想的什么，以及他为什么要干某些事，那是重要的，我们都同意，向这样的问题挑战，该是一位高明的科学史家的主要动力。"[3] 然而爱因斯坦所说的"直觉的历史"笔者认为却是需要慎重对待的。因为在笔者看来，人的思维和发现有时不是符合逻辑的，人的行为也不都是符合逻辑的。因此包括科学思想史在内的历史本身至少有时也不是符合逻辑的。历史学科不是万能的，而唯有依据文献而来的历史研究才是纯粹的历史研究，就如同说物理学史实验科学，有实验基础的研究才是不折不扣的物理学研究一样。因此爱因斯坦所说的"直觉的历史"，历史学家

① 许良英，范岱年. 爱因斯坦文集：第一卷［M］. 北京：商务印书馆，1976：628.

② 杨建邺. 傲慢与偏见——诺贝尔奖获得者的误区［M］. 武汉：武汉出版社，2000：前言 3.

③ 许良英，范岱年. 爱因斯坦文集：第一卷［M］. 北京：商务印书馆，1976：619.

无法保证其总是有效的、符合史实的。

在爱因斯坦的科学史观里，另外一个重要的方面可以总结为：科学史是从人性的角度研究科学家的学科："爱因斯坦接着说，科学家的传记方面也像他们的思想一样使他始终感兴趣。他喜欢了解那些创造伟大理论和完成重要实验的人物的生活，了解他们是怎样的一种人，他们是怎样工作并且怎样对待他们的伙伴的。"[1] 笔者认为，爱因斯坦的这一兴趣爱好是符合史学精神的，历史学家无论在研究科技界还是政治界等等的历史时，应该力争做到展示他们所研究的群体的工作状态、生活状态与精神状态。

一定意义上可以说历史学就是人学；同样，一定意义上也可以说科学史学即是研究科学家的人学。爱因斯坦充分肯定科学史家的专业作用："爱因斯坦相信，历史学家对于科学家的思想过程大概会比科学家自己有更透彻的了解。"[2] 只要历史学家找好史学定位，历史学家完全有可能将爱因斯坦的信赖变成彻底实现的目标。

2.3　赛格雷与科学史

赛格雷（Emilio Segrè，1905—1989）是在实验中发现反质子而与张伯伦（Owen Chamberlain，1920—2006）分享1959年诺贝尔物理学奖的一位意大利裔美籍实验物理学家，是费米的弟子及重要合作者，费米罗马学派重要成员。

赛格雷自幼与科学史极有情缘，从小喜欢阅读这方面的书籍，成为物理学家后他也未间断阅读这方面的文献。他在自传中说："我一直对科学史感兴趣。童年时代，父母就给我看加斯通·蒂桑杰所写的这方面的书，它们曾经是我长期喜欢阅读的书。后来我读了勒内·瓦莱里拉索多所著的《巴斯德传》一书，它是我母亲最喜欢的书之一。作为一名活跃的科学家，我后来也阅读有关物理学史、化学史、数学史方面的

---

① 许良英，范岱年. 爱因斯坦文集：第一卷 [M]. 北京：商务印书馆，1976：625.

② 许良英，范岱年. 爱因斯坦文集：第一卷 [M]. 北京：商务印书馆，1976：623.

书籍。"①

因此不难理解，当赛格雷随着年龄的增长而科学研究活动减少的同时，他对科学史则倾注了更多的精力："1960 年前后，我开始偶尔做科学史方面的演讲。……这些演讲也是我的《从 X 射线到夸克》一书的雏形……"② 该书于 1976 年出版，是一本科学史类极受欢迎的畅销书。这本英语著作已经被译成了汉语、意大利语、法语、德语、希腊语、日语、西班牙语、葡萄牙语和希伯来语等多种语言。1972 年 7 月，赛格雷退休。退休后的赛格雷俨然成了全职的科学史人员："我不再直接从事实验活动了，但教学活动却没有停止。当然，这时我讲授的是物理学史而不是物理学本身。"③ 在《从 X 射线到夸克》一书的序言中，赛格雷概括了自己在这本书里的所作所为："力图做到不仅要将主要的发现说清楚，而且也要使人们知道取得这些成就的方法、所走过的道路，以及有关的第一流物理学家本身的事情，他们探索到正确道路之前遭受的挫折、犯过的错误。"④

可见赛格雷对于科学史使命的理解与麦克斯韦、玻恩、爱因斯坦、费曼等英雄所见略同。在《从 X 射线到夸克》一书的姊妹篇《从落体到无线电波》的前言里，赛格雷说："当我阅读物理学的许多基本原始论文时，我能体会到它们的作者所面临和克服的困难。通过他们的著作，我们知道他们是怎样看问题的，什么东西似乎是并且事实上是重要的，什么东西应该被忽略，最后，答案是什么。他们不知道答案，必须把它们找出来。这是在研究教科书与研究'大自然书'之间的重大区别。本书

① 埃米里奥·赛格雷. 永远进取——埃米里奥·赛格雷自传 [M]. 何立松，王鸿生，译. 上海：东方出版中心，1999：340.

② 埃米里奥·赛格雷. 永远进取——埃米里奥·赛格雷自传 [M]. 何立松，王鸿生，译. 上海：东方出版中心，1999：341.

③ 埃米里奥·赛格雷. 永远进取——埃米里奥·赛格雷自传 [M]. 何立松，王鸿生，译. 上海：东方出版中心，1999：350.

④ 埃米里奥·赛格雷. 从 X 射线到夸克 [M]. 夏孝勇，杨庆华，庄重九，等译. 上海：上海科学技术文献出版社，1984：序言 1.

是我对我的科学前辈们的爱的一项见证。它来自但丁所说的求知的欲望，或者……寻'根'的欲望。"① 赛格雷的这段告白，告诉我们他从事科学史工作的目标：在费曼描述的那种科学家的学术论文与大众读者之间，通过科学史建立了可以沟通的桥梁。他的自白也说出了有历史意识的科学家之所以具有历史意识的最根本的内因，即寻根的欲望。而这种寻根的欲望，就是把过去包括在内作为追求的对象，寻求对一切事物的全面认识和理解的欲望。就是说，一般人的求知欲的指向是人类的未知领域；而有历史感的科学家的求知欲的指向还包括过去在内，因为对于过去人们像面对未来一样，也有诸多的未知。这在一定意义上与罗素（Bertrand Russell，1872—1970）对于历史的认识相接近：历史可以"开阔我们的想象世界，使我们在思想上和感情上成为一个更大的宇宙的公民，而不仅仅是一个日常生活的公民而已。它就以这种方式，不仅有助于知识，而且有助于智慧。"②

有的人对物理学有偏见，认为它除了枯燥、难懂，没别的什么。但是赛格雷认为："科学研究仍然像艺术创作那样具有魅力，带有戏剧性，富于人情味。不过，在科学教学中常常忽视了历史和传记，而这些在文学艺术领域中却占有突出地位。……不过，我相信：物理学同样有一个丰富的组成部分，是关于人的。它正是我在这里要叙述的主要部分。"③ 在这一点上，赛格雷与爱因斯坦相呼应，认为科学史学有以科学家为研究对象的人学内涵。两位物理学家未必出于深思的本能认识，达到了科学史家萨顿（George Sarton，1884—1956）追求的终极目标："历史学家的主要职责就是恢复人的个性……"④ 人性即诸多典型人的个性之和。

---

① 埃米里奥·赛格雷. 从落体到无线电波 [M]. 陈以鸿，周奇，陆福全，等译. 上海：上海科学技术文献出版社，1990：前言.

② 罗素. 论历史 [M]. 何兆武，肖巍，张文杰，译. 北京：生活·读书·新知三联书店，1991：译序 5.

③ 埃米里奥·赛格雷. 从 X 射线到夸克 [M]. 夏孝勇，杨庆华，庄重九，等译. 上海：上海科学技术文献出版社，1984：1.

④ 乔治·萨顿. 科学的生命——文明史论集 [M]. 刘珺珺，译. 北京：商务印书馆，1987：18.

3. 余论

同为物理学家，对于很多事物可以具有不同的思想看法。但是对于科学史的使命，或者对于科学史的主要意义的认识，我们提到的几位著名物理学家基本上是不约而同的。他们都认为，科学史应该关注科学家科学探索的实际过程，并以再现科研真实过程为主要目标。这既是科学史的主要内容，也是科学史意义的主要载体。他们的认识之所以在这一点上高度一致，是因为对于科学家而言，科研过程是他们生命中最为光彩的波段。在这期间，他们最能感受到面对的问题的最大困难之所在，疑难的挑战使他们亢奋而忘我地投入到科学研究之中；他们的所有值得骄傲的成功，都诞生于这一"搏斗"的过程之中。他们知道，这一过程是使科学进步的最为关键的环节，他们的毅力和智慧在这一过程中最为强大和光亮耀眼。因此他们最明白，如果一个后来人对这一过程了解得越多，他就能学会越多从事科学研究的经验和方法，因而自然会提高其科学的创造力。他们之所以看重这一过程，是因为他们认为在其生命过程中，科学研究占据最重要的高于一切的位置。这与渔民爱讲出海、猎人喜谈打猎、商人愿意聊赚钱、军人爱回忆战争是一样的道理。如果承认科学史的目标之一是为科学服务，也就是为成长中的科学家服务，那么科学家对于科学史的这一方面的理解认识或诉求，就不无道理。

物理学家所期待的物理学史著述，与物理学史研究者实际撰写的物理学史著述，并不完全一致。事实上物理学家的诉求对物理学史研究者而言是个不小的挑战。比如要如实写出物理学家在研究问题过程中出现过的思想与思路等错误，不是一件容易的事，有很多甚至根本就是不太可能的。但是纵观以上提及的几位物理学家对于物理学史的意见、建议与期待，基本上都是有针对性的、有意义的诉求，因此也是物理学史研究者必须充分予以重视的。

科学与人文两种文化的分离是令人焦虑难解的现实话题："科学文化与人文文化的关系问题，成为当代具有全局性、根本性的问题。当代许多社会基本矛盾（人与自然、物质文明与精神文明、经济发展与道德进步、教育改革、人的自我完善等）都与此有关。"[①] 爱因斯坦提示我们从科学家仍是一个社会人的角度去研究他们的生活，了解他们是什么样的人。赛格雷认为："物理学同样有一个丰富的组成部分，是关于人的。"[②] 科学家作为科学文化的主体创造者，与其他人的区别既体现在职业上，也体现在知识背景上。然而科学文化人与人文文化或传统文化人之间仍然有很多的相同或相似之处。最大的交集无疑在于他们都是人类。这是求同存异建立两种文化和谐关系的基础。物理学家的一些朴素认识提示我们在两种文化融合的过程中，科学史具有无可替代的作用。

---

① 肖玲. 科学与人文珠联璧合学术与思想相得益彰. 自然辩证法通讯，2003（5）：1.

② 埃米里奥·赛格雷. 从 X 射线到夸克［M］. 夏孝勇，杨庆华，庄重九，等译. 上海：上海科学技术文献出版社，1984：1.

十、从物理学家的立场看哲学

物理学家对待哲学的态度较为复杂，有的热衷于哲学，有的厌恶哲学。其中玻恩和一位隔代物理学家费曼对待哲学的态度，有助于我们了解物理学家的这类思想。

总而言之，玻恩属于有哲学情结的物理学家。他似乎一定程度上承认哲学的价值和意义，但又从来不给足哲学家面子；关注哲学，但又从不盲从任何哲学流派："关于哲学，每一个现代科学家，特别是每一个理论物理学家，都深刻地意识到自己的工作是同哲学思维错综地交织在一起的，要是对哲学文献没有充分的知识，他的工作会是无效的。"[①] 玻恩的这句话足以让哲学家开心，然而他话锋一转又说道："我试图向我的学生灌输这种思想，这当然不是为了使他们成为一个传统学派的成员，而是要使他们能批判这些学派的体系，从中找出缺点，并且像爱因斯坦教导我们的那样，用新的概念来克服这些缺点。"[①] 如此看来，他关注哲学的重要目的是批判哲学。

玻恩在人生的各个阶段对哲学都有所接触，并获得不同感悟。在深入学习数学之后，他觉得与哲学比较起来，数学家的方法更加严谨、可靠："当我第一次接触哲学家时，即发现他们行走一望无际之王国，却毫无数学家在浓雾紧锁、充满暗礁的海面泛舟时的谨慎与经历，相反哲

---

① M. 玻恩. 我的一生和我的观点［M］. 李宝恒，译. 北京：商务印书馆，1979：26.

学家愉悦自得而对危险一无所知。"① 在他成为理论物理学大师之后，他说："我曾努力阅读所有时代的哲学家著作，发现了许多有启发性的思想，但是（哲学）没有朝着更深刻的认识和理解稳步前进。然而科学使我感觉到稳步前进：我确信，理论物理学是真正的哲学。"② 玻恩的这段话非常重要，对此笔者做这样的理解：牛顿力学、麦克斯韦电磁场理论、统计物理学、相对论、量子力学……物理学这些基础的理论分支，前后发展的顺序是不可能更替的；其中每个理论都是不可或缺的；在物理学发展史上，有些物理学家的历史作用是不可或缺的；整个物理学由宏观而微观、由简单到复杂、由低速到高速的单向发展态势，完全可以由这些理论的具体内容毫无异议地体现出来。而所有这些特点都难以在哲学的发展框架内严格地展示出来。在哲学史上，很多哲学流派、很多哲学家，做时间顺序上的交替，是不存在问题的；至少有时候哲学发展史不存在强大的符合逻辑的内在驱动力；面对哲学各个体系与流派，难以阐明哪家浅显简陋，哪家更为复杂、高妙。在哲学史上，看不出哪些哲学家的历史作用绝对不可或缺，因为他们曾经关心的问题或者可能与后世无关，或者他们根本就没有对问题给出圆满的解答。

　　这也许值得进一步商榷，但是在笔者看来，玻恩认为，哲学家的研究态度与方法，是存在严重弊端的。这使得哲学与科学之间存在很大的距离。

　　美国著名物理学家、1965 年诺贝尔奖获得者之一的费曼（R. Feynman，1918—1988），充满智慧而风趣幽默。成名后他除一如既往酷爱物理，还是名出色鼓手、研究过玛雅文字、学习并创作过一些绘画作品（下面的照片及绘画作品来自网络）。但费曼不喜欢人文学科："我向来一边倒地偏爱科学……我没有时间去学习所谓的'人文科学'……不知道什么原因，我总是竭力回避它们。"③

---

①　Max Born. *My Life*［M］. London：Taylor & Francis Ltd., 1978：54.

②　M. 玻恩. 我的一生和我的观点［M］. 李宝恒，译. 北京：商务印书馆，1979：20.

③　费曼. 发现的乐趣［M］. 张郁乎，译. 长沙：湖南科学技术出版社，2005：112.

费曼

费曼竭力回避的包括哲学。他从不讳言自己一生都与哲学格格不入。做学生时哲学是他最讨厌的课程之一，他总是在哲学课上昏昏欲睡。在普林斯顿工作期间，他曾被哲学家邀请去参加对怀特海一本书的研讨。研讨会上哲学家们的一些奇怪用语，如不断使用的"本质物体"，令费曼不知所云。当主持人问他电子是不是本质物体时，费曼则请哲学家先回答一个问题：砖块是不是一种本质物体？他想：无论砖块是与不是，接下来都可以问：砖块的内部又如何？直到问及电子。哲学家的回答再次降低费曼内心的哲学形象。有哲学家说，一块砖就是单独的、特别的砖，因此就是本质物体；有哲学家说，本质物体的意思并不是指个别砖块，而是指所有砖块共有的普遍特性，换句话说，"砖性"才是本质物体；还有哲学家说，重点不在砖本身，本质物体指的是：当你想到砖块时，内心形成的概念……费曼明白了，哲学家们从来没有问过自己，像砖块这类简单物体是不是本质物体，更不要说电子。[①] 费曼叙述自己这类经历，要说的是他厌恶哲学的原因，即是这种哲学风气：刻意构造一些奇怪概念，而在对概念内涵尚未明确把握时，即开始渐行渐远的玄虚之旅。费曼对于哲学的这种看法，在物理学家中不是特例。诺贝尔物理学奖获得者塞格雷则说："哲学家的成就是含糊的。即使像时空分析这样的事情，我敢说像非欧几何创建者那样的数学家们和像爱因斯坦那样的物理学家们的成就都比哲学家来得大。"[②] 科学家这些观点对与错并不重要，哲学家对此的反映更值得关注。哲学家如果无视科学家的批评观点，那是令人遗憾的；哲学家如果对科学家的观点只有反感，那么哲学就难以自救。

---

① 费曼. 别闹了，费曼先生 [M]. 吴程远，译. 北京：生活·读书·新知三联书店，2005：55—56.

② 埃米里奥·赛格雷. 从落体到无线电波. 陈以鸿，周奇，陆福全，等译. 上海：上海科学技术文献出版社，1990：3.

费曼承认现代科学大部分来自于古代的自然哲学，但现代科学已经进入特殊阶段，在这里哲学难以再指导现代科学家的具体研究工作。这一点著名科学哲学家拉卡托斯也坦然承认："我认为科学哲学……不是科学家的向导。由于我认为即使在今天，合理性的哲学仍然落后于科学的合理性……"[①] 高速与微观领域里的现象，与

费曼的绘画作品

日常世界大相径庭。科学家所面对的现象极为复杂，他们前所未有地发挥着人类智慧，他们所用手段极其强劲。且不说再将科学囊括为哲学一隅已不可能，一位哲学家要真正读懂物理学的重要理论已是巨大的挑战，物理学家对世界的把握程度与理解之深刻，远非哲学所能企及。事实上专业哲学家非但没能为现代科学提供决定性的思想方法，恰恰相反，现代科学如相对论、量子力学、系统科学、非线性科学等等倒是丰富了哲学的方法论。没有哪位科学家真的需要靠背诵哲学原理或方法才知道如何去发现并解决问题。对这一现实没有清醒的认识，就难以理解：为什么一流物理学家对于20世纪的科学哲学多无好感。费米、狄拉克、费曼等是典型的厌恶哲学的物理学家；而富于哲思的物理学家也多是构建自己的哲学，而不是臣服于哲学家的脚下，后一类代表人物有马赫、彭加勒、迪昂（Pierre Duhem）、爱因斯坦、玻恩、布里奇曼（Percy Williams Bridgman）等等。在此情形下再阔论哲学对科学的指导作用，得到的只能是更加被厌恶，一如黑格尔的狂妄所收获的科学界敌视一样。在费曼看来，有些哲学家的作用无非是，当物理学家埋头苦干时，他们在外围无聊议论；而当物理学家发现了物理定律之后，他们靠上前来，对新发现作出似乎比物理学家高明得多的解释。[②]

---

① 拉卡托斯. 科学研究纲领方法论［M］. 兰征，译. 上海：上海译文出版社，1986：213.

② 费曼. 物理定律的本性［M］. 关洪，译. 长沙：湖南科学技术出版社，2005：182.

尽管哲学家关于科学的言论鲜有科学家回应，但科技时代科学技术的文化核心地位越发令一些人无法容忍。后现代主义者继承波普尔证伪论的部分基因，吸收库恩相对主义露珠的营养，受费耶阿本德（Paul Feyerabend）"怎么都行"咒语的激励，尽其所能地致力于否定科学技术的客观性与正确性。在后现代主义者眼中，科学不等同于正确，而与神话、巫术、占星术等等平权，只是人为的构建品。诚如是，物理学理论就不是唯一的。然而费曼认为，毫无疑问，科学的重要特征之一即是它的客观性。[①] 而承认科学的客观性，则科学所包含的正确性即不证自明。如果后现代主义者固执己见，有必要提请其关注以下挑战：首先，请后现代主义者动用自己的智慧并弃用物理学方法，去构建一套与神话、巫术、占星术等平权的理论，它必须与已通过实验检验的物理学理论泾渭分明。按照后现代主义者的一贯信仰，这应该不存在问题。费曼说："没有科学的发展，整个工业革命几乎是不可能成功的。"[②] 基于此，其次请后现代主义者以自己构造的理论为指导，造一台电视机（且不提电脑、卫星或火箭等等）。只要后现代主义者在不违规的条件下造出的电视，与电视机具有相似的功能，那么可以祝贺后现代主义者及其思想是成功的。遗憾的是后现代主义者无法实现科学技术早已实现了的目标。事实胜于雄辩应是亘古至理。物理学定律虽不是绝对真理，但是以它们为指导却缔造了如此丰富、如此实实在在的技术与发明。这说明现有的科学理论中存在真实反映自然奥秘的东西。但科学不是圣经，费曼肯定科学的价值和作用，但不认为科学万能、科学凌驾于一切："非科学并不是一个坏的字眼……在生活中，在欢乐的气氛中，在情感上，在人类的快乐与追求中，在文学上，没有必要都是科学的。"[③] 因此，本质上他不是

　　① 理查德·费恩曼. 费恩曼演讲录——一位诺贝尔物理学奖获得者看社会 [M]. 张增一，译. 上海：上海科学技术出版社，2001：15.

　　② 理查德·费恩曼. 费恩曼演讲录——一位诺贝尔物理学奖获得者看社会 [M]. 张增一，译. 上海：上海科学技术出版社，2001：4.

　　③ 理查德·费恩曼. 费恩曼演讲录——一位诺贝尔物理学奖获得者看社会 [M]. 张增一，译. 上海：上海科学技术出版社，2001：48.

科学主义者。

　　进一步，还应该向鼓吹不同文化、不同理论、不可通约的后现代主义者提出一个挑战。与某些后现代主义者完全相反，我们认为不同的文化与文明本质上是可以通约的。后现代主义者要获得支持，除非能够提供一样东西，那就是中国人与其他民族的人们，在人种意义上存在本质差异的可靠证据。否则，是人类则其智力水准一定相近；生活环境无本质区别则思维方式也无本质不同，基于此不同民族创造的文化，理应可以通约、可以互译、可以互相阐释、可以彼此理解。人类期待美好的未来就躲不开致力于不同文化之间的交流、理解与尊重。为此，很重要的一点正如费曼所说："我们的梦想就是要找到不同国家和民族之间的交流渠道。……我认为我们必须坦率地承认有些东西我们还不知道。并且我认为，承认这一点，我们或许就找到了沟通不同民族的开放渠道。"①

　　哲学有没有介入自然科学的门户和通道呢？有的，哲学是思索的学问，因而也应该是质疑的学问。这本该成为哲学与现代科学的合理接口。费曼曾说："在科学领域，怀疑是很重要的，是必不可少的。"② 有生命的哲学最重要的功能就是赋予人们无拘束的想象力和勇敢的怀疑精神。但科学哲学似乎对此缺乏兴趣，在这一道路上他们所做的唯一质疑倒是科学的正当性。但是哲学家不但难以掌握具体的科学理论，甚至也没能很好地把握科学的基本精神："科学之所是，不是哲学家们所说的那样……"③ 究竟什么是科学？费曼说："有必要以新的直接经验重新检验发现的结果，而不是一味信任从前代而来的种族经验。我就是这么看的，这就是我对科学最好的定义。"④ 这当然不是对科学的全面定义，但却阐释了科学的源流与方法，并充分展示了对待既有的知识，尤其对

---

　　① 理查德·费恩曼. 费恩曼演讲录——一位诺贝尔物理学奖获得者看社会 [M]. 张增一，译. 上海：上海科学技术出版社，2001：30.

　　② 理查德·费恩曼. 费恩曼演讲录——一位诺贝尔物理学奖获得者看社会 [M]. 张增一，译. 上海：上海科学技术出版社，2001：33.

　　③ 费曼. 发现的乐趣 [M]. 张郁乎，译. 长沙：湖南科学技术出版社，2005：176.

　　④ 费曼. 发现的乐趣 [M]. 张郁乎，译. 长沙：湖南科学技术出版社，2005：188.

来自前人的知识的一种科学态度：不是简单否定，而要经过科学方法予以过滤。这值得后现代主义者学习。

费曼讨厌的是模糊、僵化而肤浅的哲学，事实上他有自己的哲学。他通过对自然界和社会的洞察而意识到任何人都不该自以为是或故步自封；他有独特的社会责任感，如他觉得时间珍贵，但对于来自世界各地的教师、大学生、中学生甚至小学生关于科学问题的信件，却耐心回函；他有欣赏世界与科学之美的独特眼光，认为科学只会增加而不会有损于美感[①]；他能充分感受并尽情享受生活与工作的乐趣；他认为没有怀疑精神科学无法进步；他认为科学家必须具备绝对尊重事实的正直和诚实[②]；他能智慧地运用科学尤其物理学的研究方法，这种方法的一个运动周期始于猜想而终止于实验[③]。实验方法是科学方法的核心与灵魂，因为实验是理论纠错的最高法官。虽然哲学家在解构科学时也没忘记解构实验方法，虽然他们曾高调倡议不可证实而只能证伪，但他们无法命令世人放弃归纳方法，更没能动摇科学家对实验方法的尊重、信任和运用。实验科学家依然不断进行着科学实验，理论家从未间断对实验事实的深刻理解与洞察。"戴维逊 – 革末电子衍射实验证实德布罗意物质波假设是正确的""宇宙背景辐射的发现强有力支持宇宙大爆炸学说"……诸如此类的说法在今天的科学家看来，都意义明确而不是违背事实的病句。费曼与他的前辈伽利略、牛顿等一样，没有哪些哲学家掌控万有、无所不知的雄心壮志，他不认为物理学能够回答一切问题，也不作此追求。他肯定牛顿的智慧，即只寻求太阳对地球引力大小的计算方法，而不探究太阳如何施加万有引力（事实上牛顿尝试过，但他明智地适时放弃了）。这一切就是费曼哲学的精华，也是大多数科学家都尊奉的思想共识。在坚信哲学更高明的人看来，费曼的哲学可能极不严谨、不堪一击。但是科学家的哲学收获的成果却坚若磐石。哲学家要撼动科学家的

---

① 费曼. 发现的乐趣［M］. 张郁乎，译. 长沙：湖南科学技术出版社，2005：3.

② 费曼. 发现的乐趣［M］. 张郁乎，译. 长沙：湖南科学技术出版社，2005：216—219.

③ 费曼. 物理定律的本性［M］. 关洪，译. 长沙：湖南科学技术出版社，2005：164.

哲学，首先需要有能力否定基于科学家的哲学的那些包括衍生技术及其丰硕成果。而这是绝无可能的。

费曼提醒人类要树立一种充满无知感因而谦虚而不能自满、自以为是的哲学："对全人类来说，我们现在只是一个时代的开端。人类过去只有几千年，但是人类的未来是无限的。摆在我们面前的有各种各样的机会，同时也存在着各种各样的危险……如果断言已经知道了全部问题的答案，我们将不再进步……我们并不太聪明，我们是笨拙的和无知的，我们必须保持开放的头脑。"① 没有一位科学家的著述完全正确，但也没有一位科学家一生的工作一无是处；哲学家想必也是这样。笔者孤陋，但见过著名科学家比如爱因斯坦承认自己的错误，却未曾见有哲学家勇敢承认自己的哲学错误。如果这是学科性质决定的，那么哲学家对此更应该多一份自省。费曼是了不起的物理学家，但堪称哲学门外汉；笔者不是物理学家，但也是哲学门外汉。两个哲学门外汉谈哲学，想必会令部分专业哲学家不屑。但旁观者清，任何学科要发展都不能故步自封，玻恩学派当年有一条门规：在讨论问题时，"不仅不禁止，而且欢迎提出愚蠢无知的问题"② 。费曼的谦逊与开放心态、玻恩学派的门规，值得学习、借鉴。

---

① 理查德·费恩曼. 费恩曼演讲录——一位诺贝尔物理学奖获得者看社会 [M]. 张增一，译. 上海：上海科学技术出版社，2001：42—43.

② Max Born. *My Life* [M]. London：Taylor & Francis Ltd.，1978：211.

第四章

玻恩学派给我们
的启示

一、我国科技状况管窥

　　人类不存在要不要搞科学与技术的问题，而只有如何搞科学技术的问题。人的存在必须解决衣食住行等诸方面的需求，而这就决定了人类离开起码的科学知识与技术技能根本无法生存。任何国家、任何民族在任何时期都是如此。只有具备基本的科学知识与技术技能的支撑，人类才能存在与繁衍下去。回溯历史不难发现，不同国家、不同民族或不同的社会制度，具有不同的发展走向以及不同的发展速度。而这很大程度上与一个事实密切相关，即这个国家、民族或社会制度，是否在拥有了足以维系其现有存在的科学技术基础上，还在科学技术方面满怀强烈的

上进心。有之，这个国家、这个民族或这种制度将不断发展；反之则必然裹足不前直至衰落灭亡。这种在科学技术领域的上进心，不能在实用主义纯粹物质框架下予以完全解释。以牛顿力学为例。在它诞生百年之后，工业革命才成为现实。而第二次工业革命似乎也不是电磁学领域科学先驱们早已预料到了的奋斗目标。因此科学事业是否繁盛发达，既与物质条件及物质追求有关，也与精神或文化等社会价值取向有关。

由于诸多条件的限制，笔者无法基于世界科技的高度与标准，对我国的科学技术作全面、系统又深刻的概括与评价。然而即便笔者孤陋寡闻，阅读一些文献资料之后还是感觉到，它们或直接说明或间接暗示，我国的科学技术至少在一些方面，还是落后的；不仅如此我们的整体科技文化环境与氛围，仍然裹挟着浓郁的不利于科学技术创新发展的诸多因素。周光召（1929—）院士是著名理论物理学家、"两弹一星"元勋，曾任中国科学院院长。自1985年之后，周光召发表了百余篇呼吁重视自主创新的文章。这意味着至少在周光召院士看来，我国科技界的自主创新能力是薄弱的；而整体缺乏自主创新的科学技术，毫无疑问就是至少部分落后的科学技术。下面是笔者选择的十几篇周光召院士发表的相关文章：

（1）周光召. 善于学习勇于创新走自主开发的道路. 科技进步与对策，1992（2）：3—5.

（2）周光召. 创新是基础研究的生命. 中国科学基金，1993（4）：235—237.

（3）周光召. 创新需要自信. 经济日报，1995-3-1.

（4）周光召. 科学技术必须强调创新. 中国科技奖励，1997（3）：6—7.

（5）周光召. 要创造更多有利于科学家成才的环境. 学会月刊，1999（11）：3.

（6）周光召. 鼓励学科交叉促进原始创新. 学会月刊，2003（9）：5—6.

（7）周光召. 创新与机遇. 广西教育，2003（2）：1.

（8）周光召. 科技创新是新型工业化的动力和源泉. 科技日报，2003-9-29.

（9）周光召. 自主创新是国运兴衰的关键. IT 时代周刊，2005（16）：12.

（10）周光召. 自主创新能力是国家最重要的核心竞争力. 中国信息界，2005（16）：15.

（11）周光召. 重视环境建设促进原始创新. 中国科学院院刊，2005（1）：57.

（12）周光召. 以原创力自立于世界民族之林. 科学咨询，2005（19）：18—19.

（13）周光召. 学习、创造和创新. 中国基础科学，2006（3）：5—9.

（14）周光召. 团结动员广大科技工作者 为提高全民科学素质 增强自主创新能力建设创新型国家而努力奋斗. 学会，2006（6）：6—14.

（15）周光召. 中国目前最需要的是"颠覆性"创新. 南方周末，2007-12-6.

（16）周光召. 创新人才的成长——以伟大的物理学家 John Bardeen 成长为例. 宁波大学学报（人文科学版），2009（2）：5—11.

即使不阅读这些文章的具体内容，而只是浏览其题目，也能够感觉到周光召先生对于中国科学技术现状的认识，以及认识到这一切之后的急迫心情。如果我们已经是世界科技领域的带头者，难以想象我们的科技界掌门人会如此再三呼吁重视自主创新、要创造更多有利于科学家成才的环境、要树立在创新方面的自信……其实何止科技界，广大观众可能不会在意，近些年来《中国好声音》《我是歌手》等一批很受欢迎的综艺娱乐节目，竟然很多不是国内电视人的原创。若说起光鲜亮丽的电视人，从中央电视台、省市电视台到区县电视台，估计我们的从业者是最多的。但是我们的电视人似乎已经连创编一些优秀的电视节目的能力都不具备了。中华民族的优秀大脑都在干什么呢？

国外的期刊（不仅仅限于科技类期刊）更权威、国外的文凭更有含金量、截至目前在多数领域人们仍相信外来的和尚更加会念经，国内培养的土教授、土博士的社会整体认同度无法与海归同日而语……这些现象早已存在，今天还是公认的事实。这些现实反映和折射出来的是在科技研发、科技教育等多领域，我们仍然落后的现实。我们取得的进步尚不足以改变社会的认识，也不足以改变世界科技的格局；由我们向外学习变成欧美列强以我为尊、向我学习、以我为攀登科技高峰开路人的目标还相当遥远。什么时候我们的期刊的专业性、权威性及影响力能完胜 *Nature*、*Science* 或 *Cell*？谁可以指出何时我们的科学家整体上在主要科技领域能够执牛耳、引潮流？什么时候我们自己培养的土教授、土博士能整体上比海归们更加光鲜亮丽受欢迎？如果这一切为时尚早，我们就该奋发图强，继续保持好学习的心态。

笔者不回避我国科技界、教育界存在的不符合科学精神的文化劣根性，但也绝非意在唱衰我国的科技界与教育界。任何一个落后的封建国家在向近现代社会转变过程中，都存在难以避免的文化冲突、思想情感上的欢快与阵痛。钱德拉塞卡（Subrahmanyan Chandrasekhar，1910—1995）是一位著名印度裔美国物理与天体物理学家，1983 年获得诺贝尔物理学奖。钱德拉塞卡早年在美完成学业之后一度纠结回不回印度，他最终留在了美国。钱德拉塞卡在美国求学期间，与我国著名天文学家、当时也在美求学的张钰哲（1902—1986）关系甚密。在钱德拉塞卡纠结是回印度还是留在美国时，张钰哲曾建议钱德拉塞卡留在美国。张钰哲当时给出这个建议的理由是，他认为钱德拉塞卡的研究能力强，留在美国会更加有作为。钱德拉塞卡传记作者卡迈什瓦尔．C. 瓦利在谈到这件事时说："首先，印度的氛围无益于进行持续的科学研究。拥有外国学位和研究才能的印度人回国后，很快地要么深陷于官僚主义泥沼，要么淹没于无聊的争吵和个人间的倾轧中。……印度大学的僵化氛围……一批爱争吵的教员，无休止的争论和合法斗争，同乡观念，以及横在渴望继续进行研究工作的那些前进道路上的种种障碍，所有这一切只适宜于创造一种对创造性工作没什么激励作用的死气沉沉的氛围。"① 这段话里描述的情形在特定时期的中国一定程度上也曾经普遍存在，即使今天也有类似故事在不断重演，即各种科学以外的原因的存在，使从国外回来的某些有能力的科学家，与科学研究事业渐行渐远，成为游离于科学技术与世俗名利之间的一种特殊存在。

　　我们全社会倡导科学技术为第一生产力，但是我国今天的文化与科技管理体制中，不符合科学精神、不利于创新发展、有违科学发展规律的认识、做法与现象，仍然不少。了解自己的不足、承认我们的差距，才有可能更好地进步与发展。如果连差距与不足都不敢正视，盲目自欺欺人，中华民族的复兴，只能是空谈。

---

① 卡迈什瓦尔 . C. 瓦利. 孤独的科学之路——钱德拉塞卡传 [M]. 何妙福，傅承启，译 . 上海：上海科技教育出版社，2006：3.

二、研究玻恩学派的一个任务

2013 年在撰写国家自然科学基金申报书时，笔者几经思考，最后申报的题目确定为：《玻恩学派崛起过程及其对中国物理界之启迪研究》。之所以确定这样一个题目，是因为根据笔者在国外的见闻，尤其在较为深入了解了玻恩及其学派之后，认识到国内与国外大到国家的科技管理，小到一个科学机构、一个学派或研究团队的内部管理与运作机制都存在明显的不同。当时以为这种不同是很值得深入思考的，它是在科学技术领域（至少部分领域）我们始终落后的重要原因。并且决定在课题研究中，基于这种对比思考，给出有启示意义的结论性说明。

然而当真的思考如何撰写这一部分有启示性的、有意义的值得借鉴的内容时，忽然一个念头出现了。它的出现让笔者顿时觉得自己此前的想法过于简单、过于幼稚。这个念头是：几乎从中国近现代出现科研机构与科研团队之始，这些机构或团队的领军人物，绝大多数都是从西方学成归来的饱学之士，他们对于西方科研机构以及科研团队如何管理以及如何运作等等体会、了解之深入，绝对不在笔者之下。既然如此，那就意味着，笔者所要分析、撰写和宣传的所谓西方科技界对中国科技界的启示，事实上他们都是心知肚明的。而既然事实如此，那再去撰写和介绍这一部分内容，意义何在？近百年来，科学技术与教育等诸领域一个又一个领军人物，为什么没能祛除我国传统文化之痼疾，而以他山之奇石修桥补路，重筑我民族恢宏之科技脊梁呢？这个念头曾较长时间萦绕于笔者的心头，并一度动摇过去的信念。但笔者最后觉得，西方科技界的一些成功做法的确还需要有更多中国人深入了解，因此仍将完成撰写"启示"。看一看 20 世纪德国的物理学得以强势崛起之倚仗，我们可以获得一把尺子，借以衡量我们的差距究竟何在、究竟有多大。另一方面，也将尝试一探高士大贤归国后"蜕变"之缘由。

三、良性的激烈竞争环境是科技发展的最好文化氛围

　　毫不浮华、更不张扬，躲避复杂人际纠葛、惯于埋头做事的玻恩，个人科学成就巨大，成功缔造了自己的学派并培养出一大批杰出科技英才。悠悠千古，芸芸众生，能有此成就者凤毛麟角。玻恩为什么能取得这样的成就？一个人取得伟大成就，个人的才华与努力当然很重要，但也依赖个人之外的一些其他因素。正因为这些因素的存在，康熙皇帝无法成为彼得大帝，反之亦然。究其原因，即使他们都具有成为有作为帝王的同样天赋，因他们所在的文化土壤与个人履历截然不同，结果必然在中国只能生长出康熙而不能是彼得大帝。将康熙与彼得大帝作对比研究，如果无视这个基本前提，必然陷于鸡毛蒜皮的琐碎之中。

　　良性的激烈竞争环境对于科技发展的促进作用至关重要。在玻恩读书、做讲师、做副教授再做教授的一系列过程中，除了纳粹排犹这一特殊社会因素，总体上给我们的感受是：至少在那时德国的物理学界就业机会少、竞争异常激烈；但是激烈竞争的主旋律是任人唯贤，即竞争中基本上不存在任人唯亲等有违能者居之的阴暗因素作乱。玻恩毕业于哥廷根大学，但是他在这里获得讲师任教资格的过程并不轻松。在做副教授前，玻恩与普朗克没有什么交集，但是普朗克还是一方面向主管部门举荐，一方面亲自邀请玻恩成为自己手下的副教授。普朗克看重的不是

玻恩出自什么门户，也不在乎他与自己没有特殊关系，而唯一看重的是玻恩的科研成就与工作业绩。同样靠着自己的成就，玻恩又先后成为法兰克福大学物理教授、哥廷根大学物理教授。在那个时期的德国，所有一流的物理学家，几乎都有与玻恩相似的经历。爱因斯坦凭借一流的成果，从一位专利局小职员快速占据德国理论物理学界的 No.1 的位置，朗德、泡利、洪德、海森堡、约当等青年才俊在崭露头角后也很快得到了物理学界的热烈欢迎和认可。良性的激烈竞争环境之所以重要，其一，它能极大地激发人们的主观能动性；其二，它影响人们的努力方向。第一点无须作过多说明。至于第二点，也不难理解。在良性的竞争环境下，学界的评价体系最看重的是每个人的专业本领。每个学子都明白，自己做出一流的成果才是硬道理。因此最为重要的是穷尽自己的精力与才华，去做出最好的研究工作；而不是潜心寻找靠山、用心经营人际关系。

　　良性的竞争环境，是天才成长的乐园。玻恩的父亲开明，不干涉玻恩的学业发展方向。但是玻恩的好朋友弗兰克选择学习物理学，却受到了家庭的巨大压力。理由很简单，那时候学习物理学意味着前途艰难，未来的发展与生存空间及出路都极其狭小。在那一时期，与弗兰克有相似家庭压力的人并不少见。海森堡的父亲在得知海森堡的选择后，曾忧心忡忡，并向玻恩咨询自己儿子作出这样的选择，未来是否有出路？良性的竞争氛围使酷爱物理学或有物理学天赋的人们相信，只要充分发挥自己的才华，做出一流的研究工作，就不仅能实现自己的理想，也一定有机会获得体面的职位。因此，在良性竞争环境下，激烈的竞争会更强烈激发这些科学天才们的上进心。天才往往与个性孪生，天才多具有恃才傲物等弱点。在不具备良性竞争氛围的环境下，天才本身的弱点往往是致命的，难以避免人生失败或怀才不遇的厄运。因为另一方面，那些缺乏科学研究天赋与本事的人，为了在科学界拥有一席之地，就一定想方设法培养自己在学术研究之外的其他生存技巧。善于察言观色、善于拉帮结伙、善于在勾心斗角的环境下生存，这些往往是专业本领不过硬者们的强项，而又常常是天才们的弱项，或者说是年轻的天才所不屑一

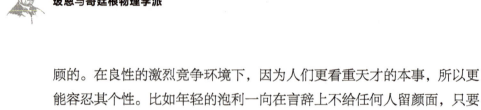

顾的。在良性的激烈竞争环境下，因为人们更看重天才的本事，所以更能容忍其个性。比如年轻的泡利一向在言辞上不给任何人留颜面，只要有错误被他看到，面对上帝他也会举起鞭子。但是在德国良性的竞争环境下，泡利这样的秉性没给他带来过任何麻烦。试想如果泡利生活在中国，笔者几乎可以肯定他一定因为得罪人多（进而被世人看成品行有问题的疯子等等）而难以顺利成长。因此唯有在良性的竞争环境下，科学天才更能茁壮成长。

如果一个国家某个研究领域水平长期难以跻身一流，很可能存在多种原因。在诸多原因之中，有一条容易被人们忽视，那就是不适合在这个领域发展的人员的大量介入。所谓不适合在这个领域发展，换一个说法就是这类人即使极其努力，倾其一生也无法做出一流、甚至二流的出色工作。过去我们批判天才论，但是事实上不能不承认，要做出某些创造性的研究工作，确确实实需要特殊的天赋；勤能补拙不是万能的，勤奋、刻苦不足以搞定一切。良性的竞争环境，可以成为淘汰不具备天赋从业者的最有效的机制。既然做不出一流的工作，那就没有发展空间，因此逼迫不适合科技或学术研究者尽快去寻找更适合自己的领域；而真正有天赋者，只需做出一流的工作即可高枕无忧。在玻恩所处时代，德国物理学界的一流工作，就是世界物理学界的一流工作。当时德国物理学家的视野，绝对是国际一流的。在这样的氛围下，任何虚名与花哨的障眼法都难以用来蒙人、混事。良性的竞争氛围，不仅仅德国具有，西方科技发达国家也大致如此。笔者在英国剑桥大学访学时，曾与那里的教授私聊他们的工作环境与压力。简言之，那里的教授没有我国教授当下的一些压力：每年发几篇什么样的论文，争取什么级别的科研课题等等。但是他们自己有藏在内心的压力：如果在这里做教授多年，却不是自己领域的国际代表人物、著名专家，那么他们就没有了在这里继续做下去的勇气。当时德国物理学界的教授、副教授甚至讲师，没有一个是靠关系混进去而毫无本事的庸才。良性的激烈竞争氛围，使得"滥竽"在这里难以充数。可以想象，如果有一位没有学识的官二代、学二代或富二代，凭特殊身份与关系混入了当时的德国物理学界，那么他也很快会知难而退。因为他无法在这种良性的、完全靠本事和能力说话的氛围下，继续混下去。而在中国就不一样，他可以花钱去"购买"研究成果，或侵占学生或属下的研究成果……靠关系去搞项目……一路下来，学问虽然不长，但是荣誉、头衔和虚假光环，完全可以超越那些靠真本事吃饭的人。而在当时的德国物理学界，这种事情没有发生过一例。即使有人想买成果，不会有人将自己的论文私下出卖给混世南郭。而现在我国学术界的情况却是非常复杂。2017 年 4 月 20 日国际权威期刊《肿瘤生物学》将 107 篇中国作者的论文一次性撤稿。其后媒体报道，撤稿的原因之一是存在代写代投的第三方机构。那么谁能证明在物理、化学等等领域之内，就不存在类似现象？这一事件也许只是冰山一角。

没有良性的竞争环境，那么对于人才的选择就不会任人唯贤，科学的"废材"就有机会"淘汰"掉科学天才。而只要一定数量的这类人进入科技界，由于他们具有前文所述的"才能"，进而会导致在科学技术界，科学天才、真正有能力的人物不具有话语权，受制于科学"废材"甚至外行。这样的非良性竞争局面一旦形成、一旦成为行之弥久的一种文化氛围，则科学天才所需要的研究资源自然失去保障。不仅如此，他们的心情就不会愉快，他们的精神、心理、信心和斗志就难免受到挫伤。久而久之他们致力于科学研究的志向与"道心"，甚至他们向往真善美的初心都会受到损害。这种人为的逆境当然也可以促使个别天才越加坚强向上，但是也足以令很多天才事业夭折。不敢说这就是目前中国科技界、学术界之现状，但是可以说：在中国科技界、学术界，类似现象从来就未曾绝迹。

作为一名普通高校的普通教授，笔者没有能力对于我国重要科研院所的人事任用的实际情况作深入调查。在这样的情况下，说什么似乎都是隔靴搔痒。然而刚巧 2017 年 6 月 16 日多家媒体报道了十八届中央第十二轮巡视在对北京大学、清华大学等 14 所中管高校党委专项巡视时，发现的诸多问题。人们通常认为，名气大、档次高的高等院校，其内部管理与运作情况与普通、低层次院校相比要规范得多。这当然是有道理的。然而这次巡视的结果表明，这 14 所国内一流大学无一幸免，在选人用人方面都存在问题。其中，北京大学：选人用人问题突出；清华大学：执行选任程序不够规范，干部管理监督不严；北京师范大学：执行选人用人制度不严格，选任程序不规范；大连理工大学：选人用人工作不规范；吉林大学：执行选人用人制度不严格，选任程序不规范，干部日常监督不到位，进人把关不严，存在"裙带"关系，干部档案等造假问题突出；哈尔滨工业大学：执行选人用人制度不够严格；同济大学：选人用人程序有时不规范、把关不够严；浙江大学：选人用人程序有时不规范，对个人事项报告不实的处理偏轻，干部选任存在一些问题；山东大学：干部人事管理不够规范；重庆大学：选人用人缺乏统筹谋划，执行干部人事制度不够严格；四川大学：干部队伍建设总体谋划不够，执行干部人事制度不够严格；西安交通大学：执行选人用人制度不够规范；西北农林科技大学：选人用人问题比较突出，执行制度规定不严；西北工业大学：选人用人制度建设滞后，执行制度不严格。

国内的一流高校与科研机构在人事任免制度上是存在相似性的。而且有些国家级重点实验室等研究机构就落户于这些一流的高校。这次中央巡视组公布的这 14 所高校在人事任选方面存在的问题，从一个侧面提醒我们，笔者所议我国教育与科研单位目前尚未做到选用人才唯才是举、任人唯贤的话题，根本不是无的放矢。

也许可以展开联想把德国文化、德国人的性格，与 20 世纪德国物理学界曾经存在的良性竞争机制联系起来。但是严格论证是困难的，甚至是不可能的。无论如何，在德国物理学界曾存在这种良性而激烈的竞争环境是客观事实，而低调、腼腆的玻恩科学事业的成功有赖于这样好的科学文化氛围。读本书前部分可以知道，在玻恩成长过程中，他是这种文化氛围的受益者；在他成为有影响的人物之后，他也不自觉地成为这一文化的维护者。玻恩举荐年轻人、选择助手、录取学生都是看重他们的特殊能力，并予以因势利导、因材施教。

在地球逐渐变为村落的时代，二流、三流甚至末流人才为什么还有机会混迹于中国科技界、学术界，甚至有的还混得八面逢源、春风得意呢？难道中国科学界不能拿一流的国际标准衡量我们学者们的研究吗？这个问题看似简单，实则难以操作。笔者从另外一个角度，对此做个侧面说明。现在在我们国家，有国家级、省部级、地市级直至具体的每个高校或研究部门内部所设立的科研立项，每年都搞评选。一流高校如此，末流高校也是如此。但是即使在学术实力还处于相当差的单位的立项书中，都有一项必填：本领域国内、国际研究现状。言外之意是要求写明，申报者所报的项目，在相同领域的国内、国际研究中处于什么水平。可以想见（笔者本人也是某些级别项目的评审专家），至少在笔者所见范围，没有一个申报者会说自己的研究与其他人的研究相比，还存在相当大的差距，而都要说自己有若干独到创见。可是 N 年过去了，又 N 年过去了，这类"向一流看齐、向世界看齐"的"高水准"研究不断继续着，但我们仍然缺乏一流的有世界影响的原创研究成果，我们在世界科技界独占鳌头的目标还遥不可见。"一流的成果""一流的研究工作"本来应该只有一个，即国际科学界的标准，但实际上我们却既有国家或其他某一层面政府的标准，还可以有个别的单位的标准。如同我们国足的成绩有目共睹，但仍然有足协领导曾拒不承认国足在亚洲只是三四流甚至更差等级球队的现实。于是真假难辨、高下难分；事实上是有人故意要混淆真假、搞乱高下。

当下中国科学界甚至整个学术界，最需要建设良性的竞争环境。只有成功达到这一步，学术岗位与学术资源的获得，才能任人唯贤，出色的学术研究能力才能成为学者、科学家安身立命的第一要素。笔者不否认，我们已经取得的科学技术成就。这种成就的获得主要出于两种情况。第一，由类似于"两弹一星"这类靠举国行为推动的、有强烈的政治色彩的科技研究。这种做法有其优势，未来也不会断绝。但是普遍意义上的科学技术是不可能依靠这种手段来全面推动的。另外一种情形是一个领域、一个单位或一个部门，由于种种机缘巧合，出现了一位既有

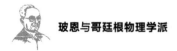

科技研究天赋与能力，又懂科技管理的强人类型的领袖人物；在他的治理下，某一领域或某一学科的科学技术做得很有起色，不逊色于任何国家的任何研究机构或学派。正如老话所阐释的道理：强将手下无弱兵；兵熊熊一个，将熊熊一窝。但是辉煌的事业多是随着强人退出历史舞台而很快风光不再。更不要奢望这种现象能够逐渐烽火燎原，进一步影响其他领域。究其原因，并非没有千里马，而是没有确保千里马得到合适其用武之地的文化氛围与制度保障。因此能创造辉煌事业者的出现即属于偶然事件。任何一个单位在遴选领导、带头人时都不会不注重候选者的能力。但实际操作中却未必都是有能者居之。在几千年中国封建社会，历朝历代都将培养和遴选明君视为国家第一大事，尽管如此，无可否认真正有作为的皇帝却是凤毛麟角。不是没有人选，而是合适的人为不称职者所淘汰。因为在中国，选材之道往往并不简单地只重视才能，在选材事件的背后有复杂的多种暗流涌动，甚至是长期的暗流涌动。有人会说笔者这类比喻不当，但事实上道理大同小异。中国科学技术要大发展，在选人用人上必须有所变化，至少要有三国时曹操的气度，只要确实是人才、只要以事业为重，哪怕他有其他的缺点或弱点，也必重用无疑。只要以发展事业为第一目标去选择人才，中国科技界诸多梦想不难实现。而只要平庸之辈高高在上、结党营私、胡乱指手画脚，必然大事难成。

四、如何理解较为宽松自由的科研环境

很多科学家、科学社会学家、科学哲学家与科技史家都认为，较为宽松自由的社会、政治与文化环境最适宜科学技术发展。如巴伯在《科学与社会秩序》一书中指出："权力集中程度不大的政治体制类型也特别与科学意趣相合。……在经验科学现在已经达到高度发达的国家中，科学之有效的运行除了有限的几种外部控制之外需要很大程度的自由。没有大量的自我控制，科学就不能前进，我们所指的是由职业科学家们自己在其非正式的和正式的组织中所实施的控制。总的看来，这种基本的自主性在现代世界中已经给予了科学。在近代科学兴起之前，这种自主性与教会的等级制宗教组织不相容。"①

前文我们所说的有利于科学发展的良性激烈竞争环境，视域始于德国物理学界，主要指的还是科技界的内在环境。之所以这样说，是因为一定范围之内的这样科技内在小环境，一定意义上是科技界可以自主完成的，这决定于科技系统在社会大系统中的某种相对独立性。当然这种相对独立有时是极其脆弱的。科技系统作为整个社会的子系统，总是要受到社会政治、文化等的影响，甚至可以完全为其所左右。巴伯所说的科学在其中具有较多独立自主自由度的政治体制类型，指的就是科学技

---

① 巴伯. 科学与社会秩序［M］. 顾昕，等译. 北京：生活·读书·新知三联书店，1992：84—85.

术之外的、赋予科技较多自由的科学技术母系统的政体类型。

对于科学自由，贝尔纳有过十分详尽细致的阐述："科学自由不单是对这个或那个研究项目或者理论不加禁止或限制，虽然今天在某些国家中，科学连这个最起码的自由也没有。充分的科学自由还不仅仅以此为限。要是人们得不到经费，即使允许他们进行科研也是没有什么用处的。研究资金的缺乏像警察监视一样有效地阻碍科学发展。不过即使资金、而且在一定程度上是依照科学发展的内部需要提供的，科学还是没有充分自由。科学活动的整个周期并不因为有了一个发现就算完成了。只有当这个发现作为一个观念作为一种实际应用，被当代社会所充分吸收的时候，这个周期才算完成。"① 在贝尔纳看来，科学家不是过去皇庭里供养的一些修士，仅仅"圈养"他们是不够的，要让他们有行使自己专业活动的自由，还要让他们的成果具有在社会上发挥积极作用的自由："只有当科学在社会生活中可以起积极的作用，而不仅仅是供人思考的时候，科学才能充分发展。这当然就是科学在 17 世纪和 19 世纪初期大发展时代所起的作用。那时资本主义破天荒第一次为有效利用自然力量提供了机会。"①

历史上曾有统治阶级或社会势力担忧科学家会成为对社会体制构成威胁的力量。事实上绝大多数科学家不具有这样的野心。担心科学家成为一个团结对外的组织，几乎可以肯定地说属于杞人忧天。将这些个性十足的人组织起来、团结在一起，世界上没有多少事情比这难度更大。虽然有一些科学家也有极其强烈的社会责任感，但是真正的科学家本质上就是有一些特殊爱好的人，而他们的爱好要得以满足，他们一定意义上必须"寄生"在他人的帮助之下。对此作为一流科学家的贝尔纳本人认识颇深："他（指科学家）为好奇心所驱使而力图去满足这种好奇心。为了能做到这一点，他愿意适应任何一种生活，只要这种生活在精神上

---

① J. D. 贝尔纳. 科学的社会功能［M］. 陈体芳，译. 北京：商务印书馆，1982：433—434.

和物质上对他关心的主要事业干扰极少。舍此之外，科学本身是一项极其令人满意的职业；从事科学工作能使人不去注意外界事物，因而也可以为感到世事痛苦的人们提供安慰和逃避的手段，所以只要科学本身不受威胁，大部分科学家可能都是最恭顺的公民。"①

当学者们作此类陈述时，即强调宽松自由的政体更有利于科学技术发展时，仿佛他们表述出来的道理是不证自明、显而易见的。但是究竟自由与科技之发展之间是什么样的内在关系呢？难道以某种方式强迫科学家作科学技术探索就不能促使科学技术进步吗？科技发展所需要的自由，无非包括物质（科研经费）以及精神（科学家的精神状态）两个方面。事实上有些即使异常重要的科学研究，并不需要特别多的研究经费支持，比如狭义相对论就是在没有一分钱研究经费支持的情况下，由爱因斯坦奉献出来的。今天即使拿出 5 个亿的科研经费去支持一位年轻的物理学家，让他做出等价于狭义相对论的科学贡献，结果十有八九是竹篮打水。对于爱因斯坦这类做科学理论研究的人而言，表面上看没有衣食之忧，只要有钢笔、白纸以及足够的可以自己支配的时间，他们就具备了做出重大科学贡献的全部可能性。他们甚至不需要其他人的指导与建议。这一点爱因斯坦说得很清楚："凡是有强烈愿望想搞研究的人，一定会发现他们所要走的路，建议是很难有什么帮助的"。② 另外一个德国人歌德更早也对此深信不疑："真正有才能的人会摸索出自己的道路。"③ 这就是说，从事科学研究的基本条件，即使在被称为"十年浩劫"的"文化大革命"时期，很多人也还是具备的。但是为什么那一时期除了为政治服务的若干任务性科技研究外，鲜见有价值的科学研究成果呢？"改革开放"之后，显然有更多人具备从事科学研究的基本条件。但是为什么我们仍然在诸多关键性研究领域还总是步人后尘呢？为什么

---

① J. D. 贝尔纳. 科学的社会功能 [M]. 陈体芳，译. 北京：商务印书馆，1982：518.

② 许良英，赵中立，张宣三. 爱因斯坦文集：第三卷 [M]. 北京：商务印书馆，1979：392.

③ 爱克曼. 歌德谈话录 [M]. 朱光潜，译. 北京：人民文学出版社，1980：104.

还总是缺乏创新精神呢？因此科研自由中的研究经费的保障对于有的研究而言，虽然是不可或缺的，但是对于另外一些研究而言，其重要性就不那么明显。在有的社会背景下，即使物质条件非常一般，仍然有杰出的科研成就一再出现；而在有的社会背景下，虽然物质条件已经很好，仍然难以见到好的科研成果出现。这说明一个道理：物质因素不是科学研究成功的充要条件。在这个意思上，至少在很多领域，如果说我们的研究条件还不适宜，研究者感觉缺乏的那种"自由"，更多体现为精神层面。

社会价值观所能令世人趋之若鹜的，既可以是物质的，也可以是精神的。人类的价值观不可能是单纯物化的价值观。在大众看来对人最有诱惑的是名与利。但不能因为名与利可以互相转化而抹杀名与利的区分。这逐渐进入了需要专门研究的大课题，笔者在此不想深入展开，但是必须指出，非物质因素的社会主流价值观完全也可以成为影响一个社会科技发展的重要力量。简单而具体地说，如果社会像今天我们各种媒体处处展示歌星、影星等艺人风采那样，电视、电影、综艺节目多请科学家为主角或多介绍科技领域发生的一切，使大众知道科技人员才是推动社会发展的重要"明星"，社会赋予科学家极高的受人尊重的地位，那么科技事业就会吸引来更多有天赋的人才，就如同现在很多中国人都梦想一夜成名，成为演艺、娱乐界的明星那样。让科技教育人员、让科学家、让学者为自己的职业而自豪，让普通市民对于这些职业有某种向往，这才是适宜科学技术或学术发展的社会风气。如果出现科学技术界的影响力与今天演艺文化的影响力有几分类似的文化局面，再借鉴并缔造西方那样有利于科技发展的良性竞争环境，那么中国科学技术人才济济、高速发展的时代即指日可待。

以笔者的年龄和阅历，谈到科研自由，不能不联想到一个特殊的时代。读我国著名科学家在"文化大革命"时期撰写的著述，似乎有这样一个认识：如果离开革命导师们思想语录的启发和指引，这些科学家自己根本不会独立思考。今天情况当然大大好转，也再鲜见哪位科学家在自己的著述中引用伟大导师们的思想与格言。但是似乎这一社会文化，已经在中国知识分子的思想之中自觉或不自觉地打下深深的烙印，已经形成了某种思维模板与独特的语言表达方式。僵化的思维模式既能制约人主观创造性思维的上限，也能反映人看问题视野的最大疆域。近些年来，中国本土科学家自传、访谈等等著述层出不穷。这些回忆性质的著述，应该展示的是科学家内在的精神与情感世界。而出于研究需要，笔者一直阅读西方著名科学家类似的著述。西方有的著名科学家，如费米、狄拉克、费曼等，直言不讳讨厌哲学，甚至不喜欢所有社会科学。但是读他们描写其个人思想与精神世界的著述，其视野之宽阔、其见解之独特、其思想之博大，都令人折服。而我们的某些科学家不仅仅在科学研究与创造方面输给了人家，在个人思想境界之修炼上似乎也是小巫见大巫，其思想简单、教条、呆板、乏味，对世界、对社会、对人生、对科学研究，缺乏真情实感与远见卓识，缺乏足以展示其聪明才智的个性化的深刻感悟。笔者在此丝毫没有贬损我们自己科技界前辈之意，也相信并非我们的科学家都不具备这样的思想见解与感悟，而是认为已经模板般固化了的表达方式限制了他们对于自己内心世界的展示。这种差距的产生与存在，不在于智商、不在于勤奋与否，而在于特定社会文化对人的思维与表达方式的制约。对于这种特定时期独特的中国式的思维方式与表达方式的了解，笔者目前仅限于初步的、似仅能感受并断定其存在的阶段，但尚无深入研究，因而无法对其做出过多具体的描写与分析。希望有其他学者对此展开深入的研究。只有对其有充分的认识，我们才能做到对其做必需的改良。

五、重关系不利于缔造良性竞争环境

　　对于一个人或一个社会团体而言，其行为结果主要决定于两个大方面。其一，任何人都是人类社会中的一员，离开社会关系，原则上绝对孤立的个体人是无法生存下去的。因此，不能无视社会关系的作用。其二，在同样的社会关系之下，不同的人的作为是有明显的不同的，这是由人的个体能力差异所决定的。因此，社会行为的结果主要取决于关系和本事两大因素。这两个因素之中，哪一个更为重要？总而言之，中国人自古以来更注重关系；而西方文化相对更偏于重视个人能力。在注重关系的文化背景下，人们办事首先想到的不是正常的办事渠道和程序，而是办这事需要去找谁帮忙。在注重关系的文化环境下本事一般的成功上位者，接下来几乎无一不是进一步缔造和巩固辅佐自己的小圈子、小集团。而能进入这一小圈子，则意味着成为主政者利益共同体中的一员。而进入这一圈子的最核心要件，当然不是专业本事的大小，而是取决于会取悦主政者以及与主政者有密切的关系并对他忠心。圈子之外的具有较强专业本事者，则常常成为小圈子与小集团或明或暗的各种打击、各种排挤的对象。理由很简单：这些人是能够对于他们小集团专制构成威胁的危险分子。而在一个信奉关系的社会，当一个人因为有关系而占尽先机或击败竞争对手而成为胜利者时，无疑是开心的。对于帮忙的"贵人"也必然是要感谢的。而就在这种似乎温情脉脉、人情味十足的氛围中，正常的事情往往变成了不正常，正当的程序被无视、合理的规矩被破坏，甚至应该遵守的法纪也被冒犯，最后导致我们的文化从本质上变得与现代文明油水难容。久而久之，完全有别于良性竞争、良性循环与运作的社会文化就一代代地传承下来、传承下去。这种文化实质上是毒害中华民族血液、使中华民族生命力与素质受到巨大伤害的罪魁！当关系学与关系思维成为根深蒂固的风气之后，它就如同无边际的海洋，将所有法律、法规、职业道德等等变为一座座孤岛。即使孤岛林立，各种违法违规行为或绕道而行或潜水作业，总能一再得手。而这必将进一步增加人们对关系的信服与依赖。在美国著名大学任教授的一位优秀生物学家，被北大高调聘回。然而几年后，申请课题名落孙山的经历发生在了他的身上，评院士落选的经历发生在了他的身上。有些人私下分析其原因说："当然不是专业问题，而是他不了解祖国的国情，没学会至少在自己的学科拜码头的规矩。"而他本人的感慨似乎也印证了这一点，他说：回国后，"我最大的痛苦来自于中国的人际关系。"（此语来自于网络。）在关系文化根深蒂固的中国，有的时候拥有强大的关系网比出类拔萃、有一身真本事更加有用。因此无论热衷还是内心极其厌恶，生活在这样文化氛围里的人都不能无视触须无所不在的关系网实实在在的存在。本质上它已经成为维持生存和发展的异常重要的因素。在中国，原则上已经几乎无人能跳出形形色色的关系网所繁衍的乾坤之外。

在一层又一层的关系网中，最后的主导者主要是公共权力的掌握者。中国文化注重关系的最终结果，在绝大多数情况下，是多数服从于少数，管理权最终沦为少数特权阶层的工具；而注重本事或能力的结果是尊重个体、追求个性解放、服务于个体自由而充分的发展。因此，最欢迎专权式管理的，当然是管理者。在关系化社会，管理者事实上就是关系的掌控者。对管理者而言，关系学泛滥的好处主要有二：其一，掌控关系使其拥有绝对的权利，在其治下的一亩三分地，管理者可以为所欲为；其二，掌控关系之后，他可以粗暴、简单而更加方便、省力地去处理管理事务。这两点对于任何管理者的诱惑都是巨大的。前面我们曾提到，我们有些科技管理者、带头人，本来是非常谙熟西方科技管理规则的，为什么回到中国后，有些（恕免具体例证）却逐渐自己也变成了专权大亨？关键就是这些人享受到了专权式管理给其带来的特权、利益和便利。试想如果不采用专权式的管理，管理者一旦有某种想法要实施，无论其想法合理与否，能得到大家一致赞同的情形是少见的。那么他必须要去一个一个耐心说服不同意见者。这有时是极其费力、极其艰难的。相反一旦确立起专权式的管理模式，管理者一言九鼎，他的意志不可挑战，两相比较，这令其何等畅快！

对西方比较了解者知道，也不能说西方人不重视或没有关系网。在西方科技甚至整个学术界，职位应聘的事务，非常看重同行专家的推荐与介绍。然而在稳固的良性竞争大氛围下，专家与学者，绝对不会轻易给人写推荐函，尤其严谨的专家不会做名不副实的评价。因为对于推荐者而言，这将是对于他在学术界声誉与信誉的极大消费。然而此模式一旦引入中国，有时"碍于情面"，本来应该很专业而实事求是的评价就成为满纸虚言；而正常地坚持实事求是，就会被世俗冠以"不近人情""不通情达理"等称谓，公平与实事求是的维系者，反而会被视为"不正常"的另类。

如此说来是不是就可以简单断定非民主的少数人的专权式管理就是科学技术发展的致命毒药呢？非也。笔者曾在一篇文章[①]中说过，普朗克坚信科学技术管理，如果依据民主性的少数服从多数原则，必然导致科学的崩溃。因此普朗克倡导科学应该由少数科学权威寡头来管理。普朗克本人就是一个时期德国科学界的有影响力的管理者之一。正是由于他的不懈努力，爱因斯坦、劳厄、玻恩、薛定谔等一批有为之士才能在当时的德国身居要职，而理论物理研究也成为德国科学发展重点照顾的领域。20 世纪 30 年代前德国物理学引领世界潮流，与普朗克的努力及

---

① 厚宇德. 哥廷根物理学派取得丰硕成果的制度保障 [J]. 科学与社会，2015，5（4）：12—22.

影响息息相关。他在做这一切的时候，遭到了一些同样有影响力的不同意见者的反对，如果普朗克手里没有一定的特权，而只是一位专业物理学家，那时德国物理学的发展将大打折扣。一个国家或者一个研究机构，它的中长期战略方向的确定，无疑需要对整个科学界或者某一个学科的发展态势有敏锐洞察力的人才能很好把握。而科学技术界的外行是很难具备这种洞察力的。因此科技的正确发展确实需要有眼光的权威专家的指引。这似乎为科技管理的寡头统治模式找到了合理依据。但是我们必须注意到，普朗克的确倡导科学管理的这种"专制化"，少数管理者必须是有眼光的一流科学权威，而不是科研能力一般的以私利为核心的小圈子。专制化管理是极其危险的，稍不留神就会导致以公谋私。德国科技界专制化管理之所以曾经取得巨大成功，离不开前面我们说的那个基本点：德国良性的激烈竞争环境至关重要，它不仅有利于科学天才自由成长，还可以把控专制式的管理不跌入自私自利者以权谋私的泥沼。即在这样的氛围中，有利于德国物理学的发展是最高目标和原则。一切有违这一原则的行为和建议主体都予以彻底抑制。

现阶段中国科技界以及与此相关的教育界，要想走上正确、合理、规范的发展轨道，要建立良性的发展环境，最有效的手段是管理的阳光化。科研项目的申报审批要进一步透明，不仅要有评审意见向申报者的反馈制度，还要有社会监督机制。即使获得立项的项目，同行也有监督和表达不同意见的渠道和空间，理由充分时可以随时终止对不适当项目的继续资助，并追究申报者的责任。对于重要岗位的人员聘用与任命，同样也要阳光化，结果要有说服力，避免小圈子暗箱操作。这些如果做不到，中国科学技术发展事实上就不具备基本的保障。

想来一定有人认为笔者是在夸张或小题大做。甚至也不排除别有用心者再以"中国特色"为由，或以"中国特色"的某些优势来驳斥笔者。笔者必须要说，我们在科技文化与科技管理方面，不仅与科技发达国家相比存在差距，而且这一差距还十分巨大。为了说明这一事实，笔者选择日本与美国科技文化环境对比的特殊视域，来间接说明对这一事实的认识。作为中国人，先放下中、日之间曾经的民族历史积怨，笔者相信没有人否认，今天的日本既是亚洲科技强国也是世界科技强国。在有些方面我们有超过日本的事实，但仍然无法否认在诸多领域我们的科学技术发展仍落后于日本的事实。

2014年美籍日裔科学家中村修二与另外两位日本科学家分享了这一年的诺贝尔物理学奖，他们的主要贡献是发明了高效蓝光二极管。中村修二毕业于日本不知名的德岛大学，没读过博士；其主要工作完成于民营企业日亚公司，这是日本一个小地方的小企业；中村的多数研究成果发表于《日本应用物理杂志》。中村修二认为自己之所以能取得重要的研究成果，主要归功于他早年在"手工作坊"里持续的、面面俱到的工匠式基础工作。2000年中村修二移居美国，虽然他个人的重要工作完成于日本，但是他认为："不是我主观臆断，有独创性的头脑，能产生改变二十一世纪的大发明的地方，只能是美国。"[1] 中村修二的结论是在他对比日本、美国科研实际环境后得出的，并未考虑"爱国主义"议题。他的这句话有助于我们理解他的想法："如果我没有离开日本，我就还会是一名在日亚工作的工薪一族，在研究和工作上没有任何自由。如今，在美国，我能够享有在研究和工作上的许多自由。"[2] 笔者没去过美国，但知道截至目前美国仍是世界科技之中心。中村修二的观点隐含了这样一个命题：优秀的、重大的科技突破的取得，需要一定的科技文化氛围。在这一点上，即使今天的日本还远不及美国。中村修二从一个侧面揭示了一个事实：培养了几十位诺贝尔奖获得者的日本的科技文化与科技发展环境，与美国相比仍然差距巨大。老实说这种说法如果不是出自于一位对日本、对美国都有深刻了解的日本著名科学家之口，笔者对它会持怀疑态度。但笔者没有理由质疑中村修二的观点。而若诚如其所说，日本的科研环境与氛围，与美国仍然差距巨大，那么那些认为我国的科研

---

① 中村修二. 我生命里的光 [M]. 安素，译. 成都：四川文艺出版社，2016：16.

② 中村修二. 我生命里的光 [M]. 安素，译. 成都：四川文艺出版社，2016：10.

与教育环境已经十分优越的人，不是盲目自信、夜郎自大，就是自欺欺人。日本科学家高度评价美国的科研环境与科技文化的，不仅仅只有中村修二一人。比如，另外一位日本诺贝尔奖获得者白川英树也持这种观点。对于美国科技制度、科技环境的长处，他有过这样的总结："第一，在美国有完备的聚集吸引优秀人才的环境。第二，建立了对聚集吸引来的人才正确评价的体系。第三，每个研究人员牢固树立了能够很精彩、易懂、条理清楚地向别人说明自己研究工作的作风。这在某种意义上来说是宣传，这种宣传与第二原因在讲过的评价体系是表里一致的。……在美国这种良性循环已经形成。"[①] 中国的科学技术要大发展，只有国家越来越多的高投入还是不够的，我们应该像日本人这样，深刻分析总结美国等科技发达国家科技成功发展的奥秘，要做大先生，必须先做好小学生。善于学习是中国古代若干时期得以兴旺的重要法宝，今天我们应该继续灵活运用这一法宝，在科研管理以及科学教育等诸多相关领域，回首师法德意志，举目学习美利坚。

科研的灵魂是创新。对于创新的氛围，美国心理学家马斯洛说过这样一段话："创造性氛围是由整个社会环境造成的。我不能拣出某一种主要的原因盖过其他。有一种一般性的自由，像大气一样，弥漫全身，无所不在……能增进创造性的正确气氛、最佳气氛将是一种理想王国，或优美心灵的组织……那将是一种社会，它是特地为促进所有人的自我完善和心理健康而设计的，这就是我的一般说明。在此范围内并以此为背景，我们然后才能用一种特定的'轮廓'，一种特定的格局，用特殊因素使某人成为一位优秀的工匠，而另一个人成为一位杰出的数学家。没有那个一般的社会背景，在一个不良的社会中，创造性就会较少可能出现。"[②] 笔者既较为熟悉西方科技发展史，也对中国传统的历史文化有一定的了解，在笔者看来，马斯洛所描述的有利于科学创新的氛围，很难

① 白川英树. 我的诺贝尔之路［M］. 王生龙，李春艳，译. 上海：复旦大学出版社，2002：83—84.

② 马斯洛. 科学心理学［M］. 马良诚，编译. 西安：陕西师范大学出版社，2012：125.

在讲究君君臣臣、长幼尊卑等等严格等级观念的儒家文化下产生。

有学者认为，人追求科学技术的进取心是由社会制度决定的，在西方世界人类进入资本主义社会后，科学技术发展才获得其最大的发展自由与动力。这一说法不无道理，封建农业社会对于今天意义上的科学技术，各个国家和民族都缺乏资本主义社会才诞生的强劲动力。这是事实，然而有一个事实也是必须正视的：在有的封建农业社会国家，并非对所有科学技术都缺乏强烈的更高需求，因而并不缺乏发展的动力。比如在中国古代社会，几乎每个时期都将玉器制作技术与工艺发展到巅峰，而至少自宋以来，几乎每个朝代，都将瓷器制造技术发展到了其所能达到的极致。中国人自古即展示了其强大的创造力，但是中国古人却很少时候能将有利于国家与民族的生存与发展的创造力发挥到极致。在这样的大背景下，除了玉器与瓷器制造工艺与技术每个时期或朝代都臻于完善外，中国古人在书法艺术方面，对于书法字体、技法等等，也一直推陈出新，一派百花齐放、百家争鸣的景象，一如人类在 20 世纪科学技术日新月异一般。另一方面，中国古代可以最早做出很多重要发明，但是有的发明昙花一现，陷于失传而绝迹，或者虽未灭绝但逐渐流于平庸。比如中国的钢铁冶炼与铸造技术在汉代已经领先于其他民族。然而至少从宋朝之后，逐渐被日本彻底赶超。在这样的大势下，我们敢于骄傲地说，中国的瓷器制造技术、书法艺术，在古代一直领先于世界。什么地方出了问题？笔者认为，中国封建社会出现的一些令人费解的现象，毫无疑问与中国古代一直沿袭的那些主流价值观直接相关，或说就是其决定的必然结果。

今天的中华民族，应该思考的是，怎样才能激发并永久保持我们渴望追求科学技术的雄心？怎样才能唤醒如同我们先人曾经在玉器制造技术、瓷器制作技术以及书法艺术等领域所展示出的锐意进取、不断创新的那种精神？我们不能心胸狭隘，开创人类未来新时代的文化，不可能单纯依靠吸收儒家文化、道家文化、佛教文化、基督教文化、伊斯兰文化，甚至科技文化中任何一家的营养即可大成，而它一定诞生于对人类既有文化的合理扬弃过程之中。对于中国而言，首要的不是批判而是规范化发展科技文化，剔除传统文化中与现代文明无法融合的部分，并找出传统文化中对科技文化有营养的宝贵成分，使之与科技文化产生良好的化学反应，只有这样我们才有可能成为未来人类新文化建设的参与者甚至引领者。

六、中国科技界与体育界的高度相似性

笔者一直认为我国体育界的一些现象（尤其怪现象）与科技界、教育界十分相像。在此建议中国的社会学研究者们聚焦中国的特殊体育项目，比如男足，研究为什么无论如何重视、如何高投入，都不能够提高成绩。这个问题一旦研究透彻，我国很多领域里存在的问题，基本上都将迎刃可解。笔者曾打过这样的比方："只有肥沃的科学文化土壤环境，才有利于科技天才的自然孕育、成长。如同在巴西浓烈的足球文化氛围下，才能十分自然地孕育了那么多足球超级巨星一样。"[①] 在中国体育界，有这样一种现象，虽然有的项目在我国并没有深厚的群众基础，但是我们可以想方设法培养出几个一流的世界级运动员，然后在一段时间内，就可以靠他们去摘金夺银，为国争光。做到这一步，体育管理部门也就算工作业绩斐然。对此笔者曾说："一个国家，只想方设法造就几个专业科学家，就像有的体育项目专门培养出几个优秀运动员去取得引人注意的成绩一样，虽然在一定历史阶段是特定国家科学发展的必由之路，但并不能说明该国的科学技术的根基如何，也不能必然地决定该国一定会成为未来的科技强国。"[①] 这一观点今天笔者依然坚持。但是有一个项目的发展势头似乎与笔者当年的判断有很大的不同。当年笔者曾

---

① 厚宇德. 溯本探源——中国古代科学与科学思想专题研究［M］. 北京：中国科学技术出版社，2006：316.

说："如同以特殊的方式中国台球界出了个台球天才丁俊晖，但我们不能说斯诺克已经像乒乓球一样成功本土化了一样。"[①] 十余年过去了，我国的台球运动确乎是在稳步进步，又出现了更多的丁俊晖一样的天才。究其原因，与两点有关：其一，台球本身对于一些青少年有足够的吸引力。其二，必须感谢英国的斯诺克文化，它为中国的斯诺克天才们提供了可以充分展示风采的国际舞台，并能在那里靠自己的球技谋生。如果中国的台球运动员们失去了这样的平台，中国的台球运动发展的势头就会大大受到抑制。好的出路与值得期待的发展空间对于投身于科技事业的年轻人的吸引力，同样重要。

笔者曾是一位足球迷，因此对于中国的足球（限于男足，下同）有长时期的关注。中国的甲级联赛一度红红火火，超级联赛也已经开展多年。可以说中国足球曾经有其他体育项目无法可比的最多的球迷。但是中国足球，逐年来国际排名八九十位上下波动，亚洲排名时而进入前10，时而跌出前10。这就是说国足不仅与国际上高水平的其他国家队差距十分巨大，而且在亚洲也只属于三四流球队。在中国足球界，金牌裁判因为黑哨有入狱的，球员因为打假球有入狱的，足协管理最高层也有多人因为职业犯罪而先后入狱。这就是中国足球的现状。然而另一方面，驰骋在中超赛场上的中国足球运动员，可以说是中国运动员中无可匹敌的高收入者。中国乒乓球称霸世界，乒乓球球员的收入可以和男足的各位相比吗？不能。中国女排的水平和成绩一直位于世界前列，女排的队员们敢和中超的球员们比收入吗？不敢。中国男篮的成绩也一直远远好过男足，可是国家队男篮的球员敢与中超的球员比收入吗？当然也不敢。

足球界近些年不断有人呼吁、叹息现在踢球的小孩子太少了，足球后继人才严重缺乏。在这样的情况下，难以想象，偶尔会出现个别有才

---

① 厚宇德. 溯本探源——中国古代科学与科学思想专题研究［M］. 北京：中国科学技术出版社，2006：317.

华的年轻球员，在国内没有成为专业运动员的机会，在没有任何其他办法的情况下，痛苦地选择加入外国籍而到国外去踢球。这种事情如果发生在中国乒乓球、排球等其他体育项目，是容易理解的，因为我们人才基数大、青少年运动员储备充分，因而竞争激烈。可是在我们喊着缺少足球人才的情况下，为什么有的好苗子却无球可踢呢？能改国籍的毕竟是少数，我们无法估计有多少中国青少年足球天才由于外界原因而无法实现自己的梦想。足球界的这种怪现象，可以帮助读者设想科技界难以避免的类似情况。

甲级联赛和中超低迷时，球迷喊过再不看国内的联赛的口号；国家队在成绩最差的时候，有人怒吼过要解散国家队。但是这只是少数人一时的气话。联赛不能不搞、国家队不能没有。虽然中超联赛与英超、意甲、西甲、德甲、法甲等联赛水准不可同日而语，但是还有企业不断投入资金于中超，竞相高薪聘请知名国际球星，竞相高薪聘请世界最有声望的主教练（如里皮、斯科拉里、卡佩罗等）。商家的心思之复杂以及其中的商业奥妙不是普通球迷轻易能搞懂的，但是仍有球迷一次次伤心后继续去看球也是事实。说中国球迷爱国未必不合适，说他们有受虐倾向似乎缺乏说服力。无论如何他们就别人对中国足球彻底灰心的同时，继续地存在着。有足够多企业的参与与支持，有为数不少的球迷不离不弃，足矣！即使只是关起门来的内部竞争，也足以保证球员的收入不断提高。于是中国足球一线球员的收入，就在与国家队成绩以及在国际上的排名几乎成反比、至少是不成比例地不断增着着。

不敢说有多少领域，但是笔者敢说至少我国有的科技领域的水准较之世界，不比国足地位更高。但是逐年来，国家的科技投入是越来越大得惊人。据国家统计局发布的消息，2012 年我国的科技研发投入已达到中等发达国家水平，居于发展中国家前列。而早在 2010 年我国研发经费就超越德国、2013 年超越日本。2015 年科技研发总投入约 1.4 万亿，比 2012 年增长 38.1%。

与国足聘请外援外教相似，中国科技界也走上了这条路。国际合作、高薪聘请国外研究人员（大部分是海归）已经成为中国科技变化的显著潮流之一。足球场上的事实证明，外援和外教对中国足球的发展有好的影响，但是他们不能从根本上解决中国足球长期存在的问题。国家队外籍主教练换了 N 个，但结果都大同小异。因此足球给我们的教训与德国科技界提供的值得我们借鉴的经验殊途同归：只有彻底改变中国科技界的生态环境，只有寻求到最合理的科技管理方式方法，中国科技界才能焕然一新；否则在缺乏良性的激烈竞争的氛围下，一切努力，都将徒然。

　　当然，笔者承认，之所以一再地强调这一认识，是基于这样一个前提：西方科技发达国家，如 19 世纪后半叶、20 世纪上半叶之前期的德国，20 世纪后半叶开始的美国，其所具有的科技文化氛围与科技管理制度，是最利于科学技术发展与繁荣的条件。因此所有科技落后的国家要奋起直追，就应该学习并培育这种文化风尚，逐步建立起这样的科技管理制度。但是条条大路通罗马，我国人口基数大、科技研发经费年年递增，是否有可能探索出另外一条同样有利于科技发展但与西方截然不同的科技文化氛围以及科技管理制度？笔者目前不能就此给出肯定或否定任何一种答案。但是从体育的角度看给出肯定答案的可能性是存在的。中国国家足球队成绩虽然未见起色，不过广州恒大足球队完全靠聘请名帅、在国内国外购买优秀球员，曾很快多次获得中超冠军并问鼎亚冠冠军。恒大在绿茵场上的这种成功模式，未必不能以某种方式在科技界再现。近些年来"中国制造"不仅价廉，而且取得技术上的新突破不再是新鲜事，质量上具有较强竞争力的产品与日俱增。这无疑是积极的、正面的好兆头。但是即使真的可以走出一条"有中国特色"的科技发展路线，在这条路上还一定有许多艰难的课题有待研究与攻克。

附一

科学发展动力学
模型之我见

1. 科学动力学模型释义

动力学是力学的一个分支。如果只关心、描述运动的量如位移、速度等随时间的变化关系或规律，物理上称这样的学科为运动学。而如果进一步研究物体运动状态为什么变化以及变化的规律，那就进入动力学研究的范畴了。科学动力学的提法即是借用了物理学上动力学的意义，探寻促进科学技术发展变化的直接原因。

所谓模型，在自然科学中是为突出研究对象的主要特征、忽略次要矛盾而把它抽象成的简单的摹本，比如物理学上的质点、单摆、刚体、准静态过程以及伽利略斜面等等。物理学直接研究的不是现实对象而都是模型。现在凡能够量化研究的学科都有相关的建模专门训练，比如数学上的建模课程；理论物理学上所谓的把物理事实转化成数学语言的训练也属于建模的过程。不建立模型，人们就难以对复杂的对象进行有效的深入研究。

因此，把科学作为一个整体、一个对象，探寻使其发生、发展、变化的动力，并使之模型化（事实上只达到了寻找动力机制的阶段），即是在建立科学动力学模型。有了这样的认识，我们就能够更深一步理解并探索库恩认为必须要采取的行动："我们必须解释为什么科学——健全知识的最可靠的典范——会取得如此大的进步，并且还须首先弄清，科学事实上是如何进步的。"①

在以往的文献中，我们可以看到，人们曾从多个角度论述科学或者科学的一个具体学科的发展动力。比如，有人认为："一般地说，科学知识的产生和发展的动因，有两个方面：存在于科学本身外部的，是社会的经济需要；存在于科学本身内部的，是科学认识本身的逻辑。"② 也有人持这样的看法："一般而言，科学进步是整个时代进步的一部分，而到了近现代它成了一种最具有革命性的力量。那么时代进步的动力又是什么呢？……进一步研究表明，方法的发现与发明是社会进展的内在动力，正是这一点决定了科学是最革命的力量，只是因为科学是方法最明晰最有力的载体。"③

然而，事实上我们只要承认科学是人的一种社会活动，由于人类活动的方方面面之间存在着千丝万缕的普遍联系，因此，原则上我们就可以从与人类或者与人类活动有关的任何一个角度，间接探讨科学前进与发展的动力或者动因。如果将科学当作一个函数，它可以展开为影响人类活动的诸因素的无穷项的级数和。理论上，我们展开的项数越多，这种"展开"就越逼近科学这个函数本身。但是事实上，这种追求在科学研究中，是难以彻底执行的。理由是，考虑的因素多，往往就不能突出主要矛盾而使问题复杂化。也正是由于这个根本的原因，无论是宏观领域的牛顿力学运动方程，还是微观系统的薛定谔方程都是位移或波函数对时间与空间变量的二阶微分方程，物理学中很少遇到二阶以上的动力学方程。描述加速度随时间变化关系的位移对时间三阶导数的"加加速

---

① 希拉·贾撒诺夫，杰拉尔德·马克尔，詹姆斯·彼得森，等. 科学技术论手册 [M]. 盛晓明，孟强，胡娟，等译. 北京：北京理工大学出版社，2004：23.

② 申先甲，张锡鑫，祁有龙. 物理学史简编 [M]. 济南：山东教育出版社，1985：4.

③ 李春泰. 科学形态论 [M]. 北京：科学出版社，2006：46.

度"概念，并没有真正进入物理学。

2. 科学发展的最直接动力

自然科学上的经验启发我们，在探讨科学发展的动力时，我们应该避免追求所谓的全面与完备，转而去探讨影响科学发展的最直接、最主要的动因或动力，只有这样才更加有助于我们把握问题的本质。

那么，什么是科学发展的最主要、最直接的动因呢？既然科学是人类的活动，科学知识、科学规律以及科学方法都是人类探索实践的结果，没有人类就没有科学，只有人脑才是促成科学诞生的物质与智慧的最后枢纽。那么，科学发展最主要、最直接的动力只能从人——主要是科学家本身来寻找。文献①所说的"科学认识本身的逻辑"，离开人是不存在的；所谓"社会的经济需要"，其本质还是人的需要，没有主体人的作用，它也不会转化为科学的推动力。"科学认识本身的逻辑"与"社会的经济需要"只有作用于人、对人有促动，与人类发自本性的因好奇而求知的本能、甚至部分的社会功利性相结合，然后才能通过人、通过改变既有的科学知识、形成新的科学体系，从而完成科学的进步。

可以换一个说法阐明这个道理。曾有一位国外物理学家说过：什么是物理学？物理学就是物理学家们的事（What is physics? Physics is what physicists do）。那么，什么是物理学家们的事（physicists do）呢？赵凯华教授认为，物理学家所做的事体现为物理学家发表在专业权威杂志或者国际上公认的物理学术会议上的文章或成果。②依照这个思路，我们就可以说科学的直观体现就是记载科学知识发展的科学杂志、书籍等物质载体上的那些文字、符号与公式等等。当然，如果说电脑等体现科学应用成果的物质器材也属于科学知识的载体，也是

---

① 申先甲，张锡鑫，祁有龙. 物理学史简编 [M]. 济南：山东教育出版社，1985：4.

② 赵凯华. 谈谈物理学与自然科学中姐妹学科的关系 [J]. 物理，1997（12）：755—756.

对的。可以肯定任何人都不会相信，有史以来的所有 N 本 *Nature* 期刊放在一起，它们会自动自发地生产出第 N+1 本 *Nature* 来。在它们之间也不会直接孕育科学内在发展逻辑以及科学外部社会的某种紧迫需要。同理，离开人，286 计算机不会自发进化或升级为 386 计算机，386 计算机也不会进化升级为 486 计算机，如此等等。这就是说，科学知识或科学体系，一旦离开人，既毫无生命力，当然也没有任何创造力。

进一步说，社会需要以及已有科学体系内部存在的问题都可以成为推动科学家投身科学研究的外在动力，但是，科学家被外在力量推动而开始科学研究的"精神运动"，不同于一个物体被外在力量推动而发生运动状态改变的机械运动。后者具有必然性或确定性，而前者一般不具备这些特点。就是说，一个初始状态已知的物体受确定外力作用，则运动结果必然无二；但一个人的状态并不仅仅取决于他受到的外界作用或刺激。而且，物体在不受外力时，其运动状态是保持不变的，而一个人即使在没有外界压力的情况下，他仍然可以在自身的好奇心、求知欲等内驱力作用下，产生科学研究的"精神运动"并使之持续运动下去。外界推动力也只有转化成精神运动的这种内驱力，才能对科学产生作用。科学系统离开人就会失去生命力而彻底僵化，而绝对与科学屏蔽、隔离的人原则上也是不能够存在的。因此，科学系统，一定是人与纯粹科学系统二者的耦合系统，离开人，不存在科学与科学系统。科学的结论一定最后由人脑给出，或以人脑作为得到科学结论的一个核心环节。人脑是时空复合体：大脑有物理空间与想象空间；大脑系统又是天生的生物钟，因此不但具有时间内涵，而且还能够实现对时间的量度。人脑是科学革命发生的核心。书籍、期刊等等载体上的科学形式，只有它作用于能接受其作用的人脑时才能产生实在的意义，才可能产生新的思想火花，即出现创造。而书籍、期刊等等知识载体，一定意义上只是人认识世界的结论的记录账本而已。

这就是说，科学与技术的进步，不论社会等等外在需要以及科学内部的认识逻辑力量如何强大，最后它只有通过刺激科学研究者即科学家这个特殊群体的大脑，对他们产生刺激，使之产生研究的欲望和冲动，才能最后启动科学知识的创造或制造的动力之闸。离开主体人，已有的科学知识立即就成为"死"的，也不再存在使其更新与发展的什么直接动力。因此，推动科学发展的动力，归根结底应该直接体现为科学家从事科学研究的动力，而不能仅仅归结为外部需要以及科学内部的需要。这不仅因为，离开具有一定能力的人，这两种需要就不能直接作用于科学；还因为作为科学家的人具有丰富而复杂的生理与心理"神经"网络，并非只有这两种需要才能刺激并激发他们的动力，他们还具有自我激励功能的系统。在与科学发展有关的所有的因素中，距离科学最近的是科学家，在科学家与科学载体之间，没有第三者的存在。因此，科学家的精神驱动（好奇、求知欲等等）对科学的作用才是最直接的、最终极的，也是最具有决定性的科学发展的动力。

以上观点可以通过下面的简单框图展示出来：

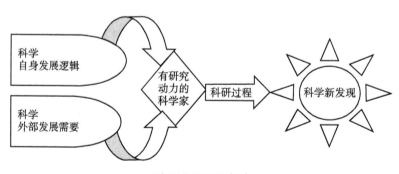

科研过程示意（1）

在人类之前亿万年里生活在地球上的动物，当然有对科学的非自觉的需要，但是它们的低下的"智力"决定了它们不会促使科学发生与发展。同样，16世纪的人未必没有产生对20世纪才能实现的科学作用的期待。李约瑟曾说只要社会环境允许，古代中国人极有可能在电、磁学方面捷足先登，直接进入场物理学。至少在他看来，中国古代物理知识内部促进发展的逻辑张力是存在的。但是这一切并没有发生。这说明，至少有时科学发展的外部需要与科学发展的内在条件两者都不能独自成为促成科学发展的充分条件。这一认识可以说揭示了科学发展外在因素与科学自身发展逻辑相互耦合，并最终作用于人的微观机理。

因此，上面的框图必须修改如下：

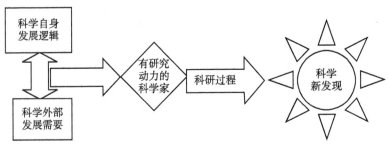

科研过程示意（2）

而只有人才能将科学外部发展需要与科学自身发展逻辑结合起来，也就是说，只有在人的思维空间，这二者才能耦合、才能起"化学反应"，并由此使人产生科研创新的动机，从而直接推动科学的新发展。

3. 科学家的看法对我们观点的支持

不难理解，关于科学研究动力的来源，科学家应该比我们有更加直接的切身感受，而科学家们的自白不仅可以坚定我们的信念，并且有利于帮助我们理解和把握科学动力学的精髓。比如，爱因斯坦说过："感情和愿望是人类一切努力和创造背后的动力，不管呈现在我们面前的这种努力和创造外表上多么高超。"[1]　而玻恩也表达过类似的观点："没有一个科学家是同生活绝对脱离的。即使是最沉着的科学家同时也是一个人；

———————

① 许良英，范岱年. 爱因斯坦文集：第一卷［M］. 北京：商务印书馆，1976：79.

他希望是正确的，希望看到他的直觉被证实；他希望成名，希望成为一个有成就的人。这样一些希望，正像对知识的渴望一样，是他工作的动机。"[①] 玻恩的弟子、美国原子弹之父奥本海默是这样理解支撑科学家从事科学研究的动力的："对于我们中的大多数人而言，在大多数我们不为腐败所扰的时刻，是自然界的美，是自然秩序中奇异的、令人不得不信服的和谐，在支撑着，激励着，并指引着我们。"[②] 显然，奥本海默所强调的是科学家没有被铜臭等等所污染前提下的纯粹的求知欲的力量。如果没有了科学家所说的动力以及支撑、激励着他们从事科学研究的动机，或者说，科学内在的矛盾以及社会的外部需要不转化为科学家的这类愿望、希望、动机，即直接的动力，我们难以想象新的科学方法的发现与发明以及科学的任何进步与发展。因此，科学家自己感受到的其从事科学研究的直接动力与动机才是科学发展的最直接动因。任何其他因素即使存在但只要由于某种原因不能转化为这种动力或者动机，都不能直接作用于科学并促进其发展。

科学家们的表白也告诉人们，其实科学发展的动力即有些科学家投身科学研究的动机，与人们从事其他活动的动机没有本质区别。只不过对科学家而言，人类天性的好奇心以及人普遍具有的动机，在他们身上主要转化为或者定向为对自然界的好奇以及解决自然困惑后的快感。也正因为这样，人本心理学大师马斯洛说："我认为，没有办法能够绝对地区分科学家与非科学家。"[③]

我们研究与探讨科学发展的动力，一个重要的目的就是渴望能够人为而有效地掌控科学发展的方向和速度。马斯洛的人本心理学已经为我们作了许多有意义的先驱研究。他认为："科学产生于人类的动机……"[④]

---

① M. 玻恩. 我的一生和我的观点 [M]. 李宝恒，译. 北京：商务印书馆，1979：102.

② 罗伯特·奥本海默. 真知灼见：罗伯特·奥本海默自述 [M]. 胡新和，译. 上海：东方出版中心，1998：22.

③ 马斯洛. 动机与人格 [M]. 许金声，译. 北京：华夏出版社，1987：11.

④ 马斯洛. 动机与人格 [M]. 许金声，译. 北京：华夏出版社，1987：1.

而对"动机的研究在某种程度上必须是人类的终极目的的、欲望或需要
的研究。"① 当然，我们不要以为马斯洛的心理学研究为我们彻底解决了
科学动力学问题，他的进一步对需要理论的研究又展示了一个十分复杂
的体系。这又背离了我们寻求最主要、最直接也就是最简单的科学发展
动力的出发点。

以上认识支持一个有意义的重要结论，即探寻科学前进最直接的动
力，从科学研究者即科学家出发，寻找能够刺激他们并使之全身心投入
到科研活动中的原因，比其他方法来得更加直接和准确。以上几位物理
学家和心理学家的话，应该已经能给我们很多启发，为我们探寻科学发
展动力提供了很多线索。如果我们还不满意而需要更加具体的暗示，相
信科学学奠基者贝尔纳的经典描述，应该能够给予我们关于科学动力学
的更加宽广的想象空间："时间、地点、姑娘，还有激情的火花，所有这
一切加在一起，就是创造活动所必需的条件。"②

基于这样的认识，可以肯定地说，中国社会与经济的巨大发展、我
国科学体系内部存在亟待解决的问题，都是中国科学发展的机遇。但是
这些是科学发展的必要条件而非充要条件。在这样的前提下，要促进中
国科技的创新，最有效的方法就是探讨如何去激励科研人员，使得这些
客观条件转化为对科研人员最直接的从事科学研究的驱动力。

事实上，科学史研究的结论正如爱因斯坦所说："只有个人才能思
考，从而为社会创造新价值……要是没有独立思考和独立判断的有创造
能力的个人，社会的向上发展就不可想象……"③ 而要科技持续发展，
需要一个更好的有利于激发科学技术人员产生足够与持久的研究动力的
环境，只有这样才能孕育科学发展的更大、更持续的动力。因为，科学
发展的最直接动因，不是别的，就是人主观从事科学研究的动力。客观

① 马斯洛. 动机与人格［M］. 许金声，译. 北京：华夏出版社，1987：26.
② J. D. 贝尔纳. 科学的社会功能［M］. 陈体芳，译. 北京：商务印书馆，1985：22.
③ 许良英，赵中立，张宣三. 爱因斯坦文集：第三卷［M］. 北京：商务印书馆，1979：
39.

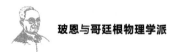

条件十分重要，它可以触动并激发人的主观积极性，但是它永远不能越俎代庖彻底取代人的主观能动性。

至此，也许会有这样的疑问：这样论述科学发展的动力，如此强调人的主观能动性，是不是有悖于物质决定意识的哲学命题？笔者认为，绝对不是这样。理由是人首先具有物质性。只要我们承认科学研究是人的活动，科学知识、科学规律是人探索、发现与创造的结果，那么实质上，科学本身就永远也不能脱离人而成为独立的有生命力的存在。相反，在包括科学发展在内的整个科学活动过程中，人始终是具有决定性意义的主体。相对这个主体而言，社会与经济需要以及科学内在的逻辑需要等等，统统都是科学活动的主体——人的外因。外因通过内因起作用，所以我们的观点不违背马克思主义哲学的基本原则。

附二

阻碍法国科学发展的学界陋习之例证

1. 引言

　　法国的科学曾经枝繁叶盛，而从传统上讲，物理学曾是"法国科学研究很强的一个领域。"[①] 因此，法国物理学的变化态势是观察其科学涨落的一个很好的样本、晴雨表。在法国物理学发展史上，出现过帕斯卡（Blaise Pascal）、马略特（Edme Mariotte）、查理（Jacques Alexandre Cesar Charles）、盖 - 吕萨克（Joseph Louis Gay-Lussac）、库仑（Charles-Augustin de Coulomb）、卡诺（Nicolas Leonard Sadi Carnot）等优秀人物。18 世纪，达朗贝尔（Jeanle Rond d'Alembert）、拉格朗日等人一度使法国成为了分析力学的研究中心。19 世纪安培（Andre-Marie Amper）、阿拉果（Dominique Francois Jean Arago）、毕奥（Jean Baptist Biot）和萨伐尔（Felix Savart）等人在法拉第电磁感应定律问世之前，一度俨然营造了法国是世界电磁现象研究中心的氛围。

　　19 世纪后半叶到 20 世纪前半叶，物理学进入经典物理学收获阶段

---

　　① Jacqueline Denis. 法国科学研究的长处和弱点 [J]. 李圻，译. 世界科学，1982（1）：48.

与近代物理学黄金发展期。然而相比于同期的英国与德国物理学界，法国物理学界除了居里家族的成就，则乏善可陈；偶尔出现个别如德布罗意这样的人物，也未能将世界物理学多数研究者的目光再度吸引、汇聚到法国，使法国重新成为世界物理学的研究中心。而在这一时期的英国、德国，物理学家则频频收获物理学研究的惊人的成果，尽享科学研究的幸福快乐。1901—1954 年在德国做出重要贡献而获得诺贝尔物理学奖的约为 15 人；同期英国获得诺贝尔物理学奖的约为 14 人；而同期法国获得诺贝尔奖的物理学家只有研究天然放射性的贝克勒尔（Antoine Henri Becquerel）与居里夫妇 3 人共享的 1903 年诺贝尔奖，以及发明彩色照相法而 1908 年获奖的李普曼（Jonas Ferdinand Gabriel Lippmann）和 1926 年获奖的佩兰（Jean Baptiste Perrin）；在原子领域的实验研究以及量子力学的建立过程中涌现的诺贝尔物理学奖获奖人中，法国只有德布罗意一人支撑其物理学界的门面。数据说明，与当时英国、德国物理学强劲发展态势相比，这一时期法国的物理学掉队了。具有传统优势的法国物理学界为什么错过了物理学发展的黄金时期？对此，科学学奠基者贝尔纳（J. D. Bernal，1901—1971）的看法引人注目 [1]：

> 法国的科学有过光荣的历史……不过这种发展并没有持续下去；和其他国家相比，法国科学变得越来越不重要了，虽然也出现过一些优秀人才。原因似乎主要在于资产阶级政府官僚习气严重，目光短浅，并且吝啬，不论是王国政府、帝国政府，还是共和国政府都是如此。……它所缺乏的并不是思想而是使那个思想产生成果的物质手段。在 20 世纪的前 25 年中，法国科学跌倒了第三或第四位……科学界的老人统治在法国比在任何别的地方都为严重。

---

① J. D. 贝尔纳. 科学的社会功能［M］. 陈体芳，译. 北京：商务印书馆，1982：286—287.

贝尔纳对于法国科学传统的肯定、对于 20 世纪前 25 年法国科学的
国际地位的评议基本上可以与史实相印证。在中国，即使今天仍难以找
到论述法国科学技术史的专著或译著。因此中国科学史界对于法国科学
史上存在的一些有别于欧洲其他传统科学强国的特殊性缺乏了解。然而
法国科学界曾经的遭遇尤其值得今天的中国科学界高度重视，有必要认
真关注、研究与引以为戒。

在贝尔纳看来，法国"科学界的老人统治"属于常识，因此他对这
一现象没有详细论述，也没有给出具体的例证予以进一步说明。然而，
对这一现象有更加直接而具体的展示，对于我们深入理解其产生原因，
并采取适当的应对措施以在中国科学界预防和杜绝这一现象，有较强的
现实意义。这一时期两位著名物理学家即皮埃尔·迪昂（Pierre Duhem，
1861—1916）和皮埃尔·居里（Pierre Curie，1859—1906）的遭遇，
能够让人更加深刻感受和理解法国科学界曾经存在的形形色色的老人
统治。

2. 从迪昂的学术遭遇看法国科学界的老人统治

迪昂是著名的物理学家、物理学史家和科学哲学家。迪昂少时的志
向非常纯正，即专门从事物理学研究，期待成为出类拔萃的物理学家。
迪昂大器早成，他在巴黎高等师范学院二年级的时候，就被获准在法国
科学院宣布他关于热力势的发现。他不是巴黎大学的学生，但是 1884
年，即在宣布热力势一年之后，迪昂被获准以《热力势》为题目向该校
提交一篇博士论文而获得物理学博士学位。迪昂的物理学家之路似乎无
比光明。

然而迪昂的热力势研究，使他成了当时法国科学界一位大人物的眼
中钉。这个人就是马塞兰·贝特洛（Marcelin Berthelot，1827—1907），
法国著名化学家。作为一位化学家，此人极其向往和渴求权势，他最终
成为了法国的外交部长。这使他不折不扣地成为了当时法国科学界有权
有势的大鳄。在迪昂提出热力势理论时，贝特洛已经 20 多年不懈宣传

他自己的最大功原理，他认为这是理解所有化学反应的关键。而迪昂在他的博士论文里指出："最大功原理是一条经验定律，只有在有限的测量范围内才能给出可以接受的结果。"[①] 迪昂没有超出学术范围的评价引起了贝特洛强烈不满，并采取打压行动："当贝特洛觉得这位巴黎师范的年轻学生威胁到他的学术声誉时，便说服巴黎大学拒绝接受迪昂的论文。"[①] 事实上迪昂的观点是正确而有见地的："迪昂那篇遭到拒绝的论文——《热力势》，1887 年首次发表的时候，曾经受到普朗克、奥斯特瓦尔德（Friedrich Wilhelm Ostwald）等人的崇拜。10 年之后，它又再版，成为当今《科学里程碑缩微材料》的一部分。"[①]

迪昂由于贝特洛的手脚而未能获得物理学博士学位："可悲的是作为 19 世纪与 20 世纪之交的最伟大的物理学家之一，迪昂竟然没有得到一个物理学博士学位。"[①] 贝特洛对迪昂的迫害和惩罚并未到此为止，他要彻底将迪昂驱逐出巴黎的学术中心，他扬言："这位年轻人永远不能在巴黎教书。"[①] 这样一道学界"圣旨"，使得"迪昂不得不一生执教于地方大学，有些学校'土'得简直难以令人相信，那简直就是落后。"[①]

迪昂的遭遇充分地展示了 19 世纪末法国科学界存在着有违科学道德的一种客观现实：有势力的少数特权大人物统治着法国的科学界。为一己之利，他们可以呼风唤雨、兴风作浪。一旦有人胆敢冒犯他们，就会遭受极其严厉的惩罚性报复。

3. 从居里的科学际遇看法国科学界的老人统治

3.1. 皮埃尔·居里的个人修为与科学造诣

居里是一位献身科学而内心高尚的平民精神贵族。如果说迪昂的遭遇是因为他"冒犯"了当时科学界大人物的结果，那么居里则是一个从来不与任何人作对的纯洁羔羊。居里很自律，"在科学交往方面，他没有

---

① 皮埃尔·迪昂. 物理理论的目的与结构 [M]. 张来举，译. 北京：中国书籍出版社，1995：中文版序 2—3.

丝毫尖刻的表示，从不为自尊心和个人情感所左右。"① 毫无疑问，居里夫人对居里的了解最为深刻："居里这个人，他朋友虽少，但绝对没有仇敌；因为他绝对不会伤害任何人……"② "皮埃尔·居里的处世态度已经达到了人类文明的顶峰，他的行为又像一位十足的好人。"① 正因为居里是这样一个人，他的遭遇更加让人为之扼腕叹息。

从科学角度看，毫无疑问居里是一位难得的科学天才。1880 年刚刚二十多岁的居里兄弟（皮埃尔·居里 20 岁，雅克·居里比他大几岁）开始发表他们最早合作发现的晶体的压电效应成果以及系列的后续相关研究。在这项研究中，居里兄弟根据压电原理制造了被称为压电石英静电计的新仪器，可以用于量度极小的电荷以及极其细微的电流。这个新仪器在后来极其重要："这个仪器在放射学的实验中发挥了极大的作用。"③

1895 年，居里兄弟因对晶体压电效应的研究而获得普兰特奖。其后通过对于晶体的研究居里提出了对称性原理。在这基础上，他把群论思想引入物理。诺贝尔物理学奖获得者塞格雷，在居里做出这些贡献近一个世纪后的 1980 年出版的著作中，对居里有如下的评价："就我所知，皮埃尔·居里是第一个把今天我们称之为群论的概念引进物理学领域的人，这些概念包括极矢量和轴矢量的明确区别以及对称性在决定什么现象可能发生时的重要性。……他的观点的重要性已与日俱增。"④ 在 1890年前后，居里通过实验发明了不用砝码直接读取最小重量的精确天平。这是一个很了不起的精致发明："居里天平的发明为天平仪器开辟了一个新纪元……"⑤ 在 1895 年的居里博士论文中，他提出了居里定律：物体的磁化系数与绝对温度成反比。

---

① 玛丽·居里. 居里传［M］. 周荃，译. 南昌：江西教育出版社，1999：57.

② 玛丽·居里. 居里传［M］. 周荃，译. 南昌：江西教育出版社，1999：56.

③ 玛丽·居里. 居里传［M］. 周荃，译. 南昌：江西教育出版社，1999：28.

④ 埃米里奥·赛格雷. 从 X 射线到夸克［M］. 夏孝勇，杨庆华，庄重九，等译. 上海：上海科学技术文献出版社，1984：37.

⑤ 玛丽·居里. 居里传［M］. 周荃，译. 南昌：江西教育出版社，1999：38.

在居里夫妇的合作中，二人的贡献可谓平分秋色。对于放射性的研究，二人有密切的合作，也有一定的分工（一个时期居里主要研究镭等元素的放射性；而居里夫人主要做化学分析，以便提取纯净的镭盐等）。更为重要的是，没有居里发明的巧妙灵敏仪器，居里夫人的工作是无法进行的，这一点，居里夫人自己最为清楚[1]：

> 为了要对贝克勒尔所得到的结果做进一步的研究，就需要采用精确的计量方法，而最适合于计量的现象是铀放射的射线在空气中产生的传导性。……铀放射的射线经过空气时，可以使空气分解成离子，由于产生的电流极弱，要想测量就非常困难。但是利用皮埃尔·居里和雅克·居里所发明的方法就非常实用，这种方法能使这种微小电流的电量在极灵敏的静电计中，与压电石英晶体所得的电量相平衡。这种设备装置必须要有一个居里静电计、一块压电石英和一个电离室……

3.2. 皮埃尔·居里的困苦科学生涯

居里毫无疑问是法国当时最优秀的物理学家。但是居里在晋升教授职位、渴望到心仪的学校任教从而得到较好的实验室、竞选院士等事情上，都是困难重重，有的愿望终生未能实现。最悲剧的是直到去世，居里也没有得到一个供自己使用的像样实验室。这些遭遇成为居里夫人永远的心痛：居里"虽然早在20岁时就已经崭露头角，显示了他的天赋，却终身没得到一个专供其研究的完善的实验室，不能不令人感到悲哀。……让我们想一想，一个热忱无私的学者，总是想完成一项伟大的研究，却永远都被物质及经济条件所制约，最终未能实现自己的梦想，他的悔恨与遗憾将是多么地强烈啊。这个国家竟然将国人中最具有天才智能的人、最勇敢的人随意地荒废、随意地抛弃，这不能不令我们感到

---

① 玛丽·居里. 居里传［M］. 周荃，译. 南昌：江西教育出版社，1999：64—65.

深深的痛惜。"①

居里一生工作时间最长的是坐落于罗林学院（College Rollin）旧址的理化学校，他在这里工作前后历时 22 年。对于这里的条件，居里夫人有过这样的描述②：

> 从科学研究的观点上看，我们不得不承认，皮埃尔·居里受聘于理化学校，实际上大大延缓了他实验研究的进程。事实上，在他任职之初，实验室中几乎一无所有，每一件事情都要从头做起，甚至连墙壁和隔板也都没有装置好。实验室大大小小的工作都得由他来组织。

居里在艰苦的环境以及繁重的教学工作中逐渐成熟起来，并不断取得优异的研究成果。居里的出色工作得到了当时世界著名物理学家如开尔文勋爵等外国同行的赞赏。然而，在理化学校"尽管做出了许多成就，皮埃尔·居里却担任实验室主任这一小职务达 12 年之久，这的确令人惊奇。毫无疑问，这在很大程度上是由于他没有得到那些有影响的人物的支持，因而容易被忽视；同时还因为他从不去运用获得晋升的各种手段。再则，他性格倔强，尽管职位低微也不请求提拔自己。他当时的薪水，大致相当于一个劳工的水平（一个月 300 法郎），即使是维持最简单的生活也不够，更何况他还得从事个人研究。"③

居里淡泊名利，但是他也想让妻女过上富足一点儿的生活，更期待自己有一个好的科研环境。但是现实让他对自己的处境以及当时的世风，很感慨，也很无奈："我听说一位教授可能即将辞职，如果确是这样，那么我将请求接替他的职位。无论什么职位都必须要自己去谋求，这是一件多么令人难堪的事啊。我实在不习惯现行的这些制度，这使道

---

① 玛丽·居里. 居里传 [M]. 周荃，译. 南昌：江西教育出版社，1999：91.

② 玛丽·居里. 居里传 [M]. 周荃，译. 南昌：江西教育出版社，1999：31—32.

③ 玛丽·居里. 居里传 [M]. 周荃，译. 南昌：江西教育出版社，1999：41.

德败坏到了极点。……我相信，被这些事情缠住以及听人向你讲一些琐细的闲话，没有什么会比这更有害于人的身心健康了。"①

居里夫妇自己设计制造一些实验仪器，但是这时随着研究的深入，他们认识到必须设法增加他们的收入。居里的梦想是到巴黎大学获得一个重要职位，"这个职位的薪水虽然不是特别多，但足以满足我们简单的家庭生活需要……由于他既不是巴黎高等师范学校的毕业生，又不是巴黎高等综合工业学校的毕业生，因此缺少这些大学给予学生的决定性支持。若论皮埃尔·居里的卓越成就，完全无愧于这样的职位。然而，他所渴望的职位不但都落入他人手中，而且没有任何人想到推选他为候补人选。1898年初，理化讲座的沙莱（Salet）教授逝世，有一个职位空缺，皮埃尔·居里请求继任该职位，但是未能成功。"②

1900年，日内瓦大学决定以优厚的待遇聘请居里做物理学教授。居里有接受这一职位的意向，并前往做了一次访问。居里有可能离开法国的消息引起了彭加勒的注意，他"非常希望皮埃尔·居里放弃离开法国的念头。"③ 在他的大力推荐下，居里终于得到了巴黎大学讲授物理、化学和自然历史课程的物理讲座的教授职位。得到彭加勒的青睐是居里的幸运，但也折射出了在当时法国科学界特殊人物一言九鼎的状况。新的职位使居里的收入有所提高，但是他最大的愿望却未能如愿以偿：巴黎大学并未给他提供相应的实验室，相反他的教学任务更加繁重了。因此，居里不得不在繁忙的教学之余经常抽时间跑回他用了几十年、至今还仍然在使用的理化学校的简陋木棚实验室去做实验研究。

1901年，在朋友和同事的极力劝说下，居里同意竞选法国科学院院士，但此次参选于1902年以失败而终。1903年居里夫妇与贝克勒尔分享诺贝尔物理学奖。1903年校长代表官方劝他接受骑士荣誉勋章，居里回信说："我请您代我感谢部长，并请告诉他，我不需要任何勋章，我最

---

① 玛丽·居里. 居里传［M］. 周荃，译. 南昌：江西教育出版社，1999：42.

② 玛丽·居里. 居里传［M］. 周荃，译. 南昌：江西教育出版社，1999：74.

③ 玛丽·居里. 居里传［M］. 周荃，译. 南昌：江西教育出版社，1999：75.

需要的是一间完善的实验室。"① 然而居里仍没有得到实验室。

关于居里竞选科学院院士一事，居里的女儿在著述中提供了更多的说明，读罢令人唏嘘不已②：

> 1902 年，马斯卡尔教授不断鼓励皮埃尔，要他向科学院自荐，认为他肯定能成功……他考虑很久，最后勉强同意了。按照当时的惯例要拜访所有院士，他觉得这既愚蠢又丢人。但是学院物理系一致支持他。这感动了他，他成了一位候选人。他在马斯卡尔的敦促下，他请求会见这个著名团体的所有成员。

有一位记者根据采访曾这样描写了 1902 年 5 月居里的一次拜访③：

> ……爬上楼梯，按门铃，叫人通报姓名，说明来意——这一切让这位候选人不由自主感到羞愧。更糟的是，他还得罗列自己获得过的荣誉，陈述自己的优点，吹嘘自己的科学工作，他觉得这些都不是人应该做的事情。结果，他反而倒对自己的竞争对手表示诚挚的赞扬，说阿玛甲（Amagat）先生比他居里更有资格……

第一次竞选院士失败后，在朋友们的鼓动下，居里答应第二次竞选院士。他的朋友们知道居里难以做到用心而自然地去拜访各位大人物，就详细地告诉他必须要做的事以及具体的做法。马斯卡尔（Mascart）1905 年 5 月 22 日就写信给居里说④：

> 我亲爱的居里：

---

① 玛丽·居里. 居里传 [M]. 周荃，译. 南昌：江西教育出版社，1999：91.
② 艾芙·居里. 居里夫人传 [M]. 张颖，编译. 延吉：延边人民出版社，2009：140.
③ 艾芙·居里. 居里夫人传 [M]. 张颖，编译. 延吉：延边人民出版社，2009：141.
④ 艾芙·居里. 居里夫人传 [M]. 张颖，编译. 延吉：延边人民出版社，2009：181.

  ……你的名字排列在名单之首是自然的，你没有劲敌，所以这次当选毫无疑问。尽管如此，你还是有必要鼓起勇气，拜访科学院的所有院士。如果你拜访的人不在家，你要留下一张名片，把一个角折起来、下星期开始就做这件事，差不多两个星期就做完了。"

  然而居里却没有积极地去按照这些忠告行事。1905 年 5 月 25 日，马斯卡尔不得不再次写信敦促居里 [①]：

  怎么安排随你意，不过，在 6 月 20 日前你必须再做一次牺牲，对科学院院士做最后一轮拜访。即使租一辆汽车来回跑，也要做这件事。你对我提到的种种理由在原则上是很好的，不过人们对实际上的紧急要求也应该做出一些让步。你也必须考虑到，有了院士头衔，为别人提供服务将更加方便。

  已经获得了诺贝尔奖的居里，这次仅以微弱的优势当选了院士："1905 年 7 月 3 日，皮埃尔·居里成为了科学院院士，不过他的当选十分勉强！有 22 位科学家投票支持他的对手热内（Genet）先生，这些不公正的科学家显然害怕他得到与他们相当的地位。" [①] 居里的遭遇说明，在当时法国科学界存在的一些规则（如体现在竞选院士的程序中的一些陋习），令居里这样有能力醉心研究工作的科学家内心无法接受、难以适应并深受其害。这些规矩可以左右科学家的学术道路，也严重损害他们灵魂深处的作为科学家的自尊心。

4. 从巴斯德的呼吁看法国政府对科学的不重视

  迪昂与居里等科学家的遭遇在法国历史上，不是偶然的个别现象。

---

① 艾芙·居里. 居里夫人传 [M]. 张颖，编译. 延吉：延边人民出版社，2009：181.

在相当长的历史时期，法国政府对科学重视不够，或者说没有持续不变的对科学界的支持。这使得 19 世纪后半叶法国整个科学界境遇堪忧。法国物理学界存在的问题仅仅是法国整个科学界问题的局部缩影。法国著名微生物学家巴斯德（Louis Pasteur）的言论可以直接印证这一看法。1868 年巴斯德曾著文呼吁：很多国家已经加大了科学投入，"过去 30 年中，富丽而宏大的实验室在德国不断增加，还有许多正在建筑……英国、美国、奥地利、巴伐利亚都不惜进行大量投资；意大利也开始了。"[1] "而法国呢？法国还没有开始……"[2] 巴斯德在文中提到了当时法国一些科学家的困境，如著名的生理学家伯纳德被迫居住在坟墓般的地下室的情形。在科研方面，巴斯德指出，有的科学家，如索邦虽然侥幸有实验室，但那是"一个潮湿而阴暗的房间，比地面还低一米。"[2] 究其原因，出现这样的状况主要是由于政府和主管部门对科学研究和科学家的不重视："教育部的预算并没有拨出一文钱供实验室发展自然科学，有些称为教授的科学家通过行政方面的默许和虚报才从教学经费中抽出若干做自己研究工作的经费"。[2] 可见贝尔纳对法国政府在一定时期"官僚习气严重，目光短浅，并且吝啬"的评价是准确的。政府的不重视是导致法国科学落后于同期英、德诸国的一个重要因素。在这样的变态学界大环境下，法国科学界不存在老人统治是难以理解的。而科学界的老人统治必然成为影响迪昂、居里这样的科学奇才的最直接的负面因素。

5. 法国科学界陋习的深层文化症结

从深层次上看，法国科学界曾经存在的反常现象与这个民族的某些不健康的文化心态有关。特殊的历史背景使法兰西民族具有了一种独特

---

① R. 瓦莱里 - 拉多. 微生物学奠基人——巴斯德［M］. 陶亢德，董元骥，译. 北京：科学出版社，1985：159—160.

② R. 瓦莱里 - 拉多. 微生物学奠基人——巴斯德［M］. 陶亢德，董元骥，译. 北京：科学出版社，1985：160.

的心态。有学者对此做出过很好的总结："在复杂的启蒙运动和激烈的政治大革命中，在资本主义制度曲折发展过程中，自由主义心态与专制主义心态结合为奇特的自由专制心态。"[①] 法兰西民族的特殊心态还与其历史有关："法国历史上长期是一个小农经济发达的国家，因循守旧，传统观念根深蒂固。一种法国人多半以农民、传统工业的工人和手工业品制造者为代表。另一种是现代法国人，他们敢于创新，勇于接受新事物，对外来文化持吸收消化态度。"[②] 因循守旧的小农经济是滋生专制的最好土壤；而勇于创新的人则最向往自由。这两类人的特征是法兰西民族自由与专制两种文化基因的历史根源。"自由专制是一种复杂的矛盾心态。它一方面提倡自由，排斥专制，另一方面又容忍专制，压抑自由。……法国科学作为这一时期的主要成果之一，作为民主主义的同盟和自由主义的旗帜之一，也深受它的影响。"[①] 自由与专制，构成一对矛盾态势。在复杂的社会文化形态中，它体现为一定范围、一定意义上的自由与一定范围、一定意义上的专制的并存。客观上这是一切现实世界的常态，绝对自由与绝对专制同样是难以理解、难以存在的。但是如果一个国家或社会的专制行为是一种不可忽视的决定性的力量时，这个民族一定具有难以去除的对权威（如各领域领袖以及政界官僚等）的迷信与依赖。这是专制可以成为主导势力的文化土壤。

在现实的科学世界里既得利益的循规蹈矩的权威，为了维护自己的地位与既得利益，在很多情况下很容易成为有创造性的科学新生力量大展宏图的阻碍者甚至扼杀者。自由与专制的两方面影响都作用到了居里的身上：他获得了一定的自由，因此他有一个勉强可以维持生活的工作，在这个工作中他可以靠自己的智慧在艰难的情况下做力所能及的研究；但是自由仅限于此，当他要超越这个限度而获得再大的应有的自由时，专制的特权阶层就不再会轻易给他机会，而是极力阻挠使他处于

① 许胜江. 法国科学的文化背景 [J]. 自然辩证法研究，1993（12）：29.
② 孙健，王毅. 为什么偏偏是法国 [M]. 北京：世界知识出版社，1996：3.

特殊阶层之外。正如居里的女儿所说："这些不公正的科学家显然害怕他（指居里）得到与他们相当的地位。"[①] 既得利益者对于碌碌平庸之辈时常可以大度地展示他们的仁慈。而真有才能的人进入既得利益者的阶层，将是对他们的最大威胁，因此面对可能给他们带来威胁的人物，只要可能，他们一定会撕下自己伪善的面具，绞尽脑汁予以阻挠。迪昂的遭遇说明了这一点，居里的遭遇更是一再说明了这一点。

6. 结语：法国科学界的教训对于中国科学界的警示作用

在欧洲诸国之中，法兰西与中国有更多的相似性：法国人曾自以为"天上天下，唯我独尊，围起城池，固若金汤。"[②] 而以"天朝上国""中央帝国"自居更是国人长期难以去除的心态。辉煌的历史有时并非发展的优势，不能成为前进的动力，反而滋生一些没人愿意去理性证明、但很多人都相信的奇怪念头[③]：

> 他们都有悠久的历史、灿烂的文化、光荣的过去；他们容易沉湎于昔日的辉煌，崇古心态十足，自闭保守、夜郎自大、孤芳自赏；他们都盼望着星移斗转、世纪轮回，期待着"21世纪是法国人的世纪"或"21世纪是中国人的世纪"……

我们有这样的期盼是应该的，我们以此为目标去努力也是正确的。但是只是一味毫无根据地肆意信口胡诌，而没有勤勤恳恳的努力，一切都只能是痴人说梦。

曾经相似的历史境遇使两个民族的人们之间有很多相似的社会心理[④]：

----

① 艾芙·居里. 居里夫人传 [M]. 张颖，编译. 延吉：延边人民出版社，2009：181.
② 孙健，王毅. 为什么偏偏是法国 [M]. 北京：世界知识出版社，1996：3.
③ 孙健，王毅. 为什么偏偏是法国 [M]. 北京：世界知识出版社，1996：29—30.
④ 孙健，王毅. 为什么偏偏是法国 [M]. 北京：世界知识出版社，1996：108.

> 百分之四十的法国人认为发迹致富的办法是得有一个"好爸爸",就是说中国流行的"学好数理化,不如有个好爸爸"的说法在法国同样有市场。

这就是说在法国和我国,都进入了"拼爹"时代。而"拼爹"时代是对一代代年轻人社会竞争公平性的直接挑战和毁灭。

在法国,"国有企业已经成为法国经济中不可忽视的力量,而且其在成长过程中业已形成了一套比较成熟的管理方法。"[①] 随之而来的一些问题又与中国的情况十分相近:"近几十年来,法国从上到下,从政界到商界,贪污腐败、营私舞弊现象十分猖獗……"[②] 而反贪腐更是目前中国政府和公众最为关切的事情之一。

在今天的中国,像法国曾经存在的国家对科学不重视而投入极少的情况早已不在。但与法国诸多的相似不由让我们思索:中国的科学技术缺乏自主创新能力、有些领域长期无起色,是不是有类似于曾经阻碍法国科学技术发展的因素,某种程度上已经制约今天中国科学技术的发展呢?

---

① 孙健,王毅. 为什么偏偏是法国 [M]. 北京:世界知识出版社,1996:4.
② 孙健,王毅. 为什么偏偏是法国 [M]. 北京:世界知识出版社,1996:35.

主要参考文献

［1］玻恩档案（*The Papers of Max Born*），藏于剑桥大学丘吉尔学院档案中心（The Archives Center of Churchill College in Cambridge）

　　早在玻恩去世后的 20 世纪 70 年代初，在玻恩的资料移送到他生前就职的爱丁堡大学前，玻恩家人即已将部分资料移交给剑桥大学丘吉尔学院档案中心。其后另外部分资料移存爱丁堡大学，还有一部分由古斯塔夫保存在家里。在 20 世纪 80 年代，一些资料曾卖给德国柏林的国家图书馆（Staatsbibliothek in Berlin）。2008 年爱丁堡大学保存的那部分玻恩资料转存剑桥大学丘吉尔学院档案中心。随着这次资料转移，年迈的古斯塔夫将藏于其家的资料也移送丘吉尔学院档案中心，这包括在其父母去世后，他收藏并整理的有关玻恩生平以及家族的历史资料，还包括古斯塔夫本人与他的两个姐姐（Margarete 和 Irene）之间的通信。

［2］Thomas S. Kuhn, John L. Heilbron, Paul Forman, Lini Allen. *Archives for the History of Quantum Physics*［微型胶卷］. Philadelphia: The American Philosophical Society Independence Square, 1967, E1 Reel

1—8.

　　该文献是美国著名科学史家、科学哲学家托马斯·库恩于20世纪60年代，在一些著名科学家，如乌伦贝克、洪德等协助下，与一些科学史家如海耳布朗、霍尔顿等合作，历时多年完成的量子物理集大成历史档案文献。这一巨大文化工程得到了当时美国物理学会、美国哲学学会以及美国国家科学基金的资助。该档案文献包括对近百名当时健在的著名物理学家，如玻尔、玻恩以及海森堡等等的采访，还包括物理学家之间的通信、重要著述等等。整个文献做成了19套文字和图片微型胶卷，分藏于世界各地，中国目前还没有该文献。文献分为E1、E2、…、E10共十大类，约302卷（Reel），每卷内不设统一页码。因此，参考文献只能精确到在哪一类（E1或E2等等）的哪一卷（Reel）。该胶卷可以在配套装置上阅读，也可以在连接的机器上打印。笔者所用该文献，阅读和打印于英国唯一拥有该文献的伦敦科学博物馆图书馆。

［3］B. L.Van Der Waerden. *Sources of Quantum Mechanics*［M］. Amsterdam：North-Holland Publising Company，1967.

［4］Jagdish Mehra. *The Historical Development of Quantum Theory*：volume 1［M］. New York：Springer-Verlag，1982.

［5］Friedich Hund. *The History of Quantum Theory*［M］. London：George G. Harrap & Co. Ltd.，1974.

［6］Max Jammer. *The Conceptual Development of Quantum Mechanics*［M］. New York：MacGraw-Hill Book Company，1966.

［7］Max Born. *My Life*［M］. London：Taylor & Francis Ltd，1978.

［8］Max Born. *My Life & My Views*［M］. New York：Charles Scribner's Sons，1968.

［9］Max Born. *The Born-Einstein Letters*［M］. New York：Macmillan Press Ltd.，2005.

［10］Max Born. *Experiment and Theory in Physics*［M］. New York：Dover Publications Inc., 1956.

［11］Max Born. *Physics in My Generation*［M］. London & New York：Pergamon Press, 1956.

［12］Max Born. *Natural Philosophy of Cause and Chance*［M］. New York：Dover publications Inc., 1964.

［13］Max Born. *The Restless Universe*［M］. New York：Dover Publicaions Inc. 1951.

［14］Max Born. *Einstein's Theory of Relativity*［M］. New York：Dover Publications Inc., 1962.

［15］Max Born, Kun Huang. *Dynamical Theory of Crystal Lattices*［M］. Oxford：The Clarenden Press, 1954.

［16］M. 玻恩，黄昆. 晶格动力学理论［M］. 葛惟昆，贾惟义，译. 北京：北京大学出版社，1989.

［17］M. 玻恩，沃尔夫. 光学原理［M］. 杨霞荪，译. 北京：电子工业出版社出版，2005.

［18］Nancy Thorndike Greenspan. *The End of the Certain World*［M］. London：John Wiley & Sons Ltd., 2005.

［19］Michelle Feynman. *The Letters of Richard Feynman*［M］. New York：Basic Books, 2005.

［20］Walter M. Elsasser. *Memoirs of a Physicist in the Atomic Age*［M］. New York：Science History Publications, 1978.

［21］H. S. Green.*Matrix Mechanics*［M］. Groningen：P. Noordhoff Ltd., 1965.

［22］Victor Weisskopf. *The Joy of Insight*［M］. New York：Harper Collins Publishers, 1990.

［23］Kostas Gavroglu. *Fritz London*［M］. Cambridge：Cambridge University Press, 1995.

［24］厚宇德. 玻恩研究［M］. 北京：人民出版社，2012.

［25］J. D. 贝尔纳. 科学的社会功能［M］. 陈体芳，译. 北京：商务印书馆，1982.

［26］阿伯拉罕·派斯. 基本粒子物理学史［M］. 关洪，杨建邺，王自华，等译. 武汉：武汉出版社，2002.

［27］许良英，李宝恒，赵中立，等. 爱因斯坦文集：第一卷［M］. 北京：商务印书馆，1976.

［28］许良英，赵中立，张宣三. 爱因斯坦文集：第三卷［M］. 北京：商务印书馆，1979.

［29］大卫 . C. 卡西第. 海森伯传：上册［M］. 戈革，译. 北京：商务印书馆，2002.

［30］汤川秀树. 旅人——一个物理学家的回忆［M］. 周东林，译. 石家庄：河北科学技术出版社，2010.

［31］康斯坦西·瑞德. 希尔伯特［M］. 袁向东，李文林，译. 上海科学技术出版社，1982.

［32］赵树智. 希尔伯特的科学精神［M］. 济南：山东教育出版社，1992.

［33］康斯坦西·瑞德. 库朗：一位数学家的双城记［M］. 胡复，赵慧琪，杨懿梅，译. 上海：东方出版中心，2002.

［34］G. H. 哈代，N. 维纳，怀特海. 科学家的辩白［M］. 毛虹，仲玉光，余学工，译. 南京：江苏人民出版社，1999.

［35］海耳布朗. 正直者的困境——作为德国科学发言人的马克斯·普朗克［M］. 刘兵，译. 上海：东方出版中心，1998.

［36］王福山. 近代物理学史研究（一）［M］. 上海：复旦大学出版社，1983.

［37］王福山. 近代物理学史研究（二）［M］. 上海：复旦大学出版社，1986.

［38］卢鹤绂. 哥本哈根学派量子论考释［M］. 上海：复旦大学出

版社，1984.

［39］张家治，邢润川. 历史上的自然科学研究学派［M］. 北京：科学出版社，1993.

［40］戈革. 史情室文帚［M］. 香港：天马图书有限公司，2001.

［41］关洪. 一代神话——哥本哈根学派［M］. 武汉：武汉出版社，2002.

［42］王正行. 量子力学原理［M］. 北京：北京大学出版社，2004.

［43］苏汝铿. 量子力学［M］. 上海：复旦大学出版社，1997.

［44］阿伯拉罕·派斯. 尼耳斯·玻尔传［M］. 戈革，译. 北京：商务印书馆，2001.

［45］P. 罗伯森. 玻尔研究所的早年岁月［M］. 杨福家，卓益忠，曾谨言，译. 北京：科学出版社，1985.

［46］马克斯·雅默. 量子力学的哲学［M］. 秦克诚，译. 北京：商务印书馆，2014.

［47］A. Hobson. 物理学的概念与文化素养［M］. 秦克诚，刘培森，周国荣，译. 北京：高等教育出版社，2008.

［48］沃尔特·穆尔. 薛定谔传［M］. 班立勤，译. 北京：中国对外翻译出版公司，2001.

［49］W. I. B. 贝弗里奇. 科学研究的艺术［M］. 陈婕，译. 北京：科学出版社，1984.

［50］拉卡托斯. 科学研究纲领方法论［M］. 上海：上海译文出版社，1987.

［51］乔治·萨顿. 科学的历史研究［M］. 陈恒六，刘兵，仲维光，编译. 上海：上海交通大学出版社，2007.

［52］哈里特·朱克曼. 科学界的精英［M］. 周叶谦，冯世则，译. 北京：商务印书馆，1979.

［53］彼得·古德柴尔德. 罗伯特·奥本海默传——美国"原子弹之父"［M］. 吕应中，陈槐庆，译. 北京：原子能出版社，1986.

［54］伊什特万·豪尔吉陶伊. 通往斯德哥尔摩之路［M］. 节艳丽，译. 上海：上海世纪出版集团，2007.

［55］埃米里奥·赛格雷. 永远进取——埃米里奥·赛格雷自传［M］. 何立松，王鸿生，译. 上海：东方出版中心，1999.

［56］埃米里奥·赛格雷. 从 X 射线到夸克［M］. 夏孝勇，杨庆华，庄重九，等译. 上海：上海科学技术文献出版社，1984.

［57］埃米里奥·赛格雷. 从落体到无线电波［M］. 陈以鸿，周奇，陆福全，等译. 上海：上海科学技术文献出版社，1990.

［58］M. 玻恩. 我的晶格动力学研究回忆［J］. 吴孟，范柏宜，译. 科学史译丛，1989（3—4）：23.

［59］Emil Wolf. *Recollections of Max Born*［J］. Optics News，1983（9）：10—16.

［60］Maria Goeppert Mayer. *Pioneer of Quantum Mechanics*［J］. Phys. Today，1970，23（3）：97—99.

［61］周光召. 希望在中国产生诺贝尔奖获得者［J］. 物理，2000（1）：1.

［62］Martin J. Klein. *Max Born on His Vocation*. Science，New Series，1970，169（3943）：360.

［63］J. L. Heilbron. *Max Born*［J］. Science，New Series，1978，204（4394）：741.

［64］Jeremy Bernstin. *Max Born and the Quantum Theory*［J］. American Journal of Physics，2005（11）：1004.

［65］N. Kemmer，R. Schlapp. *Max Born：1882—1970*［J］. Biographical Memoirs of Fellow of the Royal Society，1971（12）：17—52.

［66］R. Ladenburg，E. Wigner. *Award of the Nobel Prize in Physics to Professors Heisenberg，Schroedinger and Dirac*［J］. The Scientific Monthly，1934（1）：86—91.

索 引

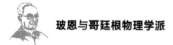

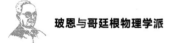
二、地名

三、书名

后　记

　　研读、学习玻恩的著述多年，早几年有过尽快在此画个句号、去做些有兴趣的其他事情的念头。然而，伴随脚步日深，感受到的不是近乎大功告成，而是那个期待的句号遥不可及，越加觉得需要研究的议题越来越多，越发痛觉自己实力之不逮。当然这期间由于工作或其他需要笔者也写过一些与玻恩无关的东西，如《古代生态环境保护意识及其在〈宋大诏令集〉里的新寓意》《基于政治与文化层面对宋代巫术的几点考察》《董时进的人口论》《约翰·廷布斯论中国古代发明》《中国历史上的重要奇器——被中香炉》《文化与工具形态相互影响之例证》《少数民族地区对华夏农业文明的特殊贡献》等等。这些话题与西方现代物理学相距遥远，但是在了解、思考这类事情时，我的意识常常无意识地跃居现代物理学理念之上，再回首审视自己正在关注的事情。而现代物理的一些理念与方法，主体并非来自物理课堂或物理教科书，而是得之于阅读爱因斯坦和玻恩的著述。这两个人一个厮守因果决定论，一个提出并倡导概率诠释，他们的思想似乎恰好组成了一副望远镜的双目镜。每当领略新的议题时，这副望远镜已经习惯性成为我顺手的工具。

　　感谢高策先生及山西大学科学技术史学科全体同仁，在笔者年过半

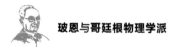
百之时圆了我一个梦想，终于有机会得以进入科学技术史专业团队工作。在余下的学术道路上，笔者决定主观上先解放自己，不再执着于做什么，也不执着于不做什么。静心读书，淡定思考；然后跟着感觉走，惑起驻足，惑解再起步。无虑春华秋实，但求视野与境界日新。

2017 年夏于山西大学